KB149119

…다. 고로(영재학교/과학고) 합격한다.

영재학교/과학고
합격수학

제1권 쪽지 모의고사

이 주 형 지음

- 최근 영재학교 기출문제 유형 철저 분석
- 영재학교 진학을 위한 파이널 테스트
- 쪽지 모의고사 35회 + 쪽지 모의고사 35회 풀이

학습 공유실

http://mathlove.net 으로 오시면
새로운 문제와 풀이를 받을 수 있습니다.

pass in mathematics
Science highschool for the gifted

씨실과 날실

씨실과 날실은 도서출판 세화의 자매브랜드입니다.

개정증보판

나는 푼다. 고로(영재학교/과학고) 합격한다.

영재학교/과학고
합격수학

제1권 쪽지 모의고사

이 주 형 지음

씨실과 날실

씨실과 날실은 도서출판 세화의 자매브랜드입니다.

이 책을 지으신 선생님

이주형
멘사수학연구소 경시팀장

주요사항
KMO FINAL TEST 한국수학올림피아드 모의고사 및 풀이집, 도서출판 세화, 2007, 공저
한국수학올림피아드 바이블 프리미엄 시리즈, 씨실과날실, 2021, 공저
영재학교/과학고 합격수학 5판, 씨실과날실, 2021, 공저
영재학교/과학고 합격수학 입체도형 2021/22시즌, 씨실과날실, 2021, 저
KJMO FINAL TEST 한국주니어수학올림피아드 최종점검 I, II, 씨실과날실, 2022, 저
영재학교/과학고 합격수학 평면도형과 작도 2022/23시즌, 씨실과날실, 2022, 저
영재학교/과학고 합격수학 함수 2023/24시즌, 씨실과날실, 2023, 저

e-mail : buraqui.lee@gmail.com

이 책의 내용에 관하여 궁금한 점이나 상담을 원하시는 독자 여러분께서는 E-MAIL이나 전화로 연락을 주시거나 도서출판 세화(www.sehwapub.co.kr) 게시판에 글을 남겨 주시면 적절한 확인 절차를 거쳐서 풀이에 관한 상세 설명을 받으실 수 있습니다.

영재학교/과학고
합격수학　제1권 쪽지 모의고사

6판 1쇄　개정증보판　발행　　2023년　02월　20일

지은이 | 이주형　**펴낸이 |** 구정자
펴낸곳 | (주) 씨실과 날실　**출판등록 |** (등록번호 : 2007.6.15 제302-2007-000035호)
주소 | 경기도 파주시 회동길 325-22(서패동 469-2) 1층　**전화 |** (031)955-9445, **FAX |** (031)955-9446

판매대행 | 도서출판 세화　**출판등록 |** (등록번호 : 1978.12.26 제1-338호)
구입문의 | (031)955-9331~2　**편집부 |** (031)955-9333　**FAX |** (031)955-9334
주소 | 경기도 파주시 회동길 325-22(서패동 469-2)

정가 30,000원(제1권 쪽지 모의고사/제2권 점검 모의고사)
ISBN 979-11-89017-38-5　53410

※ 파손된 책은 교환하여 드립니다.

머리말

메시, 호날두, 즐라탄, 네이마르, 아자르 등 세계적인 축구선수들은 공을 자유자재로 갖고 드리블하면서 적절한 타이핑에 숏 또는 패스를 통해 득점에 관여합니다. 이런 유명한 선수들에게 문제는 자기한테 패스 온 공을 어떻게든 우리팀의 득점이 되도록 하는 것입니다. 그러기 위해 여러가지 상황을 가정한 팀훈련 뿐만 아니라 개인연습도 소홀히 하지 않아야 합니다. 세계적인 축구스타들은 지금도 개인 훈련을 통해 실수를 줄이는 연습을 하겠죠. 끝임없이 노력하는 것입니다.

수학문제를 푸는 우리들은 어떠한지요? 조금 어렵다고 포기하고 하고 있지는 않는지요? 내가 잘하지 못하는 분야라서 그냥 넘어가는지요? 이런 생각을 가지면 안됩니다. 문제를 보면서 새로운 도전 자세로 이 문제에서 요구하는 것이 무엇이고 이것을 어떻게 풀 것인가를 고민해야합니다. 또 출제자가 원하는 풀이는 무엇일까? 고민하면서 풀어야 합니다.

우리나라 최고의 축구천재라고 불렸던 김병수 감독님은 "볼을 통제하고 적을 통제하라"는 컨트롤 축구를 강조하셨습니다. 수학문제도 마찬가지입니다. 수학문제를 통제하고 풀이를 통제해야합니다. 문제가 요구하는 의도를 파악하고 문제에서 요구하는 풀이를 만들어야합니다.

영재학교/과학고 합격수학에 담긴 문제들을 해결함으로써 여러분의 생각하는 힘이 한 단계 더 성장하기를 기원합니다. 지면 관계상 이 책에 담지 못한 문제들과 새로운 문제들은 http://mathlove.net 에서 제공하고 있으니 참고 하기 바랍니다.

바쁜 학업 속에서도 문제에 대해서 함께 고민한 합격수학 프로젝트 팀 학생들에게 감사인사드립니다.

본 교재의 출판을 맡아주신 (주) 씨실과 날실 관계자 여러분께 심심한 사의를 표합니다.

끝으로, 수학올림피아드, 영재학교 대비 교재 등의 출간에 열정적으로 일 하시다가 갑작스럽게 운명을 달리하신 故 박정석 사장님의 명복을 빕니다.

영재학교/과학고 합격수학 학습법

영재학교/과학고 합격수학 - 제1권 쪽지모의고사와 **제2권 점검모의고사**를 통하여 학생들이 자신의 수준을 파악하고 부족한 부분에 대해 심화 보충교재인 다음 책을 함께 공부해야 더 좋은 결과를 얻을 수 있습니다.

영재학교/과학고 준비 단계에서는 '**한국주니어수학올림피아드 최종점검 제1, 2권**'을 통하여 기본 개념 완성 및 기본 유형 문제를 완벽하게 해결할 수 있습니다.

평면도형과 작도에 약한 학생들은 반드시 '**영재학교/과학고 합격수학 평면도형과 작도 2022/23시즌**'에 나오는 개념 설명을 이해하고, 책에 있는 문제를 풀면서 평면도형과 작도 문제를 완벽하게 해결할 수 있습니다.

입체도형에 약한 학생들은 반드시 '**영재학교/과학고 합격수학 입체도형 2021/22시즌**'에 나오는 '비스듬한 삼각기둥의 부피 구하는 공식'을 이해하고, 이를 바탕으로 책에 있는 문제를 풀면 입체도형 문제를 완벽하게 해결할 수 있습니다.

함수에 약한 학생들은 '**영재학교/과학고 합격수학 함수 2023/24시즌**'에 나오는 함수 개념 설명과 증명을 이해하고, 책에 있는 문제를 풀면서 함수 문제를 완벽하게 해결할 수 있습니다.

마지막으로 http://mathlove.net (영재학교/과학고 합격수학의 블로그와 밴드)에 주기적으로 업데이트 되는 '**오늘의 문제**'나 '**쪽지모의고사**' 를 풀면서 자신의 실력을 점검할 수 있습니다.

일러두기

기호 설명

- $a \mid b$: 정수 b는 정수 a로 나누어 떨어진다.

- $\displaystyle\sum_{k=1}^{n} k = 1 + 2 + \cdots + n.$

- $\displaystyle\sum_{k=1}^{n} a_k = a_1 + a_2 + \cdots + a_n.$

- $a \equiv b \pmod{m}$: 정수 a, b가 법 m에 대하여 합동이다.

- $\gcd(a, b)$: 정수 a와 b의 최대공약수

- $\operatorname{lcm}(a, b)$: 정수 a와 b의 최소공배수

- $\phi(m)$: 양의 정수 m과 서로 소인 m이하의 양의 정수의 개수

- $AB \parallel CD$: AB와 CD가 평행하다.

- ${}_n C_k = \dfrac{n!}{k!(n-k)!}$: 서로 다른 n개 중 순서를 고려하지 않고 k개를 뽑는 경우의 수

- ${}_n H_k = {}_{n+k-1} C_k$: 서로 구별이 되지 않는 n개를 구별되는 k개의 그룹(상자)로 나누는 경우의 수

비스듬한 삼각기둥의 부피공식

아래 그림의 굵은 선으로 이루어진 비스듬한 삼각기둥의 부피를 V라 하면,

$$V = S \times \frac{a+b+c}{3}$$

이 성립한다.

증명 비스듬한 삼각기둥을 색칠한 삼각형을 밑면으로 하는 삼각뿔과 빗금친 사각형을 밑면으로 하는 사각뿔로 나누어 생각한다.

그림과 같이, 밑면의 삼각형의 변의 길이를 d_1, d_2라 하고, 각 변과 만나는 높이를 h_1, h_2라 하자. 그러면, 삼각뿔의 부피는

$$\frac{1}{3} \times \frac{a \times d_1}{2} \times h_1 = \frac{a}{3} \times \frac{d_1 \times h_1}{2} = \frac{a}{3} \times S \qquad \text{①}$$

이다. 또한 사각뿔의 부피는

$$\frac{1}{3} \times \frac{(b+c) \times d_2}{2} \times h_2 = \frac{b+c}{3} \times \frac{d_2 \times h_2}{2} = \frac{b+c}{3} \times S \qquad \text{②}$$

이다. 따라서 구하는 부피 V는

$$V = \text{①} + \text{②} = S \times \frac{a+b+c}{3}$$

이다.

이차함수와 직선의 방정식 공식

(1) 그림에서 두 점 P, Q를 지나는 직선의 방정식은

$$y = a(p+q)x - apq$$

이다. 단, $a > 0$이다.

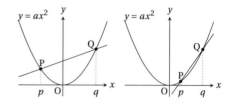

(2) 그림에서 점 P에서 접하는 직선의 방정식은

$$y = 2apx - ap^2$$

이다.

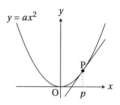

증명

(1) 직선의 기울기 m이라 하면,

$$m = \frac{aq^2 - ap^2}{q - p} = a(p+q)$$

이다. 직선의 방정식 $y = a(p+q)x + n$에 점 $P(p, ap^2)$를 대입하면,

$$ap^2 = a(p+q) \times p + n, \ \ ap^2 = ap^2 + apq + n$$

이다. 즉, $n = -apq$이다.

(2) $Q = (q, aq^2)$이 $P(p, ap^2)$와 일치하므로,

$$y = a(p+q)x - apq = 2apx - ap^2$$

이다.

차 례

제 2 장   영재학교/과학고 쪽지 모의고사 풀이   143

제 1 장

영재학교/과학고 쪽지 모의고사

- 알림사항

- 영재학교/과학고 쪽지 모의고사는 각 모의고사마다 총 4개의 문항으로 이루어져 있으며, 제한시간은 60분입니다.

- 쪽지 모의고사는 자기 스스로에 대한 점검에 목적이 있습니다.

―――――――――――――――――

제 1 절 쪽지 모의고사 1회

문제 1.1 _____걸린시간 : _____ 분

xy평면 위에 원점 O와 정사각형 OABC가 있다. 점 $P(4,0)$은 변 AB위의 점이고, 점 $Q(2\sqrt{3},2)$는 변 BC위의 점일 때, 다음 물음에 답하여라.

(1) OQ의 길이와 ∠QOP의 크기를 구하여라.

(2) 정사각형의 한 변의 길이와 점 B의 좌표를 구하여라.

(3) 점 A를 선분 OP에 대하여 대칭이동시킨 점을 A′라 하고, PA′의 연장선과 변 BC의 교점을 R이라 하면, 점 C를 선분 OR에 대하여 대칭이동한 점을 C′라 할 때, 점 C′와 점 A′이 겹친다. 대각선 AC와 선분 OR의 교점을 D라 할 때, 직선 OR의 방정식을 구하고, 선분 PD와 OR이 수직임을 보여라.

문제 1.2 _____걸린시간 : _____ 분
1이상 2022이하의 짝수 중에서 2개의 양의 짝수의 곱으로
나타낼 수 없는 짝수를 작은 수부터 순서대로 $p_1, p_2, p_3, \cdots$
라고 한다. 다음 물음에 답하여라.

   (1) $p_k = 2022$일 때, k의 값을 구하여라.

   (2) $A = p_m \times p_n \ (m \le n)$로 나타낼 수 있는 짝수 A를 생각
      하자. 다음 물음에 답하여라.

      (a) m, n의 쌍을 선택하는 방법의 수가 2개일 때, 이
         를 만족하는 가장 작은 짝수 A를 구하여라.

      (b) m, n의 쌍을 선택하는 방법의 수가 3개일 때, 이
         를 만족하는 가장 작은 짝수 A를 구하여라.

문제 1.3 _____걸린시간 : _____ 분

아래 그림과 같이, $\angle A = 45°$인 삼각형 ABC가 있다. 꼭짓점 A, B에서 변 BC, CA에 내린 수선의 발을 각각 D, E라 하고, AD와 BE의 교점을 H라 한다.

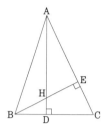

BD = 2, DC = 3일 때, 다음 물음에 답하여라.

(1) △AEH ≡ △BEC임을 보여라.

(2) △BDH와 닮음인 삼각형을 다음 보기 중 골라라.

    (i) △CDH   (ii) △AEH   (iii) △BEC

      (iv) △AHB   (v) △ADC

(3) 선분 HD의 길이를 구하여라.

(4) 사각형 HDCE의 넓이는 삼각형 ABC의 넓이의 몇 배 인지 구하여라.

문제 1.4 _____ 걸린시간 : _____ 분

아래 그림과 같이, 좌표평면 위에 두 점 A(6, 5), B(10, 7)이 있다.

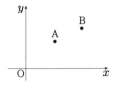

점 P는 x축의 양의 부분을 움직이는 점이다. ∠APB의 크기가 최대일 때의 점 P의 x좌표를 구하여라

제 2 절   쪽지 모의고사 2회

문제 2.1 ———————————걸린시간 : _____ 분
아래 그림과 같이, 정삼각형 ABC의 내부에 한 점 P를 잡고,
PB, PC를 각각 한 변으로 하는 정삼각형 QBP, RPC를 그리
고, 점 A와 점 Q, R를 연결한다.

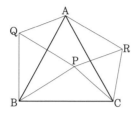

다음 물음에 답하여라.

(1) 사각형 AQPR이 정사각형일 때, ∠PBC의 크기를 구하
여라.

(2) BC = 5, PB = 4, ∠BPC = 90°일 때, PC의 길이를 구하
여라.

(3) (2)의 조건에서 ∠PRA의 크기를 구하여라.

(4) (2)의 조건에서 삼각형 PRA의 넓이를 구하여라.

문제 2.2 ─────────────── 걸린시간 : _____ 분

[그림1]과 같이, 수를 기록할 수 있는 정사각형의 모양의 칸이 여러개 붙어 있다. 이들 칸 중에 A에서 B를 지나 C로 수를 기록하면서 이동하기로 한다. 단, 이동하는 방법은 오른쪽 또는 위로 한 칸씩으로, 오른쪽으로 이동할 때에는 이동 전의 칸에 기록한 수에 1을 더한 수를 이동 후의 칸에 기록한다. 또, 위로 이동할 때에는 이동 전의 칸에 기록한 수의 2배를 한 수를 이동 후의 칸에 기록한다.

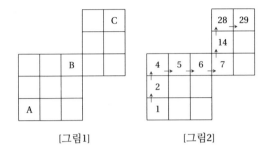

[그림1]   [그림2]

예를 들어, [그림2]와 같이 이동할 때, A에 기록한 수는 1이고, B, C에 기록한 수는 각각 6, 29이다. [그림1]의 A, B, C에 들어간 수를 각각 x, y, z라 하자. 단, x, y, z는 모두 자연수이다.

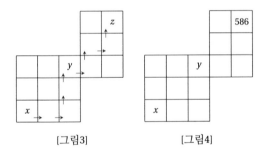

[그림3]   [그림4]

다음 물음에 답하시오.

(1) [그림3]과 같이 이동하고, $x = 3$일 때, y, z의 값을 구하시오.

(2) [그림4]와 같이 $z = 586$일 때, 가능한 x의 값을 모두 구하시오.

(3) x의 값이 같아도, A에서 C까지 이동하는 방법에 따라 z의 값이 달라진다. x의 값이 같을 때, z의 최댓값과 최솟값의 차를 구하시오.

문제 2.3 _____ 걸린시간 : _____ 분

[그림1]과 같이 한 모서리의 길이가 2인 정십이면체 X가 있다. [그림1]의 •으로 표시된 8개의 꼭짓점을 연결하여 [그림2]와 같이 정육면체를 만든다. 이 정육면체의 한 모서리의 길이를 x라 할 때, 다음 물음에 답하여라.

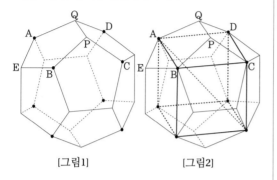

[그림1]   [그림2]

(1) [그림1]의 정오각형 PQAEB를 이용하여 계수가 1인 x의 이차방정식을 만들고, x의 값을 구하여라.

(2) 점 P와 면 ABCD사이의 높이를 h라 할 때, h^2을 x를 사용하여 나타내어라.

(3) h의 값을 구하고, [그림2]의 입체 PQABCD의 부피를 x를 사용하여 나타내어라.

(4) X의 부피를 x를 사용하여 나타내어라.

(5) X의 부피를 (1)에서 구한 이차방정식과 (4)의 결과를 이용하여 구하여라.

나는 푼다, 고로 (영재학교/과학고) 합격한다.

문제 2.4 —————————— 걸린시간 : ———— 분

1이상 n이하의 자연수 중에서 2의 배수, 5의 배수, 9의 배수를 모두 제거하고, 남은 수의 합을 S(n)이라 한다. 예를 들어, S(11) = 1 + 3 + 7 + 11 = 22이다. 다음 물음에 답하여라.

(1) S(90)을 구하여라.

(2) S(180)은 S(90)의 몇 배인지 구하여라.

(3) S(270)은 S(90)의 몇 배인지 구하여라.

(4) S(365)를 구하여라.

제 3 절   쪽지 모의고사 3회

문제 3.1 ──────────걸린시간 : _____ 분

아래 그림과 같이, 원 밖의 한 점 P에서 원에 접선 두 개를 긋고, 접점을 각각 B, C라 한다. 점 A는 원주 위의 점이고, 직선 BC에 대하여 점 P와 반대편에 있다. 점 A에서 직선 PB, PC에 내린 수선의 발을 각각 H, I라 한다.

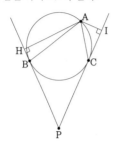

민우, 승우는 서로 다른 방법으로 $AH : AI = AB^2 : AC^2$이 성립함을 증명하려고 한다.

(1) 민우는 "아래 그림과 같이 원의 중심 O에서 AH, AI에 내린 수선의 발을 각각 J, K라 하고, 원의 반지름을 r이라 한다."고 놓고, 피타고라스의 정리를 이용하여 증명을 하려고 한다. 민우의 증명을 완성하여라.

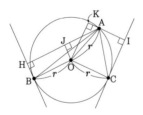

(2) 승우는 "아래 그림과 같이 원주 위에 점 D를 AD가 지름이 되도록 잡는다."라 놓고, 삼각형 AHB와 삼각형 ABD가 닮음임을 보이고, 같은 방법으로 삼각형 AIC와 삼각형 ACD가 닮음임을 보여서 증명을 하려고 한다. 승우의 증명을 완성하여라.

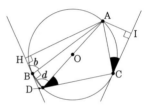

문제 3.2 _____걸린시간 : _____ 분

용기 A에는 물질 X의 수용액이 들어 있는데, 그 농도는 20%이다. 용기 B에는 물질 Y의 수용액이 들어 있는데, 그 농도는 25%이다. A에서 수용액 xg과 B에서 수용액 yg을 덜어내어 용기 C에 넣어 혼합한다. 이때, 물아 녹아 있는 X와 Y는 X : Y = 5 : 2(질량)의 비율로 결합하여 물에 녹지 않는 물질 Z가 되어 수용액 속에 침전물을 만든다. 생긴 Z의 침전물을 모두 제거한 후, C에 남은 것은 Y의 수용액이고, 그 농도는 12%이다. 이때, 다음 물음에 답하여라.

(1) $x : y$를 구하여라.

(2) C에 남아 있는 물질 Y가 모두 물질 Z로 변할 때까지, A에서 X의 수용액을 덜어내어 넣는다. 그 후 생긴 Z의 침전물을 모두 제거한 후, C에는 520g의 물이 남아 있었다. 이때, x, y의 값을 구하여라.

문제 3.3 ————————————걸린시간 : _____ 분

아래 그림과 같이 원뿔이 있다. 점 A에서 출발하여 옆면을 지나 다시 점 A로 오는 최단경로를 옆면의 전개도에 그리려고 한다.

아래 [그림1], [그림2], [그림3]의 경우로 나누어 점 A가 표시되어 있을 때, 각각의 경우에 최단경로를 그려라. 단, [그림2]에서 점 A는 호의 중점이다.

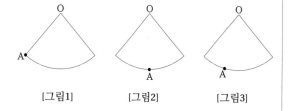

[그림1]   [그림2]   [그림3]

문제 3.4 _____ 걸린시간 : _____ 분

V를 꼭짓점으로 하는 정육각뿔을, 아래 그림과 같이 밑면의 꼭짓점 A를 지나는 평면으로 절단하고, 절단면과 정육각뿔의 각 모서리의 교점을 A, B, C, D, E, F라 하고, 절단면과 꼭짓점 V에 밑면에 내린 수선과의 교점을 G라 한다.

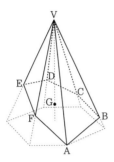

이때, 모서리 VA, VB, VC, VD, VE, VF의 길이를 각각 a, b, c, d, e, f라 할 때, 다음 물음에 답하여라.

(1) 삼각형 VAD와 삼각형 VBE의 넓이의 비를 이용하여 $\frac{1}{a} + \frac{1}{d} = \frac{1}{b} + \frac{1}{e}$임을 보여라.

(2) 세 삼각뿔 V-ACG, 삼각뿔 V-CEG, 삼각뿔 V-EAG의 부피의 비를 a, c, e를 사용하여 나타내어라.

(3) 삼각뿔 V-ACE와 삼각뿔 V-BDF의 부피의 비를 이용하여 $\frac{1}{a} + \frac{1}{c} + \frac{1}{e} = \frac{1}{b} + \frac{1}{d} + \frac{1}{f}$임을 보여라.

제 4 절   쪽지 모의고사 4회

문제 4.1 ──────────걸린시간 : _____ 분

3×3의 정사각형에 1이상 9이하의 서로 다른 자연수를 1개씩 적는다. 이때, 다음 조건을 만족하는 경우의 수를 구하여라.

- 각 행(줄)에 적혀있는 3개의 자연수 중, 첫 번째 오른쪽에 적힌 수가 가장 크고, 첫 번째 왼쪽에 적힌 수가 가장 작다.

- 첫 번째 왼쪽 열에 있는 3개의 자연수 중, 첫 번째 위에 있는 자연수가 가장 크고, 첫 번째 아래에 있는 자연수가 가장 작다.

문제 4.2 ──────────걸린시간 : _____ 분

아래 그림과 같이 AB = 6, ∠A = $a°$, ∠B = $b°$인 삼각형 ABC가 있다. 이때, 삼각형 ABC를 점 A를 중심으로 반시계방향으로 $2a°$ 회전하면, 점 B는 점 B′로, 점 C는 점 C′로 이동하고, 네 점 A, C, B, B′는 한 원 위에 있다.

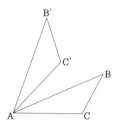

다음 물음에 답하여라.

   (1) b를 a의 식으로 나타내어라.

   (2) $a = 15$일 때, 변 BC의 길이를 구하여라.

(3) (2)에서, 회전이동하는 동안 변 BC가 지나는 부분의 넓이를 구하여라. 단, 원주율은 π이다.

문제 4.3 _____ 걸린시간 : _____ 분

다음 물음에 답하여라.

(1) 10이하의 자연수 p에 대하여 $\sqrt{m^2 + p} = n$을 만족하는 자연수쌍 (m, n)이 존재하는 p를 구하여라.

(2) 100이하의 자연수 p에 대하여 $\sqrt{m^2 + p} = n$을 만족하는 자연수쌍 (m, n)이 존재하는 p는 모두 몇 개인지 구하여라.

문제 4.4 _____걸린시간 : _____ 분

아래 그림과 같이, 삼각기둥 ABC-DEF에서 AB = BC = 5, CA = 4, AD = a이고, 점 P는 모서리 BE위의 점으로 점 B와 E와는 일치하지 않는다. 점 C와 점 D를, 점 C와 점 P를, 점 D와 점 P를 연결한다.

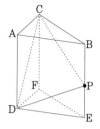

다음 물음에 답하여라.

(1) 삼각형 CDP가 정삼각형일 때, a의 값을 구하여라.

(2) 사각형 ADPB의 넓이를 S, 사각형 PEFC의 넓이를 T, 삼각형 CDA의 넓이를 U라고 하자. S : T = 5 : 4일 때, T : U를 구하여라.

(3) 아래 그림과 같이 변 EF의 중점을 M이라 하고, 점 A와 점 M을 연결하고, 선분 AM과 평면 CDP의 교점을 R이라 한다. 점 R과 점 D를, 점 R과 점 E를, 점 R과 점 F를 연결한다. $a = 6$, EP = 2일 때, 입체 R-DEF의 부피를 구하여라.

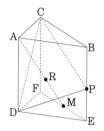

제 5 절   쪽지 모의고사 5회

문제 5.1 ———————————걸린시간 : _____ 분

세 학생 승우, 정우, 연우는 '합격수학'에서 다음과 같은 문제를 발견했다.

> 용기 A에는 20%의 소금물 300g, 용기 B에는 12%의 소금물 100g, 용기 C에는 15%의 소금물 200g이 들어 있다. 다음의 '1단계 ~ 3단계'를 거쳐, A, B, C의 소금물의 농도를 모두 같게 할 수 있는 지를 조사한다. 만약 가능하면 x의 값을 구하고, 가능하지 않으면 그 이유를 밝혀라.
>
> - 1단계 : 우선, A에서 xg을 꺼내 B에 넣고 잘 뒤섞는다.
>
> - 2단계 : 다음에, B에서 xg을 꺼내 C에 넣고 잘 뒤섞는다.
>
> - 3단계 : 마지막으로, C에서 xg을 꺼내 A에 넣고 잘 뒤섞는다.

이 문제를 곰곰이 생각한 세 명 중 먼저 승우는 "1단계 후 B의 농도는 a%이고, 2단계 후 C의 농도는 b%이고, ……." 그런데 이 단계에서 너무 분수식이 나오니, 3단계 후 A의 농도를 계산하기가 복잡하고, 거기에 이차방정식이 나올 것 같기도 하고, 아직 이차방정식의 해법을 배우지 않은 승우는 망연자실했다.

그 다음에 정우는 "1단계를 시작하기 전에 A, B, C에 포함된 소금의 합이 cg이니까, 3단계 후에 A, B, C의 농도가 모두 같다면, 그 때 B에는 dg의 소금이 든 셈이지. 그러면 1단계에서의 $x = e$g이 되어, ……." 조금 있으면 풀려서 그대로 계산을 진행하였다.

한편, 처음부터 문제 글을 계속 바라보던 연우는 계산도 하지 않고 "알았어!"를 외쳤다.

(1) a, b에 들어갈 식을 x를 사용해서 나타내고, c, d, e에 들어갈 값을 구하여라.

(2) 위 문제를 풀어라. (승우의 방법, 정우의 방법, 연우의 방법도 좋고, 그 이외의 방법도 상관없다.)

문제 5.2 _____걸린시간 : _____ 분

밑면의 반지름이 18이고, 높이가 24인 원뿔 3개가 있다. 이 3개의 원뿔을 높이가 24인 투명한 원기둥 용기 A에 넣고 뚜껑을 덮으면 [그림1]과 같이 된다. 이 용기를 위에서 보면 [그림2]와 같이 3개의 원뿔의 밑면이 서로 외접하고, 용기 A의 밑면의 원주에 내접한다.

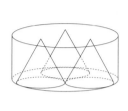

[그림1]   [그림2]

다음 물음에 답하여라. 단, 원주율은 π로 계산한다.

(1) 용기 A의 밑면의 반지름을 구하여라.

(3) 반지름이 r인 구 C가 있다. [그림1]의 용기 A의 뚜껑을 옆고, 구 C를 넣는데, [그림4]와 같이 3개의 원뿔의 옆면에 접하도록 넣는다. 뚜껑을 덮으면 뚜껑에 접할 때, r을 구하여라.

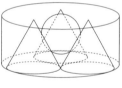

[그림4]

(2) 높이가 8인 원뿔 B가 있다. [그림1]의 용기 A의 뚜껑을 열고, 원뿔 B의 밑면이 용기 A의 밑면에 평행하도록 넣는데, [그림3]과 같이 3개의 원뿔의 옆면에 접하도록 넣는다. 뚜껑을 덮으면 원뿔 B의 꼭짓점이 뚜껑에 접한다. 이때, 원뿔 B의 밑면의 반지름을 구하여라.

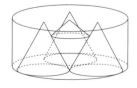

[그림3]

나는 푼다, 고로 (영재학교/과학고) 합격한다.

문제 5.3 _____ 걸린시간 : _____ 분

아래 그림은, 평면을 한 변의 길이가 1인 정삼각형의 퍼즐로 가득 메운 것의 일부이다. 아래 그림의 삼각형 PQR의 위치에 한 변의 길이가 1인 정삼각형 A를 놓고, 이 상태에서 세 변 중 하나를 축으로 하여 대칭이동한다.

다음 물음에 답하여라.

(1) 2회 반복했을 때, A가 도달할 수 있는 위치에, 도달하는 방법의 수를 적어라. 또, 4회 반복했을 때, A가 도달할 수 있는 위치에, 도달하는 방법의 수를 적어라.

(2) 4회 반복했을 때와 8회 반복했을 때, 모두 A가 삼각형 PQR의 위치에 도달하는 방법의 수를 구하여라.

문제 5.4 _____걸린시간 : _____ 분

아래 그림과 같이, 점 O를 중심으로 하는 동심원 A, B에서, 원 A의 반지름이 2, 원 B의 반지름 4이다. 원 A의 원주 위의 점 P, 원 B의 원주 위의 점 Q를 잡고, 선분 PQ의 중점을 R 이라 한다.

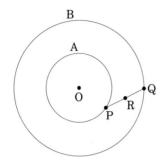

다음 물음에 답하여라.

(1) 점 P가 원 A의 원주 위를 움직이는 점이고, 점 Q가 정점일 때, 점 R이 움직이는 선의 길이를 구하여라.

(2) 점 P가 원 A의 원주 위를 움직이는 점이고, 점 Q가 원 B의 원주 위를 움직이는 점일 때, 점 R이 움직이는 부분의 넓이를 구하여라.

제 6 절   쪽지 모의고사 6회

문제 6.1 ————————————걸린시간 : ———— 분

"어떤 자연수도 4개의 0이상의 정수의 제곱의 합으로 나타낼 수 있다"는 정리를 이용하여 2020년에 연관지어 2020을 4개의 정수의 제곱의 합으로 표현되는지 알아보려고 한다. 예를 들어,

$$2020 = 1^2 + 7^2 + 17^2 + 41^2 \quad \cdots \text{①}$$

으로 나타낸다. 실제로 ① 이외에도 4개의 정수의 제곱의 합으로 2020을 나타낼 수 있다. 다음 물음에 답하여라.

(1) "합이 같은 2개의 정수쌍 a, b에 대하여(예를 들어, $a = \{2,3\}$, $b = \{-2,7\}$), 각각의 수에 같은 정수를 더한 정수쌍 c, d를 만든다(위의 예에서 a, b의 각 수에 5를 더하면, $c = \{7,8\}$, $d = \{3,12\}$). 그러면 'a와 d의 네 수의 제곱의 합'과 'b와 c의 네 수의 제곱의 합'이 같다(위의 예에서 $2^2 + 3^2 + 3^2 + 12^2 = 166$, $(-2)^2 + 7^2 + 7^2 + 8^2 = 166$)."가 성립한다. 이를 문자를 사용하여 증명하여라.

(2) (1)을 이용하여 4개의 0이상의 정수의 제곱의 합이 2020이 되는 ①의 $\{1, 7, 17, 41\}$ 외에 하나를 찾아라.

문제 6.2 _____걸린시간 : _____ 분
한 모서리의 길이가 4인 정사면체 OPQR가 있다. 다음 물음
에 답하여라.

(1) 정사면체 OPQR의 각 모서리의 중점 A, B, C, D, E, F
를 꼭짓점으로 하는 다면체의 부피를 구하여라. 단,
한 모서리의 길이가 a인 정사면체의 부피는 $\frac{\sqrt{2}}{12}a^3$임
을 이용하여라.

(2) 다면체 ABCDEF의 각 모서리의 중점을 꼭짓점으로
하는 다면체의 부피를 구하여라.

문제 6.3 ─────────────걸린시간 : _____ 분

아래 식에서 우변의 ①~⑩에 + 또는 −를 넣고, S의 값을 계산한다.

$$S = ① \, 1 \, ② \, 2 \, ③ \, 3 \, ④ \, 4 \, ⑤ \, 5 \, ⑥ \, 6 \, ⑦ \, 7 \, ⑧ \, 8 \, ⑨ \, 9 \, ⑩ \, 10$$

예를 들어, ①~⑩에 모두 +에 넣으면 $S = 55$이다. 다음 물음에 답하여라.

(1) $S = 0$이 될 수 있는가? 그 이유를 설명하여라.

(2) $S = 1$이 되도록 ①~⑩에 + 또는 −를 넣는 방법 중 3가지를 구하여라.

(3) S의 값이 3의 배수가 되는 경우를 생각하자. 이때 S의 최댓값을 구하여라.

문제 6.4 _____ 걸린시간 : _____ 분
아래 그림과 같이, 4개의 이등변삼각형과 5개의 정사각형을
면으로 하는 입체 O-ABCDEFGH에서, 면 EFGH의 밑면이
평면 P 위에 놓여 있다. AB = 8, 점 O에서 평면 P까지의 거
리가 24이다. 모서리 BC의 중점을 M이라 하고, 직선 ME에
평행하게 광선이 입체를 비출 때, 평면 P위에 입체의 그림자
가 생긴다.

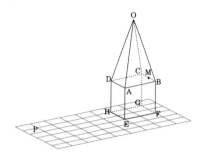

다음 물음에 답하여라.

(1) 평면 P위의 점 O의 그림자를 Q라 할 때, 선분 OQ의
     길이를 구하여라.

(2) 이 입체의 일부인 사각뿔 O-ABCD를 제거하면, 그림
     의 넓이는 얼마나 감소하는가?

제 7 절   쪽지 모의고사 7회

문제 7.1 _____ 걸린시간 : _____ 분

아래 그림과 같이 한 모서리의 길이가 $2\sqrt{3}$인 정사면체 ABCD와 밑면의 반지름이 6인 원뿔이 있다.

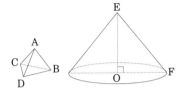

아래 그림과 같이 정사면체를 CD⊥OB가 되도록 원뿔의 밑면 위에 놓으면, 점 B와 점 F가 겹쳐지고, 변 AB가 모선 EF와 겹쳐진다.

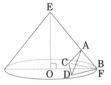

다음 물음에 답하여라. 단, 원주율은 π로 계산한다.

(1) 원뿔의 높이를 구하여라.

(2) 아래 그림과 같이, CD⊥OB를 만족하면서, 정사면체의 꼭짓점 B가 원 O의 둘레를 한바퀴 돌 때, 삼각형 BCD가 지나는 부분의 넓이를 구하고, 정사면체 ABCD가 지나는 부분의 부피를 구하여라.

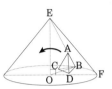

문제 7.2 _____ 걸린시간 : _____ 분

아래 그림과 같이, 한 모서리의 길이가 2인 정육면체 ABCD-EFGH가 있다. 세 점 A, F, C를 지나는 원의 중심을 O_1, 세 점 B, G, D를 지나는 원의 중심을 O_2라 한다. 원 O_1과 원 O_2가 두 점에서 만나는데, 그 두 교점을 각각 P, Q라 한다.

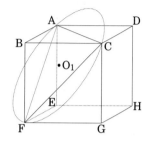

다음 물음에 답하여라.

(1) 원 O_1의 반지름을 구하여라.

(2) 두 점 P, Q 사이의 거리를 구하여라.

문제 7.3 _____ 걸린시간 : _____ 분

아래 그림과 같이, 원주 위에 두 점 P, Q가 있어서, 원주를 길이가 다른 두 개의 호로 나눈다. 길이가 짧은 호를 3등분 하여 점 P에 가까운 점부터 A, B라 한다. 길이가 긴 호를 3 등분하여 점 P에 가까운 점을 C라 하고, 이 호 위에 $\overset{\frown}{CD} = \overset{\frown}{CA}$ 가 되도록 점 D를 잡는다. 선분 CA와 PD의 교점을 E라 한다.

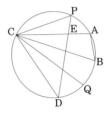

다음 물음에 답하여라.

(1) 삼각형 ABC와 삼각형 EPC가 닮음임을 보여라.

(2) ∠ABC의 크기를 구하여라.

(3) CQ가 원의 지름이고, AC = $\sqrt{3}$일 때, 다음 물음에 답하여라.

   (i) ∠PDC의 크기를 구하여라.

   (ii) PC의 길이를 구하여라.

   (iii) 삼각형 ABC의 넓이와 삼각형 EPC의 넓이의 비를 구하여라.

문제 7.4 _____걸린시간 : _____ 분

1부터 13의 수가 1개씩 적힌 카드가 13장이 있다. 이 카드를 뽑아서 다음과 같은 규칙 ①~④의 과정을 거쳐서 점수를 계산한다. 단, 한 번 뽑은 카드는 전으로 되돌리지 않는다.

① 처음에 1장을 뽑아 그 수를 확인한다.

② ①에서 뽑은 카드의 수의 (양의) 약수의 개수를 센다.

③ ②의 개수의 수만큼 계속 카드를 뽑는다.

④ ①, ③에서 꺼낸 모든 카드에 적힌 수의 합을 점수로 한다.

예를 들어 처음에 뽑은 카드에 적힌 수가 5이면, 5의 (양의) 약수의 개수는 2개이므로 계속 2장의 카드를 뽑는다. 그 2장의 카드에 적힌 수가 3과 8이면, 점수는 $5 + 3 + 8 = 16$으로 16점이 된다. 이때, 다음의 물음에 답하여라.

(1) 만약, 처음에 뽑은 카드의 수가 10이라고 할 때, 가장 낮은 점수를 구하여라.

(2) 이 과정을 통해 생각할 수 있는 가장 높은 점수를 구하여라.

(3) 카드를 뽑는 과정이 모두 끝났을 때, 남은 카드는 9장에, 점수는 43점이었다. 이때 가능한 4장의 카드의 수를 모두 구하여라.

제 8 절 쪽지 모의고사 8회

문제 8.1 —————————— 걸린시간 : —————— 분

아래 그림과 같은 육면체 OABCDEF에서, 삼각형 OAF와 삼각형 OCD는 정삼각형이고, 사각형 OABC와 사각형 ODEF는 마름모, 사각형 ABEF와 사각형 CBED는 등변사다리꼴이다.

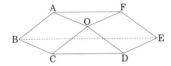

모서리 BE의 길이가 2이고, 나머지 모서리의 길이는 1일 때, 다음 물음에 답하여라.

(1) 등변사다리꼴 ABEF의 넓이를 구하여라.

(2) 사각형 OABC의 대각선 AC의 길이가 $\dfrac{\sqrt{6}}{2}$일 때, 이 육면체의 겉넓이와 부피를 구하여라.

(3) 사각형 OABC가 정사각형일 때, 육면체의 부피를 구하여라.

문제 8.2 ———————— 걸린시간 : _____ 분

그림과 같이, 이차함수 $C : y = \frac{1}{4}x^2$과 직선 $l : y = \frac{1}{2}x + 2$가 두 점 P, Q에서 만난다. 단, P의 x좌표가 Q의 x좌표보다 작다.

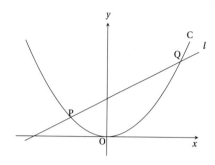

다음 물음에 답하여라.

(1) 점 P의 좌표를 구하여라

(2) 점 Q를 지나 x축에 평행한 직선에 대하여, 직선 l이 대칭되는 직선을 m이라 한다. 이차함수 C와 직선 m의 교점을 Q, R이라 할 때, Q와 R의 좌표를 구하여라.

(3) 삼각형 PQR의 넓이를 구하여라.

(4) PR : PQ를 구하여라

문제 8.3 _____ 걸린시간 : _____ 분

아래 그림과 같이, 두 개의 합동인 삼각형 ABC와 A'B'C'을 겹쳐 놓으면, $\angle A = \angle A' = 90°$, $\angle B = \angle B' = 15°$, $AB = A'B' = \frac{\sqrt{6}+\sqrt{2}}{4}$, $BC = B'C' = 1$, $CA = C'A' = \frac{\sqrt{6}-\sqrt{2}}{4}$ 이다.

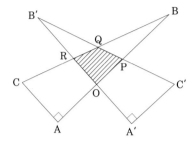

이때, 점 O는 변 AB의 중점이면서 변 A'B'의 중점이고, $\angle AOA' = 60°$를 만족할 때, 다음 물음에 답하여라.

(1) 점 O에서 변 BC에 내린 수선의 발을 H라 할 때, OH의 길이를 구하여라.

(2) 사각형 OPQR의 넓이를 구하여라.

문제 8.4 _____걸린시간 : _____ 분

아래 그림과 같이 정육각형의 꼭짓점마다 1개의 공을 놓을
수 있다.

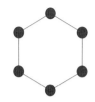

다음 물음에 답하여라. 단, 회전하여 같으면 같은 것으로 본
다.

(1) 검은공, 흰공, 빨간공, 파란공, 노란공, 녹색공이 각각
한 개씩 있을 때, 이 공들을 정육각형의 꼭짓점에 놓
는 경우의 수를 구하여라.

(2) 검은공 1개, 흰공 2개, 빨간공 3개가 있을 때, 이 공들
을 정육각형의 꼭짓점에 놓는 경우의 수를 구하여라.

(3) 검은공, 흰공, 빨간공이 각각 2개씩 있을 때, 이 공들
을 정육각형의 꼭짓점에 놓는 경우의 수를 구하여라.

제 9 절   쪽지 모의고사 9회

문제 9.1 ————————————걸린시간 : _____ 분

아래 그림과 같이, 정사각형 ABCD에서 대각선 DB위에 DE :
EB = 1 : 3이 되는 점 E를 잡고, 선분 AE의 연장선과 변 DC와
의 교점을 F라 한다. 또, 변 BC위에 점 G를, 선분 AG와 GE의
길이의 합(즉, AG + GE)이 최소가 되도록 잡는다. 선분 AG와
대각선 DB의 교점을 H라 한다.

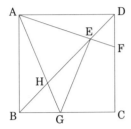

AB = 8일 때, 다음 물음에 답하여라.

(1) 삼각형 ABE의 넓이는 삼각형 DEF의 넓이의 몇 배인
가?

(2) 삼각형 AHE의 넓이를 구하여라.

문제 9.2 _____걸린시간 : _____ 분

n은 10이상 95이하의 자연수이고, n을 시작으로 연속한 다섯 개의 자연수의 곱 $n(n+1)(n+2)(n+3)(n+4)$를 기호로 $s(n)$이라 한다. $s(n)$을 소인수분해하면, $s(n) = 2^p \times 3^q \times 5^r \times \cdots$일 때, 다음 물음에 답하여라.

(1) $s(24) = 24 \times 25 \times 26 \times 27 \times 28$에서, p, q, r의 값을 구하여라.

(2) $s(10)$에서 $s(95)$까지 중에서 p의 최솟값을 a, q의 최솟값을 b, r의 최솟값을 c라 할 때, a, b, c의 값을 구하여라.

(3) (2)에서 구한 a, b, c에 대하여, $s(n)$을 소인수분해하면, $s(n) = 2^a \times 3^b \times 5^c \times \cdots$가 되는 n을 모두 구하여라.

나는 푼다, 고로 (영재학교/과학고) 합격한다.

문제 9.3 _____ 걸린시간 : _____ 분
아래 그림과 같이, 원주 위에 5개 점 A, B, C, D, E가 AE ∥ CD, AC = ED, ∠AEB = ∠CED를 만족한다.

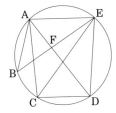

다음 물음에 답하여라.

(1) ∠BAD = ∠EAD임을 보여라.

(2) AD와 BE의 교점을 F라 하자. BF : FE = 3 : 4, AC = $\frac{9}{2}$, CD = 3일 때, AB의 길이와 삼각형 ACD의 넓이를 구하여라.

문제 9.4 _____걸린시간 : _____ 분

한국의 A회사는 미국의 B회사로부터 1개에 10달러의 상품 C를 1500원개 들어왔다. 그 날의 환율 1달러에 1000원이었다. A회사는 상품이 다 팔렸을 때, 12%의 이익이 나오도록 정가(원)을 붙이고 C를 판매해보니 한 달동안 60%가 팔려서, A회사는 한 달동안의 매출액 모두를 사용하여 다시 B회사로부터 상품 C를 x개, 직전과 동일한 10달러에 구입했고, 그 날의 환율은 1달러에 y원이었다. A회사는 새로 들여온 것과 이전에 팔고 남아 있는 상품을 모두 1개에 z원에 판매했다.

(1) 두 번째로 구입한 날은 원화 약세로 $y = 1200$이었다고 한다. z를 이전의 정가로 판매했다가, C는 100개가 재고로 남았다. 이때, A회사의 흑자와 적자에 대해서 답하여라. (단, "15000원 흑자(또는 적자)"로 답하여라.)

(2) 두 번째 구입한 날은 원화 강세로 $y = a$이었다고 한다. 그때, 준비한 금액으로 x개를 샀다. C의 재고가 남지 않도록 z를 기존의 정가의 10%할인으로 정하고 판매했더니, C가 매진되었을 때, 당초 예상했던 "12% 이익"에는 못 미쳤다. 이때, a의 값을 구하여라. 단, a는 1000보다 작은 자연수이다.

제 10 절 쪽지 모의고사 10회

문제 10.1 _____걸린시간 : _____ 분

밑면의 반지름이 3이고, 높이가 4인 원뿔이 있다. 이 원뿔의 밑면을 평면 P 위에 놓는다. 밑면이 평면 P 위를 떨어지지 않도록 하면서 원뿔을 이동시킨다. 밑면의 원의 중심을 A라 한다. 다음 물음에 답하여라.

(1) 평면 P위에 길이가 10인 선분 MN이 있다. 점 A가 선분 MN위를 점 M에서 점 N으로 이동할 때, 원뿔이 이동하여 생긴 입체의 부피와 겉넓이를 구하여라.

(2) 평면 P위에 반지름이 3인 원 O이 있다. 점 A가 원 O의 원주 위를 한 바퀴 돌 때, 원뿔이 이동하여 생긴 입체의 부피와 겉넓이를 구하여라.

문제 10.2 _____걸린시간 : _____ 분

아래 그림과 같이 한 변의 길이가 1인 정사각형을 일렬로 8개를 놓는다.

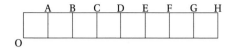

8개의 점 A, B, C, D, E, F, G, H 중 두 점과 점 O의 세 점을 연결하여 만들어진 삼각형 중에서 서로 닮음이거나 합동인 삼각형의 쌍을 찾을 수 있다. 이때, 다음 물음에 답하여라.

(1) 삼각형 OAB와 닮음이거나 합동인 삼각형을 모두 찾아라.

(2) (1)이외에, 서로 닮음이거나 합동인 삼각형의 쌍(△OBC, △GBO)가 있다. 이들 이외의 서로 닮음이거나 합동인 삼각형의 쌍을 모두 찾아라.

문제 10.3 _____걸린시간 : _____ 분

아래 그림과 같이, 원에 내접하는 삼각형 ABC에서 AB = 5, BC = 6, CA = 4이다. ∠BAC의 이등분선과 변 BC와의 교점을 D, 원과의 교점을 E라고 한다.

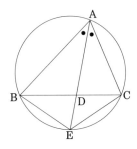

다음 물음에 답하여라.

(1) BD의 길이를 구하여라.

(2) 삼각형 ADC와 닮음인 삼각형을 모두 찾아라.

(3) AD의 길이를 구하여라.

(4) 사각형 ABEC의 넓이를 구하여라.

문제 10.4 _____ 걸린시간 : _____ 분

n은 자연수이고, $(1+\sqrt{n})^2$의 정수부분을 a_n이라 한다. 예를 들어, $n = 2$이면, $(1+\sqrt{2})^2 = 5.8\cdots$이므로 $a_2 = 5$이다. 다음 물음에 답하여라.

(1) $2^2 \le n < 3^2$인 n에 대하여, $a_{n+1} - a_n = 2$를 만족하는 n은 모두 몇 개인지 구하여라.

(2) $3^2 \le n < 4^2$인 n에 대하여, $a_{n+1} - a_n = 2$를 만족하는 n은 모두 몇 개인지 구하여라.

(3) $15^2 \le n < 16^2$인 n에 대하여, $a_{n+1} - a_n = 2$를 만족하는 n을 모두 구하여라.

제 11 절   쪽지 모의고사 11회

문제 11.1 ——————————걸린시간 : _____ 분

아래 그림과 같이, AB = AC인 이등변삼각형 ABC의 세 꼭짓점을 지나는 원을 그리고, 점 B를 포함하지 않는 호 AC위에 한 점 D를 잡고, 두 점 B와 D를 연결한다. 또, 직선 AD와 직선 BC의 교점을 E라 한다.

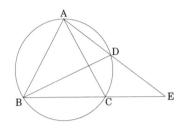

AB = 12, BC = 11, AD = 8일 때, 다음 물음에 답하여라.

(1) 그림에서, ∠ABC와 같은 각 두 개를 찾아라.

(2) 선분 AE의 길이를 구하여라.

(3) 선분 CE의 길이를 구하여라.

(4) 변 AC와 선분 BD의 교점을 F라 할 때, AF : FC를 구하여라.

문제 11.2 _____걸린시간 : _____ 분

아래 그림과 같이, 이차함수 $y = x^2$ 위에, 원점 O와 다섯개의 점 A_1 ~ A_5가 있다. OA_1, A_2A_3, A_4A_5의 기울기는 $-\frac{1}{2}$이고, A_1A_2, A_3A_4의 기울기는 $\frac{1}{2}$이다. 또, 색칠한 삼각형을 그림과 같이 T_1 ~ T_4라 한다.

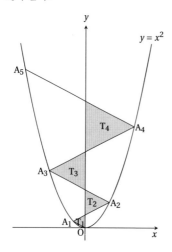

(1) A_1 ~ A_5의 x좌표를 각각 구하여라.

(2) T_1 ~ T_4의 둘레의 길이의 총합을 구하여라.

(3) T_1 ~ T_4의 넓이의 총합을 S, $\triangle OA_4A_5$의 넓이를 U라 할 때, S : U를 구하여라.

문제 11.3 _____걸린시간 : _____ 분

아래 왼쪽 그림과 같은 정삼각형의 세 꼭짓점을 중심으로 반지름이 2인 세 개의 부채꼴로 둘러싸인 도형 F가 있다. 아래 오른쪽 그림과 같이 도형 F가 반지름이 3인 원 O의 원주 위를 바깥에서 미끄러짐없이 시계방향으로 회전하여 둘레를 한바퀴 돌아 원래 위치로 돌아온다.

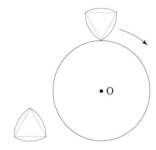

다음 물음에 답하여라. 단, 원주율은 π로 계산한다.

(1) 도형 F의 둘레의 길이를 구하여라.

(2) 도형 F는 원 O의 둘레를 몇 번 회전하는가?

(3) 도형 F가 지나는 부분의 넓이를 구하여라.

문제 11.4 _____걸린시간 : _____ 분

정오각형 ABCDE의 꼭짓점 A에서 정오각형의 나머지 네 꼭짓점을 한 번씩 지나서, 다시 꼭짓점 A로 돌아오는 경로를 생각한다. 각 꼭짓점들 사이에는 정오각형의 변이나 대각선으로 연결되어 있다. 예를 들어, A → C → B → D → E → A의 경로는 아래 그림의 굵은 부분이다.

(1) 경로는 모두 몇 가지가 있는가?

(2) 정오각형의 변을 지나지 않는 경로의 확률의 구하여라.

(3) 도중에 B → D를 지나는 경로의 확률을 구하여라.

제 12 절   쪽지 모의고사 12회

문제 12.1 _____걸린시간 : _____ 분

아래 그림과 같이, 길이가 18인 선분 AD위에 AB = BC = CD
이 되도록 점 B, C를 잡고, 삼각형 ABE, 삼각형 BCF, 삼각형
CDG가 정삼각형이 되도록 점 E, F, G를 잡는다. 선분 AG와
선분 BE, BF, CF와의 교점을 각각 H, I, J라 한다.

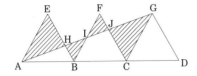

다음 물음에 답하여라.

(1) 선분 BH의 길이를 구하여라.

(2) 빗금친 부분의 둘레의 길이의 합을 구하여라.

(3) 삼각형 BHI의 넓이를 구하여라.

(4) 팔각형 AEHIFJGD의 넓이를 구하여라.

문제 12.2 _____걸린시간 : _____ 분

아래 그림은, 밑면이 한 변의 길이가 10이고, ∠DAB = 60°인
마름모인 사각뿔 P-ABCD의 전개도이다.

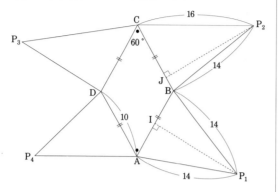

다음 물음에 답하여라.

(1) 위의 그림과 같이, 점 P_1에서 변 AB에 내린 수선의 발
   을 I, 점 P_2에서 변 BC에 내린 수선의 발을 J라 할 때,
   BI와 BJ의 길이를 구하여라.

(2) 위의 그림의 전개도를 조립하여 사각뿔 P-ABCD를
   만들고, 점 P에서 밑면 ABCD에 내린 수선의 발을 H
   라 할 때, DH의 길이를 구하여라.

(3) 사각뿔 P-ABCD의 부피를 구하여라.

문제 12.3 —————————————걸린시간 : —————— 분

용기 A에는 4%의 소금물 200g, 용기 B에는 24%의 소금물 $2xg$이 들어 있다. 이를 초기 상태라고 하자. 이에 대해서 다음 두 가지 조작을 생각한다.

조작I : 우선 A에 B의 소금물 xg을 넣고 잘 것은 다음에 A에서 xg을 버린다.

조작II : 우선 A에서는 xg을 버리고, 다음에 A에 B의 소금물 xg을 넣고 잘 것는다.

초기 상태에서 '조작I'을 시행한 후 A의 소금물의 농도를 a%, 초기 상태에서 '조작II'를 시행한 후 A의 소금물의 농도를 b%라 하고, $b = a + 1$의 관계가 성립할 때, 다음 물음에 답하여라.

(1) x, a, b의 값을 각각 구하여라.

(2) (1)에서 구한 값으로, 초기 상태에서 처음에 '조작I'을 하고 이후에 '조작II'를 한 후 A의 소금물의 농도를 c%라 하고, 초기 상태에서 처음에 '조작II', 계속해서 '조작I'를 한 후 A의 소금물의 농도를 d%라 하자. c와 d의 크기를 비교하여라.

문제 12.4 _____걸린시간 : _____ 분

한 모서리의 길이가 $5\sqrt{2}$인 정육면체의 꼭짓점을 아래 그림
과 같이 연결하고, 삼각뿔 ABCD를 그린다.

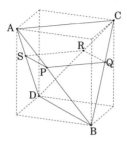

(1) 삼각뿔 ABCD의 부피를 구하여라.

(2) 삼각뿔 ABCD의 각 모서리 AB, BC, CD, DA위에 AP =
CQ = CR = AS = x을 만족하도록 각각 P, Q, R, S를
잡으면, 네 점은 한 평면 위에 있다. 단, $0 < x < 5$이다.
사각형 PQRS의 넓이가 24일 때, x의 값을 구하여라.

(3) (2)에서 구한 x에 대하여, 사각형 PQRS로 삼각뿔
ABCD를 두 부분으로 절단할 때, 작은 편의 부피를
V_1, 큰 편의 부피를 V_2라 할 때, $V_1 : V_2$를 구하여라.

제 13 절   쪽지 모의고사 13회

문제 13.1 _____걸린시간 : _____ 분

아래 그림과 같이, 세 점 A, B, C는 원 O의 원주 위에 있다. ∠ABC의 이등분선과 원과의 교점을 D라 하고, 선분 BD와 AC의 교점을 E라 한다. 선분 BC위에 BF = EF가 되는 점 F를 잡고, FE의 연장선과 선분 AD의 교점을 G라 한다.

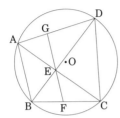

다음 물음에 답하여라.

(1) 삼각형 AEG와 삼각형 CDE가 닮음임을 보여라.

(2) AD = 4, AE = 2, EC = 3일 때, 삼각형 CDE의 넓이와 삼각형 DGE의 넓이의 비를 구하여라.

문제 13.2 _____걸린시간 : _____ 분

주머니 속에, 빨간색, 노란색, 파란색, 흰색의 구슬이 한 개씩 모두 4개가 들어있다. 이 중에서 무작위로 1개의 구슬을 꺼내서 색을 확인하고, 주머니 안에 넣는 조작을, 네 가지 색이 모두 나올 때까지 반복한다. 조작의 횟수를 n이라 한다.

(1) $n = 4$일 때, 구슬을 꺼내는 방법, $n = 5$일 때, 구슬을 꺼내는 방법은 각각 몇 가지인지 구하여라.

(2) $n = 8$일 때, 구슬을 꺼내는 방법의 수가 a개라고 한다. a의 값을 구하는데, 다음 순서대로 하여라.

(i) 7회의 조작 동안 흰색 구슬이 한번도 나오지 않는 방법(7회 모두 **빨간색** 구슬이 나오는 경우도 포함)의 경우의 수를 구하여라.

(ii) 7회의 조작 동안 나오는 색이 **빨간색**과 노란색 (모두, 적어도 1회는 나오는)뿐일 때의 경우의 수를 구하여라.

(iii) a의 값을 구하여라.

문제 13.3 _____ 걸린시간 : _____ 분

아래 그림과 같이, AB = 1, BC = 2인 직사각형 ABCD가 있다. 변 BC의 중점 O를 중심으로 하고, BC를 지름으로 하는 반원 O가 변 AD와 점 E에서 접한다. 또, 선분 OE의 중점 O′를 중심으로 하고, OE를 지름으로 하는 원 O′이 변 AD, BC와 점 E, O에서 접한다. 반원 O와 선분 AC의 교점을 P, 원 O′와 선분 AC의 교점 중 A에 가까운 점을 Q라 한다

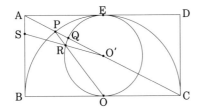

다음 물음에 답하여라.

(1) PQ의 길이를 구하여라.

(2) 원 O′와 선분 OP의 교점을 R이라 할 때, PR의 길이를 구하여라.

(3) 선분 O′R의 연장선과 변 AB의 교점을 S라 할 때, AS 의 길이를 구하여라.

문제 13.4 _____ 걸린시간 : _____ 분

아래 그림과 같이, 좌표평면 위에 네 점 A(2,1), B(5,1), C(6,3), D(3,3)을 꼭짓점으로 하는 평행사변형 ABCD가 있다. 점 (0,−2)를 지나 x축에 평행한 직선을 l이라 하고, 점 (0,4)를 지나 x축에 평행한 직선을 m이라 한다. 직선 l위에 왼쪽부터 세 점 P, Q, R을 잡고, 직선 m위에 왼쪽부터 세 점 S, T, U를 잡는다. P(1,−2), S(k,4)일 때, 직선 l, m위의 이웃한 점들 사이의 간격은 2이다. 그림은 $k = \dfrac{1}{2}$일 때의 상황을 나타낸 것이다.

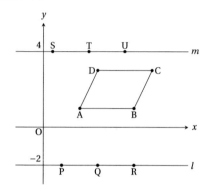

P, Q, R중 한 점과 S, T, U중 한 점을 선택하는 경우를 생각하자. 이때 선택된 두 점을 지나는 직선 n이라 한다. 다음 물음에 답하여라.

(1) $k = 0$일 때, 직선 n이 평행사변형 ABCD의 둘레 위를 지난다. 이와 같은 직선 n은 몇 가지가 있는가?

(2) $k = \dfrac{3}{2}$일 때, 직선 n이 평행사변형 ABCD의 넓이를 이등분할 확률을 구하여라.

제 14 절   쪽지 모의고사 14회

문제 14.1 _____걸린시간 : _____ 분
아래 그림과 같이, BC = 4cm, CD = 6cm, ∠BCD = 60°인 평
행사변형 ABCD가 있다. 두 대각선의 교점을 O라 하고, 변
AB위에 OB = OE가 되는 점 E를 잡는다.

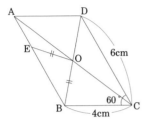

다음 물음에 답하여라.

(1) 평행사변형 ABCD의 넓이를 구하여라.

(2) 두 점 D, E를 선분으로 연결하고, ∠ADE를 크기를 구
하여라.

(3) 두 점 C, E를 선분으로 연결하고, 삼각형 COE와 삼각
형 CBE의 넓이의 비를 구하여라.

문제 14.2 _____걸린시간 : _____ 분

다음 물음에 답하여라.

(1) 다음과 같은 관계식이 성립한다.

$$\frac{1\cancel{9}}{\cancel{9}5} = \frac{1}{5}, \quad \frac{1\cancel{6}}{\cancel{6}4} = \frac{1}{4}, \quad \frac{4\cancel{9}}{\cancel{9}8} = \frac{4}{8}$$

이때, 아래 관계식이 성립하도록 A, B, C에 알맞은 숫자를 넣어라. 단, A, B, C는 모두 서로 다른 숫자이다.

$$\frac{A\cancel{B}}{\cancel{B}C} = \frac{A}{C}$$

(2) 다음과 같은 관계식이 성립한다.

$$1 + \frac{1}{2} + \frac{1}{3} = \frac{11}{6}$$

이때, 아래 관계식이 성립하도록 A, B, C에 알맞은 수를 넣어라. 단, A, B, C는 모두 서로 다른 수이다.

$$1 + \frac{1}{A} + \frac{1}{B} = \frac{111}{C}$$

문제 14.3 _____걸린시간 : _____ 분

아래 그림에서, 삼각형 ABC는 한 변의 길이가 $8\sqrt{3}$인 정삼각형이고, $\angle BAD = 90°$, $AD = 2$이다. 세 점 A, B, D를 지나는 원 O에서, 원 O와 변 BC, AC와의 교점을 각각 E, F라 한다. 변 AC와 선분 DE의 교점을 G라 한다.

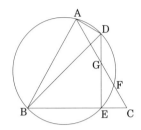

다음 물음에 답하여라.

(1) $\angle BDF$의 크기를 구하여라.

(2) 원 O의 반지름을 구하여라.

(3) $\angle DEB$, $\angle CGE$의 크기를 구하여라.

(4) 선분 DG의 길이를 구하여라.

(5) 선분 EG의 길이를 구하여라.

(6) 선분 BE의 길이를 구하여라.

문제 14.4 _____걸린시간 : _____ 분

좌표평면 위에, 삼각형 ABC가 있는데, A(2, 3), B(4, 13)이고, 점 C는, 점 A를 지나면서 기울기가 −1인 직선 l위에 있고, x좌표는 c $(c < -3)$이다. 점 D(−3, 6)를 지나고 삼각형 ABC과 만나는 직선 m의 기울기가 a이다. 이때, 삼각형 ABC를 y축에 의해 두 부분으로 나누었을 때, 점 C를 포함한 부분의 넓이를 S_1, 다른 부분의 넓이를 S_2라 하고, 삼각형 ABC를 직선 m에 의해 두 부분으로 나누었을 때, 점 C를 포함한 부분의 넓이를 T_1, 다른 부분의 넓이를 T_2라 하자. 다음 물음에 답하여라.

(1) $c = -6$일 때, a의 값의 범위와 $S_1 : S_2$를 구하여라.

(2) 직선 m이 점 B이 지나면, $S_1 : S_2 = T_1 : T_2$이 성립한다. 이때, C의 좌표와 $S_1 : S_2$를 구하여라.

제 15 절 쪽지 모의고사 15회

문제 15.1 _____걸린시간 : _____ 분
아래 그림과 같이, 삼각형 ABC의 내부에 한 점 P를 잡고, P
와 꼭짓점 A, B, C를 연결 하면, ∠PBC = 13°, ∠PCB = 30°,
∠PCA = ∠PAC = 17°이다.

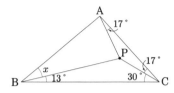

민우, 승우, 정우는 서로 다른 보조선을 이용하여 ∠PBA의
크기를 구하려고 한다.

(1) 민우는 아래 그림과 같이, 점 P를 변 BC에 대하여 대
    칭이동한 점을 Q라 잡고, 점 Q와 점 B, C, P를 연결
    하고, 각 a, b, c, x를 표시하고, △BPA ≡ △BPQ임을
    보여서 ∠PBA의 크기를 구했다. 민우의 풀이과정을
    완성하여라.

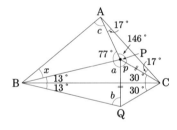

(2) 승우는 아래 그림과 같이 삼각형 PBC를 선분 PB를 축
    으로하여 대칭이동시킨 도형을 삼각형 PBD라 한 후,
    삼각형 DAP가 정삼각형임을 보이고, BD가 선분 AP
    의 수직이등분선임을 보여서, ∠PBA의 크기를 구했
    다. 승우의 풀이과정을 완성하여라.

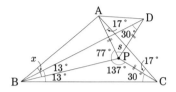

(3) 정우는 아래 그림과 같이 삼각형 PBC와 합동인 삼각
    형 PEA를 그린 후, 삼각형 PBE가 정삼각형임을 보인
    후, 점 B를 중심하고, 두 점 E, P를 지나는 원 위에 점
    A가 있음을 보여서, ∠PBA의 크기를 구했다. 정우의
    풀이과정을 완성하여라.

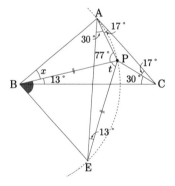

문제 15.2 _____걸린시간 : _____ 분

아래 그림과 같이 정육각형 ABCDEF가 있다. 처음에 점 P, Q, R은 각각 점 A, C, E에 위치해있다.

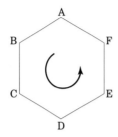

다음과 규칙으로 점 P, Q, R을 이동시킨다.

(가) 점 P, Q, R은 각각의 위치에서 정육각형의 각 꼭짓점을 반시계방향으로 1개씩 이동한다.

(나) 점 P, Q, R은 주사위를 던져서 나온 눈의 수만큼 (가)의 규칙에서 이동한다.

(다) 첫 번째 던져서 나온 눈은 점 P, 두 번째 던져서 나온 눈은 점 Q, 세 번째 던져서 나온 눈은 점 R을 이동하는 수로 결정한다.

다음 물음에 답하여라.

(1) 첫 번째 주사위를 던지고 난 후, 점 P가 점 Q 또는 점 R과 동일한 점으로 이동할 확률을 구하여라.

(2) 두 번째 주사위를 던지고 난 후, 점 P, Q, R이 모두 다른 점으로 이동할 확률을 구하여라.

(3) 세 번째 주사위를 던지고 난 후, 세 점 P, Q, R이 모두 같은 점으로 이동할 확률을 구하여라.

(4) 세 번째 주사위를 던지고 난 후, 세 점 P, Q, R 중 두 점만이 같은 점으로 이동하는 확률을 구하여라.

문제 15.3 ————————————걸린시간 : _____ 분

아래 그림에서, AD ∥ BC, AB = CB, ∠ABD = 10°, ∠CBD = 30°이다.

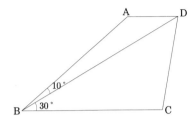

점 A를 BD에 대하여 대칭이동한 점을 A′라 한다. 다음 물음에 답하여라.

(1) ∠DAA′의 크기를 구하여라.

(2) ∠BCD의 크기를 구하여라.

문제 15.4 _____걸린시간 : _____ 분

아래 그림과 같이, 한 모서리의 길이가 1인 정육면체 ABCD-EFGH에서 모서리 FG, GH의 중점을 각각 P, Q라 하고, 선분 PQ의 중점을 T라 한다. 이 정육면체를 세 점 A, P, Q를 지나는 평면으로 절단하고, 절단면과 모서리 BF, DH와의 교점을 각각 R, S라 한다.

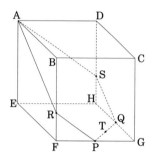

다음 물음에 답하여라.

(1) 선분 ET의 길이를 구하여라.

(2) BR : RF를 구하여라.

(3) 오각형 ARPQS를 직선 AT를 기준으로 1회전하여 얻어진 입체의 부피를 구하여라.

제 16 절 쪽지 모의고사 16회

문제 16.1 _____ 걸린시간 : _____ 분

$[n]$을 양의 정수 n의 양의 약수의 개수로 나타내기로 한다. 다음 물음에 답하여라.

(1) $[a] \times [b] = 4$일 때, $[ab]$의 값을 모두 구하여라.

(2) $[a] \times [b] = 8$일 때, $[ab]$의 값을 모두 구하여라.

문제 16.2 _____걸린시간 : _____ 분

그림과 같이, 길이가 4인 선분 AB를 지름으로 하는 원 위에, AC = 2인 점 C가 있고, 선분 BC를 지름으로 하는 원과 선분 AB의 교점을 D라 한다. 또, 선분 AC의 중점을 M, 직선 BM과 선분 CD, 호 AC와의 교점을 각각 E, F라 한다.

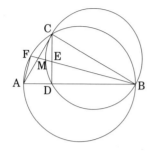

이때, 다음 물음에 답하여라.

(1) 선분 CE와 ED의 길이의 비를 구하라.

(2) 선분 AF의 길이를 구하여라.

(3) 삼각형 ADE와 삼각형 AFE의 넓이의 비를 구하여라.

문제 16.3 _____걸린시간 : _____ 분

인천국제공항 탑승구역의 A지점에서 B지점으로 향하는 길이 60m의 일정한 속도로 움직이는 무빙워크(수평형 에스컬레이터)가 있다. 이 무빙워크를 이용하는 사람은 두 줄로, 왼쪽 줄은 걷는 사람, 오른쪽 줄은 걷지 않는 사람이 이용한다. A지점에서 B지점까지 걸리는 시간은 걷는 사람은 30초, 걷지 않는 사람은 75초이다. 이때, 다음 물음에 답하여라.

(1) 무빙워크가 멈췄을 경우, 왼쪽 줄 사람이 A지점에서 B지점까지 걷는데 걸린 시간은 몇 초인가?

(2) 많은 사람이 두 줄로 나누어 무빙워크를 이용하다 9시 정각에 각 줄의 맨 앞 사람은 동시에 A지점을 출발하여 각각의 줄에서는 사람들이 일정한 간격을 유지하며, 그 간격은 왼쪽 줄이 오른쪽 줄보다 2m가 길다. 9시 5분에 각 줄의 사람이 동시에 B지점에 도달하고, 이 5분간 B지점에 도달한 사람의 수는 같았다. 이 5분간 B지점에 도달한 사람은 모두 몇 명인가? 또, B지점에 도달한 사람이 802명일 때의 시각은 시 몇 분 몇 초인가?

문제 16.4 _____걸린시간 : _____ 분

두 용기 A, B에 대하여, 용기 A에는 10%의 소금물 100g이, 용기 B에는 5%의 소금물 200g이 들어 있다. 이 두 용기에서 각각 xg의 소금물을 꺼낸 후, 용기 A에서 꺼낸 소금물은 용기 B에, 용기 B에 꺼낸 소금물은 용기 A에 넣고, 각각 혼합하는 작업을 한다. 다음 물음에 답하여라.

(1) 이 작업 후에 용기 A의 소금물에 들어 있는 소금의 양을 x를 사용하여 나타내어라.

(2) 이 작업 후, 용기 A의 소금물의 농도가 용기 B의 소금물의 농도의 1.5배가 될 때, x의 값을 구하여라.

제 17 절   쪽지 모의고사 17회

문제 17.1 _____걸린시간 : _____ 분

자연수 n에 대하여 양의 약수의 총합을 $S(n)$으로 나타내기로 한다. 예를 들어, $S(1) = 1$, $S(2) = 1 + 2 = 3$, $S(6) = 1 + 2 + 3 + 6 = 12$이다. 다음 물음에 답하여라.

(1) 50이하의 자연수 n에 대하여 $S(n) = 1 + n$을 만족하는 n의 최댓값을 구하여라.

(2) 50이하의 자연수 n에 대하여 $S(n) = 1 + \sqrt{n} + n$을 만족하는 n의 개수를 구하여라.

(3) $S(n) = n + 8$을 만족하는 n을 모두 구하여라.

문제 17.2 _____걸린시간 : _____ 분

그림과 같이, 한 모서리의 길이가 4cm인 정육면체 ABCD-EFGH가 있다. 세 점 P, Q, R은 각각 꼭짓점 A, B, G를 동시에 출발하여, P는 모서리 AB위를, Q는 모서리 BC 위를, R은 모서리 GC위를 각각 1초당 1cm의 속력으로 움직이고, 다른 편 꼭짓점에 도착하면 정지한다.

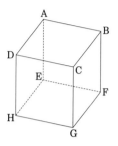

이때, 다음 물음에 답하여라.

(1) 세 점 P, Q, R을 지나는 평면으로 정육면체를 절단했을 때, 절단면을 생각한다. 출발한 지 2초가 지난 후, 절단면(다각형)의 둘레의 길이를 구하여라. 또, 출발한 지 몇 초가 지나면, 점 E가 절단면(다각형)의 꼭짓점이 되는가?

(2) 점 S가, P, Q, R과 동시에 점 H를 출발하여, 1초당 2cm의 속력으로 H → E → H로 모서리 HE의 위를 왕복한다. 출발 전 두 선분 PR과 QS가 만나고 있고, 출발 후 다시 만날 때는 출발한 지 몇 초가 지난 후인가?

문제 17.3 _____ 걸린시간 : _____ 분

두 이차함수 $y = 4x^2$, $y = -\frac{3}{8}x^2$과 두 직선 l, m이 있다. 아래 그림과 같이, 두 이차함수와 직선 l, m이 점 A, B, C, D에서 만나고, l과 m은 x축 위의 점 E에서 만난다. 점 A, E의 x좌표는 각각 -1, -4이고, 직선 m의 y절편이 -3이다. 다음 물음에 답하여라.

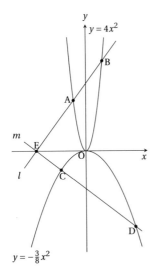

(1) 직선 l의 방정식과 점 D의 좌표를 구하여라.

(2) 삼각형 BED의 넓이를 구하여라.

(3) ∠BED의 이등분선을 n이라할 때, 직선 n의 방정식을 구하여라.

(4) 직선 BD와 직선 n의 교점을 F, 점 D에서 직선 n에 내린 수선의 발을 G라 할 때, 삼각형 DFG의 넓이를 구하여라.

문제 17.4 ─────────── 걸린시간 : _____ 분

다음 물음에 답하여라.

(1) 다섯 자리 수 $3a5b6$이 9로 나누어떨어지도록 하는 a, b의 쌍 (a, b)는 모두 몇 개인가?

(2) 네 개의 숫자 3, 4, 5, 6을 한 번씩 사용하여 만든 네 자리 수를 m이라 하고, m의 각 자리 수가 역순으로 이루어진 네 자리 수를 n이라 할 때, $m + n$은 반드시 p의 배수이다. 이를 만족하는 p의 최댓값을 구하여라.

(3) 세 자리 수 371, 553, 959의 각각에 대하여, 앞 두 자리로 만든 자연수에서 일의 자리 수의 2배를 빼면, $37 - 1 \times 2 = 35$, $55 - 3 \times 2 = 49$, $95 - 9 \times 2 = 77$이다. 이 수들은 모두 7로 나누어떨어진다. 일반적으로, 앞 두 자리로 만들어진 수에서 일의 자리 수의 2배를 뺀 수가 7로 나누어떨어지면, 원래의 세 자리 수도 7로 나누어떨어진다. 이때, 세 자리 수 n이 $n = 10a + b$ ($10 \le a \le 99$, $0 \le b \le 9$, a, b는 정수)일 때, 이 사실을 증명하여라.

제 18 절　쪽지 모의고사 18회

문제 18.1 _____걸린시간 : _____ 분

x, y, z가 소수이고, $2 \leq x \leq y \leq z < 20$을 만족한다. $S(x)$를 x의 양의 약수의 총합으로 나타내기로 한다.

(1) $S(xy) = 36$을 만족하는 x, y의 쌍 (x, y)를 모두 구하여라.

(2) $S(xyz)$의 값을 x, y, z를 사용하여 소인수분해 형태로 나타내어라.

(3) $S(x) + S(y) + S(z) = 36$일 때, $S(xyz)$의 값이 가장 1500에 가까울 때의 x, y, z의 쌍 (x, y, z)를 모두 구하여라.

문제 18.2 _____걸린시간 : _____ 분

한 변의 길이가 2인 정사각형 ABCD에 원이 내접한다. 변 AB, CD와의 접점을 각각 E, F라 하고, 선분 CE와 원과의 교점을 G라 한다. 다음 물음에 답하여라.

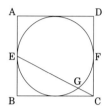

(1) CG의 길이를 구하여라.

(2) 삼각형 BGF의 넓이를 구하여라.

문제 18.3 —————————————걸린시간 : _____ 분

n은 1이상 8이하의 자연수이다. 자연수 a에 대하여, 일의 자리 숫자가 n이하이면, 버림을 하고, $n+1$이상이면 올림을 한 수를 $S_n(a)$로 나타낸다. 예를 들어, $S_4(75) = 80$, $S_5(75) = 70$ 이다. 다음 물음에 답하여라.

(1) $S_6(a) = 20$을 만족하는 자연수 a의 최솟값과 최댓값을 각각 구하여라.

(2) $S_4(a) + S_5(a) = 30$을 만족하는 자연수 a를 구하여라.

(3) $S_4(a) + S_5(a) + S_6(a) = 100$을 만족하는 자연수 a를 구하여라.

문제 18.4 _____걸린시간 : _____ 분

길이가 1인 선분 AB위에, 선분 AB의 2등분점을 표시한다. 다음으로, 선분 AB의 3등분점을 표시한다. 다음으로, 선분 AB의 4등분점을 표시한다. 같은 방법으로 5등분점, 6등분점, …을 표시한다.

(1) 3등분점까지 표시한 다음에, 4등분점을 표시할 때, 새롭게 추가한 점의 개수는 몇 개인가?

(2) 10등분점을 표시한 후, 선분 AB에 표시된 점의 개수는 모두 몇 개인가? 단, 끝점 A, B는 제외한다.

(3) 2022등분점까지 표시한 다음에, 2023등분점을 표시할 때, 새롭게 추가한 점의 개수는 몇 개인가?

제 19 절 쪽지 모의고사 19회

문제 19.1 _____ 걸린시간 : _____ 분
다음 물음에 답하여라.

(1) 자연수 n에 대하여, n을 6으로 나눈 나머지가 r이고, $n = 9r$이 성립할 때, n을 구하여라.

(2) 2046을 두 자리 수 n으로 나누면, 몫과 나머지가 같다. 이러한 n을 모두 구하여라.

(3) a를 11로 나눈 나머지가 7이고, 5로 나눈 나머지가 3이다. b를 11로 나눈 나머지가 8이고, 5로 나눈 나머지가 2이다. c를 11로 나눈 나머지가 9이고, 5로 나눈 나머지가 1이다. 이때, $a+b+c$를 55로 나눈 나머지를 구하여라.

문제 19.2 _____걸린시간 : _____ 분

모든 모서리의 길이가 2인 정사각뿔 O-ABCD가 있다. 이 정사각뿔을 모서리 BA, BC, BO의 각각의 중점 L, M, N을 지나는 평면으로 절단하고, 같은 방법으로 모서리 DA, DC, DO의 각각의 중점 P, Q, R을 지나는 평면으로 절단한다. 점 O를 포함한 입체를 V라 한다.

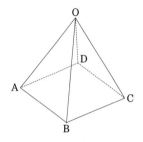

다음 물음에 답하여라.

(1) 입체 V의 부피를 구하여라.

(2) 모서리 OC의 중점을 K라 한다. 입체 V를 세 점 K, L, P를 지나는 평면으로 절단했을 때, 절단면의 넓이를 구하여라.

문제 19.3 _____걸린시간 : _____ 분

이차함수 $y = ax^2 \, (a > 0)$ 위의 두 점 A, B의 x좌표가 각각 -1, 3이다. 직선 AB의 기울기는 $\frac{1}{3}$일 때, 다음 물음에 답하여라.

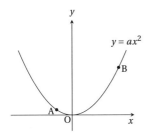

(1) a의 값과 직선 AB의 방정식을 구하여라.

(2) 삼각형 ABO와 삼각형 ABC의 넓이가 같을 때, 이차 함수 위의 점 C의 x좌표를 모두 구하여라. 단, 점 C는 원점 O와 다른 점이다.

(3) 두 점 A, B와 (2)에서 구한 모든 C의 점을 꼭짓점으로 하는 볼록다각형의 넓이를 구하여라.

문제 19.4 _____걸린시간 : _____ 분

승우는 숫자 $1, 2, 3, 4$가 적힌 카드 4장이 들어 있는 주머니에서 1개를 꺼내 숫자를 확인한 후, 다시 주머니에 다시 넣고, 다시 주머니에서 1개를 꺼내 숫자를 확인한다. 정우는 숫자 $1, 2, 3, 4, 5, 6$이 적힌 카드 6장이 들어 있는 주머니에서 1개를 꺼내 숫자를 확인한다. 승우는 꺼낸 카드의 숫자의 합을, 정우는 꺼낸 카드의 숫자를 각각 득점으로 한다. 다음 물음에 답하여라.

(1) 승우의 점수가 4점 이상일 확률을 구하여라.

(2) 정우의 점수가 승우의 점수보다 높을 확률을 구하여라.

제 20 절   쪽지 모의고사 20회

문제 20.1 _____ 걸린시간 : _____ 분

세 자리 자연수 x에서 x의 일의 자리 숫자와 백의 자리 숫자를 바꾼 세 자리 수 y가 있다. $x + y$가 21의 배수이고, $x > y$이다. 다음 물음에 답하여라.

(1) x의 십의 자리 숫자가 2이고, $x - y$가 24의 배수가 되는 x를 모두 구하여라.

(2) $x - y$가 21의 배수가 되는 x는 모두 구하여라.

문제 20.2 _____걸린시간 : _____ 분

그림과 같이, 이차함수 $y = \frac{1}{6}x^2$과 직선 $y = \frac{1}{3}x + \frac{1}{2}$의 교점을 A, B라 한다. 단, A의 x좌표가 B의 x좌표보다 작다. 이차함수 위의 점 C, y축 위의 점 D를 사각형 ABCD가 평행사변형이 되도록 잡는다. 이때, 다음 물음에 답하여라.

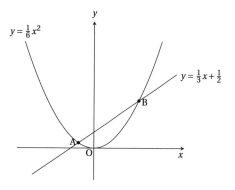

(1) 두 점 A, B의 좌표를 각각 구하여라.

(2) 두 점 C, D의 좌표를 각각 구하여라.

(3) 원점을 지나는 직선이 평행사변형 ABCD의 넓이를 이등분할 때, 이 직선의 방정식을 구하여라.

(4) 이차함수 위의 점 P에 대하여, 평행사변형 ABCD의 넓이와 삼각형 PAB의 넓이가 같을 때, 점 P의 x좌표를 구하여라.

문제 20.3 _____걸린시간 : _____ 분

다음 물음에 답하여라.

(1) 그림과 같이, AB를 지름으로 하고 반지름이 1인 원의 둘레 위에 두 점 C, D가 있고, AB와 CD의 교점을 E라 한다. $AC = \sqrt{2}$, $AD = \sqrt{3}$일 때, $\angle AEC$의 크기를 구하여라.

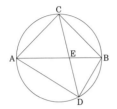

(2) 그림과 같이, $CA = CB = a$, $AB = 4$인 이등변삼각형 ABC와 $CD = CE = a$인 이등변삼각형 CDE가 있다. 세 점 B, C, D의 순서로 한 직선 위에 있고, 점 E는 $\angle ABC$의 이등분선 위에 있다. AD와 BE의 교점을 F라 하고, $AF = 3$이다. 이때, a의 값을 구하여라.

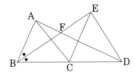

문제 20.4 _____ 걸린시간 : _____ 분

10이상의 자연수 x에 대하여, $[x]$를 다음과 같이 정의한다.

  (가) x의 각 자리 수의 합이 9이하이면, 그 합을 $[x]$라 한다.

  (나) x의 각 자리 수의 합이 10이상이면, 그 합의 각 자리 수의 합을 구한다.

  (다) (나)에서 구한 합이 10이상이면, (나)를 반복한다.

  (라) (다)에서 구한 합이 9이하이면, 그 합을 $[x]$라 한다.

예를 들어, $x = 15$이면, $1 + 5 = 6$이므로 $[15] = 6$이다. $x = 586$이면, $5 + 8 + 6 = 19$, $1 + 9 = 10$, $1 + 0 = 1$이므로 $[586] = 1$이다. 다음 물음에 답하여라.

  (1) $[2019]$를 구하여라.

  (2) $[x] = 5$인 두 자리 자연수는 모두 몇 개인가?

제 21 절　쪽지 모의고사 21회

문제 21.1 _____ 걸린시간 : _____ 분

모양도 크기도 같은 반지름이 1cm인 원반이 많이 있다. [그림1]과 같이, 세로 m장, 가로 n장(m, n은 3이상의 자연수)의 직사각형 모양으로 배열한다. 이때, 4개의 모서리에 있는 원반의 중심을 연결하여 만든 도형은 직사각형이다. 또한 [그림2]와 같이 각각의 원반은 ×로 표시한 점에서 다른 원반과 접하는 원반의 장수를 적는다. 예를 들어, [그림2]는 $m = 3$, $n = 4$의 직사각형 모양으로 원반을 배열한 것으로 원반 A에는 2장의 원반이 접하기 때문에, 원반 A에 2는 적는다. 같은 방법으로, 원반 B에는 3을 적고, 원반 C에 4를 적는다. 더욱이, $m = 3$, $n = 4$의 직사각형 모양으로 원반을 배열하고, 모든 원반에 다른 원반하고 접하는 장수를 각각 적으면, [그림3]과 같다.

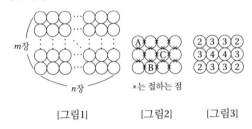

[그림1]　　　[그림2]　　　[그림3]

(1) $m = 4$, $n = 5$일 때, 3이 적힌 원반의 장수를 구하여라.

(2) $m = 5$, $n = 6$일 때, 원반에 적힌 수의 합을 구하여라.

(3) $m = x$, $n = x$일 때, 원반에 적힌 수의 합이 440일 때, x의 값을 구하여라.

(4) $m = a + 1$, $n = b + 1$일 때, 원반을 [그림1]과 같이 배열한다. 4개의 모서리에 있는 원반의 중심을 연결하여 만든 직사각형의 넓이가 780cm^{2}일 때, 4가 적힌 원반의 개수의 최댓값을 구하여라. 단, a와 b는 2이상의 자연수이고, $a < b$이다.

문제 21.2 ————————————— 걸린시간 : _____ 분

그림과 같이, 밑면은 한 변의 길이가 13cm인 정사각기둥 ABCD-EFGH의 내부에 반지름이 5cm인 구 O_1과 반지름이 4cm인 구 O_2가 서로 접하면서 들어 있다. O_1은 면 ABCD, 면 ABFE, 면 ADHE에, O_2는 면 BCGF, 면 CDHG, 면 EFGH에 각각 접할 때, 다음 물음에 답하여라.

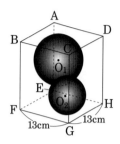

(1) AC의 길이를 구하여라.

(3) AE의 길이를 구하여라.

(2) 이 입체를 네 점 A, C, G, E를 지나는 평면으로 절단했을 때, 절단면은 다음 중 무엇인가?

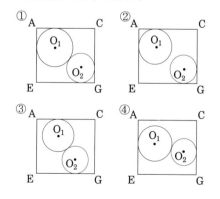

문제 21.3 ———————걸린시간 : _____ 분

[그림1]은 6×6의 격자점으로 이루어진 정사각격자이고, [그림2]은 4 × 4이 격자점으로 이루어진 정사각격자이다. 또한 그림과 같이 각각의 정사각격자에서 출발점은 S, 도착점은 G이다. 점 P를 조작하여, 출발점 S에서 도착점 G로 이동시키는 방법을 생각한다. 점 P는 한 번 조작으로 상하좌우의 이웃한 격자점으로 이동한다. 점 P는 이동하는 도중에 S점과 G점을 여러번 지나갈 수 있으나, 정사각격자 밖으로는 나갈 수 없다.

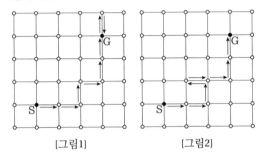

[그림1]   [그림2]

[그림1]의 화살표 배열 "→→↑→↑↑↑↓"이고, [그림2]의 화살표 배열 "→→↑←→→↑↑"으로, 각각 검은점 S에서 검은점 G로 8번 조작으로 이동한 예이다. 이때, 다음 물음에 답하여라.

(1) [그림1]에서 S에서 G로 6번 조작으로 이동하는 방법의 수를 구하여라.

(2) [그림1]에서 S에서 G로 8번 조작으로 이동하는 방법의 수를 구하여라.

(3) [그림2]에서 S에서 G로 8번 조작으로 이동하는 방법의 수를 구하여라.

문제 21.4 _____걸린시간 : _____ 분

그림과 같이, ∠A = 60°, ∠B = 50°인 △ABC와 △ABC의 세 변에 접하는 원이 있다. 원과 변 BC, CA, AB와 접하는 점을 각각 D, E, F라 하고, 원의 중심을 I라 한다. 또, 선분 AI와 ED 의 연장선의 교점을 G라 한다.

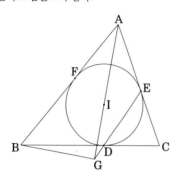

(1) ∠IGE의 크기를 구하여라.

(2) ∠DBG의 크기를 구하여라.

제 22 절   쪽지 모의고사 22회

문제 22.1 ──────────걸린시간 : _____ 분

x, y는 각각 100미만의 자연수이다. $s(x)$는 x^2의 일의 자리 수를, $c(x)$는 x^3의 일의 자리 수를 나타낸다고 한다. 예를 들어, $s(4) = 6$, $c(13) = 7$이다.

(1) $s(x) = 1$을 만족하는 x는 모두 몇 개인가?

(2) $s(x) + c(y) = 10$을 만족하는 x, y의 쌍 (x, y)는 모두 몇 개인가?

(3) $s(2x + 1) + c(2y + 1) = 10$을 만족하는 x, y의 쌍 (x, y)는 모두 몇 개인가?

문제 22.2 _____걸린시간 : _____ 분

좌표평면 위에 이차함수 $y = \frac{1}{2}x^2$과 이 이차함수 위의 네 점 A, B, C, D가 다음 (가), (나), (다)를 만족한다.

(가) 점 A의 x좌표는 1이다.

(나) AD∥BC이다.

(다) AB의 기울기는 2이고, CD의 기울기는 −3이다.

이때, 다음 물음에 답하여라.

(1) 점 B, C, D의 x좌표를 각각 구하여라.

(2) 두 직선 AB와 CD의 교점을 E라 한다. 또, 점 A ~ E에서 x축에 내린 수선의 발을 각각 A′ ~ E′라 한다. 이때, 선분비 E′A′ : E′D′와 E′B′ : E′C′를 가장 간단한 자연수의 비로 나타내어라.

(3) 원점 O를 지나고, 사다리꼴 ABCD의 넓이를 이등분하는 직선의 기울기를 구하여라.

문제 22.3 ───────────────걸린시간 : ──────── 분

그림과 같이 한 변의 길이가 6인 정삼각형 ABC에서, 변 BC 위를 점 B에서 점 C로 움직이는 점 P가 있다. 이 점 P에 대하여 AP를 한 변으로 하는 정사각형 APQR을 그림과 같이 그린다. 점 P가 점 B와 일치할 때의 정사각형을 $AP_0Q_0R_0$이 다. 이때, 다음 물음에 답하여라.

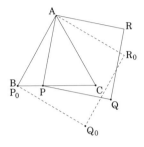

(1) 점 A와 점 Q_0, 점 A와 점 Q, 점 Q_0와 점 Q를 각각 연결한다. $\triangle ABP$와 $\triangle AQ_0Q$가 닮음임을 보여라.

(2) 점 P가 점 B에서 점 C로 이동할 때, 점 Q의 움직인 도형의 길이를 구하여라.

(3) 점 P가 점 B에서 점 C로 이동할 때, 정사각형 APQR의 둘레와 내부가 지나는 부분의 넓이를 구하여라.

문제 22.4 _____ 걸린시간 : _____ 분

자연수를 2개 이상의 연속한 자연수의 합으로 나타내려고 한다. 예를 들어, 42를 $3+4+5+\cdots+9$와 같이 2개 이상의 연속한 자연수의 합으로 나타낸다. 다음 물음에 답하여라.

(1) 2020을 2개 이상의 연속한 자연수의 합으로 나타내는 방법을 모두 구하여라.

(2) a는 0이상의 정수일 때, 2^a을 2개 이상의 연속한 자연수의 합으로 나타낼 수 없음을 보여라.

(3) a, b는 자연수일 때, $2^a(2b+1)$을 2개 이상의 연속한 자연수의 합으로 나타낼 수 있음을 보여라.

제 23 절   쪽지 모의고사 23회

문제 23.1 _____걸린시간 : _____ 분

JK와 중딩메시는 1에서 13까지의 수가 한 개씩 적힌 13장의 카드를 사용하여 게임을 한다. 우선, JK는 세 장의 카드를 뽑고, 다음에 나머지 카드에서 중딩메시가 세 장의 카드를 뽑는다. JK와 중딩메시는 각각 뽑은 세 장의 카드에 적힌 수의 합을 계산한다. 뽑은 세 장이 모두 홀수 일 때는 합의 두 배를 득점으로 하고, 모두 짝수이면 합의 절반을 득점으로 하고, 나머지의 경우는 합을 득점으로 한다. 예를 들어, 1, 3, 5의 카드를 뽑으면 득점은 (1 + 3 + 5) × 2 = 18점이고, 4, 6, 8의 카드를 뽑으면 득점은 (4 + 6 + 8) ÷ 2 = 9점이고, 2, 3, 4의 카드를 뽑으면 득점은 2 + 3 + 4 = 9점이다. 이때, 다음 물음에 답하여라.

(1) 이 게임의 최고득점과 최저득점을 각각 구하여라.

(2) JK의 득점이 30점일 때, 카드의 조합은 모두 몇 가지인가?

(3) JK가 3, 5, 7의 카드를 뽑았을 때, 중딩메시가 JK보다 높은 득점의 카드 조합은 모두 몇 가지인가?

문제 23.2 _____걸린시간 : _____ 분

네 개의 정수 x, y, z, w의 곱 $xyzw$을 생각한다.

(1) $xyzw = 1$을 만족하는 정수쌍 (x, y, z, w)은 모두 몇 개인가?

(2) $0 < x \le y \le z \le w$이고, $xyzw = 16$을 만족하는 정수쌍 (x, y, z, w)은 모두 몇 개인가?

(3) $xyzw = 16$을 만족하는 정수쌍 (x, y, z, w)은 모두 몇 개인가?

문제 23.3 ────────────걸린시간 : ───── 분

원형의 테이블 주위에 빨간의자 m개와 파란의자 n개를 일정한 간격으로 배열하는 방법을 생각한다. 단, 같은 색의 의자는 구별되지 않으며, 회전하여 배열이 같으면, 같은 배열하는 방법으로 본다. 이때, 다음 물음에 답하여라.

(1) $m = 10$, $n = 2$일 때, 의자를 배열하는 방법은 모두 몇 가지인가?

(2) $m = 8$, $n = 4$일 때, 파란의자 맞은 편에는 반드시 파란의자를 배열하는 방법은 모두 몇 가지인가?

(3) $m = 9$, $n = 3$일 때, 의자를 배열하는 방법은 모두 몇 가지인가?

문제 23.4 ————————————— 걸린시간 : _____ 분

다음 물음에 답하여라.

(1) [그림1]와 같이 사각형 ABCD의 두 대각선의 교점을
O라 한다. △ADO, △ABO, △BCO, △CDO의 넓이가
각각 10, 15, 18, '가'일 때, '가'를 구하여라.

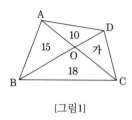

[그림1]

(3) [그림3]과 같이 육각형 ADEFGH의 대각선 AE, DH
의 교점을 O라 하고, FO의 연장선과 GO의 연장선이
변 AB와 각각 점 B, C에서 만난다. △ABO, △BCO,
△CDO, △DEO, △EFO, △EFO, △FGO, △GHO,
△HAO의 넓이를 각각 4, 2, 3, '다', 6, 9, 8, 12일 때, '다'
를 구하여라.

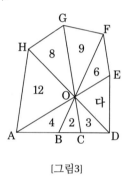

[그림3]

(2) [그림2]와 같이 육각형 ABCDEF의 세 대각선 AD, BE,
CF이 한 점 O에서 만난다. △ABO, △BCO, △CDO,
△DEO, △EFO, △EFO, △FAO의 넓이가 각각 15, 12,
24, 28, 7, '나'일 때, '나'를 구하여라.

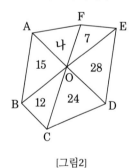

[그림2]

제 24 절 쪽지 모의고사 24회

문제 24.1 _____걸린시간 : _____ 분

아래 그림과 같이 정육각형을 36개의 작은 삼각형의 구역으로 나누고, 몇 개의 작은 삼각형에 색을 칠한다. 이 정육각형을 다음의 규칙으로 이동하는 조작을 시행한다.

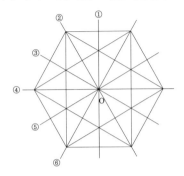

A : 점 O를 중심으로 시계방향으로 60°회전한다.

B : 점 O를 중심으로 시계방향으로 120°회전한다.

C : 점 O를 중심으로 반시계방향으로 60°회전한다.

D : 점 O를 중심으로 반시계방향으로 120°회전한다.

E : 점 O에 대하여 대칭이동한다.

F : 직선 ①에 대하여 대칭이동한다.

G : 직선 ②에 대하여 대칭이동한다.

H : 직선 ③에 대하여 대칭이동한다.

I : 직선 ④에 대하여 대칭이동한다.

J : 직선 ⑤에 대하여 대칭이동한다.

K : 직선 ⑥에 대하여 대칭이동한다.

조작 A부터 K까지 시행하는 문자를 나열하여 나타낸다. 예를 들어, [그림1]에서 조작 A, E, C을 연속적으로 시행한 것을 조작 AEC로 나타내고, 조작 AEC를 시행한 결과는 [그림2]와 같다. 단, 같은 조작을 두 번 이상 시행해도 상관없다.

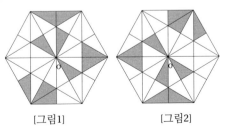

[그림1]   [그림2]

(1) [그림1]의 상태에서, 조작 JA를 시행한 결과를 아래의 그림에 나타내어라.

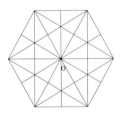

(2) [그림1]의 상태에서, 조작 HEK를 시행한 결과를 아래의 그림에 나타내어라.

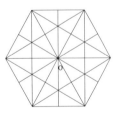

(3) [그림1]의 상태에서, 조작 GB를 시행한다. [그림1]의 상태에서 1회의 조작으로 동일한 결과를 얻으려고 할 때, 이 조작으로 시행할 수 있는 것을 기호로 답하여라.

문제 24.2 _____ 걸린시간 : _____ 분

자연수 a, b, c가 $a : b = 3 : 2$, $a : c = 5 : 2$를 만족한다. a, b, c의 최대공약수를 g, 최소공배수를 l이라 할 때, 다음 물음에 답하여라.

(1) $a : b : c$를 가장 간단한 자연수의 비로 나타내어라.

(2) l과 $a^2 + b^2 + c^2$를 각각 g를 사용하여 나타내어라.

(4) [그림1]의 상태에서 3회의 조작을 시행한 결과, [그림1]의 상태로 되돌아간다. 첫번째 조작이 B일 때, 조작하는 방법은 모두 몇 가지인가?

(3) 자연수 d, e, f가 $d \geq e \geq f$, $d^2 + e^2 + f^2 = a^2 + b^2 + c^2$를 만족한다. $g = 6$일 때, (d, e, f)의 쌍 하나를 구하여라. 단, $(d, e, f) \neq (a, b, c)$이다.

나는 푼다, 고로 (영재학교/과학고) 합격한다.

문제 24.3 _____ 걸린시간 : _____ 분

100개의 구슬을 정사각형 모양의 배열하고, 가위바위보를 이긴 사람이 주사위를 던져서 나온 눈만큼 JK는 왼쪽부터, 중딩메시는 위에서부터 열(행)을 가져가는 게임을 한다. 모든 구슬이 없어지면 종료하고, 가져간 구슬의 개수로 승패를 결정한다. 예를 들어, 가위바위보에서 JK, 중딩메시, JK 순으로 이기고, 주사위는 5, 3, 6으로 나오면 아래 그림과 같이 구슬을 가져가고, 85대 15로 JK가 70개 차의 승리로 게임이 끝난다. 마지막에 JK가 가져가는 열이 1열이 부족하지만, 이 것은 가져갈 수 있는 열이 남아 있지 않기 때문이다. 단, 두 사람이 가위바위보에서 어떤 손을 내서 이겼는지는 고려하지 않는다.

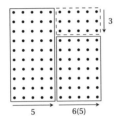

(1) 가위바위보에서 JK, 중딩메시, 중딩메시, JK, 중딩메시가 이기고, 주사위는 4, 3, 4, 3, 5가 나올 때, 누가 몇 개 차의 승리를 하는가?

(2) 두 번의 가위바위보로 게임이 종료했을 때, 가위바위보의 승패와 주사위의 눈이 나오는 방법의 수는 모두 몇 가지인가?

(3) 세 번의 가위바위보로 게임이 종료하고, JK가 40개 차의 승리를 할 때, 가위바위보의 승패와 주사위의 눈이 나오는 방법의 수는 모두 몇 가지인가?

문제 24.4 _____ 걸린시간 : _____ 분

아래 그림은, 한 모서리의 길이가 10cm인 정육면체에서 2개의 삼각기둥을 제거하고 남은 입체의 전개도이다. 굵은 선 부분은 절단하고, 점선 부분은 접어서 입체를 만든다.

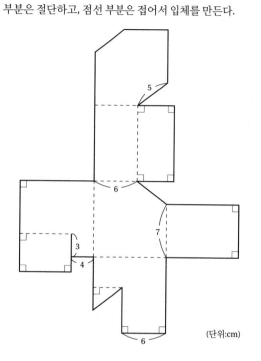

(단위:cm)

(1) 이 입체의 부피를 구하여라.

(2) 이 입체의 겉넓이를 구하여라.

제 25 절   쪽지 모의고사 25회

문제 25.1 ────────────걸린시간 : _____ 분

S, I, C, E, N, C, E의 문자가 적힌 카드가 각각 한 장씩 모두 일곱 장이 있다. 이 카드를 사용하여, 왼쪽부터 일렬로 나열하여 문자열을 만든다. 만들어진 여러 가지의 종류의 문자를, 알파벳 순서로 나열한다. 이때, n번째 문자열을 a_n이라 하면,

$$a_1 : \text{CCEEINS}$$
$$a_2 : \text{CCEEISN}$$
$$a_3 : \text{CCEENIS}$$
$$a_4 : \text{CCEENSI}$$
$$a_5 : \text{CCEESIN}$$
$$\vdots$$

이다.

(1) 만들어진 문자열은 모두 몇 가지인가?

(2) a_{500}은 무엇인가?

(3) "a_n : SCIENCE"일 때, n을 구하여라.

문제 25.2 _____걸린시간 : _____ 분

그림과 같이 한 변의 길이가 6인 정육면체 ABCD-EFGH가
있다. 모서리 AE위에 AI : IE = 1 : 1인 점 I, 모서리 EF위에
EJ : JF = 2 : 1인 점 J, 모서리 EH위에 EK : KH = 2 : 1인 점 K를
잡는다. 또, 두 직선 AJ, IF의 교점을 L, 두 직선 AK, IH의 교
점을 M, 두 직선 FK, HJ의 교점을 N이라 할 때, 다음 물음에
답하여라.

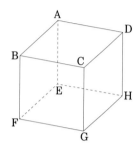

(1) △JNK의 넓이를 구하여라.

(3) 일곱 개의 점 E, I, J, K, L, M, N를 꼭짓점으로 하는 오
    목하지 않은 다면체의 부피를 구하여라.

(2) 삼각뿔 AILM의 부피를 구하여라.

문제 25.3 _____걸린시간 : _____ 분

쌓여있는 n장의 카드를 위에서부터 순서대로 다음의 방법으로 이용하여 과부족없이(남거나 부족하지 않게) 카드를 가져가는 방법으로 생각한다.

    A : 한 번에 한 장을 가져간다.

    B : 한 번에 두 장을 가져간다.

    C : 한 번에 세 장을 가져간다.

쌓여있는 n장의 카드를 과부족없이 가져가는 방법의 수를 a_n이라 한다. 예를 들어, $n = 4$일 때, 첫 번째에 방법A, 두 번째에 방법A, 세 번째에 방법B를 하면 4장을 과부족없이 가져갈 수 있고, 이를 AAB로 나타낼 수 있다. 4장의 카드를 과부족없이 가져가는 방법은

$$AAAA, AAB, ABA, BAA, AC, CA, BB$$

의 7가지이다. 그러므로 $a_4 = 7$이다. 이때, 다음 물음에 답하여라.

  (1) a_1, a_2, a_3을 구하여라.

  (2) $n \geq 4$일 때, a_n을 a_{n-1}, a_{n-2}, a_{n-3}을 사용하여 나타내어라.

  (3) a_{10}을 구하여라.

  (4) "방법C를 연속하여 사용할 수 없다."는 규칙이 추가되었을 때, 쌓여있는 10장의 카드를 과부족없이 가져가는 방법의 수를 구하여라.

문제 25.4 _____ 걸린시간 : _____ 분

그림과 같이, 한 직선 위의 세 점 A, B, C에 대하여, AB, AC, BC를 지름으로 하는 원을 각각 원 O, 원 P, 원 Q라 한다. 원 P 위의 점 D에 대하여 AD가 원 Q와 점 T에서 접한다. AB = 4, BC = 12, ∠DAB = $x°$일 때, 다음 물음에 답하여라.

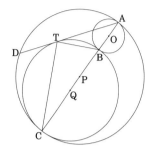

(1) DT의 길이를 구하여라.

(2) BT의 길이를 구하여라.

(3) ∠ACT를 x를 사용하여 나타내어라.

제 26 절   쪽지 모의고사 26회

문제 26.1 —————————— 걸린시간 : ———— 분

다음 규칙에 따라 1부터 6까지의 숫자를 하나씩 정사각형에 넣는다.

- 가로로 나열된 숫자는 오른쪽의 숫자가 왼쪽의 숫자 보다 크다.

- 세로로 나열된 숫자는 아래의 숫자가 위의 숫자보다 크다.

(1) 아래 그림과 같이 6개의 정사각형을 이용하여 만든 도형에 규칙에 맞게 1에서 6까지의 숫자를 넣는 방법 은 모두 몇 가지인가?

(2) 아래 그림과 같이 6개의 정사각형을 이용하여 만든 도형에 규칙에 맞게 1에서 6까지의 숫자를 넣는 방법 은 모두 몇 가지인가?

문제 26.2 _____걸린시간 : _____ 분

그림과 같이 반지름이 20cm인 원 X, 반지름이 5cm인 원 Y, 반지름이 5cm인 원 Z가 있다. 원 Y는 원 X의 안쪽에 있고 원 Z는 원 X의 바깥쪽에 있다. 선분 AB는 원 X의 지름이고, 점 P, Q는 각각 원 Y, Z의 둘레 위에 있다.

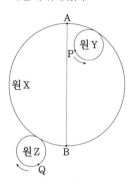

원 Y는 두 점 P, A가 겹치는 곳에서 출발하여 원 X의 둘레를 미끄러짐없이 회전하고 화살표 방향으로 움직인다. 원 Z는 두 점 Q, B가 겹치는 곳에서 출발하여 원 X의 둘레를 미끄러짐없이 회전하고 화살표 방향으로 움직인다. 원 Y와 원 Z는 동시에 움직이기 시작했고, 원 Y가 움직이기 시작하면서 점 P가 점 A와 처음 겹치기까지 24초가 걸렸다. 원 Z가 움직이기 시작하면서 점 Q가 점 B와 처음 겹치기까지 56초가 걸렸다.

(1) 네 점 A, B, P, Q를 꼭짓점으로 하는 사각형이 처음으로 정사각형이 되는 것은 원 Y와 원 Z가 움직이기 시작한 지 몇 초 후인가?

(2) 원 X의 중심, 원 Y의 중심, P, Q의 네 점이 처음으로 한 직선 위에 있는 것은 원 Y와 원 Z가 움직이기 시작한 지 몇 초 후인가?

문제 26.3 _____걸린시간 : _____ 분

그림과 같이, 한 변의 길이가 4인 정삼각형 ABC에서 두 꼭짓점 A, B가 함수 $y = \frac{\sqrt{3}}{3}x^2$ 위에 있다.

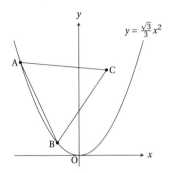

정삼각형 ABC가 움직일 때, 다음 물음에 답하여라.

(1) 변 AB가 x축에 평행할 때, 점 C의 좌표를 구하여라.

(2) 변 CA가 x축에 평행할 때, 점 A의 좌표를 구하여라.

(3) 변 CA가 x축에 평행할 때, 꼭짓점 A, B, C의 위치를 각각 A_1, B_1, C_1이라 하고, 변 BC가 x축에 평행할 때, 꼭짓점 A, B, C의 위치를 각각 A_2, B_2, C_2라 한다. 정삼각형 $A_1B_1C_1$과 정삼각형 $A_2B_2C_2$가 겹치는 부분의 넓이를 구하여라.

문제 26.4 _____걸린시간 : _____ 분
다음 물음에 답하시오.

(1) 그림과 같이, 정사각형의 변을 이등분하는 점과 꼭짓점을 연결하여 생긴 내부의 정사각형의 넓이는 큰 정사각형의 넓이의 몇 배인가?

(2) 그림과 같이, 정삼각형의 변을 삼등분하는 점과 꼭짓점을 연결하여 생긴 내부의 정삼각형의 넓이는 큰 정삼각형의 넓이의 몇 배인가?

(3) 그림과 같이, 정사각형의 변을 이등분하는 점과 꼭짓점을 연결하여 생긴 내부의 정팔각형의 넓이는 큰 정사각형의 넓이의 몇 배인가?

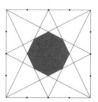

(4) 그림과 같이, 정삼각형의 변을 삼등분하는 점과 꼭짓점을 연결하여 생긴 내부의 육각형의 넓이는 큰 정삼각형의 넓이의 몇 배인가?

(5) 그림과 같이, 정육각형의 변을 이등분하는 점과 꼭짓점을 연결하여 생긴 내부의 정육각형의 넓이는 큰 정육각형의 넓이의 몇 배인가?

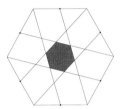

(6) 그림과 같이, 정삼각형의 변을 이등분하는 점과 꼭짓점을 연결하여 생긴 내부의 정십이각형의 넓이는 큰 정육각형의 넓이의 몇 배인가?

제 27 절   쪽지 모의고사 27회

문제 27.1 _____걸린시간 : _____ 분
부라퀴는 수학 문제를 매일 몇 문제씩 푼다. 다 풀고 나면 채점을 해서 정답률(푼 문제 수에 대한 맞은 문제 수의 비율)을 계산한다. 예를 들어, 10문제를 풀어서 4문제가 맞았을 때의 정답률은 0.4이다.

(1) 7월 1일부터 7월 15일까지 15일 동안의 정답률은 0.6이었다. 7월 16일에 21문제를 풀어서 17문제가 맞은 문제여서 16일 동안의 정답률은 0.625가 되었다. 7월 1일부터 7월 15일까지 풀었던 문제는 몇 문제인가?

(2) 9월 초에는 수학 시험이 있어서 8월 동안 300문제를 풀었다. 8월 1일부터 8월 24일까지 201문제 이상 풀었고, 24일 동안의 정답률은 0.65이어서, 마지막 일주일간 8월의 정답률을 정확하게 0.7로 끌어 올렸다. 마지막 일주간의 정답률로 가능한 것을 모두 구하여라.

문제 27.2 ────────── 걸린시간 : _____ 분

10×10의 정사각형 칸이 모두 검은돌로 채워져 있다. (예)와 같이, 가로, 세로, 기울기가 1 또는 -1인 직선에 위에 있는 두 개의 돌을 선택해서 흰돌로 바꾸고, 두 돌 사이에 있는 검은 돌을 모두 흰돌로 바꾼다.

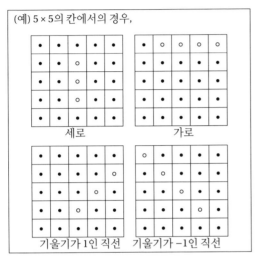

(1) 10×10의 칸에 흰돌의 개수가 k개가 되도록 두 개의 돌을 선택하는 방법이 112가지일 때, k의 값은? 단, $k \geq 3$이다.

(2) $n \times n$의 칸에 흰돌의 개수가 3개가 되도록 두 개의 돌을 선택하는 방법이 224가지일 때, n의 값은?

문제 27.3 _____걸린시간 : _____ 분

그림과 같이, 좌표평면 위에 함수 $y = \frac{1}{3}x^2$ 위의 두 점 A, B 에 대해서, 직선 OA와 직선 OB가 수직이다. 세 점 O, A, B를 지나는 원과 x축과의 교점 중 원점 O가 아닌 점을 C라 한다. $\angle ABC = 30°$이고, 직선 AB와 x축과의 교점을 D라 한다. 단, 점 A, B, C의 x좌표의 부호는 각각 양, 음, 음이다.

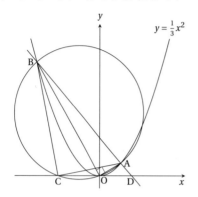

(1) $\angle AOD$의 크기를 구하여라.

(2) 점 A, B의 좌표를 구하여라.

(3) 점 C의 좌표를 구하여라.

문제 27.4 _____ 걸린시간 : _____ 분

그림과 같이, 부피가 900이고, 밑면이 정육각형인 육각기둥 ABCDEF-GHIJKL이 있다. 점 M을 삼각형 MGH와 삼각형 MIJ의 넓이의 비가 3 : 2가 되도록 모서리 LK위에 잡는다.

(1) 선분 LM와 MK의 길이의 비를 구하여라.

(2) 세 점 A, E, M을 지나는 평면으로 육각기둥을 절단했을 때, 점 F를 포함한 입체의 부피를 구하여라.

제 28 절 쪽지 모의고사 28회

문제 28.1 _____걸린시간 : _____ 분

남학생 20명, 여학생 21명에게 수학 테스트를 실시하여 나온 결과가 다음과 같다.

- 여학생 중 최고점은 82점, 최저점은 40점이다.

- 여학생의 점수를 높은 순서부터 나열했을 때, 11번째 점수는 61점이다.

- 남학생 중 최고점은 80점, 최저점은 44점이다.

- 남학생의 점수를 높은 순서부터 나열했을 때, 10번째와 11번째 점수의 합계는 130점이다.

단, 점수를 높은 순서대로 나열했을 때 80점, 70점, 70점, 60점과 같이 같은 점수가 2명 이상 있을 때는 첫 번째는 80점, 두 번째는 70점, 세 번째는 70점, 네 번째는 60점이라고 한다.

(1) 여학생과 남학생을 합친 41명의 평균이 가장 높을 때, 여학생과 남학생의 점수의 총합은 몇 점인가?

(2) 여학생의 평균이 남학생의 평균보다 8점이 높을 때, 65점 이상인 학생은 최대 몇 명인가?

문제 28.2 _____ 걸린시간 : _____ 분
다음 물음에 답하여라.

(1) 그림과 같이, 넓이가 60인 정사각형과 넓이가 34인 정사각형 여러 개를 붙인 후, 각각의 정사각형의 중심(대각선의 교점)을 연결하여 색칠한 팔각형을 만든다. 이 색칠한 팔각형의 넓이를 구하여라.

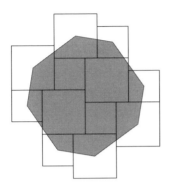

(2) 그림과 같이, 직사각형 ABCD의 변 BC, CA, DA 위에 점 E, F, G를 잡으면, 사각형 ABEG는 한 변의 길이가 10인 정사각형이고, 호 BGF의 중심이 E이다. BF = 16일 때, 직사각형 ABCD의 넓이를 구하여라.

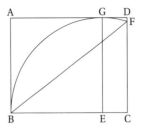

문제 28.3 _____ 걸린시간 : _____ 분

[그림1]과 같이 한 변의 길이가 6인 정사각형 BCDE를 밑면으로 하고, 높이가 $\sqrt{7}$인 정사각뿔 A-BCDE에서, 두 변 BC, DE의 중점을 각각 M, N이라 하고, 선분 MN의 중점을 H라 한다. 선분 AH위의 두 점 O, P에 대하여 정사각뿔의 내부에 점 O를 중심으로 하는 구와 점 P를 중심으로 하는 구가 있다.

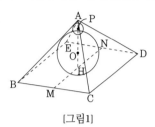

[그림1]

이 입체를 세 점 A, M, N을 지나는 평면으로 절단한 절단면을 [그림2]와 같이 생각하면, 절단면에서 원 O는 △AMN의 각 변에 접하고, 원 P는 두 변 AM, AN에 접한다. 두 원 O, P는 선분 AH위의 점 Q를 지나고, 점 Q에서 원 O의 접선과 원 P의 접선은 같은 직선이다.

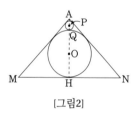

[그림2]

(1) 모서리 AB의 길이와 정사각뿔의 겉넓이를 구하여라.

(2) 점 O를 중심으로 하는 구의 반지름을 구하여라.

(3) 점 O를 중심으로 하는 구의 부피와 점 P를 중심으로 하는 구의 부피의 비를 구하여라.

문제 28.4 _____ 걸린시간 : _____ 분

그림과 같이, 좌표평면 위에 원점 O와 정12각형 ABCDEFGHIJKL이 있다. 점 A, J의 좌표는 각각 $(0, 6)$, $(6, 0)$이다. 함수 $y = ax^2$은 세 점 B, O, L을 지나고, 함수 $y = bx^2$은 세 점 C, O, K를 지난다. 단, $a > 0$, $b > 0$이다.

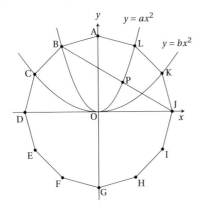

(1) 함수 $y = ax^2$과 선분 BJ의 교점 중 점 B가 아닌 점을 P라 한다. 점 P의 좌표를 구하여라.

(2) 삼각형 JPQ와 삼각형 JPD의 넓이가 같도록 y축 위에 점 Q의 좌표를 구하여라. 단, 점 Q는 정12각형의 내부에 있다.

(3) 함수 $y = bx^2$와 선분 BJ의 교점 중 정12각형의 내부에 있는 점을 R이라 할 때, 사각형 RQGH의 넓이를 구하여라.

제 29 절 쪽지 모의고사 29회

문제 29.1 _____걸린시간 : _____ 분

승우는 공을 2개 가지고 있다. 정우와 가위바위보를 하여 이기면, 공 1개를 정우에게서 받고, 지면 1개를 정우에게 준다. 승우가 공이 없어진 시점에서 가위바위보를 종료한다. 단, 정우는 공을 많이 가지고 있고, 가위바위보는 승부가 날 때까지 한 번으로 생각한다. 예를 들어, 정확하게 네 번의 가위바위보로 승우의 공이 모두 없어지는 경우는 '패승패패'와 '승패패패'의 두 가지이다.

(1) 정확하게 여섯 번의 가위바위보로 승우의 공이 없어지는 경우는 모두 몇 가지인가?

(2) 여덟 번까지의 가위바위보로 승우의 공이 없어지는 경우는 모두 몇 가지인가? 단, 여덟 번 전에 끝나는 것도 포함한다.

문제 29.2 _____걸린시간 : _____ 분

1부터 50까지의 자연수를 순서대로 곱한 식을 A라 한다.

$$A = 1 \times 2 \times 3 \times \cdots \times 48 \times 49 \times 50$$

이 식에서 49개의 × 중 하나를 선택하여 제거한 식을 B, C, D라 한다. B를 5와 6사이의 ×를 선택하여 제거한 식이라 할 때, 제거한 ×의 전후는 두 자리 수 56이다. 즉,

$$B = 1 \times 2 \times 3 \times 4 \times 56 \times 7 \times \cdots \times 49 \times 50$$

이다. 또, C를 22와 23사이의 ×를 선택하여 제거한 식이라 할 때, 제거한 ×이 전후는 네 자리 수 2223이다. 즉,

$$C = 1 \times 2 \times \cdots \times 21 \times 2223 \times 24 \times \cdots \times 49 \times 50$$

이다.

(1) $\frac{A}{D}$를 약분하면 분모가 1086일 때, 분자는 얼마인가?

(2) $\frac{A}{D}$를 약분하면 분자가 153일 때, 분모는 얼마인가?

문제 29.3 _____걸린시간 : _____ 분

그림과 같이, 원점을 중심으로 하고 각각 반지름이 $\sqrt{2}, 2\sqrt{3}$ 인 원 C_1, C_2가 있다. 함수 $y = x^2 (x > 0)$과 원 C_1, C_2와의 교점을 각각 A, B라 하고, 원 C_1, C_2와 x축과의 교점을 각각 C, D라 한다. 반직선 OA와 원 C_2와의 교점을 E라 한다.

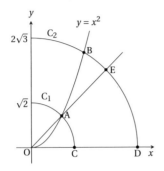

(1) 부채꼴 OEB의 넓이를 구하여라.

(2) 삼각형 OBD의 내접원의 중심을 I라 한다. 점 I와 원 C_1위의 점 사이의 거리를 d라 할 때, d의 최솟값을 구하여라.

문제 29.4 _____ 걸린시간 : _____ 분

[그림1]은 정사각뿔 OABCD에서 삼각뿔 OABE, OBCF, OCDG, ODAH를 제거하고 남은 입체의 그림이다. 네 점 E, F, G, H는 밑면 ABCD위에 있다. AB = $7\sqrt{2}$이고, 점 O에서 밑면 ABCD까지의 높이가 $\sqrt{7}$이고, AE = EB = BF = FC = CG = GD = DH = HA = 5이다.

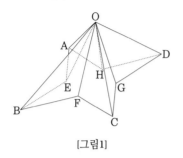

[그림1]

(1) 이 입체의 부피를 구하여라.

(2) 이 입체의 겉넓이를 구하여라.

(3) 점 I는 선분 AC위의 점이고, AI = x이다. 평면 OBD 와 평행하고, 점 I를 지나는 평면으로 입체를 절단했을 때, 절단면은 [그림2]와 같다. 다섯 점 J, K, L, M, N에 대하여, 2NL = JK일 때, x의 값을 구하여라. 단, $0 < x < 7$이다.

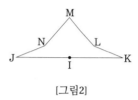

[그림2]

제 30 절 쪽지 모의고사 30회

문제 30.1 _____걸린시간 : _____ 분

부라퀴는 일의 자리 수가 9가 아닌 자연수 A에 대하여, 다음과 같은 작업을 시행한다.

> 자연수 A를 1개씩 더하다가, 일의 자리 수가 9가 되면 더하는 것을 그만둔다.

이 작업을 모든 자리 수가 9가 되면 종료하고, 그렇지 않으면, 일의 자리의 9를 제거한 수에 대하여, 이 작업을 반복한다. 단, 1개씩 더하는 수는 처음의 자연수 A이다. 예를 들어, A = 123라고 할 때,

- 첫번째 작업을 수행하면, 123 + 123 + 123 = 369이다.

- 369는 모든 자리 수가 9가 아니므로, 9를 제거한 수 36에 두번째 작업을 수행하면, 36 + 123 = 159이다.

- 159는 모든 자리 수가 9가 아니므로, 9를 제거한 수 15에 세번째 작업을 수행하면, 15 + 123 + 123 + 123 + 123 + 123 + 123 + 123 + 123 = 999이다.

- 모든 자리 수가 9이므로 작업을 종료한다.

계산결과에서 9는 제거한 2개와 마지막에 남은 3개로, 모두 5개가 나온다. 또, 더하는 A = 123의 개수는 첫번째 작업부터 3개, 1개, 8개 순이다. 부라퀴는 이 사실로부터

$$123 \times \underline{3} + 123 \times \underline{10} + 123 \times \underline{800} = 99999$$

이 성립함을 발견하였다.

(1) A = 7일 때, 계산결과에서 9가 모두 a개 나오고, 더하는 7의 개수는 첫번째 작업부터 b개, c개, d개, e개, f개, g개 순이다. 이때, $a + b + c + d + e + f + g$는 얼마인가?

(2) 계산결과에서 9가 모두 3개 나올 때, 가능한 A를 모두 구하여라.

문제 30.2 _____걸린시간 : _____ 분

그림과 같이, 점 O를 중심으로 하는 원주의 일부와 직선으로 되어 있는 도로가 있다.

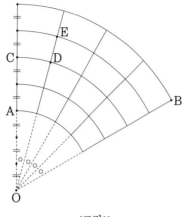

[그림1]

이 도로는 직선부부분은 O에서 멀리 떨어지는 방향으로만, 원주 부분은 시계방향으로만 이동할 수 있다. 이 도로를 A지점에서 B지점까지 일정한 속력으로 이동한다. C지점에서 D지점까지의 거리와 D지점에서 E지점까지의 거리가 같고, C지점에서 D지점까지 이동하는데 10초가 걸린다.

(1) A지점에서 B지점까지 이동하는 데 걸린 시간은 최소 a초, 최대 b초이다. 이때, $a + b$의 값은?

(2) A지점에서 B지점으로 이동하는 방법 중 걸린 시간이 [그림2]의 굵은 선 부분의 길과 같은 것은 모두 몇 가지인가?

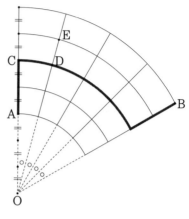

[그림2]

문제 30.3 ——————————걸린시간 : _____ 분

그림과 같이, 좌표평면 위에 점 A는 이차함수 $y = ax^2\,(x > 0)$ 위에 있고, 점 B는 이차함수 $y = \frac{1}{a}x^2\,(x > 0)$위에 있고, 점 C는 y축 위에 있고, 점 C의 y좌표는 양수이다. 점 D는 x축 위에 있고, 점 D의 x좌표는 양수이다. 단, $a > 1$이다.

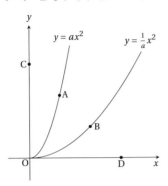

(1) 직선 $y = -x + b$ 위에 네 점 A, B, C, D가 있고, 두 점 A, B가 선분 CD의 삼등분할 때, a, b의 값을 각각 구하여라.

(2) 원점을 중심으로 하고 반지름이 r인 원주 위에 네 점 A, B, C, D가 있고, 두 점 A, B가 호 CD를 삼등분할 때, a^2, r^2의 값을 각각 구하여라.

문제 30.4 _____걸린시간 : _____ 분

[그림1]과 같이, AB = $\sqrt{3}$, BC = 1인 직사각형에서 점 A에서 대각선 BD에 내린 수선의 발을 G라 하고, 직선 AG와 변 CD 의 교점을 H라 한다.

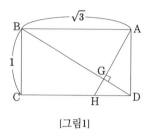

[그림1]

[그림2]와 같이, 세 점 B, C, D를 고정시키고, 대각선 BD를 접어서 사면체 ABCD를 만든다. 꼭짓점 A에서 밑면 BCD에 내린 수선의 발이 점 H와 일치한다.

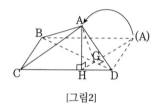

[그림2]

(1) [그림1]에서 HD의 길이를 구하여라.

(2) [그림2]에서 사면체 ABCD의 높이 AH의 길이를 구하여라.

(3) [그림2]에서 사면체 ABCD의 모서리 CD위에 점 P를, AP + PB의 길이가 최소가 되도록 잡는다. 이때, CP : PH를 구하여라.

제 31 절   쪽지 모의고사 31회

문제 31.1 _____걸린시간 : _____ 분

아래 그림의 모눈에서, 상하좌우(위쪽, 아래쪽, 왼쪽, 오른쪽)를 한 번에 한 칸 이동하는 말을 생각한다. 회색 모눈으로는 이동할 수 없지만, 그 이외에는 자유롭게 이동할 수 있다.

다음 물음에 답하시오.

(1) A 모눈에 있는 말이 7번의 이동을 해서 B 모눈에 도착하는 방법의 수는 모두 몇 가지인가?

(2) A 모눈에 있는 말이 9번의 이동을 해서 B 모눈에 도착하는 방법의 수는 모두 몇 가지인가?

문제 31.2 _____ 걸린시간 : _____ 분

정20면체의 각 면에 1부터 20까지의 수가 하나씩 적힌 주사위를 세 번 던져서 나온 눈을 순서대로 a, b, c라 한다.

(1) $a + b + c$와 abc가 모두 짝수일 확률을 구하여라.

(2) $a + b + c$와 abc가 모두 4의 배수일 확률을 구하여라.

(3) $a + b + c$와 abc가 모두 8의 배수일 확률을 구하여라.

문제 31.3 _____걸린시간 : _____ 분
다음 물음에 답하여라.

(1) [그림1]과 같이, 한 변의 길이가 6인 정사각형 ABCD
가 있다. 정사각형 ABCD의 내부에 정삼각형 ABG,
BCH, CDE, DAF를 그린다. 이때, 색칠한 부분의 넓이
를 구하여라.

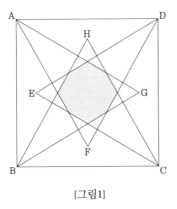

[그림1]

(2) [그림2]와 같이, 반지름이 1인 원주를 8등분하는 점
A~H가 있다. 선분 AD, AF, BE, BG, CF, CH, DG, EH
를 그린다. 이때, 색칠한 부분의 넓이를 구하여라.

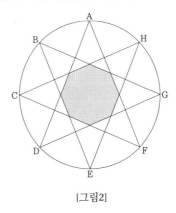

[그림2]

문제 31.4 _____ 걸린시간 : _____ 분

다음 물음에 답하시오.

(1) [그림1]과 같이, 원주를 8등분하는 점 A~H와 원의 내부에 한 점 P가 있다. 이때, 색칠한 부분의 넓이는 항상 원의 넓이의 $\frac{1}{2}$인가? 자신의 주장에 대한 이유를 설명하시오.

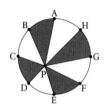

[그림1]

(2) [그림2]와 같이, 원주를 6등분하는 점 A~F와 원의 내부에 한 점 P가 있다. 이때, 색칠한 부분의 넓이는 항상 원의 넓이의 $\frac{1}{2}$인가? 자신의 주장에 대한 이유를 설명하시오.

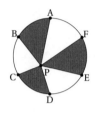

[그림2]

제 32 절   쪽지 모의고사 32회

문제 32.1 _____걸린시간 : _____ 분

$1, 2, \cdots, n$의 번호가 적힌 구슬과 $1, 2, \cdots, n$의 번호가 적힌 상자가 있다. 다음 조건을 만족하도록 구슬을 상자에 넣는다. 단, 구슬은 상자에 들어가고, 1개의 상자에 들어간 구슬은 1개이다.

> 번호 a인 구슬이 번호 b인 상자에 들어갈 때, 반드시 $-1 \le a - b \le 1$이다.

(1) $n = 4$일 때, 조건을 만족하도록 구슬을 상자에 넣는 방법의 수를 구하여라.

(2) $n = 5$일 때, 조건을 만족하도록 구슬을 상자에 넣는 방법의 수를 구하여라.

(3) $n = 6$일 때, 조건을 만족하도록 구슬을 상자에 넣는 방법의 수를 구하여라.

(4) 조건을 만족하도록 구슬을 상자에 넣는 방법의 수가 2024가지 이상일 때, n의 최솟값을 구하여라.

문제 32.2 _____걸린시간 : _____ 분
다음 물음에 답하여라.

(1) [그림1]과 같이 5 × 5의 정사각형을 1 × 1 정사각형 25
   개로 분할하고, 1 × 1 정사각형에 다음의 조건을 만족
   하도록 색칠하는 방법의 수를 구하여라.

   > 굵은선의 테두리로 어떤 2 × 2 정사각형을 둘러싸
   > 는 경우에도 테두리 안에는 색이 칠해진 1 × 1 정
   > 사각형이 반드시 2개이다.

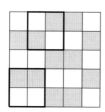

[그림1]

(2) $n \times n$의 정사각형을 1 × 1 정사각형 n^2개로 분할하고,
   1 × 1 정사각형에 (1)의 조건을 만족하도록 색칠하는
   방법의 수를 구하여라.

문제 32.3 _____걸린시간 : _____ 분

그림과 같이 반지름이 1인 9개의 원을 각각의 중심이 정9각형의 꼭짓점에 위치하고, 서로 접하도록 나열하면, 그 내부에 반지름이 1인 두 개의 원이 접한다. 원을 중심을 각각 A, B, C, D, E, F, G, H, I, J, K라 하고, BI = a라 할 때, 다음 물음에 답하시오.

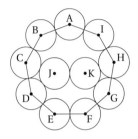

(1) ∠JDE의 크기를 구하여라.

(2) ∠BIJ의 크기를 구하여라.

(3) 선분 DI의 길이를 a의 일차식으로 나타내시오.

문제 32.4 _____ 걸린시간 : _____ 분

[그림1]과 같이 정십이각형 ABCDEFGHIJKL가 있다. 대각선
AG의 중점을 O라 하면, OA = 2이다.

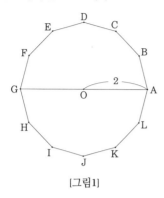

[그림1]

다음 물음에 답하시오.

(1) △OAB의 넓이를 구하여라.

(2) [그림2]는 [그림1]에서 점 A를 중심으로 하고, 선분
AD를 반지름으로 하는 원을 추가한 것이다. 이때, 색
칠한 부분의 넓이를 구하여라.

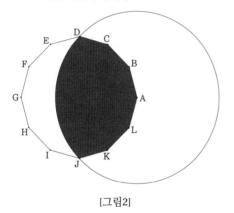

[그림2]

(3) [그림3]은 [그림1]에서 점 A를 중심으로 하고, 선분
AC, AD, AE를 반지름으로 하는 세 개의 원을 추가한
것이다. 이때, 색칠한 부분의 넓이의 합을 구하여라.

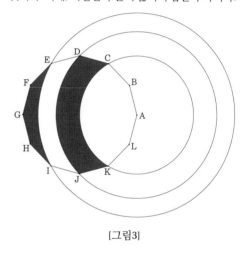

[그림3]

제 33 절 쪽지 모의고사 33회

문제 33.1 ───────────걸린시간 : _____ 분

제곱수 $1442401 = 1201^2$에서 아래 네 자리 수 $2401 = 49^2$, 아래 네 자리 수를 제외한 나머지 수 $144 = 12^2$가 모두 제곱수이다. 이와 같이 아래 네 자리 수와 아래 네 자리 수를 제외한 나머지 수가 모두 제곱수인 수를 '부라퀴 제곱수'라고 부른다.

(1) 10000의 배수 이외의 다섯 자리 이상의 부라퀴 제곱수 중 최댓값을 구하여라.

(2) 10000의 배수 이외의 다섯 자리 이상의 부라퀴 제곱수 중 10의 배수를 모두 구하여라.

문제 33.2 _____걸린시간 : _____ 분

다음 물음에 답하여라.

(1) [그림1]과 같이, 밑면이 BC = BD인 이등변삼각형인
삼각뿔 A-BCD에서, ∠BAC + ∠CAD + ∠DAB = 90°,
AB = 12이다. 삼각형 ACD가 [그림2]의 정사각형 안
의 색칠한 삼각형과 동일할 때, 삼각형 BCD의 넓이를
구하여라.

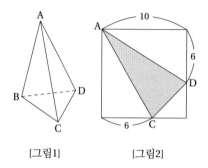

[그림1]   [그림2]

(2) [그림3]과 같이, 한 변 AB를 공유하는 두 정칠각형
ABCDEFG와 ABHIJKL에서 변 AB와 변 DE의 연장선
의 교점을 O라 한다. 삼각형 BOD의 넓이가 1012일
때, 삼각형 LOF의 넓이를 구하여라.

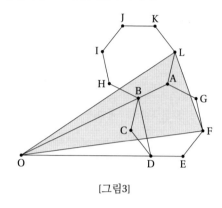

[그림3]

문제 33.3 _____걸린시간 : _____ 분

[그림1]과 같이, 반지름이 4인 원 O와 원 O의 외부의 점 A에 대하여, 원 O와 선분 OA의 교점을 B라 한다.

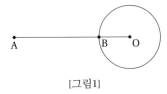

[그림1]

[그림2]는 [그림1]에서 다음과 같은 순서에 따라 그린 것이다.

> (가) 점 P는 선분 AB위에 잡는다. 단, 점 P는 점 B와 겹치지 않는다.
>
> (나) 선분 PO의 중점 M을 중심으로 하고, MO를 반지름으로 하는 원 M을 그린다.
>
> (다) 원 M과 원 O의 교점을 각각 C, D라 한다.
>
> (라) 점 O와 점 C, 점 O와 점 D, 점 C와 점 P, 점 D와 점 P를 각각 연결한다.

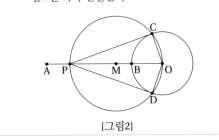

[그림2]

다음 물음에 답하시오.

(1) [그림2]에서 점 P가 점 O의 방향으로 움직인다. 세 점 C, M, D가 한 직선 위에 있을 때, ∠CPO의 크기를 구하여라.

(2) [그림2]에서 점 P가 점 O의 방향으로 움직인다. 세 점 C, M, D가 한 직선 위에 있을 때, 사각형 OCPD의 넓이를 구하여라.

(3) [그림2]에서 점 P가 점 O의 방향으로 움직인다. 원 M의 넓이가 원 O의 넓이의 $\frac{1}{3}$일 때, 삼각형 OCD의 넓이를 구하여라.

문제 33.4 _____걸린시간 : _____ 분

부라퀴는 다음의 '화살촉 정리'를 발견하였다.

그림과 같이, 삼각형 ABC와 삼각형 ADB가 닮음이면, AB : AC = AD : AB가 성립한다. 즉, $AB^2 = AC \times AD$이다.

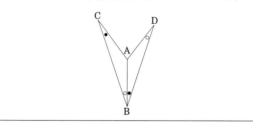

(1) [그림1]과 같이, 점 O에서 원에 두 접선을 긋고, 이 접점을 P, Q라 한다. 원주 위의 한 점 A에서 직선 PQ, OP, OQ에 내린 수선의 발을 각각 B, C, D라 할 때, $AB^2 = AC \times AD$가 성립함을 '화살촉 정리'를 이용하여 증명하여라.

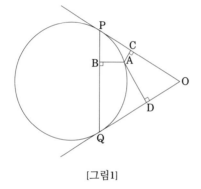

[그림1]

(2) [그림2]와 같이, 중심이 A, B이 두 원 A, B가 두 점 Q, R에서 만나고, 공통접선 l이 각각 원과 접하는 점이 C, D이다. ∠QAC의 이등분선과 ∠QBD의 이등분선의 교점을 P라 하고, 선분 PQ를 그린다. 두 원 A, B가 반지름은 변하지 않고 두 원의 중심 사이의 거리가 변할 때, 선분 PQ의 길이는 변하지 않음을 '화살촉 정리'를 이용하여 증명하여라.

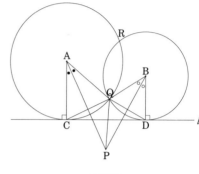

[그림2]

제 34 절 쪽지 모의고사 34회

문제 34.1 _____걸린시간 : _____ 분

부라퀴는 3이상의 자연수를 연속한 자연수의 합으로 나타내고 있다. 예를 들어, 3이상 10이하의 자연수는 아래 표와 같이 나타낼 수 있다.

3	'1 + 2'
4	나타낼 수 없다.
5	'2 + 3'
6	'1 + 2 + 3'
7	'3 + 4'
8	나타낼 수 없다.
9	'4 + 5', '2 + 3 + 4'
10	'1 + 2 + 3 + 4'

이와 같이 3, 5, 7은 2개의 연속한 자연수의 합으로 나타낼 수 있는 자연수이고, 10은 4개의 연속한 자연수의 합으로 나타낼 수 있는 자연수이고, 9는 2개의 연속한 자연속의 합과 3개의 연속한 자연수의 합의 2종류로 나타낼 수 있는 자연수이다. 4, 8는 연속한 자연수의 합으로 나타낼 수 없는 수이다. 3이상 100이하의 자연수에 대하여 다음 물음에 답하여라.

(1) 이와 같이 자연수를 나타낼 때, 가장 많은 연속한 자연수의 합으로 나타낼 수 있는 자연수를 구하여라.

(2) 54는 몇 종류의 연속한 자연수의 합으로 나타낼 수 있는가?

(3) 연속한 자연수의 합으로 나타내는 방법이 5종류인 자연수는 모두 5개이다. 이 5개의 수를 모두 구하여라.

문제 34.2 _____ 걸린시간 : _____ 분

다음 물음에 답하여라.

(1) [그림1], [그림2]와 같이 25개의 점이 가로 세로 일정한 간격으로 놓여 있다. 네 개의 점을 꼭짓점으로 하는 정사각형은 여러 개가 있다. [그림1]에서의 모든 정사각형의 넓이의 합에서 [그림2]에서의 모든 정사각형의 넓이의 합을 **빼면** 얼마인가? 단, [그림1], [그림2]에서 가장 작은 정사각형의 넓이는 1이다.

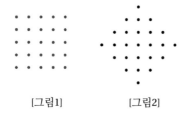

[그림1]   [그림2]

(2) 1 × 1의 정사각형 4개를 이용하여 다음과 같은 7장의 타일 중에서 서로 다른 6장을 이용하여 4×6의 직사각형을 빈틈없이 깔 수 있을까? 가능하다면, 사용하지 않은 타일로 가능한 것을 모두 답하시오. 단, 타일을 회전하여 깔 수 있지만, 뒤집어서 깔 수는 없다.

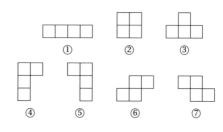

①   ②   ③

④   ⑤   ⑥   ⑦

문제 34.3 ——————————걸린시간 : _____ 분
다음 물음에 답하여라.

(1) [그림1]과 같이, 한 변의 길이가 3인 정12각형에서 한 변의 길이가 3인 정삼각형 12개를 뺀 남은 별꼴 모양의 도형(색칠한 부분)의 넓이를 구하여라.

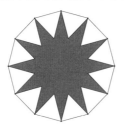

[그림1]

(2) [그림2]는 어떤 입체도형의 전개도이다. 이 입체도형의 부피는 한 모서리의 길이가 1인 정사면체의 부피의 몇 배인가?

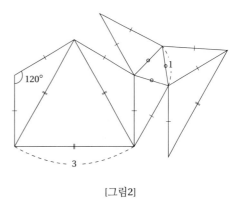

[그림2]

문제 34.4 _____ 걸린시간 : _____ 분
다음 물음에 답하여라.

(1) [그림1]과 같이 예각삼각형 ABC에서 점 A에서 변 BC
에 내린 수선의 발을 P라 하고, 점 B에서 변 CA에 내
린 수선의 발을 Q라 한다. 선분 AP와 BQ의 교점을 X
라 한다. 또, 선분 CX의 연장선과 변 AB와의 교점을 R
이라 한다.

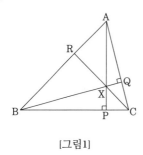

[그림1]

이때, AB⊥CR임을 증명하여라.

(2) [그림2]와 같이 예각삼각형 ABC에서 변 AB를 한 변으
로 하는 정사각형 ABED를 그리고, 변 AC를 한 변으로
하는 정사각형 ACHI를 그린다. 점 B에서 변 AC에 내
린 수선의 발을 Q라 하고, 점 점 C에서 변 AB에 내린
수선의 발을 R이라 한다. 선분 BQ의 연장선과 변 IH
와의 교점을 Q′라 하고, 선분 CR의 연장선과 변 DE
와의 교점을 R′라 한다.

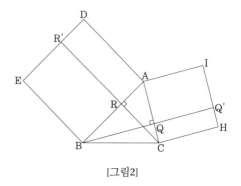

[그림2]

이때, 직사각형 ARR′D의 넓이와 직사각형 AQQ′I의
넓이가 같음을 증명하여라.

(3) [그림3]과 같이 예각삼각형 ABC에서 변 AB를 한 변으로 하는 정사각형 ABED를 그리고, 변 AC를 한 변으로 하는 정사각형 ACHI를 그리고, 변 BC를 한 변으로 하는 정사각형 BFGC를 그린다. 점 E와 점 H를 연결하고, 선분 EH와 변 AB, AC와의 교점을 각각 J, K 라 한다. 삼각형 EBJ의 넓이가 S_2이고, 삼각형 AJK의 넓이가 S_1이고, 삼각형 KCH의 넓이가 S_3일 때, 정사각형 BFGC의 넓이를 구하여라.

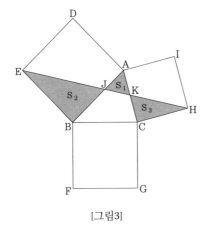

[그림3]

제 35 절   쪽지 모의고사 35회

문제 35.1 _____걸린시간 : _____ 분

분모가 2024이고, 분자가 2024이하의 자연수인 분수를 생각한다. 이와 같은 분수 중에서 분모와 분자가 1이외의 공약수를 갖는 것을 다음과 같이 작은 수부터 차례로 나열한다.

$$\frac{2}{2024}, \frac{4}{2024}, \frac{6}{2024}, \cdots, \frac{11}{2024}, \cdots, \frac{23}{2024}, \cdots, \frac{2022}{2024}, \frac{2024}{2024}$$

나열한 분수에 대하여, 다음 물음에 답하여라.

(1) 나열한 분수는 모두 몇 개인가?

(2) 나열한 분수들의 합을 구하여라.

(3) 나열한 분수들의 곱을 계산한 결과가 $\frac{n}{m}$ (m과 n은 서로소)일 때, m을 소인수분해하여라.

문제 35.2 _____ 걸린시간 : _____ 분

다음 물음에 답하여라.

(1) 아래와 같이, 일정한 규칙으로 나열된 2023개의 분수의 합을 각각 A, B라 한다.

$$A = \frac{2023}{1} + \frac{2022}{2} + \frac{2021}{3} + \cdots + \frac{3}{2021} + \frac{2}{2022} + \frac{1}{2023}$$

$$B = \frac{1}{2} + \frac{1}{3} + \frac{1}{4} + \cdots + \frac{1}{2022} + \frac{1}{2023} + \frac{1}{2024}$$

이때, A는 B의 몇 배인가?

(2) 육각형 중 모든 변의 길이가 모두 자연수이고, 모든 내각이 120°인 육각형을 "부라퀴 육각형"이라고 부른다. 모든 변의 길이가 n이하인 부라퀴 육각형은 모두 몇 개인가? 단, 회전하거나 뒤집어서 합동이면 하나로 세는 것으로 한다.

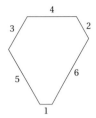 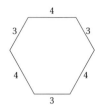

문제 35.3 _____ 걸린시간 : _____ 분

한 변의 길이가 2인 정12각형의 내부에 한 변의 길이가 2인 정삼각형 16개를 그림과 같이 나열한다. 그림과 같이 다섯 개의 꼭짓점을 A, B, C, D, E라 하고, 두 점 A와 B를 연결하고, 두 점 C와 D를 연결한다.

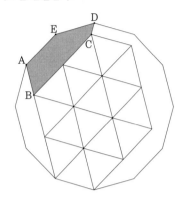

(1) 선분 AB의 길이를 구하여라.

(2) 선분 CD의 길이를 구하여라.

(3) 오각형 ABCDE의 넓이(색칠한 부분)를 구하여라.

문제 35.4 _____걸린시간 : _____ 분

[그림1]과 같이 한 변의 길이가 1인 정오각형 ABCDE가 있다. 점 A에서 나온 빛이 변 BC위의 점 P에서 반사된 후, [그림2]와 같이 각 변에서 차례로 반사를 반복하여 빛이 어느 꼭짓점에 도달할 때까지 반사를 반복한다. 여기서, 빛이 정오각형의 변을 따라 이동하거나 정오각형의 외부를 나오는 경우는 없다. 예를 들어, [그림2]는 변 BC위의 점 P에서 반사 후, 변 DE에서 반사되어 꼭짓점 B에 도달한 것을 나타낸다. 이와같이 2번 반사하여 꼭짓점 B에 도달한 것을 (2, B)로 표시한다. BP = x일 때, 다음 물음에 답하여라. 단, AC = $\frac{1+\sqrt{5}}{2}$ 이다.

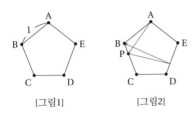

[그림1]   [그림2]

(1) (3, A)이 되는 x의 값을 모두 구하여라.

(2) (4, A)이 되는 x의 값을 모두 구하여라.

제 2 장

영재학교/과학고 쪽지 모의고사 풀이

- 도움말

- 풀이에 나오는 정리나 공식을 더 공부하려면 다음 책들을 찾아보기 바랍니다.

  - 영재학교/과학고 합격수학 평면도형과 작도 2022/23시즌

  - 영재학교/과학고 합격수학 입체도형 2021/22시즌

  - 영재학교/과학고 합격수학 함수 2023/24시즌

  - 신(新) 영재수학의 지름길 1단계, 2단계, 3단계, 씨실과날실

  - 365일 수학愛미치다 (도형愛미치다), 씨실과날실

  - 올림피아드 수학의 지름길 중급 상, 하, 씨실과날실

  - 중학생을 위한 실전 영재 수학 모의고사, 씨실과날실

  - KMO FINAL TEST 한국수학올림피아드 모의고사 및 풀이집, 도서출판 세화

  - KMO BIBLE 한국수학올림피아드 바이블 프리미엄, 씨실과날실

  - 경시대회 수학 조합의 길잡이, 도서출판 세화

제 1 절   쪽지 모의고사 1회 풀이

문제 1.1 xy평면 위에 원점 O와 정사각형 OABC가 있다. 점 P(4,0)은 변 AB위의 점이고, 점 Q($2\sqrt{3}$,2)는 변 BC위의 점일 때, 다음 물음에 답하여라.

(1) OQ의 길이와 ∠QOP의 크기를 구하여라.

(2) 정사각형의 한 변의 길이와 점 B의 좌표를 구하여라.

(3) 점 A를 선분 OP에 대하여 대칭이동시킨 점을 A′이라 하고, PA′의 연장선과 변 BC의 교점을 R이라 하면, 점 C를 선분 OR에 대하여 대칭이동한 점을 C′라 할 때, 점 C′와 점 A′이 겹친다. 대각선 AC와 선분 OR의 교점을 D라 할 때, 직선 OR의 방정식을 구하고, 선분 PD와 OR이 수직임을 보여라.

(1) 점 Q에서 x축에 내린 수선의 발을 H라 하면, 아래 그림에서 OH : HQ = $2\sqrt{3}$: 2 = $\sqrt{3}$: 1이므로, 삼각형 OHQ는 한 내각이 30°인 직각삼각형이다.

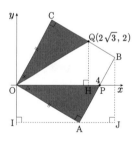

따라서 OQ = 4, ∠QOP = ∠QOH = 30°이다.

(2) OP = 4 = OQ, OA = OC이므로 △OAP ≡ △OCQ이다. (1)의 그림에서 △ = × = 30°이므로 OA = OP × $\frac{\sqrt{3}}{2}$ = $2\sqrt{3}$이다. 즉, 정사각형 한 변의 길이는 $2\sqrt{3}$이다. 또, OI = $\sqrt{3}$, IA = 3이므로 B($3+\sqrt{3}$, $3-\sqrt{3}$)이다.

(3) 주어진 조건으로부터 아래 그림과 같이 그린다. 아래 그림에서 o끼리 같은 각, •끼리 같은 각이다. 그러므로 ∠ROP = 45°이다. 즉, 직선 OR의 방정식은 $y = x$이다.

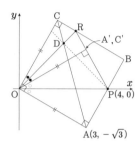

OB에 수직인 AC의 기울기는 $-\frac{3+\sqrt{3}}{3-\sqrt{3}} = -(2+\sqrt{3})$이므로, 직선 AC의 방정식은 $y = -(2+\sqrt{3})x + 6 + 2\sqrt{3}$이다. 직선 OR의 방정식과 직선 AC의 방정식을 연립하여 풀면 $(x,y) = (2,2)$이다. 즉, D(2,2)이다.

직선 PD의 기울기는 $\frac{0-2}{4-2} = -1$이므로, 직선 PD과 직선 OR의 기울기의 곱이 −1이다. 따라서 선분 PD와 OR은 수직이다.

나는 푼다, 고로 (영재학교/과학고) 합격한다.

문제 1.2 1이상 2022이하의 짝수 중에서 2개의 양의 짝수의 곱으로 나타낼 수 없는 짝수를 작은 수부터 순서대로 p_1, p_2, p_3, ⋯라고 한다. 다음 물음에 답하여라.

(1) $p_k = 2022$일 때, k의 값을 구하여라.

(2) $A = p_m \times p_n$ ($m \le n$)로 나타낼 수 있는 짝수 A를 생각하자. 다음 물음에 답하여라.

   (a) m, n의 쌍을 선택하는 방법의 수가 2개일 때, 이를 만족하는 가장 작은 짝수 A를 구하여라.

   (b) m, n의 쌍을 선택하는 방법의 수가 3개일 때, 이를 만족하는 가장 작은 짝수 A를 구하여라.

[풀이]

(1) $p_k = 2 \times (k$번째 홀수$) = 2 \times (2k-1)$이다. 따라서 $2022 = 2 \times 1011 = 2 \times (2 \times 506 - 1)$이므로, $k = 506$이다.

(2) $A = p_m \times p_n = 2(2m-1) \times 2(2n-1) = 4(2m-1)(2n-1)$이다.

   (a) (m, n)이 2개뿐이므로 $(2m-1)(2n-1)$의 최솟값은 $9 = 1 \times 9 = 3 \times 3$이다. 따라서 A의 최솟값은 36이다.

   (b) (m, n)이 3개뿐이므로 $(2m-1)(2n-1)$의 최솟값은 $45 = 1 \times 45 = 3 \times 15 = 5 \times 9$이다. 따라서 A의 최솟값은 $4 \times 45 = 180$이다.

문제 1.3 아래 그림과 같이, $\angle A = 45°$인 삼각형 ABC가 있다. 꼭짓점 A, B에서 변 BC, CA에 내린 수선의 발을 각각 D, E라 하고, AD와 BE의 교점을 H라 한다.

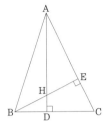

BD = 2, DC = 3일 때, 다음 물음에 답하여라.

(1) △AEH ≡ △BEC임을 보여라.

(2) △BDH와 닮음인 삼각형을 다음 보기 중 골라라.

   (i) △CDH   (ii) △AEH   (iii) △BEC

       (iv) △AHB   (v) △ADC

(3) 선분 HD의 길이를 구하여라.

(4) 사각형 HDCE의 넓이는 삼각형 ABC의 넓이의 몇 배인지 구하여라.

[풀이]

(1) 아래 그림과 같이 각을 표시한다.

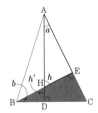

삼각형 ABE는 한 내각이 45°인 직각삼각형이므로 AE = BE이고, $a + h = b + h' (= 90°)$, $h = h'$이므로 $a = b$이다. 또, $\angle AEH = \angle BEC (= 90°)$이다. 따라서 △AEH ≡ △BEC(ASA합동)이다.

(2) (1)에서 같은 각에 같은 표시를 아래 그림과 같이 한다.

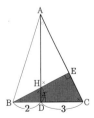

△BDH와 두 각의 크기가 같은 삼각형을 찾으면 △AEH, △BEC, △ADC이다. 즉, (ii), (iii), (v)이다.

(3) (2)에서 삼각형 BDH와 삼각형 ADC가 닮음이므로 $BD : AD = HD : CD$이다. $HD = x$라 하면, $2 : (5 + x) = x : 3$이다. 즉, $x^2 + 5x - 6 = 0$이다. 이를 풀면 $x = 1(x > 0)$이다.

(4) $BH = \sqrt{5}$이고, 삼각형 BDH와 삼각형 BEC가 닮음이므로 $BH : BC = \sqrt{5} : 5 = 1 : \sqrt{5}$이다. 즉, 넓이의 비는 $1 : 5$이다. 또,

$$\triangle BDH = \frac{1}{5+1} \times \triangle ABD$$
$$= \frac{1}{6} \times \frac{2}{2+3} \times \triangle ABC$$
$$= \frac{1}{15} \times \triangle ABC$$

이다. 사각형 HDCE의 넓이는 $\frac{4}{15} \times \triangle ABC$이다. 그러므로 구하는 답은 $\frac{4}{15}$배이다.

문제 1.4 아래 그림과 같이, 좌표평면 위에 두 점 A(6,5), B(10,7)이 있다.

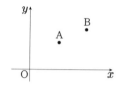

점 P는 x축의 양의 부분을 움직이는 점이다. ∠APB의 크기가 최대일 때의 점 P의 x좌표를 구하여라

풀이 아래 그림과 같이 두 점 A, B를 지나고 x축에 접하는 원 C를 그리고, x축과의 접점을 P_0라 한다.

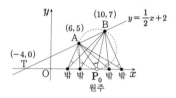

P ≠ P_0일 때, P는 원 C의 밖의 x축 위의 점이면, ∠APB < ∠AP_0B가 되어 최대가 아니다. 그러므로 P = P_0일 때, ∠APB가 최대가 된다. P_0의 x좌표를 p라 하고, 직선 AB와 x축과의 교점을 T라 하면 T(−4,0)이다. 원과 비례의 성질(방멱의 원리)에 의하여 TA × TB = $\overline{TP_0}^2$이므로, $5\sqrt{5} \times 7\sqrt{5} = (p+4)^2$이다. $p + 4 > 0$이므로, $p + 4 = 5\sqrt{7}$이다. 즉, $p = -4 + 5\sqrt{7}$이다.

제 2 절　쪽지 모의고사 2회 풀이

문제 2.1 아래 그림과 같이, 정삼각형 ABC의 내부에 한 점 P를 잡고, PB, PC를 각각 한 변으로 하는 정삼각형 QBP, RPC를 그리고, 점 A와 점 Q, R를 연결한다.

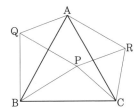

다음 물음에 답하여라.

(1) 사각형 AQPR이 정사각형일 때, ∠PBC의 크기를 구하여라.

(2) BC = 5, PB = 4, ∠BPC = 90°일 때, PC의 길이를 구하여라.

(3) (2)의 조건에서 ∠PRA의 크기를 구하여라.

(4) (2)의 조건에서 삼각형 PRA의 넓이를 구하여라.

[풀이] 아래 그림에서 삼각형 PBC와 삼각형 QBA를 보면, BC = BA, PB = QB, ∠PBC = ∠QBA가 되어 △PBC ≡ △QBA이다. 즉, PC = QA이다.

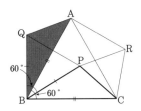

같은 방법으로 △PBC ≡ △RAC가 되어 PB = RA이다. 또, PB = PQ이므로 RA = PQ이다.

그러므로 사각형 AQPR은 평행사변형이다.

(1) 사각형 AQPR이 정사각형이면, PQ = PR, ∠QPR = 90°이다. 또, PB = PQ, PC = PR에서 PB = PC이다. ∠BPQ = ∠CPR = 60°이므로 ∠BPC = 150°이다. 따라서 ∠PBC = 15°이다.

(2) 피타고라스의 정리에 의하여 PC = 3이다.

(3) ∠QPR = 150°이므로 ∠PRA = 30°이다.

(4) 점 P에서 변 AR에 내린 수선의 발을 H라 하면, 삼각형 PRH는 ∠PRH = 30°인 직각삼각형이다. PR = 3이므로 PH = $\frac{3}{2}$이다. 따라서 삼각형 PRA의 넓이는 $\frac{1}{2} \times 4 \times \frac{3}{2} = 3$이다.

문제 2.2   [그림1]과 같이, 수를 기록할 수 있는 정사각형의 모양의 칸이 여러개 붙어 있다. 이들 칸 중에 A에서 B를 지나 C로 수를 기록하면서 이동하기로 한다. 단, 이동하는 방법은 오른쪽 또는 위로 한 칸씩으로, 오른쪽으로 이동할 때에는 이동 전의 칸에 기록한 수에 1을 더한 수를 이동 후의 칸에 기록한다. 또, 위로 이동할 때에는 이동 전의 칸에 기록한 수의 2배를 한 수를 이동 후의 칸에 기록한다.

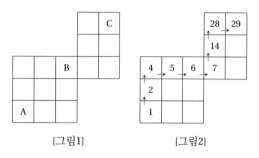

[그림1]   [그림2]

예를 들어, [그림2]와 같이 이동할 때, A에 기록한 수는 1이고, B, C에 기록한 수는 각각 6, 29이다. [그림1]의 A, B, C에 들어간 수를 각각 x, y, z라 하자. 단, x, y, z는 모두 자연수이다.

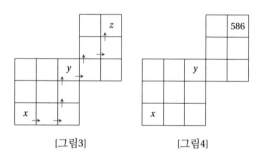

[그림3]   [그림4]

다음 물음에 답하시오.

(1) [그림3]과 같이 이동하고, $x = 3$일 때, y, z의 값을 구하시오.

(2) [그림4]와 같이 $z = 586$일 때, 가능한 x의 값을 모두 구하시오.

(3) x의 값이 같아도, A에서 C까지 이동하는 방법에 따라 z의 값이 달라진다. x의 값이 같을 때, z의 최댓값과 최솟값의 차를 구하시오.

풀이

(1) $x = 3$일 때, 이동하는 방법에 따라 수를 써 나가면, 3, 4, 5, 10, 20, 21, 42, 43, 86이다. 따라서 $y = 20$, $z = 86$이다.

(2) $z = 586$일 때, 거꾸로 이동하는 방법에 따라 수를 써 나가면 586, 293, 292, 146, 145, 144, 72, 36, 35이다. 이 방법외에는 없다. 따라서 $x = 35$이다.

(3) 아래 그림과 같이 A에서 B로 이동하는 방법의 수는 모두 6가지이다.

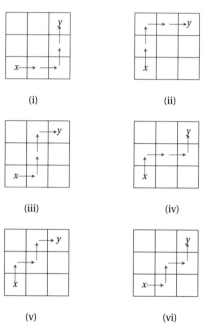

(i)   (ii)

(iii)   (iv)

(v)   (vi)

각각의 경우마다 y의 값을 x로 나타내면, (i)의 경우, $y = 4x + 8$이고, (ii)의 경우, $y = 4x + 2$이고, (iii)의 경우, $y = 4x + 5$이고, (iv)의 경우, $y = 4x + 4$이고, (v)의 경우, $y = 4x + 3$이고, (vi)의 경우, $y = 4x + 6$이다.

아래 그림과 같이 B의 오른칸에서 C로 이동하는 방법이 수는 모두 3가지이다.

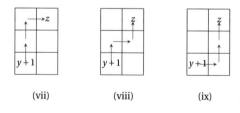

(vii)   (viii)   (ix)

각각의 경우마다 z이 값을 y로 나타내면, (vii)의 경우, $z = 4y + 5$이고, (viii)의 경우, $z = 4y + 6$이고, (ix)의 경우, $z = 4y + 8$이다.

따라서 M $= 4(4x + 8) + 8 = 16x + 40$이고, N $= 4(4x + 2) + 5 = 16x + 13$이다. 그러므로 M $-$ N $= 27$이다.

문제 2.3 [그림1]과 같이 한 모서리의 길이가 2인 정십이면체 X가 있다. [그림1]의 •으로 표시된 8개의 꼭짓점을 연결하여 [그림2]와 같이 정육면체를 만든다. 이 정육면체의 한 모서리의 길이를 x라 할 때, 다음 물음에 답하여라.

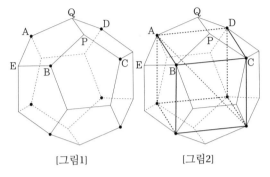

[그림1]　　　　　　　[그림2]

(1) [그림1]의 정오각형 PQAEB를 이용하여 계수가 1인 x의 이차방정식을 만들고, x의 값을 구하여라.

(2) 점 P와 면 ABCD사이의 높이를 h라 할 때, h^2을 x를 사용하여 나타내어라.

(3) h의 값을 구하고, [그림2]의 입체 PQABCD의 부피를 x를 사용하여 나타내어라.

(4) X의 부피를 x를 사용하여 나타내어라.

(5) X의 부피를 (1)에서 구한 이차방정식과 (4)의 결과를 이용하여 구하여라.

풀이

(1) [그림3]에서 삼각형 AEB와 색칠된 부분의 작은 삼각형이 닮음이므로, $x : 2 = 2 : (x-2)$이다. 이를 정리하면

$$x^2 - 2x - 4 = 0 \qquad \text{(가)}$$

이다. 이를 풀면 $x > 0$이므로

$$x = 1 + \sqrt{5} \qquad \text{(나)}$$

이다.

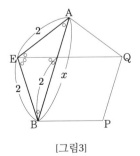

[그림3]

(2) [그림4]에서 사각형 PQAB, PQDC는 합동인 등변사다리꼴이다. 점 P에서 모서리 AB, DC에 내린 수선의 발을 각각 R, S라 하고, 점 P에서 선분 RS에 내린 수선의 발을 M이라 하면 RS = BC이므로 점 M은 선분 RS의 중점이다. 삼각형 PRM과 삼각형 PRB에 피타고라스의 정리를 적용하면,

$$\begin{aligned} h^2 &= PM^2 = PR^2 - RM^2 \\ &= (PB^2 - RB^2) - RM^2 \\ &= 2^2 - \left(\frac{x-2}{2}\right)^2 - \left(\frac{x}{2}\right)^2 \\ &= -\frac{x^2}{2} + x + 3 \qquad \text{(다)} \end{aligned}$$

이다.

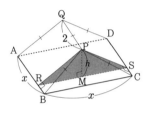

[그림4]

(3) 식 (다)에 식 (가)를 대입하면

$$h^2 = -\frac{1}{2}(x^2 - 2x - 4) + 1 = 1$$

이다. 즉, $h = 1$이다. 입체 PQABCD의 부피는

$$\begin{aligned} &\triangle PRS \times \frac{PQ + BA + CD}{3} \\ &= \frac{x \times 1}{2} \times \frac{2 + x + x}{3} = \frac{x(x+1)}{3} \qquad \text{(라)} \end{aligned}$$

이다.

(4) X의 부피는 정육면체의 부피와 (라)의 6배의 합과 같다. 따라서 X의 부피는

$$x^3 + \frac{x(x+1)}{3} \times 6 = x^3 + 2x^2 + 2x \qquad \text{(마)}$$

이다.

(5) 식 (마)에 식 (가)와 (나)를 대입하여 정리하면 X의 부피는

$$x^3 + 2x^2 + 2x = 14x + 16 = 30 + 14\sqrt{5}$$

이다.

문제 2.4 1이상 n이하의 자연수 중에서 2의 배수, 5의 배수, 9의 배수를 모두 제거하고, 남은 수의 합을 $S(n)$이라 한다. 예를 들어, $S(11) = 1 + 3 + 7 + 11 = 22$이다. 다음 물음에 답하여라.

(1) $S(90)$을 구하여라.

(2) $S(180)$은 $S(90)$의 몇 배인지 구하여라.

(3) $S(270)$은 $S(90)$의 몇 배인지 구하여라.

(4) $S(365)$를 구하여라.

(풀이)

(1) 1이상 90이하의 자연수 중에서 2의 배수는 45개, 5의 배수는 18개, 9의 배수는 10개, 10의 배수는 9개, 18의 배수는 5개, 45의 배수는 2개, 90의 배수는 1개이므로, 1이상 90이하의 자연수 중에서 2의 배수, 5의 배수, 9의 배수를 모두 제거하고 남은 수는 $90 - (45 + 18 + 10 - 9 - 5 - 2 + 1) = 32$개이다. 이 수들을 차례대로 나열하면, $1, 3, 7, \cdots, 83, 87, 89$이다. 그러므로

$$S(90) = (1 + 89) + (3 + 87) + (7 + 83) + \cdots$$
$$= 90 \times \frac{32}{2} = 1440$$

이다.

(2) 91이상 180이하의 자연수 중에서 2의 배수, 5의 배수, 9의 배수를 모두 제거하고 남은 수는 32개이다. 그러므로

$$S(180) = 180 \times \frac{64}{2} = 90 \times \frac{32}{2} \times 4 = S(90) \times 4$$

이다. 즉, 4배이다.

(3) 181이상 270이하의 자연수 중에서 2의 배수, 5의 배수, 9의 배수를 모두 제거하고 남은 수는 32개이다. 그러므로

$$S(270) = 270 \times \frac{96}{2} = 90 \times \frac{32}{2} \times 9 = S(90) \times 9$$

이다. 즉, 9배이다.

(4) 271이상 360이하의 자연수 중에서 2의 배수, 5의 배수, 9의 배수를 모두 제거하고 남은 수는 32개이다. 그러므로

$$S(360) = 360 \times \frac{128}{2} = 90 \times \frac{32}{2} \times 16 = S(90) \times 16$$

이다. 361이상 365이하의 자연수 중에서 2의 배수, 5의 배수, 9의 배수를 모두 제거하고 남은 수는 361과 363 두 개이다. 따라서

$$S(365) = 1440 \times 16 + 361 + 363 = 23764$$

이다.

제 3 절　쪽지 모의고사 3회 풀이

문제 3.1 아래 그림과 같이, 원 밖의 한 점 P에서 원에 접선 두 개를 긋고, 접점을 각각 B, C라 한다. 점 A는 원주 위의 점이고, 직선 BC에 대하여 점 P와 반대편에 있다. 점 A에서 직선 PB, PC에 내린 수선의 발을 각각 H, I라 한다.

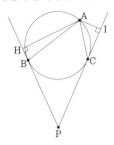

민우, 승우는 서로 다른 방법으로 AH : AI = AB^2 : AC^{2}이 성립함을 증명하려고 한다.

(1) 민우는 "아래 그림과 같이 원의 중심 O에서 AH, AI에 내린 수선의 발을 각각 J, K라 하고, 원의 반지름을 r이라 한다."고 놓고, 른 피타고라스의 정리를 이용하여 증명을 하려고 한다. 민우의 증명을 완성하여라.

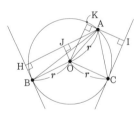

(2) 승우는 "아래 그림과 같이 원주 위에 점 D를 AD가 지름이 되도록 잡는다."라 놓고, 삼각형 AHB와 삼각형 ABD가 닮음임을 보이고, 같은 방법으로 삼각형 AIC와 삼각형 ACD가 닮음임을 보여서 증명을 하려고 한다. 승우의 증명을 완성하여라.

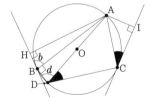

풀이

(1) 원의 중심 O에서 AH, AI에 내린 수선의 발을 각각 J, K라 하고, 원의 반지름을 r이라 한다. 삼각형 AOJ에

피타고라스의 정리와 OJ = HB를 이용하면

$$OJ^2 = r^2 - (AH - r)^2 = HB^2 \qquad ①$$

이다. 삼각형 AOK에 피타고라스의 정리와 OK = IC 를 이용하면

$$OK^2 = r^2 - (r - AI)^2 = IC^2 \qquad ②$$

이다. 삼각형 ABH에 피타고라스의 정리와 ①를 이용하면

$$AB^2 = AH^2 + HB^2 = 2r\,AH$$

이고, 삼각형 ACI에 피타고라스의 정리와 ②를 이용하면

$$AC^2 = AI^2 + IC^2 = 2r\,AI$$

이다. 따라서

$$AB^2 : AC^2 = 2r\,AH : 2r\,AI = AH : AI$$

이다.

(2) 원주 위에 점 D를 AD가 지름이 되도록 잡는다. 삼각형 AHB와 삼각형 ABD에서 접선과 현이 이루는 각의 성질에 의하여 $\angle b = \angle d$이고, $\angle AHB = \angle ABD = 90°$이므로, 삼각형 AHB와 삼각형 ABD는 닮음이고, AH : AB = AB : AD가 성립한다. 즉, $AB^2 = AH \times AD$이다. 같은 방법으로 삼각형 AIC와 삼각형 ACD는 닮음이고, AI : AC = AC : AD가 성립한다. 즉, $AC^2 = AI \times AD$ 이다.

그러므로

$$AB^2 : AC^2 = AH \times AD : AI \times AD = AH : AI$$

가 성립한다.

문제 3.2 용기 A에는 물질 X의 수용액이 들어 있는데, 그 농도는 20%이다. 용기 B에는 물질 Y의 수용액이 들어 있는데, 그 농도는 25%이다. A에서 수용액 xg과 B에서 수용액 yg을 덜어내어 용기 C에 넣어 혼합한다. 이때, 물아 녹아 있는 X와 Y는 X:Y = 5:2(질량)의 비율로 결합하여 물에 녹지 않는 물질 Z가 되어 수용액 속에 침전물을 만든다. 생긴 Z의 침전물을 모두 제거한 후, C에 남은 것은 Y의 수용액이고, 그 농도는 12%이다. 이때, 다음 물음에 답하여라.

(1) $x:y$를 구하여라.

(2) C에 남아 있는 물질 Y가 모두 물질 Z로 변할 때까지, A에서 X의 수용액을 덜어내어 넣는다. 그 후 생긴 Z의 침전물을 모두 제거한 후, C에는 520g의 물이 남아 있었다. 이때, x, y의 값을 구하여라.

풀이

(1) X의 수용액 x(g) 속에는 X가 $0.2x$g, 물이 $0.8x$(g)이 포함되어 있고, Y의 수용액 y(g) 속에는 Y가 $0.25y$(g), 물이 $0.75y$(g)이 포함되어 있다.

Z의 침전물을 제거한 후, 수용액에는 Y가 $0.25y - 0.08x$(g), 물이 $0.8x + 0.75y$(g)이 포함되어 있다. 이때, 농도가 12%이므로

$$0.25y - 0.08x = (0.25y - 0.08x + 0.8x + 0.75y) \times \frac{12}{100}$$

이다. 이를 정리하면 $x:y = 25:32$이다.

(2) $x = 25k$, $y = 32k$라 하면,

$$0.25y - 0.08x = 8k - 2k = 6k,$$

$$0.8x + 0.75y = 20k + 24k = 44k$$

이다. C에 남아 있는 물질 Y를 모두 물질 Z로 변하게 하려면 X는 $6k \times \frac{5}{2} = 15k$이 필요하다. 그러므로 C에 남은 물의 양은 $44k + 15k \times 4 = 520$이다. 즉, $k = 5$이다. 따라서 $x = 125$, $y = 160$이다.

문제 3.3 아래 그림과 같이 원뿔이 있다. 점 A에서 출발하여 옆면을 지나 다시 점 A로 오는 최단경로를 옆면의 전개도에 그리려고 한다.

아래 [그림1], [그림2], [그림3]의 경우로 나누어 점 A가 표시되어 있을 때, 각각의 경우에 최단경로를 그려라. 단, [그림2]에서 점 A는 호의 중점이다.

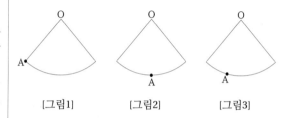

[그림1]　　　[그림2]　　　[그림3]

풀이

(1) [그림1]의 경우, 아래 그림과 같다.

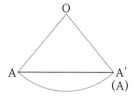

(2) [그림2]의 경우, 아래 그림과 같이 점 A에서 OB에 직접 수선의 발을 내리는 방법이다.

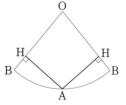

또 다른 경우는 아래 그림과 같다.

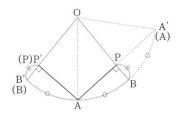

아래 그림의 작도 순서는 아래와 같다.

(순서 1) $\overparen{AB'} = \overparen{A'B}$인 A'를 작도한다.

(순서 2) AA'과 OB의 교점 P를 작도한다.

(순서 3) OB'위에 BP = B'P'인 점 P'를 작도한다.

(순서 4) 선분 AP, AP'를 그린다.

(3) [그림3]의 경우, 아래 그림과 같다.

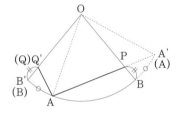

위의 그림의 작도 순서는 아래와 같다.

(순서 1) $\overparen{AB'} = \overparen{A'B}$인 점 A'를 작도한다.

(순서 2) AA'과 OB의 교점 Q를 작도한다.

(순서 3) OB'위에 BQ = B'Q'인 점 Q'를 작도한다.

(순서 4) 선분 AQ, AQ'를 그린다.

문제 3.4 V를 꼭짓점으로 하는 정육각뿔을, 아래 그림과 같이 밑면의 꼭짓점 A를 지나는 평면으로 절단하고, 절단면과 정육각뿔의 각 모서리의 교점을 A, B, C, D, E, F라 하고, 절단면과 꼭짓점 V에 밑면에 내린 수선과의 교점을 G라 한다.

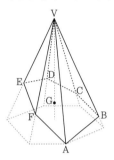

이때, 모서리 VA, VB, VC, VD, VE, VF의 길이를 각각 a, b, c, d, e, f라 할 때, 다음 물음에 답하여라.

(1) 삼각형 VAD와 삼각형 VBE의 넓이의 비를 이용하여 $\frac{1}{a} + \frac{1}{d} = \frac{1}{b} + \frac{1}{e}$임을 보여라.

(2) 세 삼각뿔 V-ACG, 삼각뿔 V-CEG, 삼각뿔 V-EAG의 부피의 비를 a, c, e를 사용하여 나타내어라.

(3) 삼각뿔 V-ACE와 삼각형 V-BDF의 부피의 비를 이용하여 $\frac{1}{a} + \frac{1}{c} + \frac{1}{e} = \frac{1}{b} + \frac{1}{d} + \frac{1}{f}$임을 보여라.

풀이   VB, VC, VD, VE, VF, VG의 연장선과 정육각뿔의 밑면과의 교점을 각각 B', C', D', E', F', H라 하자.

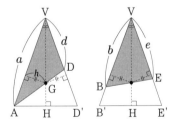

(1) (위의 그림 참고) $\triangle VAD' \equiv \triangle VB'E'$이므로,

$$\triangle VAD : \triangle VBE = VA \times VD : VB \times VE = ad : be$$

이다 한편, G에서 VA에 내린 수선의 길이를 h라 하면,

$$\triangle VAD : \triangle VBE = \frac{ah + dh}{2} : \frac{bh + eh}{2}$$

$$= (a + d) : (b + e)$$

이다. 그러므로 $ad : be = (a + d) : (b + e)$이다. 즉, $be(a + d) = ad(b + e)$이다. 양변을 $abde$로 나누면 $\frac{1}{a} + \frac{1}{d} = \frac{1}{b} + \frac{1}{e}$이다.

(2) 삼각뿔 V-AC′H, 삼각뿔 V-C′E′H, 삼각뿔 V-E′AH는 합동이므로

V-ACG의 부피 : V-CEG의 부피 : V-EAG의 부피

$$= \frac{a}{\text{VA}} \times \frac{c}{\text{VC}'} \times \frac{\text{VG}}{\text{VH}} : \frac{c}{\text{VC}'} \times \frac{e}{\text{VE}'} \times \frac{\text{VG}}{\text{VH}}$$
$$: \frac{e}{\text{VE}'} \times \frac{a}{\text{VA}} \times \frac{\text{VG}}{\text{VH}}$$
$$= ac : ce : ea$$

이다.

(3) (2)와 같은 방법으로

V-BDG의 부피 : V-DFG의 부피 : V-FBG의 부피
$$= bd : df : fb$$

이다. 또,

V-ACE의 부피 : V-BDF의 부피
$$= (ac + ce + ea) : (bf + df + fb)$$

이다. 한편

V-ACE의 부피 : V-BDF의 부피
$$= \frac{a}{\text{VA}} \times \frac{c}{\text{VC}'} \times \frac{e}{\text{VE}'} : \frac{b}{\text{VB}'} \times \frac{d}{\text{VD}'} \times \frac{f}{\text{VF}'}$$
$$= ace : bdf$$

이다. 그러므로 $(ac + ce + ea) : (bd + df + fb) = ace : bdf$이다. 이를 정리한 후 양변을 $abcdef$로 나누면

$$\frac{1}{a} + \frac{1}{c} + \frac{1}{e} = \frac{1}{b} + \frac{1}{d} + \frac{1}{f}$$

이다.

제 4 절　쪽지 모의고사 4회 풀이

문제 4.1 3 × 3의 정사각형에 1이상 9이하의 서로 다른 자연수를 1개씩 적는다. 이때, 다음 조건을 만족하는 경우의 수를 구하여라.

- 각 행(줄)에 적혀있는 3개의 자연수 중, 첫 번째 오른쪽에 적힌 수가 가장 크고, 첫 번째 왼쪽에 적힌 수가 가장 작다.

- 첫 번째 왼쪽 열에 있는 3개의 자연수 중, 첫 번째 위에 있는 자연수가 가장 크고, 첫 번째 아래에 있는 자연수가 가장 작다.

풀이 첫 번째 왼쪽 아래에 들어갈 자연수는 가장 작아야 하므로 1이다. 가장 아래 행의 나머지 두 칸에 들어가는 자연수를 정하는 것은 남은 8개의 자연수 중 두 개의 수를 고르면 되므로 $_8C_2$ = 28가지이다.

중앙의 행의 첫 왼쪽 칸에는 남은 6개의 자연수 중 가장 작은 수를 넣어야 한다. 그리고, 중앙의 행의 나머지 두 칸에 들어가는 자연수를 정하는 것은 남은 5개의 자연수 중 두 개의 수를 고르면 되므로 $_5C_2$ = 10가지이다.

마지막은 남은 3개의 자연수를 가장 위의 행의 칸에 크기 순서대로 쓰는 1가지 경우가 있다.

따라서 구하는 경우의 수는 28 × 10 × 1 = 280가지이다.

문제 4.2 아래 그림과 같이 AB = 6, ∠A = $a°$, ∠B = $b°$인 삼각형 ABC가 있다. 이때, 삼각형 ABC를 점 A를 중심으로 반시계방향으로 2$a°$회전하면, 점 B는 점 B′로, 점 C는 점 C′로 이동하고, 네 점 A, C, B, B′는 한 원 위에 있다.

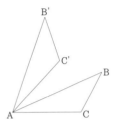

다음 물음에 답하여라.

(1) b를 a의 식으로 나타내어라.

(2) a = 15일 때, 변 BC의 길이를 구하여라.

(3) (2)에서, 회전이동하는 동안 변 BC가 지나는 부분의 넓이를 구하여라. 단, 원주율은 π이다.

풀이

(1) 아래 그림에서 네 점 A, C, B, B′이 한 원 위에 있으므로, ∠AB′C = ∠ABC = $b°$ = ∠AB′C′이다.

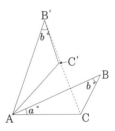

그러므로 세 점 B′, C′, C는 한 직선 위에 있다. 아래 그림에서 삼각형 ACC′는 이등변삼각형이고, AB는 ∠C′AC의 이등분선이므로 AH⊥C′C이다.

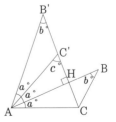

$a + c = 90$이므로 $b = 90 - 2a$이다.

(2) $a = 15$이면, $b = 60$이다. 아래 그림과 같이 삼각형 AB′H는 한 내각이 $30°$인 직각삼각형이므로, B′H = 3 이다. 각의 이등분선의 성질로부터 B′C′ : C′H = AB′ : AH = 2 : $\sqrt{3}$이다. 따라서 BC = B′C′ = $\frac{2}{2+\sqrt{3}}$B′H = $6(2 - \sqrt{3})$이다.

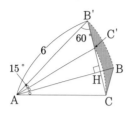

(3) 변 BC가 지나는 부분은, 위의 그림에서 색칠한 부분 이므로, 구하는 넓이는

$$(\text{부채꼴ABB}' + \triangle \text{ABC})$$
$$- (\text{부채꼴ACC}' + \triangle \text{AB}'\text{C}')$$
$$= \text{부채꼴ABB}' - \text{부채꼴ACC}'$$
$$= \frac{1}{12} \times \pi(\text{AB}^2 - \text{AC}^2)$$

이다. (2)로부터 C′H $= 3 - 6(2 - \sqrt{3}) = 6\sqrt{3} - 9$이다.

$$\text{AC}^2 = \text{AC}'^2 = \text{AH}^2 + \text{C}'\text{H}^2$$
$$= (3\sqrt{3})^2 + \{6(2 - \sqrt{3})\}^2$$
$$= 216 - 108\sqrt{3}$$

이다. 따라서

$$\frac{1}{12} \times \pi(\text{AB}^2 - \text{AC}^2)$$
$$= \frac{1}{12} \times \pi \left\{ 6^2 - (216 - 108\sqrt{3}) \right\}$$
$$= (9\sqrt{3} - 15)\pi$$

이다.

문제 4.3 다음 물음에 답하여라.

(1) 10이하의 자연수 p에 대하여 $\sqrt{m^2 + p} = n$을 만족하는 자연수쌍 (m, n)이 존재하는 p를 구하여라.

(2) 100이하의 자연수 p에 대하여 $\sqrt{m^2 + p} = n$을 만족하는 자연수쌍 (m, n)이 존재하는 p는 모두 몇 개인지 구하여라.

풀이

(1) $\sqrt{m^2 + p} = n$의 양변을 제곱하여 정리하면 $p = n^2 - m^2$이다. 따라서 $p = 3(= 2^2 - 1^2)$, $5(= 3^2 - 2^2)$, $7(= 4^2 - 3^2)$, $8(= 3^2 - 1^2)$, $9(= 5^2 - 4^2)$이다.

(2) $p = n^2 - m^2 = (n + m)(n - m)$에서 $(n + m) + (n - m) = 2n(\text{짝수})$가 되어 $n + m$, $n - m$이 모두 짝수거나 모두 홀수여야 한다.

  (i) $n + m$, $n - m$이 모두 짝수일 때, p는 4의 배수 이다. (단, $p \neq 4$이다.) 그러므로 이 경우의 p는 $25 - 1 = 24$개이다.

  (ii) $n + m$, $n - m$이 모두 홀수일 때, p는 홀수이 다. (단, $p \neq 1$이다.) 그러므로 이 경우의 p는 $50 - 1 = 49$개이다.

따라서 구하는 p의 개수는 73개이다.

문제 4.4 아래 그림과 같이, 삼각기둥 ABC-DEF에서 AB = BC = 5, CA = 4, AD = a이고, 점 P는 모서리 BE위의 점으로 점 B와 E와는 일치하지 않는다. 점 C와 점 D를, 점 C와 점 P를, 점 D와 점 P를 연결한다.

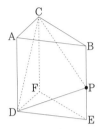

다음 물음에 답하여라.

(1) 삼각형 CDP가 정삼각형일 때, a의 값을 구하여라.

(2) 사각형 ADPB의 넓이를 S, 사각형 PEFC의 넓이를 T, 삼각형 CDA의 넓이를 U라고 하자. S : T = 5 : 4일 때, T : U를 구하여라.

(3) 아래 그림과 같이 변 EF의 중점을 M이라 하고, 점 A와 점 M을 연결하고, 선분 AM과 평면 CDP의 교점을 R이라 한다. 점 R과 점 D를, 점 R과 점 E를, 점 R과 점 F를 연결한다. $a = 6$, EP = 2일 때, 입체 R-DEF의 부피를 구하여라.

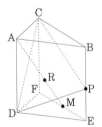

$\boxed{\text{풀이}}$

(1) 삼각형 CDP가 정삼각형이면, PC = PD이고, $\triangle$PCB $\equiv$ $\triangle$PDE(RHS합동)이다. 즉, PB = PE = $\frac{a}{2}$이다.

삼각형 CDA와 삼각형 PCB에 피타고라스 정리를 적용하면

$$CD^2 = 4^2 + a^2, \quad CP^2 = 5^2 + \left(\frac{a}{2}\right)^2$$

이다. $CD^2 = CP^2$이므로 $\frac{3}{4}a^2 = 9$이다. 이를 풀면 $a = 2\sqrt{3}(a > 0)$이다.

(2) 아래 그림과 같이 사각형 ADPB와 사각형 PEFC는 높이가 같은 사다리꼴이므로, 넓이의 비는 (윗변+아랫변)의 비와 같다.

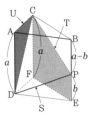

PE = b라 하면, BP = $a - b$이고,

$$S : T = \{a + (a - b)\} : (a + b)$$
$$= (2a - b) : (a + b) = 5 : 4$$

이다. 이를 정리하면 $b = \frac{1}{3}a$이다. 따라서

$$T : U = (PE + CF) \times EF : AD \times CA$$
$$= \left(\frac{1}{3}a + a\right) \times 5 : a \times 4$$
$$= 5 : 3$$

이다.

(3) (아래 왼쪽 그림 참고) '삼각뿔 A-DPC의 부피' : '삼각뿔 M-DPC의 부피' = AR : RM이다.

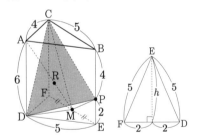

삼각형 DEF의 넓이를 Y라 하면, 삼각뿔 A-DPC의 부피는 Y $\times \frac{6+0+0}{3} = 2$Y이다. 삼각뿔 M-DPC의 부피는 비스듬한삼각기둥 DPC-FE에서 삼각뿔 C-FDM의 부피와 삼각뿔 P-EMD의 부피를 뺀 것과 같다. 그러므로 삼각뿔 M-DPC의 부피는 Y $\times \frac{0+2+6}{3} - \frac{1}{3} \times \frac{Y}{2} \times 6 - \frac{1}{3} \times \frac{Y}{2} \times 2 = \frac{4}{3}$Y이다. 그러므로 AR : RM = 2Y : $\frac{4}{3}$Y = 3 : 2이다.

면 DEF에서 점 R까지의 높이는 $\frac{2}{3+2}$AD = $\frac{12}{5}$이다. 삼각형 DEF는 위의 오른쪽 그림과 같으므로, 높이를 구하면 $h = \sqrt{21}$이다. 따라서 삼각형 DEF의 넓이는 $2\sqrt{21}$이다. 즉, 입체 R-DEF의 부피는 $\frac{1}{3} \times 2\sqrt{21} \times \frac{12}{5} = \frac{8\sqrt{21}}{5}$이다.

제 5 절   쪽지 모의고사 5회 풀이

문제 5.1 세 학생 승우, 정우, 연우는 '합격수학'에서 다음과 같은 문제를 발견했다.

> 용기 A에는 20%의 소금물 300g, 용기 B에는 12%의 소금물 100g, 용기 C에는 15%의 소금물 200g이 들어 있다. 다음의 '1단계 ~ 3단계'를 거쳐, A, B, C의 소금물의 농도를 모두 같게 할 수 있는 지를 조사한다. 만약 가능하면 x의 값을 구하고, 가능하지 않으면 그 이유를 밝혀라.
>
> - 1단계 : 우선, A에서 xg을 꺼내 B에 넣고 잘 뒤섞는다.
>
> - 2단계 : 다음에, B에서 xg을 꺼내 C에 넣고 잘 뒤섞는다.
>
> - 3단계 : 마지막으로, C에서 xg을 꺼내 A에 넣고 잘 뒤섞는다.

이 문제를 곰곰이 생각한 세 명 중 먼저 승우는 "1단계 후 B의 농도는 a%이고, 2단계 후 C의 농도는 b%이고, ……." 그런데 이 단계에서 너무 분수식이 나오니, 3단계 후 A의 농도를 계산하기가 복잡하고, 거기에 이차방정식이 나올 것 같기도 하고, 아직 이차방정식의 해법을 배우지 않은 승우는 망연자실했다.

그 다음에 정우는 "1단계를 시작하기 전에 A, B, C에 포함된 소금의 합이 cg이니까, 3단계 후에 A, B, C의 농도가 모두 같다면, 그 때 B에는 dg의 소금이 든 셈이지. 그러면 1단계에서의 $x = e$g이 되어, ……." 조금 있으면 풀려서 그대로 계산을 진행하였다.

한편, 처음부터 문제 글을 계속 바라보던 연우는 계산도 하지 않고 "알았어!"를 외쳤다.

(1) a, b에 들어갈 식을 x를 사용해서 나타내고, c, d, e에 들어갈 값을 구하여라.

(2) 위 문제를 풀어라. (승우의 방법, 정우의 방법, 연우의 방법도 좋고, 그 이외의 방법도 상관없다.)

풀이

(1) 1단계 후 B의 농도

$$a = \frac{x \times \frac{20}{100} + 100 \times \frac{12}{100}}{x + 100} \times 100 = \frac{20x + 1200}{x + 100}$$

(%)이다. 2단계 후 C의 농도

$$b = \frac{x \times \frac{a}{100} + 200 \times \frac{15}{100}}{x + 200} \times 100$$

$$= \frac{xa + 3000}{x + 200} = \frac{20x^2 + 4200x + 300000}{(x + 100)(x + 200)}$$

(%)이다.

1단계를 시작하기 전에 A, B, C에 포함된 소금의 합

$$c = 300 \times \frac{20}{100} + 100 \times \frac{12}{100} + 200 \times \frac{15}{100} = 102$$

(g)이다.

3단계 후에 A, B, C의 농도가 모두 같으면, B에 있는 소금의 양

$$d = 102 \times \frac{100}{300 + 100 + 200} = 17$$

(g)이다.

B의 농도가 17%이므로 $a = 17$이므로 $\frac{20x + 1200}{x + 100} = 17$을 풀면 $x = e = \frac{500}{3}$이다.

(2) (연우의 방법) A, B, C에 포함된 소금의 합이 102g이고, 전체의 농도는 $\frac{102}{300 + 100 + 200} \times 100 = 17$(%)이다. B의 17%의 소금물을 C의 15%의 소금물에 혼합한 후 C의 17%의 소금물을 얻는 것은 불가능하다.

문제 5.2 밑면의 반지름이 18이고, 높이가 24인 원뿔 3개가 있다. 이 3개의 원뿔을 높이가 24인 투명한 원기둥 용기 A에 넣고 뚜껑을 덮으면 [그림1]과 같이 된다. 이 용기를 위에서 보면 [그림2]와 같이 3개의 원뿔의 밑면이 서로 외접하고, 용기 A의 밑면의 원주에 내접한다.

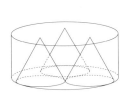

[그림1]　　　　　[그림2]

다음 물음에 답하여라. 단, 원주율은 π로 계산한다.

(1) 용기 A의 밑면의 반지름을 구하여라.

(2) 높이가 8인 원뿔 B가 있다. [그림1]의 용기 A의 뚜껑을 열고, 원뿔 B의 밑면이 용기 A의 밑면에 평행하도록 넣는데, [그림3]과 같이 3개의 원뿔의 옆면에 접하도록 넣는다. 뚜껑을 덮으면 원뿔 B의 꼭짓점이 뚜껑에 접한다. 이때, 원뿔 B의 밑면의 반지름을 구하여라.

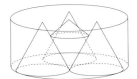

[그림3]

(3) 반지름이 r인 구 C가 있다. [그림1]의 용기 A의 뚜껑을 열고, 구 C를 넣는데, [그림4]와 같이 3개의 원뿔의 옆면에 접하도록 넣는다. 뚜껑을 덮으면 뚜껑에 접할 때, r을 구하여라.

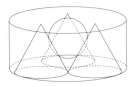

[그림4]

풀이

(1) [그림5]와 같이 점 O, P, Q, R, S를 잡는다. 삼각형 PQR이 한 변의 길이가 36인 정삼각형이므로 $OP = 12\sqrt{3}$이다. 그러므로 용기 A의 밑면의 반지름은 $OS = OP + PS = 12\sqrt{3} + 18$이다.

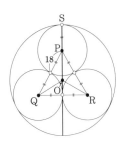

[그림5]

(2) [그림3]에서 새로 들어가는 원뿔 B의 축과 [그림1]에서 3개의 원뿔 중 하나의 축을 포함하는 평면을 그린다. [그림6]는 그 일부이다. 원뿔 B의 밑면의 반지름을 r'이라 하자. [그림6]에서 $TU : UV = 18 : 24 = 3 : 4$이므로, 삼각형 TUV와 삼각형 WXV는 닮음이고, 삼각형 TUV의 세 변의 길이의 비가 $3 : 4 : 5$이다. 따라서

$$r' = a + XW = a + VX \times \frac{3}{4}$$
$$= (12\sqrt{3} - 18) + 12 = 12\sqrt{3} - 6$$

이다.

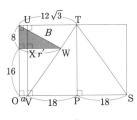

[그림6]

(3) [그림7]에서 삼각형 TZY와 삼각형 MNY는 세 변의 길이의 비가 $3 : 4 : 5$이므로, $YZ = TZ \times \frac{4}{3} = 16\sqrt{3}$이다.

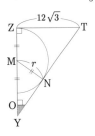

[그림7]

$YM : MN = 5 : 3$이므로

$$16\sqrt{3} - r : r = 5 : 3$$

이다. 이를 풀면 $r = 6\sqrt{3}$이다.

문제 5.3 아래 그림은, 평면을 한 변의 길이가 1인 정삼각형의 퍼즐로 가득 메운 것의 일부이다. 아래 그림의 삼각형 PQR의 위치에 한 변의 길이가 1인 정삼각형 A를 놓고, 이 상태에서 세 변 중 하나를 축으로 하여 대칭이동한다.

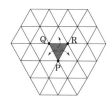

다음 물음에 답하여라.

(1) 2회 반복했을 때, A가 도달할 수 있는 위치에, 도달하는 방법의 수를 적어라. 또, 4회 반복했을 때, A가 도달할 수 있는 위치에, 도달하는 방법의 수를 적어라.

(2) 4회 반복했을 때와 8회 반복했을 때, 모두 A가 삼각형 PQR의 위치에 도달하는 방법의 수를 구하여라.

[풀이]

(1) [그림1]은 2회 반복했을 때, A가 도달할 수 있는 위치에, 도달하는 방법의 수를 적은 것이다. [그림2]는 4회 반복했을 때, A가 도달할 수 있는 위치에, 도달하는 방법의 수를 적은 것이다.

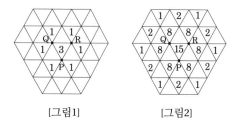

[그림1]   [그림2]

(2) 삼각형 PQR의 위치에 도달하는 방법은 "0회→4회"에서 15가지이므로, "4회→8회"에서도 15가지이다. 따라서 구하는 방법의 수는 $15 \times 15 = 225$가지이다.

문제 5.4 아래 그림과 같이, 점 O를 중심으로 하는 동심원 A, B에서, 원 A의 반지름이 2, 원 B의 반지름 4이다. 원 A의 원주 위의 점 P, 원 B의 원주 위의 점 Q를 잡고, 선분 PQ의 중점을 R이라 한다.

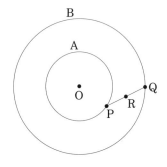

다음 물음에 답하여라.

(1) 점 P가 원 A의 원주 위를 움직이는 점이고, 점 Q가 정점일 때, 점 R이 움직이는 선의 길이를 구하여라.

(2) 점 P가 원 A의 원주 위를 움직이는 점이고, 점 Q가 원 B의 원주 위를 움직이는 점일 때, 점 R이 움직이는 부분의 넓이를 구하여라.

[풀이]

(1) (아래 그림 참고) 선분 OQ의 중점을 M이라 하면, OM = 2이므로 M은 원 A의 원주 위에 있다.

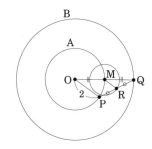

삼각형 중점연결정리에 의하여 MR ∥ OP, MR = $\frac{1}{2}$OP = 1이다. 그러므로 점 P가 원 A의 원주 위를 움직일 때, 점 R은 중심은 M이고, 반지름이 1인 원의 원주를 움직인다. 그러므로 구하는 선의 길이는 2π이다.

(2) 점 Q가 원 B의 원주 위를 움직이고, 점 M은 원 A의 원주 위를 움직이므로, (1)의 원은 O를 중심으로 1회 전한다. 그러므로 R이 움직인 부분은 아래 그림의 색칠한 부분과 같다.

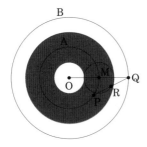

따라서 색칠한 부분의 넓이는 8π이다.

제 6 절   쪽지 모의고사 6회 풀이

문제 6.1 "어떤 자연수도 4개의 0이상의 정수의 제곱의 합으로 나타낼 수 있다"는 정리를 이용하여 2020년에 연관지어 2020을 4개의 정수의 제곱의 합으로 표현되는지 알아보려고 한다. 예를 들어,

$$2020 = 1^2 + 7^2 + 17^2 + 41^2 \quad \cdots ①$$

으로 나타낸다. 실제로 ① 이외에도 4개의 정수의 제곱의 합으로 2020을 나타낼 수 있다. 다음 물음에 답하여라.

(1) "합이 같은 2개의 정수쌍 a, b에 대하여(예를 들어, $a = \{2,3\}$, $b = \{-2,7\}$), 각각의 수에 같은 정수를 더한 정수쌍 c, d를 만든다(위의 예에서 a, b의 각 수에 5를 더하면, $c = \{7,8\}$, $d = \{3,12\}$). 그러면 'a와 d의 네 수의 제곱의 합'과 'b와 c의 네 수의 제곱의 합'이 같다 (위의 예에서 $2^2 + 3^2 + 3^2 + 12^2 = 166$, $(-2)^2 + 7^2 + 7^2 + 8^2 = 166$)."가 성립한다. 이를 문자를 사용하여 증명하여라.

(2) (1)을 이용하여 4개의 0이상의 정수의 제곱의 합이 2020이 되는 ①의 $\{1,7,17,41\}$ 외에 하나를 찾아라.

폴이

(1) $a = \{p,q\}$, $b = \{r,s\}$라고 하면, $p + q = r + s$이다. $p \sim s$에 더하는 수를 k라 하면, $c = \{p+k, q+k\}$, $d = \{r+k, s+k\}$이다. a와 d의 네 수의 제곱의 합은

$$p^2 + q^2 + (r+k)^2 + (s+k)^2$$
$$= p^2 + q^2 + r^2 + s^2 + 2(r+s)k + 2k^2 \quad \text{(가)}$$

이고, b와 c의 네 수의 제곱의 합은

$$r^2 + s^2 + (p+k)^2 + (q+k)^2$$
$$= p^2 + q^2 + r^2 + s^2 + 2(p+q)k + 2k^2 \quad \text{(나)}$$

이다. $p + q = r + s$이므로, (가)=(나)이다.

(2) (1)로부터 $a = \{p,q\} = \{1,7\}$, $d = \{r+k, s+k\} = \{17,41\}$, $b = \{r,s\} = \{17-k, 41-k\}$, $c = \{p+k, q+k\} = \{1+k, 7+k\}$이다. $p+q = r+s$이므로 $1+7 = (17-k) + (41-k)$이다. 이를 정리하면, $2k = 50$이다. $k = 25$이다. 그러므로 구하는 네 수의 쌍은 $\{r, s, p+k, q+k\} = \{-(17-25), (41-25), 1+25, 7+25\} = \{8, 16, 26, 32\}$이다.

문제 6.2 한 모서리의 길이가 4인 정사면체 OPQR가 있다. 다음 물음에 답하여라.

(1) 정사면체 OPQR의 각 모서리의 중점 A, B, C, D, E, F를 꼭짓점으로 하는 다면체의 부피를 구하여라. 단, 한 모서리의 길이가 a인 정사면체의 부피는 $\frac{\sqrt{2}}{12}a^3$임을 이용하여라.

(2) 다면체 ABCDEF의 각 모서리의 중점을 꼭짓점으로 하는 다면체의 부피를 구하여라.

폴이

(1) 구하는 부피는 한 모서리의 길이가 4인 정사면체 OPQR의 부피에서 한 모서리의 길이가 2인 정사면체 4개의 부피를 뺀 것과 같다.

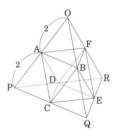

그러므로 구하는 부피는

$$\frac{\sqrt{2}}{12} \times 4^3 \times \left\{ 1 - \left(\frac{1}{2}\right)^3 \times 4 \right\} = \frac{8}{3}\sqrt{2}$$

이다.

(2) 다면체 ABCDEF의 각 모서리의 중점을 꼭짓점으로 하는 다면체는 아래 그림에서 색칠된 부분의 사각뿔 6개의 뺀 부분의 입체이다.

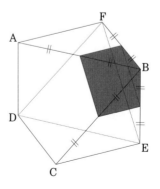

나는 푼다, 고로 (영재학교/과학고) 합격한다.

색칠된 부분의 사각뿔의 부피는 $\frac{8}{3}\sqrt{2} \div 2 \times \left(\frac{1}{2}\right)^3 = \frac{\sqrt{2}}{6}$ 이다. 따라서 구하는 입체의 부피는 $\frac{8}{3}\sqrt{2} - \frac{\sqrt{2}}{6} \times 6 = \frac{5}{3}\sqrt{2}$ 이다.

문제 6.3 아래 식에서 우변의 ①~⑩에 + 또는 −를 넣고, S의 값을 계산한다.

$$S = ① 1 ② 2 ③ 3 ④ 4 ⑤ 5 ⑥ 6 ⑦ 7 ⑧ 8 ⑨ 9 ⑩ 10$$

예를 들어, ①~⑩에 모두 +에 넣으면 S = 55이다. 다음 물음에 답하여라.

(1) S = 0이 될 수 있는가? 그 이유를 설명하여라.

(2) S = 1이 되도록 ①~⑩에 + 또는 −를 넣는 방법 중 3가지를 구하여라.

(3) S의 값이 3의 배수가 되는 경우를 생각하자. 이때 S의 최댓값을 구하여라.

[풀이] ①~⑩에 모두 "+"를 넣으면 S = 55이다. 이 상태에서 ①~⑩에서, "+" → "−"로 바꾼 수들의 합을 T라 하면, S = 55 − 2T이다.

(1) S = 55 − 2T에서 S는 홀수이므로 S = 0은 불가능하다.

(2) 아래 표와 같은 세 가지 경우가 있다. (다양한 방법이 있다.)

①	②	③	④	⑤	⑥	⑦	⑧	⑨	⑩
+	+	+	+	+	+	+	−	−	−
+	+	−	+	−	+	+	+	−	−
+	+	+	−	−	+	+	−	+	−

(3) 55이하의 3의 배수 중 큰 수를 찾는 방법으로 조사한다. S = 55 − 2T에서 S = 54는 짝수여서 불가능하고, S = 51은 ②에 "−"를 넣고, 나머지에는 모두 "+"를 넣으면 나온다. 따라서 S = 51이다.

문제 6.4 아래 그림과 같이, 4개의 이등변삼각형과 5개의 정사각형을 면으로 하는 입체 O-ABCDEFGH에서, 면 EFGH의 밑면이 평면 P 위에 놓여 있다. AB = 8, 점 O에서 평면 P까지의 거리가 24이다. 모서리 BC의 중점을 M이라 하고, 직선 ME에 평행하게 광선이 입체를 비출 때, 평면 P위에 입체의 그림자가 생긴다.

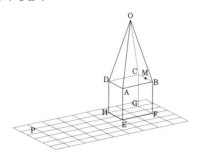

다음 물음에 답하여라.

(1) 평면 P위의 점 O의 그림자를 Q라 할 때, 선분 OQ의 길이를 구하여라.

(2) 이 입체의 일부인 사각뿔 O-ABCD를 제거하면, 그림의 넓이는 얼마나 감소하는가?

[풀이]

(1) 아래 그림과 같이, 점 M에서 E 방향으로 빛이 비춘다고 하면, 아래로 8, x방향으로 4, y방향으로 8만큼 진행하므로 선분 ME의 길이는 $\sqrt{8^2 + 4^2 + 8^2} = 12$이다. 점 O은, 평면 P에서 점 M까지의 높이의 3배 위치에 있으므로 OQ = 12 × 3 = 36이다.

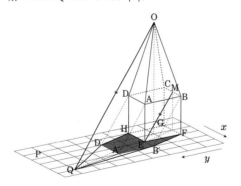

(2) (1)의 그림과 같이, 점 A, B, D의 평면 P위의 그림자를 각각 A′, B′, D′라 하자. 최초의 문제에서 입체의 그림자는 굵은 선 부분인 육각형 QB′FEHD′이다. 여기서 OA, AB의 그림자는 내부에 있다는 것에 주의해야 한다.

사각뿔 O-ABCD를 제거한 입체의 그림자의 넓이는 정육면체 ABCD-EFGH의 그림자의 넓이와 같다. 이 그림자는 (1)의 그림에서 색칠한 부분이다. 그러므로 그림자가 감소한 부분은 삼각형 QA′B′과 삼각형 QA′D′이다. 따라서 구하는 넓이는

$$\triangle QA'B' + \triangle QA'D' = \frac{1}{2} \times 8 \times 4 + \frac{1}{2} \times 8 \times 12 = 64$$

이다.

제 7 절   쪽지 모의고사 7회 풀이

문제 7.1 아래 그림과 같이 한 모서리의 길이가 $2\sqrt{3}$인 정사면체 ABCD와 밑면의 반지름이 6인 원뿔이 있다.

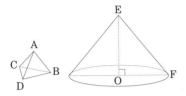

아래 그림과 같이 정사면체를 CD⊥OB가 되도록 원뿔의 밑면 위에 놓으면, 점 B와 점 F가 겹쳐지고, 변 AB가 모선 EF와 겹쳐진다.

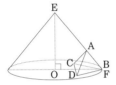

다음 물음에 답하여라. 단, 원주율은 π로 계산한다.

(1) 원뿔의 높이를 구하여라.

(2) 아래 그림과 같이, CD⊥OB를 만족하면서, 정사면체의 꼭짓점 B가 원 O의 둘레를 한바퀴 돌 때, 삼각형 BCD가 지나는 부분의 넓이를 구하고, 정사면체 ABCD가 지나는 부분의 부피를 구하여라.

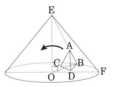

[풀이]

(1) (아래 그림 참고) 정사면체 ABCD에서 모서리 CD의 중점을 M, A에서 평면 BCD에 내린 수선의 발을 H라 한다.

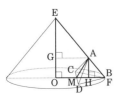

점 H는 삼각형 BCD의 무게중심과 일치하므로, $HF = \frac{2}{3}MF = \frac{2}{3} \times \left(\frac{\sqrt{3}}{2} \times 2\sqrt{3} \right) = 2$이다. 또 $AH = \sqrt{AF^2 - HF^2} = 2\sqrt{2}$이다. 삼각형 EOF와 삼각형 AHF는 닮음이고 $OF : HF = 3 : 1$이므로 $EO = 3AH = 6\sqrt{2}$이다.

(2) 삼각형 BCD가 지나는 부분은 아래 그림에서 색칠한 부분과 같다.

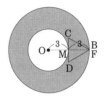

$OM = MF = 3$이므로 구하는 넓이는 $36\pi - 9\pi = 27\pi$이다.

정사면체 ABCD가 지나는 부분은 아래 그림에서 굵은 선 부분이다.

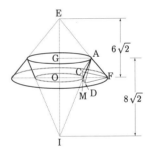

구하는 부피는

$$\pi \times 6^2 \times 6\sqrt{2} \times \frac{1}{3} \times \left\{ 1 - \left(\frac{2}{3} \right)^3 \right\}$$
$$- \pi \times 4^2 \times 8\sqrt{2} \times \frac{1}{3} \times \left\{ 1 - \left(\frac{3}{4} \right)^3 \right\}$$
$$= \frac{152\sqrt{2}}{3}\pi - \frac{74\sqrt{2}}{3}\pi$$
$$= 26\sqrt{2}\pi$$

이다.

문제 7.2 아래 그림과 같이, 한 모서리의 길이가 2인 정육면체 ABCD-EFGH가 있다. 세 점 A, F, C를 지나는 원의 중심을 O_1, 세 점 B, G, D를 지나는 원의 중심을 O_2라 한다. 원 O_1과 원 O_2가 두 점에서 만나는데, 그 두 교점을 각각 P, Q라 한다.

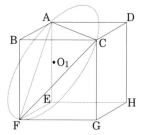

다음 물음에 답하여라.

(1) 원 O_1의 반지름을 구하여라.

(2) 두 점 P, Q 사이의 거리를 구하여라.

풀이

(1) (아래 그림 참고) 삼각형 AFC는 한 변의 길이가 AC = $2\sqrt{2}$인 정삼각형이다. 그러므로 삼각형의 외접원의 반지름은 $O_1A = \dfrac{AC}{\sqrt{3}} = \dfrac{2\sqrt{6}}{3}$이다.

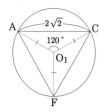

(2) O_1은 정삼각형 AFC의 무게중심이고, O_2는 정삼각형 BGD의 무게중심이므로, 직선 FO_1, GO_2는 각각 AC, BD의 중점 M(동일한 점)에서 만난다. 그러므로 FM : $O_1M = GM : O_2M = 3 : 1$이므로, $O_1O_2 = \dfrac{1}{3}FG = \dfrac{2}{3}$이다.

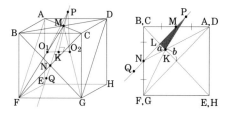

두 원의 교점 P, Q은 두 평면 AFC, BGD의 교선(위의 왼쪽 그림의 직선 MN)위에 있고, 정육면체의 옆면에서 보면, 위의 오른쪽 그림과 같다. 위의 왼쪽 그림에서, 점 P에서 O_1O_2에 내린 수선의 발을 K라 하면,

$PO_1 = PO_2 = O_1A = \dfrac{2\sqrt{6}}{3}$, $O_1K = \dfrac{1}{2}O_1O_2 = \dfrac{1}{3}$이므로,

$PK = \sqrt{\left(\dfrac{2\sqrt{6}}{3}\right)^2 - \left(\dfrac{1}{3}\right)^2} = \dfrac{\sqrt{23}}{3}$이다. 위의 오른쪽 그림과 같이, K에서 PQ에 내린 수선의 발을 L이라 하면, $a : b = MN : DG = 1 : 2$이므로, $LK = \dfrac{1}{3} \times \dfrac{1}{4} \times CH = \dfrac{\sqrt{2}}{6}$이다. 즉, $PL = \sqrt{\left(\dfrac{\sqrt{23}}{3}\right)^2 - \left(\dfrac{\sqrt{2}}{6}\right)^2} = \dfrac{\sqrt{10}}{2}$이다. 즉, $PQ = 2PL = \sqrt{10}$이다.

문제 7.3 아래 그림과 같이, 원주 위에 두 점 P, Q가 있어서, 원주를 길이가 다른 두 개의 호로 나눈다. 길이가 짧은 호를 3등분하여 점 P에 가까운 점부터 A, B라 한다. 길이가 긴 호를 3등분하여 점 P에 가까운 점을 C라 하고, 이 호 위에 $\overparen{CD} = \overparen{CA}$가 되도록 점 D를 잡는다. 선분 CA와 PD의 교점을 E라 한다.

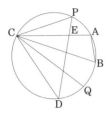

다음 물음에 답하여라.

(1) 삼각형 ABC와 삼각형 EPC가 닮음임을 보여라.

(2) ∠ABC의 크기를 구하여라.

(3) CQ가 원의 지름이고, AC = $\sqrt{3}$일 때, 다음 물음에 답하여라.

　(i) ∠PDC의 크기를 구하여라.

　(ii) PC의 길이를 구하여라.

　(iii) 삼각형 ABC의 넓이와 삼각형 EPC의 넓이의 비를 구하여라.

풀이

(1) (아래 그림 참고) $\overparen{AB} = \overparen{PA}$이므로 ∠ACB = ∠PCA이다. 즉, ∠ACB = ∠ECP이다. $\overparen{CA} = \overparen{CD}$이므로 ∠CBA = ∠CPD이다. 즉, ∠CBA = ∠CPE이다. 따라서 삼각형 ABC와 삼각형 EPC는 닮음이다.

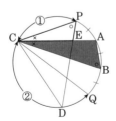

(2) (위의 그림 참고) $\overparen{PA} = k$, $\overparen{CP} = l$이라 하면, $\overparen{AQ} = 2k$, $\overparen{CQ} = 2l$이다. 따라서 $\overparen{APC} : \overparen{AQC} = (k+l) : (2k+2l) = 1 : 2$이다. $\overparen{APC}$에 대한 중심각의 크기는 $360° \times \frac{1}{1+2} = 120°$이므로, ∠ABC = $60°$이다.

(3) (i) (아래 그림 참고) CQ는 원의 지름이므로, ∠CAQ = ∠CPQ = $90°$이다. (2)에서 q = ∠ABC = $60°$이므로 삼각형 CQA는 한 내각이 $30°$인 직각삼각형이다. 그러므로 ∠PCQ = ∠ACQ $\times \frac{2+1}{2} = 45°$이다. 즉, ∠PDC = ∠PQC = $45°$이다.

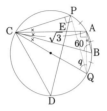

(ii) AC = $\sqrt{3}$이므로, CQ = 2이다. 따라서 삼각형 CQP는 직각이등변삼각형이므로, PC = $\sqrt{2}$이다.

(iii) ∠PCB = $30°$, ∠PBC = $45°$이므로 삼각형 PCB는 아래 그림과 같다.

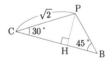

점 P에서 변 CB에 내린 수선의 발을 H라 하면, 삼각형 CPH는 한 내각이 $30°$인 직각삼각형이고, 삼각형 BPH는 직각이등변삼각형이다. 그러므로 HB = PH = $\frac{\sqrt{2}}{2}$, CH = $\frac{\sqrt{6}}{2}$이고, CB = $\frac{\sqrt{2}+\sqrt{6}}{2}$이다.

(1)에서 삼각형 ABC와 삼각형 EPC가 닮음이고, 닮음비는 CB : CP = $(1+\sqrt{3}) : 2$이므로 넓이의 비는 $2+\sqrt{3} : 2$이다.

문제 7.4 1부터 13의 수가 1개씩 적힌 카드가 13장이 있다. 이 카드를 뽑아서 다음과 같은 규칙으로 ①~④의 과정을 거쳐서 점수를 계산한다. 단, 한 번 뽑은 카드는 전으로 되돌리지 않는다.

① 처음에 1장을 뽑아 그 수를 확인한다.

② ①에서 뽑은 카드의 수의 (양의) 약수의 개수를 센다.

③ ②의 개수의 수만큼 계속 카드를 뽑는다.

④ ①, ③에서 꺼낸 모든 카드에 적힌 수의 합을 점수로 한다.

예를 들어 처음에 뽑은 카드에 적힌 수가 5이면, 5의 (양의) 약수의 개수는 2개이므로 계속 2장의 카드를 뽑는다. 그 2장의 카드에 적힌 수가 3과 8이면, 점수는 $5 + 3 + 8 = 16$으로 16점이 된다. 이때, 다음의 물음에 답하여라.

(1) 만약, 처음에 뽑은 카드의 수가 10이라고 할 때, 가장 낮은 점수를 구하여라.

(2) 이 과정을 통해 생각할 수 있는 가장 높은 점수를 구하여라.

(3) 카드를 뽑는 과정이 모두 끝났을 때, 남은 카드는 9장에, 점수는 43점이었다. 이때 가능한 4장의 카드의 수를 모두 구하여라.

(풀이)

(1) $10 = 2 \times 5$이므로 4개의 (양의) 약수를 갖는다. 4개의 수의 합이 가장 작은 경우는 1, 2, 3, 4가 적힌 카드를 뽑는 경우이다. 따라서 구하는 답은 $10 + 1 + 2 + 3 + 4 = 20$(점)이다.

(2) (양의) 약수의 개수가 가장 많은 수는 12로 6개의 (양의 약수)가 있다. 그러므로 6개의 수의 합이 가장 큰 경우는 13, 11, 10, 9, 8, 7이 적힌 카드를 뽑는 경우이다. 따라서 구하는 답은 $12 + 13 + 11 + 10 + 9 + 8 + 7 = 70$(점)이다.

(3) 처음에 뽑은 1장을 제외하면 3장의 카드가 두 번째에 뽑힌 것이다. (양의) 약수의 개수가 3인 수는 4, 9만 가능하므로 두 가지 경우로 나누어 살펴본다.

(가) 처음 뽑은 카드의 수가 4인 경우, 점수가 43점이므로 다음에 뽑힌 카드에 적힌 수의 합이 39가 되어야 한다. 그런데, $11 + 12 + 13 = 36$이므로 이 경우는 불가능하다.

(나) 처음 뽑은 카드의 수가 9인 경우, 점수가 43점이므로 다음에 뽑힌 카드에 적힌 수의 합이 34가 되어야 한다. $10 + 11 + 13 = 34$이므로 네 장의 카드의 수는 9, 10, 11, 13이다.

따라서 구하는 답은 9, 10, 11, 13이다.

제 8 절   쪽지 모의고사 8회 풀이

문제 8.1 아래 그림과 같은 육면체 OABCDEF에서, 삼각형 OAF와 삼각형 OCD는 정삼각형이고, 사각형 OABC와 사각형 ODEF는 마름모, 사각형 ABEF와 사각형 CBED는 등변사다리꼴이다.

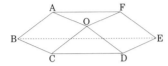

모서리 BE의 길이가 2이고, 나머지 모서리의 길이는 1일 때, 다음 물음에 답하여라.

(1) 등변사다리꼴 ABEF의 넓이를 구하여라.

(2) 사각형 OABC의 대각선 AC의 길이가 $\frac{\sqrt{6}}{2}$일 때, 이 육면체의 겉넓이와 부피를 구하여라.

(3) 사각형 OABC가 정사각형일 때, 육면체의 부피를 구하여라.

[풀이]

(1) 아래 그림에서 $a = \frac{1}{2}$, $h = \frac{\sqrt{3}}{2}$이다.

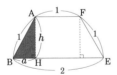

그러므로 구하는 넓이는 $\frac{1}{2} \times (1+2) \times \frac{\sqrt{3}}{2} = \frac{3\sqrt{3}}{4}$이다.

(2) (1)의 그림의 점 H를 아래 그림의 위치 놓으면, 면 AHC와 모서리 BE는 수직이 된다. 점 I도 같은 방법으로 놓으면 면 FID와 모서리 BE는 수직이 된다. 점 J를 그림과 같이, 두 삼각뿔 B-AHC와 O-CJA는 합동이 되어 부피가 같도록 잡는다. 같은 방법으로 점 K도 잡는다. 그러면 구하는 육면체의 부피는 사각기둥 AHCJ-FIDK의 부피와 같다.

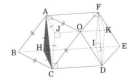

$AC = \frac{\sqrt{6}}{2}$이므로, $BO = 2\sqrt{1^2 - \left(\frac{\sqrt{6}}{4}\right)^2} = \frac{\sqrt{10}}{2}$이다. 또, 마름모 OABC의 넓이는 $\frac{1}{2} \times \frac{\sqrt{6}}{2} \times \frac{\sqrt{10}}{2} = \frac{\sqrt{15}}{4}$이고, 정삼각형 OAF의 넓이는 $\frac{\sqrt{3}}{4}$이다. 따라서 구하는 겉넓이는

$$\frac{3\sqrt{3}}{4} \times 2 + \frac{\sqrt{15}}{4} \times 2 + \frac{\sqrt{3}}{4} \times 2 = 2\sqrt{3} + \frac{\sqrt{15}}{2}$$

이다. AH : AC = 1 : $\sqrt{2}$이므로 삼각형 AHC는 직각이등변삼각형이다. 즉, 사각형 AHCJ는 정사각형이다. 그러므로 구하는 부피는 $\frac{1}{2} \times \frac{\sqrt{6}}{2} \times \frac{\sqrt{6}}{2} \times 1 = \frac{3}{4}$이다.

(3) $AC = \sqrt{2}AB = \sqrt{2}$이다. 아래 그림과 같이 삼각형 AHC를 따로 떼어 살펴보자.

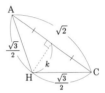

그림에서 $k = \sqrt{\left(\frac{\sqrt{3}}{2}\right)^2 - \left(\frac{\sqrt{2}}{2}\right)^2} = \frac{1}{2}$이다. 구하는 부피는 $\sqrt{2} \times \frac{1}{2} \times 1 = \frac{\sqrt{2}}{2}$이다.

문제 8.2 그림과 같이, 이차함수 $C : y = \frac{1}{4}x^2$과 직선 $l : y = \frac{1}{2}x + 2$가 두 점 P, Q에서 만난다. 단, P의 x좌표가 Q의 x좌표보다 작다.

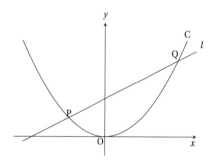

다음 물음에 답하여라.

(1) 점 P의 좌표를 구하여라

(2) 점 Q를 지나 x축에 평행한 직선에 대하여, 직선 l이 대칭되는 직선을 m이라 한다. 이차함수 C와 직선 m의 교점을 Q, R이라 할 때, Q와 R의 좌표를 구하여라.

(3) 삼각형 PQR의 넓이를 구하여라.

(4) PR : PQ를 구하여라

풀이

(1) P의 x좌표는

$$\frac{1}{4}x^2 = \frac{1}{2}x + 2, \quad x^2 - 2x - 8 = 0, \quad (x+2)(x-4) = 0$$

의 해 중에서 작은 것이므로 $x = -2$이다. 따라서 P$(-2, 1)$이다.

(2) (1)의 과정에서 Q$(4, 4)$이다. 직선 m의 기울기는 $-\frac{1}{2}$이다. 점 R의 x의 좌표를 r이라 하고, 점 Q, R은 이차함수 C 위의 점이므로 $\frac{1}{4}(4+r) = -\frac{1}{2}$이다. 따라서 $r = -6$이다. 즉, R$(-6, 9)$이다.

(3) 직선 PR의 방정식은 $y = -2x - 3$이다. 점 Q를 지나 x축에 평행한 직선(즉, $y = 4$)와 직선 PR의 교점을 S라 하면, $\triangle$PQR의 넓이는 $\frac{1}{2} \times$ QS $\times$ 'P, R의 y좌표의 차'이다. S의 x좌표는 $-2x - 3 = 4$에서 $x = -\frac{7}{2}$이다. 그러므로 구하는 삼각형 PQR의 넓이는 $\frac{1}{2}\left\{4 - \left(-\frac{7}{2}\right)\right\} \times (9 - 1) = 30$이다.

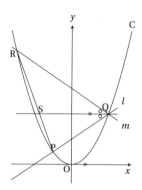

(4) PQ, PR의 기울기의 곱이 -1이므로, PQ⊥PR이다. PQ, PR를 각각 빗변으로 하고, 남은 두 변은 x축, y축에 평행한 직각삼각형 두 개를 생각하면,

PR : PQ
= 'P, R의 x좌표의 차' : 'P, Q의 y좌표의 차'
= 4 : 3

이다.

문제 8.3 아래 그림과 같이, 두 개의 합동인 삼각형 ABC와 A′B′C′을 겹쳐 놓으면, $\angle A = \angle A' = 90°$, $\angle B = \angle B' = 15°$, $AB = A'B' = \frac{\sqrt{6}+\sqrt{2}}{4}$, $BC = B'C' = 1$, $CA = C'A' = \frac{\sqrt{6}-\sqrt{2}}{4}$이다.

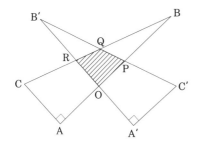

이때, 점 O는 변 AB의 중점이면서 변 A′B′의 중점이고, $\angle AOA' = 60°$를 만족할 때, 다음 물음에 답하여라.

(1) 점 O에서 변 BC에 내린 수선의 발을 H라 할 때, OH의 길이를 구하여라.

(2) 사각형 OPQR의 넓이를 구하여라.

$\boxed{풀이}$ 세 각의 크기가 15°, 75°, 90°인 삼각형의 길이의 비는 $4 : \sqrt{6}+\sqrt{2} : \sqrt{4}-\sqrt{2}$이다.

(1) 삼각형 BOH에서

$$OH = OB \times \frac{\sqrt{6}-\sqrt{2}}{4}$$
$$= \frac{\sqrt{6}+\sqrt{2}}{8} \times \frac{\sqrt{6}-\sqrt{2}}{4} = \frac{1}{8}$$

이다. (아래 그림 참고)

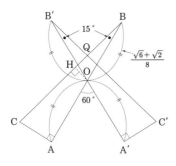

(2) 점 O에서 변 B′C′에 내린 수선의 발을 I라 하자. $\angle HOI = 75° \times 2 - 60° = 90°$과 $\angle OHQ = \angle OIQ = 90°$로부터 사각형 OHQI는 내각이 90°이고, $\triangle OBH \equiv \triangle OB'I$로부터 $OH = OI$이어서 사각형 OHQI는 정사각형이다.

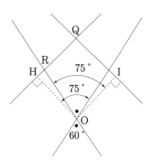

따라서 구하는 부분의 넓이는 정사각형 OHQI의 넓이에서 삼각형 ORH의 넓이의 2배를 뺀 것과 같다. 삼각형 ORH와 삼각형 BCA가 닮음이므로

$$RH = OH \times \frac{\sqrt{6}-\sqrt{2}}{\sqrt{6}+\sqrt{2}} = \frac{2-\sqrt{3}}{8}$$

이다. 그러므로 구하는 답은

$$\left(\frac{1}{8}\right)^2 - \frac{1}{8} \times \frac{2-\sqrt{3}}{8} = \frac{\sqrt{3}-1}{64}$$

이다.

문제 8.4 아래 그림과 같이 정육각형의 꼭짓점마다 1개의 공을 놓을 수 있다.

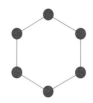

다음 물음에 답하여라. 단, 회전하여 같으면 같은 것으로 본다.

(1) 검은공, 흰공, 빨간공, 파란공, 노란공, 녹색공이 각각 한 개씩 있을 때, 이 공들을 정육각형의 꼭짓점에 놓는 경우의 수를 구하여라.

(2) 검은공 1개, 흰공 2개, 빨간공 3개가 있을 때, 이 공들을 정육각형의 꼭짓점에 놓는 경우의 수를 구하여라.

(3) 검은공, 흰공, 빨간공이 각각 2개씩 있을 때, 이 공들을 정육각형의 꼭짓점에 놓는 경우의 수를 구하여라.

풀이

(1) 아래 그림과 같이 색칠된 부분에 검은공을 놓는다고 하자. ①~⑤에 순서대로 남은 색의 공을 놓는다고 생각하면 모두 $5 \times 4 \times 3 \times 2 \times 1 = 120$가지의 경우가 있다.

(2) 검은공을 (1)에서와 같이 놓은 다음, 흰공 2개를 ①~⑤ 중 두 곳에 위치시키는 경우의 수는 $\frac{5 \times 4}{2 \times 1} = 10$가지이다.

(3) 검은공 1개를 (1)에서와 같이 놓은 다음, 나머지 1개의 검은공을 위치시키는 서로 다른 방법은 아래 그림과 같이 세 가지 경우가 있다.

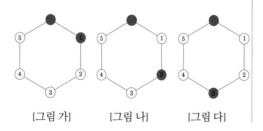

[그림 가]   [그림 나]   [그림 다]

[그림 가]에서 흰공 2개를 놓는 경우의 수는 $\frac{4 \times 3}{2 \times 1} = 6$가지이고, 이는 [그림 나]에서도 마찬가지이다. [그림 다]에서 흰공 2개를 놓는 경우 중 (①, ②)와 (④, ⑤)는 같은 경우이고, 또, (①, ⑤)와 (②, ④)도 같은 경우이므로 모두 $6 - 2 = 4$가지의 경우가 있다. 따라서 구하는 경우의 수는 $6 + 6 + 4 = 16$가지이다.

제 9 절   쪽지 모의고사 9회 풀이

문제 9.1 아래 그림과 같이, 정사각형 ABCD에서 대각선 DB 위에 DE : EB = 1 : 3이 되는 점 E를 잡고, 선분 AE의 연장선과 변 DC와의 교점을 F라 한다. 또, 변 BC위에 점 G를, 선분 AG와 GE의 길이의 합(즉, AG+GE)이 최소가 되도록 잡는다. 선분 AG와 대각선 DB의 교점을 H라 한다.

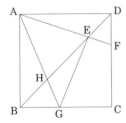

AB = 8일 때, 다음 물음에 답하여라.

(1) 삼각형 ABE의 넓이는 삼각형 DEF의 넓이의 몇 배인가?

(2) 삼각형 AHE의 넓이를 구하여라.

풀이

(1) 삼각형 ABE와 삼각형 FDE는 닮음비가 BE : DE = 3 : 1인 닮음이다. 그러므로 넓이의 비는 9 : 1이다. 따라서 9배이다.

(2) 변 BC에 대하여 점 A의 대칭점을 A′이라 하자. (아래 그림 참고)

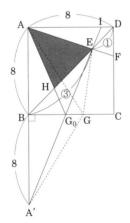

변 BC위에 점 G에 대하여 AG + GE = A′G + GE ≥ A′E 이다. 단, 등호는 세 점 A′, G, E가 한 직선 위에 있을 때 성립한다. 즉, G가 그림에서 G_0에 있을 때이다.

G_0E의 연장선과 변 AD와의 교점을 I라 하면, ID : BG_0 = DE : EB = 1 : 3이다. 또, B는 AA′의 중점이므로, AI : BG_0 = 2 : 1 = 6 : 3이다. 따라서

$$DH : HB = AD : BG_0 = (6 + 1) : 3 = 7 : 3$$

이다. 그러므로

$$DE = \frac{1}{1+3}BD = \frac{1}{4}BD,$$
$$DH = \frac{7}{7+3}BD = \frac{7}{10}BD$$

이다. 따라서 $EH = \left(\frac{7}{10} - \frac{1}{4}\right)BD = \frac{9}{20}BD$이다. 그러므로

$$\triangle AHE = \frac{9}{20}\triangle ABD = \frac{9}{20} \times \frac{1}{2} \times 8 \times 8 = \frac{72}{5}$$

이다.

문제 9.2 n은 10이상 95이하의 자연수이고, n을 시작으로 연속한 다섯 개의 자연수의 곱 $n(n+1)(n+2)(n+3)(n+4)$를 기호로 $s(n)$이라 한다. $s(n)$을 소인수분해하면, $s(n) = 2^p \times 3^q \times 5^r \times \cdots$일 때, 다음 물음에 답하여라.

(1) $s(24) = 24 \times 25 \times 26 \times 27 \times 28$에서, p, q, r의 값을 구하여라.

(2) $s(10)$에서 $s(95)$까지 중에서 p의 최솟값을 a, q의 최솟값을 b, r의 최솟값을 c라 할 때, a, b, c의 값을 구하여라.

(3) (2)에서 구한 a, b, c에 대하여, $s(n)$을 소인수분해하면, $s(n) = 2^a \times 3^b \times 5^c \times \cdots$가 되는 n을 모두 구하여라.

풀이

(1) $s(24) = 2^6 \times 3^4 \times 5^2 \times 7 \times 13$이므로, $p = 6$, $q = 4$, $r = 2$이다.

(2) 2의 배수는 두 수마다 나타나는데, 연속한 2의 배수 중 하나는 4의 배수이므로, $a = 3$이다. 3의 배수는 세 수마다 나타나므로, $b = 1$이다. 5의 배수는 다섯 수마다 나타나므로, $c = 1$이다.

(3) 이런 n에 대하여, $s(n)$의 가운데 수 $n+2$는 "3×홀수"의 형태이다. 또, $n+1$, $n+3$ 중 하나는 "2×홀수", 다른 하나는 "4×홀수"의 형태이다. 그러므로 $10 \le n \le 95$에 대하여, $(n+1, n+2, n+3) = (20, 21, 22)$, $(50, 51, 52)$, $(68, 69, 70)$, $(74, 75, 76)$, $(92, 93, 94)$가 가능하다. 이 중에서 $c = 1$을 만족하는 것을 찾으면 $n = 19, 67, 91$이다.

문제 9.3 아래 그림과 같이, 원주 위에 5개 점 A, B, C, D, E가 AE ∥ CD, AC = ED, ∠AEB = ∠CED를 만족한다.

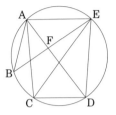

다음 물음에 답하여라.

(1) ∠BAD = ∠EAD임을 보여라.

(2) AD와 BE의 교점을 F라 하자. BF : FE = 3 : 4, AC = $\frac{9}{2}$, CD = 3일 때, AB의 길이와 삼각형 ACD의 넓이를 구하여라.

풀이

(1) 아래 그림과 같이 각 p, q, r, s를 표시한다.

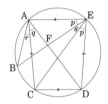

원주각의 성질에 의하여 $p = q$, $r = s$이다. 또, ∠BAD $= q + r$, ∠EAD $=$ ∠AEC $= p + s$이다. 그러므로 ∠BAD $=$ ∠EAD이다.

(2) ∠AEB = ∠CED이므로 $\overparen{AB} = \overparen{CD}$이다. 즉, AB = CD = 3이다.
$\overparen{BCD} = \overparen{BC} + \overparen{CD} = \overparen{BC} + \overparen{AB} = \overparen{AC} = \overparen{DE}$이다. 아래 왼쪽 그림에서 $u = t$이다.

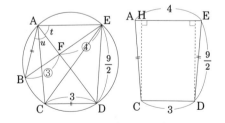

그러므로 AD는 ∠BAE의 이등분선이므로 AB : AE = BF : FE = 3 : 4이다. AB = 3이므로 AE = 4이다. 위의 오른쪽 그림의 사다리꼴 ACDE에서 점 C에서 AE에 내린 수선의 발을 H라 하면 AH $= \frac{1}{2}$이고, CH $=$

$\sqrt{\left(\frac{9}{2}\right)^2 - \left(\frac{1}{2}\right)^2} = 2\sqrt{5}$이다. 따라서 $\triangle ACD = \frac{1}{2} \times 3 \times 2\sqrt{5} = 3\sqrt{5}$이다.

문제 9.4 한국의 A회사는 미국의 B회사로부터 1개에 10달러의 상품 C를 1500개 들어왔다. 그 날의 환율 1달러에 1000원이었다. A회사는 상품이 다 팔렸을 때, 12%의 이익이 나오도록 정가(원)을 붙이고 C를 판매해보니 한 달동안 60%가 팔려서, A회사는 한 달동안의 매출액 모두를 사용하여 다시 B회사로부터 상품 C를 x개, 직전과 동일한 10달러에 구입했고, 그 날의 환율은 1달러에 y원이었다. A회사는 새로 들여온 것과 이전에 팔고 남아 있는 상품을 모두 1개에 z원에 판매했다.

(1) 두 번째로 구입한 날은 원화 약세로 $y = 1200$이었다고 한다. z를 이전의 정가로 판매했다가, C는 100개가 재고로 남았다. 이때, A회사의 흑자와 적자에 대해서 답하여라. (단, "15000원 흑자(또는 적자)"로 답하여라.)

(2) 두 번째 구입한 날은 원화 강세로 $y = a$이었다고 한다. 그때, 준비한 금액으로 x개를 샀다. C의 재고가 남지 않도록 z를 기존의 정가의 10%할인으로 정하고 판매했더니, C가 매진되었을 때, 당초 예상했던 "12% 이익"에는 못 미쳤다. 이때, a의 값을 구하여라. 단, a는 1000보다 작은 자연수이다.

풀이

(1) 처음 구매액은

$$(10 \times 1000) \times 1500 = 15000000(원) \qquad \text{①}$$

이고, C 한 개의 정가는

$$(10 \times 1000) \times \left(1 + \frac{12}{100}\right) = 11200(원) \qquad \text{②}$$

이고, 한 달동안 판매된 상품의 수는

$$1500 \times \frac{6}{10} = 900(개) \qquad \text{③}$$

이다. $y = 1200$일 때, 두 번째 구매한 C의 개수는

$$\text{②} \times \text{③} \div (10 \times 1200) = 840(개) \qquad \text{④}$$

이고, 이전부터 남아 있는 부분은

$$1500 - \text{③} = 600(개) \qquad \text{⑤}$$

이기 때문에 후반에서의 매출액은

$$\text{②} \times (\text{④} + \text{⑤} - 100) = 15008000(원) \qquad \text{⑥}$$

이다. ⑥ − ① = 8000이므로 A회사는 8000원 흑자이다.

(2) 두 번째 구입에 사용된 금액은

$$② × ③ = 10080000(원) \qquad ⑦$$

이다. $y = a$일 때, $(10 × a) × x = ⑦$이다. 그러므로

$$ax = 1008000 \qquad ⑧$$

이다. 이 때의 매출액은

$$\left\{ ② × \left(1 - \frac{10}{100} \right) \right\} × (⑤ + x)$$
$$= 11200 × \frac{90}{100} × \left(600 + \frac{1008000}{a} \right) \qquad ⑨$$

이므로, 이익에 대한 조건 $⑨ < ① × \left(1 + \frac{12}{100} \right)$으로부터

$$11200 × \frac{90}{100} × \left(600 + \frac{1008000}{a} \right) < 15000000 × \frac{112}{100}$$

이다. 이를 정리하면

$$9 \left(1 + \frac{1680}{a} \right) < 25, \qquad \frac{1680}{a} < \frac{16}{9}$$

이다. 따라서

$$a > 945 \qquad ⑩$$

이다. 주어진 조건으로부터 $945 < a < 1000$이다. ⑧에서 a는 $1008000(= 2^7 × 3^2 × 5^3 × 7)$의 약수이므로, $a = 960$이다.

제 10 절   쪽지 모의고사 10회 풀이

문제 10.1 밑면의 반지름이 3이고, 높이가 4인 원뿔이 있다. 이 원뿔의 밑면을 평면 P 위에 놓는다. 밑면이 평면 P 위를 떨어지지 않도록 하면서 원뿔을 이동시킨다. 밑면의 원의 중심을 A라 한다. 다음 물음에 답하여라.

(1) 평면 P위에 길이가 10인 선분 MN이 있다. 점 A가 선분 MN위를 점 M에서 점 N으로 이동할 때, 원뿔이 이동하여 생긴 입체의 부피와 겉넓이를 구하여라.

(2) 평면 P위에 반지름이 3인 원 O이 있다. 점 A가 원 O의 원주 위를 한 바퀴 돌 때, 원뿔이 이동하여 생긴 입체의 부피와 겉넓이를 구하여라.

풀이 원뿔의 모선의 길이는 5이고, 원뿔의 부피는 12π, 옆넓이는 15π이다.

(1) 원뿔이 이동하여 생긴 입체는 아래 그림과 같이, 두 개의 반원뿔과 삼각기둥 PQR-STU와 같다.

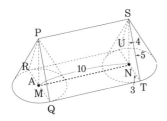

이 입체의 부피는 $12\pi + \dfrac{6\times4}{2} \times 10 = 12\pi + 120$이다. 이 입체의 겉넓이는 $(15\pi + 9\pi) + (5+6+5) \times 10 = 24\pi + 160$ 이다.

(2) 원뿔이 이동하여 생긴 입체는 아래 그림과 같이, 밑면이 원 O_1, 꼭짓점이 V인 원뿔에서 밑면이 원 O_2, 꼭짓점이 V인 원뿔과 밑면이 원 O_2, 꼭짓점이 O인 원뿔을 뺀 것이다. 밑면이 원 O_2, 꼭짓점이 V인 원뿔과 밑면이 원 O_2, 꼭짓점이 O인 원뿔은 서로 합동이다.

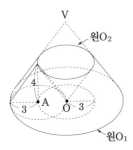

이 입체의 부피는 $12\pi \times (2^3 - 1^3 \times 2) = 72\pi$이다. 이 입체의 겉넓이는 $15\pi \times 2^2 + 36\pi = 96\pi$이다.

문제 10.2 아래 그림과 같이 한 변의 길이가 1인 정사각형을 일렬로 8개를 놓는다.

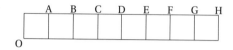

8개의 점 A, B, C, D, E, F, G, H 중 두 점과 점 O의 세 점을 연결하여 만들어진 삼각형 중에서 서로 닮음이거나 합동인 삼각형의 쌍을 찾을 수 있다. 이때, 다음 물음에 답하여라.

(1) 삼각형 OAB와 닮음이거나 합동인 삼각형을 모두 찾아라.

(2) (1)이외에, 서로 닮음이거나 합동인 삼각형의 쌍 (△OBC, △GBO)가 있다. 이들 이외의 서로 닮음이거나 합동인 삼각형의 쌍을 모두 찾아라.

$\boxed{풀이}$ 아래 그림에서 P, Q, R을 점 A ~ H 중 선택했을 때, 선분의 길이를 그림과 같이 p, q, r이라 하고, 삼각형 OPQ와 삼각형 RPO가 닮음이라고 하면, $p : q = r : p$가 성립한다. 즉, $p^2 = qr$이 성립한다.

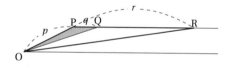

(1) 위의 그림에서 점 P를 A, 점 Q를 B라 생각하면, $p^2 = 2$, $q = 1$이어서 $r = 2$이다. 즉, PR $= 2$이다. 그러면 점 R은 C라 생각할 수 있다. 따라서 삼각형 OAB와 닮음인 삼각형은 삼각형 CAO이다.

(2) 위의 그림에서 점 P를 A ~ H 중의 점이라고 할 때, p^2의 값은 2, 5, 10, 17, 26, 37, 50, 65이다. 그러므로 $p^2 = qr$을 만족하는 1이상 7이하의 서로 다른 자연수 q, r을 결정하면 된다.

  (i) $2 = 1 \times 2$인 경우, P = A, Q = B, R = C이다. 이 경우는 (1)의 경우이다.

  (ii) $5 = 1 \times 5$인 경우, P = B, Q = C, R = G이다. 이 경우는 문제문에 있는 경우이다.

  (iii) $10 = 2 \times 5$인 경우, P = C, Q = E, R = H이다.

따라서 구하는 답은 (△OCE, △HCO)이다.

문제 10.3 아래 그림과 같이, 원에 내접하는 삼각형 ABC에서 AB = 5, BC = 6, CA = 4이다. ∠BAC의 이등분선과 변 BC와의 교점을 D, 원과의 교점을 E라고 한다.

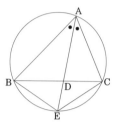

다음 물음에 답하여라.

(1) BD의 길이를 구하여라.

(2) 삼각형 ADC와 닮음인 삼각형을 모두 찾아라.

(3) AD의 길이를 구하여라.

(4) 사각형 ABEC의 넓이를 구하여라.

$\boxed{풀이}$

(1) 각의 이등분선의 정리에 의하여 BD : DC = AB : AC = 5 : 4이다. 따라서 BD $= \dfrac{5}{5+4}$ BC $= \dfrac{5}{9} \times 6 = \dfrac{10}{3}$이다.

(2) 아래 그림에서 $a = a'$, $c = e$, $a = b$, $c = e$이다. 따라서 삼각형 ADC와 닮음인 삼각형은 삼각형 ABE와 삼각형 BDE이다.

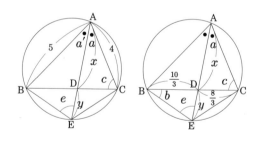

(3) 위의 그림과 같이 AD $= x$, DE $= y$라 하자. 삼각형 ADC와 삼각형 ABE가 닮음이므로 $x : 5 = 4 : (x + y)$이다. 즉, $x^2 + xy = 20$이다. 삼각형 ADC와 삼각형 BDE가 닮음이므로 $x : \dfrac{10}{3} = \dfrac{8}{3} : y$이다. 즉, $xy = \dfrac{80}{9}$이다. 두 관계식을 변변 빼면 $x^2 = \dfrac{100}{9}$이다. 따라서 AD $= x = \dfrac{10}{3}$이다.

(4) (3)에서 $x = \dfrac{10}{3}$이므로, $y = \dfrac{8}{3}$이다.

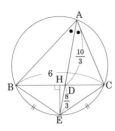

$\overparen{BE} = \overparen{EC}$이므로 BE = EC이다. 점 E에서 변 BC에 내린 수선의 발을 H라 하면, BH = CH = 3이다. 따라서 HD = BD − BH = $\frac{10}{3}$ − 3 = $\frac{1}{3}$이다.

삼각형 HED에 피타고라스의 정리를 적용하면 EH = $\sqrt{\left(\frac{8}{3}\right)^2 - \left(\frac{1}{3}\right)^2} = \sqrt{7}$이다. 따라서 삼각형 ECB의 넓이는 $\frac{1}{2} \times 6 \times \sqrt{7} = 3\sqrt{7}$이다. 즉, △ABC : △ECB = x : y = 5 : 4이므로 구하는 사각형 ABEC의 넓이는 $3\sqrt{7} \times \frac{5+4}{4} = \frac{27\sqrt{7}}{4}$이다.

문제 10.4 n은 자연수이고, $(1+\sqrt{n})^2$의 정수부분을 a_n이라 한다. 예를 들어, $n = 2$이면, $(1+\sqrt{2})^2 = 5.8\cdots$이므로 $a_2 = 5$이다. 다음 물음에 답하여라.

(1) $2^2 \leq n < 3^2$인 n에 대하여, $a_{n+1} - a_n = 2$를 만족하는 n은 모두 몇 개인지 구하여라.

(2) $3^2 \leq n < 4^2$인 n에 대하여, $a_{n+1} - a_n = 2$를 만족하는 n은 모두 몇 개인지 구하여라.

(3) $15^2 \leq n < 16^2$인 n에 대하여, $a_{n+1} - a_n = 2$를 만족하는 n을 모두 구하여라.

풀이

(1) $a_4 = 9$, $a_5 = 10$, $a_6 = 11$, $a_7 = 13$, $a_8 = 14$, $a_9 = 16$이므로 $2^2 \leq n < 3^2$에서 $a_{n+1} - a_n = 2$를 만족하는 n은 2개이다.

(2) (1)과 같은 방법으로 구하면, $a_{n+1} - a_n = 2$를 만족하는 n은 $n = 12, 15$로 2개이다.

(3) 수 x의 정수부분을 $[x]$라 나타내면,

$$a_{n+1} - a_n = [(1+\sqrt{n+1})^2] - [(1+\sqrt{n})^2]$$
$$= [n+2+2\sqrt{n+1}] - [n+1+2\sqrt{n}]$$
$$= 1 + ([2\sqrt{n+1}] - [2\sqrt{n}]) \geq 1$$

이다. $15^2 \leq n < 16^2$에서 $a_{n+1} - a_n$은 $16^2 - 15^2 = 31$개가 있고,

$$a_{16^2} - a_{15^2} = (1+16)^2 - (1+15)^2 = 33$$

이므로 $a_{n+1} - a_n = 2$를 만족하는 n은 많아야 2개이다.

(i) $n = 16^2 - 1 = 255$일 때, $a_{n+1} - a_n = 289 - 287 = 2$이다.

(ii) $n = 15^2 + 15 = 240$일 때, $a_{n+1} - a_n = 273 - 271 = 2$이다.

따라서 구하는 n은 $n = 255, 240$이다.

제 11 절   쪽지 모의고사 11회 풀이

문제 11.1 아래 그림과 같이, AB = AC인 이등변삼각형 ABC의 세 꼭짓점을 지나는 원을 그리고, 점 B를 포함하지 않는 호 AC위에 한 점 D를 잡고, 두 점 B와 D를 연결한다. 또, 직선 AD와 직선 BC의 교점을 E라 한다.

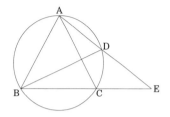

AB = 12, BC = 11, AD = 8일 때, 다음 물음에 답하여라.

(1) 그림에서, ∠ABC와 같은 각 두 개를 찾아라.

(2) 선분 AE의 길이를 구하여라.

(3) 선분 CE의 길이를 구하여라.

(4) 변 AC와 선분 BD의 교점을 F라 할 때, AF : FC를 구하여라.

풀이

(1) AB = AC이므로, ∠ABC = ∠ACB이다. 원주각의 성질에 의하여 ∠ACB = ∠ADB이다.

(2) 아래 그림과 같이, 각 b, d를 표시하면, (1)에 의하여 $b = d$이고, ∠A가 공통이므로 삼각형 ABE와 삼각형 ADB는 닮음이다. 즉, AE : AB = AB : AD이다. 그러므로 AE : 12 = 12 : 8이다. 이를 풀면 AE = 18이다.

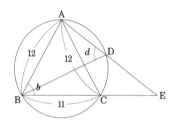

(3) 아래 그림에서, 원에 내접하는 사각형의 성질에 의하여 $b = d'$이고, ∠E가 공통이므로 삼각형 ABE와 삼각형 CDE는 닮음이다. 즉, AE : CE = BE : DE이다. CE = y라 하면 18 : y = (y + 11) : 10이고 이를 정리하면 (y + 20)(y − 9) = 0이다. 그러므로 y = 9(y > 0)이다.

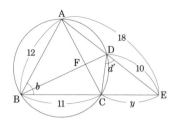

(4) (3)에 의하여 CD = $\frac{1}{2}$AB = 6이다. 또, 원에 내접하는 사각형의 성질에 의하여 ∠BAD + ∠BCD = 180°이다. 따라서

$$\triangle ABD : \triangle CDB = AB \times AD : CD \times CB$$
$$= 12 \times 8 : 6 \times 11$$
$$= 16 : 11$$

이다. 그러므로 AF : FC = △ABD : △CDB = 16 : 11이다.

나는 푼다, 고로 (영재학교/과학고) 합격한다.

문제 11.2 아래 그림과 같이, 이차함수 $y = x^2$ 위에, 원점 O 와 다섯개의 점 $A_1 \sim A_5$가 있다. OA_1, A_2A_3, A_4A_5의 기울기는 $-\frac{1}{2}$이고, A_1A_2, A_3A_4의 기울기는 $\frac{1}{2}$이다. 또, 색칠한 삼각형을 그림과 같이 $T_1 \sim T_4$라 한다.

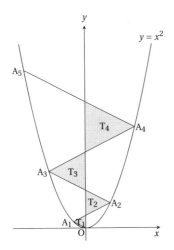

(1) $A_1 \sim A_5$의 x좌표를 각각 구하여라.

(2) $T_1 \sim T_4$의 둘레의 길이의 총합을 구하여라.

(3) $T_1 \sim T_4$의 넓이의 총합을 S, $\triangle OA_4A_5$의 넓이를 U라 할 때, S : U를 구하여라.

[풀이]

(1) $A_1 \sim A_5$의 x좌표를 $a_1 \sim a_5$라고 하면, $a_1 = -\frac{1}{2}$이다.
$a_1 + a_2 = \frac{1}{2}$이므로 $a_2 = 1$이다.
$a_2 + a_3 = -\frac{1}{2}$이므로, $a_3 = -\frac{3}{2}$이다.
$a_3 + a_4 = \frac{1}{2}$이므로, $a_4 = 2$이다.
$a_4 + a_5 = -\frac{1}{2}$이므로, $a_5 = -\frac{5}{2}$이다.

(2) $T_1 \sim T_4$는 밑변의 길이와 옆변(등변)의 길이의 비가 $2 : \sqrt{5}$인 이등변삼각형이고, 닮음비는 $1 : 2 : 3 : 4$이다. 직선 A_1A_2이 y절편은 $-1 \times a_1 \times a_2 = \frac{1}{2}$이다. 그러므로 T_1의 둘레의 길이는

$$\frac{1}{2} + \left(\frac{1}{2} \times \frac{\sqrt{5}}{2} \right) \times 2 = \frac{1 + \sqrt{5}}{2}$$

이다. 즉, 구하는 답은 $\frac{1 + \sqrt{5}}{2} \times (1 + 2 + 3 + 4) = 5(1 + \sqrt{5})$ 이다.

(3) T_1의 넓이는 $\frac{1}{2} \times 1 \times (-a_1) = \frac{1}{8}$이므로,

$$S = \frac{1}{8} \times (1^2 + 2^2 + 3^2 + 4^2) = \frac{15}{4}$$

이다. 직선 A_4A_5의 y절편은 $-1 \times a_4 \times (-a_5) = 5$이므로,

$$U = \frac{1}{2} \times 5 \times (a_4 - a_5) = \frac{45}{4}$$

이다. 따라서 S : U = 1 : 3이다.

문제 11.3 아래 왼쪽 그림과 같은 정삼각형의 세 꼭짓점을 중심으로 반지름이 2인 세 개의 부채꼴로 둘러싸인 도형 F 가 있다. 아래 오른쪽 그림과 같이 도형 F가 반지름이 3인 원 O의 원주 위를 바깥에서 미끄러짐없이 시계방향으로 회전 하여 둘레를 한바퀴 돌아 원래 위치로 돌아온다.

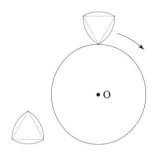

다음 물음에 답하여라. 단, 원주율은 π로 계산한다.

(1) 도형 F의 둘레의 길이를 구하여라.

(2) 도형 F는 원 O의 둘레를 몇 번 회전하는가?

(3) 도형 F가 지나는 부분의 넓이를 구하여라.

(풀이) 도형 F가 직선 위를 움직일 때, 아래 그림과 같다는 사실에 주의해야 한다. 어떻게 움직이든지 간에 항상 폭이 일정하기 때문에 도형 F를 정폭도형이라고 한다.

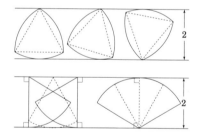

(1) 도형 F의 둘레의 길이는 반지름이 2이고, 중심각이 $60°$인 부채꼴의 호의 길이의 3배이므로 $2\pi \times 2 \times \frac{60}{360} \times 3 = 2\pi$이다.

(2) 원 O의 둘레의 길이는 6π이므로 도형 F의 둘레의 길이의 3배이다. 도형 F가 원 O의 둘레를 회전하지 않고 (미끄러져서) 한바퀴를 돌더라도 그것은 도형 F가 1 번 회전한 것으로 봐야 한다. (부연 설명하면, 길이가 6π인 선분 위를 도형 F가 미끄러지지 않게 3번 회전 한다. 그후, 선분을 구부려 원형으로 만드는 과정에서 도형 F는 1번 회전을 하게 된다.) 따라서 구하는 답은 4번 회전한다.

(3) 도형 F가 지나는 부분은 아래 그림의 색칠한 부분과 같다.

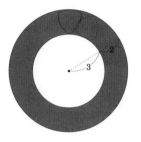

따라서 구하는 부분의 $25\pi - 9\pi = 16\pi$이다.

문제 11.4 정오각형 ABCDE의 꼭짓점 A에서 정오각형의 나머지 네 꼭짓점을 한 번씩 지나서, 다시 꼭짓점 A로 돌아오는 경로를 생각한다. 각 꼭짓점들 사이에는 정오각형의 변이나 대각선으로 연결되어 있다. 예를 들어, A → C → B → D → E → A의 경로는 아래 그림의 굵은 부분이다.

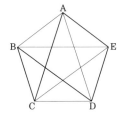

(1) 경로는 모두 몇 가지가 있는가?

(2) 정오각형의 변을 지나지 않는 경로의 확률의 구하여라.

(3) 도중에 B → D를 지나는 경로의 확률을 구하여라.

풀이

(1) $4 \times 3 \times 2 \times 1 = 24$가지이다.

(2) A 다음으로 지나는 꼭짓점은 C 또는 D이다. 그 다음부터는 각각 한 가지 경우밖에 없다. (아래 그림 참고)

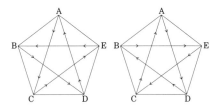

따라서 구하는 확률은 $\frac{2}{24} = \frac{1}{12}$이다.

(3) 조건을 만족하는 경로의 수는 C, BD, E을 나열하는 경우와 같다. 즉, 6가지이다. 따라서 구하는 확률은 $\frac{6}{24} = \frac{1}{4}$이다.

제 12 절   쪽지 모의고사 12회 풀이

문제 12.1 아래 그림과 같이, 길이가 18인 선분 AD위에 AB = BC = CD이 되도록 점 B, C를 잡고, 삼각형 ABE, 삼각형 BCF, 삼각형 CDG가 정삼각형이 되도록 점 E, F, G를 잡는다. 선분 AG와 선분 BE, BF, CF와의 교점을 각각 H, I, J라 한다.

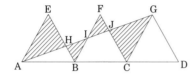

다음 물음에 답하여라.

(1) 선분 BH의 길이를 구하여라.

(2) 빗금친 부분의 둘레의 길이의 합을 구하여라.

(3) 삼각형 BHI의 넓이를 구하여라.

(4) 팔각형 AEHIFJGD의 넓이를 구하여라.

풀이 아래 그림에서, EA ∥ FB ∥ GC, EB ∥ FC ∥ GD이다.

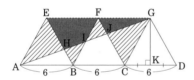

(1) BH : DG = AB : AD = 1 : 3이므로, BH = $\frac{1}{3}$DG = $\frac{1}{3}$ × 6 = 2이다.

(2) 점 G에서 변 CD에 내린 수선의 발을 K라 하면, 삼각형 GCK는 한 내각이 30°인 직각삼각형이므로, CK = KD = 3이다. GK = $\sqrt{3}$CK = $3\sqrt{3}$이다. 또, 삼각형 GAK에 피타고라스의 정리를 적용하면 AG = $\sqrt{(6+6+3)^2 + (3\sqrt{3})^2}$ = $6\sqrt{7}$이다. 빗금친 부분의 둘레의 길이의 합은 AE + EB + BF + FC + CG + AG = $30 + 6\sqrt{7}$이다.

(3) BI : CG = AB : AC = 1 : 2, BH : BE = 1 : 3, BI : BF = 1 : 2 이므로

$$\triangle BHI = \frac{BH}{BE} \times \frac{BI}{BF} \times \triangle BEF = \frac{3\sqrt{3}}{2}$$

이다.

(4) BH : BE = 1 : 3이므로 HE : BE = 2 : 3이다. 그러므로 $\triangle AHE = \frac{2}{3}\triangle ABE = 6\sqrt{3}$이다. 또, $\triangle GJC = \triangle AHE = 6\sqrt{3}$이다. 그러므로 구하는 넓이는 $3\triangle ABE + \triangle BHI + \triangle GJC = \frac{69\sqrt{3}}{2}$이다.

문제 12.2 아래 그림은, 밑면이 한 변의 길이가 10이고, $\angle DAB = 60°$인 마름모인 사각뿔 P-ABCD의 전개도이다.

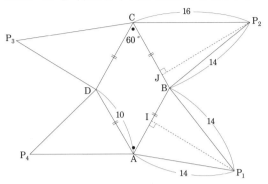

다음 물음에 답하여라.

(1) 위의 그림과 같이, 점 P_1에서 변 AB에 내린 수선의 발을 I, 점 P_2에서 변 BC에 내린 수선의 발을 J라 할 때, BI와 BJ의 길이를 구하여라.

(2) 위의 그림의 전개도를 조립하여 사각뿔 P-ABCD를 만들고, 점 P에서 밑면 ABCD에 내린 수선의 발을 H라 할 때, DH의 길이를 구하여라.

(3) 사각뿔 P-ABCD의 부피를 구하여라.

$\boxed{풀이}$

(1) 삼각형 P_1AB는 이등변삼각형이므로, BI = 5이다. BJ = x라 두면, 피타고라스의 정리를 이용하면 $14^2 - x^2 = 16^2 - (10 - x)^2$이다. 이를 풀면 $x = 2$이다. 즉, BJ = 2이다.

(2) 밑면 ABCD를 고정시키고, AB를 접는 선으로 하여 삼각형 P_1AB를 접을 때, P_1은 I를 지나 AB에 수직인 평면 위에서, I를 중심으로 반지름 P_1I인 원 위를 움직인다. 그러므로 P_1에서 면 ABCD에 내린 수선의 발은 직선 P_1I 위를 움직인다. 같은 방법으로 P_2에서 면 ABCD에 내린 수선의 발은 직선 P_2J 위를 움직인다.

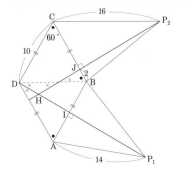

조립했을 때, 점 P에서 면 ABCD에 내린 수선의 발 H는 그림의 두 직선 P_1I와 P_2J의 교점이 된다. 그림과 같이 K를 잡으면, 삼각형 BJK는 한 내각이 30°인 직각삼각형이므로, BK = BJ × 2 = 4, DK = 10 − 4 = 6이다. 또, 삼각형 DHK는 두 밑각이 30°인 이등변삼각형이므로 DH = $\frac{DK}{\sqrt{3}} = 2\sqrt{3}$이다.

(3) PH = $\sqrt{PI^2 - IH^2} = \sqrt{(14^2 - 5^2) - (3\sqrt{3})^2} = 12$이다. 따라서 사각뿔 P-ABCD의 부피는

$$\frac{1}{3} \times \square ABCD \times PH = \frac{1}{3} \times \frac{10 \times 10\sqrt{3}}{2} \times 12 = 200\sqrt{3}$$

이다.

문제 12.3 용기 A에는 4%의 소금물 200g, 용기 B에는 24%의 소금물 $2x$g이 들어 있다. 이를 초기 상태라고 하자. 이에 대해서 다음 두 가지 조작을 생각한다.

조작I: 우선 A에 B의 소금물 xg을 넣고 잘 것은 다음에 A에서 xg을 버린다.

조작II: 우선 A에서는 xg을 버리고, 다음에 A에 B의 소금물 xg을 넣고 잘 것는다.

처음 상태에서 '조작I'을 시행한 후 A의 소금물의 농도를 a%, 처음 상태에서 '조작II'를 시행한 후 A의 소금물의 농도를 b%라 하고, $b = a + 1$의 관계가 성립할 때, 다음 물음에 답하여라.

(1) x, a, b의 값을 각각 구하여라.

(2) (1)에서 구한 값으로, 초기 상태에서 처음에 '조작I'을 하고 이후에 '조작II'를 한 후 A의 소금물의 농도를 c%라 하고, 초기 상태에서 처음에 '조작II'을 하고 이후에 '조작I'를 한 후 A의 소금물의 농도를 d%라 하자. c와 d의 크기를 비교하여라.

풀이

(1) 주어진 조건으로부터 소금의 양에 대한 다음의 두 식

$$200 \times \frac{4}{100} + x \times \frac{24}{100} = (200 + x) \times \frac{a}{100} \quad ①$$

$$(200 - x) \times \frac{4}{100} + x \times \frac{24}{100}$$
$$= \{(200 - x) + x\} \times \frac{b}{100} \quad ②$$

을 얻는다. 식 ①, ②에서

$$a = \frac{24x + 800}{x + 200} \quad ③$$
$$b = \frac{x + 40}{10} \quad ④$$

식 ③, ④를 주어진 관계식 $b = a + 1$, 즉 $a = b - 1$에 대입하여 정리하면,

$$x^2 - 10x - 2000 = 0, \quad (x - 50)(x + 40) = 0$$

이다. $x > 0$이므로 $x = 50$이다. 이를 식 ③, ④에 대입하면 $a = 8, b = 9$이다.

(2) 초기 상태에서 '조작I'을 시행하면, A에는 a%의 소금물 200g이 들어 있다. 이후 '조작II'를 시행하면,

$$(200 - x) \times \frac{a}{100} + x \times \frac{24}{100} = 200 \times \frac{c}{100}$$

이 성립한다. 이에 (1)에서 구한 값을 대입하면 $c = 12$이다.

다음으로, 초기 상태에서 '조작II'를 시행하면, A에는 b%의 소금물 200g이 들어 있다. 이후 '조작I'의 B의 소금물 xg을 넣은 후에

$$200 \times \frac{b}{100} + x \times \frac{24}{100} = (200 + x) \times \frac{d}{100}$$

이 성립한다. 이에 (1)에서 구한 값을 대입하면 $d = 12$이다.

따라서 $c = d$이다.

문제 12.4 한 모서리의 길이가 $5\sqrt{2}$인 정육면체의 꼭짓점을 아래 그림과 같이 연결하고, 삼각뿔 ABCD를 그린다.

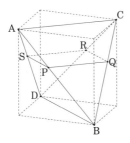

(1) 삼각뿔 ABCD의 부피를 구하여라.

(2) 삼각뿔 ABCD의 각 모서리 AB, BC, CD, DA위에 AP = CQ = CR = AS = x을 만족하도록 각각 P, Q, R, S를 잡으면, 네 점은 한 평면 위에 있다. 단, $0 < x < 5$이다. 사각형 PQRS의 넓이가 24일 때, x의 값을 구하여라.

(3) (2)에서 구한 x에 대하여, 사각형 PQRS로 삼각뿔 ABCD를 두 부분으로 절단할 때, 작은 편의 부피를 V_1, 큰 편의 부피를 V_2라 할 때, $V_1 : V_2$를 구하여라.

⎡풀이⎤ 삼각뿔 ABCD는 한 모서리의 길이가 10인 정사면체이다.

(1) 한 모서리의 길이가 a인 정사면체의 부피는 $\frac{\sqrt{2}}{12}a^3$이므로, 구하는 입체의 부피는 $\frac{250\sqrt{2}}{3}$이다.

(2) 아래 그림과 같이, 삼각형 ASP와 삼각형 BPQ는 정삼각형이고, SP = AP = x, PQ = PB = $10 - x$이다.

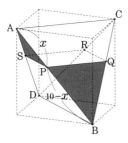

사각형(직사각형 PQRS)의 넓이는 $x(10-x) = 24$이므로 이를 정리하면, $x^2 - 10x + 24 = 0$이다. 이를 풀면 $x = 4, 6$인데, $0 < x < 5$이므로 $x = 4$이다.

(3) 아래 그림과 같이, BD를 포함하고 AC에 수직인 평면과 AC, PQ, SR의 교점을 각각 E, F, G 라 하고, CA를 포함하고 BD에 수직인 평면과 BD, QR, PS의 교점을 각각 H, I, J라 한다.

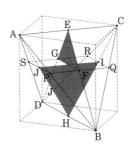

삼각형 EBD와 삼각형 EFG는 닮음이고, 닮음비는 EB : EF = AB : AP = 5 : 2이다. 삼각형 HCA와 삼각형 HIJ는 닮음이고, 닮음비는 HA : HJ = BA : BP = 5 : 3 이다. △EBD = △HCA이므로 이 넓이를 T라 하면,

$$\triangle EFG = \frac{4}{25}T, \quad \triangle HIJ = \frac{9}{25}T$$

이다. 따라서

$$
\begin{aligned}
&V_1 : V_2 \\
&= \triangle EFG \times \frac{AC + PQ + SR}{3} \\
&\qquad : \triangle HIJ \times \frac{BD + QR + PS}{3} \\
&= \frac{4}{25}T \times \frac{10 + 6 + 6}{3} : \frac{9}{25}T \times \frac{10 + 4 + 4}{3} \\
&= 44 : 81
\end{aligned}
$$

이다.

제 13 절   쪽지 모의고사 13회 풀이

문제 13.1 아래 그림과 같이, 세 점 A, B, C는 원 O의 원주 위에 있다. ∠ABC의 이등분선과 원과의 교점을 D라 하고, 선분 BD와 AC의 교점을 E라 한다. 선분 BC위에 BF = EF가 되는 점 F를 잡고, FE의 연장선과 선분 AD의 교점을 G라 한다.

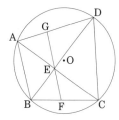

다음 물음에 답하여라.

(1) 삼각형 AEG와 삼각형 CDE가 닮음임을 보여라.

(2) AD = 4, AE = 2, EC = 3일 때, 삼각형 CDE의 넓이와 삼각형 DGE의 넓이의 비를 구하여라.

풀이

(1) 아래 그림과 같이, 각 a, b, c, d, e, p를 표시한다.

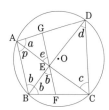

원주각의 성질에 의하여 $a = b$, $c = b$이므로 $a = c$이다. 또, $d = p$이다. 엇각이 같으므로 AB ∥ GF이다. 그러므로 $p = e$이다 즉, $d = e$이다. 따라서 $a = c$, $d = e$이므로 삼각형 AEG와 삼각형 CDE는 닮음(AA닮음)이다.

(2) (아래 그림 참고) △CDE : △DAE = EC : AE = 3 : 2이다.

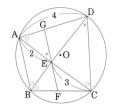

∠DBC = ∠DBA이므로 $\overset{\frown}{DC} = \overset{\frown}{DA}$이다. 즉, DC = DA = 4이다. (1)에서 삼각형 CDE와 삼각형 AEG는 닮음비가 CD : AE = 2 : 1인 닮음이고, 넓이의 비는 △CDE : △AEG = 4 : 1이다. 그러므로

$$△CDE : △DAE : △AEG = 12 : 8 : 3$$

이다. 즉, △CDE : △DGE = 12 : (8 − 3) = 12 : 5이다.

문제 13.2 주머니 속에, 빨간색, 노란색, 파란색, 흰색의 구슬이 한 개씩 모두 4개가 들어있다. 이 중에서 무작위로 1개의 구슬을 꺼내서 색을 확인하고, 주머니 안에 넣는 조작을, 네 가지 색이 모두 나올 때까지 반복한다. 조작의 횟수를 n이라 한다.

(1) $n = 4$일 때, 구슬을 꺼내는 방법, $n = 5$일 때, 구슬을 꺼내는 방법은 각각 몇 가지인지 구하여라.

(2) $n = 8$일 때, 구슬을 꺼내는 방법의 수가 a개라고 한다. a의 값을 구하는데, 다음 순서대로 하여라.

　(i) 7회의 조작 동안 흰색 구슬이 한번도 나오지 않는 방법(7회 모두 빨간색 구슬이 나오는 경우도 포함)의 경우의 수를 구하여라.

　(ii) 7회의 조작 동안 나오는 색이 빨간색과 노란색(모두, 적어도 1회는 나오는)뿐일 때의 경우의 수를 구하여라.

　(iii) a의 값을 구하여라.

풀이

(1) $n = 4$가 되게 구슬이 나오는 방법은 1 ~ 4회에 각각 다른 색이 나오는 경우를 생각하면 되므로, $4 \times 3 \times 2 \times 1 = 24$가지이다.

$n = 5$가 되게 구슬이 나오는 방법은 4회까지 2번 나오는 색이 4가지이고, 이 색이 나오는 방법의 수가 $\frac{4 \times 3}{2 \times 1} = 6$가지이므로, 구하는 방법의 수는 $(4 \times 6) \times 3 \times 2 \times 1 = 144$가지이다.

(2)　(i) 1 ~ 7회에 흰색을 제외하고 나오는 색은 3가지이므로 구하는 방법의 수는 $3^7 = 2187$가지이다.

　(ii) 1 ~ 7회에 각각 2가지색(빨간색 또는 노란색)이 나오는 방법에서 모두 빨간색 또는 모두 노란색의 2가지를 제외하면, 구하는 방법의 수는 $2^7 - 2 = 126$가지이다.

　(iii) (i)의 2187가지 중 모두 같은 색인 것은 3가지, 두 색만으로 된 것이 126×3가지이므로 흰색이외의 3가지 색으로 된 것이 $2187 - (3 + 126 \times 3) = 1806$가지이다. 따라서 $a = 1806 \times 4 = 7224$이다.

문제 13.3 아래 그림과 같이, AB = 1, BC = 2인 직사각형 ABCD가 있다. 변 BC의 중점 O를 중심으로 하고, BC를 지름으로 하는 반원 O가 변 AD와 점 E에서 접한다. 또, 선분 OE의 중점 O′를 중심으로 하고, OE를 지름으로 하는 원 O′이 변 AD, BC와 점 E, O에서 접한다. 반원 O와 선분 AC의 교점을 P, 원 O′와 선분 AC의 교점 중 A에 가까운 점을 Q라 한다

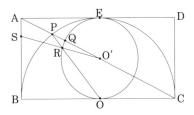

다음 물음에 답하여라.

(1) PQ의 길이를 구하여라.

(2) 원 O′와 선분 OP의 교점을 R이라 할 때, PR의 길이를 구하여라.

(3) 선분 O′R의 연장선과 변 AB의 교점을 S라 할 때, AS의 길이를 구하여라.

풀이

(1) (아래 그림 참고) BC는 반원 O의 지름이므로, $\angle BPC = 90°$이다.

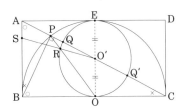

삼각형 APB와 삼각형 BPC는 닮음이고, 닮음비는 AB : BC = 1 : 2이므로 넓이의 비는 1 : 4이다. 즉, AP : PC = △APB : △BPC = 1 : 4이다. O′는 대각선 AC의 중점이므로,

$$\text{PO}' : \text{AC} = \{(1+4) \div 2 - 1\} : (1+4) = 3 : 10$$

이다. 즉, $\text{PO}' = \frac{3}{10}\text{AC} = \frac{3\sqrt{5}}{10}$이다. $\text{QO}' = \text{EO}' = \frac{1}{2}$이므로, $\text{PQ} = \frac{3\sqrt{5}}{10} - \frac{1}{2}$이다.

(2) (위의 그림 참고) AC과 원 O′의 Q이외의 교점을 Q′라고 하면, $\text{PQ}' = \text{PO}' + \text{O}'\text{Q}' = \frac{3\sqrt{5}}{10} + \frac{1}{2}$이다.

원 O'에서, 원의 비례의 성질(방멱의 원리)로 부터 $PR \times PO = PQ \times PQ'$이다. $PO = EO = 1$이므로,

$$PR \times 1 = \left(\frac{3\sqrt{5}}{10} - \frac{1}{2}\right) \times \left(\frac{3\sqrt{5}}{10} + \frac{1}{2}\right) = \frac{1}{5}$$

이다. 즉, $PR = \frac{1}{5}$이다.

(3) (아래 그림 참고) 직선 BA와 OP의 교점을 T라 한다.

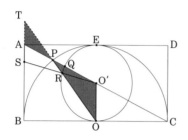

$AP : PO' = 2 : 3$이므로, $TP : PO = TA : O'O = 2 : 3$이다. $PO = 1$이므로, $TR : RO = \left(1 \times \frac{2}{3} + \frac{1}{5}\right) : \left(1 - \frac{1}{5}\right) = 13 : 12$이다. 즉, $TS : O'O = 13 : 12$이다. 따라서 $AS = TS - TA = \frac{13}{12}O'O - \frac{2}{3}O'O = \frac{5}{12}O'O = \frac{5}{12} \times \frac{1}{2} = \frac{5}{24}$이다.

문제 13.4 아래 그림과 같이, 좌표평면 위에 네 점 A(2,1), B(5,1), C(6,3), D(3,3)을 꼭짓점으로 하는 평행사변형 ABCD가 있다. 점 (0,−2)를 지나 x축에 평행한 직선을 l이라 하고, 점 (0,4)를 지나 x축에 평행한 직선을 m이라 한다. 직선 l위에 왼쪽부터 세 점 P, Q, R을 잡고, 직선 m위에 왼쪽부터 세 점 S, T, U를 잡는다. P(1,−2), S(k,4)일 때, 직선 l, m위의 이웃한 점들 사이의 간격은 2이다. 그림은 $k = \frac{1}{2}$일 때의 상황을 나타낸 것이다.

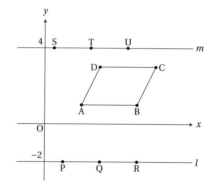

P, Q, R중 한 점과 S, T, U중 한 점을 선택하는 경우를 생각하자. 이때 선택된 두 점을 지나는 직선 n이라 한다. 다음 물음에 답하여라.

(1) $k = 0$일 때, 직선 n이 평행사변형 ABCD의 둘레 위를 지난다. 이와 같은 직선 n은 몇 가지가 있는가?

(2) $k = \frac{3}{2}$일 때, 직선 n이 평행사변형 ABCD의 넓이를 이등분할 확률을 구하여라.

풀이 세 점 P, Q, R에서 한 점을 선택하고, 세 점 S, T, U에서 한 점을 선택하여 두 점을 지나는 직선은 모두 9가지이다.

(1) $k = 0$일 때, 평행사변형 ABCD와 만나는 직선의 아래 그림과 같이 모두 6가지이다.

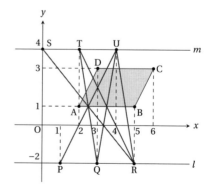

(2) 평행사변형의 대각선 AC의 중점을 M이라 하면 M(4,2)이다. 두 점을 연결한 직선이 중점 M을 지나는 경우에 넓이를 이등분한다.

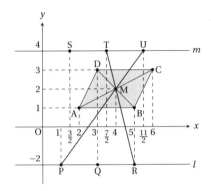

$k = \dfrac{3}{2}$일 때, 중점 M을 지나는 경우는 위의 그림과 같이 2가지 경우가 있다. 따라서 구하는 확률은 $\dfrac{2}{9}$이다.

제 14 절   쪽지 모의고사 14회 풀이

문제 14.1 아래 그림과 같이, BC = 4cm, CD = 6cm, ∠BCD = 60°인 평행사변형 ABCD가 있다. 두 대각선의 교점을 O라 하고, 변 AB위에 OB = OE가 되는 점 E를 잡는다.

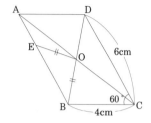

다음 물음에 답하여라.

(1) 평행사변형 ABCD의 넓이를 구하여라.

(2) 두 점 D, E를 선분으로 연결하고, ∠ADE를 크기를 구하여라.

(3) 두 점 C, E를 선분으로 연결하고, 삼각형 COE와 삼각형 CBE의 넓이의 비를 구하여라.

풀이

(1) 점 D에서 변 BC에 내린 수선의 발을 H라 하면, 삼각형 DCH는 한 내각이 30°인 직각삼각형이다. 그러므로 DH = $3\sqrt{3}$이다. 따라서 평행사변형 ABCD의 넓이는 $4 \times 3\sqrt{3} = 12\sqrt{3}$이다.

(2) 점 O는 평행사변형 ABCD의 대각선 BD의 중점이고, 가정에서 OB = OE이므로 OB = OD = OE이다. 그러면 세 점 B, D, E는 점 O를 중심으로 하는 한 원에 있고, BD는 지름이 되므로 ∠BED = 90°이다. 또, ∠DAE = ∠BCD = 60°이므로, ∠ADE = 30°이다.

(3) 삼각형 DAE는 한 내각이 30°인 직각삼각형이므로, AE = 2, EB = 4이다. △COE : △CBE = OG : GB이므로 OG : GB를 구하면 된다.

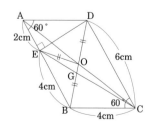

AB ∥ DC이므로 DG : GB = DC : EB = 6 : 4이다. 점 O는 DB의 중점이므로 DO : OB = 5 : 5이다. 따라서 OG : GB = 1 : 4이다. 즉, △COE : △CBE = 1 : 4이다.

문제 14.2 다음 물음에 답하여라.

(1) 다음과 같은 관계식이 성립한다.

$$\frac{1\cancel{9}}{\cancel{9}5} = \frac{1}{5}, \quad \frac{1\cancel{6}}{\cancel{6}4} = \frac{1}{4}, \quad \frac{4\cancel{9}}{\cancel{9}8} = \frac{4}{8}$$

이때, 아래 관계식이 성립하도록 A, B, C에 알맞은 숫자를 넣어라. 단, A, B, C는 모두 서로 다른 숫자이다.

$$\frac{A\cancel{B}}{\cancel{B}C} = \frac{A}{C}$$

(2) 다음과 같은 관계식이 성립한다.

$$1 + \frac{1}{2} + \frac{1}{3} = \frac{11}{6}$$

이때, 아래 관계식이 성립하도록 A, B, C에 알맞은 수를 넣어라. 단, A, B, C는 모두 서로 다른 수이다.

$$1 + \frac{1}{A} + \frac{1}{B} = \frac{111}{C}$$

풀이

(1) 규칙에 맞는 숫자를 찾으면 A = 2, B = 6, C = 5이다.

(2) 주어진 관계식에서 2와 3이 소수이고, 2 × 3 = 6이므로, A와 B는 소수이고, A × B = C를 만족해야 한다. 그러므로 구하는 답은 A = 7, B = 13, C = 91이다.

문제 14.3 아래 그림에서, 삼각형 ABC는 한 변의 길이가 $8\sqrt{3}$인 정삼각형이고, $\angle BAD = 90°$, AD = 2이다. 세 점 A, B, D를 지나는 원 O에서, 원 O와 변 BC, AC와의 교점을 각각 E, F라 한다. 변 AC와 선분 DE의 교점을 G라 한다.

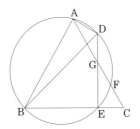

다음 물음에 답하여라.

(1) $\angle BDF$의 크기를 구하여라.

(2) 원 O의 반지름을 구하여라.

(3) $\angle DEB$, $\angle CGE$의 크기를 구하여라.

(4) 선분 DG의 길이를 구하여라.

(5) 선분 EG의 길이를 구하여라.

(6) 선분 BE의 길이를 구하여라.

풀이

(1) 원주각의 성질에 의하여 $\angle BDF = \angle BAF = \angle BAC = 60°$이다.

(2) (아래 그림 참고) 삼각형 ABD에 피타고라스의 정리를 적용하면 BD = 14이다. 그러므로 원 O의 반지름은 7이다.

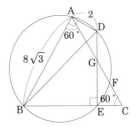

(3) BD가 원의 지름이므로 $\angle DEB = 90°$이다. 또, $\angle C = 60°$이므로 $\angle CGE = 180° - (90° + 60°) = 30°$이다.

(4) $\angle DGA = \angle CGE = 30°$이다. $\angle BAC = 60°$이므로, $\angle DAG = 30°$이다. 그러므로 $\angle DGA = \angle DAG$이다. 즉, DG = DA = 2이다.

(5) 삼각형 DAG는 꼭짓각이 $120°$인 이등변삼각형이므로, $\mathrm{AG} = \sqrt{3}\mathrm{AD} = 2\sqrt{3}$이다. 즉, $\mathrm{GC} = 8\sqrt{3} - 2\sqrt{3} = 6\sqrt{3}$이다. 그러므로 삼각형 GCE는 한 내각이 $60°$인 직각삼각형이므로, $\mathrm{EG} = \frac{\sqrt{3}}{2}\mathrm{GC} = 9$이다.

(6) $\mathrm{EC} = \frac{1}{2}\mathrm{GC} = 3\sqrt{3}$이므로, $\mathrm{BE} = \mathrm{BC} - \mathrm{EC} = 5\sqrt{3}$이다.

문제 14.4 좌표평면 위에, 삼각형 ABC가 있는데, A(2,3), B(4,13)이고, 점 C는, 점 A를 지나면서 기울기가 -1인 직선 l 위에 있고, x좌표는 c ($c < -3$)이다. 점 D($-3, 6$)를 지나고 삼각형 ABC과 만나는 직선 m의 기울기가 a이다. 이때, 삼각형 ABC를 y축에 의해 두 부분으로 나누었을 때, 점 C를 포함한 부분의 넓이를 S_1, 다른 부분의 넓이를 S_2라고, 삼각형 ABC를 직선 m에 의해 두 부분으로 나누었을 때, 점 C를 포함한 부분의 넓이를 T_1, 다른 부분의 넓이를 T_2라 하자. 다음 물음에 답하여라.

(1) $c = -6$일 때, a의 값의 범위와 $S_1 : S_2$를 구하여라.

(2) 직선 m이 점 B이 지나면, $S_1 : S_2 = T_1 : T_2$이 성립한다. 이때, C의 좌표와 $S_1 : S_2$를 구하여라.

[풀이]

(1) (아래 그림 참고) 직선 l의 방정식은 $y = -x + 5$이고, $c = -6$이므로 C($-6, 11$)이다. 이때, a의 범위는 a가 직선 AD의 기울기보다 크거나 같은 경우와 직선 CD의 기울기보다 작거나 같은 경우이다.

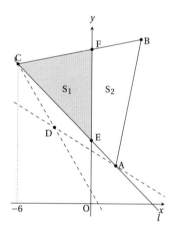

따라서 $a \geq -\frac{3}{5}$ 또는 $a \leq -\frac{5}{3}$이다. 또,

$$\frac{S_1}{S_1 + S_2} = \frac{\mathrm{CE}}{\mathrm{CA}} \times \frac{\mathrm{CF}}{\mathrm{CB}} = \frac{9}{20}$$

이므로 $S_1 : S_2 = 9 : 11$이다.

(2) (아래 그림 참고) 직선 m이 점 B를 지날 때, $S_1 : S_2 = T_1 : T_2$이므로 $S_1 = T_1$이다. 그러므로 $\triangle \mathrm{EFG} = S_1 - \triangle \mathrm{CFG} = T_1 - \triangle \mathrm{CFG} = \triangle \mathrm{BFG}$이다. 즉, $\mathrm{BE} \parallel \mathrm{FG}$이다.

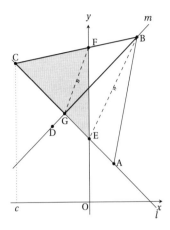

직선 m의 방정식 $y = x + 9$과 직선 l의 방정식 $y = -x + 5$를 연립하여 풀면 G($-2, 7$)이다. 점 F($0, f$)라 하면, BE∥FG이므로, $\frac{13-5}{4-0} = \frac{f-7}{0-(-2)}$이다. 이를 풀면 $f = 11$이다. 그러므로 직선 BF의 방정식은 $y = \frac{1}{2}x + 11$이다 즉, C($-4, 9$)이다. 따라서 $S_1 : S_2 = T_1 : T_2 = CG : GA = 1 : 2$이다.

제 15 절   쪽지 모의고사 15회 풀이

문제 15.1 아래 그림과 같이, 삼각형 ABC의 내부에 한 점
P를 잡고, P와 꼭짓점 A, B, C를 연결 하면, ∠PBC = 13°,
∠PCB = 30°, ∠PCA = ∠PAC = 17°이다.

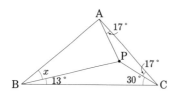

민우, 승우, 정우는 서로 다른 보조선을 이용하여 ∠PBA의
크기를 구하려고 한다.

(1) 민우는 아래 그림과 같이, 점 P를 변 BC에 대하여 대
칭이동한 점을 Q라 잡고, 점 Q와 점 B, C, P를 연결
하고, 각 a, b, c, x를 표시하고, △BPA ≡ △BPQ임을
보여서 ∠PBA의 크기를 구했다. 민우의 풀이과정을
완성하여라.

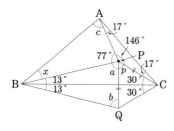

(2) 승우는 아래 그림과 같이 삼각형 PBC를 선분 PB를 축
으로하여 대칭이동시킨 도형을 삼각형 PBD라 한 후,
삼각형 DAP가 정삼각형임을 보이고, BD가 선분 AP
의 수직이등분선임을 보여서, ∠PBA의 크기를 구했
다. 승우의 풀이과정을 완성하여라.

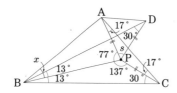

(3) 정우는 아래 그림과 같이 삼각형 PBC와 합동인 삼각
형 PEA를 그린 후, 삼각형 PBE가 정삼각형임을 보인
후, 점 B를 중심하고, 두 점 E, P를 지나는 원 위에 점
A가 있음을 보여서, ∠PBA의 크기를 구했다. 정우의
풀이과정을 완성하여라.

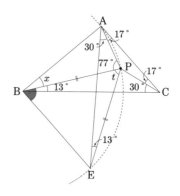

풀이

(1) 문제문에 주어진 조건으로부터 ∠APC = 146°,
∠BPC = 137°, ∠BPA = 77°이다. 점 P를 변 BC에 대
하여 대칭이동한 점을 Q라 잡고, 점 Q와 점 B, C, P
를 연결하고, 각 a, b, c, x를 표시한다. 삼각형 CPQ는
정삼각형이므로, p = 60°, a = 137° − 60° = 77°이다.
대칭성에 의하여 △PBC ≡ △QBC이고, b = a = 77°
이다. 삼각형 BPQ은 BP = BQ, 밑각이 77°이고, 꼭짓
각이 26°인 이등변삼각형이다.
이제 삼각형 BPA와 삼각형 BPQ는 합동임을 보이
자. 삼각형 PCA는 이등변삼각형이므로, PA = PC이
다. 또, PC = PQ이다. 따라서 PA = PQ이다. BP는
공통이고, ∠BPA = ∠BPQ = a = 77°이다. 그러므로
△BPA ≡ △BPQ(SAS합동)이다. 따라서 x = ∠PBA =
∠PBQ = 26°이다.

(2) 삼각형 PBC를 선분 PB를 축으로하여 대칭이동시킨
도형을 삼각형 PBD라 하자. 이제 삼각형 DAP가 정삼
각형임을 보이자. ∠BPD = ∠BPC = 137°, s = 137° −
77° = 60°이다. 그러면 삼각형 PCA가 이등변삼각형
이어서 PD = PC = PA이다. 따라서 삼각형 DAP는 정
삼각형이다.
이제 DB가 선분 AP의 수직이등분선임을 보이자.
∠PDA = 60°, ∠PDB = ∠PCB = 30°이므로, DB는
이등변삼각형의 꼭짓각을 이등분하는 직선이다. 그
러므로 DB는 선분 AP를 수직이등분선한다. 삼각형
BAP는 BP = BA인 이등변삼각형이고, 밑각은 77°이
므로 x = 180° − 77° × 2 = 26°이다.

(3) 삼각형 PBC와 합동인 삼각형 PEA를 그린다. 삼각
형 PBE가 정삼각형임을 보이자. ∠EPA = 137°, t =

$137° − 77° = 60°$, PB = PE이다. 삼각형 PBE는 꼭짓각이 $60°$인 이등변삼각형이므로, 정삼각형이다.

BP = BE이므로, 점 B를 중심으로 하고, 점 E, P를 지나는 원이 점 A를 지남을 보이자. $\angle PBE = 60°$, $\angle PAE = 30°$, $\angle PBE = 2 \times \angle PAE$이므로 원주각의 성질에 의하여 점 A는 점 B를 중심으로 하고, 점 E, P를 지나는 원 위에 있다. 따라서 $x = 2 \times \angle PEA = 2 \times 13 = 26°$이다.

문제 15.2 아래 그림과 같이 정육각형 ABCDEF가 있다. 처음에 점 P, Q, R은 각각 점 A, C, E에 위치해있다.

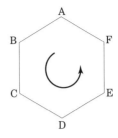

다음과 규칙으로 점 P, Q, R을 이동시킨다.

(가) 점 P, Q, R은 각각의 위치에서 정육각형의 각 꼭짓점을 반시계방향으로 1개씩 이동한다.

(나) 점 P, Q, R은 주사위를 던져서 나온 눈의 수만큼 (가)의 규칙에서 이동한다.

(다) 첫 번째 던져서 나온 눈은 점 P, 두 번째 던져서 나온 눈은 점 Q, 세 번째 던져서 나온 눈은 점 R을 이동하는 수로 결정한다.

다음 물음에 답하여라.

(1) 첫 번째 주사위를 던지고 난 후, 점 P가 점 Q 또는 점 R과 동일한 점으로 이동할 확률을 구하여라.

(2) 두 번째 주사위를 던지고 난 후, 점 P, Q, R이 모두 다른 점으로 이동할 확률을 구하여라.

(3) 세 번째 주사위를 던지고 난 후, 세 점 P, Q, R이 모두 같은 점으로 이동할 확률을 구하여라.

(4) 세 번째 주사위를 던지고 난 후, 세 점 P, Q, R 중 두 점만이 같은 점으로 이동하는 확률을 구하여라.

풀이

(1) 주어진 조건을 만족하는 경우는 주사위의 눈이 2 또는 4가 나오는 경우이므로, 구하는 확률은 $\frac{2}{6} = \frac{1}{3}$이다.

(2) 여사건을 생각하자. 점 P와 점 R이 같은 점이 되는 경우는 첫 번째 던진 주사위의 눈이 4가 나오는 경우이다. 점 Q와 점 R이 같은 점이 되는 경우는 두 번째 던진 주사위의 눈이 2가 나오는 경우이다. 점 P와 점 Q이 같은 점이 되는 경우는 첫 번째, 두 번째 던진 주사위의 눈의 순서쌍이 (1, 5), (2, 6), (3, 1), (4, 2), (5, 3), (6, 4)일 때이다. 그런데, (4, 2)는 위의 세 가지 상황에 모두 들어 있으므로 구하는 경우는 16가지이다. 따라서 구하는 확률은 $1 − \frac{16}{36} = \frac{5}{9}$이다.

(3) 점 P가 점 B로 이동하는 경우를 생각하자. 이때의 확률은 $\frac{1}{6}$이다. 점 Q와 R이 점 B로 이동할 확률은 각각 $\frac{1}{6}$이다. 그러므로 이때, 세 점이 점 B로 이동할 확률은 $\left(\frac{1}{6}\right)^3$이다.

같은 방법으로 점 P가 점 C, D, E, F, A로 이동하는 경우의 확률은 각각 $\left(\frac{1}{6}\right)^3$이다.

따라서 $\left(\frac{1}{6}\right)^3 \times 6 = \frac{1}{36}$이다.

(4) 두 점 P, Q는 점 B로 이동하고, 점 R은 점 B를 제외한 다른 점으로 이동할 확률은 $\frac{1}{6} \times \frac{1}{6} \times \frac{5}{6}$이다.

같은 방법으로 두 점 P, Q는 점 C, D, E, F, A로 이동하고, 각각 점 R은 점 C, D, E, F, A를 제외한 점으로 이동할 확률은 $\frac{1}{6} \times \frac{1}{6} \times \frac{5}{6}$이다.

여기서 세 점 P, Q, R 중 같은 점으로 이동하는 두 점을 선택하는 경우가 3가지 있으므로, 구하는 확률은 $\left(\frac{1}{6} \times \frac{1}{6} \times \frac{5}{6}\right) \times 6 \times 3 = \frac{5}{12}$이다.

문제 15.3 아래 그림에서, AD ∥ BC, AB = CB, ∠ABD = 10°, ∠CBD = 30°이다.

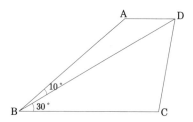

점 A를 BD에 대하여 대칭이동한 점을 A′라 한다. 다음 물음에 답하여라.

(1) ∠DAA′의 크기를 구하여라.

(2) ∠BCD의 크기를 구하여라.

[풀이] 아래 그림과 같이 점 A를 BD에 대하여 대칭이동한 점을 A′라 하고, 점 A′과 A, D, B를 각각 연결한다.

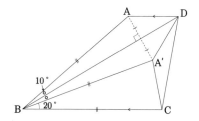

(1) AD ∥ BC이므로 ∠BAD = 180° − ∠ABC = 180° − 40° = 140°이다. 또, ∠BAA′ = 80°이다. 따라서 ∠DAA′ = 140° − 80° = 60°이다.

(2) AB = CB이므로 A′B = CB이다. 또, ∠CBA′ = ∠ABA′ = 20°이므로, △CBA′ ≡ △ABA′이다. (1)에서 ∠DAA′ = 60°이므로 삼각형 AA′D는 정삼각형이다 그러므로 DA′ = AA′ = CA′이다. 즉, 삼각형 A′CD는 이등변삼각형이다. ∠A′CD = ∠A′DC = x라 두면, ∠BCD + ∠ADC = 180°에서 x = 20°이다. 따라서 ∠BCD = 100°이다.

문제 15.4 아래 그림과 같이, 한 모서리의 길이가 1인 정육면체 ABCD-EFGH에서 모서리 FG, GH의 중점을 각각 P, Q라 하고, 선분 PQ의 중점을 T라 한다. 이 정육면체를 세 점 A, P, Q를 지나는 평면으로 절단하고, 절단면과 모서리 BF, DH와의 교점을 각각 R, S라 한다.

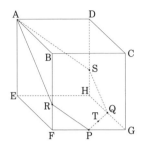

다음 물음에 답하여라.

(1) 선분 ET의 길이를 구하여라.

(2) BR : RF를 구하여라.

(3) 오각형 ARPQS를 직선 AT를 기준으로 1회전하여 얻어진 입체의 부피를 구하여라.

풀이

(1) 아래 그림에서, 점 U는 선분 EG의 중점이고, 점 T는 선분 UG의 중점이다.

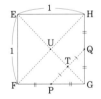

그러므로 ET = $\frac{3}{4}$EG = $\frac{3\sqrt{2}}{4}$이다.

(2) 아래 그림에서, AS ∥ RP이므로 삼각형 SDA와 삼각형 RFP는 닮음이고, SD : RF = DA : FP = 2 : 1이다.

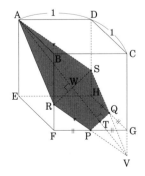

(그림 참고) 대칭성에 의하여 SD = BR이므로, BR : RF = 2 : 1이다.

(3) (위의 그림 참고) RP와 SQ의 연장선의 교점을 V라 하면, V는 CG위의 점이다. 구하는 입체의 부피는 삼각형 ARS를 AT를 기준으로 회전한 원뿔 2개의 부피에서 삼각형 VPQ를 AT를 기준으로 회전한 원뿔 1개의 부피를 뺀 것과 같다. RW = $\frac{1}{2}$EG = $\frac{\sqrt{2}}{2}$이고,

$$AW = \frac{2}{3}AT = \frac{2}{3}\sqrt{AE^2 + ET^2} = \frac{\sqrt{34}}{6}$$

이다. 따라서 구하는 부피는

$$\frac{1}{3} \times \left(\frac{\sqrt{2}}{2}\right)^2 \pi \times \frac{\sqrt{34}}{6} \times \left(1 \times 2 - \frac{1}{8}\right) = \frac{5\sqrt{34}}{96}\pi$$

이다.

제 16 절   쪽지 모의고사 16회 풀이

문제 16.1 $[n]$을 양의 정수 n의 양의 약수의 개수로 나타내기로 한다. 다음 물음에 답하여라.

(1) $[a] \times [b] = 4$일 때, $[ab]$의 값을 모두 구하여라.

(2) $[a] \times [b] = 8$일 때, $[ab]$의 값을 모두 구하여라.

[풀이] $[a] \le [b]$라고 가정하자.

(1) $[a] \times [b] = 4$이므로, (i) $[a] = 1$, $[b] = 4$인 경우와
(ii) $[a] = [b] = 2$인 경우로 나누어 생각하자.

(i) $[a] = 1$, $[b] = 4$인 경우, $a = 1$이므로 $[ab] = [b] = 4$이다.

(ii) $[a] = [b] = 2$인 경우, a, b는 소수이다.
- $a = b$이면, $[ab] = [a^2] = 3$이다.
- $a \ne b$이면, $[ab] = 4$이다.

따라서 가능한 $[ab]$의 값은 3, 4이다.

(2) $[a] \times [b] = 8$이므로, (i) $[a] = 1$, $[b] = 8$인 경우와
(ii) $[a] = 2$, $[b] = 4$인 경우로 나누어 생각하자.

(i) $[a] = 1$, $[b] = 8$인 경우, $a = 1$이므로 $[ab] = [b] = 8$이다.

(ii) $[a] = 2$, $[b] = 4$인 경우, a는 소수이고, $b = p^3$ 또는 $p \times q$의 꼴이다. 단, p, q는 서로 다른 소수이다.
- $b = p^3$, $p = a$일 때, $[ab] = [a^4] = 5$이다.
- $b = p^3$, $p \ne a$일 때,
$$[ab] = [ap^3] = 2 \times 4 = 8$$
이다.
- $b = pq$, $p = a$ (또는 $b = pq$, $q = a$)일 때, $[ab] = [a^2q] = 3 \times 2 = 6$이다.
- $b = pq$, $p \ne a$, $q \ne a$일 때,
$$[ab] = [apq] = 2^3 = 8$$
이다.

따라서 가능한 $[ab]$의 값은 5, 6, 8이다.

문제 16.2 그림과 같이, 길이가 4인 선분 AB를 지름으로 하는 원 위에, AC = 2인 점 C가 있고, 선분 BC를 지름으로 하는 원과 선분 AB의 교점을 D라 한다. 또, 선분 AC의 중점을 M, 직선 BM과 선분 CD, 호 AC와의 교점을 각각 E, F라 한다.

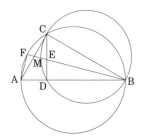

이때, 다음 물음에 답하여라.

(1) 선분 CE와 ED의 길이의 비를 구하라.

(2) 선분 AF의 길이를 구하여라.

(3) 삼각형 ADE와 삼각형 AFE의 넓이의 비를 구하여라.

[풀이]

(1) 선분 AB가 큰 원의 지름이므로, 원주각의 성질에 의하여 $\angle$ACB = 90°이다. 또, 삼각비(또는 피타고라스의 정리)에 의하여 BC = $2\sqrt{3}$이다.

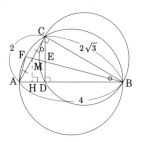

선분 BC가 작은 원의 지름이므로, 원주각의 성질에 의하여 $\angle$CDB = 90°이다. 그러므로 △CAD, △BCD, △BAC는 모두 닮음이고,

$$DA : DC = DC : DB = CA : CB = 1 : \sqrt{3}$$

이다. 따라서 DA : DB = 1 : 3이다.
점 M에서 변 AB에 내린 수선의 발을 H라 한다. 점 M은 선분 AC의 중점이므로, AH : HD : DB = 1 : 1 : 6이다.

따라서 CD = 2MH, ED = $\frac{6}{1+6}$MH = $\frac{6}{7}$MH이다. 그러므로

$$CE : ED = (CD - ED) : ED$$
$$= \left(2 - \frac{6}{7}\right) : \frac{6}{7} = 4 : 3$$

이다.

(2) BM = $\sqrt{MC^2 + BC^2}$ = $\sqrt{13}$이고, $\angle AFM = \angle BCM$, $\angle AMF = \angle BMC$이므로, $\triangle FAM$과 $\triangle CBM$은 닮음이고, AF : BC = AM : BM이다. 즉, AF : $2\sqrt{3}$ = 1 : $\sqrt{13}$이다.

따라서 AF = $\frac{2\sqrt{39}}{13}$이다.

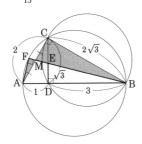

(3) (1)에서 ED = $\frac{3}{4+3}$DC = $\frac{3\sqrt{3}}{7}$이다.

$\angle EDB = \angle AFB (= 90°)$, $\angle DBE = \angle FBA$ (공통)이므로, $\triangle EDB$와 $\triangle AFB$는 닮음이고, 넓이의 비는 $ED^2 : AF^2 = 117 : 196$이다. $\triangle EDB$와 $\triangle ADE$의 넓이의 비는 $3 : 1 = 117 : 39$이고, $\triangle ADE$와 $\triangle AFE$의 넓이의 비는 $39 : (196 - 117 - 39) = 39 : 40$이다.

문제 16.3 인천국제공항 탑승구역의 A지점에서 B지점으로 향하는 길이 60m의 일정한 속도로 움직이는 무빙워크(수평형 에스컬레이터)가 있다. 이 무빙워크를 이용하는 사람은 두 줄로, 왼쪽 줄은 걷는 사람, 오른쪽 줄은 걷지 않는 사람이 이용한다. A지점에서 B지점까지 걸리는 시간은 걷는 사람은 30초, 걷지 않는 사람은 75초이다. 이때, 다음 물음에 답하여라.

(1) 무빙워크가 멈췄을 경우, 왼쪽 줄 사람이 A지점에서 B지점까지 걷는데 걸린 시간은 몇 초인가?

(2) 많은 사람이 두 줄로 나누어 무빙워크를 이용하다 9시 정각에 각 줄의 맨 앞 사람은 동시에 A지점을 출발하여 각각의 줄에서는 사람들이 일정한 간격을 유지하며, 그 간격은 왼쪽 줄이 오른쪽 줄보다 2m가 길다. 9시 5분에 각 줄의 사람이 동시에 B지점에 도달하고, 이 5분간 B지점에 도달한 사람의 수는 같았다. 이 5분간 B지점에 도달한 사람은 모두 몇 명인가? 또, B지점에 도달한 사람이 802명일 때의 시각은 시 몇 분 몇 초인가?

풀이

(1) 무빙워크 밖에 정지해 있는 사람이 봤을 때, 무빙워크의 진행속도는 $60 \div 75 = 0.8$(m/초)이고, 무빙워크 위를 걷는 사람의 속도는 $60 \div 30 = 2$(m/초)이다.

그러므로 무빙워크가 멈췄을 경우, 왼쪽 줄 사람의 걷는 속도는 $2 - 0.8 = 1.2$(m/초)이다.

따라서 왼쪽 줄 사람이 A지점에서 B지점까지 걷는데 걸린 시간은 $60 \div 1.2 = 50$(초)이다.

(2) 무빙워크가 B지점에서 앞으로도 계속되고 있다고 하고, 9시 5분의 시점(A지점을 출발한 지 300초 후)에서 각 줄의 선두에 있는 사람이 B지점에서 몇 m 앞에 있는지를 구하자.

- 왼쪽 줄의 선두에 있는 사람 : $2 \times 300 - 60 = 540$(m)

- 오른쪽 줄의 선두에 있는 사람 : $0.8 \times 300 - 60 = 180$(m)

이 거리의 끝에서 끝까지 왼쪽과 오른쪽 줄에 같은 수의 사람이 나란히 있으므로, 왼쪽과 오른쪽 줄 사람의 간격 비는 '왼쪽 : 오른쪽 = 540 : 180 = 3 : 1'이다. 그 차가 2m이므로, 왼쪽 줄은 3m, 오른쪽 줄은 1m이다.

그러므로 9시 5분의 시점에서 B지점에 있는 사람은, 각 줄의 선두에 있는 사람부터 $180 \div 1 + 1 = 540 \div 3 +$

1 = 181(명)이다.

따라서 이 5분간 지점에 도달한 사람은 $181 \times 2 = 362$(명)이다.

B지점을 1초마다 통과하는 사람의 수는 왼쪽 줄은 $2 \div 3 = \frac{2}{3}$(명), 오른쪽 줄은 $0.8 \div 1 = \frac{4}{5}$(명)이라고 할 수 있다. 즉, 1초 마다 $\frac{4}{5} + \frac{2}{3} = \frac{22}{15}$(명)이 통과한다. 9시 5분 이후 $802 - 362 = 440$명이 통과했으므로, 걸린 시간은 $440 \div \frac{22}{15} = 300$(초)이다. 즉, 5분이다.

따라서, B지점에 도달한 사람이 802명일 때의 시각은 9시 10분 0초이다.

문제 16.4 두 용기 A, B에 대하여, 용기 A에는 10%의 소금물 100g이, 용기 B에는 5%의 소금물 200g이 들어 있다. 이 두 용기에서 각각 xg의 소금물을 꺼낸 후, 용기 A에서 꺼낸 소금물은 용기 B에, 용기 B에 꺼낸 소금물은 용기 A에 넣고, 각각 혼합하는 작업을 한다. 다음 물음에 답하여라.

(1) 이 작업 후에 용기 A의 소금물에 들어 있는 소금의 양을 x를 사용하여 나타내어라.

(2) 이 작업 후, 용기 A의 소금물의 농도가 용기 B의 소금물의 농도의 1.5배가 될 때, x의 값을 구하여라.

풀이

(1) 용기 A, B에 들어 있는 소금의 양은 각각

$$100 \times \frac{10}{100} = 10(\text{g}), \quad 200 \times \frac{5}{100} = 10(\text{g})$$

이다. 작업 후에 용기 A에 들어 있는 소금의 양은

$$10 \times \frac{100-x}{100} + 10 \times \frac{x}{200} = 10 - \frac{x}{20}(\text{g}) \qquad ①$$

이다.

(2) 작업 후에 용기 B에는

$$10 \times 2 - ① = 10 + \frac{x}{20}(\text{g}) \qquad ②$$

의 소금이 있다. 그러므로

$$\frac{①}{100} \times 100 = \left(\frac{②}{200} \times 100 \right) \times \frac{3}{2}$$

이다. 이를 정리하여 풀면, $x = \frac{200}{7}$이다.

제 17 절 쪽지 모의고사 17회 풀이

문제 17.1 자연수 n에 대하여 양의 약수의 총합을 S(n)으로 나타내기로 한다. 예를 들어, S(1) = 1, S(2) = 1 + 2 = 3, S(6) = 1 + 2 + 3 + 6 = 12이다. 다음 물음에 답하여라.

(1) 50이하의 자연수 n에 대하여 S(n) = 1 + n을 만족하는 n의 최댓값을 구하여라.

(2) 50이하의 자연수 n에 대하여 S(n) = 1 + $\sqrt{n}$ + n을 만족하는 n의 개수를 구하여라.

(3) S(n) = n + 8을 만족하는 n을 모두 구하여라.

풀이

(1) n은 소수이고, $n \leq 50$인 n의 최댓값은 47이다.

(2) $n = p^2$ (p는 소수)이어야 하므로 $n = 2^2, 3^2, 5^2, 7^2$이다. 따라서 모두 4개이다.

(3) n의 양의 약수 중 1, n이 있으므로 $(n+8) - (n+1) = 7$이 되어, 1, n을 제외한 나머지 양의 약수의 합이 7임을 알 수 있다. 7 = 2 + 5 = 3 + 4이므로 각각의 경우로 나누어 살펴보자.

  (i) 나머지 양의 약수가 7일 때, 1, 7, n이 n의 약수이므로, $n = 7^2 = 49$이다.

  (ii) 나머지 양의 약수가 2, 5일 때, 1, 2, 5, n이 n의 약수이므로 $n = 10$이다.

  (iii) 나머지 양의 약수가 3, 4일 때, 2도 n의 약수여야 하므로 이 경우에 해당하는 n은 존재하지 않는다.

따라서 주어진 조건을 만족하는 n은 49, 10이다.

문제 17.2 그림과 같이, 한 모서리의 길이가 4cm인 정육면체 ABCD-EFGH가 있다. 세 점 P, Q, R은 각각 꼭짓점 A, B, G를 동시에 출발하여, P는 모서리 AB위를, Q는 모서리 BC위를, R은 모서리 GC위를 각각 1초당 1cm의 속력으로 움직이고, 다른 편 꼭짓점에 도착하면 정지한다.

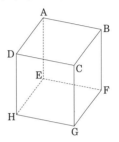

이때, 다음 물음에 답하여라.

(1) 세 점 P, Q, R을 지나는 평면으로 정육면체를 절단했을 때, 절단면을 생각한다. 출발한 지 2초가 지난 후, 절단면(다각형)의 둘레의 길이를 구하여라. 또, 출발한 지 몇 초가 지나면, 점 E가 절단면(다각형)의 꼭짓점이 되는가?

(2) 점 S가, P, Q, R과 동시에 점 H를 출발하여, 1초당 2cm의 속력으로 H → E → H로 모서리 HE의 위를 왕복한다. 출발 전 두 선분 PR과 QS가 만나고 있다. 출발 후 다시 만날 때는 출발한 지 몇 초가 지난 후인가?

풀이

(1) 출발한 지 2초 후에 P, Q, R은 아래 그림과 같이, 각각 정육면체의 모서리의 중점에 있다.

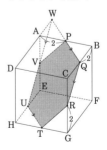

PQ와 AD의 연장선의 교점을 W라 하면, AW = BQ = 2이다. 또, W를 지나 QR에 평행한 직선과 AE, EH와의 교점을 각각 V, U라 하고, U를 지나 PQ에 평행한 직선과 HG와의 교점을 T라 하면, V, U, T는 모서리의

중점이 된다. (위의 그림 참고)

절단면은 그림과 같은 정육각형 PQRTUV이므로, 둘레의 길이는 $6 \times PQ = 6 \times 2\sqrt{2} = 12\sqrt{2}$(cm)이다.

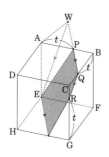

다음으로 절단면이 E를 지나는 경우를 생각하자. 위와 같은 방법으로 PQ와 AD의 연장선의 교점을 W라 하면, W를 지나 QR에 평행한 직선이 E를 지난다. (위의 그림 참고)

이때, AW = AE = 4이다. 세 점 P, Q, R이 출발한 지 t초라고 하면, PA : PB = AW : BQ이므로 $t : (4 - t) = 4 : t$이다. 이를 정리하면 $t^2 + 4t - 16 = 0$이다. $0 \leq t \leq 4$이므로 $t = -2 + 2\sqrt{5}$(초)이다.

(2) PR과 QS가 만날 때의 점 S는 세 점 P, Q, R를 지나는 평면과 EH와의 교점이다.

- $0 < t \leq 2$일 때, 아래 그림에서 WU ∥ QR이므로, HU = AW이다.

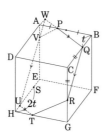

또한 AW ≤ BQ = t이므로, HU ≤ t이다. 한편 HS = $2t$이므로, S와 U는 일치하지 않는다.

- $2 < t \leq 4$일 때, 아래 그림에서 AW = HS = $8 - 2t$이므로, PA : PB = AW : BQ로 부터 $t : (4 - t) = (8 - 2t) : t$이다.

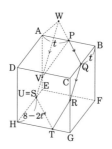

이를 정리하면 $t^2 - 16t + 32 = 0$이다. $2 < t \leq 4$이므로 $t = 8 - 4\sqrt{2}$(초)이다.

문제 17.3 두 이차함수 $y = 4x^2$, $y = -\dfrac{3}{8}x^2$과 두 직선 l, m이 있다. 아래 그림과 같이, 두 이차함수와 직선 l, m이 점 A, B, C, D에서 만나고, l과 m은 x축 위의 점 E에서 만난다. 점 A, E의 x좌표는 각각 −1, −4이고, 직선 m의 y절편이 −3이다. 다음 물음에 답하여라.

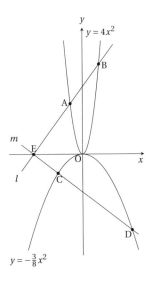

(1) 직선 l의 방정식과 점 D의 좌표를 구하여라.

(2) 삼각형 BED의 넓이를 구하여라.

(3) ∠BED의 이등분선을 n이라할 때, 직선 n의 방정식을 구하여라.

(4) 직선 BD와 직선 n의 교점을 F, 점 D에서 직선 n에 내린 수선의 발을 G라 할 때, 삼각형 DFG의 넓이를 구하여라.

풀이

(1) A(−1, 4)이므로 l의 기울기는 $\dfrac{4-0}{-1-(-4)} = \dfrac{4}{3} \cdots$ ①이고, 직선의 방정식은 $y = \dfrac{4}{3}(x+4)$이다. 즉, $y = \dfrac{4}{3}x + \dfrac{16}{3}$이다.

한편, m의 기울기는 $-\dfrac{3}{4} \cdots$ ②이고, 직선의 방정식은 $y = -\dfrac{3}{4}x - 3$이다. 이를 $y = -\dfrac{3}{8}x^2$에 대입하여 정리하면, $x^2 - 2x - 8 = 0$이다. 이를 인수분해하면 $(x+2)(x-4) = 0$이고, $x = -2, 4$이다.

그러므로 D(4, −6) $\cdots$ ③이다.

(2) (1)로 부터 아래 그림과 같이 나타낸다.

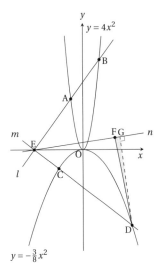

B 의 x좌표를 b라 하면, $4 \times (-1+b) =$ ① 이므로, $b = \dfrac{4}{3}$이다. 즉, B$\left(\dfrac{4}{3}, \dfrac{64}{9}\right) \cdots$ ④이다.

또, ① × ② = −1이므로 $l \perp m$이다.

따라서 $\triangle\text{BED} = \dfrac{\overline{\text{EB}} \times \overline{\text{ED}}}{2} \cdots$ ⑤이다.

그런데, $\overline{\text{EB}} = \left\{\dfrac{4}{3} - (-4)\right\} \times \dfrac{5}{3} = \dfrac{80}{9} \cdots$ ⑥이고, $\overline{\text{ED}} = 6 \times \dfrac{5}{3} = 10 \cdots$ ⑦이므로,

$$⑤ = \dfrac{⑥ \times ⑦}{2} = \dfrac{400}{9}$$

이다.

(3) ⑥ : ⑦ = 8 : 9이므로, 두 직선 n과 BD의 교점 F는, BD를 8 : 9로 나눈 점이다. 그러므로 F(e, f)라 하면, ③, ④로 부터

$$e = \dfrac{4}{3} + \left(4 - \dfrac{4}{3}\right) \times \dfrac{8}{8+9} = \dfrac{44}{17}$$
$$f = \dfrac{64}{9} - \left\{\dfrac{64}{9} - (-6)\right\} \times \dfrac{8}{8+9} = \dfrac{16}{17}$$

이다. n의 기울기는 $\dfrac{\frac{16}{17}}{\frac{44}{17} - (-4)} = \dfrac{1}{7}$이므로, 구하는 방정식은 $y = \dfrac{1}{7}(x+4)$이다. 즉, $y = \dfrac{1}{7}x + \dfrac{4}{7} \cdots$ ⑧이다.

(4) DG의 방정식은 $y = -7(x-4) - 6$이다. 즉, $y = -7x + 22$이다. 이 식과 ⑧을 연립하면 $-7x + 22 = \dfrac{1}{7}x + \dfrac{4}{7}$이다. 즉, $x = 3$이다. 이는 곧 G의 x좌표이다. 따라서

$$\triangle\text{DFG} = \triangle\text{BED} \times \dfrac{9}{8+9} \times \dfrac{\overline{\text{FG}}}{\overline{\text{FE}}}$$
$$= \dfrac{400}{9} \times \dfrac{9}{17} \times \dfrac{3 - \frac{44}{17}}{\frac{44}{17} - (-4)}$$
$$= \dfrac{400}{17} \times \dfrac{7}{112} = \dfrac{25}{17}$$

이다.

문제 17.4 다음 물음에 답하여라.

(1) 다섯 자리 수 $3a5b6$이 9로 나누어떨어지도록 하는 a, b의 쌍 (a, b)는 모두 몇 개인가?

(2) 네 개의 숫자 3, 4, 5, 6을 한 번씩 사용하여 만든 네 자리 수를 m이라 하고, m의 각 자리 수가 역순으로 이루어진 네 자리 수를 n이라 할 때, $m + n$은 반드시 p의 배수이다. 이를 만족하는 p의 최댓값을 구하여라.

(3) 세 자리 수 371, 553, 959의 각각에 대하여, 앞 두 자리로 만든 자연수에서 일의 자리 수의 2배를 **빼면**, $37 - 1 \times 2 = 35$, $55 - 3 \times 2 = 49$, $95 - 9 \times 2 = 77$이다. 이 수들은 모두 7로 나누어떨어진다. 일반적으로, 앞 두 자리로 만들어진 수에서 일의 자리 수의 2배를 **뺀** 수가 7로 나누어떨어지면, 원래의 세 자리 수도 7로 나누어떨어진다. 이때, 세 자리 수 n이 $n = 10a + b$ $(10 \le a \le 99, 0 \le b \le 9, a, b$는 정수$)$일 때, 이 사실을 증명하여라.

풀이

(1) $3 + a + 5 + b + 6 = 14 + (a + b)$가 9의 배수여야 하므로 $a + b = 4$ 또는 13이다.

   (i) $a + b = 4$일 때, 이를 만족하는 음이 아닌 정수쌍 (a, b)는 5개다.

   (ii) $a + b = 13$일 때, 이를 만족하는 음이 아닌 정수 쌍 (a, b)는 6개다.

따라서, 구하는 (a, b)는 모두 11개다.

(2) $m = 1000a + 100b + 10c + d$라 하면, $n = 1000d + 100c + 10b + a$이다.

$$m + n = 1001a + 110b + 110c + 1001d$$
$$= 11(91a + +10b + 10c + 91d)$$
$$= 11\{9(10a + b + c + 10d) + (a + b + c + d)\}$$
$$= 11\{9(10a + b + c + 10d) + 18\}$$
$$= 99(10a + b + c + 10d + 2)$$

이다. 따라서 $m + n$은 99의 배수이다. 따라서 p의 최댓값은 99이다.

(3) $a - 2b = 7k$ (k는 정수)이므로, $a = 2b + 7k$이다. 그러면, $n = 10a + b = 20b + 70k + b = 21b + 70k = 7(3b + 10k)$이다. 즉, n은 7의 배수이다.

나는 푼다, 고로 (영재학교/과학고) 합격한다.

제 18 절 쪽지 모의고사 18회 풀이

문제 18.1 x, y, z가 소수이고, $2 \leq x \leq y \leq z < 20$을 만족한다. $S(x)$를 x의 양의 약수의 총합으로 나타내기로 한다.

(1) $S(xy) = 36$을 만족하는 x, y의 쌍 (x, y)를 모두 구하여라.

(2) $S(xyz)$의 값을 x, y, z를 사용하여 소인수분해 형태로 나타내어라.

(3) $S(x) + S(y) + S(z) = 36$일 때, $S(xyz)$의 값이 가장 1500에 가까울 때의 x, y, z의 쌍 (x, y, z)를 모두 구하여라.

풀이

(1) (i) $x < y$일 때와 (ii) $x = y$로 나누어 생각한다.

  (i) $x < y$일 때,

$$S(xy) = 1 + x + y + xy = (1 + x)(1 + y) = 36$$

이므로, $x = 2$, $y = 11$만 가능하다.

  (ii) $x = y$일 때,

$$S(xy) = S(x^2) = 1 + x + x^2 = 36$$

이므로, 이를 만족하는 소수 x, y는 존재하지 않는다.

따라서 구하는 $(x, y) = (2, 11)$ 뿐이다.

(2) 아래와 같은 네 가지 경우로 나누어 생각한다.

  (i) $x < y < z$일 때,

$$S(xyz) = (1 + x)(1 + y)(1 + z)$$

이다.

  (ii) $x = y < z$일 때,

$$S(xyz) = (1 + x + x^2)(1 + z)$$

이다.

  (iii) $x < y = z$일 때,

$$S(xyz) = (1 + x)(1 + y + y^2)$$

이다.

  (iv) $x = y = z$일 때,

$$S(xyz) = (1 + x)(1 + x^2)$$

이다.

(3) $S(x) + S(y) + S(z) = 36$일 때,

$$1 + x + 1 + y + 1 + z = 3 + x + y + z = 36$$

이므로 $x + y + z = 33$이다. $2 \leq x \leq y \leq z < 20$에 대하여 $x + y + z = 33$을 만족하는 $(x, y, z) = (3, 11, 19)$, $(3, 13, 17)$, $(5, 11, 17)$, $(7, 7, 19)$, $(7, 13, 13)$, $(11, 11, 11)$이다.

  (i) $(x, y, z) = (3, 11, 19)$일 때,

$$(1 + 3)(1 + 11)(1 + 19) = 960$$

이다.

  (ii) $(x, y, z) = (3, 13, 17)$일 때,

$$(1 + 3)(1 + 13)(1 + 17) = 1008$$

이다.

  (iii) $(x, y, z) = (5, 11, 17)$일 때,

$$(1 + 5)(1 + 11)(1 + 17) = 1296$$

이다.

  (iv) $(x, y, z) = (7, 7, 19)$일 때,

$$(1 + 7 + 7^2)(1 + 19) = 1140$$

이다.

  (v) $(x, y, z) = (7, 13, 13)$일 때,

$$(1 + 7)(1 + 13 + 13^2) = 1464$$

이다.

  (vi) $(x, y, z) = (11, 11, 11)$일 때,

$$1 + 11 + 11^2 + 11^3 = 1464$$

이다.

따라서 구하는 $(x, y, z) = (7, 13, 13)$, $(11, 11, 11)$이다.

문제 18.2 한 변의 길이가 2인 정사각형 ABCD에 원이 내접한다. 변 AB, CD와의 접점을 각각 E, F라 하고, 선분 CE와 원과의 교점을 G라 한다. 다음 물음에 답하여라.

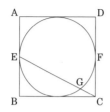

(1) CG의 길이를 구하여라.

(2) 삼각형 BGF의 넓이를 구하여라.

풀이

(1) 변 BC와 원과의 접점을 P라 한다. 원과 비례의 원리에 의하여 $CG \times CE = CP^2$이다. 즉, $CG \times \sqrt{5} = 1$이다. 따라서, $CG = \frac{1}{\sqrt{5}} = \frac{\sqrt{5}}{5}$이다.

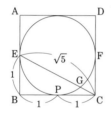

(2) CE와 BF의 교점을 X라 하면, 대칭성에 의하여 X는 CE의 중점이고, $CX = \frac{\sqrt{5}}{2}$이다. 그러므로

$$CX : GX = \frac{\sqrt{5}}{2} : \left(\frac{\sqrt{5}}{2} - \frac{\sqrt{5}}{5} \right) = 5 : 3$$

이다. 따라서

$$\triangle BGF = \triangle BCF \times \frac{GX}{CX} = \left(\frac{1}{2} \times 2 \times 1 \right) \times \frac{3}{5} = \frac{3}{5}$$

이다.

문제 18.3 n은 1이상 8이하의 자연수이다. 자연수 a에 대하여, 일의 자리 숫자가 n이하이면, 버림을 하고, $n+1$이상이면 올림을 한 수를 $S_n(a)$로 나타낸다. 예를 들어, $S_4(75) = 80$, $S_5(75) = 70$이다. 다음 물음에 답하여라.

(1) $S_6(a) = 20$을 만족하는 자연수 a의 최솟값과 최댓값을 각각 구하여라.

(2) $S_4(a) + S_5(a) = 30$을 만족하는 자연수 a를 구하여라.

(3) $S_4(a) + S_5(a) + S_6(a) = 100$을 만족하는 자연수 a를 구하여라.

풀이

(1) $S_6(a) = 20$일 때, 올림을 한 최소의 a는 17이고, 버림을 한 최대의 a는 26이다.

(2) $S_4(a)$, $S_5(a)$가 10의 배수이므로, $S_4(a) \geq S_5(a)$라고 생각할 수 있다. 즉, $S_4(a) = 20$, $S_5(a) = 10$이다. 이를 만족하는 $a = 15$이다.

(3) (2)와 같은 방법으로 생각하면, $S_4(a) = 40$, $S_5(a) = 30$, $S_6(a) = 30$이다. 그러므로 $a = 35$이다.

문제 18.4 길이가 1인 선분 AB위에, 선분 AB의 2등분점을 표시한다. 다음으로, 선분 AB의 3등분점을 표시한다. 다음으로, 선분 AB의 4등분점을 표시한다. 같은 방법으로 5등분점, 6등분점, ⋯을 표시한다.

(1) 3등분점까지 표시한 다음에, 4등분점을 표시할 때, 새롭게 추가한 점의 개수는 몇 개인가?

(2) 10등분점을 표시한 후, 선분 AB에 표시된 점의 개수는 모두 몇 개인가? 단, 끝점 A, B는 제외한다.

(3) 2022등분점까지 표시한 다음에, 2023등분점을 표시할 때, 새롭게 추가한 점의 개수는 몇 개인가?

[풀이]

(1) 아래 그림과 같이 첫번째 추가한 점을 •으로, 두번째 추가한 점을 ○로, 세번째 추가한 점을 ×로 표시한다.

A   ⊗   ×   ○   •   ○   ×   ⊗   B

따라서 새롭게 추가된 점(그림에서 ⊗)은 2개이다.

(2) n등분점까지 표시하면, 새롭게 추가한 점의 개수는 아래 표와 같다.

n	2	3	4	5	6	7	8	9	10	계
개수	1	2	2	4	2	6	4	6	4	31

새롭게 추가한 점의 개수는 n과 서로소인 n이하의 자연수의 개수와 같다. 따라서 구하는 답은 31개다.

(3) (2)에 의하여, 2022등분점까지 표시한 다음에, 2020등분점을 표시할 때, 새롭게 추가한 점의 개수는 2023과 서로소인 2023이하의 자연수의 개수와 같다. $2023 = 7 \times 17^2$이므로 구하는 답은 $2023 \times \left(1 - \frac{1}{7}\right) \times \left(1 - \frac{1}{17}\right) = 1632$개다.

제 19 절   쪽지 모의고사 19회 풀이

문제 19.1 다음 물음에 답하여라.

(1) 자연수 n에 대하여, n을 6으로 나눈 나머지가 r이고, $n = 9r$이 성립할 때, n을 구하여라.

(2) 2046을 두 자리 수 n으로 나누면, 몫과 나머지가 같다. 이러한 n을 모두 구하여라.

(3) a를 11로 나눈 나머지가 7이고, 5로 나눈 나머지가 3이다. b를 11로 나눈 나머지가 8이고, 5로 나눈 나머지가 2이다. c를 11로 나눈 나머지가 9이고, 5로 나눈 나머지가 1이다. 이때, $a+b+c$를 55로 나눈 나머지를 구하여라.

풀이

(1) $n = 6 \times p + r$이라 하면, $9r = 6p + r$이므로 $3p = 4r$이다. 즉, r은 3의 배수이다. 그런데, $0 \le r < 6$이므로, $r = 3$이다. 따라서 $n = 27$이다.

(2) $2046 = 2 \times 3 \times 11 \times 31$이다. $2046 = n \times r + r = r(n+1)$, $0 \le r < n$이고, $n+1$은 두 자리 수이다. 이를 만족하는 $n+1$과 r의 순서쌍은 $(n+1, r) = (62, 33), (66, 31), (93, 22)$이다. 따라서 $n = 61, 65, 92$이다.

(3) a를 55로 나눈 나머지는 18이고, b를 55로 나눈 나머지는 52이고, c를 55로 나눈 나머지가 31이므로, $a+b+c$를 55로 나눈 나머지는 $18 + 52 + 31$을 55로 나눈 나머지인 46과 같다.

문제 19.2 모든 모서리의 길이가 2인 정사각뿔 O-ABCD가 있다. 이 정사각뿔을 모서리 BA, BC, BO의 각각의 중점 L, M, N을 지나는 평면으로 절단하고, 같은 방법으로 모서리 DA, DC, DO의 각각의 중점 P, Q, R을 지나는 평면으로 절단한다. 점 O를 포함한 입체를 V라 한다.

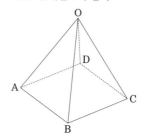

다음 물음에 답하여라.

(1) 입체 V의 부피를 구하여라.

(2) 모서리 OC의 중점을 K라 한다. 입체 V를 세 점 K, L, P를 지나는 평면으로 절단했을 때, 절단면의 넓이를 구하여라.

풀이

(1) 아래 그림에서 입체 B-ACO와 입체 B-LMN은 닮음이고, 닮음비는 2:1이다.

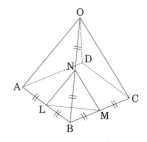

입체 D-ACO와 입체 D-PQR로 같은 방법으로 구한다. 따라서 V의 부피는

$$\left(\frac{1}{2} \times 2^2\right) \times \sqrt{2} \times \frac{1}{3} \times \left\{1 - \left(\frac{1}{2}\right)^3\right\} \times 2 = \frac{7}{6}\sqrt{2}$$

이다.

(2) 두 점 N과 K는 밑면 ABCD에서 같은 높이에 해당하는 점이므로, K, L, P를 지나는 평면 KLP는 변 NM과 만난다.
OE와 평면 KLP와의 교점을 X라 하고, LP의 중점을 Y라 하자. 평면 OAC의 절단면은 [그림1]과 같다.

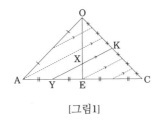

[그림1]

그러므로 $OX : XE = 3 : 1$이다.

또, [그림2]와 같이 생각할 때, 평면 LMN과 직교하는 방면에서 보는 그림을 생각하면 [그림3]과 같다. [그림3]에서 $NZ = \frac{\sqrt{2}}{2} - \frac{\sqrt{2}}{4} = \frac{\sqrt{2}}{4}$이다.

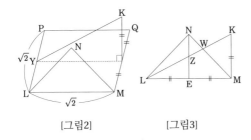

[그림2]　　　　　[그림3]

평면 KLP와 모서리 NM의 교점을 W라 하면,

$$NW : MW = \frac{\sqrt{2}}{4} : \frac{\sqrt{2}}{2} = 1 : 2$$

이다. Z는 LK의 중점이므로,

$$LW : WK = (1 + 2 + 1) : 2 = 2 : 1 \qquad ①$$

이다. [그림3]에서

$$LW = \frac{\sqrt{10}}{2} \times \frac{2}{3} = \frac{\sqrt{10}}{3} \qquad ②$$

$$WK = \frac{\sqrt{10}}{2} \times \frac{1}{3} = \frac{\sqrt{10}}{6} \qquad ③$$

이다. 평면 LMW와 평면 PQR이 평행(거리는 $\sqrt{2}$)인 것에 주의하면, 구하는 답은

$$PL \times ② + \frac{1}{2} \times PL \times ③$$
$$= \sqrt{2} \times \frac{\sqrt{10}}{3} + \frac{1}{2} \times \sqrt{2} \times \frac{\sqrt{10}}{6}$$
$$= \frac{5}{6}\sqrt{5}$$

이다.

문제 19.3 이차함수 $y = ax^2 \, (a > 0)$위의 두 점 A, B의 x좌표가 각각 $-1, 3$이다. 직선 AB의 기울기는 $\frac{1}{3}$일 때, 다음 물음에 답하여라.

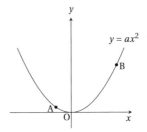

(1) a의 값과 직선 AB의 방정식을 구하여라.

(2) 삼각형 ABO와 삼각형 ABC의 넓이가 같을 때, 이차함수 위의 점 C의 x좌표를 모두 구하여라. 단, 점 C는 원점 O와 다른 점이다.

(3) 두 점 A, B와 (2)에서 구한 모든 C의 점을 꼭짓점으로 하는 볼록다각형의 넓이를 구하여라.

풀이

(1) 직선 AB의 기울기로부터 $a(-1+3) = \frac{1}{3}$이고, 이를 정리하면 $a = \frac{1}{6}$이다.
직선 AB의 방정식은 $y = \frac{1}{3} - \frac{1}{6} \times (-1) \times 3$이다. 즉, $y = \frac{1}{3}x + \frac{1}{2}$이다.

(2) 조건을 만족하는 점 C는 아래 그림에서 ◦로 표시한 세 점이다.

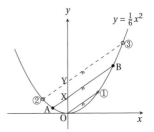

점 ①은 이차함수와 직선 $y = \frac{1}{3}x$의 교점이므로, $\frac{1}{6}x^2 = \frac{1}{3}x$를 풀면 $x \neq 0$이므로 $x = 2$이다.
점 ②와 ③은 이차함수와 직선 $y = \frac{1}{3}x + 1$의 교점이므로, $\frac{1}{6}x^2 = \frac{1}{3}x + 1$을 풀면 $x = 1 \pm \sqrt{7}$이다.

(3) O① $\parallel$ AB $\parallel$ ②③, $OX = XY$이므로,

$$\triangle AB① = \triangle ABO,$$
$$\triangle AB② = \triangle ABY = \triangle ABO,$$
$$\triangle ②③B = \triangle ②③X$$

이다. 따라서 구하는 넓이는

$$\triangle ABO \times 2 + \triangle ②③X$$

이다. 그런데,

$$\triangle ABO = \frac{1}{2} \times \frac{1}{2} \times \{3 - (-1)\} = 1$$

$$\triangle ②③X = \frac{1}{2} \times \frac{1}{2} \times \{1 + \sqrt{7} - (1 - \sqrt{7})\} = \frac{\sqrt{7}}{2}$$

이므로 구하는 넓이는 $\frac{\sqrt{7}}{2} + 2$이다

문제 19.4 승우는 숫자 1, 2, 3, 4가 적힌 카드 4장이 들어 있는 주머니에서 1개를 꺼내 숫자를 확인한 후, 다시 주머니에 다시 넣고, 다시 주머니에서 1개를 꺼내 숫자를 확인한다. 정우는 숫자 1, 2, 3, 4, 5, 6이 적힌 카드 6장이 들어 있는 주머니에서 1개를 꺼내 숫자를 확인한다. 승우는 꺼낸 카드의 숫자의 합을, 정우는 꺼낸 카드의 숫자를 각각 득점으로 한다. 다음 물음에 답하여라.

(1) 승우의 점수가 4점 이상일 확률을 구하여라.

(2) 정우의 점수가 승우의 점수보다 높을 확률을 구하여라.

풀이

(1) 승우의 점수가 4점 미만이 되는 경우는 $(1,1)$, $(1,2)$, $(2,1)$의 3가지 경우이다. (아래 표 참고)

1＼2	1	2	3	4
1	×	×	○	○
2	×	○	○	○
3	○	○	○	○
4	○	○	○	○

따라서 승우의 점수가 4점 이상일 확률은 $1 - \frac{3}{16} = \frac{13}{16}$이다.

(2) 승우와 정우가 카드를 꺼내는 방법은 모두 $4 \times 4 \times 6$가지이다. 정우의 점수가 승우의 점수보다 높은 경우의 수를 구한다.

(i) 승우의 점수가 2점(1가지)일 때, 정우의 점수는 3 ~ 6점이 가능하다. 이 경우의 수는 $1 \times 4 = 4$가지이다.

(ii) 승우의 점수가 3점(2가지)일 때, 정우의 점수는 4 ~ 6점이 가능하다. 이 경우의 수는 $2 \times 3 = 6$가지이다.

(iii) 승우의 점수가 4점(3가지)일 때, 정우의 점수는 5 ~ 6점이 가능하다. 이 경우의 수는 $3 \times 2 = 6$가지이다.

(iv) 승우의 점수가 5점(4가지)일 때, 정우의 점수는 6점이 가능하다. 이 경우의 수는 $4 \times 1 = 4$가지이다.

따라서 구하는 확률은 $\frac{4+6+6+4}{4 \times 4 \times 6} = \frac{5}{24}$이다.

제 20 절   쪽지 모의고사 20회 풀이

문제 20.1 세 자리 자연수 x에서 x의 일의 자리 숫자와 백의 자리 숫자를 바꾼 세 자리 수 y가 있다. $x+y$가 21의 배수이고, $x > y$이다. 다음 물음에 답하여라.

(1) x의 십의 자리 숫자가 2이고, $x-y$가 24의 배수가 되는 x를 모두 구하여라.

(2) $x-y$가 21의 배수가 되는 x는 모두 구하여라.

[풀이] $x = 100a + 10b + c$라 하면, $y = 100c + 10b + a$이다. 또,

$$x + y = 101(a + c) + 20b \qquad ①$$
$$x - y = 99(a - c) \qquad ②$$

이다.

(1) ②가 24의 배수이므로, $99(a-c) = 24k$ (k는 정수)로 나타낼 수 있다. 즉, $33(a-c) = 8k$이다. 따라서 $a-c$는 8의 배수이다. $x > y$이므로 $a > c$이다. 그러므로 $(a, c) = (9, 1)$뿐이다. $x = 921$이면 $x + y = 1050$ = 21×50으로 주어진 조건을 만족한다. 따라서 구하는 답은 $x = 921$이다.

(2) ②가 21의 배수이므로 $99(a-c) = 21k$ (k는 정수)로 나타낼 수 있다. 즉, $33(a-c) = 7k$이다. 따라서 $a-c$는 7의 배수이다. $x > y$이므로 $a > c$이다. 그러므로 $(a, c) = (9, 2), (8, 1)$이다.

   (i) $(a, c) = (9, 2)$일 때, $① = 1111 + 20b$이고, b에 $0 \sim 9$를 대입하여 $x + y$가 21의 배수가 되는 b는 없다.

   (ii) $(a, c) = (8, 1)$일 때, $① = 909 + 20b$이고, b에 $0 \sim 9$를 대입하여 $x + y$가 21의 배수가 되는 b를 찾으면, $b = 6$이다.

따라서 구하는 답은 $x = 861$이다.

문제 20.2 그림과 같이, 이차함수 $y = \frac{1}{6}x^2$과 직선 $y = \frac{1}{3}x + \frac{1}{2}$의 교점을 A, B라 한다. 단, A의 x좌표가 B의 x좌표보다 작다. 이차함수 위의 점 C, y축 위의 점 D를 사각형 ABCD가 평행사변형이 되도록 잡는다. 이때, 다음 물음에 답하여라.

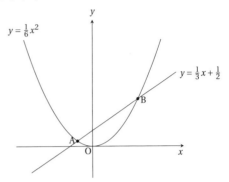

(1) 두 점 A, B의 좌표를 각각 구하여라.

(2) 두 점 C, D의 좌표를 각각 구하여라.

(3) 원점을 지나는 직선이 평행사변형 ABCD의 넓이를 이등분할 때, 이 직선의 방정식을 구하여라.

(4) 이차함수 위의 점 P에 대하여, 평행사변형 ABCD의 넓이와 삼각형 PAB의 넓이가 같을 때, 점 P의 x좌표를 구하여라.

[풀이]

(1) A, B의 x좌표는, $\frac{1}{6}x^2 = \frac{1}{3}x + \frac{1}{2}$의 두 근이다. 이를 풀면 $x = -1, 3$이다. 따라서 $A\left(-1, \frac{1}{6}\right)$, $B\left(3, \frac{3}{2}\right)$이다.

(2) C의 x좌표를 c, D의 y좌표를 d라 하면, AC와 BD의 중점이 일치하므로,

$$\frac{-1+c}{2} = \frac{3+0}{2}, \quad \frac{\frac{1}{6} + \frac{1}{6}c^2}{2} = \frac{\frac{3}{2} + d}{2}$$

가 성립한다. 왼쪽 식에서 $c = 4$이고, 이를 오른쪽 식에 대입하여 풀면 $d = \frac{4}{3}$이다. 따라서 $C\left(4, \frac{8}{3}\right)$, $D\left(0, \frac{4}{3}\right)$이다.

(3) (2)의 중점을 M이라 하면, $M\left(\frac{3}{2}, \frac{17}{12}\right)$이다. 따라서 직선 OM이 넓이를 이등분하는 직선이 된다. 즉, $y = \frac{17}{18}x$이다.

(4) 점 $\left(0, \frac{1}{2}\right)$를 E라 하고, 아래 그림과 같이 y축 위에 EF = 2ED를 만족하는 점 F를 잡는다. 그러면,

$$\triangle ABF = 2\triangle ABD = 2\triangle ABC = \square ABCD$$

이다. 점 F를 지나 AB에 평행한 직선과 이차함수와의 교점을 P라 한다. (그림에서 ○로 표시된 두 점)

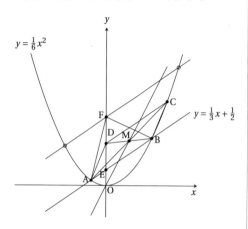

F의 y좌표는 $\frac{1}{2} + \left(\frac{4}{3} - \frac{1}{2}\right) \times 2 = \frac{13}{6}$이므로, P의 x좌표는 $\frac{1}{6}x^2 = \frac{1}{3}x + \frac{13}{6}$의 두 근이다. 이를 풀면 $x = 1 \pm \sqrt{14}$이다.

문제 20.3 다음 물음에 답하여라.

(1) 그림과 같이, AB를 지름으로 하고 반지름이 1인 원의 둘레 위에 두 점 C, D가 있고, AB와 CD의 교점을 E라 한다. $AC = \sqrt{2}$, $AD = \sqrt{3}$일 때, ∠AEC의 크기를 구하여라.

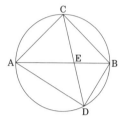

(2) 그림과 같이, $CA = CB = a$, $AB = 4$인 이등변삼각형 ABC와 $CD = CE = a$인 이등변삼각형 CDE가 있다. 세 점 B, C, D의 순서로 한 직선 위에 있고, 점 E는 ∠ABC의 이등분선 위에 있다. AD와 BE의 교점을 F라 하고, $AF = 3$이다. 이때, a의 값을 구하여라.

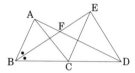

정답

(1) 원의 중심을 O라 한다. 주어진 선분의 길이로부터 삼각형 OAC는 직각이등변삼각형이고, 삼각형 ABD는 한 내각이 30°인 직각삼각형이다.

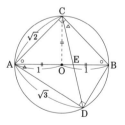

원주각의 성질에 의하여, 위 그림에서 ○ = 45°, △ = 30°이다. 따라서 ∠AEC = ○ + △ = 75°이다.

(2) $CA = CB = CD = CE = a$이므로, 네 점 A, B, D, E는 점 C를 중심으로 하고 반지름이 a인 반원의 호 위에 있다.

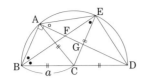

그러므로 ∠CEB = ∠CBE = ∠ABE이므로, AB ∥ CE ⋯ ①이다.

또 두 각이 같으므로 △GEF와 △ABF는 닮음 ⋯ ②이고, 세 변의 길이의 비가 $3 : 4 : 5$이다.

다음으로 ②로부터 ∠AGE = ∠BAF = 90°이고, 원주각의 성질에 의하여

$$∠EAG(= \circ) = ∠EBD = ∠FBA$$

이므로, 두 각이 같으므로 △GAE와 △ABF는 닮음이다. 따라서

$$AG = EG \times \frac{4}{3} \qquad\qquad ③$$

이고, 또,

$$AG = AF + FG = 3 + EG \times \frac{3}{4} \qquad\qquad ④$$

이다. ③=④를 정리하면 $EG = \frac{36}{7}$ ⋯ ⑤이다.

①로부터 삼각형 ABD에 삼각형 중점연결정리를 적용하면, $GC = AB \times \frac{1}{2} = 2$이다.

따라서, $EG = a - 2 = \frac{36}{7}$이므로 $a = \frac{50}{7}$이다.

문제 20.4 10이상의 자연수 x에 대하여, $[x]$를 다음과 같이 정의한다.

(가) x의 각 자리 수의 합이 9이하이면, 그 합을 $[x]$라 한다.

(나) x의 각 자리 수의 합이 10이상이면, 그 합의 각 자리 수의 합을 구한다.

(다) (나)에서 구한 합이 10이상이면, (나)를 반복한다.

(라) (다)에서 구한 합이 9이하이면, 그 합을 $[x]$라 한다.

예를 들어, $x = 15$이면, $1 + 5 = 6$이므로 $[15] = 6$이다. $x = 586$이면, $5 + 8 + 6 = 19$, $1 + 9 = 10$, $1 + 0 = 1$이므로 $[586] = 1$이다. 다음 물음에 답하여라.

(1) $[2019]$를 구하여라.

(2) $[x] = 5$인 두 자리 자연수는 모두 몇 개인가?

풀이

(1) $2 + 0 + 1 + 9 = 12$, $1 + 2 = 3$이므로, $[2019] = 3$이다.

(2) 합이 9이하가 될 때까지 각 자리 수의 합을 하는 횟수를 n(번)이라 한다.

   (i) $n = 1$일 때, $x = 14, 23, 32, 41, 50$이다.

   (ii) $n = 2$일 때, $x = 59, 68, 77, 86, 95$이다.

   (iii) $n = 3$일 때, 각 자리 수의 합이 18보다 큰 두 자리 수는 없으므로 존재하지 않는다.

따라서 구하는 답은 10개다.

제 21 절   쪽지 모의고사 21회 풀이

문제 21.1 모양도 크기도 같은 반지름이 1cm인 원반이 많이 있다. [그림1]과 같이, 세로 m장, 가로 n장(m, n은 3이상의 자연수)의 직사각형 모양으로 배열한다. 이때, 4개의 모서리에 있는 원반의 중심을 연결하여 만든 도형은 직사각형이다. 또한 [그림2]와 같이 각각의 원반을 ×로 표시한 점에서 다른 원반과 접하는 원반의 장수를 적는다. 예를 들어, [그림2]는 $m = 3$, $n = 4$의 직사각형 모양으로 원반을 배열한 것으로 원반 A에는 2장의 원반이 접하기 때문에, 원반 A에 2는 적는다. 같은 방법으로, 원반 B에는 3을 적고, 원반 C에 4를 적는다. 더욱이, $m = 3$, $n = 4$의 직사각형 모양으로 원반을 배열하고, 모든 원반에 다른 원반하고 접하는 장수를 각각 적으면, [그림3]과 같다.

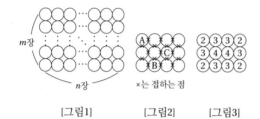

[그림1]   [그림2]   [그림3]

(1) $m = 4$, $n = 5$일 때, 3이 적힌 원반의 장수를 구하여라.

(2) $m = 5$, $n = 6$일 때, 원반에 적힌 수의 합을 구하여라.

(3) $m = x$, $n = x$일 때, 원반에 적힌 수의 합이 440일 때, x의 값을 구하여라.

(4) $m = a + 1$, $n = b + 1$일 때, 원반을 [그림1]과 같이 배열한다. 4개의 모서리에 있는 원반의 중심을 연결하여 만든 직사각형의 넓이가 780cm²일 때, 4가 적힌 원반의 개수의 최댓값을 구하여라. 단, a와 b는 2이상의 자연수이고, $a < b$이다.

풀이 아래 그림과 같이 2가 적힌 원반은 4장이다.

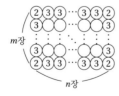

3인 적힌 원반은 각 변의 꼭짓점을 제외하면 되므로,

$$2(m - 2 + n - 2) = 2(m + n - 4) \qquad \text{(가)}$$

장이고, 나머지는 4가 적힌 원반이므로, 4가 적힌 원반은 모두

$$mn - 4 - 2(m + n - 4) = mn - 2m - 2n + 4$$
$$= (m - 2)(n - 2) \qquad \text{(나)}$$

장이다.

(1) (가)로부터 $2(4 + 5 - 4) = 10$장이다.

(2) 2가 적힌 원반은 4장, 3이 적힌 원반은 (가)로부터 $2(5 + 6 - 4) = 14$장, 4가 적힌 원반은 (나)로부터 $(5 - 2) \times (6 - 2) = 12$장이다. 따라서 원반에 적힌 수의 합은 $2 \times 4 + 3 \times 14 + 4 \times 12 = 98$이다.

(3) $m = n = x$으로부터 방정식을 세우면

$$2 \times 4 + 3 \times 2(2x - 4) + 4 \times (x - 2)^2 = 440$$

이다. 이를 정리하면

$$x^2 - x - 110 = 0, \quad (x + 10)(x - 11) = 0$$

이다. $x > 0$이므로 $x = 11$이다.

(4) 원반의 중심을 연결한 직사각형의 세로, 가로의 길이는 각각 $2m - 2$, $2n - 2$이다. $m = a + 1$, $n = b + 1$를 대입하여 식을 만들면,

$$\{2(a + 1) - 2\}\{2(b + 1) - 2\} = 780$$

이다. 이를 정리하면

$$2a \times 2b = 780, \quad ab = 195$$

이다. 4가 적힌 원반의 장수는 (나)로부터

$$(a + 1 - 2)(b + 1 - 2) = ab - (a + b) + 1 = 196 - (a + b)$$

이다. 4가 적힌 원반의 장수가 최대가 되려면, $a + b$가 최소여야 한다. 곱이 195가 되는 두 수 a, $b(a < b)$의 합이 최소가 되는 경우는 $a = 13$, $b = 15$일 때이고, 이때, 4가 적힌 원반의 장수는 $196 - (13 + 15) = 168$장이다.

나는 푼다, 고로 (영재학교/과학고) 합격한다.

문제 21.2 그림과 같이, 밑면은 한 변의 길이가 13cm인 정사각기둥 ABCD-EFGH의 내부에 반지름이 5cm인 구 O_1과 반지름이 4cm인 구 O_2가 서로 접하면서 들어 있다. O_1은 면 ABCD, 면 ABFE, 면 ADHE에, O_2는 면 BCGF, 면 CDHG, 면 EFGH에 각각 접할 때, 다음 물음에 답하여라.

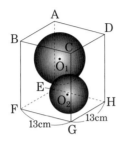

(1) AC의 길이를 구하여라.

(2) 이 입체를 네 점 A, C, G, E를 지나는 평면으로 절단했을 때, 절단면은 다음 중 무엇인가?

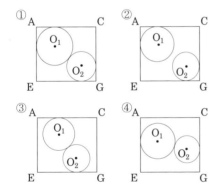

(3) AE의 길이를 구하여라.

풀이

(1) AC $= 13\sqrt{2}$(cm)이다.

(2) A에 모아지는 세 평면에 접하는 구 O_1에서 보면, [그림1]의 정육면체를 생각할 수 있고, 색칠한 평면 O_1PAQ로 절단한 절단면은 [그림2]와 같다.

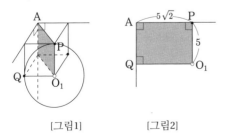

[그림1]　　　　　[그림2]

구 O_2에 대해서도 같은 방법으로 하여, 구의 중심 O_1, O_2를 평면 AEGC에 나타내면, 문제의 구하는 절단면은 [그림3]과 같다. 따라서 구하는 답은 ③이다.

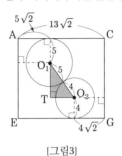

[그림3]

(3) [그림3]에서 $\mathrm{TO_2} = (13 - 5 - 4)\sqrt{2} = 4\sqrt{2}$, $\mathrm{O_1O_2} = 5 + 4 = 9$이므로, 색칠한 부분의 삼각형에 피타고라스의 정리를 적용하면, $\mathrm{O_1T} = \sqrt{9^2 - (4\sqrt{2})^2} = 7$이다. 따라서 AE $= 5 + 7 + 4 = 16$(cm)이다.

문제 21.3 [그림1]은 6×6의 격자점으로 이루어진 정사각 격자이고, [그림2]은 4×4이 격자점으로 이루어진 정사각격자이다. 또한 그림과 같이 각각의 정사각격자에서 출발점은 S, 도착점은 G이다. 점 P를 조작하여, 출발점 S에서 도착점 G로 이동시키는 방법을 생각한다. 점 P는 한 번 조작으로 상하좌우의 이웃한 격자점으로 이동한다. 점 P는 이동하는 도중에 S점과 G점을 여러번 지나갈 수 있으나, 정사각격자 밖으로는 나갈 수 없다.

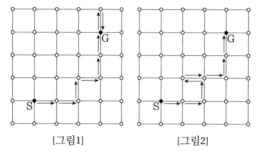

[그림1]   [그림2]

[그림1]의 화살표 배열 "→→↑→↑↑↑↓"이고, [그림2]의 화살표 배열 "→→↑←←→↑↑"으로, 각각 검은점 S에서 검은점 G로 8번 조작으로 이동한 예이다. 이때, 다음 물음에 답하여라.

(1) [그림1]에서 S에서 G로 6번 조작으로 이동하는 방법의 수를 구하여라.

(2) [그림1]에서 S에서 G로 8번 조작으로 이동하는 방법의 수를 구하여라.

(3). [그림2]에서 S에서 G로 8번 조작으로 이동하는 방법의 수를 구하여라.

풀이

(1) S에서 G로 이동하는 조작의 회수의 최솟값은 6이다. 이때, 이동경로는, →이 3번, ↑이 3번이다. 따라서 구하는 방법의 수는 $\frac{6!}{3!3!} = 20$가지이다.

(2) S에서 G로 8번 조작으로 이동하는 하는데, 이동경로는 다음의 두 가지이다.

  (i) →이 4번, ←이 1번, ↑이 3번인 경우, 이동하는 방법의 수는 $\frac{8!}{4!1!3!} = 280$가지이다.

  (ii) →이 3번, ↑이 4번, ↓이 1번인 경우, 이동하는 방법의 수는 $\frac{8!}{3!4!1!} = 280$가지이다.

  따라서 구하는 방법의 수는 560가지이다.

(3) (2)의 (i)에서 부적합한 이동경로는, 좌우의 이동에 대하여

(a) ←, →, →, →, →

(b) →, →, →, →, ←

의 순서로 이동하는 경우이다. (a)의 경우, 8번 중 3번의 ↑를 생각하면(남은 5번의 순서는 ←, →, →, →, →), $\frac{8!}{3!5!} = 56$가지이다. (b)의 경우도 같다. 따라서 (2)의 (i)에서 부적합한 이동하는 방법의 수는 $56 \times 2 = 112$가지이다.

(2)의 (ii)에서도 같은 방법으로 구하면, 부적합한 이동하는 방법의 수는 112가지이다.

따라서 구하는 방법의 수는 $(280 - 112) \times 2 = 336$가지이다.

문제 21.4 그림과 같이, $\angle A = 60°$, $\angle B = 50°$인 $\triangle ABC$와 $\triangle ABC$의 세 변에 접하는 원이 있다. 원과 변 BC, CA, AB와 접하는 점을 각각 D, E, F라 하고, 원의 중심을 I라 한다. 또, 선분 AI와 ED의 연장선의 교점을 G라 한다.

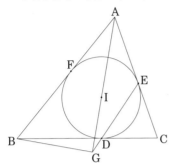

(1) $\angle IGE$의 크기를 구하여라.

(2) $\angle DBG$의 크기를 구하여라.

풀이

(1) ([그림1] 참고) $\angle C = 180° - (60° + 50°) = 70°$, CE = CD 이므로, $\angle CED = (180° - 70°) \div 2 = 55°$이다. 따라서 $\angle IGE = \angle CED - \angle EAG = 55° - 30° = 25°$이다.

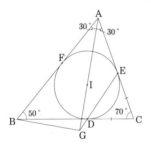

[그림1]

(2) [그림2]에서 $\triangle AGF \equiv \triangle AGE$(SAS합동)이므로, $\angle AGF = \angle AGE = 25°$이고, $\angle FGD = \angle FBD = 50°$이다.

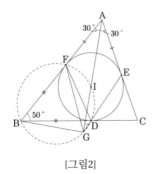

[그림2]

그러므로 네 점 F, B, G, D는 한 원 위에 있고,

$$\angle BFD = (180° - 50°) \div 2 = 65°$$

$$\angle BFG = 30° + 25° = 55°$$

이다. 따라서 $\angle DBG = \angle DFG = 65° - 55° = 10°$이다.

제 22 절 쪽지 모의고사 22회 풀이

문제 22.1 x, y는 각각 100미만의 자연수이다. $s(x)$는 x^2의 일의 자리 수를, $c(x)$는 x^3의 일의 자리 수를 나타낸다고 한다. 예를 들어, $s(4) = 6$, $c(13) = 7$이다.

(1) $s(x) = 1$을 만족하는 x는 모두 몇 개인가?

(2) $s(x) + c(y) = 10$을 만족하는 x, y의 쌍 (x, y)는 모두 몇 개인가?

(3) $s(2x + 1) + c(2y + 1) = 10$을 만족하는 x, y의 쌍 (x, y)는 모두 몇 개인가?

풀이 음이 아닌 정수 n에 대하여 $s(n)$, $c(n)$를 표로 나타내면 다음과 같다.

n	0	1	2	3	4	5	6	7	8	9
$s(n)$	0	1	4	9	6	5	6	9	4	1
$c(n)$	0	1	8	7	4	5	6	3	2	9

(1) $s(x) = 1$이 되는 x는 일의 자리 수가 1 또는 9이다. x는 100미만의 자연수이므로, 모두 20개다.

(2) x의 일의 자리 수가 1일 때($s(x) = 1$), y의 일의 자리 수가 9($c(y) = 9$)이면, $s(x) + c(y) = 10$를 만족한다. 이때, x, y의 쌍은 $10 \times 10 = 100$개다.
x의 일의 자리 수가 $2, 3, 4, \cdots, 9$일 때, $s(x) + c(y) = 10$을 만족하는 x, y의 쌍은 각각 100개다.
따라서 구하는 x, y의 쌍 (x, y)은 모두 900개다.

(3) 음이 아닌 정수 n에 대하여, $s(2n+1)$, $c(2n+1)$를 표로 나타내면 다음과 같다.

n	0	1	2	3	4	5	6	7	8	9
$s(2n+1)$	1	9	5	9	1	1	9	5	9	1
$c(2n+1)$	1	7	5	3	9	1	7	5	3	9

예를 들어, x의 일의 자리 수가 0일 때, $s(2x + 1) = 1$이다. 이때, $c(2y + 1) = 9$를 만족하는 y의 일의 자리 수는 4 또는 9이다.
일의 자리 수가 0인 자연수는 $10, 20, 30, \cdots, 90$의 9개, 일의 자리 수가 4 또는 9인 자연수는 각각 10개다. x, y의 일의 자리 수의 쌍 (x, y)는 $(0, 4)$이 90개, $(0, 9)$이 90개다.
조건을 만족하는 (x, y)의 일의 자리 수의 쌍은

$$(0, 4), (0, 9), (1, 0), (1, 5), (2, 2),$$
$$(2, 7), (3, 0), (3, 5), (4, 4), (4, 9),$$

$$(5, 4), (5, 9), (6, 0), (6, 5), (7, 2),$$
$$(7, 7), (8, 0), (8, 5), (9, 4), (9, 9)$$

이다. 0을 포함하는 쌍은 90개, 0을 포함하지 않은 쌍은 100개이므로, 구하는 쌍 (x, y)의 개수는 $90 \times 6 + 100 \times 14 = 1940$(개)다.

문제 22.2 좌표평면 위에 이차함수 $y = \frac{1}{2}x^2$과 이 이차함수 위의 네 점 A, B, C, D가 다음 (가), (나), (다)를 만족한다.

(가) 점 A의 x좌표는 1이다.

(나) AD ∥ BC이다.

(다) AB의 기울기는 2이고, CD의 기울기는 −3이다.

이때, 다음 물음에 답하여라.

(1) 점 B, C, D의 x좌표를 각각 구하여라.

(2) 두 직선 AB와 CD의 교점을 E라 한다. 또, 점 A ~ E에서 x축에 내린 수선의 발을 각각 A′ ~ E′라 한다. 이때, 선분비 E′A′ : E′D′와 E′B′ : E′C′를 가장 간단한 자연수의 비로 나타내어라.

(3) 원점 O를 지나고, 사다리꼴 ABCD의 넓이를 이등분하는 직선의 기울기를 구하여라.

풀이

(1) A ~ D의 x좌표를 각각 a ~ d라 하면, (가)에 의하여 $a = 1$이다. (나)에 의하여

$$\frac{1}{2}(1+d) = \frac{1}{2}(b+c)$$

이다. 이를 정리하면 $1 + d = b + c$이다.
(다)로부터 $\frac{1}{2}(1+b) = 2$, $\frac{1}{2}(c+d) = -3$이다. 이들을 연립하여 풀면 $b = 3$, $c = -4$, $d = -2$이다. 따라서 B, C, D의 x좌표는 각각 3, −4, −2이다.

(2) (1)로부터 직선 AB의 기울기와 y절편은 각각

$$\frac{1}{2}(1+3) = 2, \quad -\frac{1}{2} \times 1 \times 3 = -\frac{3}{2}$$

이므로, 직선 AB의 방정식은 $y = 2x - \frac{3}{2}$이다.
같은 방법으로 직선 CD의 방정식은 $y = -3x - 4$이다. 두 직선의 방정식을 연립하여 풀면 E의 x좌표는 $-\frac{1}{2}$이다. 그러므로,

$$E'A' : E'D' = \left\{ 1 - \left(-\frac{1}{2} \right) \right\} : \left\{ -\frac{1}{2} - (-2) \right\}$$
$$= 1 : 1$$
$$E'B' : E'C' = \left\{ 3 - \left(-\frac{1}{2} \right) \right\} : \left\{ -\frac{1}{2} - (-4) \right\}$$
$$= 1 : 1$$

이다.

(3) (2)로부터 직선 $x = -\frac{1}{2}$는 선분 AD의 중점 M, 선분 BC의 중점 N을 지나므로, 사다리꼴 ABCD의 넓이를 이등분한다.

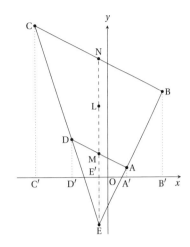

그러므로 구하는 직선은 O와 MN의 중점 L을 지난다. $M\left(-\frac{1}{2}, \frac{5}{4} \right)$, $N\left(-\frac{1}{2}, \frac{25}{4} \right)$이므로 $L\left(-\frac{1}{2}, \frac{15}{4} \right)$이다. 따라서 구하는 직선 OL의 기울기는 $-\frac{15}{2}$이다.

문제 22.3 그림과 같이 한 변의 길이가 6인 정삼각형 ABC 에서, 변 BC위를 점 B에서 점 C로 움직이는 점 P가 있다. 이 점 P에 대하여 AP를 한 변으로 하는 정사각형 APQR을 그림과 같이 그린다. 점 P가 점 B와 일치할 때의 정사각형을 $AP_0Q_0R_0$이다. 이때, 다음 물음에 답하여라.

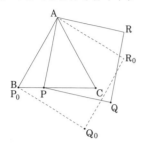

(1) 점 A와 점 Q_0, 점 A와 점 Q, 점 Q_0와 점 Q를 각각 연결한다. $\triangle ABP$와 $\triangle AQ_0Q$가 닮음임을 보여라.

(2) 점 P가 점 B에서 점 C로 이동할 때, 점 Q의 움직인 도형의 길이를 구하여라.

(3) 점 P가 점 B에서 점 C로 이동할 때, 정사각형 APQR의 둘레와 내부가 지나는 부분의 넓이를 구하여라.

풀이

(1) [그림1]의 $\triangle ABP$와 $\triangle AQ_0Q$에서,

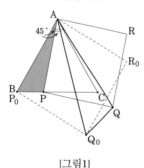

[그림1]

- $\triangle ABQ_0$와 $\triangle APQ$는 각각 직각이등변삼각형이므로,

$$AB : AQ_0 = AP : AQ(= 1 : \sqrt{2}) \qquad \text{(가)}$$

- $\angle BAQ_0 = \angle PAQ = 45°$에서, 각각 $\angle PAQ_0$를 빼면,

$$\angle BAP = \angle Q_0AQ \qquad \text{(나)}$$

(가), (나)로 부터

$$\triangle ABP \sim \triangle AQ_0Q \qquad \text{(다)}$$

(2) (다)로 부터, $\angle AQ_0Q = \angle ABP = 60°(=일정)$하고, 점 Q 는 선분 AO_0와 60°의 각을 이루는 직선 위를 Q_0에서 Q_1까지 이동한다.

$AQ_0 = AQ_1$과 $\angle AQ_0Q = 60°$로부터 $\triangle AQ_0Q_1$은 정삼각형이다. 따라서 $Q_0Q_1 = AQ_0 = 6\sqrt{2}$이다.

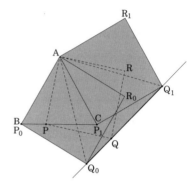

[그림2]

(3) 문제의 지나간 부분은 [그림2]의 색칠한 부분으로 두 개의 직각이등변삼각형($\triangle ABQ_0$와 $\triangle AR_1Q_1$으로, 합치면 정사각형)과 정삼각형($\triangle AQ_0Q_1$)으로 분리하여 넓이를 구한다. 구하는 넓이는

$$6^2 + \frac{\sqrt{3}}{4} \times (6\sqrt{2})^2 = 36 + 18\sqrt{3}$$

이다.

문제 22.4 자연수를 2개 이상의 연속한 자연수의 합으로 나타내려고 한다. 예를 들어, 42를 $3 + 4 + 5 + \cdots + 9$와 같이 2개 이상의 연속한 자연수의 합으로 나타낸다. 다음 물음에 답하여라.

(1) 2020을 2개 이상의 연속한 자연수의 합으로 나타내는 방법을 모두 구하여라.

(2) a는 0이상의 정수일 때, 2^a을 2개 이상의 연속한 자연수의 합으로 나타낼 수 없음을 보여라.

(3) a, b는 자연수일 때, $2^a(2b + 1)$을 2개 이상의 연속한 자연수의 합으로 나타낼 수 있음을 보여라.

[풀이] m에서 n까지$(m < n)$의 $n - m + 1$개의 자연수의 합은

$$\frac{1}{2}(m + n)(n - m + 1) \qquad ①$$

이다.

(1) ① $= 2020$일 때, $(m + n)(n - m + 1) = 4040$이다.
$(m + n) + (n - m + 1) = 2n + 1$로 홀수이므로, $m + n$, $n - m + 1$ 중 하나는 홀수, 다른 하나는 짝수이다.
$4040 = 2^3 \times 5 \times 101$이므로 4040의 홀수인 약수는 1, 5, 101, 505이다. 또, $m + n \geq n - m + 1 \geq 2$이므로 $(m + n, n - m + 1) = (808, 5), (505, 8), (101, 40)$만 가능하다. 이를 풀면 순서대로 $(m, n) = (402, 406), (249, 256), (31, 70)$이다. 그러므로,

$$2020 = 402 + 403 + 404 + 405 + 406$$
$$= 249 + 250 + 251 + \cdots + 256$$
$$= 31 + 32 + 33 + \cdots + 70$$

이다.

(2) ① $= 2^a$일 때, $(m + n)(n - m + 1) = 2^{a+1}$이다. (1)에서와 같이, $m + n$, $n - m + 1$ 중 하나는 3이상의 홀수인데, 2^{a+1}은 3이상의 홀수인 약수가 존재하지 않으므로, $(m + n)(n - m + 1) = 2^{a+1}$를 만족하는 자연수 m, n은 존재하지 않는다.

(3) ① $= 2^a(2b + 1)$일 때,

$$(m + n)(n - m + 1) = 2^{a+1}(2b + 1) \qquad ②$$

이다.

(i) $2^{a+1} > 2b + 1$일 때, $m + n = 2^{a+1}$, $n - m + 1 = 2b + 1$이다. 이를 연립하여 풀면 $m = 2^a - b$, $n = 2^a + b$이다. $m > b + \frac{1}{2} - b = \frac{1}{2}$이므로, m, n은 자연수이다.

(ii) $2^{a+1} < 2b + 1$일 때, $m + n = 2b + 1$, $n - m + 1 = 2^{a+1}$이다. 이를 연립하여 풀면 $m = b - 2^a + 1$, $n = 2^a + b$이다. $m > 2^a - \frac{1}{2} - 2^a + 1 = \frac{1}{2}$이므로, m, n은 자연수이다.

따라서 a, b가 자연수일 때, $2^a(2b + 1)$을 2개 이상의 연속한 자연수의 합으로 나타낼 수 있다.

제 23 절   쪽지 모의고사 23회 풀이

문제 23.1 JK와 중딩메시는 1에서 13까지의 수가 한 개씩 적힌 13장의 카드를 사용하여 게임을 한다. 우선, JK는 세 장의 카드를 뽑고, 다음에 나머지 카드에서 중딩메시가 세 장의 카드를 뽑는다. JK와 중딩메시는 각각 뽑은 세 장의 카드에 적힌 수의 합을 계산한다. 뽑은 세 장이 모두 홀수 일 때는 합의 두 배를 득점으로 하고, 모두 짝수이면 합의 절반을 득점으로 하고, 나머지의 경우는 합을 득점으로 한다. 예를 들어, 1, 3, 5의 카드를 뽑으면 득점은 $(1+3+5) \times 2 = 18$점이고, 4, 6, 8의 카드를 뽑으면 득점은 $(4+6+8) \div 2 = 9$점이고, 2, 3, 4의 카드를 뽑으면 득점은 $2+3+4 = 9$점이다. 이때, 다음 물음에 답하여라.

(1) 이 게임의 최고득점과 최저득점을 각각 구하여라.

(2) JK의 득점이 30점일 때, 카드의 조합은 모두 몇 가지인가?

(3) JK가 3, 5, 7의 카드를 뽑았을 때, 중딩메시가 JK보다 높은 득점의 카드 조합은 모두 몇 가지인가?

(풀이)

(1) 최고득점은 $(9 + 11 + 13) \times 2 = 66$점이고, 최저득점은 $(2 + 4 + 6) \div 2 = 6$점이다.

(2) 다음과 같은 세 가지 경우로 나누어 살펴보자.

  (i) 모두 홀수를 뽑을 때, $30 \div 2 = 15$이므로 세 홀수의 합이 15가 되는 경우는 $\{1, 3, 11\}$, $\{1, 5, 9\}$, $\{3, 5, 7\}$의 3가지이다.

  (ii) 홀수와 짝수를 함께 뽑을 때, 세 수의 합이 30이 되는 경우는 $\{5, 12, 13\}$, $\{6, 11, 13\}$, $\{7, 10, 13\}$, $\{8, 9, 13\}$, $\{7, 11, 12\}$, $\{9, 10, 11\}$의 6가지이다.

  (iii) 모두 짝수를 뽑을 때, $30 \times 2 = 60$인데, 가장 큰 세 짝수의 합은 $8 + 10 + 12 = 30$이므로 이 경우는 불가능하다.

  따라서 구하는 경우의 수는 $3 + 6 = 9$가지이다.

(3) JK의 점수는 $(3 + 5 + 7) \times 2 = 30$이므로 중딩메시가 JK보다 높은 점수를 받기 위해서는 중딩메시의 점수는 31점 이상이어야 한다.

  (i) 중딩메시가 모두 홀수를 뽑을 때, 남은 홀수는 1, 9, 11, 13의 4개이고, 최저점수는 $(1 + 9 + 11) \times 2 = 42$점이므로 4개의 홀수 중 3개의 홀수를 뽑는 경우의 수는 4가지이다.

(ii) 중딩메시가 홀수와 짝수를 함께 뽑을 때, 남은 수 1, 2, 4, 6, 8, 9, 10, 11, 12, 13 중 3개를 뽑아서 그 합이 31이상이 되는 경우는 $\{6, 12, 13\}$, $\{8, 10, 13\}$, $\{8, 11, 12\}$, $\{8, 11, 13\}$, $\{8, 12, 13\}$, $\{9, 10, 12\}$, $\{9, 10, 13\}$, $\{9, 11, 12\}$, $\{9, 12, 13\}$, $\{10, 11, 12\}$, $\{10, 11, 13\}$, $\{10, 12, 13\}$, $\{11, 12, 13\}$의 13가지이다.

따라서 구하는 경우의 수는 $4 + 13 = 17$가지이다.

문제 23.2 네 개의 정수 x, y, z, w의 곱 $xyzw$을 생각한다.

(1) $xyzw = 1$을 만족하는 정수쌍 (x, y, z, w)은 모두 몇 개인가?

(2) $0 < x \le y \le z \le w$이고, $xyzw = 16$을 만족하는 정수쌍 (x, y, z, w)은 모두 몇 개인가?

(3) $xyzw = 16$을 만족하는 정수쌍 (x, y, z, w)은 모두 몇 개인가?

풀이

(1) $xyzw = 1$을 만족하는 정수쌍 (x, y, z, w)은 (i) 모두 1인 경우, (ii) 모두 −1인 경우, (iii) 1이 2개, −1이 2개인 경우로 나눌 수 있다. 각각의 경우의 순서쌍의 개수는 1개, 1개, 6개이다. 따라서 구하는 정수쌍 (x, y, z, w)은 모두 $1 + 1 + 6 = 8$개다.

(2) $0 < x \le y \le z \le w$이면서 $xyzw = 16$을 만족하는 정수쌍 (x, y, z, w)는 아래와 같이 5개다.

	x	y	z	w
(가)	1	1	1	16
(나)	1	1	2	8
(다)	1	1	4	4
(라)	1	2	2	4
(마)	2	2	2	2

(3) (2)의 (가), (나), (다), (라), (마)에서 x, y, z, w의 대소 관계를 생각하지 않는 경우의 양의 정수쌍 (x, y, z, w)의 개수는 각각 4개, 12개, 6개, 12개, 1개로 모두 35개다.
여기서 음의 정수까지 생각하면, 즉, 부호 +, −를 곱하는 경우를 생각하면 (1)에서 구한 8개다.
따라서 구하는 정수쌍 (x, y, z, w)는 모두 $35 \times 8 = 280$개다.

문제 23.3 원형의 테이블 주위에 빨간의자 m개와 파란의자 n개를 일정한 간격으로 배열하는 방법을 생각한다. 단, 같은 색의 의자는 구별되지 않으며, 회전하여 배열이 같으면, 같은 배열하는 방법으로 본다. 이때, 다음 물음에 답하여라.

(1) $m = 10$, $n = 2$일 때, 의자를 배열하는 방법은 모두 몇 가지인가?

(2) $m = 8$, $n = 4$일 때, 파란의자 맞은 편에는 반드시 파란의자를 배열하는 방법은 모두 몇 가지인가?

(3) $m = 9$, $n = 3$일 때, 의자를 배열하는 방법은 모두 몇 가지인가?

풀이 의자를 배열하는 곳을 아래 그림과 같이 ①~⑫라 한다.

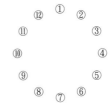

(1) 두 개의 파란의자 사이에 들어가는 빨간의자가 개수로 나누어 살펴본다. ①에 파란의자를 놓고, 나머지 하나의 파란의자는 ②, ③, ④, ⑤, ⑥, ⑦에 놓는 것은 서로 다른 배열방법이 되고, ⑧과 ⑥, ⑨와 ⑤, ⑩과 ④, ⑪과 ③, ⑫와 ②는 같은 배열방법이 된다. 따라서 구하는 방법의 수는 모두 6가지이다.

(2) ①과 ⑦에 파란의자를 놓고, 나머지 파란의자는 ②와 ⑧, ③과 ⑨, ④와 ⑩에 놓는 것은 서로 다른 배열방법이 되고, ⑤와 ⑪, ⑥과 ⑫는 각각 ③과 ⑨, ②와 ⑧에 놓는 것과 같은 배열방법이 된다. 따라서 구하는 방법의 수는 모두 3가지이다.

(3) 먼저 파란의자를 놓는 곳을 선택하는 방법의 수는 $_{12}C_3 = 220$가지이다. 이 가운데 360°미만의 회전에 자신과 겹치는 것은, (파란의자가 3개 있으므로, $\frac{1}{3}$회전에서 자신에 겹치는 경우로) 파란의자를 (①, ⑤, ⑨), (②, ⑥, ⑩), (③, ⑦, ⑪), (④, ⑧, ⑫)에 놓는 4가지이다. 이들은 회전하면 같은 배열이므로 1가지 배열방법으로 계산하고, 이것 이외의 220가지 중 12가지씩 회전하면 같아지므로, 구하는 방법의 수는 $1 + \frac{220 - 4}{12} = 19$가지이다

문제 23.4 다음 물음에 답하여라.

(1) [그림1]와 같이 사각형 ABCD의 두 대각선의 교점을 O라 한다. △ADO, △ABO, △BCO, △CDO의 넓이가 각각 10, 15, 18, '가'일 때, '가'를 구하여라.

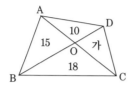

[그림1]

(2) [그림2]와 같이 육각형 ABCDEF의 세 대각선 AD, BE, CF이 한 점 O에서 만난다. △ABO, △BCO, △CDO, △DEO, △EFO, △EFO, △FAO의 넓이가 각각 15, 12, 24, 28, 7, '나'일 때, '나'를 구하여라.

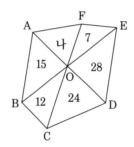

[그림2]

(3) [그림3]과 같이 육각형 ADEFGH의 대각선 AE, DH 의 교점을 O라 하고, FO의 연장선과 GO의 연장선이 변 AB와 각각 점 B, C에서 만난다. △ABO, △BCO, △CDO, △DEO, △EFO, △EFO, △FGO, △GHO, △HAO의 넓이를 각각 4, 2, 3, '다', 6, 9, 8, 12일 때, '다' 를 구하여라.

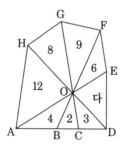

[그림3]

풀이

(1) OB : OD = △ABO : △DAO = 15 : 10 = 3 : 2이므로,
$$가 = △BCO × \frac{2}{3} = 18 × \frac{2}{3} = 12$$
이다.

(2) [그림4]와 같이, 삼각형 ACE를 그리고, 점 P, Q, R을 잡 는다.

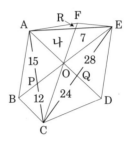

[그림4]

그러면,
$$AP : PC = △ABO : △BCO = 5 : 4$$
$$CQ : QE = △CDO : △DEO = 6 : 7$$
이다. 그러므로,
$$△EAO : △CEO = AP : PC = 5 : 4$$
$$△ACO : △EAO = CQ : QE = 6 : 7$$
$$AR : RE = △ACO : △CEO = 15 : 14$$
이다. 따라서 나 $= 7 × \frac{15}{14} = \frac{15}{2}$ 이다.

(3) [그림5]에서

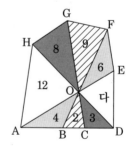

[그림5]

$$OD : OH = △ADO : △AHO = 3 : 4$$
이므로, △CDO : △GHO에서
$$OC : OG = 1 : 2$$
이고, △BCO : △FGO에서
$$OB : OF = 4 : 9$$

이고, $\triangle$ABO : $\triangle$EFO에서

$$OA : OE = 3 : 2$$

이다. 그러므로

$$\triangle HAO : \triangle DEO = OH \times OA : OD \times OE$$
$$= 4 \times 3 : 3 \times 2 = 2 : 1$$

이다. 따라서 다 $= 12 \times \dfrac{1}{2} = 6$이다.

제 24 절   쪽지 모의고사 24 회 풀이

문제 24.1 아래 그림과 같이 정육각형을 36개의 작은 삼각형의 구역으로 나누고, 몇 개의 작은 삼각형에 색을 칠한다. 이 정육각형을 다음의 규칙으로 이동하는 조작을 시행한다.

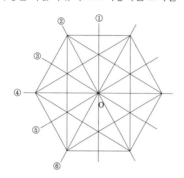

A : 점 O를 중심으로 시계방향으로 60° 회전한다.

B : 점 O를 중심으로 시계방향으로 120° 회전한다.

C : 점 O를 중심으로 반시계방향으로 60° 회전한다.

D : 점 O를 중심으로 반시계방향으로 120° 회전한다.

E : 점 O에 대하여 대칭이동한다.

F : 직선 ①에 대하여 대칭이동한다.

G : 직선 ②에 대하여 대칭이동한다.

H : 직선 ③에 대하여 대칭이동한다.

I : 직선 ④에 대하여 대칭이동한다.

J : 직선 ⑤에 대하여 대칭이동한다.

K : 직선 ⑥에 대하여 대칭이동한다.

조작 A부터 K까지 시행하는 문자를 나열하여 나타낸다. 예를 들어, [그림1]에서 조작 A, E, C을 연속적으로 시행한 것을 조작 AEC로 나타내고, 조 AEC를 시행한 결과는 [그림2]와 같다. 단, 같은 조작을 두 번 이상 시행해도 상관없다.

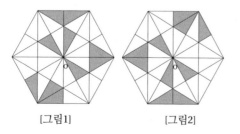

[그림1]   [그림2]

(1) [그림1]의 상태에서, 조작 JA를 시행한 결과를 아래의 그림에 나타내어라.

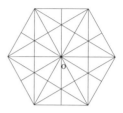

(2) [그림1]의 상태에서, 조작 HEK를 시행한 결과를 아래의 그림에 나타내어라.

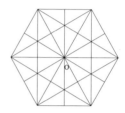

(3) [그림1]의 상태에서, 조작 GB를 시행한다. [그림1]의 상태에서 1회의 조작으로 동일한 결과를 얻으려고 할 때, 이 조작으로 시행할 수 있는 것을 기호로 답하여라.

(4) [그림1]의 상태에서 3회의 조작을 시행한 결과, [그림1]의 상태로 되돌아간다. 첫번째 조작이 B일 때, 조작하는 방법은 모두 몇 가지인가?

풀이

(1) 첫번째 조작을 하면 [그림3]과 같고, 두번째 조작을 하면 [그림4]와 같다.

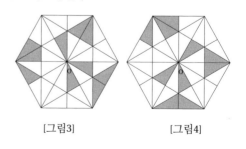

[그림3]   [그림4]

(2) [그림5]와 같이 안쪽의 12개의 작은 삼각형에 1 ~ 12의 번호를 붙이고, 1이 적힌 작은 삼각형의 움직임을

쫓아가면, 조작 HEK에 의해 $1 \to 8 \to 2 \to 1$이 되어 원래 위치로 돌아간다. 나머지 작은 삼각형도 같은 방법으로 구하면 [그림6]과 같이 원래의 [그림1]로 돌아간다.

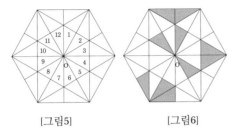

[그림5]   [그림6]

(3) [그림5]의 1이 적힌 작은 삼각형은 조작 GB에 의하여 $1 \to 10 \to 2$가 된다. 1이 2로 이동하는 것은 조작 K이다.

(4) [그림5]의 1이 적힌 작은 삼각형은 첫번째 조작에 의해서 5로 이동한다. 두번째 조작에서 1 ~ 4 또는 6 ~ 12로 이동한다. 2번째에 1로 이동하는 경우는 조건에 맞지 않고, 이외의 10가지의 경우는 3번째에 1로 이동하는 조작이 하나로 결정이 된다. 따라서 구하는 방법의 수는 10가지이다.

문제 24.2 자연수 a, b, c가 $a : b = 3 : 2$, $a : c = 5 : 2$를 만족한다. a, b, c의 최대공약수를 g, 최소공배수를 l이라 할 때, 다음 물음에 답하여라.

(1) $a : b : c$를 가장 간단한 자연수의 비로 나타내어라.

(2) l과 $a^2 + b^2 + c^2$를 각각 g를 사용하여 나타내어라.

(3) 자연수 d, e, f가 $d \geq e \geq f$, $d^2 + e^2 + f^2 = a^2 + b^2 + c^2$를 만족한다. $g = 6$일 때, (d, e, f)의 쌍 하나를 구하여라. 단, $(d, e, f) \neq (a, b, c)$이다.

풀이

(1) $a : b : c = 15 : 10 : 6$이다.

(2) 다음과 같이 구하면, $l = g \times 5 \times 3 \times 2 = 30g$이다.

	a	b	c
	‖	‖	‖
g	$15g$	$10g$	$6g$
5	15	10	6
3	3	2	6
2	1	2	2
	1	1	1

또, $a^2 + b^2 + c^2 = (15g)^2 + (10g)^2 + (6g)^2 = 361g^2 = (19g)^2$이다.

(3) $g = 6$일 때, (2)로부터

$$a^2 + b^2 + c^2 = 19^2 \times 6^2 \qquad \text{(가)}$$

이다. $6^2 = 4^2 + 4^2 + 2^2$이므로, $d = e = 19 \times 4$, $f = 19 \times 2$라 하면, $d^2 + e^2 + f^2 =$(가)이다. 따라서 $(d, e, f) = (76, 76, 38)$이다.

문제 24.3 100개의 구슬을 정사각형 모양의 배열하고, 가위바위보를 이긴 사람이 주사위를 던져서 나온 눈만큼 JK는 왼쪽부터, 중딩메시는 위에서부터 열(행)을 가져가는 게임을 한다. 모든 구슬이 없어지면 종료하고, 가져간 구슬의 개수로 승패를 결정한다. 예를 들어, 가위바위보에서 JK, 중딩메시, JK 순으로 이기고, 주사위는 5, 3, 6으로 나오면 아래 그림과 같이 구슬을 가져가고, 85대 15로 JK가 70개 차의 승리로 게임이 끝난다. 마지막에 JK가 가져가는 열이 1열이 부족하지만, 이것은 가져갈 수 있는 열이 남아 있지 않기 때문이다. 단, 두 사람이 가위바위보에서 어떤 손을 내서 이겼는지는 고려하지 않는다.

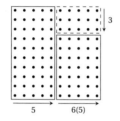

(1) 가위바위보에서 JK, 중딩메시, 중딩메시, JK, 중딩메시가 이기고, 주사위는 4, 3, 4, 3, 5가 나올 때, 누가 몇 개 차의 승리를 하는가?

(2) 두 번의 가위바위보로 게임이 종료했을 때, 가위바위보의 승패와 주사위의 눈이 나오는 방법의 수는 모두 몇 가지인가?

(3) 세 번의 가위바위보로 게임이 종료하고, JK가 40개 차의 승리를 할 때, 가위바위보의 승패와 주사위의 눈이 나오는 방법의 수는 모두 몇 가지인가?

[풀이]

(1) 아래 그림과 같이, 중딩메시가 2개 차의 승리를 한다.

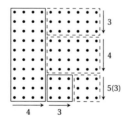

(2) JK나 중딩메시가 2연승해야 하고, 나오는 눈의 수의 합이 10이상이어야 한다. 나오는 주사위의 눈의 쌍은 (4, 6), (5, 5), (5, 6), (6, 4), (6, 5), (6, 6)으로 6가지이다. 따라서 구하는 방법의 수는 $2 \times 6 = 12$가지이다.

(3) JK가 40개 차의 승리를 하려면, 가진 구슬의 개수가 JK는 70개, 중딩메시는 30개여야 한다. 중딩메시가 30개의 구슬을 가져가는 경우를 생각하자. JK가 3연승은 할 수 없고, JK가 1승에 70개를 가져갈 수 없으므로, JK는 2승 1패여야 한다. 또, 세 번째 승리는 JK가 해야 한다.

(i) 승의 순서가 중딩메시, JK, JK일 때, 처음에 중딩메시는 3이 나오고, 다음에 JK가 2연승하여 나온 눈의 합이 10이상이면 된다. 나오는 눈의 방법의 수는 6가지이다.

(ii) 승의 순서가 JK, 중딩메시, JK일 때, 중딩메시가 1승에 30개를 가져가야 한다. $30 = 5 \times 6$이므로 중딩메시는 5 또는 6의 눈이 나와야 한다.

  • 중딩메시가 5의 눈이 나올 때, 남은 가로의 열이 6개여야 한다. 그러므로, JK는 처음에 4의 눈이 나와야 하고, 마지막에는 6의 눈이 나와야 한다. 즉, 나오는 눈의 순서쌍은 (4, 5, 6)이다.

  • 중딩메시가 6의 눈이 나올 때, 남은 가로의 열이 5개여야 한다. 그러므로, JK는 처음에 5의 눈이 나와야 하고, 마지막에는 5이상의 눈이 나오면 된다. 즉, 나오는 눈의 순서쌍은 (5, 6, 5), (5, 6, 6)이다.

그러므로 나오는 눈의 방법의 수는 3가지이다.

따라서 구하는 방법의 수는 $6 + 3 = 9$가지이다.

나는 푼다, 고로 (영재학교/과학고) 합격한다.

문제 24.4 아래 그림은, 한 모서리의 길이가 10cm인 정육면체에서 2개의 삼각기둥을 제거하고 남은 입체의 전개도이다. 굵은 선 부분은 절단하고, 점선 부분은 접어서 입체를 만든다.

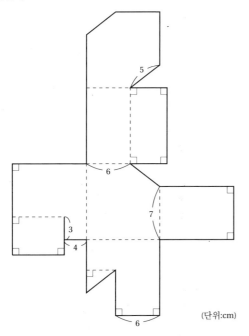

(단위:cm)

(1) 이 입체의 부피를 구하여라.

(2) 이 입체의 겉넓이를 구하여라.

$\boxed{풀이}$ 전개도를 바탕으로 만든 입체는 아래 그림과 같다.

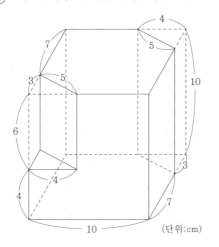

(단위:cm)

제거한 삼각기둥은 밑면의 세 변의 길이가 3cm, 4cm, 5cm인 직각삼각형이고, 높이는 6cm와 10cm이다.

(1) 구하는 입체의 부피는 $10 \times 10 \times 10 - \frac{1}{2} \times 3 \times 4 \times (6+10) = 904(\text{cm}^3)$이다.

(2) 구하는 입체의 겉넓이는 $10 \times 10 \times 6 - \frac{1}{2} \times 3 \times 4 \times 2 + 5 \times (10+6) - (3+4) \times (10+6) = 556(\text{cm}^2)$이다.

제 25 절   쪽지 모의고사 25회 풀이

문제 25.1 S, I, C, E, N, C, E의 문자가 적힌 카드가 각각 한 장씩 모두 일곱 장이 있다. 이 카드를 사용하여, 왼쪽부터 일렬로 나열하여 문자열을 만든다. 만들어진 여러 가지의 종류의 문자를, 알파벳 순서로 나열한다. 이때, n번째 문자열을 a_n이라 하면,

$$a_1 : \text{CCEEINS}$$
$$a_2 : \text{CCEEISN}$$
$$a_3 : \text{CCEENIS}$$
$$a_4 : \text{CCEENSI}$$
$$a_5 : \text{CCEESIN}$$
$$\vdots$$

이다.

(1) 만들어진 문자열은 모두 몇 가지인가?

(2) a_{500}은 무엇인가?

(3) "a_n : SCIENCE"일 때, n을 구하여라.

풀이

(1) $\dfrac{7!}{2!2!1!1!1!} = 1260$가지이다.

(2) 다음과 같이 나누어 생각한다.

맨 앞 문자	나머지 문자	문자열의 개수
C	CEEINS	$\frac{6!}{2!} = 360$개
EC	CEINS	$5! = 120$개
EECC	INS	$3! = 6$개
EECI	CNS	$3! = 6$개
EECN	CIS	$3! = 6$개

이상으로 $360 + 120 + 6 + 6 + 6 = 498$개다.

다음으로 오는 문자열은 EECSCIN, EECSCNI이다. 따라서 a_{500} =EECSCNI이다.

(3) 맨 앞 문자가 S인 문자열은 $\frac{6!}{2!2!} = 180$개다. 이중에서 몇 번째인지 조사한다.

맨 앞 문자	나머지 문자	문자열의 개수
SCC	EEIN	$\frac{4!}{2!} = 12$개
SCE	CEIN	$4! = 24$개
SCIC	EEN	$\frac{3!}{2!} = 3$개
SCIEC	EN	2개
SCIEE	CN	2개

이후가 SCIENCE이므로 $n = 1260 - 180 + 12 + 24 + 3 + 2 + 2 + 1 = 1124$이다.

나는 푼다, 고로 (영재학교/과학고) 합격한다.

문제 25.2 그림과 같이 한 변의 길이가 6인 정육면체 ABCD-EFGH가 있다. 모서리 AE위에 AI : IE = 1 : 1인 점 I, 모서리 EF위에 EJ : JF = 2 : 1인 점 J, 모서리 EH위에 EK : KH = 2 : 1인 점 K를 잡는다. 또, 두 직선 AJ, IF의 교점을 L, 두 직선 AK, IH의 교점을 M, 두 직선 FK, HJ의 교점을 N이라 할 때, 다음 물음에 답하여라.

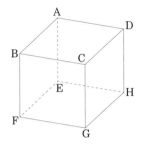

(1) △JNK의 넓이를 구하여라.

(2) 삼각뿔 AILM의 부피를 구하여라.

(3) 일곱 개의 점 E, I, J, K, L, M, N를 꼭짓점으로 하는 오목하지 않은 다면체의 부피를 구하여라.

풀이

(1) 면 EFGH은 [그림1]과 같고, JK ∥ FH이므로,

$$JN : NH = JK : FH = EJ : EF = 2 : 3$$

이다.

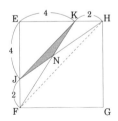

[그림1]

따라서 $△JNK = \frac{2}{5}△JHK = \frac{2}{5} \times \frac{1}{2} \times 2 \times 4 = \frac{8}{5}$이다.

(2) 면 ABFE는 [그림2]와 같고, JP ∥ FI이 되도록 점 P를 변 AE위에 잡으면,

$$IP : PE = FJ : JE = 1 : 2$$

이고, AI : IE = 1 : 1 = 3 : 3이므로,

$$AL : LJ = AI : IP = 3 : 1$$

이다.

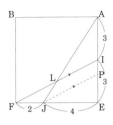

[그림2]

같은 방법으로 AM : MK = 3 : 1이다. 따라서

삼각뿔 AILM의 부피
$$= \frac{AI}{AE} \times \frac{AL}{AJ} \times \frac{AM}{AK} \times 삼각뿔\ AEJK의\ 부피$$
$$= \frac{1}{2} \times \frac{3}{4} \times \frac{3}{4} \times \frac{1}{3} \times \frac{4 \times 4}{2} \times 6$$
$$= \frac{9}{2}$$

이다.

(3) 문제의 오목하지 않은 다면체는 [그림3]에서 굵은 선 부분으로, 오면체 ILM-EJK와 사각뿔 N-LJKM을 합한 부분이다.

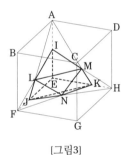

[그림3]

오면체 ILM-EJK의 부피는 삼각뿔 AEJK의 부피에서 삼각뿔 AILM의 부피를 뺀 것과 같으므로, $16 - \frac{9}{2} = \frac{23}{2}$ 이다.

AL : AJ = AM : AK = 3 : 4이므로 △ALM : △AJK = 3^2 : 4^2 = 9 : 16이다. 그러므로 사각뿔 N-LJKM의 부피는

$$\left(1 - \frac{9}{16}\right) \times 삼각뿔\ N\text{-}AJK의\ 부피$$

으로 $\frac{7}{16} \times \frac{1}{3} \times \frac{8}{5} \times 6 = \frac{7}{5}$이다.

따라서 구하는 오목하지 않은 다면체의 부피는 $\frac{23}{2} + \frac{7}{5} = \frac{129}{10}$이다.

문제 25.3 쌓여있는 n장의 카드를 위에서부터 순서대로 다음의 방법으로 이용하여 과부족없이(남거나 부족하지 않게) 카드를 가져가는 방법으로 생각한다.

    A : 한 번에 한 장을 가져간다.

    B : 한 번에 두 장을 가져간다.

    C : 한 번에 세 장을 가져간다.

쌓여있는 n장의 카드를 과부족없이 가져가는 방법의 수를 a_n이라 한다. 예를 들어, $n = 4$일 때, 첫 번째에 방법A, 두 번째에 방법A, 세 번째에 방법B를 하면 4장을 과부족없이 가져갈 수 있고, 이를 AAB로 나타낼 수 있다. 4장의 카드를 과부족없이 가져가는 방법은

$$\text{AAAA, AAB, ABA, BAA, AC, CA, BB}$$

의 7가지이다. 그러므로 $a_4 = 7$이다. 이때, 다음 물음에 답하여라.

  (1) a_1, a_2, a_3을 구하여라.

  (2) $n \geq 4$일 때, a_n을 a_{n-1}, a_{n-2}, a_{n-3}을 사용하여 나타내어라.

  (3) a_{10}을 구하여라.

  (4) "방법C를 연속하여 사용할 수 없다."는 규칙이 추가되었을 때, 쌓여있는 10장의 카드를 과부족없이 가져가는 방법의 수를 구하여라.

풀이

  (1) $n = 1$일 때, A의 1가지이다. $n = 2$일 때, AA, B의 2가지이다. $n = 3$일 때, AAA, AB, BA, C의 4가지이다. 따라서 $a_1 = 1$, $a_2 = 2$, $a_3 = 4$이다.

  (2) $n(n \geq 4)$에서 과부족없이 가져가는 데, 첫 번째의 방법에 따라 나눈다.

    • A일 때, 남은 $n-1$장을 과부족없이 가져가는 방법의 수는 a_{n-1}이다.

    • B일 때, 남은 $n-2$장을 과부족없이 가져가는 방법의 수는 a_{n-2}이다.

    • C일 때, 남은 $n-3$장을 과부족없이 가져가는 방법의 수는 a_{n-3}이다.

    따라서 $a_n = a_{n-1} + a_{n-2} + a_{n-3}$이다.

  (3) $a_4 = 7$이므로, $a_5 = 7 + 4 + 2 = 13$, $a_6 = 13 + 7 + 4 = 24$, $a_7 = 24 + 13 + 7 = 44$, $a_8 = 44 + 24 + 13 = 81$, $a_9 = 81 + 44 + 24 = 149$, $a_{10} = 149 + 81 + 44 = 274$이다.

  (4) $n = 10$일 때, C가 연속해서 나오는 경우를 살펴보자.

   (i) 3번 연속해서 나올 때, ACCC, CCCA로 2가지이다.

   (ii) 2번 연속해서 나올 때,
    • CC, A, A, A, A의 경우, 모두 5가지이다.
    • CC, A, A, B의 경우, 모두 12가지이다.
    • CC, B, B의 경우, 모두 3가지이다.
    • CC, C, A의 경우, CCAC, CACC로 2가지이다.

그러므로 C가 연속해서 나오는 방법의 수는 $2 + 5 + 12 + 3 + 2 = 24$가지이다.

따라서 구하는 방법의 수는 $274 - 24 = 250$가지이다.

나는 푼다, 고로 (영재학교/과학고) 합격한다.

문제 25.4 그림과 같이, 한 직선 위의 세 점 A, B, C에 대하여, AB, AC, BC를 지름으로 하는 원을 각각 원 O, 원 P, 원 Q라 한다. 원 P위의 점 D에 대하여 AD가 원 Q와 점 T에서 접한다. AB = 4, BC = 12, ∠DAB = $x°$일 때, 다음 물음에 답하여라.

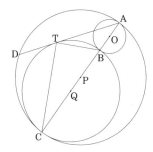

(1) DT의 길이를 구하여라.

(2) BT의 길이를 구하여라.

(3) ∠ACT를 x를 사용하여 나타내어라.

풀이

(1) D와 C, T와 Q를 연결하고, 직선 AD와 원 Q가 점 T에서 접하므로,

$$AT \perp TQ \tag{가}$$

이고, AC가 원 P의 지름이므로,

$$AD \perp DC \tag{나}$$

이다. (가), (나)로부터 TQ ∥ DC이므로,

$$AT : TD = AQ : QC = 10 : 6 = 5 : 3 \tag{다}$$

이다. AQ = 10, QT = 6이므로 △ATQ는 세 변의 길이의 비가 3 : 4 : 5인 직각삼각형이다. AT = 8이므로 (다)로부터 TD = $\frac{3}{5}$AT = $\frac{24}{5}$이다.

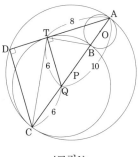

[그림1]

(2) ∠A는 공통이고, ∠ATB = ∠ACT(접선과 현이 이루는 각)으로부터 △ATB와 △ACT는 닮음이고, 닮음비는 BT : TC = AT : AC = 1 : 2이다. △TCB는 ∠BTC = 90°인 직각삼각형이므로,

$$BT : TC : BC = 1 : 2 : \sqrt{5}$$

이다. 따라서 BT = $\frac{1}{\sqrt{5}}$BC = $\frac{12\sqrt{5}}{5}$이다.

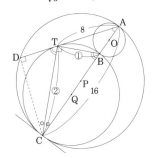

[그림2]

(3) △DCT와 △TCB에서 ∠TDC = ∠BTC = 90°, ∠CTD = ∠CBT(접선과 현이 이루는 각), 삼각형 내각의 합이 180°이므로, ∠DCT = ∠TCB이다.
따라서 ∠ACT = ∠TCB = $\frac{1}{2}$∠ACD = $\frac{90° - x°}{2}$이다.

제 26 절   쪽지 모의고사 26회 풀이

문제 26.1 다음 규칙에 따라 1부터 6까지의 숫자를 하나씩 정사각형에 넣는다.

- 가로로 나열된 숫자는 오른쪽의 숫자가 왼쪽의 숫자보다 크다.

- 세로로 나열된 숫자는 아래의 숫자가 위의 숫자보다 크다.

(1) 아래 그림과 같이 6개의 정사각형을 이용하여 만든 도형에 규칙에 맞게 1에서 6까지의 숫자를 넣는 방법은 모두 몇 가지인가?

(2) 아래 그림과 같이 6개의 정사각형을 이용하여 만든 도형에 규칙에 맞게 1에서 6까지의 숫자를 넣는 방법은 모두 몇 가지인가?

풀이

(1) 아래 그림과 같이 '가 ~ 바'를 쓴다.

'가'에는 반드시 1이 들어가야 하고, '나'에 들어가는 수를 선택하는 방법이 5가지이다.
'나'에 들어가는 수가 결정이 되면, 나머지 수를 크기 순으로 '다', '라', '마', '바'에 넣으면 된다.
따라서 구하는 방법은 모두 5가지이다.

(2) 아래 그림과 같이 '가 ~ 바'를 쓴다.

(i) '가'에 1이 들어가는 경우, '나'에 들어가는 수를 선택하는 방법이 5가지이고, '나'에 들어가는 수가 결정이 되면, 나머지 수를 크기 순으로 '다', '라', '마', '바'에 넣으면 된다. 그러므로 모두 5가지이다.

(ii) '다'에 1이 들어가는 경우, '가'에 들어가는 수는 2이고, '나'에 들어가는 수를 선택하는 방법이 4가지이고, '나'에 들어가는 수가 결정이 되면, 나머지 수를 크기 순으로 '라', '마', '바'에 넣으면 된다. 그러므로 모두 4가지이다.

따라서 구하는 방법은 모두 5 + 4 = 9가지이다.

문제 26.2 그림과 같이 반지름이 20cm인 원 X, 반지름이 5cm인 원 Y, 반지름이 5cm인 원 Z가 있다. 원 Y는 원 X의 안쪽에 있고 원 Z는 원 X의 바깥쪽에 있다. 선분 AB는 원 X의 지름이고, 점 P, Q는 각각 원 Y, Z의 둘레 위에 있다.

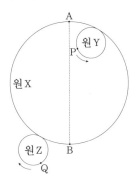

원 Y는 두 점 P, A가 겹치는 곳에서 출발하여 원 X의 둘레를 미끄러짐없이 회전하고 화살표 방향으로 움직인다. 원 Z는 두 점 Q, B가 겹치는 곳에서 출발하여 원 X의 둘레를 미끄러짐없이 회전하고 화살표 방향으로 움직인다. 원 Y와 원 Z는 동시에 움직이기 시작했고, 원 Y가 움직이기 시작하면서 점 P가 점 A와 처음 겹치기까지 24초가 걸렸다. 원 Z가 움직이기 시작하면서 점 Q가 점 B와 처음 겹치기까지 56초가 걸렸다.

(1) 네 점 A, B, P, Q를 꼭짓점으로 하는 사각형이 처음으로 정사각형이 되는 것은 원 Y와 원 Z가 움직이기 시작한 지 몇 초 후인가?

(2) 원 X의 중심, 원 Y의 중심, P, Q의 네 점이 처음으로 한 직선 위에 있는 것은 원 Y와 원 Z가 움직이기 시작한 지 몇 초 후인가?

> 풀이

(1) 그림과 같이 원 X의 중심을 지나고, 지름 AB에 수직인 직선과 원 X의 교점을 각각 점 C, D라 한다.

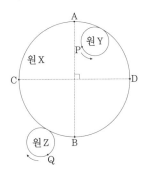

$24 \div 4 = 6$(초), $6 \times 3 = 18$(초)이므로 점 P가 점 D, C에 오는 시간은 다음과 같다.

D	6	30	54	⋯
C	18	42	66	⋯

한편 $56 \div 4 = 14$(초), $14 \times 3 = 42$(초)이므로 점 Q는 14초 후에 점 C, 42초 후에 점 D에 온다. 따라서 네 점 A, B, P, Q를 꼭짓점으로 하는 사각형이 처음이 정사각형이 되는 것은 원 Y와 원 Z가 움직이기 시작한 지 42초 후이다.

(2) 점 P를 지나는 원 Y의 지름의 연장선은 $6 \div 2 = 3$(초)마다 원 X의 중심 O를 지난다.

원 Y의 중심을 R라 하면, 세 점 R, P, O는 3초마다, 직선 EO위, DO위, FO위, ⋯의 순서로 한 직선 위에 있게 된다.

그런데, 점 Q가 직선 GO위, CO위, HO위, AO위, ⋯에 처음 오는 건 21초 후에 직선 HO위이다. 이때, 세 점 R, P, O도 직선 HO위에 있으므로, 네 점이 한 직선 위에 있게 된다.

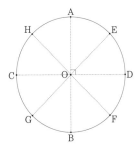

따라서 원 X의 중심, 원 Y의 중심, P, Q의 네 점이 처음으로 한 직선 위에 있는 것은 원 Y와 원 Z가 움직이기 시작한 지 21초 후이다.

문제 26.3 그림과 같이, 한 변의 길이가 4인 정삼각형 ABC 에서 두 꼭짓점 A, B가 함수 $y = \frac{\sqrt{3}}{3}x^2$ 위에 있다.

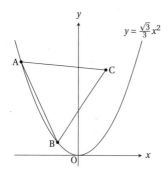

정삼각형 ABC가 움직일 때, 다음 물음에 답하여라.

(1) 변 AB가 x축에 평행할 때, 점 C의 좌표를 구하여라.

(2) 변 CA가 x축에 평행할 때, 점 A의 좌표를 구하여라.

(3) 변 CA가 x축에 평행할 때, 꼭짓점 A, B, C의 위치를 각각 A_1, B_1, C_1이라 하고, 변 BC가 x축에 평행할 때, 꼭짓점 A, B, C의 위치를 각각 A_2, B_2, C_2라 한다. 정삼각형 $A_1B_1C_1$과 정삼각형 $A_2B_2C_2$가 겹치는 부분의 넓이를 구하여라.

> **풀이**

(1) 변 AB가 x축에 평행할 때, 그림과 같이, 점 A, B의 y좌표는 $\frac{\sqrt{3}}{3} \times 2^2 = \frac{4\sqrt{3}}{3}$이다. 선분 AB의 중점 $M\left(0, \frac{4\sqrt{3}}{3}\right)$ 이라 두면,

$$CM = BM \times \sqrt{3} = 2\sqrt{3}$$

이므로 점 C의 y좌표는

$$\frac{4\sqrt{3}}{3} + 2\sqrt{3} = \frac{10\sqrt{3}}{3}$$

이다. 즉, $C\left(0, \frac{10\sqrt{3}}{3}\right)$이다.

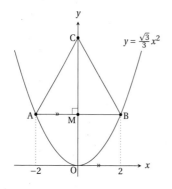

(2) 변 CA가 x축에 평행할 때, 정삼각형 ABC는 아래 그림에서 정삼각형 $A_1B_1C_1$과 같다. 이때, 점 A_1, B_1의 x좌표를 각각 a, b라 하면, 직선 A_1B_1의 기울기가 $-\sqrt{3}$ 이므로

$$\frac{\sqrt{3}}{3} \times (a+b) = -\sqrt{3}, \quad a+b = -3$$

이다. 또,

$$b - a = \frac{A_1B_1}{2} = 2, \quad b - a = 2$$

이다. 이 두 식을 연립해서 풀면 $a = -\frac{5}{2}$이다. 따라서 $A_1\left(-\frac{5}{2}, \frac{25\sqrt{3}}{12}\right)$이다.

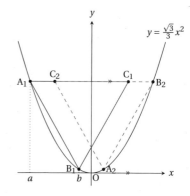

(3) 변 BC가 x축에 평행할 때, 정삼각형 $A_2B_2C_2$는 위의 그림에서 점선으로 나타낸 것과 같다. 정삼각형 $A_1B_1C_1$과 정삼각형 $A_2B_2C_2$는 y축에 대하여 대칭이다.

(2)에서 점 C_1의 x좌표는 $a + 4 = \frac{3}{2}$이므로, C_2의 x좌표는 $-\frac{3}{2}$이다. 따라서 $C_1C_2 = 3$이다. 그러므로 구하는 공통부분(색칠한 정삼각형)의 넓이는

$$\frac{\sqrt{3}}{4} \times 3^2 = \frac{9\sqrt{3}}{4}$$

이다.

문제 26.4 다음 물음에 답하시오.

(1) 그림과 같이, 정사각형의 변을 이등분하는 점과 꼭짓점을 연결하여 생긴 내부의 정사각형의 넓이는 큰 정사각형의 넓이의 몇 배인가?

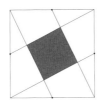

(2) 그림과 같이, 정삼각형의 변을 삼등분하는 점과 꼭짓점을 연결하여 생긴 내부의 정삼각형의 넓이는 큰 정삼각형의 넓이의 몇 배인가?

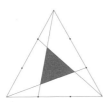

(3) 그림과 같이, 정사각형의 변을 이등분하는 점과 꼭짓점을 연결하여 생긴 내부의 정팔각형의 넓이는 큰 정사각형의 넓이의 몇 배인가?

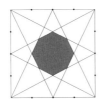

(4) 그림과 같이, 정삼각형의 변을 삼등분하는 점과 꼭짓점을 연결하여 생긴 내부의 육각형의 넓이는 큰 정삼각형의 넓이의 몇 배인가?

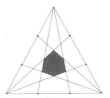

(5) 그림과 같이, 정육각형의 변을 이등분하는 점과 꼭짓점을 연결하여 생긴 내부의 정육각형의 넓이는 큰 정육각형의 넓이의 몇 배인가?

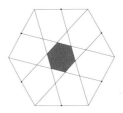

(6) 그림과 같이, 정삼각형의 변을 이등분하는 점과 꼭짓점을 연결하여 생긴 내부의 정십이각형의 넓이는 큰 정육각형의 넓이의 몇 배인가?

풀이

(1) 아래 그림으로부터 큰 정사각형을 내부의 정사각형과 합동인 5개의 작은 정사각형으로 나뉘어진다. 따라서 내부의 정사각형의 넓이는 큰 정사각형 넓이의 $\frac{1}{5}$이다.

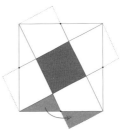

(2) 아래 그림으로부터 큰 정삼각형은 7개의 넓이가 같은 삼각형으로 나뉘어진다. 따라서 내부의 정삼각형의 넓이는 큰 정삼각형의 넓이의 $\frac{1}{7}$이다.

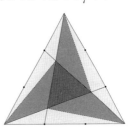

(3) 아래 그림에서, $\triangle EAF = \triangle ABC \times \frac{1}{3}$이므로, 큰 정사각형의 넓이의 $\frac{1}{12}$이다. 또, $\triangle DFB$의 넓이는 큰 정사각형의 넓이의 $\frac{1}{8}$이다. 따라서 내부의 정팔각형의 넓이는 큰 정사각형의 넓이의

$$1 - \left(\frac{1}{12} + \frac{1}{8}\right) \times 4 = \frac{1}{6}$$

이다.

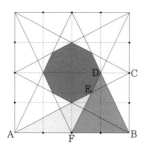

참고 : 그림에서 $DE : EF = CE : EA = DC : AF = 1 : 2$ 이다. 그러므로 $\triangle EAF = \triangle EAB \times \frac{1}{2} = \triangle ABC \times \frac{2}{3} \times \frac{1}{2} = \triangle ABC \times \frac{1}{3}$이다.

(4) 아래 그림에서 $\triangle VQT = \triangle PQT \times \frac{1}{4}$이므로, 큰 정삼각형의 넓이의 $\frac{1}{6}$이다. 또, $\triangle WTR = \triangle PTR \times \frac{2}{5}$이므로, 큰 정삼각형의 넓이의 $\frac{2}{15}$이다. 따라서 내부의 육각형의 넓이는 큰 정삼각형의 넓이의

$$1 - \left(\frac{1}{6} + \frac{2}{15}\right) \times 3 = \frac{1}{10}$$

이다.

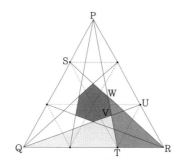

참고 : 그림에서 $VT : PV = UT : PQ = 1 : 3$이다. 그러므로 $\triangle VQT = \triangle PQT \times \frac{1}{4}$이다. $PW : WT = PR : ST = 3 : 2$ 이므로, $\triangle WTR = \triangle PTR \times \frac{2}{5}$이다.

(5) 아래 그림에서 $EH : HB = GE : BD = 5 : 8$이므로, $\triangle HBD = \triangle EBD \times \frac{8}{13}$이다. $\triangle EBD$는 $\triangle FDB$과 밑변 BD가 공통이고, 높이가 $\frac{3}{4}$이므로 $\triangle EBD = \triangle FBD \times \frac{3}{4}$

이다. 또, $\triangle FBD$는 큰 정육각형의 넓이의 $\frac{1}{3}$이다. 그러므로 $\triangle HBD$의 넓이는 큰 정육각형의 넓이의 $\frac{1}{3} \times \frac{3}{4} \times \frac{8}{13} = \frac{2}{13}$이다. 따라서 내부의 정육각형의 넓이는 큰 정육각형의 넓이의

$$1 - \frac{2}{13} \times 6 = \frac{1}{13}$$

이다.

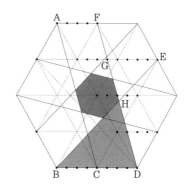

(6) 아래 그림에서 $OS : SR = OQ : PR = 4 : 3$이므로, $\triangle SQR = \triangle OQR \times \frac{3}{7}$이고, $\triangle OQR$의 넓이는 큰 정육각형의 넓이의 $\frac{1}{6}$이므로, $\triangle SQR$의 넓이는 큰 정육각형의 넓이의 $\frac{3}{7} \times \frac{1}{6} = \frac{1}{14}$이다. $\triangle URT$는 큰 정육각형의 넓이의 $\frac{1}{12}$이다. 따라서 구하는 내부의 정십이각형의 넓이는 큰 정육각형의 넓이의

$$1 - \left(\frac{1}{14} + \frac{1}{12}\right) \times 6 = \frac{1}{14}$$

이다.

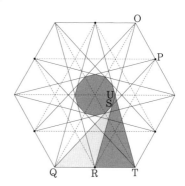

제 27 절 쪽지 모의고사 27회 풀이

문제 27.1 부라퀴는 수학 문제를 매일 몇 문제씩 푼다. 다 풀고 나면 채점을 해서 정답률(푼 문제 수에 대한 맞은 문제 수의 비율)을 계산한다. 예를 들어, 10문제를 풀어서 4문제가 맞았을 때의 정답률은 0.4이다.

(1) 7월 1일부터 7월 15일까지 15일 동안의 정답률은 0.6이었다. 7월 16일에 21문제를 풀어서 17문제가 맞은 문제여서 16일 동안의 정답률은 0.625가 되었다. 7월 1일부터 7월 15일까지 풀었던 문제는 몇 문제인가?

(2) 9월 초에는 수학 시험이 있어서 8월 동안 300문제를 풀었다. 8월 1일부터 8월 24일까지 201문제 이상 풀었고, 24일 동안의 정답률은 0.65이어서, 마지막 일주일간 8월의 정답률을 정확하게 0.7로 끌어 올렸다. 마지막 일주간의 정답률로 가능한 것을 모두 구하여라.

풀이

(1) 7월 16일의 정답률은 $17 \div 21 = \frac{17}{21}$이다. 7월 1일부터 7월 15일 까지의 정답율을 0.6이고, 7월 1일부터 16일까지의 정답률은 0.625로 부터

$$(0.625 - 0.6) : \left(\frac{17}{21} - 0.625\right) = \frac{1}{40} : \frac{31}{168} = 21 : 155$$

이므로, 7월 1일부터 7월 15일까지 풀었던 문제는 155문제이다.

(2) 맞은 문제 수는 $300 \times 0.7 = 210$(문제)이고, 틀린 문제 수는 90(문제)이다. 정답률이 0.65인 24일 동안 푼 문제 수와 맞은 문제 수의 쌍을 찾아보면, 다음과 같다.

푼 문제 수	맞은 문제 수	틀린 문제 수
$20 \times 11 = 220$	$13 \times 11 = 143$	77
$20 \times 12 = 240$	$13 \times 12 = 156$	84
$20 \times 13 = 260$	$13 \times 13 = 169$	91
$20 \times 14 = 280$	$13 \times 14 = 182$	98

틀린 문제 수가 90문제 보다 클 수 없으므로, 24일 동안 푼 문제 수와 맞은 문제 수로 가능한 쌍은 $(220, 143)$, $(240, 156)$이다. 그러므로 마지막 일주일간의 정답률은

$$a = \frac{210 - 143}{300 - 220} = \frac{67}{80}, \quad b = \frac{210 - 156}{300 - 240} = \frac{9}{10}$$

이다.

문제 27.2 10×10의 정사각형 칸이 모두 검은돌로 채워져 있다. (예)와 같이, 가로, 세로, 기울기가 1 또는 -1인 직선에 위에 있는 두 개의 돌을 선택해서 흰돌로 바꾸고, 두 돌 사이에 있는 검은돌을 모두 흰돌로 바꾼다.

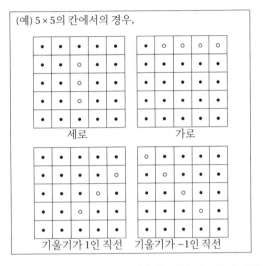

(예) 5×5의 칸에서의 경우,

세로   가로

기울기가 1인 직선   기울기가 -1인 직선

(1) 10×10의 칸에 흰돌의 개수가 k개가 되도록 두 개의 돌을 선택하는 방법이 112가지일 때, k의 값은? 단, $k \geq 3$이다.

(2) $n \times n$의 칸에 흰돌의 개수가 3개가 되도록 두 개의 돌을 선택하는 방법이 224가지일 때, n의 값은?

풀이

(1)   (i) 세로로 흰돌의 개수가 k개가 되도록 두 개의 돌을 선택하는 방법은 위에서 부터 $(10 - k + 1)$개의 행(가로줄) 중 하나를 선택하면 자동적으로 나머지 한 점이 결정이 된다. 또, 1열부터 10열까지 중 하나의 열(세로줄)를 선택하면 된다. 따라서 $(10 - k + 1) \times 10$가지이다.

   (ii) 가로로 흰돌의 개수가 k개가 되도록 두 개의 돌을 선택하는방법은 (i)과 같으므로, $(10 - k + 1) \times 10$가지이다.

   (iii) 기울기가 -1인 직선에서 흰돌의 개수가 k개가 되도록 두 개의 돌을 선택하는 방법은 위에서부터 $(10 - k + 1)$개의 행(가로줄) 중 하나를 선택하면 자동적으로 나머지 한 점이 결정이 된다.

또, $(10-k+1)$개의 열(세로줄) 중 하나를 선택하면 자동적으로 나머지 한 점이 결정이 된다. 따라서 $(10-k+1) \times (10-k+1)$가지이다.

(iv) 기울기가 1인 직선에서 흰돌의 개수가 k개가 되도록 두 개의 돌을 선택하는 방법은 (iii)과 같으므로, $(10-k+1) \times (10-k+1)$가지이다.

그러므로

$$(10-k+1) \times 10 \times 2$$
$$+(10-k+1) \times (10-k+1) \times 2 = 112$$

이다. 이를 정리하면

$$(10-k+1) \times 10 + (10-k+1) \times (10-k+1) = 56$$

이다. 즉, $(10-k+1) = 4$이다. 따라서 $k = 7$이다.

(2) (i) 세로로 흰돌의 개수가 3개가 되도록 두 개의 돌을 선택하는 방법은 위에서 부터 $(n-3+1)$개의 행(가로줄) 중 하나를 선택하면 자동적으로 나머지 한 점이 결정이 된다. 또, 1열부터 n열까지 중 하나의 열(세로줄)를 선택하면 된다. 따라서 $(n-3+1) \times n$가지이다.

(ii) 가로로 흰돌의 개수가 3개가 되도록 두 개의 돌을 선택하는 방법은 (i)과 같으므로, $(n-3+1) \times n$가지이다.

(iii) 기울기가 −1인 직선에서 흰돌의 개수가 3개가 되도록 두 개의 돌을 선택하는 방법은 위에서 부터 $(n-3+1)$개의 행(가로줄) 중 하나를 선택하면 자동적으로 나머지 한 점이 결정이 된다. 또, $(n-3+1)$개의 열(세로줄) 중 하나를 선택하면 자동적으로 나머지 한 점이 결정이 된다. 따라서 $(n-3+1) \times (n-3+1)$가지이다.

(iv) 기울기가 1인 직선에서 흰돌의 개수가 3개가 되도록 두 개의 돌을 선택하는 방법은 (iii)과 같으므로, $(n-3+1) \times (n-3+1)$가지이다.

그러므로

$$(n-3+1) \times n \times 2 + (n-3+1) \times (n-3+1) \times 2 = 224$$

이다. 이를 정리하면

$$(n-3+1) \times n + (n-3+1) \times (n-3+1) = 112$$

이다. 즉, $(n-3+1) = 7$이다. 따라서 $n = 9$이다.

문제 27.3 그림과 같이, 좌표평면 위에 함수 $y = \frac{1}{3}x^2$ 위의 두 점 A, B에 대해서, 직선 OA와 직선 OB가 수직이다. 세 점 O, A, B를 지나는 원과 x축과의 교점 중 원점 O가 아닌 점을 C라 한다. $\angle ABC = 30°$이고, 직선 AB와 x축과의 교점을 D라 한다. 단, 점 A, B, C의 x좌표의 부호는 각각 양, 음, 음이다.

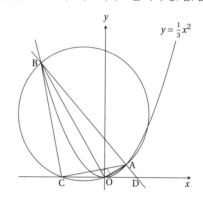

(1) $\angle AOD$의 크기를 구하여라.

(2) 점 A, B의 좌표를 구하여라.

(3) 점 C의 좌표를 구하여라.

[풀이]

(1) 사각형 OABC는 원에 내접하므로, 내대각의 성질에 의하여 $\angle AOD = \angle ABC = 30°$이다.

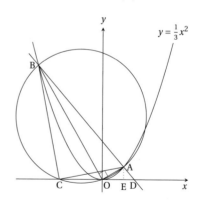

(2) 점 A에서 x축에 내린 수선의 발을 E라 하면, 삼각형 AOE는 한 내각이 $30°$인 직각삼각형이다. 또, 직선 OA의 기울기가 $\frac{1}{\sqrt{3}}$이다. 점 A의 x좌표를 a라 하면, $\frac{1}{3} \times (0 + a) = \frac{1}{\sqrt{3}}$이다. 즉, $a = \sqrt{3}$이다. 그러므로 A($\sqrt{3}$, 1)이다.

OA⊥OB이므로, 기울기의 곱이 −1이므로 직선 OB의 기울기는 $-\sqrt{3}$이다.

점 B의 x좌표를 b라 하면, $\frac{1}{3} \times (0 + b) = -\sqrt{3}$이다. 즉, $b = -3\sqrt{3}$이다. 그러므로 B($-3\sqrt{3}, 9$)이다.

(3) $\angle AOB = 90°$이므로, 선분 AB는 원의 지름이다.

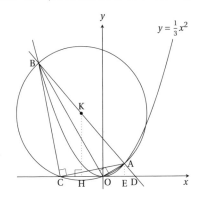

원주각의 성질에 의하여, $\angle ACB = \angle AOB = 90°$이므로, 두 직선 CA와 CB의 기울기의 곱은 -1이다.
원의 중심을 K라 하면, 원의 중심은 선분 AB의 중점과 일치하므로 K($-\sqrt{3}, 5$)이다. 중심 K에서 선분 OC에 내린 수선의 발 H($-\sqrt{3}, 0$)는 선분 OC의 중점과 일치한다. 따라서 점 C($-2\sqrt{3}, 0$)이다.

문제 27.4 그림과 같이, 부피가 900이고, 밑면이 정육각형인 육각기둥 ABCDEF-GHIJKL이 있다. 점 M을 삼각형 MGH와 삼각형 MIJ의 넓이의 비가 3 : 2가 되도록 모서리 LK위에 잡는다.

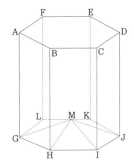

(1) 선분 LM와 MK의 길이의 비를 구하여라.

(2) 세 점 A, E, M을 지나는 평면으로 육각기둥을 절단했을 때, 점 F를 포함한 입체의 부피를 구하여라.

풀이

(1) 정육각형 GHIJKL의 넓이를 6S라 하면,

$$\triangle MHI = 2S, \quad \triangle MLG + \triangle MJK = S$$

이므로,

$$\triangle MGH + \triangle MIJ = 6S - (2S + S) = 3S$$

이다. 그러므로

$$\triangle MGH = 3S \times \frac{3}{3+2} = \frac{9}{5}S$$

이다. 한편,

$$LM : MK = \triangle LMH : \triangle MKH$$
$$= \triangle LMG : \triangle MKG$$

이므로,

$$LM : MK$$
$$= \triangle LMH - \triangle LMG : \triangle MKH - \triangle MKG$$

이다. 또,

$$\triangle LMH - \triangle LMG = \triangle MGH - \triangle LGH,$$
$$\triangle MKH - \triangle MKG = \triangle KGH - \triangle MGH$$

이 성립한다. 따라서 $\triangle LGH = S$, $\triangle KGH = 2S$이므로,

$$LM : MK = \left(\frac{9}{5}S - S\right) : \left(2S - \frac{9}{5}S\right) = 4 : 1$$

이다.

(2) 절단면은 그림과 같다. 절단면과 모서리 LG와의 교점을 N이라 하면, MN과 AE는 평행하다. FA = FE이므로, LN = LM이다. 부피를 구하는 입체는 삼각뿔대 AEF-NML이다.

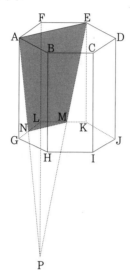

세 직선 AN, EM, FL은 한 점에서 만나는데, 그 점을 P라 한다. 삼각뿔 P-NML과 P-AEF는 닮음이고, 닮음비는

$$LM : FE = LM : LK = 4 : (4+1) = 4 : 5$$

이다.

삼각뿔 P-AEF의 밑넓이는 육각기둥 ABCDEF-GHIJKL의 밑넓이의 $\frac{1}{6}$배이고, 높이는 육각기둥 ABCDEF-GHIJKL의 높이의 5배이다.

따라서 점 F를 포함한 입체의 부피는 육각기둥의 부피의

$$\frac{1}{6} \times 5 \times \frac{1}{3} \times \left\{ 1 - \left(\frac{4}{5} \right)^3 \right\} = \frac{61}{450}$$

이다. 그러므로 점 F를 포함한 입체의 부피는

$$900 \times \frac{61}{450} = 122$$

이다.

제 28 절 쪽지 모의고사 28회 풀이

문제 28.1 남학생 20명, 여학생 21명에게 수학 테스트를 실시하여 나온 결과가 다음과 같다.

- 여학생 중 최고점은 82점, 최저점은 40점이다.

- 여학생의 점수를 높은 순서부터 나열했을 때, 11번째 점수는 61점이다.

- 남학생 중 최고점은 80점, 최저점은 44점이다.

- 남학생의 점수를 높은 순서부터 나열했을 때, 10번째 와 11번째 점수의 합계는 130점이다.

단, 점수를 높은 순서대로 나열했을 때 80점, 70점, 70점, 60 점과 같이 같은 점수가 2명 이상 있을 때는 첫 번째는 80점, 두 번째는 70점, 세 번째는 70점, 네 번째는 60점이라고 한다.

(1) 여학생과 남학생을 합친 41명의 평균이 가장 높을 때, 여학생과 남학생의 점수의 총합은 몇 점인가?

(2) 여학생의 평균이 남학생의 평균보다 8점이 높을 때, 65점 이상인 학생은 최대 몇 명인가?

풀이

(1) 여학생 21명의 평균이 가장 높은 경우는 82점의 학생 이 10명, 61점의 학생이 10명일 때이고, 그 때의 평균 은

$$\frac{82 \times 10 + 61 \times 10 + 40}{21} = 70(\text{점})$$

이다.
남학생 20명의 평균이 가장 높은 경우는 10번째와 11 번째가 동점인 $130 \div 2 = 65$점의 학생이 10명일 때이 고, 그 때의 평균은

$$\frac{80 \times 9 + 65 \times 10 + 44}{20} = 70.7(\text{점})$$

이다.
따라서 여학생과 남학생의 점수의 총합은

$$70 \times 21 + 70.7 \times 20 = 1470 + 1414 = 2884(\text{점})$$

이다.

(2) 65점 이상의 학생들이 가장 많을 때를 구하기 때문에 평균이 가장 높을 때에 대해 생각한다.
여학생 21명의 평균이 가장 높을 때는 82점의 학생이 10명, 61점의 학생이 10명일 때이고, 그 때의 평균은

$$(82 \times 10 + 61 \times 10 + 40) \div 21 = 70$$

점이다. 남학생의 평균은 $70 - 8 = 62$점이다. 이제, 남학생의 점수 총합이 $62 \times 20 = 1240$점일 때를 생각한다. 여기서, 최고점인 80점과 최저점인 44점 이외의 18명의 점수가 모두 65점이라고 한다면, 그 점수 총합은 $80 + 65 \times 18 + 44 = 1294$점이다. 여기에서, $1294 - 1240 = 54$점을 줄여야 한다. 65점인 학생의 점수를 한 명당 최대 $65 - 44 = 21$점을 줄일 수 있으므로 $54 \div 21 = 2 \cdots 12$로 부터 세 명이 54점을 줄일 수 있다. 따라서 남학생 중에서 65점 이상인 학생은 최대 $1 + 18 - 3 = 16$명이고, 여학생 중에서 65점 이상인 학생은 최대 10명이므로, 구하는 65점 이상인 학생은 최대 $16 + 10 = 26$명이다.

문제 28.2 다음 물음에 답하여라.

(1) 그림과 같이, 넓이가 60인 정사각형과 넓이가 34인 정사각형 여러 개를 붙인 후, 각각의 정사각형의 중심(대각선의 교점)을 연결하여 색칠한 팔각형을 만든다. 이 색칠한 팔각형의 넓이를 구하여라.

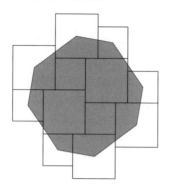

(2) 그림과 같이, 직사각형 ABCD의 변 BC, CA, DA 위에 점 E, F, G를 잡으면, 사각형 ABEG는 한 변의 길이가 10인 정사각형이고, 호 BGF의 중심이 E이다. BF = 16일 때, 직사각형 ABCD의 넓이를 구하여라.

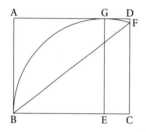

풀이

(1) 그림과 같이, 팔각형을 대각선 4개로 절단하면, (굵은 선 테두리) 정사각형 5개와 직각이등변삼각형 4개로 분리된다.

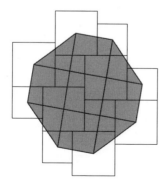

구하는 넓이는 (굵은선 테두리) 정사각형 $5 + \frac{4}{2} = 7$개의 넓이와 같다. (굵은선 테두리) 정사각형 1개의 넓이가, $\frac{60}{2} + \frac{34}{2} = 47$이므로, 구하는 팔각형의 넓이는 $47 \times 7 = 329$이다.

(2) 그림과 같이 호를 연장하여 반원(BH를 지름)을 그리고, 점 A에서 선분 BF에 그린 수선의 발을 I라 하면, 삼각형 FBH와 삼각형 IAB는 닮음이다.

AB = 10, BH = 20, BF = 16이므로,

$$AI = 16 \times 10 \div 20 = 8$$

이다. 직사각형 ABCD의 넓이는 삼각형 ABF의 넓이의 2배이므로, 구하는 넓이는 $16 \times 8 = 128$이다.

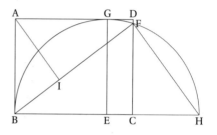

문제 28.3 [그림1]과 같이 한 변의 길이가 6인 정사각형 BCDE를 밑면으로 하고, 높이가 $\sqrt{7}$인 정사각뿔 A-BCDE에서, 두 변 BC, DE의 중점을 각각 M, N이라 하고, 선분 MN의 중점을 H라 한다. 선분 AH위의 두 점 O, P에 대하여 정사각뿔의 내부에 점 O를 중심으로 하는 구와 점 P를 중심으로 하는 구가 있다.

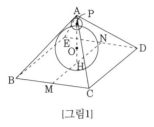

[그림1]

이 입체를 세 점 A, M, N을 지나는 평면으로 절단한 절단면을 [그림2]와 같이 생각하면, 절단면에서 원 O는 △AMN의 각 변에 접하고, 원 P는 두 변 AM, AN에 접한다. 두 원 O, P는 선분 AH위의 점 Q를 지나고, 점 Q에서 원 O의 접선과 원 P의 접선은 같은 직선이다.

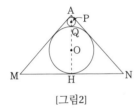

[그림2]

(1) 모서리 AB의 길이와 정사각뿔의 겉넓이를 구하여라.

(2) 점 O를 중심으로 하는 구의 반지름을 구하여라.

(3) 점 O를 중심으로 하는 구의 부피와 점 P를 중심으로 하는 구의 부피의 비를 구하여라.

[풀이]

(1) [그림3]의 색칠한 △ABH에서

$$AB = \sqrt{7 + (3\sqrt{2})^2} = 5$$

이다.

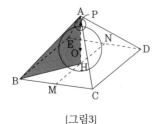

[그림3]

정사각뿔의 겉넓이는

$$\square BCDE + \triangle ABC \times 4 = 36 + 12 \times 4 = 84$$

이다.

(2) 점 O를 중심으로 하는 구의 반지름을 r이라 하자. [그림4]에서 △AMN의 넓이는 △OAM, △OAN, △OMN의 넓이의 합과 같다.

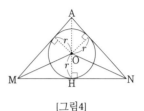

[그림4]

그러므로

$$\frac{AM + AN + MN}{2} \times r = \frac{1}{2} \times MN \times AH$$

이다. MN = 6이므로, AM = AN = 4이고,

$$\frac{4 \times 2 + 6}{2} \times r = \frac{1}{2} \times 6\sqrt{7}$$

이다. 따라서 $r = \frac{3\sqrt{7}}{7}$이다.

(3) 점 Q를 지나고 평면 BCDE에 평행한 면으로 정사각뿔 A-BCDE를 절단했을 때, A를 포함한 입체는 구 P가 각 면에 접하는 정사각뿔이다.

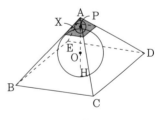

[그림5]

[그림5]와 같이 이 정사각뿔을 X라 하자. 구 O와 구 P의 닮음비는 정사각뿔 A-BCDE와 정사각뿔 X의 닮음비는

$$AH : AQ = \sqrt{7} : \left(\sqrt{7} - \frac{3\sqrt{7}}{7} \times 2\right) = 7 : 1$$

이므로 구 O와 구 P의 부피의 피는

$$7^3 : 1^3 = 343 : 1$$

이다.

문제 28.4 그림과 같이, 좌표평면 위에 원점 O와 정12각형 ABCDEFGHIJKL이 있다. 점 A, J의 좌표는 각각 $(0,6)$, $(6,0)$ 이다. 함수 $y = ax^2$은 세 점 B, O, L을 지나고, 함수 $y = bx^2$은 세 점 C, O, K를 지난다. 단, $a > 0$, $b > 0$이다.

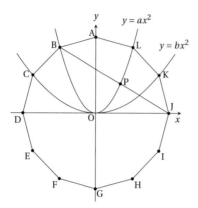

(1) 함수 $y = ax^2$과 선분 BJ의 교점 중 점 B가 아닌 점을 P라 한다. 점 P의 좌표를 구하여라.

(2) 삼각형 JPQ와 삼각형 JPD의 넓이가 같도록 y축 위에 점 Q의 좌표를 구하여라. 단, 점 Q는 정12각형의 내부에 있다.

(3) 함수 $y = bx^2$와 선분 BJ의 교점 중 정12각형의 내부에 있는 점을 R이라 할 때, 사각형 RQGH의 넓이를 구하여라.

풀이

(1) OL = OA = 6, $\angle$LOJ = 60°이므로, L$(3, 3\sqrt{3})$이다. 점 L은 $y = ax^2$위에 있으므로, $a = \frac{\sqrt{3}}{3}$이다.

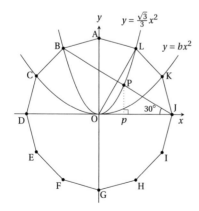

점 P의 좌표를 $\left(p, \frac{\sqrt{3}}{3}p^2\right)$라고 하면, $\angle$BJO = $\angle$PJO =

30°이므로,

$$(6-p) : \frac{\sqrt{3}}{3}p^2 = \sqrt{3} : 1, \quad (p+3)(p-2) = 0$$

이다. $p > 0$이므로 $p = 2$이다. 즉, P$\left(2, \frac{4\sqrt{3}}{3}\right)$이다.

(2) △JPQ = △JPD이므로, JP ∥ QD(∥DH)이다.
$\angle$QDO = $\angle$PJO = 30°이므로,

$$OQ = 6 \times \frac{1}{\sqrt{3}} = 2\sqrt{3}$$

이다. 따라서 Q$(0, -2\sqrt{3})$이다.

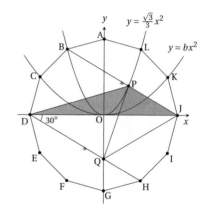

(3) 선분 BJ와 y축과의 교점을 S라 하면, 대칭성에 의하여 S$(0, 2\sqrt{3})$이고, H$(3, -3\sqrt{3})$이다.
SR ∥ QH이므로, △QHR = △QHS이다.

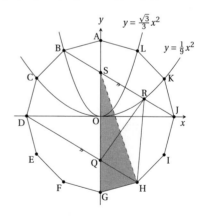

그러므로 사각형 RQGH의 넓이는 삼각형 SGH의 넓이와 같다. 즉, 구하는 넓이는

$$\frac{1}{2} \times (2\sqrt{3} + 6) \times 3 = 3\sqrt{3} + 9$$

이다.

제 29 절　쪽지 모의고사 29회 풀이

문제 29.1 승우는 공을 2개 가지고 있다. 정우와 가위바위보를 하여 이기면, 공 1개를 정우에게서 받고, 지면 1개를 정우에게 준다. 승우가 공이 없어진 시점에서 가위바위보를 종료한다. 단, 정우는 공을 많이 가지고 있고, 가위바위보는 승부가 날 때까지 한 번으로 생각한다. 예를 들어, 정확하게 네 번의 가위바위보로 승우의 공이 모두 없어지는 경우는 '패승패패'와 '승패패패'의 두 가지이다.

(1) 정확하게 여섯 번의 가위바위보로 승우의 공이 없어지는 경우는 모두 몇 가지인가?

(2) 여덟 번까지의 가위바위보로 승우의 공이 없어지는 경우는 모두 몇 가지인가? 단, 여덟 번 전에 끝나는 것도 포함한다.

풀이 승우의 공이 없어지는 경우는 아래와 같은 A, B, C, D, E, F, ⋯로 도달하는 최단경로의 수와 같다.

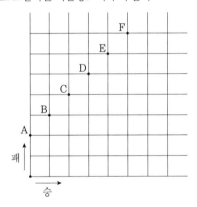

(1) 여섯 번의 가위바위보로 승우의 공이 없어지는 경우는 C에 도달하는 최단경로의 수로, 그 전에 A, B를 거치지 않아야 한다.

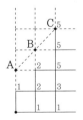

따라서 구하는 경우는 5가지이다.

(2) 8번까지의 가위바위보로 승우의 공이 없어지는 경우는 각각 A, B, C, D로 가는 최단경로의 수와 같다. 단,

B, C, D에 도달하기 전에는 이전에 A, B, C에 도달하지 않아야 한다.

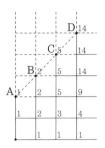

따라서 구하는 경우는 1 + 2 + 5 + 14 = 22가지이다.

문제 29.2 1부터 50까지의 자연수를 순서대로 곱한 식을 A라 한다.

$$A = 1 \times 2 \times 3 \times \cdots \times 48 \times 49 \times 50$$

이 식에서 49개의 × 중 하나를 선택하여 제거한 식을 B, C, D라 한다. B를 5와 6사이의 ×를 선택하여 제거한 식이라 할 때, 제거한 ×의 전후는 두 자리 수 56이다. 즉,

$$B = 1 \times 2 \times 3 \times 4 \times 56 \times 7 \times \cdots \times 49 \times 50$$

이다. 또, C를 22와 23사이의 ×를 선택하여 제거한 식이라 할 때, 제거한 ×이 전후는 네 자리 수 2223이다. 즉,

$$C = 1 \times 2 \times \cdots \times 21 \times 2223 \times 24 \times \cdots \times 49 \times 50$$

이다.

(1) $\dfrac{A}{D}$를 약분하면 분모가 1086일 때, 분자는 얼마인가?

(2) $\dfrac{A}{D}$를 약분하면 분자가 153일 때, 분모는 얼마인가?

> **풀이**

(1) 1086의 배수를 작은 수부터 나열하면

$$1086, \ 2172, \ 3258, \ 4344, \ 5430, \ \cdots$$

이다. 이 중에서 처음으로 분모가 연속한 두 자연수로 나열된 것은 4344이다. $\dfrac{43 \times 44}{4344} = \dfrac{473}{1086}$이므로, 분모는 1086이고, 분자는 473이다. 즉, $x = 473$이다.

(2) $153 = 3 \times 3 \times 17$이므로 분자의 두 자연수 중 하나는 17의 배수이다. 가능한 경우는

$$16 \times 17, \ 17 \times 18, \ 33 \times 34, \ 34 \times 35$$

이다. 이 중에서 9의 배수는 17×18이다. 따라서 $\dfrac{17 \times 18}{1718} = \dfrac{153}{859}$이다. 즉, 구하는 분모는 859이다.

문제 29.3 그림과 같이, 원점을 중심으로 하고 각각 반지름이 $\sqrt{2}, 2\sqrt{3}$인 원 C_1, C_2가 있다. 함수 $y = x^2 (x > 0)$과 원 C_1, C_2와의 교점을 각각 A, B라 하고, 원 C_1, C_2와 x축과의 교점을 각각 C, D라 한다. 반직선 OA와 원 C_2와의 교점을 E라 한다.

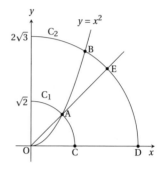

(1) 부채꼴 OEB의 넓이를 구하여라.

(2) 삼각형 OBD의 내접원의 중심을 I라 한다. 점 I와 원 C_1위의 점 사이의 거리를 d라 할 때, d의 최솟값을 구하여라.

> **풀이**

(1) $B(b, b^2)$이라 하면, $OB = 2\sqrt{3}$이므로,

$$b^2 + b^4 = (2\sqrt{3})^2, \ (b^2 + 4)(b^2 - 3) = 0$$

이다. $b > 0$이므로 $b = \sqrt{3}$이다. 그러므로 $B(\sqrt{3}, 3)$이다. 즉, $\angle BOD = 60°$이다.

$A(a, a^2)$이라 하면, $OA = \sqrt{2}$이므로,

$$a^2 + a^4 = (\sqrt{2})^2, \ (a^2 + 2)(a^2 - 1) = 0$$

이다. $a > 0$이므로 $a = 1$이다. 그러므로 $A(1, 1)$이다. 즉, $\angle AOC = \angle EOC = 45°$이다.

따라서 부채꼴 OEB의 넓이는

$$(2\sqrt{3})^2 \pi \times \frac{15}{360} = \frac{1}{2}\pi$$

이다.

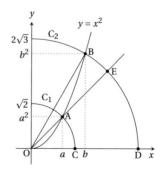

(2) ∠BOD = 60°이므로 삼각형 OBD는 한 변의 길이가 $2\sqrt{3}$인 정삼각형이다. 내접원의 중심 I는 세 내각 이등분선의 교점으로, 그림과 같다.

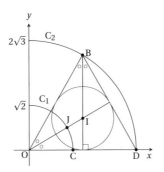

원 C_1위의 점을 J라 한다. JI = d의 값이 최소일 때는 세 점 O, J, I가 한 직선 위에 있을 때이다. OI = 2, OJ = $\sqrt{2}$이므로 d의 최솟값은 $2 - \sqrt{2}$이다.

문제 29.4   [그림1]은 정사각뿔 OABCD에서 삼각뿔 OABE, OBCF, OCDG, ODAH를 제거하고 남은 입체의 그림이다. 네 점 E, F, G, H는 밑면 ABCD위에 있다. AB = $7\sqrt{2}$이고, 점 O에서 밑면 ABCD까지의 높이가 $\sqrt{7}$이고, AE = EB = BF = FC = CG = GD = DH = HA = 5이다.

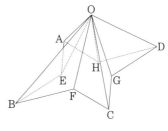

[그림1]

(1) 이 입체의 부피를 구하여라.

(2) 이 입체의 겉넓이를 구하여라.

(3) 점 I는 선분 AC위의 점이고, AI = x이다. 평면 OBD와 평행하고, 점 I를 지나는 평면으로 입체를 절단했을 때, 절단면은 [그림2]와 같다. 다섯 점 J, K, L, M, N에 대하여, 2NL = JK일 때, x의 값을 구하여라. 단, $0 < x < 7$이다.

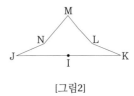

[그림2]

풀이

(1) 꼭짓점 O에서 밑면에 내린 수선의 발을 H라 하면, 입체의 밑면(AEBFCGDH)는 [그림3]과 같다.

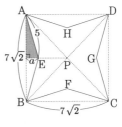

[그림3]

[그림3]에서 a를 구하면,

$$a = \sqrt{5^2 - \left(\frac{7\sqrt{2}}{2}\right)^2} = \sqrt{25 - \frac{98}{4}} = \frac{\sqrt{2}}{2}$$

이다. 그러므로 밑넓이는

$$(7\sqrt{2})^2 - 4 \times \frac{1}{2} \times 7\sqrt{2} \times \frac{\sqrt{2}}{2} = 84 \qquad ㉮$$

이다. 따라서 구하는 이 입체(팔각뿔)의 부피는

$$\frac{1}{3} \times 84 \times \sqrt{7} = 28\sqrt{7}$$

이다.

(2) [그림3]에서

$$PE = \frac{1}{2}BC - a = 3\sqrt{2}, \quad PA = \frac{AB}{\sqrt{2}} = 7$$

이다. 그러므로 [그림4]와 같게 된다.

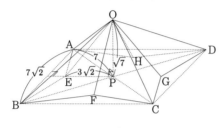

[그림4]

[그림4]에서 모서리 OE, OA를 구하면,

$$OE = \sqrt{OP^2 + PE^2} = \sqrt{(\sqrt{7})^2 + (3\sqrt{2})^2} = 5,$$

$$OA = \sqrt{OP^2 + PA^2} = \sqrt{(\sqrt{7})^2 + 7^2} = 2\sqrt{14}$$

이다. △OAE를 따로 떼어 살펴보면, [그림5]와 같다.

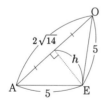

[그림5]

[그림5]에서 h를 구하면,

$$h = \sqrt{5^2 - (\sqrt{14})^2} = \sqrt{11}$$

이다. 따라서

$$△OAE = \frac{2\sqrt{14} \times \sqrt{11}}{2} = \sqrt{154} \qquad ㉯$$

이다. 그러므로 구하는 겉넓이는

$$㉮ + ㉯ \times 8 = 84 + 8\sqrt{154}$$

이다.

(3) [그림6]과 같이 점 I를 지나는 문제의 평면과 모서리 EB, HD, 선분 PE, PH와의 교점을 각각 J, K, N′, L′라 하면, 절단면은 [그림6]에서 오각형 JKLMN이다.

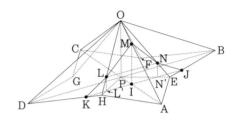

[그림6]

밑면을 따로 떼어 살펴보면 [그림7]과 같다.

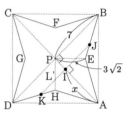

[그림7]

$2NL = JK$일 때, $2N′L′ = JK$이므로

$$N′I = JN′ \qquad ㉯$$

이다. △N′PI는 직각이등변삼각형이므로,

$$N′I = PI = 7 - x, \quad PN′ = \sqrt{2}N′I = \sqrt{2}(7-x)$$

이다. 따라서

$$N′E = PE - PN′ = \sqrt{2}(x-4)$$

이다. JN′ ∥ BP이므로,

$$JN′ = \frac{N′E}{PE} \times BP = \frac{\sqrt{2}(x-4)}{3\sqrt{2}} \times 7 = \frac{7(x-4)}{3}$$

이다. ㉯로부터

$$7 - x = \frac{7(x-4)}{3}$$

이다. 이를 풀면, $x = \frac{49}{10}$이다.

나는 푼다, 고로 (영재학교/과학고) 합격한다.

제 30 절 쪽지 모의고사 30회 풀이

문제 30.1 부라퀴는 일의 자리 수가 9가 아닌 자연수 A에 대하여, 다음과 같은 작업을 시행한다.

> 자연수 A를 1개씩 더하다가, 일의 자리 수가 9가 되면 더하는 것을 그만둔다.

이 작업을 모든 자리 수가 9가 되면 종료하고, 그렇지 않으면, 일의 자리의 9를 제거한 수에 대하여, 이 작업을 반복한다. 단, 1개씩 더하는 수는 처음의 자연수 A이다. 예를 들어, A = 123라고 할 때,

- 첫번째 작업을 수행하면, 123 + 123 + 123 = 369이다.

- 369는 모든 자리 수가 9가 아니므로, 9를 제거한 수 36에 두번째 작업을 수행하면, 36 + 123 = 159이다.

- 159는 모든 자리 수가 9가 아니므로, 9를 제거한 수 15에 세번째 작업을 수행하면, 15 + 123 + 123 + 123 + 123 + 123 + 123 + 123 + 123 = 999이다.

- 모든 자리 수가 9이므로 작업을 종료한다.

계산결과에서 9는 제거한 2개와 마지막에 남은 3개로, 모두 5개가 나온다. 또, 더하는 A = 123의 개수는 첫번째 작업부터 3개, 1개, 8개 순이다. 부라퀴는 이 사실로부터

$$123 \times \underline{3} + 123 \times \underline{10} + 123 \times \underline{800} = 99999$$

이 성립함을 발견하였다.

(1) A = 7일 때, 계산결과에서 9가 모두 a개 나오고, 더하는 7의 개수는 첫번째 작업부터 b개, c개, d개, e개, f개, g개 순이다. 이때, $a + b + c + d + e + f + g$는 얼마인가?

(2) 계산결과에서 9가 모두 3개 나올 때, 가능한 A를 모두 구하여라.

풀이

(1) $1 \div 7 = 0.142857142857\cdots$이므로,

$$7 \times (\underline{7} + \underline{50} + \underline{800} + \underline{2000} + \underline{40000} + \underline{100000}) = 999999$$

이다. 따라서 $a = 6$, $b = 7$, $c = 5$, $d = 8$, $e = 2$, $f = 4$, $g = 1$이다. 이를 모두 더하면 33이다.

(2) $123 \times 813 = 99999$에서

$$1 \div 123 = 813 \div 99999 = 0.0081300813\cdots$$

으로 소수점 아래에서 다섯 개의 숫자 00813이 반복된다.

$1 \div 999 = 0.001001\cdots$, $999 = 3^3 \times 37$이므로, A는 999의 약수 1, 3, 9, 27, 37, 111, 333, 999가 가능하다. 이 중에서 9의 약수와 99의 약수는 한 개의 숫자 또는 두 개의 숫자가 반복되므로 제외해야 하고, 일의 자리 수가 9인 수도 제외해야 한다. 따라서 가능한 A = 27, 37, 111, 333이다.

문제 30.2 그림과 같이, 점 O를 중심으로 하는 원주의 일부와 직선으로 되어 있는 도로가 있다.

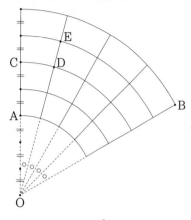

[그림1]

이 도로는 직선부부분은 O에서 멀리 떨어지는 방향으로만, 원주 부분은 시계방향으로만 이동할 수 있다. 이 도로를 A지점에서 B지점까지 일정한 속력으로 이동한다. C지점에서 D지점까지의 거리와 D지점에서 E지점까지의 거리가 같고, C지점에서 D지점까지 이동하는데 10초가 걸린다.

(1) A지점에서 B지점까지 이동하는 데 걸린 시간은 최소 a초, 최대 b초이다. 이때, $a+b$의 값은?

(2) A지점에서 B지점으로 이동하는 방법 중 걸린 시간이 [그림2]의 굵은 선 부분의 길과 같은 것은 모두 몇 가지인가?

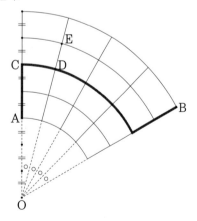

[그림2]

풀이

(1) 직선 부분은 10초가 걸리고, 원주 부분은 CD사이가 10초 걸리므로, 안쪽부터 6초, 8초, 10초, 12초 14초

걸린다.

걸린 시간이 최소일 때는 $10 \times 4 + 6 \times 4 = 64$초다. 즉, $a = 64$이다.

걸린 시간이 최대일 때는 $10 \times 4 + 14 \times 4 = 96$초다. 즉, $b = 96$이다.

따라서 $a+b = 160$이다.

(2) 직선 부분은 10초가 걸리고, 원주 부분은 CD사이가 10초 걸리므로, 안쪽부터 6초, 8초, 10초, 12초 14초 걸린다.

[그림2]에서 원주 부분에서 걸린 시간이 40초이므로, 걸린 시간이 같은 방법은 40을 6, 8, 10, 12, 14 중 네 개의 합으로 나타내는 방법과 같다.

$$40 = 6 + 6 + 14 + 14$$
$$= 6 + 8 + 12 + 14$$
$$= 6 + 10 + 10 + 14$$
$$= 6 + 10 + 12 + 12$$
$$= 8 + 8 + 10 + 14$$
$$= 8 + 8 + 12 + 12$$
$$= 8 + 10 + 10 + 12$$

따라서 구하는 방법은 모두 7가지이다.

문제 30.3 그림과 같이, 좌표평면 위에 점 A는 이차함수 $y = ax^2 (x > 0)$위에 있고, 점 B는 이차함수 $y = \frac{1}{a}x^2 (x > 0)$위에 있고, 점 C는 y축 위에 있고, 점 C의 y좌표는 양수이다. 점 D는 x축 위에 있고, 점 D의 x좌표는 양수이다. 단, $a > 1$이다.

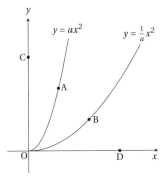

(1) 직선 $y = -x + b$ 위에 네 점 A, B, C, D가 있고, 두 점 A, B가 선분 CD의 삼등분할 때, a, b의 값을 각각 구하여라.

(2) 원점을 중심으로 하고 반지름이 r인 원주 위에 네 점 A, B, C, D가 있고, 두 점 A, B가 호 CD를 삼등분할 때, a^2, r^2의 값을 각각 구하여라.

풀이

(1) 점 C, D는 $y = -x + b$위의 점이므로, C$(0, b)$, D$(b, 0)$이다. 또, 점 A, B는 선분 CD를 삼등분하므로, A$\left(\frac{1}{3}b, \frac{2}{3}b\right)$, B$\left(\frac{2}{3}b, \frac{1}{3}b\right)$이다. 계산 편의상 A$(p, q)$, B$(q, p)$라 한다.

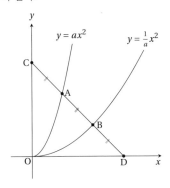

두 점 A, B는 $y = ax^2$, $y = \frac{1}{a}x^2 (ay = x^2)$위에 있으므로, 좌표를 대입하면,

$$q = ap^2, \quad ap = q^2$$

이다. 두 식을 변변 곱하면

$$apq = ap^2q^2, \quad 1 = pq \, (apq \neq 0)$$

이다. 이를 b에 대한 식으로 나타내면

$$\frac{1}{3}b \times \frac{2}{3}b = 1$$

이다. $b > 0$이므로 $b = \frac{3\sqrt{2}}{2}$이다.

$q = ap^2$에서 $\frac{2}{3}b = a\left(\frac{1}{3}b\right)^2$이다. 따라서 $a = \frac{6}{b} = 2\sqrt{2}$이다.

(2) 원의 반지름이 r이므로 C$(0, r)$, D$(r, 0)$이다. 점 A, B가 호 CD를 삼등분하므로, $\angle AOD = 60°$, $\angle BOD = 30°$이다. 한 내각이 30°인 직각삼각형의 성질로 부터 A$\left(\frac{1}{2}r, \frac{\sqrt{3}}{2}r\right)$, B$\left(\frac{\sqrt{3}}{2}r, \frac{1}{2}r\right)$이다. 계산 편의상 A$(p, q)$, B$(q, p)$라 한다.

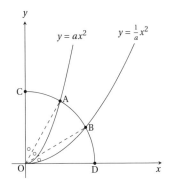

두 점 A, B는 $y = ax^2$, $y = \frac{1}{a}x^2 (ay = x^2)$위에 있으므로, 좌표를 대입하면,

$$q = ap^2, \quad ap = q^2$$

이다. 두 식을 변변 곱하면

$$apq = ap^2q^2, \quad 1 = pq \, (apq \neq 0)$$

이다. 이를 r에 대한 식으로 나타내면

$$\frac{1}{2}r \times \frac{\sqrt{3}}{2}r = 1$$

이다. $r^2 = \frac{4\sqrt{3}}{3}$이다.

$q = ap^2$에서 $\frac{\sqrt{3}}{2}r = a\left(\frac{1}{2}r\right)^2$이다. 즉, $a = \frac{2\sqrt{3}}{r}$이다. 따라서 $a^2 = \frac{12}{r^2} = 3\sqrt{3}$이다.

문제 30.4 [그림1]과 같이, AB = $\sqrt{3}$, BC = 1인 직사각형에서 점 A에서 대각선 BD에 내린 수선의 발을 G라 하고, 직선 AG와 변 CD의 교점을 H라 한다.

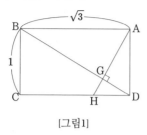

[그림1]

[그림2]와 같이, 세 점 B, C, D를 고정시키고, 대각선 BD를 접어서 사면체 ABCD를 만든다. 꼭짓점 A에서 밑면 BCD에 내린 수선의 발이 점 H와 일치한다.

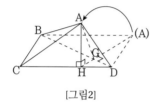

[그림2]

(1) [그림1]에서 HD의 길이를 구하여라.

(2) [그림2]에서 사면체 ABCD의 높이 AH의 길이를 구하여라.

(3) [그림2]에서 사면체 ABCD의 모서리 CD위에 점 P를, AP + PB의 길이가 최소가 되도록 잡는다. 이때, CP : PH를 구하여라.

풀이

(1) [그림3]의 △AHD와 △BDA에서

$$\angle ADH = \angle BAD$$

이고,

$$\bullet + \triangle = 90^\circ, \quad \circ + \triangle = 90^\circ$$

이므로, $\bullet = \circ$이다.

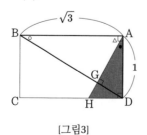

[그림3]

따라서 두 각이 같으므로, △AHD와 △BDA는 닮음이고,

$$HD : DA = AD : BA, \quad HD : 1 = 1 : \sqrt{3}$$

이다. 그러므로 $HD = \dfrac{\sqrt{3}}{3}$이다.

(2) [그림3]에서 색칠한 부분을 살펴보면, 사면체 ABCD의 높이 AH는

$$AH = \sqrt{AD^2 - HD^2} = \sqrt{1 - \left(\frac{\sqrt{3}}{3}\right)^2} = \frac{\sqrt{6}}{3}$$

이다.

(3) [그림4]는 사면체 면 ACD, 면 BCD를 전개한 것으로, AP + PB가 최소일 때는 A, P, B가 한 직선 위에 있을 때(굵은 선)이다.

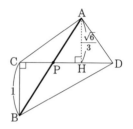

[그림4]

삼각형 AHP와 삼각형 BCP가 닮음이므로,

$$CP : PH = CB : AH = 3 : \sqrt{6}$$

이다.

제 31 절 쪽지 모의고사 31회 풀이

문제 31.1 아래 그림의 모눈에서, 상하좌우(위쪽, 아래쪽, 왼쪽, 오른쪽)를 한 번에 한 칸 이동하는 말을 생각한다. 회색 모눈으로는 이동할 수 없지만, 그 이외에는 자유롭게 이동할 수 있다.

다음 물음에 답하시오.

(1) A 모눈에 있는 말이 7번의 이동을 해서 B 모눈에 도착하는 방법의 수는 모두 몇 가지인가?

(2) A 모눈에 있는 말이 9번의 이동을 해서 B 모눈에 도착하는 방법의 수는 모두 몇 가지인가?

[풀이]

(1) A 모눈에서 B 모눈에 도착하는 가장 적은 말의 이동 횟수가 7번이다. 따라서 A 모눈에 있는 말이 7번 이동을 해서 B 모눈에 도착하는 방법의 수는 A 모눈에서 B 모눈을 최단 경로로 이동하는 방법의 수와 같다. 다음과 같은 모두 4가지 방법의 수가 있다.

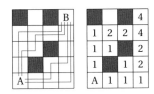

(2) A 모눈에 있는 말이 9번의 이동을 해서 B 모눈에 도착하려면, 어딘가에서 한 번만 뒤로 돌아가기 때문에 모눈 위에 수를 나타낼 때, 돌아갔다 온 경우에는 원 문자(①, ②, ⋯)로 나타낸다.
먼저 말이 1번, 2번, 3번 이동하는 방법의 수를 나타내면, 다음과 같다.

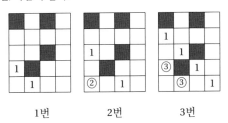

| 1번 | 2번 | 3번 |

다음으로, 말이 4번, 5번, 6번 이동하는 방법의 수를 나타내면, 다음과 같다.

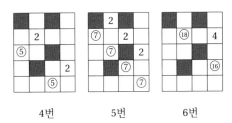

| 4번 | 5번 | 6번 |

마지막으로 말이 7번, 8번, 9번 이동하는 방법의 수를 나타내면, 다음과 같다.

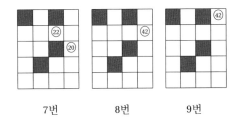

| 7번 | 8번 | 9번 |

따라서 A 모눈에 있는 말이 9번의 이동을 해서 B 모눈에 도착하는 방법의 수는 42가지이다.

문제 31.2 정20면체의 각 면에 1부터 20까지의 수가 하나씩 적힌 주사위를 세 번 던져서 나온 눈을 순서대로 a, b, c라 한다.

(1) $a+b+c$와 abc가 모두 짝수일 확률을 구하여라.

(2) $a+b+c$와 abc가 모두 4의 배수일 확률을 구하여라.

(3) $a+b+c$와 abc가 모두 8의 배수일 확률을 구하여라.

풀이

(1) 주사위를 한 번 던질 때, 짝수, 홀수가 나오는 방법의 수는 각각 10가지이다. 조건을 만족하도록 주사위를 세 번 던져서 나오는 방법은 다음과 같은 두 가지 경우이다.

(i) 3번 모두 짝수인 경우, $10 \times 10 \times 10 = 1000$가지이다.

(ii) 짝수 1번, 홀수 2번인 경우, 짝수와 홀수가 나오는 순서가 3가지이고, 각각 나오는 방법의 수가 1000가지이므로, 모두 $3 \times 1000 = 3000$가지이다.

따라서 구하는 확률은 $\frac{1000+3000}{20 \times 20 \times 20} = \frac{1}{2}$이다.

(2) 1부터 20을 4로 나눈 나머지가 같은 수끼리 다음과 같이 분류한다.

A	4로 나눈 나머지가 0인 수	4, 8, 12, 16, 20
B	4로 나눈 나머지가 1인 수	1, 5, 9, 13, 17
C	4로 나눈 나머지가 2인 수	2, 6, 10, 14, 18
D	4로 나눈 나머지가 3인 수	3, 7, 11, 15, 19

조건을 만족하도록 주사위를 세 번 던져서 나오는 방법은 다음과 같은 세 가지 경우이다.

(i) A에서 3번 나오는 경우, $5 \times 5 \times 5 = 125$가지이다.

(ii) A에서 1번, C에서 2번 나오는 경우, A와 C가 나오는 순서가 3가지이고, 각각 나오는 방법의 수가 125가지이므로, 모두 $3 \times 125 = 375$가지이다.

(iii) A, B, D에서 각각 1번씩 나오는 경우, A, B, D가 나오는 순서가 $3 \times 2 \times 1 = 6$가지이고, 각각 나오는 방법의 수가 125가지이므로, 모두 $6 \times 125 = 750$가지이다.

따라서 구하는 확률은 $\frac{125+375+750}{20 \times 20 \times 20} = \frac{5}{32}$이다.

(3) 1부터 20을 8로 나눈 나머지가 같은 수끼리 다음과 같이 분류한다.

E	8로 나눈 나머지가 0인 수	8, 16
F	8로 나눈 나머지가 1인 수	1, 9, 17
G	8로 나눈 나머지가 2인 수	2, 10, 18
H	8로 나눈 나머지가 3인 수	3, 11, 19
I	8로 나눈 나머지가 4인 수	4, 12, 20
J	8로 나눈 나머지가 5인 수	5, 13
K	8로 나눈 나머지가 6인 수	6, 14
L	8로 나눈 나머지가 7인 수	7, 15

조건을 만족하도록 주사위를 세 번 던져서 나오는 방법은 다음과 같은 일곱 가지 경우이다.

(i) E에서 3번 나오는 경우, $2 \times 2 \times 2 = 8$가지이다.

(ii) E, F, L에서 각각 1번씩 나오는 경우, E, F, L가 나오는 순서가 $3 \times 2 \times 1 = 6$가지이고, 각각 나오는 방법의 수가 $2 \times 3 \times 2 = 12$가지이므로, 모두 $6 \times 12 = 72$가지이다.

(iii) E, G, K에서 각각 1번씩 나오는 경우, E, G, K가 나오는 순서가 $3 \times 2 \times 1 = 6$가지이고, 각각 나오는 방법의 수가 $2 \times 3 \times 2 = 12$가지이므로, 모두 $6 \times 12 = 72$가지이다.

(iv) E, H, J에서 각각 1번씩 나오는 경우, E, H, J가 나오는 순서가 $3 \times 2 \times 1 = 6$가지이고, 각각 나오는 방법의 수가 $2 \times 3 \times 2 = 12$가지이므로, 모두 $6 \times 12 = 72$가지이다.

(v) E에서 1번, I에서 2번 나오는 경우, E, I가 나오는 순서가 3가지이고, 각각 나오는 방법의 수가 $2 \times 3 \times 3 = 18$가지이므로, 모두 $3 \times 18 = 54$가지이다.

(vi) G에서 2번, I에서 1번 나오는 경우, G, I가 나오는 순서가 3가지이고, 각각 나오는 방법의 수가 $3 \times 3 \times 3 = 27$가지이므로, 모두 $3 \times 27 = 81$가지이다.

(vii) I에서 1번, K에서 2번 나오는 경우, I, K가 나오는 순서가 3가지이고, 각각 나오는 방법의 수가 $3 \times 2 \times 2 = 12$가지이므로, 모두 $3 \times 12 = 36$가지이다.

따라서 구하는 확률은 $\frac{8+72 \times 3 + 54 + 81 + 36}{20 \times 20 \times 20} = \frac{79}{1600}$이다.

문제 31.3 다음 물음에 답하여라.

(1) [그림1]과 같이, 한 변의 길이가 6인 정사각형 ABCD 가 있다. 정사각형 ABCD의 내부에 정삼각형 ABG, BCH, CDE, DAF를 그린다. 이때, 색칠한 부분의 넓이 를 구하여라.

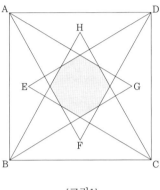

[그림1]

(2) [그림2]와 같이, 반지름이 1인 원주를 8등분하는 점 A~H가 있다. 선분 AD, AF, BE, BG, CF, CH, DG, EH 를 그린다. 이때, 색칠한 부분의 넓이를 구하여라.

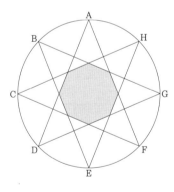

[그림2]

풀이

(1) [그림3]과 같이, 정사각형 ABCD의 중심(두 대각선의 교점)을 O라 하고, 점 O에서 변 AD에 내린 수선의 발 을 M이라 한다. 선분 OM과 선분 ED의 교점을 P라 하 고, 선분 AG와 선분 HC의 교점을 Q라 한다. 점 Q에 서 선분 OM에 내린 수선의 발을 R이라 한다. 여기서, $\angle$MDP = 30°, $\angle$OPQ = 60°, $\angle$POQ = 45°이다.

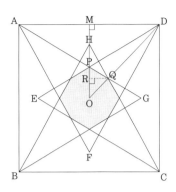

[그림3]

PR = a라 하면, QR = OR = $\sqrt{3}a$이므로,

$$\triangle OPQ = \frac{OP \times QR}{2} = \frac{3+\sqrt{3}}{2}a^2$$

이다. OM = MD = 3, PM = $\sqrt{3}$이므로, OP = OM − PM = 3 − $\sqrt{3}$이고, 이는 $(\sqrt{3}+1)a$와 같으므로,

$$a = \frac{3-\sqrt{3}}{\sqrt{3}+1} = 2\sqrt{3} - 3$$

이다. 따라서 구하는 색칠한 부분의 넓이는

$$8 \times \triangle OPQ = 8 \times \frac{3+\sqrt{3}}{2}a^2$$
$$= 8 \times \frac{3+\sqrt{3}}{2} \times (2\sqrt{3}-3)^2$$
$$= 12(9-5\sqrt{3})$$

이다.

(2) [그림4]와 같이, 원의 중심을 O라 하고, 점 A에서 선분 OH에 내린 수선의 발을 I라 한다. 또, 점 L, J, K, M을 잡는다.

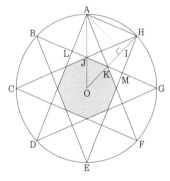

[그림4]

삼각형 OJK와 삼각형 OAH는 닮음이고, 닮음비는

$$JK : AH = JK : LM = \sqrt{2} : (\sqrt{2}+2) = 1 : (1+\sqrt{2})$$

이므로,

$$\triangle \text{OAH} = \frac{\text{OH} \times \text{AI}}{2} = \frac{1}{2} \times 1 \times \frac{1}{\sqrt{2}} = \frac{1}{2\sqrt{2}}$$

이다. 따라서 구하는 색칠한 부분의 넓이는

$$8 \times \triangle \text{IJK} = 8 \times \frac{1}{2\sqrt{2}} \times \frac{1^2}{(1+\sqrt{2})^2} = 6\sqrt{2} - 8$$

이다.

문제 31.4 다음 물음에 답하시오.

(1) [그림1]과 같이, 원주를 8등분하는 점 A~H와 원의 내부에 한 점 P가 있다. 이때, 색칠한 부분의 넓이는 항상 원의 넓이의 $\frac{1}{2}$인가? 자신의 주장에 대한 이유를 설명하시오.

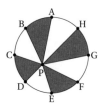

[그림1]

(2) [그림2]와 같이, 원주를 6등분하는 점 A~F와 원의 내부에 한 점 P가 있다. 이때, 색칠한 부분의 넓이는 항상 원의 넓이의 $\frac{1}{2}$인가? 자신의 주장에 대한 이유를 설명하시오.

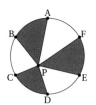

[그림2]

풀이

(1) [그림3]과 같이, 정팔각형 ABCDEFGH를 그리면, 색칠한 활꼴과 색칠하지 않은 활꼴이 각각 4개씩 있다. 이제 활꼴을 제외한 나머지 부분에서 색칠한 부분과 색칠하지 않은 부분의 넓이를 비교해보자.

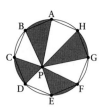

[그림3]

[그림4]에서 삼각형 PAB와 삼각형 PEF의 넓이의 합은 직사각형 ABEF의 넓이의 절반이다. [그림5]에서 삼각형 PCD와 삼각형 PGH의 넓이의 합은 직사각형 CDGH의 넓이의 절반이다.

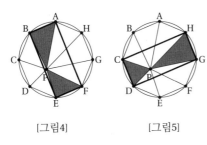

[그림4]   [그림5]

[그림6]에서 삼각형 PBC와 삼각형 PFG의 넓이의 합은 직사각형 BCFG의 넓이의 절반이다. [그림7]에서 삼각형 PDE와 삼각형 PHA의 넓이의 합은 직사각형 DEHA의 넓이의 절반이다.

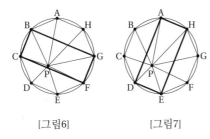

[그림6]   [그림7]

따라서 [그림1]에서 색칠한 부분과 색칠하지 않은 부분의 넓이가 같다. 즉, 색칠한 부분의 넓이는 항상 원의 넓이의 $\frac{1}{2}$이다.

(2) [그림8]과 같이, 정육각형 ABCDEF를 그리면, 색칠한 활꼴과 색칠하지 않은 활꼴이 각각 3개씩 있다. 이제 활꼴을 제외한 나머지 부분에서 색칠한 부분과 색칠하지 않은 부분의 넓이를 비교해보자.

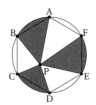

[그림8]

[그림9]와 같이 합동인 정삼각형 LMN과 XYZ를 그린다.
삼각형 PAB, 삼각형 PCD, 삼각형 PEF의 넓이는 각각 삼각형 PXY, 삼각형 PYZ, 삼각형 PZX의 넓이의 $\frac{1}{3}$이다. 그러므로 색칠한 부분의 넓이는 정삼각형 XYZ의 넓이의 $\frac{1}{3}$이다.
마찬가지로, 삼각형 PBC, 삼각형 PDE, 삼각형 PFA의 넓이는 각각 삼각형 PLM, 삼각형 PMN, 삼각형 PNL

의 넓이의 $\frac{1}{3}$이다. 그러므로 색칠하지 않은 부분의 넓이는 정삼각형 LMN의 넓이의 $\frac{1}{3}$이다.

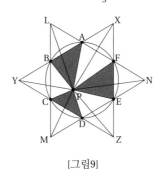

[그림9]

따라서 [그림2]에서 색칠한 부분의 넓이와 색칠하지 않은 부분의 넓이가 같다. 즉, 색칠한 부분의 넓이는 항상 원의 넓이의 $\frac{1}{2}$이다.

제 32 절 쪽지 모의고사 32회 풀이

문제 32.1 $1, 2, \cdots, n$의 번호가 적힌 구슬과 $1, 2, \cdots, n$의 번호가 적힌 상자가 있다. 다음 조건을 만족하도록 구슬을 상자에 넣는다. 단, 구슬은 상자에 들어가고, 1개의 상자에 들어간 구슬은 1개이다.

> 번호 a인 구슬이 번호 b인 상자에 들어갈 때, 반드시 $-1 \leq a - b \leq 1$이다.

(1) $n = 4$일 때, 조건을 만족하도록 구슬을 상자에 넣는 방법의 수를 구하여라.

(2) $n = 5$일 때, 조건을 만족하도록 구슬을 상자에 넣는 방법의 수를 구하여라.

(3) $n = 6$일 때, 조건을 만족하도록 구슬을 상자에 넣는 방법의 수를 구하여라.

(4) 조건을 만족하도록 구슬을 상자에 넣는 방법의 수가 2024가지 이상일 때, n의 최솟값을 구하여라.

[풀이] 상자의 번호를 $1, 2, \cdots, n$이라 하고, 구슬의 번호를 ①, ②, $\cdots$, ⓝ이라 한다.

(1) 다음과 같이 5가지 방법이 있다.

1	2	3	4		1	2	3	4
①	②	③	④		②	①	③	④

1	2	3	4		1	2	3	4
①	③	②	④		①	②	④	③

1	2	3	4
②	①	④	③

(2) 5번 상자에 들어가는 구슬이 ⑤, ④인 경우를 나누어 살펴본다.

  (i) 5번 상자에 ⑤가 들어가는 경우, 나머지 1 ~ 4번 상자에 ① ~ ④를 넣는 방법의 수는 (1)에서 구한 5가지이다.

  (ii) 5번 상자에 ④가 들어가는 경우, 4번 상자에는 반드시 ⑤가 들어가야 한다. 나머지 1 ~ 3번 상자에 ① ~ ③를 넣는 방법의 수는 다음과 같은 3가지이다.

1	2	3		1	2	3
①	②	③		②	①	③

1	2	3
①	③	②

따라서 구하는 방법의 수는 $5 + 3 = 8$가지이다.

(3) 6번 상자에 들어가는 구슬이 ⑥, ⑤인 경우로 나누어 살펴보면, (2)에서와 같이 각각 8가지, 5가지이다. 따라서 구하는 방법의 수는 $8 + 5 = 13$가지이다.

(4) (2), (3)과 같은 방법으로 n에 대하여 방법의 수를 구하면 다음과 같다.

n	방법의 수
4	5
5	8
6	13
7	21
8	34
9	55
10	89
11	144
12	233
13	377
14	610
15	987
16	1597
16	2584

따라서 2024를 넘는 n의 최솟값은 17이다.

문제 32.2 다음 물음에 답하여라.

(1) [그림1]과 같이 5×5의 정사각형을 1×1 정사각형 25개로 분할하고, 1×1 정사각형에 다음의 조건을 만족하도록 색칠하는 방법의 수를 구하여라.

> 굵은선의 테두리로 어떤 2×2 정사각형을 둘러싸는 경우에도 테두리 안에는 색이 칠해진 1×1 정사각형이 반드시 2개이다.

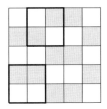

[그림1]

(2) $n \times n$의 정사각형을 1×1 정사각형 n^2개로 분할하고, 1×1 정사각형에 (1)의 조건을 만족하도록 색칠하는 방법의 수를 구하여라.

풀이

(1) [그림2]와 같이, 1×5 직사각형에 색칠한 부분을 ○, 색칠하지 않은 부분을 ×로 나타내는데, 색칠한 부분과 색칠하지 않은 1×1 정사각형이 번갈아 나오도록 하는 방법은 A, B의 두 가지 경우이다. 마찬가지로 [그림3]과 같이 5×1 직사각형에 색칠한 부분을 ○, 색칠하지 않은 부분을 ×로 나타내는데, 색칠한 부분과 색칠하지 않은 1×1 정사각형이 번갈아 나오도록 하는 방법은 C, D의 두 가지 경우이다.

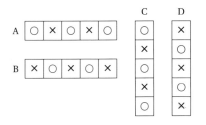

[그림2]   [그림3]

5×5 정사각형에서 A, B 중 하나를 선택하여 위에서 아래로 나열하면, 주어진 조건을 만족한다. 이렇게 A, B를 이용하여 5×5 정사각형을 색칠하는 방법의 수는 $2^5 = 32$가지이다.

같은 방법으로 5×5 정사각형에서 C, D 중 하나를 선택하여 왼쪽에서 오른쪽으로 나열하면, 주어진 조건을 만족한다. 이렇게 C, D를 이용하여 5×5 정사각형을 색칠하는 방법의 수는 $2^5 = 32$가지이다.

A, B 또는 C, D를 이용하여 색칠하는 방법이 아닌 다른 경우가 존재한다고 가정하면, 이 경우 가로나 세로 양쪽에 ○ 또는 ×가 2개 이상 연속된 구간이 존재한다. 그 구간에 대해서는 조건으로부터

$$○○ \rightarrow ×× \rightarrow ○○ \rightarrow \cdots$$

로 ○와 ×가 번갈아 자동으로 결정된다. 그런데, 가로구간과 세로구간이 교차하는 마지막 2×2 정사각형에서 [그림4]와 같이 ○이 3개(또는 ×이 3개)가 나오게 되므로 모순이다. 따라서 A, B 또는 C, D를 이용하여 색칠하는 방법 이외에는 존재하지 않는다.

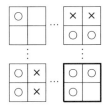

[그림4]

이제, A, B 또는 C, D를 이용하여 색칠할 때, 중복되는 경우를 구하면 된다. 중복되는 경우는 [그림5], [그림6]와 같이 대각선에 대하여 대칭인 2가지 경우 뿐이다.

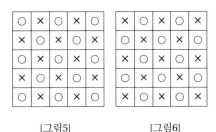

[그림5]   [그림6]

따라서 구하는 방법의 수는 $32 \times 2 - 2 = 62$가지이다.

(2) (1)에서와 같은 방법으로 구하면, 구하는 방법의 수는 $2^n \times 2 - 2 = 2^{n+1} - 2$가지이다.

문제 32.3 그림과 같이 반지름이 1인 9개의 원을 각각의 중심이 정9각형의 꼭짓점에 위치하고, 서로 접하도록 나열하면, 그 내부에 반지름이 1인 두 개의 원이 접한다. 원을 중심을 각각 A, B, C, D, E, F, G, H, I, J, K라 하고, BI = a라 할 때, 다음 물음에 답하시오.

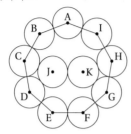

(1) ∠JDE의 크기를 구하여라.

(2) ∠BIJ의 크기를 구하여라.

(3) 선분 DI의 길이를 a의 일차식으로 나타내시오.

〔풀이〕

(1) 정9각형의 한 외각의 크기는 360° ÷ 9 = 40°이므로, ∠CDE = 140°이다.

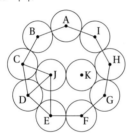

CD = DJ = JC = 2이므로 삼각형 CDJ는 정삼각형이다. 즉, ∠CDJ = 60°이다. 따라서 ∠JDE = 140° − 60° = 80°이다.

(2) 아래 그림에서 오각형 ABCDI의 내각의 합이 540°이고, ∠DCB = ∠CBA = ∠BAI = 140°이므로

$$\angle CDI = \angle AID = \frac{540° - 140° \times 3}{2} = 60°$$

이다. 그러므로 점 J는 선분 DI위에 있다.

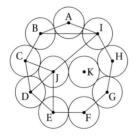

AB = AI이므로

$$\angle AIB = \angle ABI = \frac{180° - 140°}{2} = 20°$$

이다. 따라서

$$\angle BIJ = \angle AID - \angle AIB = 60° - 20° = 40°$$

이다.

(3) 아래 그림에서, ∠BCJ = ∠JDE = 80°이고, CB = CJ이므로,

$$\angle CBJ = \frac{180° - 80°}{2} = 50°$$

이다.

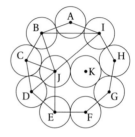

그러므로 ∠IBJ = 140° − (20° + 50°) = 70°이다. 삼각형 IBJ의 내각의 합을 생각하면,

$$\angle IJB = 180° - (40° + 70°) = 70°$$

이다. JI = BI = a, DJ = 2이므로, DI = JI + DJ = $a + 2$이다.

문제 32.4 [그림1]과 같이 정십이각형 ABCDEFGHIJKL가 있다. 대각선 AG의 중점을 O라 하면, OA = 2이다.

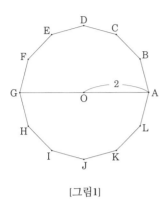

[그림1]

다음 물음에 답하시오.

(1) △OAB의 넓이를 구하여라.

(2) [그림2]는 [그림1]에서 점 A를 중심으로 하고, 선분 AD를 반지름으로 하는 원을 추가한 것이다. 이때, 색칠한 부분의 넓이를 구하여라.

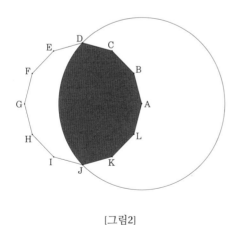

[그림2]

(3) [그림3]은 [그림1]에서 점 A를 중심으로 하고, 선분 AC, AD, AE를 반지름으로 하는 세 개의 원을 추가한 것이다. 이때, 색칠한 부분의 넓이의 합을 구하여라.

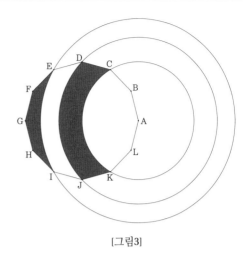

[그림3]

풀이

(1) ∠AOB = 30°이므로, 점 B에서 선분 OA에 내린 수선의 길이가 1이다. 따라서 삼각형 OAB의 넓이는 $\frac{1}{2} \times 2 \times 1 = 1$이다.

(2) [그림4]와 같이 선분 AD, 선분 AJ, 선분 DJ, 선분 OA를 그린다.

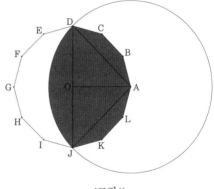

[그림4]

색칠한 부분의 넓이는 부채꼴 ADJ와 사각형 ABCD, 사각형 JKLA의 넓이의 합이다. 또, 사각형 ABCD와 사각형 JKLA는 합동이다.

삼각형 OAD는 직각이등변삼각형이므로, AD = $2\sqrt{2}$ 이고, ∠DAJ = 90°이므로, 부채꼴 ADJ의 넓이는 $\pi \times (2\sqrt{2})^2 \times \frac{1}{4} = 2\pi$이다.

사각형 ABCD의 넓이는 오각형 OABCD(삼각형 OAB의 넓이의 3배)에서 삼각형 OAD의 넓이를 빼면 되므로, $1 \times 3 - \frac{1}{2} \times 2 \times 2 = 1$이다.

따라서 색칠한 부분의 넓이는 $2\pi + 1 \times 2 = 2(\pi + 1)$이다.

(3) [그림5]와 같이, 선분 DC, JK와 호 CK, 호, DJ로 둘러 싸인 부분의 넓이를 S라 하고, 선분 EF, FG, GH, HI와 호 EI로 둘러싸인 부분의 넓이를 T라 한다.

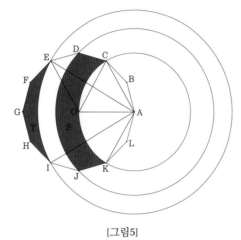

[그림5]

S는 (2)에서 구한 색칠한 부분의 넓이에서 부채꼴 ACK와 삼각형 ABC, 삼각형 KLA의 넓이를 뺀 것과 같다. ∠CAK = 120°, AC = 2이므로,

$$S = 2(\pi + 1) - \pi \times 2^2 \times \frac{1}{3} - 2 \times \left(1 \times 2 - \frac{\sqrt{3}}{4} \times 2^2\right)$$
$$= \frac{2}{3}\pi - 2 + 2\sqrt{3}$$

이다. T는 정12각형의 넓이에서 부채꼴 AEI와 오각형 ABCDE, 오각형 IJKLA의 넓이를 뺀 것과 같다. AE = $2\sqrt{3}$, ∠EAI = 60°이므로,

$$T = 1 \times 12 - \pi \times (2\sqrt{3})^2 \times \frac{1}{6} - 2 \times \left(1 \times 4 - \frac{1}{2} \times 2 \times \sqrt{3}\right)$$
$$= 4 + 2\sqrt{3} - 2\pi$$

이다. 따라서 구하는 색칠한 부분의 넓이는 $2 + 4\sqrt{3} - \frac{4}{3}\pi$이다.

제 33 절 쪽지 모의고사 33회 풀이

문제 33.1 제곱수 $1442401 = 1201^2$에서 아래 네 자리 수 $2401 = 49^2$, 아래 네 자리 수를 제외한 나머지 수 $144 = 12^2$가 모두 제곱수이다. 이와 같이 아래 네 자리 수와 아래 네 자리 수를 제외한 나머지 수가 모두 제곱수인 수를 '부라퀴 제곱수'라고 부른다.

(1) 10000의 배수 이외의 다섯 자리 이상의 부라퀴 제곱수 중 최댓값을 구하여라.

(2) 10000의 배수 이외의 다섯 자리 이상의 부라퀴 제곱수 중 10의 배수를 모두 구하여라.

풀이 아래 네 자리 수를 제외한 나머지 수를 a^2이라 하고, 아래 네 자리 수를 b^2이라 하고, $10000a^2 + b^2 = (100a + c)^2$이라 한다. 단, a, b, c는 모두 자연수이고, $1 \le b \le 99$이다.

(1) $10000a^2 + b^2 = (100a + c)^2$를 정리하면,

$$b^2 = 200ac + c^2 = (200a + c)c \le 99^2$$

이다. 따라서

$$200a \le \frac{9801}{c} - c, \quad 200a \le \frac{9801}{1} - 1 = 9800$$

이다. 즉, $a \le 49$이다.

$a = 49$일 때, $b^2 = 200ac + c^2$에서 $b^2 = 9800c + c^2$이다. 이를 만족하는 b, c를 구하면 $(b, c) = (99, 1)$이다. 따라서 10000의 배수 이외의 다섯 자리 이상의 부라퀴 제곱수 중 최대인 것은 24019801이다.

(2) 10의 배수가 되려면 일의 자리 수가 0이어야 한다. 즉, b, c는 10의 배수이다.

$$b^2 = (200a + c)c \le 90^2, \quad 200a \le \frac{8100}{c} - c$$

에서 c가 커지면 $\frac{8100}{c} - c$는 작아지므로,

$$200a \le \frac{8100}{10} - 10, \quad a \le 4$$

이다.

(i) $a = 1$일 때, $c = 10, 20, 30, 40$을 대입하면, $110^2 = 12100$, $120^2 = 14400$, $130^2 = 16900$, $140^2 = 19600$은 모두 아래 네 자리 수가 제곱수가 아니므로, 부라퀴 제곱수가 아니다.

(ii) $a = 2$일 때, $c = 10, 20$을 대입하면, $210^2 = 44100$, $220^2 = 48400$은 모두 아래 네 자리 수가 제곱수가 아니므로, 부라퀴 제곱수가 아니다.

(iii) $a = 3$일 때, $c = 10$을 대입하면, $310^2 = 96100$은 아래 네 자리수가 제곱수가 아니므로, 부라퀴 제곱수가 아니다.

(iv) $a = 4$일 때, $c = 10$을 대입하면, $410^2 = 168100$은 아래 네 자리수가 제곱수이므로, 부라퀴 제곱수이다.

따라서 부라퀴 제곱수 중 10의 배수는 168100뿐이다.

문제 33.2 다음 물음에 답하여라.

(1) [그림1]과 같이, 밑면이 BC = BD인 이등변삼각형인 삼각뿔 A-BCD에서, ∠BAC + ∠CAD + ∠DAB = 90°, AB = 12이다. 삼각형 ACD가 [그림2]의 정사각형 안의 색칠한 삼각형과 동일할 때, 삼각형 BCD의 넓이를 구하여라.

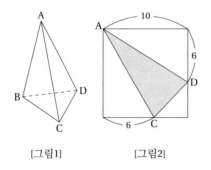

[그림1]   [그림2]

(2) [그림3]과 같이, 한 변 AB를 공유하는 두 정칠각형 ABCDEFG와 ABHIJKL에서 변 AB와 변 DE의 연장선의 교점을 O라 한다. 삼각형 BOD의 넓이가 1012일 때, 삼각형 LOF의 넓이를 구하여라.

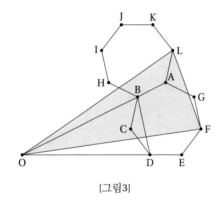

[그림3]

풀이

(1) ∠BAC + ∠CAD + ∠DAB = 90°, AB = 12이므로, 삼각뿔 A-BCD의 전개도는 [그림4]와 같다. [그림4]와 같이 점 O, C′, D′를 잡으면, 구하는 삼각형 BCD의 넓이는 정사각형 OC′BD′에서 삼각형 OCD, 삼각형 CC′B, 삼각형 DD′B의 넓이를 뺀 것과 같다. 따라서 삼각형 BCD의 넓이는

$$6 \times 6 - (4 \times 4 \div 2 + 6 \times 2 \div 2 \times 2) = 36 - (8 + 12) = 16$$

이다.

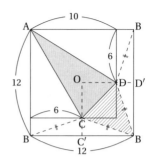

[그림4]

(2) 삼각형 FOE를 반시계방향으로 $\frac{180°}{7}$ 회전하면 삼각형 LOA와 일치하므로, △LOB ≡ △FOD이다.

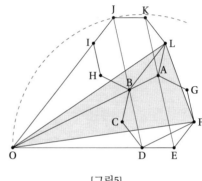

[그림5]

그러므로 삼각형 LOF의 넓이는 오각형 LBODF의 넓이와 같고, 오각형 LBODF의 넓이는 삼각형 BOD와 사각형 LBDF의 넓이의 합과 같다. 또, 사각형 LBDF의 넓이는 사각형 LBAF와 사각형 ABDF의 넓이의 합과 같다.

△BOD ≡ △FJD이고, 삼각형 FJD는 삼각형 AJB와 사각형 ABDF의 넓이의 합과 같다.

△AJB ≡ △CFB이고, 선분 BC와 LA는 평행하고, 길이가 같으므로 삼각형 CFB의 넓이는 사각형 LBAF의 넓이와 같다. 그러므로 사각형 LBDF의 넓이는 삼각형 FJD의 넓이와 같다.

따라서 삼각형 LOF의 넓이는 삼각형 BOD의 넓이의 2배이다. 즉, 삼각형 LOF의 넓이는 2024이다.

문제 33.3 [그림1]과 같이, 반지름이 4인 원 O와 원 O의 외부의 점 A에 대하여, 원 O와 선분 OA의 교점을 B라 한다.

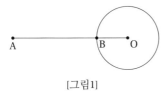

[그림1]

[그림2]는 [그림1]에서 다음과 같은 순서에 따라 그린 것이다.

> (가) 점 P는 선분 AB위에 잡는다. 단, 점 P는 점 B와 겹치지 않는다.
>
> (나) 선분 PO의 중점 M을 중심으로 하고, MO를 반지름으로 하는 원 M을 그린다.
>
> (다) 원 M과 원 O의 교점을 각각 C, D라 한다.
>
> (라) 점 O와 점 C, 점 O와 점 D, 점 C와 점 P, 점 D와 점 P를 각각 연결한다.

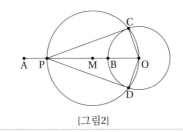

[그림2]

다음 물음에 답하시오.

(1) [그림2]에서 점 P가 점 O의 방향으로 움직인다. 세 점 C, M, D가 한 직선 위에 있을 때, ∠CPO의 크기를 구하여라.

(2) [그림2]에서 점 P가 점 O의 방향으로 움직인다. 세 점 C, M, D가 한 직선 위에 있을 때, 사각형 OCPD의 넓이를 구하여라.

(3) [그림2]에서 점 P가 점 O의 방향으로 움직인다. 원 M의 넓이가 원 O의 넓이의 $\frac{1}{3}$일 때, 삼각형 OCD의 넓이를 구하여라.

풀이

(1) 세 점 C, M, D가 한 직선 위에 있으면, 원 M에서 선분 CD가 지름이므로, 원주각의 성질에 의하여 ∠CPD = 90°이다. 또, CM = PM = DM = OM이므로 ∠CPO = 45°이다.

(2) 사각형 OCPD는 한 변의 길이가 4인 정사각형이므로, 사각형 OCPD의 넓이는 $4^2 = 16$이다.

(3) 원 M의 반지름을 r이라 두면,

$$\pi r^2 = \pi \times 4^2 \times \frac{1}{3}, \quad r^2 = \frac{16}{3}$$

이다. $r > 0$이므로 $r = \frac{4\sqrt{3}}{3}$이다.

점 M에서 선분 CO에 내린 수선의 발을 H라 하면, OH = 2이다. 직각삼각형 OMH에 피타고라스의 정리를 적용하면, MH = $\sqrt{\left(\frac{4\sqrt{3}}{3}\right)^2 - 2^2} = \frac{2\sqrt{3}}{3}$이다. 그러므로

$$\text{OM} : \text{MH} : \text{OH} = \frac{4\sqrt{3}}{3} : \frac{2\sqrt{3}}{3} : 2 = 2 : 1 : \sqrt{3}$$

이다. 즉, 직각삼각형 OMH의 세 내각은 30°, 60°, 90°이다. ∠MOH = 30°이므로, ∠COD = 60°이어서 삼각형 OCD는 한 변의 길이가 4인 정삼각형이다. 따라서 삼각형 OCD의 넓이는 $\frac{\sqrt{3}}{4} \times 4^2 = 4\sqrt{3}$이다.

문제 33.4 부라퀴는 다음의 '화살촉 정리'를 발견하였다.

그림과 같이, 삼각형 ABC와 삼각형 ADB가 닮음이면, AB : AC = AD : AB가 성립한다. 즉, $AB^2 = AC \times AD$이다.

(1) [그림1]과 같이, 점 O에서 원에 두 접선을 긋고, 이 접점을 P, Q라 한다. 원주 위의 한 점 A에서 직선 PQ, OP, OQ에 내린 수선의 발을 각각 B, C, D라 할 때, $AB^2 = AC \times AD$가 성립함을 '화살촉 정리'를 이용하여 증명하여라.

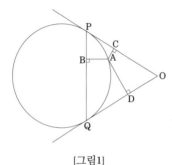

[그림1]

(2) [그림2]와 같이, 중심이 A, B이 두 원 A, B가 두 점 Q, R에서 만나고, 공통접선 l이 각각 원과 접하는 점이 C, D이다. ∠QAC의 이등분선과 ∠QBD의 이등분선의 교점을 P라 하고, 선분 PQ를 그린다. 두 원 A, B가 반지름은 변하지 않고 두 원의 중심 사이의 거리가 변할 때, 선분 PQ의 길이는 변하지 않음을 '화살촉 정리'를 이용하여 증명하여라.

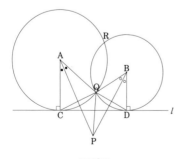

[그림2]

풀이

(1) [그림3]과 같이 삼각형 APQ를 그리면, 접선과 현이 이루는 각의 성질에 의하여 ∠CPA = ∠PQA, ∠DQA = ∠QPA이다.

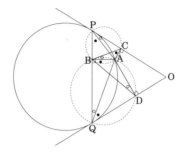

[그림3]

∠ACQ = ∠ABP = 90°이므로 네 점 A, B, P, C는 한 원 위에 있다. 그러므로 ∠CPA = ∠CBA, ∠BPA = ∠BCA 이다.

같은 방법으로 네 점 A, B, Q, D는 한 원 위에 있고, ∠DQA = ∠DBA, ∠BQA = ∠BDA이다.

따라서 삼각형 ABC와 삼각형 ADB가 닮음이다. 그러므로 화살촉 정리에 의하여 AB : AC = AD : AB가 성립한다. 즉, $AB^2 = AC \times AD$이다.

(2) [그림4]와 같이 선분 AP와 선분 QC의 교점을 M이라 하고, 선분 BP와 선분 QD의 교점을 N이라 하면, 삼각형 ACQ와 삼각형 BQD는 이등변삼각형이므로 AM ⊥ CQ, BN ⊥ QD이다. 또, 삼각형 QCD에서 점 M, N은 각각 변 QC, QD의 중점이므로 삼각형 중점연결 정리에 의하여 MN ∥ CD이다.

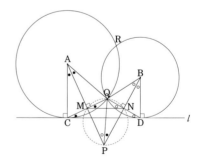

[그림4]

원 A에서 접선과 현이 이루는 각의 성질과 원주각과 중심각 사이의 관계로 부터

$$\angle QCD = \frac{1}{2} \times \angle CAQ = \angle QAP$$

나는 푼다, 고로 (영재학교/과학고) 합격한다.

이다. 마찬가지로, 원 B에서 접선과 현이 이루는 각의 성질과 원주각과 중심각 사이의 관계로 부터

$$\angle QDC = \frac{1}{2} \times \angle DBQ = \angle QBP$$

이다. 또, $\angle PMQ = \angle PNQ = 90°$이므로 네 점 M, P, N, Q는 한 원 위에 있다. 따라서

$$\angle QPB = \angle QPN = \angle QMN = \angle QCD = \angle QAP$$

이고,

$$\angle QPA = \angle QPM = \angle QNM = \angle QDC = \angle QBP$$

이다. 즉, 삼각형 QPA와 삼각형 QBP는 닮음이다. 따라서 '화살촉 정리'에 의하여 $PQ^2 = QA \times QB = AC \times BD$이다. 즉, 반지름의 길이가 일정하게 유지하면서, 두 원의 중심 사이의 거리가 변할 때, 선분 PQ의 길이는 변하지 않는다.

제 34 절   쪽지 모의고사 34회 풀이

문제 34.1 부라퀴는 3이상의 자연수를 연속한 자연수의 합으로 나타내고 있다. 예를 들어, 3이상 10이하의 자연수는 아래 표와 같이 나타낼 수 있다.

3	'$1+2$'
4	나타낼 수 없다.
5	'$2+3$'
6	'$1+2+3$'
7	'$3+4$'
8	나타낼 수 없다.
9	'$4+5$', '$2+3+4$'
10	'$1+2+3+4$'

이와 같이 3, 5, 7은 2개의 연속한 자연수의 합으로 나타낼 수 있는 자연수이고, 10은 4개의 연속한 자연수의 합으로 나타낼 수 있는 자연수이고, 9는 2개의 연속한 자연속의 합과 3개의 연속한 자연수의 합의 2종류로 나타낼 수 있는 자연수이다. 4, 8는 연속한 자연수의 합으로 나타낼 수 없는 수이다. 3이상 100이하의 자연수에 대하여 다음 물음에 답하여라.

(1) 이와 같이 자연수를 나타낼 때, 가장 많은 연속한 자연수의 합으로 나타낼 수 있는 자연수를 구하여라.

(2) 54는 몇 종류의 연속한 자연수의 합으로 나타낼 수 있는가?

(3) 연속한 자연수의 합으로 나타내는 방법이 5종류인 자연수는 모두 5개이다. 이 5개의 수를 모두 구하여라.

풀이

(1) $1+2+3+4+5+6+7+8+9+10+11+12+13=91$ 이므로, 구하는 자연수는 91이다.

(2) $54 = 2 \times 3^3$이므로, 54는 1을 제외한 홀수인 약수가 3, 9, 27로 모두 3개이다. 따라서 다음과 같이 3종류의 연속한 자연수의 합으로 나타낼 수 있다.

   (i) $54 \div 3 = 18$이므로, $17+18+19=54$이다.

   (ii) $54 \div 9 = 6$이므로, $2+3+4+5+6+7+8+9+10=54$ 이다.

   (iii) $54 \div 27 = 2$이므로, $12+13+14+15=54$이다.

(3) 연속한 자연수의 합으로 나타내는 방법이 다섯 종류인 자연수는 약수 중 1을 제외한 홀수가 5개여야 한다. 즉 1을 포함하면 홀수인 약수가 6개여야 한다. 이

것은 소수 p, q에 대하여 p^5의 형태와 $p^2 \times q$의 형태이거나 이들에 2를 여러 번 곱한 수여야 한다. 그런데, 앞의 형태인 경우는 $3^5 = 243$이므로 주어진 조건을 만족하지 않는다. 그러므로 뒤의 형태인 경우와 이들에 2를 여러 번 곱한 수만 살펴보면 된다.

(i) $p = 3$일 때, $q = 5, 7, 11$이 가능하고, 이때, 구하는 자연수는 45, 63, 99이다. 또, 여기에 2를 곱한 수 중 100이하인 90도 가능하다.

(ii) $p = 5$일 때, $q = 3$이 가능하고, 이때 구하는 자연수는 75이다. 또, 여기에 2를 곱한 수는 100보다 크므로 2를 곱한 수 중에는 조건을 만족하는 수는 없다.

(iii) $p = 7$이상일 때, 100보다 크므로 없다.

따라서 연속한 자연수의 합으로 나타내는 방법이 다섯 종류인 100이하의 자연수는 45, 63, 75, 90, 99이다.

문제 34.2 다음 물음에 답하여라.

(1) [그림1], [그림2]와 같이 25개의 점이 가로 세로 일정한 간격으로 놓여 있다. 네 개의 점을 꼭짓점으로 하는 정사각형은 여러 개가 있다. [그림1]에서의 모든 정사각형의 넓이의 합에서 [그림2]에서의 모든 정사각형의 넓이의 합을 **빼면** 얼마인가? 단, [그림1], [그림2]에서 가장 작은 정사각형의 넓이는 1이다.

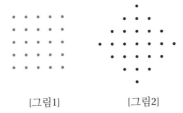

[그림1]   [그림2]

(2) 1×1의 정사각형 4개를 이용하여 다음과 같은 7장의 타일 중에서 서로 다른 6장을 이용하여 4×6의 직사각형을 빈틈없이 깔 수 있을까? 가능하다면, 사용하지 않은 타일로 가능한 것을 모두 답하시오. 단, 타일을 회전하여 깔 수 있지만, 뒤집어서 깔 수는 없다.

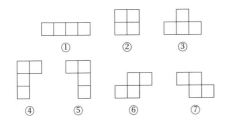

①   ②   ③

④   ⑤   ⑥   ⑦

풀이

(1) [그림1]과 [그림2]를 [그림3]과 같이 겹쳐 놓으면 [그림1]의 점 네 개(A, B, C, D)와 [그림2]의 점 네 4개(P, Q, R, S)를 제외한 나머지 점은 겹쳐진다.

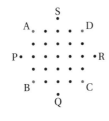

[그림3]

[그림3]에서 네 점 A, B, C, D 중 적어도 하나를 꼭짓점으로 하는 정사각형은 넓이가 1인 것이 4개, 넓이가 4인 것이 4개, 넓이가 9인 것이 4개, 넓이가 16인 것이 1

개이다. [그림3]에서 네 점 P, Q, R, S 중 적어도 하나를 꼭짓점으로 정사각형은 넓이가 2인 것이 4개, 넓이가 8인 것이 4개, 넓이가 18인 것이 1개이다. 따라서 [그림1]에서의 모든 정사각형의 넓이의 합에서 [그림2]에서의 모든 정사각형의 넓이의 합을 빼면

$$(1 \times 4 + 4 \times 4 + 9 \times 4 + 16 \times 1) - (2 \times 4 + 8 \times 4 + 18 \times 1) = 14$$

이다.

(2) 4×6 직사각형을 1×1의 정사각형 24개로 나누고, [그림4]와 같이 번갈아 빗금을 친다.

[그림4]

①～⑦타일을 격자에 따라 배치하면 어떻게 배치해도 ③을 제외한 타일은 반드시 빗금친 타일과 빗금치지 않은 타일이 2개씩 덮어지지만, ③은 어떻게 하든지 빗금친 타일과 빗금치지 않은 타일이 (3개, 1개) 또는 (1개, 3개)를 덮게 되므로, 4×6의 타일을 빈틈없이 까는 건 불가능하다. 따라서 사용하지 않은 타일로 가능한 것은 ③뿐이다.

참고

문제 34.3 다음 물음에 답하여라.

(1) [그림1]과 같이, 한 변의 길이가 3인 정12각형에서 한 변의 길이가 3인 정삼각형 12개를 뺀 남은 별꼴 모양의 도형(색칠한 부분)의 넓이를 구하여라.

[그림1]

(2) [그림2]는 어떤 입체도형의 전개도이다. 이 입체도형의 부피는 한 모서리의 길이가 1인 정사면체의 부피의 몇 배인가?

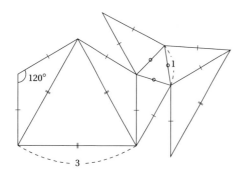

[그림2]

풀이

(1) 정12각형은 [그림3]과 같이 한 변의 길이가 3인 정사각형 6개와 정삼각형 12개로 이루어진다.

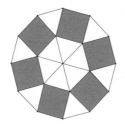

[그림3]

따라서 구하는 넓이는 한 변의 길이가 3인 정사각형 6개의 넓이와 같다. 즉, $6 \times 3^2 = 54$이다.

(2) 주어진 전개도로 만든 입체도형은 [그림4]와 같다.

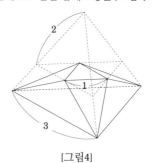

[그림4]

이 입체도형은 한 모서리의 길이가 3인 정사면체에서 한 모서리의 길이가 2인 정사면체와 한 모서리의 길이가 1인 정사면체와 부피가 같은 삼각뿔 3개를 제거한 것이다. 따라서 이 입체도형의 부피는 한 모서리의 길이가 1인 정사면체의 부피의

$$3 \times 3 \times 3 - 2 \times 2 \times 2 - 1 \times 1 \times 1 \times 3 = 16$$

배다.

문제 34.4 다음 물음에 답하여라.

(1) [그림1]과 같이 예각삼각형 ABC에서 점 A에서 변 BC
에 내린 수선의 발을 P라 하고, 점 B에서 변 CA에 내
린 수선의 발을 Q라 한다. 선분 AP와 BQ의 교점을 X
라 한다. 또, 선분 CX의 연장선과 변 AB와의 교점을 R
이라 한다.

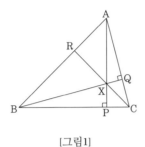

[그림1]

이때, AB ⊥ CR임을 증명하여라.

(2) [그림2]와 같이 예각삼각형 ABC에서 변 AB를 한 변으
로 하는 정사각형 ABED를 그리고, 변 AC를 한 변으로
하는 정사각형 ACHI를 그린다. 점 B에서 변 AC에 내
린 수선의 발을 Q라 하고, 점 점 C에서 변 AB에 내린
수선의 발을 R이라 한다. 선분 BQ의 연장선과 변 IH
와의 교점을 Q'라 하고, 선분 CR의 연장선과 변 DE
와의 교점을 R'라 한다.

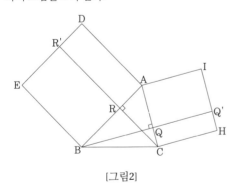

[그림2]

이때, 직사각형 $ARR'D$의 넓이와 직사각형 $AQQ'I$의
넓이가 같음을 증명하여라.

(3) [그림3]과 같이 예각삼각형 ABC에서 변 AB를 한 변
으로 하는 정사각형 ABED를 그리고, 변 AC를 한 변
으로 하는 정사각형 ACHI를 그리고, 변 BC를 한 변
으로 하는 정사각형 BFGC를 그린다. 점 E와 점 H를
연결하고, 선분 EH와 변 AB, AC와의 교점을 각각 J, K
라 한다. 삼각형 EBJ의 넓이가 S_2이고, 삼각형 AJK의

넓이가 S_1이고, 삼각형 KCH의 넓이가 S_3일 때, 정사
각형 BFGC의 넓이를 구하여라.

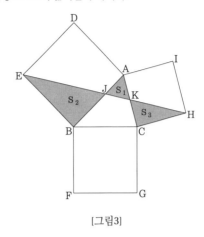

[그림3]

풀이

(1) $\angle AQB = \angle APB = 90°$이므로, 네 점 A, Q, P, B는 한 원
위에 있다. 또, $\angle XQC = \angle XPC = 90^0$이므로, 네 점 X,
Q, C, P는 한 원 위에 있다. 두 원 AQPB, XQCP의 공통
현 PQ를 그린다.

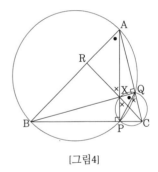

[그림4]

호 BP의 원주각으로부터 $\angle BQP = \angle BAP$이고, 호 PC
의 원주각과 맞꼭지각으로부터 $\angle PQC = \angle PXC =$
$\angle AXR$이다. 따라서 $\angle BQP + \angle PQC = 90°$이므로
$\angle XAR + \angle AXR = 90°$이다. 즉, $\angle ARX = 90°$이다. 따라
서 AB ⊥ CR이다.

(2) [그림5]에서 AD = AB, AC = AI이고, $\angle DAC = \angle BAI (=$
$90° + \angle BAC)$이므로, $\triangle ADC \equiv \triangle ABI$(SAS합동)이다.
그러므로 $\triangle ADC = \triangle ABI$이다.
AD // CR이므로, $\triangle ADC = \triangle ADR$이다.
AI // BQ이므로, $\triangle ABI = \triangle AQI$이다.
따라서 $\triangle ADR = \triangle AQI$이다. 즉, 직사각형 $ARR'D$의
넓이와 직사각형 $AQQ'I$의 넓이가 같다.

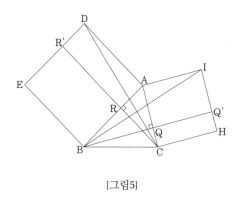

[그림5]

다른풀이 [그림6]과 같이 ∠BRC = ∠BQC = 90°이므로, 네 점 R, B, C, Q는 한 원 위에 있다. 원과 비례의 성질(방멱의 정리)로부터

$$AR \times AB = AQ \times AC$$

이다. AB = AD, AC = AI이므로,

$$AR \times AD = AQ \times AI$$

이다. 따라서 직사각형 ARR′D의 넓이와 직사각형 AQQ′I의 넓이가 같다.

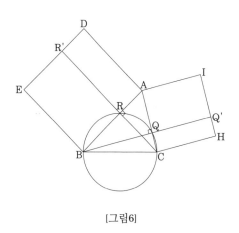

[그림6]

(3) [그림7]과 같이, 점 B에서 변 AC에 내린 수선의 발을 Q라 하고, 점 C에서 변 AB에 내린 수선의 발을 R이라 한다. 선분 BQ의 연장선과 변 IH와의 교점을 Q′라 하고, 선분 CR의 연장선과 변 DE와의 교점을 R′라 한다.

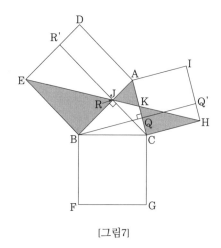

[그림7]

그러면,

$$AD : AE = AC : AH = 1 : \sqrt{2} \text{ 이고, } \angle DAC = \angle EAH$$

이므로 △ADC와 △AEH는 닮음이고, 넓이의 비는 1 : 2이다. 따라서

$$\square ADR′R = 2 \times \triangle ADC = \triangle AEH$$

이다. 그러므로,

$$\square BFGC = \square R′EBR + \square QCHQ′$$
$$= \square ADEB + \square ACHI - (\square ADR′R + \square AQQ′I)$$
$$= 2 \times \triangle AEB + 2 \times \triangle ACH - 2 \times \square ADR′R$$
$$= 2 \times \triangle AEB + 2 \times \triangle ACH - 2 \times \triangle AEH$$
$$= 2 \times (\triangle EBJ + \triangle AEJ) + 2 \times (\triangle KCH + \triangle AKH)$$
$$- 2(\triangle AJK + \triangle AEJ + \triangle AKH)$$
$$= 2 \times (\triangle EBJ + \triangle KCH - \triangle AJK)$$
$$= 2 \times (S_2 + S_3 - S_1)$$

이다.

제 35 절　쪽지 모의고사 35회 풀이

문제 35.1 분모가 2024인이고, 분자가 2024이하의 자연수인 분수를 생각한다. 이와 같은 분수 중에서 분모와 분자가 1 이외의 공약수를 갖는 것을 다음과 같이 작은 수부터 차례로 나열한다.

$$\frac{2}{2024}, \frac{4}{2024}, \frac{6}{2024}, \cdots, \frac{11}{2024}, \cdots, \frac{23}{2024}, \cdots, \frac{2022}{2024}, \frac{2024}{2024}$$

나열한 분수에 대하여, 다음 물음에 답하여라.

(1) 나열한 분수는 모두 몇 개인가?

(2) 나열한 분수들의 합을 구하여라.

(3) 나열한 분수들의 곱을 계산한 결과가 $\frac{n}{m}$ (m과 n은 서로소)일 때, m을 소인수분해하여라.

풀이

(1) $2024 = 2^3 \times 11 \times 23$이므로, 2024이하의 자연수 중 2024 과 서로소인 자연수의 개수는

$$2024 \times \left(1 - \frac{1}{2}\right) \times \left(1 - \frac{1}{11}\right) \times \left(1 - \frac{1}{23}\right) = 880$$

개다. 그러므로 나열한 분수는 $2024 - 880 = 1144$ 개다.

(2) 나열한 분수 맨 앞에 $\frac{0}{2024}$이 있다고 생각하면, 나열한 1145개의 분수의 분자는

$$0, 2, 4, 6, \cdots, 11, \cdots, 23, \cdots, 2020, 2022, 2024$$

이다. 이웃한 두 수의 차가 대칭이므로, 구하는 합은

$$\frac{1}{2024} \times \frac{0 + 2024}{2} \times 1145 = \frac{1145}{2}$$

이다.

(3) 나열한 분수의 분자들의 곱에서 2, 11, 23의 거듭제곱의 지수를 구한다. $[x]$를 x를 넘지 않는 최대정수라고 하면, 2의 거듭제곱의 지수는

$$\left[\frac{2024}{2}\right] + \left[\frac{2024}{2^2}\right] + \cdots + \left[\frac{2024}{2^{10}}\right]$$
$$= 1012 + 506 + 253 + 126 + 63 + 31 + 15 + 7 + 3 + 1$$
$$= 2017$$

이고, 11의 거듭제곱의 지수는

$$\left[\frac{2024}{11}\right] + \left[\frac{2024}{11^2}\right] + \left[\frac{2024}{11^3}\right] = 184 + 16 + 1 = 201$$

이고, 23의 거듭제곱의 지수는

$$\left[\frac{2024}{23}\right] + \left[\frac{2024}{23^2}\right] = 88 + 3 = 91$$

이다. 그러므로

$$\frac{n}{m} = \frac{2^{2017} \times 11^{201} \times 23^{91} \times (나머지\ 소수의\ 곱)}{2^{3432} \times 11^{1144} \times 23^{1144}}$$
$$= \frac{(나머지\ 소수의\ 곱)}{2^{1415} \times 11^{943} \times 23^{1053}}$$

이다. 즉, m을 소인수분해하면, $2^{1415} \times 11^{943} \times 23^{1053}$ 이다.

문제 35.2 다음 물음에 답하여라.

(1) 아래와 같이, 일정한 규칙으로 나열된 2023개의 분수 의 합을 각각 A, B라 한다.

$$A = \frac{2023}{1} + \frac{2022}{2} + \frac{2021}{3} + \cdots + \frac{3}{2021} + \frac{2}{2022} + \frac{1}{2023}$$
$$B = \frac{1}{2} + \frac{1}{3} + \frac{1}{4} + \cdots + \frac{1}{2022} + \frac{1}{2023} + \frac{1}{2024}$$

이때, A는 B의 몇 배인가?

(2) 육각형 중 모든 변의 길이가 모두 자연수이고, 모든 내각이 120°인 육각형을 "부라퀴 육각형"이라고 부른다. 모든 변의 길이가 n이하인 부라퀴 육각형은 모두 몇 개인가? 단, 회전하거나 뒤집어서 합동이면 하나로 세는 것으로 한다.

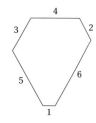
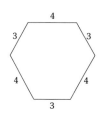

[풀이]

(1) $A - 2024 \times B$를 하면,

$$\begin{aligned} &A - 2024 \times B \\ &= \frac{2023}{1} + \left(\frac{2022}{2} - \frac{2024}{2}\right) + \left(\frac{2021}{3} - \frac{2024}{3}\right) + \cdots \\ &\quad + \left(\frac{2}{2022} - \frac{2024}{2022}\right) + \left(\frac{1}{2023} - \frac{2024}{2023}\right) - \frac{2024}{2024} \\ &= 2023 - \underbrace{(1 + 1 + \cdots + 1)}_{2023개} \\ &= 0 \end{aligned}$$

이다. 따라서 A는 B의 2024배다.

(2) 부라퀴 육각형은 변의 길이 $a, b (1 \le a \le b)$가 교대로 나오는 등각 육각형에서 이웃한 두 변을 그림과 같이 각각 $p, q (0 \le p \le q)$를 늘려서 얻어진다고 생각할 수 있다.

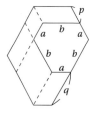

그러면 부라퀴 육각형의 변의 길이는 $a, b+p, a+p, b,$ $a+q, b+p$ 순으로 나열된다. 이렇게 표현되는 합동인 부라퀴 육각형은 (a, b, p, q)에 의해 하나로 결정된다. 부라퀴 육각형의 변은 $1 \le a \le a+p \le b+p \le b+q \le n$, 즉,

$$1 \le a < a+p+1 < b+p+2 < b+q+3 \le n+3$$

를 만족하는 $n+3$개의 수 중에서 4개를 선택하여, 이들이 작은 수부터 $a, a+p+1, b+p+2, b+q+3$가 되도록 (a, b, p, q)가 정하면, $1 \le a \le b, 0 \le p \le q$를 보면서 대응하는 부라퀴 육각형을 얻을 수 있다. 따라서 최대 변 $b+q$의 길이가 n이하인 부라퀴 육각형은 $_{n+3}C_4 = \frac{(n+3) \times (n+2) \times (n+1) \times n}{4 \times 3 \times 2 \times 1}$개다.

문제 35.3 한 변의 길이가 2인 정12각형의 내부에 한 변의 길이가 2인 정삼각형 16개를 그림과 같이 나열한다. 그림과 같이 다섯 개의 꼭짓점을 A, B, C, D, E라 하고, 두 점 A와 B를 연결하고, 두 점 C와 D를 연결한다.

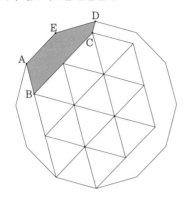

(1) 선분 AB의 길이를 구하여라.

(2) 선분 CD의 길이를 구하여라.

(3) 오각형 ABCDE의 넓이(색칠한 부분)를 구하여라.

풀이 정12각형의 외접원의 둘레를 12등분한 호 하나에 대응하는 원주각은 $180° \div 12 = 15°$이다. 그림과 같이 점 P, Q, G, F를 잡는다.

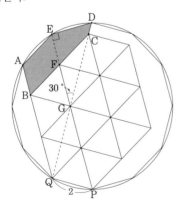

사각형 QPEA는 등변사다리꼴이고, $\angle QPE = \angle AEP = 60°$이므로 $\angle PQA = 120°$이고, 그림에서 $\angle PQB = 120°$이므로 세 점 Q, B, A는 한 직선 위에 있다. 같은 방법으로 세 점 Q, C, D와 세 점 P, F, E는 각각 한 직선 위에 있다.

(1) $\angle EAQ = 120° = \angle FBQ$이므로, AE ∥ BF이다. 이 사실과 AB ∥ EF로 부터 사각형 ABFE는 평행사변형이다. 삼각형 GDE는 한 내각이 30°인 직각삼각형이므로

$$AB = EF = GE - GF = 2\sqrt{3} - 2$$

이다.

(2) 세 점 Q, C, D가 한 직선 위에 있으므로, $CD = GD - GC = 4 - 2\sqrt{3}$이다.

(3) 오각형 ABCDE의 넓이는 사각형 ABFE와 사각형 CDEF의 넓이의 합과 같다. 사각형 ABFE의 넓이는

$$2 \times \left((2\sqrt{3} - 2) \times \frac{\sqrt{3}}{2} \right) = 2(3 - \sqrt{3})$$

이고, 사각형 CDEF의 넓이는

$$\triangle GDE \times \left(1 - \frac{GC}{GD} \times \frac{GF}{GE} \right) = \frac{2 \times 2\sqrt{3}}{2} \times \left(1 - \frac{\sqrt{3}}{2} \times \frac{1}{\sqrt{3}} \right)$$
$$= \sqrt{3}$$

이므로, 구하는 오각형 ABCDE의 넓이는 $6 - \sqrt{3}$이다.

문제 35.4 [그림1]과 같이 한 변의 길이가 1인 정오각형 ABCDE가 있다. 점 A에서 나온 빛이 변 BC위의 점 P에서 반사된 후, [그림2]와 같이 각 변에서 차례로 반사를 반복하여 빛이 어느 꼭짓점에 도달할 때까지 반사를 반복한다. 여기서, 빛이 정오각형의 변을 따라 이동하거나 정오각형의 외부를 나오는 경우는 없다. 예를 들어, [그림2]는 변 BC위의 점 P에서 반사 후, 변 DE에서 반사되어 꼭짓점 B에 도달한 것을 나타낸다. 이와같이 2번 반사하여 꼭짓점 B에 도달한 것을 (2, B)로 표시한다. BP = x일 때, 다음 물음에 답하여라. 단, AC = $\frac{1+\sqrt{5}}{2}$이다.

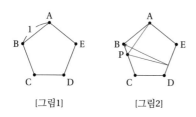

[그림1]   [그림2]

(1) (3, A)이 되는 x의 값을 모두 구하여라.

(2) (4, A)이 되는 x의 값을 모두 구하여라.

풀이

(1) [그림3]과 같이, 선분 AA‴가 변 BC, CD′, D′E″와 만나면, [그림4]와 같이 반사된다. 그리고, 이 도형의 대칭성에 의하여, 점 F는 선분 D′C의 중점이다.

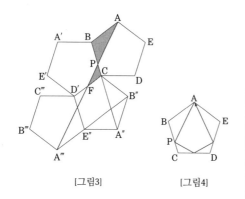

[그림3]   [그림4]

AB ∥ D′C이므로

$$BP : CP = AB : FC = 2 : 1$$

이다. 즉, BP = $\frac{2}{3}$ × BC = $\frac{2}{3}$이다.

[그림5]와 같이, 선분 AA‴가 변 BC, E′D′, B″C″와 만나면, [그림6]와 같이 반사된다.

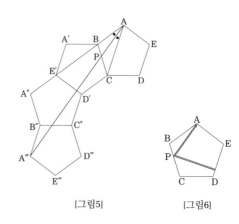

[그림5]   [그림6]

선분 AA‴는 선분 E′D′에 의해 대칭이므로, AA‴ ⊥ E′D′이다. 또, ∠AE′D′ = 72°이므로 ∠E′AA‴ = 18°이다. 그러므로 ∠BAP = ∠CAP = 18°이다. 내각 이등분선의 정리에 의하여

$$BP : PC = AB : AC = 1 : \frac{1+\sqrt{5}}{2}$$

이다. 따라서

$$BP = BC \times \frac{AB}{AB + AC} = \frac{3-\sqrt{5}}{2}$$

이다.

그러므로 (3, A)이 되는 x의 값은 $\frac{2}{3}$, $\frac{3-\sqrt{5}}{2}$이다.

(2) [그림7]과 같이, 선분 AA‴′가 변 BC, E′D′, A″B″, D‴E‴와 만나면, [그림8]와 같이 반사된다.

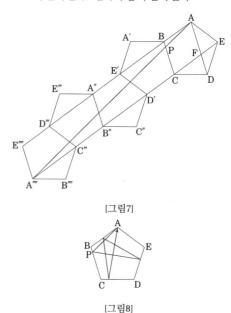

[그림7]

[그림8]

평행사변형 $\mathrm{AE''''A''''F}$에서

$$\mathrm{BP:CP = AB:A''''C} = 1:(3+\sqrt{5})$$

이다. 따라서

$$\mathrm{BP = BC} \times \frac{\mathrm{AB}}{\mathrm{AB+A''''C}} = \frac{4-\sqrt{5}}{11}$$

이다. 그러므로 $(4,\mathrm{A})$이 되는 x의 값은 $\dfrac{4-\sqrt{5}}{11}$이다.

나는 푼다. 고로(영재학교/과학고) 합격한다.

영재학교/과학고

합격수학

제1권 쪽지 모의고사

씨실과 날실

나는 푼다. 고로(영재학교/과학고) 합격한다.

영재학교/과학고
합격수학

제2권 점검 모의고사

이 주 형 지음

▷ 최근 영재학교 기출문제 유형 철저 분석
▷ 영재학교 진학을 위한 파이널 테스트
▷ 점검 모의고사 15회(서술형 20문항) + 점검 모의고사 15회 풀이

🔊 **학습 공유실**

http://mathlove.net 으로 오시면
새로운 문제와 풀이를 받을 수 있습니다.

pass in mathematics
Science highschool for the gifted

씨실과 날실

씨실과 날실은 도서출판 세화의 자매브랜드입니다.

나는 푼다. 고로(영재학교/과학고) 합격한다.

영재학교/과학고
합격수학

제2권 점검 모의고사

이 주 형 지음

씨실과 날실

씨실과 날실은 도서출판 세화의 자매브랜드입니다.

이 책을 지으신 선생님

이주형
멘사수학연구소 경시팀장

주요사항

KMO FINAL TEST 한국수학올림피아드 모의고사 및 풀이집, 도서출판 세화, 2007, 공저
한국수학올림피아드 바이블 프리미엄 시리즈, 씨실과날실, 2021, 공저
영재학교/과학고 합격수학 5판, 씨실과날실, 2021, 공저
영재학교/과학고 합격수학 입체도형 2021/22시즌, 씨실과날실, 2021, 저
KJMO FINAL TEST 한국주니어수학올림피아드 최종점검 I, II, 씨실과날실, 2022, 저
영재학교/과학고 합격수학 평면도형과 작도 2022/23시즌, 씨실과날실, 2022, 저
영재학교/과학고 합격수학 함수 2023/24시즌, 씨실과날실, 2023, 저

e-mail : buraqui.lee@gmail.com

이 책의 내용에 관하여 궁금한 점이나 상담을 원하시는 독자 여러분께서는 E-MAIL이나 전화로 연락을 주시거나 도서출판 세화(www.sehwapub.co.kr) 게시판에 글을 남겨 주시면 적절한 확인 절차를 거쳐서 풀이에 관한 상세 설명을 받을 수 있습니다.

영재학교/과학고
합격수학 제2권 점검 모의고사

6판 1쇄 개정증보판 발행   2023년   02월   20일

지은이 | 이주형   **펴낸이** | 구정자
펴낸곳 | (주) 씨실과 날실   **출판등록** | (등록번호 : 2007.6.15 제302-2007-000035호)
주소 | 경기도 파주시 회동길 325-22(서패동 469-2) 1층   **전화** | (031)955-9445, **FAX** | (031)955-9446

판매대행 | 도서출판 세화   **출판등록** | (등록번호 : 1978.12.26 제1-338호)
구입문의 | (031)955-9331~2   **편집부** | (031)955-9333   **FAX** | (031)955-9334
주소 | 경기도 파주시 회동길 325-22(서패동 469-2)

정가 30,000원(제1권 쪽지 모의고사/제2권 점검 모의고사)
ISBN 979-11-89017-38-5 53410

※ 파손된 책은 교환하여 드립니다.

머리말

메시, 호날두, 즐라탄, 네이마르, 아자르 등 세계적인 축구선수들은 공을 자유자재로 갖고 드리블하면서 적절한 타이핑에 숏 또는 패스를 통해 득점에 관여합니다. 이런 유명한 선수들에게 문제는 자기한테 패스 온 공을 어떻게든 우리팀의 득점이 되도록 하는 것입니다. 그러기 위해 여러가지 상황을 가정한 팀훈련 뿐만 아니라 개인연습도 소홀히 하지 않아야 합니다. 세계적인 축구스타들은 지금도 개인 훈련을 통해 실수를 줄이는 연습을 하겠죠. 끝임없이 노력하는 것입니다.

수학문제를 푸는 우리들은 어떠한지요? 조금 어렵다고 포기하고 하고 있지는 않는지요? 내가 잘하지 못하는 분야라서 그냥 넘어가는지요? 이런 생각을 가지면 안됩니다. 문제를 보면서 새로운 도전 자세로 이 문제에서 요구하는 것이 무엇이고 이것을 어떻게 풀 것인가를 고민해야합니다. 또 출제자가 원하는 풀이는 무엇일까? 고민하면서 풀어야 합니다.

우리나라 최고의 축구천재라고 불렸던 김병수 감독님은 "볼을 통제하고 적을 통제하라"는 컨트롤 축구를 강조하셨습니다. 수학문제도 마찬가지입니다. 수학문제를 통제하고 풀이를 통제해야합니다. 문제가 요구하는 의도를 파악하고 문제에서 요구하는 풀이를 만들어야합니다.

영재학교/과학고 합격수학에 담긴 문제들을 해결함으로써 여러분의 생각하는 힘이 한 단계 더 성장하기를 기원합니다. 지면 관계상 이 책에 담지 못한 문제들과 새로운 문제들은 http://mathlove.net 에서 제공하고 있으니 참고 하기 바랍니다.

바쁜 학업 속에서도 문제에 대해서 함께 고민한 합격수학 프로젝트 팀 학생들에게 감사인사드립니다.

본 교재의 출판을 맡아주신 (주) 씨실과 날실 관계자 여러분께 심심한 사의를 표합니다.

끝으로, 수학올림피아드, 영재학교 대비 교재 등의 출간에 열정적으로 일 하시다가 갑작스럽게 운명을 달리하신 故 박정석 사장님의 명복을 빕니다.

영재학교/과학고 합격수학 학습법

영재학교/과학고 합격수학 - 제1권 쪽지모의고사와 **제2권 점검모의고사**를 통하여 학생들이 자신의 수준을 파악하고 부족한 부분에 대해 파악한 후 심화 보충교재인 다음 책을 함께 공부해야 더 좋은 결과를 얻을 수 있습니다.

영재학교/과학고 준비 단계에서는 '**한국주니어수학올림피아드 최종점검 제1, 2권**'을 통하여 기본 개념 완성 및 기본 유형 문제를 완벽하게 해결할 수 있습니다.

평면도형과 작도에 약한 학생들은 반드시 '**영재학교/과학고 합격수학 평면도형과 작도 2022/23시즌**'에 나오는 개념 설명을 이해하고, 책에 있는 문제를 풀면서 평면도형과 작도 문제를 완벽하게 해결할 수 있습니다.

입체도형에 약한 학생들은 반드시 '**영재학교/과학고 합격수학 입체도형 2021/22시즌**'에 나오는 '비스듬한 삼각기둥의 부피 구하는 공식'을 이해하고, 이를 바탕으로 책에 있는 문제를 풀면 입체도형 문제를 완벽하게 해결할 수 있습니다.

함수에 약한 학생들은 '**영재학교/과학고 합격수학 함수 2023/24시즌**'에 나오는 함수 개념 설명과 증명을 이해하고, 책에 있는 문제를 풀면서 함수 문제를 완벽하게 해결할 수 있습니다.

마지막으로 **http://mathlove.net (영재학교/과학고 합격수학의 블로그와 밴드)**에 주기적으로 업데이트 되는 '**오늘의 문제**'나 '**쪽지모의고사**' 를 풀면서 자신의 실력을 점검할 수 있습니다.

나는 푼다, 고로 (영재학교/과학고) 합격한다.

일러두기

기호 설명

- $a \mid b$: 정수 b는 정수 a로 나누어 떨어진다.

- $\displaystyle\sum_{k=1}^{n} k = 1 + 2 + \cdots + n.$

- $\displaystyle\sum_{k=1}^{n} a_k = a_1 + a_2 + \cdots + a_n.$

- $a \equiv b \pmod{m}$: 정수 a, b가 법 m에 대하여 합동이다.

- $\gcd(a, b)$: 정수 a와 b의 최대공약수

- $\mathrm{lcm}(a, b)$: 정수 a와 b의 최소공배수

- $\phi(m)$: 양의 정수 m과 서로 소인 m이하의 양의 정수의 개수

- AB ∥ CD : AB와 CD가 평행하다.

- $_nC_k = \dfrac{n!}{k!(n-k)!}$: 서로 다른 n개 중 순서를 고려하지 않고 k개를 뽑는 경우의 수

- $_nH_k = {}_{n+k-1}C_k$: 서로 구별이 되지 않는 n개를 구별되는 k개의 그룹(상자)로 나누는 경우의 수

아래 그림의 굵은 선으로 이루어진 비스듬한 삼각기둥의 부피를 V라 하면,

$$V = S \times \frac{a+b+c}{3}$$

이 성립한다.

증명 : 비스듬한 삼각기둥을 색칠한 삼각형을 밑면으로 하는 삼각뿔과 빗금친 사각형을 밑면으로 하는 사각뿔로 나누어 생각한다.

그림과 같이, 밑면의 삼각형의 변의 길이를 d_1, d_2라 하고, 각 변과 만나는 높이를 h_1, h_2라 하자. 그러면, 삼각뿔의 부피는

$$\frac{1}{3} \times \frac{a \times d_1}{2} \times h_1 = \frac{a}{3} \times \frac{d_1 \times h_1}{2} = \frac{a}{3} \times S \qquad ①$$

이다. 또한 사각뿔의 부피는

$$\frac{1}{3} \times \frac{(b+c) \times d_2}{2} \times h_2 = \frac{b+c}{3} \times \frac{d_2 \times h_2}{2} = \frac{b+c}{3} \times S \qquad ②$$

이다. 따라서 구하는 부피 V는

$$V = ① + ② = S \times \frac{a+b+c}{3}$$

이다.

(1) 그림에서 두 점 P, Q를 지나는 직선의 방정식은

$$y = a(p+q)x - apq$$

이다. 단, $a > 0$이다.

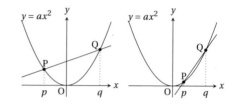

(2) 그림에서 점 P에서 접하는 직선의 방정식은

$$y = 2apx - ap^2$$

이다.

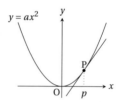

증명 :

(1) 직선의 기울기 m이라 하면,

$$m = \frac{aq^2 - ap^2}{q - p} = a(p+q)$$

이다. 직선의 방정식 $y = a(p+q)x + n$에 점 $P(p, ap^2)$를 대입하면,

$$ap^2 = a(p+q) \times p + n, \quad ap^2 = ap^2 + apq + n$$

이다. 즉, $n = -apq$이다.

(2) $Q = (q, aq^2)$이 $P(p, ap^2)$와 일치하므로,

$$y = a(p+q)x - apq = 2apx - ap^2$$

이다.

차 례

제 1 장

영재학교/과학고 점검 모의고사

- 알림사항

- 영재학교/과학고 점검 모의고사는 각 점검 모의고사마다 총 20개의 문항으로 이루어져 있으며, 영재학교/과학고 수학시험에서 정답률 5 ~ 80% 수준으로, 180 ~ 240분 안에 풀어야 하지만, 문제에 따라서는 쉽게 답을 생각할 수 없는 문제도 있습니다.

- 함수 및 도형 부분 문제들에 그림이 생략된 것은 학생 스스로 문제문을 이해하여 그림을 그리는데 목적이 있습니다.

———————————

제 1 절   점검 모의고사 1회

문제 1.1 _____ 걸린시간 : _____ 분

다음 물음에 답하여라.

(1) 다음과 같은 73개의 분수가 있다.

$$\frac{19}{x}, \frac{20}{x+1}, \frac{21}{x+2}, \cdots, \frac{90}{x+71}, \frac{91}{x+72}$$

이 분수가 모두 기약분수일 때, x에 들어갈 수 중 가장 작은 수를 구하여라. 단, $x \geq 21$이다.

(2) 다음과 같은 2023개의 분수가 있다.

$$\frac{9}{x}, \frac{10}{x+1}, \frac{11}{x+2}, \cdots, \frac{2030}{x+2021}, \frac{2031}{x+2022}$$

이 분수가 모두 기약분수일 때, x에 들어갈 수 중 가장 작은 수를 구하여라. 단, $x \geq 11$이다.

문제 1.2 _____ 걸린시간 : _____ 분

좌표평면 위에 세 점 $A(-2,0)$, $B(4,2)$, $C\left(\frac{1}{4}, \frac{23}{4}\right)$가 있다. 이때, 다음에 물음에 답하여라.

(1) 직선 BC의 방정식을 구하여라.

(2) 삼각형 ABC의 넓이를 구하여라.

(3) b는 상수이고, 직선 l의 방정식이 $y = 2x + b$이고, 직선 l과 직선 BC의 교점을 Q라 하고, 점 Q의 x좌표가 t이다.

(가) b를 t에 대한 식으로 나타내어라.

(나) 직선 l이 삼각형 ABC의 넓이를 이등분할 때, b의 값을 구하여라.

문제 1.3 ——————— 걸린시간 : _____ 분

다음 물음에 답하여라.

(1) $AB = BC = CD = DA = 3$, $AC = 4$인 마름모 ABCD에서, 변 AB 위에 $AP : PB = 1 : 3$이 되도록 점 P를 잡고, 변 AD 위에 $\angle PCQ = \angle BCD \times \frac{1}{2}$가 되도록 점 Q를 잡자. 이때, AQ의 길이를 구하여라.

(2) 삼각형 ABC에서, $\angle ABC = 2 \times \angle ACB$이고, 점 A에서 변 BC에 내린 수선의 발을 H, 점 C에서 변 AB에 내린 수선의 발을 I라고 하자. 또, AH와 CI의 교점을 P라 하면, $CP = 24$, $AP = 10$이다. 이때, PH의 길이를 구하여라.

문제 1.4 ——————— 걸린시간 : _____ 분

1부터 5까지 숫자가 적힌 카드가 각각 한 장씩 있다. 이 중 4장의 카드를 선택하여 왼쪽에서 오른쪽으로 일렬로 나열한다. 나열한 카드에 적힌 숫자를 왼쪽부터 순서대로 a, b, c, d라 할 때, 다음 물음에 답하여라.

(1) 카드를 일렬로 나열하는 경우의 수를 구하여라.

(2) 다음 규칙을 모두 만족하면서 3, 4가 적힌 카드를 빼내는 경우의 수를 구하여라.

- $a < b < c < d$이면 b와 c가 적힌 카드를 빼낸다.
- $a < b < d < c$이면 b와 d가 적힌 카드를 빼낸다.
- $b < a < c < d$이면 a와 c가 적힌 카드를 빼낸다.
- $b < a < d < c$이면 a와 d가 적힌 카드를 빼낸다.
- 나머지 경우에는 아무 것도 빼내지 않는다.

(3) (2)의 규칙을 모두 만족하는데 아무것도 빼내지 않을 확률을 구하여라.

문제 1.5 _____ 걸린시간 : _____ 분

다음 물음에 답하여라.

(1) 다음을 만족하는 정수쌍 (x, y)를 생각한다.

$$(x + y)(x - y) = 2020 \times 2020.$$

이때, 정수쌍 (x, y)는 모두 몇 개인지 구하여라. 단, $x \geq y \geq 0$이다.

(2) 다음 식을 만족하는 양의 정수의 순서쌍 (x, y)의 개수를 구하여라.

$$\frac{1}{x} + \frac{1}{y} + \frac{1}{xy} = \frac{1}{2021}.$$

문제 1.6 _____ 걸린시간 : _____ 분

다음 물음에 답하여라.

(1) 이차함수 $y = ax^2$위의 서로 다른 두 점 P, Q의 x좌표를 각각 p, q라 할 때, 직선 PQ의 방정식이 $y = a(p + q)x - apq$임을 보여라.

(2) 이차함수 $y = ax^2$과 직선 $y = bx$가 원점 O와 점 A에서 만나고, 점 A의 x좌표는 $\frac{1}{2}$이다. 이차함수 위의 점 A 이외의 점 B에 대하여 직선 AB와 y축과의 교점을 C라 하면 C의 y좌표는 1이다. $\angle AOC = 45°$이다. 이때, 다음 물음에 답하여라.

  (가) a, b의 값을 구하여라.

  (나) 점 B의 좌표를 구하여라.

  (다) 선분 OA위에 두 점 O, A와 다른 점 D를 잡고, 직선 BD와 y축과의 교점을 E라 하자. 삼각형 BCE와 삼각형 ODE의 넓이가 같을 때, 점 D의 좌표를 구하여라.

문제 1.7 _____ 걸린시간 : _____ 분

아래 그림과 같이 정사각형 ABCD의 내부(경계포함)에 네 개의 작은 정사각형이 들어있다.

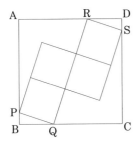

다음 물음에 답하여라.

(1) 점 R에서 변 BC에 내린 수선의 발을 H라 할 때, BQ : RH를 구하여라.

(2) PB : BQ를 구하여라.

(3) 내부의 작은 정사각형 한 개의 넓이가 40일 때, 정사각형 ABCD의 넓이를 구하여라.

문제 1.8 _____ 걸린시간 : _____ 분

사과, 귤, 딸기의 세 종류의 과일이 있다. 승우, 연우, 교순, 준서 네 명이 각각 자신 이외의 세 명은 모르게 하나의 과일을 선택한다. 이때, 자신이외의 3명과 다른 종류의 과일을 선택한 경우에만 그 과일을 먹는다. 예를 들어, 승우는 사과, 연우는 귤, 교순이는 딸기, 준서는 귤을 선택하면, 승우와 교순이는 먹을 수 있고, 연우와 준서는 먹을 수 없다. 다음 물음에 답하여라.

(1) 네 명 중 한 명만 과일을 먹을 수 있는 확률을 구하여라.

(2) 모두 과일을 먹을 수 없는 확률을 구하여라.

문제 1.9 —————————걸린시간 : _____ 분

다음 물음에 답하여라.

(1) 볼록 n각형의 내각의 합에 외각 하나를 더하면 총합
이 $1200°$일 때, n을 구하여라.

(2) 4종류의 공 A, B, C, D가 여러 개 있다. 공 1개의 무
게가 A는 130g, B는 42g, C는 35g, D는 21g이다. 전체
공의 무게가 600g일 때, A, B, C, D는 각각 몇 개인지
구하여라. 단, 각 종류의 공은 1개 이상 있다.

문제 1.10 —————————걸린시간 : _____ 분

A용기에는 농도가 a%인 소금물 200g, B용기에는 농도가
b%인 소금물 200g이 들어있다. 이때, 다음과 같은 조작을 시
행한다.

> A용기의 소금물 100g을 B용기에 넣어 혼합한 후,
> 다시 B용기의 소금물 100g을 A용기에 넣어 혼합한다.

다음 물음에 답하여라.

(1) 위의 조작을 1회 시행한 후, A용기의 소금물의 농도
를 a_1%, B용기의 소금물의 농도를 b_1%라 할 때, a_1,
b_1을 a, b를 써서 나타내어라.

(2) $a_1 = 7$, $b_1 = 10$일 때,

(가) a, b의 값을 구하여라.

(나) 위의 조작을 2회 시행한 후, A용기의 소금물의
농도를 a_2%, B용기의 소금물의 농도를 b_2%라
할 때, a_2, b_2를 구하여라.

(다) 위의 조작을 최소한 몇 회 시행하면 A용기의 소
금물의 농도와 B용기의 소금물의 농도의 차가
0.1%이하가 되는지 구하여라.

나는 푼다, 고로 (영재학교/과학고) 합격한다.

문제 1.11 ＿＿＿＿＿＿＿＿＿＿＿＿걸린시간 : ＿＿＿＿ 분
다음 물음에 답하여라.

(1) 삼각형 ABC에서 ∠BAD + ∠ACD = 90°가 되도록 점 D를 변 BC위에 잡으면, 삼각형 ABC의 외심은 직선 AD 위에 있음을 보여라.

(2) 사각형 ABCD에서 ∠DAC = 20°, ∠CAB = 60°, ∠ABD = 50°, ∠DBC = 30°일 때, ∠ACD의 크기를 구하여라.

문제 1.12 ＿＿＿＿＿＿＿＿＿＿＿＿걸린시간 : ＿＿＿＿ 분
빨간색, 흰색, 파란색, 녹색의 4가지 색의 공이 각각 2개씩 모두 8개가 있다. 같은 색의 공의 하나에는 숫자 "1"을 쓰고, 다른 공에는 숫자 "2"를 쓴다. 이 8개의 공을 1인당 2개씩, 승우, 연우, 교순, 준서 네 명에게 나누어준다. 이때, 다음 물음에 답하여라.

(1) 승우와 연우는 2개 모두 "1"이 적힌 공을, 교순이와 준서는 2개 모두 "2"가 적힌 공을 나누어 갖게 되는 경우의 수를 구하여라.

(2) 네 명 모두 같은 색의 공을 나누어 갖게 되는 경우의 수를 구하여라.

(3) 네 명 중 두 명만이 같은 색의 공을 나누어 갖게 되는 경우의 수를 구하여라.

문제 1.13 _____걸린시간 : _____ 분

삼각기둥 ABC-DEF와 직육면체 BEFC-GHIJ를 합쳐 아래 그림과 같은 입체도형을 만든다. 여기서 BC = BG = 6, BE = 12 이다. 점 A와 모서리 BC의 중점 K와 연결하고, 점 D와 모서리 EF의 중점 L과 연결한다. 그러면, AK = 6, DL = 6이다. 다음 물음에 답하여라.

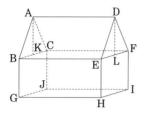

(1) 위 입체도형을 세 점 A, H I를 지나는 평면으로 절단할 때, 점 B를 포함하는 입체도형의 부피를 구하여라.

(2) (1)에서 얻은 점 B를 포함하는 입체도형을 세 점 A, G, H를 지나는 평면으로 절단할 때, 부피가 큰 입체도형의 부피를 구하여라.

(3) (1)에서 얻은 점 B를 포함하는 입체도형을 세 점 A, G, I를 지나는 평면으로 절단할 때, 점 J를 포함하는 입체도형의 부피를 구하여라.

(4) 위 입체도형을 세 점 A, G, F를 지나는 평면과 세 점 D, H, C를 지나는 평면으로 절단할 때, 점 I를 포함한 입체도형의 부피를 구하여라.

문제 1.14 _____ 걸린시간 : _____ 분

정육각형 ABCDEF의 변 BC, DE 위에 각각 점 P, Q를 잡아 삼각형 APQ를 만들되, 삼각형 APQ의 둘레의 길이가 최소가 되도록 한다. 다음 물음에 답하여라.

  (1) BP : PC를 구하여라.

  (2) DQ : QE를 구하여라.

문제 1.15 _____ 걸린시간 : _____ 분

스위치를 1회 누를 때마다 빨간색, 파란색, 노란색, 흰색 구슬 중 1개가 $\frac{1}{4}$의 확률로 나오는 기계와 두 개의 상자 L, R을 준비한다. 다음과 같은 3종류의 조작을 한다.

  (A) 1회 스위치를 눌러 나온 구슬을 L상자에 넣는다.

  (B) 1회 스위치를 눌러 나온 구슬을 R상자에 넣는다.

  (C) 1회 스위치를 눌러 나온 구슬과 같은 색이 구슬이 L상자에 없으면 L상자에 넣고, L상자에 있으면 R상자에 넣는다.

다음 물음에 답하여라.

  (1) L상자와 R상자가 비어있는 상태에서, 조작 (A)를 5회 실시하고, 조작 (B)를 5회 실시할 때, L상자와 R상자에 모두 네 가지 색의 구슬이 모두 들어 있는 확률 P_1을 구하여라.

  (2) L상자와 R상자가 비어있는 상태에서, 조작 (C)를 4회 실시할 때, L상자에 네 가지 색의 구슬이 모두 들어 있는 확률 P_2를 구하여라.

  (3) L상자와 R상자가 비어있는 상태에서, 조작 (C)를 10회 실시할 때, L상자와 R상자 모두 네 가지 색의 구슬이 들어 있는 확률을 P_3라 하자. $\frac{P_3}{P_1}$을 구하여라.

문제 1.16 ——————— 걸린시간 : _____ 분

실수 x에 대하여 $[x]$를 x를 넘지 않는 최대의 정수라고 할 때, 다음 물음에 답하여라.

(1) $\left[\dfrac{1}{3}\right] + \left[\dfrac{2}{3}\right] + \left[\dfrac{2^2}{3}\right] + \cdots + \left[\dfrac{2^{2021}}{3}\right]$ 을 100으로 나눈 나머지를 구하여라.

(2) $\left[\dfrac{10^{2019}}{10^{673} + 2018}\right]$ 을 10^7으로 나눈 나머지를 구하여라.

문제 1.17 ——————— 걸린시간 : _____ 분

다음을 조건을 만족하는 쌍 (x, y, z)를 생각하자.

> 조건 : x, y, z는 양의 정수이고,
> $x^2 + y^2 + z^2 = xyz$와
> $x \le y \le z$를 만족한다.

이때, 다음 물음에 답하여라.

(1) 조건을 만족하는 양의 정수쌍 (x, y, z) 중 $y \le 3$인 것을 모두 구하여라.

(2) 양의 정수쌍 (a, b, c)가 조건을 만족하고, 다른 양의 정수쌍 (b, c, z)도 조건을 만족할 때, z를 a, b, c로 나타내어라.

문제 1.18 _____ 걸린시간 : _____ 분

볼록사각형 ABCD에 대하여 △ABC의 외심이 O이고, 직선 AO가 △ABC의 외접원과 만나는 점이 E이다. ∠D = 90°, ∠BAE = ∠CDE, AB = $4\sqrt{2}$, AC = CE = 5일 때, 다음 물음에 답하여라.

(1) 점 E에서 직선 CD에 내린 수선의 발을 F라 할 때, 삼각형 CEF와 삼각형 ACD가 합동임을 보여라.

(2) DE의 길이를 구하여라.

문제 1.19 _____ 걸린시간 : _____ 분

회원이 9명인 수학동아리에서 회장선거를 하고 있다. 입후보한 학생은 연우, 준서, 승우 3명이다. 선거결과 모두 3표씩 나왔다. 그런데 개표에서는 승우가 항상 득표수에서 앞서 나가거나 다른 학생의 득표수와 같게 되었다. 그러면 이와 같은 개표순서가 되는 방법의 수를 구하여라. 단, 1명의 학생당 한 명에게 무기명투표를 하고, 투표용지는 구별되지 않고, 무효표는 없다.

문제 1.20 ———————————— 걸린시간 : ———— 분

다음 그림과 같이 8면체 ABCDEF가 있다. 8개의 면은 모두 합동인 이등변삼각형이고, AB = AC = AD = AE = 10, BC = CD = DE = EB = $4\sqrt{5}$이고, 사각형 BCDE에서 대각선 BD와 EC의 교점을 O라 하자.

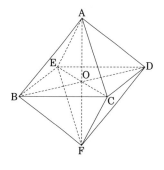

다음 물음에 답하여라.

(1) 모서리 BC의 중점을 M, 모서리 BE의 중점을 N이라 할 때, 삼각형 OMN의 넓이를 구하여라.

(2) 모서리 BC의 중점을 M, 모서리 AB의 중점을 P라 할 때, 삼각형 OMP의 넓이를 구하여라.

(3) 모서리 BC의 중점을 M, 모서리 AB의 중점을 P, 모서리 AE의 중점을 Q, 모서리 DE의 중점을 R, 모서리 DF의 중점을 S, 모서리 CF의 중점을 T라 할 때, 육각형 MPQRST의 넓이를 구하여라.

제 2 절   점검 모의고사 2회

문제 2.1 _____걸린시간 : _____ 분

다음 물음에 답하여라.

(1) 5개의 수 a, b, c, d, e가 $a+b+c = 15$, $b+c+d = 17$, $c+d+e = 18$, $d+e+a = 16$, $e+a+b = 18$을 만족할 때, a, b, c, d, e의 값을 구하여라.

(2) 6개의 수 a, b, c, d, e, f가 $a+b+c = 48$, $b+c+d = 45$, $c+d+e = 63$, $d+e+f = 79$를 만족할 때, 다음을 구하여라.

   (가) $e+f+a$와 $f+a+b$의 값을 구하여라.

(나) a, b, c, d, e, f가 음이 아닌 정수일 때, 이를 만족하는 순서쌍 (a, b, c, d, e, f)를 모두 몇 개인지 구하여라.

문제 2.2 _____걸린시간 : _____ 분

이차함수 $y = 2ax^2 \, (a > 0)$위의 x좌표가 a, $-2a$인 점을 각각 A, B라고 하고, 이차함수 $y = -ax^2$ 위의 x좌표가 $-2a$, a인 점을 각각 C, D라 하자. 다음 물음에 답하여라.

(1) 직선 AC의 방정식을 a를 써서 나타내어라.

(2) 선분 BD와 y축과의 교점을 E라 하고, 선분 BD와 선분 OA의 교점을 F라 할 때, △OAD : △OBC와 △ABE : △AEF : △AFD를 구하여라.

(3) 선분 BD와 x축과의 교점을 G라 하자. G의 x좌표가 1일 때, a의 값을 구하고, △ACG의 넓이를 구하여라.

문제 2.3 _____걸린시간 : _____ 분

AB = 8, AD = 7, ∠BAD = 120°인 사각형 ABCD는 CD를 지름으로 하는 원 O에 내접한다. 대각선 BD = 13일 때, 다음 물음에 답하여라.

(1) ∠BCD의 크기를 구하여라.

(2) 원 O의 반지름의 길이를 구하여라.

(3) 삼각형 ABD의 내접원 I의 반지름을 구하여라.

(4) 선분 OI의 길이를 구하여라.

문제 2.4 _____걸린시간 : _____ 분

원형 나침반에서 중심을 점 O, 정북, 정서, 정남, 정동을 각각 점 A, B, C, D라 하고, 북동을 점 E라 하면, OE는 ∠AOD를 이등분하고, 선분 AC, 선분 BD는 점 O에서 수직으로 만난다. 이 여섯 개의 점 O, A, B, C, D, E 중 3개의 점을 선택하여 꼭짓점으로 하는 삼각형을 그린다. 꼭짓점이 다른 삼각형은 다른 것으로 간주한다. 다음 물음에 답하여라.

(1) 직각삼각형은 모두 몇 개인지 구하여라.

(2) 둔각삼각형은 모두 몇 개인지 구하여라.

(3) 삼각형은 모두 몇 개인지 구하여라.

문제 2.5 _____걸린시간 : _____ 분

자연수 n에 대하여, $\tau(n)$을 n의 양의 약수의 개수라고 할 때, 다음 물음에 답하여라.

   (1) $\tau(50)$을 구하여라.

   (2) x가 50이하의 자연수일 때, $\tau(x) = 2$를 만족하는 자연수 x를 모두 구하여라.

   (3) 다음 연립방정식을 만족하는 자연수 a, b의 쌍 (a, b)를 모두 구하여라.

$$\begin{cases} \tau(a) + \tau(b) = 4 \\ a + b = 50 \end{cases}$$

문제 2.6 _____걸린시간 : _____ 분

다음 물음에 답하여라.

   (1) 실수 x, y, z가 $x + y = 5$, $z^2 = xy + y - 9$를 만족할 때, $x + 2y + 3z$의 값을 구하여라.

   (2) 서로 다른 실수 a, b, c에 대하여 $b^2 + c^2 = 2a^2 + 16a + 14$, $bc = a^2 - 4a - 5$이 성립할 때, a의 범위를 구하여라.

문제 2.7 _____걸린시간 : _____ 분

$BC = 8$, $\angle A = 30°$인 삼각형 ABC에서 꼭짓점 B, C에서 AC, AB에 내린 수선의 발을 각각 D, E라 하고, BD와 CE의 교점을 F라 하고, 변 BC의 중점을 M이라 할 때, 다음 물음에 답하여라.

(1) $\angle$EMD의 크기를 구하여라.

(2) ED의 길이를 구하여라.

(3) 세 점 A, E, D를 지나는 원의 반지름을 구하여라.

문제 2.8 _____걸린시간 : _____ 분

주사위 하나를 두 번 던져서 나온 눈을 순서대로 a, b라 할 때, 다음 물음에 답하여라.

(1) $\sqrt{a} \times \sqrt{b}$가 정수일 확률을 구하여라.

(2) $|a - b| = 1$일 확률을 구하여라.

(3) 일차함수 $y = ax$와 $y = x + b$의 교점의 x좌표가 정수일 확률을 구하여라.

문제 2.9 _____ 걸린시간 : _____ 분

다음 물음에 답하여라.

(1) 자연수 a, b, c의 최대공약수는 4, 최소공배수는 64일 때, 이를 만족하는 a, b, c 중 가장 작은 수는 4이고, 가장 큰 수는 64이다. 이를 만족하는 자연수 쌍 (a, b, c)의 개수를 구하여라.

(2) 자연수 a, b, c의 최대공약수는 4, 최소공배수는 64 × 81일 때, 이를 만족하는 자연수 쌍 (a, b, c)의 개수를 구하여라.

(3) 자연수 a, b, c, d의 최대공약수는 4, 최소공배수는 64일 때, 이를 만족하는 자연수 쌍 (a, b, c, d)의 개수를 구하여라.

문제 2.10 _____ 걸린시간 : _____ 분

세 실수 a, b, c가

$$a + b + c = 3, \quad a^2 + b^2 + c^2 = 4, \quad a^3 + b^3 + c^3 = 6$$

을 만족할 때, 다음 물음에 답하여라.

(1) $ab + bc + ca$와 abc의 값을 구하여라.

(2) a, b, c를 해로 갖는 x의 3차 방정식 $f(x) = 0$를 구하여라. 단, x^3의 계수는 1이다.

(3) (2)에서 구한 $f(x) = 0$을 이용하여 $a^4 + b^4 + c^4$의 값을 구하여라.

문제 2.11 _____ 걸린시간 : _____ 분

AB = AD = 7, BC = DE = 10, CA = EA = 6, AB ∥ ED이고, BC와 AD, ED와의 교점을 각각 F, G라 하고, AC와 ED의 교점을 H라 할 때, 다음 물음에 답하여라.

(1) $\angle ABC = \angle HAE$임을 보여라.

(2) GC와 BF의 길이를 구하여라.

문제 2.12 _____ 걸린시간 : _____ 분

다음 물음에 답하여라.

(1) 1에서 4까지의 숫자를 하나씩 사용하여 다음과 같은 조건을 만족하는 4자리 자연수를 만든다.

> 어떤 홀수를 취하든 홀수보다 왼쪽에 그 홀수 보다 큰 짝수가 적어도 하나 있다.

예를 들어, "2143"은 조건을 만족하지만, "2341"은 3 왼쪽에 3보다 큰 짝수가 없으므로 조건을 만족하지 않는다. 주어진 조건을 만족하는 자연수는 모두 몇 개인지 구하여라.

(2) 1에서 6까지의 숫자를 하나씩 사용하여 (1)의 조건을 만족하는 6자리 자연수를 만들 때, 이 자연수는 모두 몇 개인지 구하여라.

문제 2.13 _____걸린시간 : _____ 분

한 모서리의 길이가 6인 정육면체가 있다. 다음 물음에 답하여라.

(1) 모서리 AB, BC, CD, DA의 중점을 각각 I, J, K, L이라 하자. 아래 그림과 같이 삼각뿔 A-EIL, B-FJI, C-GKJ, D-HLK를 절단하고 남은 입체도형의 부피를 구하여라.

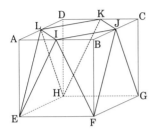

(2) 아래 그림과 같이 정육면체에서 면 BDE를 지나는 평면과 면 ACF를 지나는 평면으로 절단하고 남은 입체도형의 부피를 구하여라.

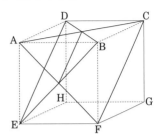

(3) (2)에서 남은 입체도형에서 아래 그림과 같이 면 BDG를 지나는 평면과 면 ACH를 지나는 평면으로 절단하고 남은 입체도형의 부피를 구하여라.

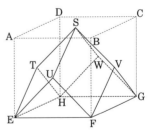

문제 2.14 _____ 걸린시간 : _____ 분

다음 물음에 답하여라.

(1) 분수 $\frac{a}{b}$ (a, b는 서로 소인 양의 정수)는 $\frac{10}{57}$보다 크고 $\frac{5}{28}$보다 작은 분수 중 분모가 가장 작은 것일 때, $\frac{a}{b}$를 구하여라.

(2) 양의 정수 p, q에 대하여 $\frac{p}{q} = 0.123456789\cdots$를 만족할 때, q의 최솟값을 구하여라.

문제 2.15 _____ 걸린시간 : _____ 분

다음 물음에 답하여라.

(1) 양의 정수 m, n에 대하여 방정식 $4x^2 - 2mx + n = 0$의 두 실근 모두 1보다 크고 2보다 작을 때, m과 n의 값을 구하여라.

(2) 양의 정수 a, b에 대하여 방정식 $ax^2 + bx + 1 = 0$의 서로 다른 두 실근의 차가 1보다 작을 때, $a+b$의 최솟값을 구하여라.

문제 2.16 ＿＿＿＿＿＿＿＿＿＿＿ 걸린시간 : ＿＿＿＿＿＿ 분

다음 물음에 답하여라.

(1) 삼각형 ABC의 내심 I를 지나고 직선 AI에 수직인 직선이 직선 BC와 점 D에서 만난다. AB = 30, CA = 60, CD = 50일 때 선분 BC의 길이를 구하여라.

(2) AB = 28, AC = 24, BC = 19인 삼각형 ABC에서 변 BC 위에 BP : PC = 7 : 3이 되는 점 P를, ∠CAP = ∠BAQ가 되도록 점 Q를 잡는다. 이때, BQ의 길이를 구하여라.

문제 2.17 ＿＿＿＿＿＿＿＿＿＿＿ 걸린시간 : ＿＿＿＿＿＿ 분

2026 동계올림픽 대회의 아이스하키 예선 조편성을 하고 있는데, 한국이 들어간 조에는 한국 외에 다섯 팀이 참가하여 예선전을 겨루게 되었다. 그런데, 일정 관계상 각 팀이 전부 경기를 하는 것은 어려워서 각 팀이 두 경기씩 시합을 하여 그 결과로 순위를 결정하게 되었다. 이 두 경기는 다른 팀과 한다. 이와 같이 대진표를 만들때, 모두 몇 가지 방법이 있는지 구하여라.

문제 2.18 —————————걸린시간 : _____ 분

다음 물음에 답하여라.

(1) 음이 아닌 정수 a, b, c, d에 대하여 $\dfrac{2^a - 2^b}{2^c - 2^d}$으로 나타낼 수 없는 가장 작은 자연수를 구하여라.

(2) 8000과 9000 사이에 있는 100140001의 약수를 구하여라.

문제 2.19 —————————걸린시간 : _____ 분

다음과 같은 방법으로 인수분해를 하려고 한다.

(가) 근과 계수와의 관계를 이용하여 인수분해하려는 다항식이 포함된 미지수 a, b, c를 근으로 하는 n차 다항식 $p(x)$를 만든다.

(나) $p(a) = 0, p(b) = 0, p(c) = 0$을 이용하여 3개의 다항식을 유도한다.

(다) (나)에서 얻어진 3개의 다항식을 적절히 변형시키고 연립하여 등식의 좌변에 인수분해하려는 처음 다항식을 유도하고, 우변의 식을 인수분해하여 곱으로 꼴로 나타낸다.

위의 방법으로 다음을 인수분해하여라.

(1) $a^3 + b^3 + c^3 - 3abc$

(2) $a^4 + b^4 + c^4 + (ab + bc + ca)(a^2 + b^2 + c^2)$

문제 2.20 _____걸린시간 : _____ 분

한 모서리의 길이가 6인 정육면체 ABCD-EFGH가 있다. 세 점 P, Q, R이 꼭짓점 E를 동시에 출발하여 다음과 같이 이동한다.

- 점 P가 초당 0.6 씩 변 EF, FG 위를 E → F → G → F → E → F → ⋯ 순으로 이동한다.

- 점 Q가 초당 1씩 변 EH, HG 위를 E → H → G → H → E → H → ⋯ 순으로 이동한다.

- 점 R가 초당 1.8씩 변 EA 위를 E → A → E → ⋯ 순으로 이동한다.

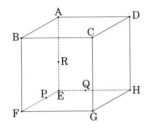

다음 물음에 답하여라.

(1) 44초 후에 삼각뿔 R-EPQ의 부피를 구하여라.

(2) 56초 후에 삼각뿔 R-EPQ의 부피를 구하여라.

(3) 15초 후에 세 점 P, Q, R를 지나는 평면으로 정육면체를 절단했을 때, 점 E를 포함하는 입체의 부피를 구하여라.

제 3 절   점검 모의고사 3회

문제 3.1 _____걸린시간 : _____ 분

다음 두 성질을 만족하는 자연수 A이 있다.

(가) A를 2개의 연속한 자연수의 합으로 나타낼 수 있다. (예를 들어, 25 = 12 + 13이다.)

(나) (가)의 2개의 연속한 자연수의 각 자리 수의 합은 각각 31의 배수이다.

이때, 이 조건을 만족하는 자연수 A의 최솟값을 구하여라.

문제 3.2 _____걸린시간 : _____ 분

다음 물음에 답하여라.

(1) 에스컬레이터가 위로 향하고 있다. 승우는 일정한 속도로 에스컬레이터 위를 걸으면서 아래층에서 30계단을 걸어서 위층에 도착했다. 연우는 일정한 속도로 에스컬레이터 위를 걸으면서 아래층에서 24계단을 걸어서 위층에 도착했다. 에스컬레이터가 멈춰 있을 때, 연우는 승우의 절반 속도로 걷는다. 이 에스컬레이터는 위층까지 몇 개의 계단이 있는지 구하여라.

(2) 에스컬레이터가 아래로 향하고 있다. 승우는 일정한 속도로 에스컬레이터 위를 걸으면서 위층에서 24계단을 걸어서 아래층에 도착했다. 연우는 일정한 속도로 에스컬레이터 위를 걸으면서 위층에서 16계단을 걸어서 아래층에 도착했다. 에스컬레이터가 멈춰 있을 때, 연우는 승우의 절반 속도로 걷는다. 이 에스컬레이터는 아래층까지 몇 개의 계단이 있는지 구하여라.

문제 3.3 ———————— 걸린시간 : _____ 분

아래 그림과 같이 BC = 2, AB = AC인 이등변삼각형 ABC가 원에 내접한다. 변 AC 위의 한 점 D를 잡고, BD에 대하여 삼각형 ABC를 접으면 점 C가 원 위의 점 C′와 겹쳐지고, ∠CBC′ = 90°이다.

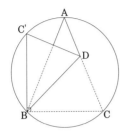

다음 물음에 답하여라.

(1) ∠BAC와 ∠BC′D의 크기를 구하여라.

(2) 삼각형 ABC의 넓이를 구하여라.

(3) 삼각형 BC′D의 넓이를 구하여라.

문제 3.4 ———————— 걸린시간 : _____ 분

승우, 준서, 연우, 교순 4명이 5점 만점의 테스트를 받았다. 그 결과 0점인 사람은 없었다. 다음은 테스트 결과지를 받은 후 그들의 대화 내용이다.

- 승우 : "아, 최저점수네."

- 준서 : "아싸, 최고점수다."

- 연우 : "준서보다 점수가 낮네"

- 교순 : "승우보다 점수가 낮지 않구나."

이때, 이 4명의 득점상황은 모두 몇 가지인지 구하여라.

문제 3.5 ──────── 걸린시간 : ____ 분

2이상의 자연수 N을 소수들의 곱으로 나타냈을 때, $f(N)$, $g(N)$, $h(N)$을 다음과 같이 정의한다.

- $f(N)$은 N의 서로 다른 소인수의 종류의 수이다.

- $g(N)$은 N의 소인수의 곱의 개수이다.

- $h(N)$은 N의 소인수 중 가장 큰 수이다.

예를 들어, $N = 420 = 2 \times 2 \times 3 \times 5 \times 7$에서, $f(N) = 4$, $g(N) = 5$, $h(N) = 7$이다. 이때, 다음 물음에 답하여라.

(1) 두 자리 자연수 N에 대하여 $f(N) + 1 = g(N)$, $f(5 \times N) = f(N)$을 만족하는 N을 모두 구하여라.

(2) 2이상의 자연수 N에 대하여 $f(105 \times N) = f(N) + 2$, $g(N) = 5$, $h(N) = 11$을 만족하는 N 중 가장 작은 수를 구하여라.

문제 3.6 ──────── 걸린시간 : ____ 분

다음 제시문을 읽고 물음에 답하여라.

> 이차식이 두 개의 일차식의 곱으로 인수분해될 조건은 판별식이 제곱꼴이어야 한다. 그러므로 판별식을 다시 한 문자에 대한 이차식으로 정리한 후 다시 중근을 가질 조건(판별식이 0일 때)을 구하면 된다.

(1) 다항식 $x^2 - 2xy - 5y^2 + 2x + 22y - k$가 두 일차식의 곱으로 인수분해될 때, 상수 k의 값을 구하고, 인수분해를 하여라.

(2) 다항식 $6x^2 + kxy - 3y^2 - x - 7y - 2$가 두 일차식의 곱으로 인수분해될 때, 상수 k의 값을 구하고, 인수분해를 하여라.

문제 3.7 _____ 걸린시간 : _____ 분

한 변의 길이가 12인 정사각형 ABCD에서 변 BC 위에 점 P를 BP = 8, PC = 4가 되도록 잡고, 변 CD 위에 점 Q를 ∠BAP = ∠PAQ가 되도록 잡는다. 이때, 다음 물음에 답하여라.

   (1) AQ − CQ를 구하여라.

   (2) AQ − DQ를 구하여라.

   (3) CQ : QD를 구하여라.

문제 3.8 _____ 걸린시간 : _____ 분

승우, 연우, 교순, 준서 네 명이 가위바위보를 한 번 할 때, 다음 물음에 답하여라.

   (1) 한 명만이 이기고 다른 세 명은 지는 확률을 구하여라.

   (2) 이기는 사람과 지는 사람이 각각 2명씩으로 나뉘는 확률을 구하여라.

   (3) 승부가 나지 않는 (비기게 되는) 확률을 구하여라.

문제 3.9 _____걸린시간 : _____ 분

다음 물음에 답하여라.

(1) 200이하의 자연수 x를 3, 5, 19로 나누었을 때의 나머지가 각각 a, b, c이다. $2a = b$, $2b = c$를 만족할 때, x의 값을 구하여라.

(2) 자연수 n을 3, 4, 5로 나누었을 때의 나머지가 모두 2이고, 7로 나누어떨어질 때, n의 최솟값을 구하여라.

문제 3.10 _____걸린시간 : _____ 분

200명의 학생이 영재학교 2단계 전형의 수학시험을 치뤘다. 1번 문항은 20점, 2번 문항은 30점, 3번 문항은 50점으로 총 100만점인 시험이고, 각 문항에는 부분점수는 없다. 채점결과 100점인 학생과 0점인 학생은 각각 10명이고, 50점인 학생은 20명이다. 세 문항에서 한 문항만 맞은 학생과 한 문항만 틀린 학생의 수는 같고, 1번 문항을 맞은 학생과 2번 문항을 맞은 학생의 수도 같다. 50점 이하의 학생의 수와 70점 이상의 학생의 수의 차가 20명이다. 다음 물음에 답하여라.

(1) 한 문항을 맞은 학생의 수를 구하여라.

(2) 50점 이하의 학생의 수를 구하여라.

(3) 이 수학시험의 평균점수를 구하여라.

문제 3.11 _____ 걸린시간 : _____ 분

다음 물음에 답하여라.

(1) AB = BC인 삼각형 ABC의 내부에 BD = AC, ∠ABD = 12°, ∠CBD = 24°를 만족하도록 점 D를 잡는다. 이때, ∠ADC의 크기를 구하여라.

(2) AB : BC : DA = 10 : 19 : 4이고, ∠A = ∠B = 60°인 오목사각형 ABCD가 있다. CD = 24일 때, BD의 길이를 구하여라.

문제 3.12 _____ 걸린시간 : _____ 분

검은 바둑돌 •과 흰 바둑돌 ○을 일렬로 나열하였을 때 이웃한 두 개의 바둑돌의 색이 나타날 수 있는 유형은

••	•○	○•	○○
A형	B형	C형	D형

으로 4가지이다. 예를 들어, 6개의 바둑돌을 A형 2번, B형 1번, C형 1번, D형 1번으로 나타나도록 일렬로 나열하는 모든 경우의 수는 아래와 같이 5가지이다.

••○○••,   ○•••○○,   ○○•••○,   ••○•○,   •○○•••

10개의 바둑돌을 A형 4번, B형 2번, C형 2번, D형 1번 나타나도록 일렬로 나열하는 모든 경우의 수를 구하여라. 단, 검은 바둑돌과 흰 바둑돌은 각각 10개 이상씩 있다.

문제 3.13 _____ 걸린시간 : _____ 분

다음 물음에 답하여라.

(1) 수학캠프에 참석한 학생들에게 숫자 4와 9가 적혀있지 않은 번호표를 부여한다. 예를 들어, 첫 번째 학생에게 1번, 두 번째 학생에게는 2번, 세 번째 학생에게는 3번, 네 번째 학생에게는 5번, 다섯 번째 학생에게는 6번, 여섯 번째 학생에게는 7번, 일곱 번째 학생에게는 8번, 여덟 번째 학생에게는 10번, 아홉 번째 학생에게는 11번, 이렇게 번호를 부여한다. 번호에 적힌 수가 2021번인 학생은 몇 번째 학생인지 구하여라.

(2) 음이 아닌 정수 0부터 2021이 적힌 카드가 한 장씩있다. 다음 규칙을 만족하면서 최소한으로 카드를 가져간다.

　(가) 0이 적힌 카드를 가져간다.

　(나) 만약 x가 적힌 카드를 가져갔으면, $3x, 3x+1$이 적힌 카드도 가져간다.

　이때, 가져간 카드는 모두 몇 장인지 구하여라.

문제 3.14 _____ 걸린시간 : _____ 분

다음 물음에 답하여라.

(1) 다음 그림을 이용하여 $1^2+2^2+\cdots+n^2 = \dfrac{n(n+1)(2n+1)}{6}$ 이 성립함을 보여라.

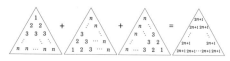

(2) (1)을 이용하여 다음을 계산하여라

$$\frac{3}{1^2} + \frac{5}{1^2+2^2} + \frac{7}{1^2+2^2+3^2}$$
$$+ \cdots + \frac{101}{1^2+2^2+3^2+\cdots+50^2}.$$

문제 3.15 _____ 걸린시간 : _____ 분

삼각뿔 O-ABC에 대하여, AB = 15, BC = 24, CA = 21, OA = OB = OC = 26이다. 다음 물음에 답하여라.

(1) 삼각형 ABC의 외접원의 반지름을 구하여라.

(2) 삼각뿔 O-ABC의 부피를 구하여라.

(3) 삼각뿔 O-ABC에 외접하는 구의 반지름을 구하여라.

문제 3.16 _____ 걸린시간 : _____ 분

다음 물음에 답하여라.

(1) $1, 2, 3, \cdots, n$의 순열 $a_1, a_2, a_3, \cdots, a_n$ 중 $a_i \le i + 1$ $(i = 1, 2, \cdots, n)$ 을 만족하는 경우의 수를 구하여라.

(2) 우선 11자리 수 하나를 생각한다. 여기서 12자리 수에서 한 개의 숫자를 제거하면, 방금 전 생각한 11자리 수와 같게된다. 예를 들어, 11자리 수 "23743557911"를 처음 생각했다고 하고, 12자리 수는 "237435579311"이라면 백의 자리 숫자 3을 없애면, 생각했던 11자리 수 "23743557911"이 된다. 그러면 이러한 12자리 수는 모두 몇 개인지 구하여라.

문제 3.17 ———————————걸린시간 : _____ 분

양의 정수 a, b가 $123456789 = (11111 + a)(11111 - b)$를 만족할 때, 다음 물음에 답하여라.

(1) $a > b$임을 보여라.

(2) $a - b$가 짝수임을 이용하여 $a - b < 10$을 만족하는 순서쌍 (a, b)를 모두 구하여라.

문제 3.18 ———————————걸린시간 : _____ 분

다음 물음에 답하여라.

(1) 실수 x, y에 대하여 관계식

$$y + 3\sqrt{x+2} = \frac{23}{2} + y^2 - \sqrt{49 - 16x}$$

를 만족하는 순서쌍 (x, y)를 모두 구하여라.

(2) 방정식 $x^2 + 2y^2 - 2xy - 4 = 0$을 만족하는 실수 x, y에 대하여

$$xy(x - y)(x - 2y)$$

의 최댓값을 구하여라.

문제 3.19 _____걸린시간 : _____ 분

$\angle C = 90°$, AC = 12인 직각삼각형 ABC에서 $\angle BAD : \angle DAC =$ 2 : 1이 되도록 변 BC위에 점 D를 잡는다. 그러면 △DAC와 △ABC는 닮음이다. 점 A를 변 BC에 대하여 대칭이동시킨 점을 E라 하고, AD의 연장선과 BE의 교점을 F라 할 때, 다음 물음에 답하여라.

(1) 삼각형 ABF는 직각이등변삼각형임을 보여라.

(2) 삼각형 ABD의 넓이를 구하여라.

문제 3.20 _____걸린시간 : _____ 분

정육면체 ABCD-EFGH에서 모서리 AB, BC, CD, BF, DH, EF, HE의 중점을 각각 I, J, K, L, M, N, O라 하자. 다음 물음에 답하여라.

(1) 아래에서 세 점 A, F, C를 지나는 평면으로 절단할 때, 정육면체 ABCD-EFGH와 점 H를 포함하고 있는 입체 도형의 부피의 비를 구하여라.

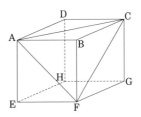

(2) 아래 그림에서 세 점 A, F, C를 지나는 평면과 네 점 I, E, G, J를 지나는 평면으로 절단할 때, 정육면체 ABCD-EFGH와 점 H를 포함하고 있는 입체도형의 부피의 비를 구하여라.

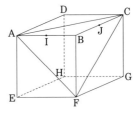

(3) 아래 그림에서 세 점 A, F, C를 지나는 평면과 네 점 D, O, F, J를 지나는 평면으로 절단할 때, 정육면체 ABCD-EFGH와 점 H를 포함하고 있는 입체도형의 부피의 비를 구하여라.

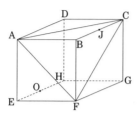

(4) 아래 그림에서 세 점 A, F, C를 지나는 평면과 여섯 점 K, M, O, N, L, J를 지나는 평면으로 절단할 때, 정육면체 ABCD-EFGH와 점 H를 포함하고 있는 입체도형의 부피의 비를 구하여라.

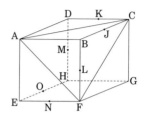

제 4 절   점검 모의고사 4회

문제 4.1 _____ 걸린시간 : _____ 분

수학캠프에 참가한 학생들이 다음과 같은 놀이를 하였다.

(가) 각 학생은 "참" 또는 "거짓" 중 하나를 선택하여 이름표에 적는다.

(나) 각 학생은 자신 이외의 모든 학생들에 대해 "참" 또는 "거짓"을 말한다. 그런데, "참"인 이름표를 달고 있는 학생들은 다른 학생의 이름표에 적힌데로 말하지만, "거짓"인 이름표를 달고 있는 학생들은 다른 학생의 이름표에 "참"이 적혀 있으면, "거짓", "거짓"이 적혀 있으면 "참"이라고 말한다. 수학캠프 선생님은 "거짓"이라고 말한 횟수를 적는다.

위의 놀이를 모든 학생들이 다 한 결과, "거짓"이라고 말한 횟수가 2024회였다. 한 명의 학생이 화장실에 간 후, 이름표는 그대로 하여 나머지 학생들로 '놀이 (나)'를 한 결과, "거짓"이라고 말한 횟수가 1978회였다. 이때, 이 수학캠프에 참가한 학생 수를 구하여라.

문제 4.2 _____ 걸린시간 : _____ 분

좌표평면 위에 $y = x$에 대하여 점 A$(2, 1)$의 대칭점을 B라 하고, x축에 대하여 점 B의 대칭점을 C라 하자.

(1) ∠AOC의 크기를 구하여라.

(2) △AOC의 넓이를 구하여라.

(3) 직선 AC와 x축과의 교점을 P, 직선 BP와 직선 $y = x$와의 교점을 Q라 할 때, △APQ의 둘레의 길이를 구하여라.

문제 4.3 _____걸린시간 : _____ 분

원에 내접하는 사각형 ABCD에서 BC = 13, DA = 4, CA = 15, ∠CBD = ∠BAC이다. 대각선 AC와 BD의 교점을 G라 할 때, 다음 물음에 답하여라.

(1) CD의 길이를 구하여라.

(2) CG의 길이를 구하여라.

(3) AB의 길이를 구하여라.

문제 4.4 _____걸린시간 : _____ 분

다음 물음에 답하여라.

(1) 각 자리 숫자가 1 또는 2 또는 3 또는 4로 이루어진 다섯 자리 자연수가 있다. 이 자연수는 어떤 연속한 2개의 자리 수를 선택하더라도 반드시 1이 포함되어 있다. 예를 들어, "13114"는 조건을 만족하지만 "11241"은 "24"를 선택하면 1이 포함되어 있지 않아서 조건을 만족하지 않는다. 이와 같은 조건을 만족하는 자연수는 모두 몇 개인지 구하여라.

(2) 각 자리 숫자가 1 또는 2 또는 3 또는 4로 이루어진 n 자리 자연수가 있다. 이 자연수는 어떤 연속한 2개의 자리 수를 선택하더라도 반드시 1이 포함되어 있다. 이와 같은 조건을 만족하는 자연수의 개수를 x_n이라 할 때, x_{n+1}, x_n, x_{n-1} 사이의 관계식을 구하고, x_5를 구하여라. 단, $n \geq 2$이다.

문제 4.5 _____ 걸린시간 : _____ 분

다음 물음에 답하여라.

(1) 양의 정수 x를 이진법으로 표현했을 때, 숫자 1이 짝수개 포함되어 있을 때, x를 마법수라고 하자. 예를 들어, 작은 순서대로 5개의 마법수는 3, 5, 6, 9, 10이다. 작은 순서대로 2017개의 마법수의 합을 구하여라.

(2) 1024이하의 양의 정수 중 2진법으로 표현했을 때, 1이 홀수번 나타나는 것들의 총합을 나누는 가장 큰 홀수를 구하여라.

문제 4.6 _____ 걸린시간 : _____ 분

이차함수 $y = x^2$과 두 직선 $y = nx$, $y = (n+1)x$와의 원점 O가 아닌 교점을 각각 A, B라 하자. n은 2이상의 자연수일 때, 다음 물음에 답하여라.

(1) $n = 3$일 때, $\triangle OAB$의 넓이를 구하여라.

(2) 삼각형 OAB의 넓이가 36일 때, n의 값을 구하여라.

(3) 2차함수 $y = x^2$ 위의 점 P는 점 O와 점 A 사이에 있다. 삼각형 OPB의 넓이와 삼각형 OAB의 넓이가 같을 때, 점 P의 좌표를 구하여라.

문제 4.7 _____걸린시간 : _____ 분

다음 제시문을 읽고 물음에 답하여라.

> 원에 내접하는 사각형 ABCD에서
>
> $AC \times BD = AB \times CD + BC \times DA$
>
> 이 성립한다. 이를 톨레미의 정리라고 한다.

원 O에 원 밖의 한 점 P에서 그은 두 접선과 원 O와의 교점을 각각 A, C라 하자. 점 P를 지나는 직선이 원 O와의 두 점에서 만날 때, 그 교점을 점 P에 가까운 순서대로 B, D라 하자. 이때, $AC \times BD = 2 \times AB \times CD$가 성립함을 보여라.

문제 4.8 _____걸린시간 : _____ 분

1에서 5까지의 숫자가 하나씩 쓴 카드가 1장씩 총 5장의 카드가 상자에 들어있다. 이 상자에서 무작위로 카드를 1장 꺼내서 카드의 숫자를 기록한 후 다시 상자로 넣는다. 이와 같은 과정을 4회 반복한다. 이때, 다음 물음에 답하여라.

(1) 기록한 4개의 수의 합이 홀수가 될 확률을 구하여라.

(2) 기록한 4개의 수의 곱이 짝수일 확률을 구하여라.

(3) 기록한 4개의 수의 곱이 6의 배수가 될 확률을 구하여라.

문제 4.9 _____ 걸린시간 : _____ 분

승우, 연우, 교순, 준서 4명이 윷놀이를 해서 1등은 4점, 2등은 3점, 3등은 2점, 4등은 1점을 얻는 게임을 하는데, 이 게임을 4번 해서 다음과 같은 결과를 얻었다.

- 연우의 세 번째 점수는 첫 번째 점수보다 2점 높았다.

- 교순이의 두 번째 점수는 첫 번째 점수보다 1점 높았다.

- 준서의 두 번째 점수는 첫 번째 점수보다 2점 높았다.

다음 물음에 답하여라.

(1) 첫 번째 4점을 얻은 사람은 누구인가?

(2) 두 번째 4점을 얻는 사람은 누구인가?

(3) 4명이 각각 4회의 게임의 점수를 합산할 때, 다음 물음에 답하여라.

    (가) 합계 점수가 높은 순으로 순위를 결정한다. 순위가 1위인 사람의 합계 점수를 생각하는데, 합계 점수가 가장 높을 때의 1위는 누구이고, 몇 점인지 구하여라.

    (나) 합계 점수가 모두 같고, 전원이 한 번씩 4점을 얻었다고 할 때, 네 번째 네 사람의 점수는 각각 몇 점인지 구하여라.

문제 4.10 _____ 걸린시간 : _____ 분

다음 물음에 답하여라.

(1) a%의 소금물 A g이 들어있는 그릇 '갑"과 b%의 소금물 B g이 들어있는 그릇 "을"이 있다. 다음과 같은 작업을 시행한다.

> 그릇 "갑"과 "을"에 들어있는 소금물 xg를 꺼낸 후, 그릇 "갑"에서 꺼낸 소금물은 그릇 "을"에 넣고, 그릇 "을"에서 꺼낸 소금물은 그릇 "갑"에 넣는다.

이 작업을 시행한 후 그릇 "갑"과 "을"의 소금물의 농도가 a'%, b'%가 되었다.

    (가) a', b'을 a, b, A, B, x를 사용하여 나타내어라.

    (나) $(a-b) : (a'-b')$을 A, B, x를 사용하여 나타내어라.

(2) 13%의 소금물 200g이 들어있는 그릇 "갑"과 7%의 소금물 300g이 들어있는 그릇 "을"이 있다. (1)에서의 작업을 시행한다.

    (가) 작업을 시행한 후 그릇 "갑"의 소금물의 농도가 8.5%가 되었다. 이때, x의 값을 구하고, 그릇 "을"의 소금물의 농도를 구하여라.

    (나) 작업을 시행한 후 그릇 "갑"과 "을"의 소금물의 농도의 차가 2%가 될 때, x의 값을 구하여라.

문제 4.11 ──────────걸린시간 : ____분

AB = AE, AC = AD, BE∥CD인 오각형 ABCDE에서 BE와 AC, AD와의 교점을 각각 P, Q라 하면, BP : PQ : QE = 2 : 1 : 2이다. 점 D를 지나 변 AE에 평행한 직선과 대각선 AC와의 교점을 R이라 하면, AR = AB = AE이고, AB∥RQ이다. △ABE = 96일 때, 다음 물음에 답하여라.

(1) AQ : QD를 구하여라.

(2) 사다리꼴 PCDQ의 넓이를 구하여라.

문제 4.12 ──────────걸린시간 : ____분

원 위에 서로 다른 n개의 점 $P_1, P_2, \cdots, P_n$이 있다. 이 중 두 점을 잇는 선분들을 모두 그릴 때, 어떠한 세 선분도 원 내부의 한 점에서 만나지 않는다. 다음 조건을 만족하는 삼각형의 개수를 T_n이라 하자.

삼각형의 각 변은 어떤 선분 $P_i P_j$에 포함된다.

이때, 다음 물음에 답하여라.

(1) T_4를 구하여라.

(2) T_7을 구하여라.

문제 4.13 _____ 걸린시간 : _____ 분

바닥에 점 A가 있고, 점 A에서 바로 위에 높이가 24cm인 지점에 전구가 있다. 한 모서리의 길이가 8cm인 정육면체가 5개 있다. 다음 물음에 답하여라.

(1) 아래 그림과 같이 5개의 정육면체를 쌓은 후 전구를 켰을 때, 생기는 그림자의 넓이를 구하여라.

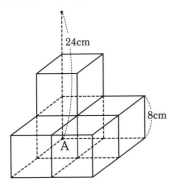

(2) 아래 그림과 같이 5개의 정육면체를 쌓은 후 전구를 켰을 때, 생기는 그림자의 넓이를 구하여라.

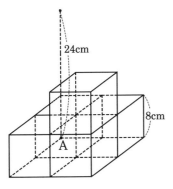

문제 4.14 _____ 걸린시간 : _____ 분

다음 물음에 답하여라.

(1) $m^2 - n^2 = 777$을 만족하는 자연수쌍 (m, n)을 모두 구하여라.

(2) 자연수 a, b, c, d가 $a > b > c > d$를 만족한다.

   (가) $a^2 c^2 + b^2 d^2 - a^2 d^2 - b^2 c^2$을 인수분해하여라.

   (나) $a^2 c^2 + b^2 d^2 - a^2 d^2 - b^2 c^2 = 777$을 만족하는 자연수쌍 (a, b, c, d)은 모두 몇 개인지 구하여라.

   (다) a, b, c, d가 모두 두 자리수일 때, $a^2 c^2 + b^2 d^2 - a^2 d^2 - b^2 c^2 = 777$을 만족하는 a, b, c, d를 구하여라.

문제 4.15 _____ 걸린시간 : _____ 분

다음 물음에 답하여라.

  (1) 각 자릿수가 1 또는 2인 6자리 양의 정수 중, 121121와 같이 2 바로 다음에 1이 나오는 경우가 정확히 두 번인 것의 개수를 구하여라.

  (2) 각 자릿수가 1 또는 2인 10자리 양의 정수 중, 1211212212와 같이 2 바로 다음에 1이 나오는 경우가 정확히 세 번인 것의 개수를 구하여라.

문제 4.16 _____ 걸린시간 : _____ 분

다음 물음에 답하여라.

  (1) x^{100}을 $(x-1)^2$으로 나눈 나머지를 $ax+b$라 할 때, a를 구하여라.

  (2) x^{100}을 $(x-1)^3$으로 나눈 나머지를 ax^2+bx+c라 할 때, a를 구하여라.

문제 4.17 ＿＿＿＿＿＿ 걸린시간 : ＿＿＿＿＿ 분

다음 물음에 답하여라.

(1) 아래 그림과 같이 정육면체 1개가 있다. 정육면체의 꼭짓점 8개 중 세 점을 선택하여 만들 수 있는 정삼각형의 개수를 구하여라. 단, 점의 위치가 다르면 다른 정삼각형으로 본다.

(2) 아래 그림과 같이 합동인 정육면체 8개를 가지고 하나의 큰 정육면체를 만들었다. 이때, 큰 정육면체의 27개 중 세 점을 선택하여 만들 수 있는 정삼각형의 개수를 구하여라. 단, 점의 위치가 다르면 다른 정삼각형으로 본다.

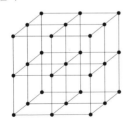

문제 4.18 ＿＿＿＿＿＿ 걸린시간 : ＿＿＿＿＿ 분

다음 물음에 답하여라.

(1) 원에 내접하는 사각형 ABCD에서 AB = 3, BC = 4, CD = 6, AC : BD = 7 : 8일 때, AD의 길이를 구하여라.

(2) 원에 내접하는 사각형 ABCD의 꼭짓점 B에서 직선 AD와 CD에 내린 수선의 발을 각각 H_1, H_2라 하고, 꼭짓점 D에서 직선 AB와 BC에 내린 수선의 발을 각각 H_3, H_4라 하자. 직선 $H_1 H_3$과 $H_2 H_4$가 서로 평행하고, 변 AB, BC, CD의 길이가 각각 5, 3, $3\sqrt{2}$일 때, 변 AD의 길이를 구하여라.

문제 4.19 _____ 걸린시간 : _____ 분

검은 구슬 6개, 흰 구슬 4개, 붉은 구슬 1개가 있다. 같은 색의 구슬은 각각 구별하지 못하는 것으로 할 때, 다음에 답하여라.

(1) 이 구슬을 전부 써서 원형으로 배열하는 방법의 가지수를 구하여라.

(2) (1)에서 붉은 구슬을 중심으로 해서 좌우 대칭으로 되는 가지수를 구하여라.

(3) 이들의 구슬을 전부 꿰서 목걸이를 만들 때, 만들어지는 목걸이의 가지수를 구하여라.

문제 4.20 _____ 걸린시간 : _____ 분

한 모서리의 길이가 6인 정육면체 ABCD-EFGH에서 모서리 AB, BC, CD, DA의 중점을 각각 P, Q, R, S라 하자.

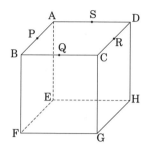

다음 물음에 답하여라.

(1) 이 정육면체를 삼각형 PQF을 포함하는 평면과 삼각형 SRH을 포함하는 평면으로 절단한다. 절단한 입체 중 부피가 가장 큰 것의 부피를 구하여라.

(2) (1)에서 부피가 가장 큰 입체의 겉넓이와 정육면체의 겉넓이의 차를 구하여라.

(3) 이 정육면체를 직사각형 AFGD을 포함하는 평면, 직사각형 BCHE를 포함하는 평면, 직사각형 CDEF를 포함하는 평면으로 절단한다. 절단한 입체 중 정사각형 EFGH를 포함한 입체의 부피를 구하여라.

(4) 이 정육면체를 직사각형 PRHE를 포함하는 평면, 직사각형 QSEF를 포함하는 평면으로 절단하면 4개의 입체로 나누어진다. 이때, 점 A를 포함한 입체, 점 B를 포함한 입체, 점 C를 포함한 입체, 점 D를 포함한 입체의 부피의 비를 구하여라.

제 5 절 점검 모의고사 5회

문제 5.1 _____ 걸린시간 : _____ 분

1부터 5까지의 카드를 승우, 연우, 준서, 교순, 원준이 5명에게 한 장씩 나눠준다. 승우가 가진 카드의 숫자는 3이고, 나머지 4명의 카드의 숫자는 몰라서, 승우가 다른 4명의 카드의 숫자를 맞추려고 한다. 연우, 준서, 교순, 원준이는 대화를 통해서 힌트를 2개씩 알려준다. 그러나 누군가 한 명은 2개 모두 거짓말을 했고, 나머지 3명은 2개 모두 진실을 말했다.

	힌트1		힌트2
연우	내 카드의 수는 홀수이다.	연우	내 카드의 숫자는 1과 4가 아니다.
준서	내 카드의 수는 홀수이다.	준서	내 카드의 숫자는 3과 4가 아니다.
교순	내 카드의 수는 홀수이다.	교순	내 카드의 숫자는 2와 5가 아니다.
원준	내 카드의 수는 짝수이다.	원준	내 카드의 숫자는 1과 2가 아니다.

(1) 원준이의 카드의 숫자는 무엇인가?

(2) 거짓말을 하는 사람은 연우, 준서, 교순, 원준이 중 누구인가?

(3) 연우와 준서의 카드의 숫자는 각각 무엇인가?

문제 5.2 _____ 걸린시간 : _____ 분

$y = x^2$ 위에 서로 다른 세 점 A, B, C가 있다. 점 A와 점 B는 y축에 대하여 대칭인 위치에 있다. 선분 BC의 길이가 10이고, 직선 BC의 기울기가 3이다. 또, 점 C의 x좌표는 점 B의 x좌표보다 크다. 이때, 다음 물음에 답하여라.

(1) 점 B의 x좌표를 구하여라.

(2) 세 점 A, B, C를 지나는 원의 중심의 좌표를 구하여라.

문제 5.3 _____걸린시간 : _____ 분

AB = 4, BC = 6, CA = 5인 삼각형 ABC에서 ∠ABC = ∠CAD가 되도록 점 D를 변 BC위에 잡고, ∠ACB = ∠ADE가 되도록 점 E를 변 CA위에 잡는다. 이때, 다음 물음에 답하여라.

(1) AD의 길이를 구하여라.

(2) △ABD : △ADE : △EDC를 구하여라.

문제 5.4 _____걸린시간 : _____ 분

승우, 준서, 원준이 3명은 100m 달리기를 하여 기록이 좋은 순서대로 1위부터 3위까지 순위를 정했다. 이때, 순위에 대하여 3명은 다음과 같이 말하였다.

- 승우 : "나는 1등이다."

- 준서 : "나는 2등이다."

- 원준 : "나는 1등이 아니다."

다음 물음에 답하여라. 단, 순위는 모두 다르다.

(1) 3명 중 1명만 거짓말을 했다면, 거짓말을 하고 있는 것은 누구인가?

(2) (1)의 경우, 3명의 순위를 답하여라.

(3) 3명 전부 모두 진실을 말했다면 3명의 순위를 답하여라.

문제 5.5 ─────── 걸린시간 : ____ 분

앞면과 뒷면에 자연수가 적혀 있는 5장의 카드가 다음 조건을 만족한다.

(가) 5장의 카드의 앞면의 자연수의 합과 5장의 카드의 뒷면의 자연수의 합은 같다.

(나) 각각의 카드에 대하여 앞면과 뒷면의 자연수의 합은 같다.

(다) 적혀 있는 자연수는 모두 다르다.

(라) 카드의 앞면과 뒷면은 구별된다.

지금 5장의 카드 중 4장의 카드의 앞면에 적힌 자연수는 11, 12, 17, 20이다. 나머지 장의 카드의 앞면에 적힌 수로 가능한 자연수를 모두 구하여라.

문제 5.6 ─────── 걸린시간 : ____ 분

다음 물음에 답하여라.

(1) 연립방정식

$$\frac{x(y-1)}{2x+y-1} = 3,$$

$$\frac{x(z+1)}{x+2z+2} = 3,$$

$$\frac{(y-1)(z+1)}{2y+z-1} = 3$$

을 만족하는 x, y, z에 대하여 xyz의 값을 구하여라.

(2) 양의 실수 x, y, z에 대하여 연립방정식

$$x^2 - 2017x + 1 = y^2,$$

$$y^2 - 2017y + 1 = z^2,$$

$$z^2 - 2017z + 1 = x^2$$

을 풀어라.

문제 5.7 ———————————— 걸린시간 : _____ 분

사각형 ABCD는 CD를 지름으로 하는 원 O에 내접한다. AB = 8, AD = 7, $\angle$BAD = 120°이고, 대각선 BD의 길이가 13일 때, 다음 물음에 답하여라.

   (1) 원 O의 반지름을 구하여라.

   (2) △ABD에 내접하는 원 I의 반지름을 구하여라.

문제 5.8 ———————————— 걸린시간 : _____ 분

6개의 면에 각각 1, 1, 1, 2, 2, 3의 숫자가 적힌 주사위 A와 6개의 면에 각각 2, 3, 3, 4, 4, 4의 숫자가 적힌 주사위 B가 한 개씩 있을 때, 다음 물음에 답하여라. 단, 주사위 A와 B는 크기가 같다.

   (1) 주사위 A와 B를 동시에 던져서 나온 눈의 합이 5가 될 확률을 구하여라.

   (2) 가방 속에 주사위 A와 B를 넣고, 가방에서 주사위 한 개를 꺼내 그 주사위를 던져서 나온 눈을 x라 한다. 그 후 가방에서 남아 있는 주사위를 꺼내 그 주사위를 던져서 나온 눈을 y라 한다. $n = 10x + y$라 할 때, 다음 물음에 답하여라.

    (가) $n = 12$일 확률을 구하여라.

    (나) n이 6의 배수일 확률을 구하여라.

문제 5.9 _____ 걸린시간 : _____ 분

1g, 4g, 16g, 64g, 256g, 1024g의 추가 각각 2개씩 있다. 이 추들을 사용하여 양팔저울의 한 쪽편에만 추를 놓아서 무게를 측정한다. 예를 들어, 6g의 무게는 1g의 추 2개와 4g의 추 1개를 사용하면 측정할 수 있고, 7g의 무게는 측정할 수 없다. 그러면 이 추들을 사용하여 양팔저울의 한쪽 편에만 추를 놓아서 측정할 때, 다음 물음에 답하여라.

(1) 289g은 작은 편으로부터 몇 번째의 무게인지 구하여라.

(2) 2023g은 이 양팔저울로 측정할 수 있는 무게인가?

(3) 이 양팔저울로 측정할 수 있는 작은 편으로부터 2023번째 무게를 구하여라.

문제 5.10 _____ 걸린시간 : _____ 분

다음 물음에 답하여라.

(1) 양의 실수 x, y에 대하여

$$\frac{x+y}{2} \geq \sqrt{xy}$$

이 성립함을 증명하여라. 이를 산술-기하평균 부등식이라고 부른다.

(2) 서로 다른 실수 x, y에 대하여, $xy = 8$일 때, $\frac{(x+y)^4}{(x-y)^2}$의 최솟값을 구하여라.

문제 5.11 _____ 걸린시간 : _____ 분

다음 물음에 답하여라.

(1) 삼각형 ABC에서 점 A에서 변 BC에 내린 수선의 발을 H라 하면, AB = 9, AC = 16, AH = 6이다. 이때, 삼각형 ABC의 외접원 O의 반지름의 길이를 구하여라.

(2) AB = AD, ∠BAD = 120°, ∠BCD = 60°, ∠CDA = 45° 인 사각형 ABCD에서 삼각형 ABD의 넓이가 60일 때, 사각형 ABCD의 넓이를 구하여라.

문제 5.12 _____ 걸린시간 : _____ 분

빨간색 카드가 7장, 파란색 카드가 10장, 노란색 카드가 15장 있다. 빨간색 카드에는 1, 2, ⋯, 7, 파란색 카드에는 1, 2, ⋯, 10, 노란색 카드에는 1, 2, ⋯, 15 중 하나의 숫자가 적혀 있고, 같은 색 카드에 적혀 있는 숫자는 서로 다르다. 빨간색, 파란색, 노란색의 카드를 각각 한 장씩 고를 때 세 장의 카드에 적혀 있는 수의 합이 11의 배수가 되도록 하는 방법의 수를 구하여라.

문제 5.13 _____ 걸린시간 : _____ 분

다음 물음에 답하여라.

(1) 모든 실수 x에 대하여 $(x^2 + (7-p)x + 2)(px^2 + 12x + 2p) \geq 0$을 만족시키는 정수 p를 모두 구하여라.

(2) p가 3이상의 소수이고, 네 정수 a, b, c, d가 다음 세 조건

$$a + b + c + d = 0 \qquad \text{①}$$
$$ad - bc + p = 0 \qquad \text{②}$$
$$a \geq b \geq c \geq d \qquad \text{③}$$

을 만족할 때, a, b, c, d를 p를 사용하여 나타내어라.

문제 5.14 _____ 걸린시간 : _____ 분

아래 그림과 같이 반직선 AX, AY 위에 번갈아 점 A_0, A_1, A_2, A_3, A_4, $\cdots$를 잡으면 삼각형 AA_0A_1의 넓이가 1이고, 삼각형 $A_0A_1A_2$의 넓이가 2, 삼각형 $A_1A_2A_3$의 넓이가 3, $\cdots$이 된다. 넓이가 111인 삼각형 $A_nA_{n+1}A_{n+2}$까지 그리면 삼각형 $AA_{n+1}A_{n+2}$는 $AA_{n+1} = AA_{n+2}$인 이등변삼각형이 된다. $AA_1 = 2.22$일 때, AA_0의 길이를 구하여라.

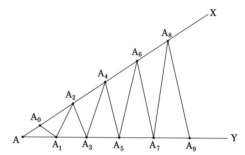

문제 5.15 _____ 걸린시간 : _____ 분

다음은 삼각형의 오심에 대한 설명이다.

- 외심 : 삼각형의 각 변의 수직이등분선의 교점으로 외심에서 세 꼭짓점에 이르는 거리가 같다.

- 내심 : 삼각형의 세 내각의 이등분선의 교점으로 내심에서 각 변에 이르는 거리가 같다.

- 방심 : 삼각형의 한 내각의 이등분선과 다른 두 외각의 이등분선의 교점으로 방심에서 각 변 또는 그 연장선에 이르는 거리가 같다.

- 무게중심 : 삼각형의 세 중선의 교점으로 무게중심은 중선을 2:1로 내분한다.

- 수심 : 삼각형의 각 꼭짓점에서 대응변 또는 그 연장선에 내린 수선의 교점이다.

삼각형 ABC의 내부의 한 점 P를 세 변 BC, CA, AB에 대하여 대칭이동한 점을 각각 D, E, F라 하자.

(1) 점 P가 삼각형 ABC의 내심일 때, 점 P는 삼각형 DEF의 오심 중 어느 점에 해당하는가? 그 이유를 밝혀라.

(2) 점 P가 삼각형 ABC의 외심일 때, 점 P는 삼각형 DEF의 오심 중 어느 점에 해당하는가? 그 이유를 밝혀라.

(3) 점 P가 삼각형 ABC의 수심일 때, 점 P는 삼각형 DEF의 오심 중 어느 점에 해당하는가? 그 이유를 밝혀라.

문제 5.16 _____ 걸린시간 : _____ 분

1부터 10까지의 번호가 쓰여진 카드가 한 장씩 모두 10장이 있다. 이 10장의 카드 중 2장의 카드를 꺼낸 후 카드에 쓰여진 번호를 기록한 후 다시 넣기를 두 번 한다. 첫 번째 꺼낸 카드의 번호 중 작은 번호를 a, 큰 번호를 b라 하자. 두 번째 꺼낸 카드의 번호 중 작은 번호를 c, 큰 번호를 d라 하자. 이때, 다음 물음에 답하여라.

(1) $a \leq x \leq b$, $c \leq x \leq d$를 만족하는 실수 x가 존재할 확률을 구하여라.

(2) $a < x < b$, $c < x < d$를 만족하는 실수 x가 존재할 확률을 구하여라.

문제 5.17 _____걸린시간 : _____ 분

좌표평면 위에 원점 O와 이차함수 $y = ax^2$이 있고, 직선 l은 x축 위의 점 A와 y축 위의 점 C를 지나고 이차함수와 점 B($-4, 3$), D($8, 64a$)에서 만난다. 점 P는 점 B를 출발하여 선분 BD 위의 점 D로 1초에 1씩 움직인다. 점 P가 움직일 때, 직선 l에 수직인 직선과 x축, y축과의 교점을 각각 Q, R이라 하자. 점 P가 점 B를 출발한 지 t초가 지났을 때, 다음 물음에 답하여라.

(1) a의 값, 직선 l의 방정식, 선분 AC의 길이를 구하여라.

(2) 두 점 P, R이 겹치지 않을 때, 선분 CP와 선분 PR의 길이의 비를 구하여라.

(3) t가 $0 \leq t \leq 5$일 때와 $5 \leq t \leq 15$일 때, 삼각형 APR의 넓이를 t를 사용하여 나타내어라. 단, 두 점 P, R이 중첩될(겹쳐질) 때, 삼각형 APR의 넓이는 0이라고 간주한다.

(4) 삼각형 ABQ와 삼각형 APR의 넓이의 비가 15 : 16일 때, t의 값을 구하여라.

문제 5.18 _____걸린시간 : _____ 분

한국, 독일, 멕시코, 스웨덴이 한 조에 편성되어 조별 경기를 한다. 한국팀이 조별 경기가 독일, 멕시코, 스웨덴팀의 순서로 정해졌을 때, 다음에 제시된 내용을 잘 읽고 물음에 답하여라.

(가) 한국팀이 독일, 멕시코, 스웨덴팀과 개별경기에서 이길 확률은 각각 $\frac{1}{5}, \frac{3}{5}, \frac{1}{10}$이다. 또한 독일, 멕시코, 스웨덴팀과 비길 확률은 각각 $\frac{2}{5}, \frac{1}{5}, \frac{1}{5}$이다.

(나) 한국팀이 첫 경기에서 독일, 멕시코, 스웨덴 각 팀과의 이길 확률과 비길 확률은 개별 경기의 확률과 같다. 두 번째, 세 번째 경기에서 한국팀이 이길 확률은 바로 앞서 벌어진 경기의 결과에 따라 다음과 같은 영향을 받는다.

- 직전 경기에서 이긴 경우, 다음 경기에서 이길 확률은 개별 경기에서 이길 확률의 1.3배이다.

- 직전 경기에서 비긴 경우, 다음 경기에서 이길 확률은 개별 경기에서 이길 확률의 1.1배이다.

- 직전 경기에서 진 경우, 다음 경기에서 이길 확률은 개별 경기에서 이길 확률의 0.9배이다.

- 비기는 확률은 직전 경기의 결과에 영향을 받지 않고 개별 경기에서의 확률과 같다.

(1) 한국팀이 멕시코팀과 경기에서 질 확률을 구하여라.

(2) 한국팀이 멕시코팀과 경기에서 지지 않았을 때, 모든 경기에서 지지 않으면서 두 경기 이상 이길 확률을 구하여라.

문제 5.19 _____ 걸린시간 : _____ 분

다음 물음에 답하여라.

(1) x, y가 정수일 때, $x^3 + y^3 = 91$을 만족하는 순서쌍 (x, y)를 모두 구하여라.

(2) 서로 다른 두 정수 x, y가

$$x^3 + y^3 + (3 - x - y)^3 = 3$$

을 만족할 때, 정수쌍 (x, y)를 모두 구하여라.

문제 5.20 _____ 걸린시간 : _____ 분

아래 그림의 입체도형은 한 모서리의 길이가 6인 정육면체 5개로 이루어졌고, 네 점 A, B, C, D가 그림 위치 표시되어 있다.

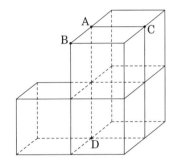

다음 물음에 답하여라.

(1) 네 점 A, B, C, D을 꼭짓점으로 하는 삼각뿔의 부피를 구하여라.

(2) 삼각형 BCD의 넓이를 구하여라.

(3) 세 점 B, C, D를 지나는 평면으로 입체도형을 절단할 때, 절단면의 넓이를 구하여라.

(4) (3)에서 절단된 입체도형 중 점 A를 포함한 입체의 부피를 구하여라.

제 6 절   점검 모의고사 6회

문제 6.1 _____걸린시간 : _____ 분

1, 4, 16, 64, 256, 1024, 4096이 적힌 카드가 1장씩 총 7장의 카드가 있다. 이 카드 중 몇 장을 선택하여 그 합을 계산한다. 예를 들어, "1, 4, 16"을 선택하면 "21"이고, "64"만 선택하면 그대로 "64"이다. 이 카드 중 몇 장을 선택하여 그 합을 크기 순으로 나열할 때, 작은 순서부터 차례대로 a_1, a_2, $\cdots$ 라 하자. 이때, 다음 물음에 답하여라.

(1) a_1, a_2, a_3, a_4, a_5를 구하여라.

(2) a_{100}을 구하여라.

문제 6.2 _____걸린시간 : _____ 분

이차함수 $y = x^2$ 위에 점 A$(-1, 1)$, B$(2, 4)$가 있다. 점 A에서의 $y = x^2$에 접하는 접선을 l이라 하자. 선분 AB위에 점 A, B가 아닌 점 P를 잡고, 점 P를 지나 y축에 평행한 직선과 l과의 교점을 Q라 하고, PQ와 $y = x^2$과의 교점을 R이라 하자. 이때, 다음 물음에 답하여라.

(1) l의 방정식을 구하여라.

(2) QR : RP = AP : PB임을 증명하여라.

문제 6.3 _____ 걸린시간 : _____ 분

AD ∥ BC이고, AD = 6, BC = 12인 사다리꼴 ABCD에서 변 AB 위에 AE : EB = 2 : 1이 되는 점 E를 잡고, 변 DC 위에 DF : FC = 2 : 1이 되는 점 F를 잡고, 선분 EF 위에 EP : PF = 2 : 3이 되는 점 P를 잡는다. 점 P를 지나는 직선과 변 AD, BC와의 교점을 각각 Q, R이라 하자. 이때, 다음 물음에 답하여라.

(1) AQ = x라 할 때, BR의 길이를 x를 써서 나타내어라.

(2) 사다리꼴 EBRP와 사다리꼴 QPFD의 넓이의 합이 사다리꼴 ABCD의 넓이의 $\frac{1}{2}$일 때, 선분 AQ의 길이를 구하여라.

문제 6.4 _____ 걸린시간 : _____ 분

서로 다른 n개 중에서 중복을 허락하지 않고, 또 순서에 상관없이 r개를 뽑을 때, 이를 n개에서 r개를 택하는 조합이라고 한다. 조합의 경우의 수를 $_nC_r$로 나타내며, $_nC_r = \dfrac{n!}{(n-r)!r!}$로 계산한다. 단, $n! = 1 \times 2 \times \cdots \times n$이다.

(1) 아래 그림에서 직사각형의 개수를 조합을 이용하여 구하여라.

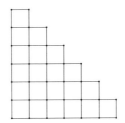

(2) 아래 그림에서 직사각형의 개수를 조합을 이용하여 나타내어라.

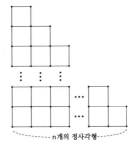

n개의 정사각형

문제 6.5 _____걸린시간 : _____ 분
다음 물음에 답하여라.

(1) 다섯 개의 수 1, 2, 3, 4, 5를 모두 한 번씩 사용하여 만든 다섯 자리 양의 정수 중, 만의 자리 수가 1, 2가 아니고 일의 자리 수가 1, 5가 아닌 것의 개수를 구하여라.

(2) 양의 정수 n을 두 개 이상의 연속한 양의 정수의 합으로 나타내는 방법을 생각하자. 예를 들어 15의 경우에는 $7+8$, $4+5+6$, $1+2+3+4+5$의 세 가지 방법이 있다. 999를 이와 같이 나타내는 방법의 수를 구하여라.

문제 6.6 _____걸린시간 : _____ 분
그림과 같이 정사각형 6개와 정육각형 8개로 이루어진 입체가 있다. 정사각형 하나의 넓이가 18일 때, 이 입체의 부피를 구하여라.

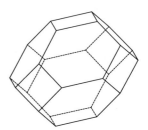

문제 6.7 ───────────── 걸린시간 :   분

다음 물음에 답하여라.

(1) 삼각형 ABC에서 점 A에서 변 BC에 내린 수선의 발을 D, 점 D에서 변 AB, AC에 내린 수선의 발을 각각 E, F 라 한다. AE = 5, EB = 3, AF = 2일 때, 삼각형 ADC의 넓이를 구하여라.

(2) ∠B = 90°인 직각삼각형 ABC에서 변 BC위에 ∠ACB = ∠BAD가 되도록 점 D를 잡으면 BD : DC = 1 : 2이다 이때, ∠ACB의 크기를 구하여라.

문제 6.8 ───────────── 걸린시간 :   분

수직선 위에 좌표가 0, 1, 2, 3, 4인 점이 있다. 점 P는 좌표가 0 인 점에 있다. ○, ×가 표시된 두 장의 카드 중 하나의 카드를 뽑아 아래와 같이 이동한다.

- ○ 카드 : 점 P를 오른쪽으로 한 점 이동한다.
- × 카드 : 점 P를 왼쪽으로 한 점 이동한다. (단, 0인 점 에서는 이동하지 않는다.)

이때, 다음 물음에 답하여라. 단, 뽑은 카드를 다시 돌려 놓는 다.

(1) 위와 같은 과정을 4회 시행한 후, 점 P가 좌표가 1인 점에 있을 확률을 구하여라.

(2) 조건 "△ 카드 : 점 P는 이동하지 않는다."를 하나 추가 한다. 점 P는 좌표가 0인 점에 있고, ○, ×, △의 3장의 카드에서 한 장을 뽑는다. 이와 같은 과정을 3회 시행 한 후, 점 P가 좌표가 1인 점에 있을 확률을 구하여라.

문제 6.9 _____ 걸린시간 : _____ 분

연속한 4개의 자연수에 대하여 다음 물음에 답하여라.

   (1) 4개의 자연수의 제곱의 합이 366일 때, 4개의 수 중 가장 작은 자연수를 구하여라.

   (2) 4개의 자연수의 곱에 1을 더한 합이 181^2과 같을 때, 4개의 자연수 자연수의 합을 구하여라.

문제 6.10 _____ 걸린시간 : _____ 분

좌표평면 위에 점 (x, y)를 생각하자. x, y는 0이상인 정수이고, n은 자연수이다. 이때, 다음 물음에 답하여라. (힌트 : $1^2 + 2^2 + \cdots + n^2 = \frac{1}{6}n(n+1)(2n+1)$이다.)

   (1) $x + y \leq n$을 만족하는 점 (x, y)의 개수를 구하여라.

   (2) $\frac{x}{2} + y \leq n$을 만족하는 점 (x, y)의 개수를 구하여라.

   (3) $x + \sqrt{y} \leq n$을 만족하는 점 (x, y)의 개수를 구하여라.

문제 6.11 _____ 걸린시간 : _____ 분

$AB = 7$, $BC = 5$, $CA = 8$인 삼각형 ABC에서 변 BC위에 점 P를 잡고, AP를 연결한다. 삼각형 ABP의 내접원의 중심을 O_1, 삼각형 APC의 내접원의 중심을 O_2라 하자. 두 원 O_1과 O_2가 선분 AP에서 만날 때, 다음 물음에 답하여라.

(1) 선분 PB의 길이와 선분 AP의 길이를 구하여라.

(2) 원 O_1과 원 O_2의 반지름의 길이를 구하여라.

(3) 삼각형 ABC의 외접원의 중심을 O라 할 때, 삼각형 OO_1O_2의 넓이를 구하여라.

문제 6.12 _____ 걸린시간 : _____ 분

수직선 위에 좌표가 O(0), A(1), B(2), C(3), D(4), E(5), F(6), G(7)인 점이 있다. 아래와 같은 규칙을 가진 게임을 한다.

(가) O에서 시작한다. 주사위를 던져 나온 눈만큼 오른쪽의 점으로 이동한다.

(나) 점 G에서 멈추면 게임이 끝난다.

(다) 점 G에서 멈추지 않는다면, 초과한 수만큼 왼쪽의 점으로 이동한다. (예를 들어, 점 E에 있을 때, 다음 6의 눈이 나왔을 경우에는 점 C로 이동한다.) 이런 경우를 "점 G에서 돌아간다"고 한다.

(라) 점 D에 멈추면, 점 O로 돌아간다.

이때, 다음 물음에 답하여라.

(1) 주사위를 두 번 던져서 게임이 끝나는 경우의 수를 구하여라.

(2) 점 G에서 돌아가지 않고 주사위를 세 번 던져서 게임이 끝나는 경우의 수를 구하여라.

(3) 점 G에서 돌아가고, 주사위를 세 번 던져서 게임이 끝나는 경우의 수를 구하여라.

문제 6.13 _____ 걸린시간 : _____ 분

다음 물음에 답하여라.

(1) ∠B = ∠D = 90°인 크기가 다른 두 개의 직각이등변삼각형 ABC와 CDE가 있다. 점 A, E, D의 순서로 한 직선 위에 있고, CD+DE = EA이다. △CDE = 13일 때, 사각형 ABCD의 넓이를 구하여라.

(2) ∠C = 90°인 직각삼각형 ABC에서, 사각형 DBEF가 마름모가 되도록 점 D, E, F를 각각 변 AB, BC, CA 위에 잡는다. 삼각형 ADF의 내접원을 P, 삼각형 FEC의 내접원을 Q라 할 때, 원 P, Q의 지름의 길이가 각각 20, 16일 때, 삼각형 ABC의 넓이를 구하여라.

문제 6.14 _____ 걸린시간 : _____ 분

세 자리 양의 정수 abc를 생각하자. 세 개의 정수 a, b, c 중 어떤 두 개의 합이 나머지 하나의 두 배인 양의 정수 abc를 생각하자.

(1) 세 자리 수 abc에서 a, b, c 중 0이 있는 경우의 수를 구하여라.

(2) 세 자리 수 abc에서 a, b, c 중 0이 없는 경우의 수를 구하여라.

문제 6.15 _____ 걸린시간 : _____ 분

아래 그림과 같은 삼각기둥 ABC-DEF에서 점 P는 모서리 BE 위를 점 B에서 출발하여 점 E로 이동하고, 점 Q는 모서리 CF 위를 점 C에서 출발하여 점 F로 이동하는데, 각각 1초당 2cm, 3cm의 속도로 동시에 출발한다. 입체도형을 세 점 A, P, Q를 지나는 평면으로 절단하면 두 부분으로 나누어진다.

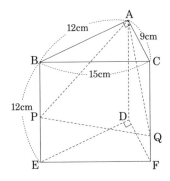

다음 물음에 답하여라.

(1) 점 B를 포함하는 입체와 점 E를 포함하는 입체의 부피의 비가 4 : 5일 때, 출발한 지 몇 초가 지난 후 인지 구하여라.

(2) 나누어진 두 입체의 겉넓이가 같을 때, 출발한 지 몇 초가 지난 후인지 구하여라.

문제 6.16 _____ 걸린시간 : _____ 분

다음 물음에 답하여라.

(1) 승우가 다음과 같은 수학게임을 하고 있다.

(가) 세 자리 자연수를 생각한다.

(나) (가)에서 생각한 수를 3으로 나눈 몫을 생각한다. 즉, 나머지는 버린다.

(다) (나)에서 얻은 수를 3으로 나눈 몫을 생각한다. 즉, 나머지는 버린다.

(라) (다) 단계를 반복하고 "7"이 나오면 이긴다.

이 수학게임에서 승우가 이길 수 있는 세 자리 자연수는 모두 몇 개인지 구하여라.

(2) 다음과 같은 성질을 만족하는 자연수를 생각한다.

> 자연수에서 42를 여러번 **빼도** 그 결과는 소수이다.
> (단, 결과는 0보다 큰 범위에서 뺄셈을 한다.)

이를 만족하는 자연수 중 가장 큰 수를 구하여라.

문제 6.17 _____ 걸린시간 : _____ 분
다음 물음에 답하여라.

(1) $(x+a)(x+b)(x+c)$를 x의 내림차순으로 전개하여라.

(2) $(a+b)(b+c)(c+a)+abc = (a+b+c)(ab+bc+ca)$
이 성립함을 보여라.

(3) 정수 a, b, c에 대하여,

$$\frac{1}{2}(a+b)(b+c)(c+a) + (a+b+c)^3 = 1 - abc$$

가 성립할 때, 이를 만족하는 정수쌍 (a, b, c)를 모두
구하여라.

문제 6.18 _____ 걸린시간 : _____ 분
$\angle CAB = 90°$, $AB = AC = 1$인 직각이등변삼각형 ABC에서 변
BC의 중점을 M이라 하자. 두 점 A, M를 지나는 원 O가 변 AB
와 만나는 (A가 아닌) 점을 P, 변 AC와 만나는 (점 A가 아닌)
점을 Q이라 할 때, 다음 물음에 답하여라. 단, AP ≤ AQ이다.

(1) 점 O를 지나고 BC에 평행한 직선과 AM, AC와의 교
점을 각각 D, E라 하면, OD = OE이다. 이때, 원의 반
지름을 구하여라.

(2) 사각형 PBCQ의 넓이가 $\frac{4}{9}$일 때, AP의 길이를 구하
여라.

문제 6.19 _____ 걸린시간 : _____ 분

다음 물음에 답하여라.

(1) 삼각형의 각 변에 꼭짓점이 아닌 점이 네 개씩 주어져 있다. 이 12개의 점 중 네 점을 꼭짓점으로 갖는 볼록 사각형의 개수를 구하여라.

(2) 반지름이 10인 원주 위에 60등분이 되도록 점 60개점을 찍고 A_1, A_2, $\cdots$, A_{60}이라 하자. 이 60개의 점 중 5개의 점을 선택하여 오각형을 만드는데, 반드시 A_1을 선택한다. 이때 생긴 오각형의 변의 길이는 모두 10보다 클 때, 나머지 4개의 점을 선택하는 방법의 수를 구하여라. 단, 모양이 같은 오각형이라도 선택한 점이 다르면 다른 오각형으로 본다.

문제 6.20 _____ 걸린시간 : _____ 분

다음 물음에 답하여라.

(1) 아래 그림과 같이 지름 AB = 24인 반원 "가"와 지름 PQ = 8인 반원 "나"가 있다. AB와 PQ가 항상 평행하고 반원 "나"가 반원 "가"의 둘레를 떨어지지 않게 한 바퀴 돈다. 이때, 지름 PQ가 지나는 부분의 넓이를 구하여라.

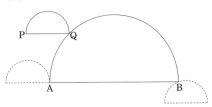

(2) 아래 그림과 같이 반지름이 12인 사분원 OFE와 한 변의 길이가 6인 정삼각형 VWX가 있다. OF와 WX가 항상 평행하고 정삼각형 VWX의 꼭짓점 W가 호 EF를 떨어지지 않게 이동한다. 이때, 정삼각형 VWX가 지나는 부분의 넓이를 구하여라.

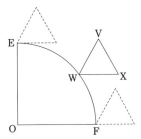

제 7 절   점검 모의고사 7회

문제 7.1 —————————————걸린시간 : _____ 분

자연수 x, y에 대하여 $x > y$이면 $x - y$를 y로 나누었을 때, 몫을 p, 나머지를 q라 하자. $N(x, y)$를 다음과 같이 정의한다.

$$\begin{cases} q = 0이면, \ N(x, y) = p \\ q > 0이면, \ N(x, y) = -1 \end{cases}$$

다음 물음에 답하여라.

(1) $N(2013, 25)$, $N(2016, 28)$을 구하여라.

(2) $N(2013 + n, 25 + n) > 0$을 만족하는 자연수 n중 2번째로 작은 수를 구하여라.

문제 7.2 —————————————걸린시간 : _____ 분

두 직선 $y = x + 4$와 $y = ax + b$의 교점이 A$(1, 5)$이고, B$(-4, 0)$, C$(0, 4)$, D$(0, b)$라고 하자. 단, $a < 0$, $b > 0$이다. 다음 물음에 답하여라.

(1) △ADC의 넓이가 2일 때, 직선 $y = ax + b$를 구하여라.

(2) (1)에서 구한 직선 $y = ax + b$ 위에 △CBE = 8이 되도록 점 E를 잡을 때, 점 E의 좌표를 구하여라. 단, 점 E의 x좌표는 1보다 크다.

문제 7.3 _____ 걸린시간 : _____ 분

아래 그림과 같이 네 점 A, B, C, D가 구면 위에 있다.

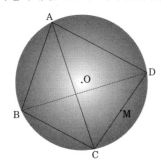

사면체 ABCD에서 모서리 길이는 AB = $\sqrt{3}$이고 나머지 모서리의 길이는 2이다.

(1) 모서리 CD의 중점을 M이라 할 때, 선분 BM의 길이를 구하여라.

(2) 구의 중심을 O라 하고, 점 O에서 BM에 내린 수선의 발을 H라 할 때, OH의 길이를 구하여라.

(3) 선분 OB의 길이를 구하여라.

문제 7.4 _____ 걸린시간 : _____ 분

서로 다른 n개 중에서 중복을 허락하지 않고, 또 순서에 상관없이 r개를 뽑을 때, 이를 n개에서 r개를 택하는 조합이라고 한다. 조합의 경우의 수를 $_n\mathrm{C}_r$로 나타내며, $_n\mathrm{C}_r = \frac{n!}{(n-r)!r!}$로 계산한다. 단, $n! = 1 \times 2 \times \cdots \times n$이다.

(1) 아래 그림과 일정한 간격으로 55개의 점이 놓여 있다. 이 55개의 점 중 세 점으로 만들 수 있는 정삼각형의 개수를 조합을 이용하여 구하여라.

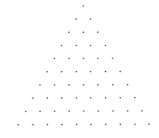

(2) (1)에서의 그림과 같이 일정한 간격으로 $1 + 2 + \cdots + n = \frac{n(n+1)}{2}$개의 점이 놓여 있을 때, 이 $\frac{n(n+1)}{2}$개의 점 중 세 점으로 만들 수 있는 정삼각형의 개수를 조합을 이용하여 나타내어라.

문제 7.5 ———————걸린시간 : ____ 분

2이상의 자연수 n에 대하여, n을 소수들의 곱으로 표현했을 때, 이 소수들의 합을 $<n>$로 나타내기로 하자. 예를 들어, n이 소수이면, $<n>=n$이고, $4=2\times2$이므로 $<4>=2+2=4$이고, $6=2\times3$이므로 $<6>=2+3=5$이고, $12=2\times2\times3$이므로 $<12>=2+2+3=7$이다. 이때, 다음 물음에 답하여라.

(1) $<30>$을 구하여라.

(2) $<2021>\times<x>=450$를 만족하는 자연수 x를 모두 구하여라.

(3) $<x>=12$를 만족하는 자연수 x를 모두 구하여라.

문제 7.6 ———————걸린시간 : ____ 분

다음 물음에 답하여라.

(1) 실수 x,y,z,w에 대하여

$$\frac{x^2}{2^2-1^2}+\frac{y^2}{2^2-3^2}+\frac{z^2}{2^2-5^2}+\frac{w^2}{2^2-7^2}=1$$
$$\frac{x^2}{4^2-1^2}+\frac{y^2}{4^2-3^2}+\frac{z^2}{4^2-5^2}+\frac{w^2}{4^2-7^2}=1$$
$$\frac{x^2}{6^2-1^2}+\frac{y^2}{6^2-3^2}+\frac{z^2}{6^2-5^2}+\frac{w^2}{6^2-7^2}=1$$
$$\frac{x^2}{8^2-1^2}+\frac{y^2}{8^2-3^2}+\frac{z^2}{8^2-5^2}+\frac{w^2}{8^2-7^2}=1$$

이 성립할 때, $x^2+y^2+z^2+w^2$을 구하여라.

(2) 영이 아닌 실수 x,y,z에 대하여 연립방정식

$$\frac{4x^2}{1+4x^2}=y,\quad \frac{4y^2}{1+4y^2}=z,\quad \frac{4z^2}{1+4z^2}=x$$

을 풀어라.

문제 7.7 _____걸린시간 : _____ 분

AB = AD인 사각형 ABCD가 원 O에 내접한다. 대각선 BD가 원 O의 지름이고, 두 대각선의 교점을 P라 하자. BC = 12, CD = 6일 때, 다음 물음에 답하여라.

    (1) 선분 BP의 길이를 구하여라.

    (2) 선분 AP의 길이를 구하여라.

    (3) 세 점 A, B, P를 지나는 원의 지름을 구하여라.

문제 7.8 _____걸린시간 : _____ 분

정사각형 ABCD에서 점 P는 꼭짓점 A에 있다. 주사위를 던져서 점 P는 정사각형의 꼭짓점으로 나온 눈만큼 반시계방향으로 이동한다. 이때, 다음 물음에 답하여라.

    (1) 주사위를 1회 던진 후, 점 P가 꼭짓점 B에 있을 확률을 구하여라.

    (2) 주사위를 2회 던진 후, 점 P가 꼭짓점 B에 있을 확률을 구하여라.

    (3) 주사위를 3회 던졌다. 점 P가 1회 던진 후에는 꼭짓점 B에, 3회 던진 후에는 꼭짓점 C에 있을 확률을 구하여라.

문제 7.9 _____ 걸린시간 : _____ 분

음이 아닌 유리수 x에 대하여 a, b, c, d를 다음과 같이 정의한다.

$$a = [2x], \quad b = [4x], \quad c = [6x], \quad d = [8x]$$

단, $[x]$는 x를 넘지 않는 최대의 정수이다. 이때, $a + b + c + d$로 나타낼 수 없는 0이상 1000이하의 정수는 모두 몇 개인지 구하여라. 예를 들어, $x = 3.14$일 때, $a = 6$, $b = 12$, $c = 18$, $d = 25$으로 $a + b + c + d = 61$이다.

문제 7.10 _____ 걸린시간 : _____ 분

좌표평면 위에 이차함수 $y = ax^2$ $(a > 0)$와 원점 A_0가 있다. A_0을 지나고 기울기가 1인 직선과 이차함수와의 교점을 A_1, A_1을 지나고 기울기가 -1인 직선과 이차함수와의 교점을 A_2, A_2을 지나고 기울기가 1인 직선과 이차함수와의 교점을 A_3라고 하자. 이와 같이 계속하여 $A_4, A_5, \cdots$를 잡는다. 이때, 다음 물음에 답하여라.

(1) $y = ax^2$과 $y = mx + n$의 두 교점 P, Q의 x좌표를 각각 p, q라 할 때,

$$m = a(p + q), \quad n = -apq$$

임을 보여라.

(2) 점 A_1, A_2, A_3, A_4, A_5의 x좌표를 a를 써서 나타내어라.

(3) 선분들의 합 $A_0A_1 + A_1A_2 + A_2A_3 + A_3A_4$를 a를 써서 나타내어라.

(4) $a = 1$일 때, 선분들의 합 $A_0A_1 + A_1A_2 + A_2A_3 + \cdots + A_{n-1}A_n$이 100보다 크게 하는 자연수 n의 최솟값을 구하여라.

문제 7.11 ──────── 걸린시간 : ──── 분

다음 물음에 답하여라.

(1) AD ∥ BC인 등변사다리꼴 ABCD에서 삼각형 AEF가 정삼각형이 되도록 점 E, F를 각각 변 BC, CD위에 잡으면, ∠BAE = 36°, ∠EFC = 50°이다. 이때, ∠AEB의 크기를 구하여라.

(2) △ABC의 변 AC 위에 ∠ACB = ∠DBC가 되도록 점 D를 잡고, BD 위에 ∠BEC = 2 × ∠BAC가 되도록 점 E를 잡으면, BE = 3, EC = 8이다. 이때, AC의 길이를 구하여라.

문제 7.12 ──────── 걸린시간 : ──── 분

1, 2, 3, 4, 5, 6이 적힌 6장의 카드를 다음 규칙을 만족하도록 나열한다.

> 양쪽 끝의 카드를 제외한 나머지의 카드 중 어느 것을 선택하여도 카드에 적힌 수가 옆에 있는 카드에 적힌 수보다 모두 크거나 작다.

이와 같은 나열하는 방법의 수를 구하여라.

문제 7.13 _____걸린시간 : _____ 분
다음 그림과 같이 정육면체 ABCD-EFGH에서 각 모서리의
중점을 잡는다.

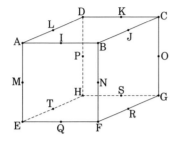

다음 물음에 답하여라.

(1) 정육면체를 세 점 A, C, F를 지나는 평면과 세 점 I, K,
S를 지나는 평면으로 절단했을 때, 점 B를 포함하는
입체와 정육면체의 부피의 비를 구하여라.

(2) 정육면체를 세 점 P, K, J를 지나는 평면과 세 점 I, K,
S를 지나는 평면으로 절단했을 때, 점 B를 포함하는
입체와 정육면체의 부피의 비를 구하여라.

(3) 정육면체를 세 점 A, C, F를 지나는 평면과 세 점 P, K,
J를 지나는 평면으로 절단했을 때, 점 B를 포함하는
입체와 정육면체의 부피의 비를 구하여라.

문제 7.14 _____ 걸린시간 : _____ 분

다음 물음에 답하여라.

(1) 원에 내접하는 사각형 ABCD에서 BC = CD = 4, DA = 16이다. AC = 16일 때, AB의 길이를 구하여라.

(2) AB = 5, AD = 3, ∠BAD + ∠BCA = 180°인 사각형 ABCD에서 두 대각선의 교점을 O라 하자. AC = 4, BO : OD = 7 : 6일 때, BC의 길이를 구하여라.

문제 7.15 _____ 걸린시간 : _____ 분

자연수 $1, 2, 3, 4, 5, 6, 7, 8$로 만든 순서쌍 $(x_1, x_2, x_3, x_4, x_5, x_6, x_7, x_8)$들 중 다음 네 조건을 만족시키는 순서쌍의 개수를 구하여라.

(가) $x_1, x_2, x_3, x_4, x_5, x_6, x_7, x_8$는 서로 다른 자연수이다.

(나) $x_1 + x_2 + x_3 + x_4 < x_5 + x_6 + x_7 + x_8$

(다) $x_1 < x_2 < x_3 < x_4$

(라) $x_5 < x_6 < x_7 < x_8$

문제 7.16 ———————— 걸린시간 : _____ 분

다음 물음에 답하여라.

(1) 두 수 $n^2 + 3m$과 $m^2 + 3n$이 모두 완전제곱수가 되게 하는 양의 정수쌍 (m, n)을 모두 구하여라.

(2) 3보다 큰 임의의 소수 p에 대하여 $\dfrac{p^6 - 7}{3} + 2p^2$은 두 세제곱수의 합으로 나타낼 수 있음을 증명하여라.

문제 7.17 ———————— 걸린시간 : _____ 분

다음 물음에 답하여라.

(1) 1보다 큰 실수 x에 대하여

$$\frac{x^4 - x^2}{x^6 + 2x^3 - 1}$$

의 최댓값을 구하여라.

(2) 양의 실수 x, y, z가 $x + 2y + 3z \geq 20$을 만족할 때,

$$x + y + z + \frac{3}{x} + \frac{9}{2y} + \frac{4}{z}$$

의 최솟값을 구하여라.

문제 7.18 _____걸린시간 : _____ 분

한 변의 길이가 16인 정사각형 ABCD에서 변 AD위에 AE = 4 인 점 E를 잡자. 점 A를 EB에 대하여 대칭이동시킨 점을 A′ 라 하자. EA′의 연장선과 변 DC와의 교점을 F라 하자. 점 F 를 지나 BE에 평행한 직선과 ED의 연장선과의 교점을 G라 하자. 다음 물음에 답하여라.

(1) 삼각형 EFG가 이등변삼각형임을 보여라.

(2) 삼각형 DEF의 넓이를 구하여라.

문제 7.19 _____걸린시간 : _____ 분

다음 물음에 답하여라.

(1) $1 \leq a_1 \leq a_2 \leq a_3 \leq a_4 \leq 5$를 만족하는 양의 정수쌍 (a_1, a_2, a_3, a_4)의 개수를 구하여라.

(2) $5 \leq a_6 \leq a_7 \leq a_8 \leq a_9 \leq 9$를 만족하는 양의 정수쌍 (a_6, a_7, a_8, a_9)의 개수를 구하여라.

(3) 다음 조건 (가), (나), (다)를 모두 만족하는 양의 정수쌍 $(a_1, a_2, \cdots, a_9)$의 개수를 구하여라.

(가) $1 \leq a_1 \leq a_2 \leq \cdots \leq a_9 \leq 9$

(나) $a_5 = 5$

(다) $a_9 - a_1 \leq 7$

문제 7.20 _____걸린시간 : _____ 분

다음 그림과 같이 한 모서리의 길이가 12인 정육면체 ABCD-EFGH에서 모서리 CD, AD, AE의 중점을 각각 P, Q, R이라 하자.

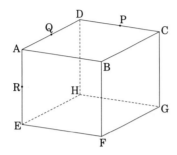

세 점 B, D, E를 지나는 평면, 세 점 B, D, G를 지나는 평면, 세 점 P, Q, R를 지나는 평면으로 정육면체를 동시에 절단한다. 절단되어 나누어진 입체 중 점 F를 포함하는 "입체 F"라 하자. 다음 물음에 답하여라.

(1) "입체 F"의 면의 수를 구하여라.

(2) "입체 F"의 면 중에서 넓이가 최대인 면의 넓이는 삼각형 BDE의 넓이의 몇 배인지 구하여라.

(3) "입체 F"의 부피를 구하여라.

제 8 절 점검 모의고사 8회

문제 8.1 _____ 걸린시간 : _____ 분

양의 정수 k에 대하여, k의 양의 약수들의 평균을 $m(k)$라 할 때, 다음 물음에 답하여라. 단, n은 음의 아닌 정수이다.

(1) $m(3^3)$을 구하여라.

(2) $m(3^n)$을 n에 관한 식으로 나타내어라.

(3) $m(2^n \cdot 3^3)$을 n에 관한 식으로 나타내어라.

(4) $m(6^n)$을 n에 관한 식으로 나타내어라.

문제 8.2 _____ 걸린시간 : _____ 분

두 직선 $y = x$와 $y = -\frac{1}{2}x + 3$의 교점을 A, x축 위의 한 점을 B, 점 B를 지나 y축에 평행한 직선과 $y = x$와의 교점을 C라 하고, 삼각형 ABC를 작도한다. 다음 물음에 답하여라.

(1) 점 A의 좌표를 구하여라.

(2) 직선 $y = -\frac{1}{2}x + 3$이 삼각형 ABC의 넓이를 이등분할 때, 점 C의 좌표를 구하여라.

문제 8.3 _____ 걸린시간 : _____ 분

다음 내용은 톨레미의 정리에 대한 것이다.

> 원에 내접하는 볼록사각형 ABCD에서
> $AB \cdot CD + BC \cdot DA = AC \cdot BD$
> 이 성립한다.

이를 이용하여 다음 물음에 답하여라

(1) 점 P가 정삼각형 ABC의 외접원의 호 BC 위에 임의의
    한 점일 때, PA = PB + PC임을 증명하여라.

(2) 정삼각형 ABC의 변 BC 위의 점 D에 대하여, 직선 AD
    가 이 정삼각형의 외접원과 만나는 점을 P라 하자.
    BP = 5, PC = 20일 때, AD의 길이를 구하여라.

문제 8.4 _____ 걸린시간 : _____ 분

다음 물음에 답하여라.

(1) 숫자 1과 2만을 사용하여 만든 7자리 양의 정수 중에
    서 '1221'이 한 번만 나타나는 것의 개수를 구하여라.
    단, 1221221은 '1221'이 두 번 나타난 것으로 본다.

(2) 숫자 1과 2만을 사용하여 만든 8자리 양의 정수 중에
    서 '1221'이 한 번만 나타나는 것의 개수를 구하여라.
    단, 1221221은 '1221'이 두 번 나타난 것으로 본다.

문제 8.5 _____ 걸린시간 : _____ 분

다음 물음에 답하여라.

(1) 네 자리 자연수 N의 각 자리 숫자의 합이 17의 배수이고, N + 1의 각 자리 숫자의 합이 17의 배수이다. 이를 만족하는 가장 큰 N을 구하여라.

(2) 숫자 1, 2, 3, 4, 5, 6이 하나씩 적혀 있는 카드 여섯 장이 있다. 이 중 다섯 장의 카드를 나열하여 만들 수 있는 다섯 자리 수 중 6의 배수는 모두 몇 가지인가?

문제 8.6 _____ 걸린시간 : _____ 분

다음 물음에 답하여라.

(1) a는 양의 정수이고, p, q는 소수일 때, 2차방정식 $ax^2 - px + q = 0$의 두 근이 모두 정수가 되게 하는 순서쌍 (a, p, q)를 모두 구하여라.

(2) 다항식 $ax^{17} + bx^{16} + 1$이 다항식 $x^2 - x - 1$으로 나누어떨어지도록 하는 정수쌍 (a, b)를 모두 구하여라.

문제 8.7 _____ 걸린시간 : _____ 분

AB = AC인 이등변삼각형 ABC의 내부에 $\angle BCP = 30°$, $\angle APB = 150°$, $\angle CAP = 39°$를 만족하는 점 P를 잡는다.

(1) 삼각형 BCP의 외심을 D라 할 때, 삼각형 APB와 삼각형 APD가 합동임을 보여라.

(2) $\angle BAP$를 구하여라.

문제 8.8 _____ 걸린시간 : _____ 분

서로 다른 n개 중에서 중복을 허락하지 않고, 또 순서에 상관없이 r개를 뽑을 때, 이를 n개에서 r개를 택하는 조합이라고 한다. 조합의 경우의 수를 $_nC_r$로 나타내며, $_nC_r = \dfrac{n!}{(n-r)!r!}$로 계산한다. 단, $n! = 1 \times 2 \times \cdots \times n$이다.

(1) 아래 그림에서 평행사변형의 개수를 조합을 이용하여 구하여라.

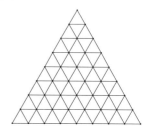

(2) 아래 그림에서 평행사변형의 개수를 조합을 이용하여 나타내어라.

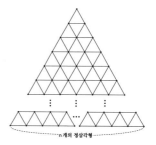

문제 8.9 ─────────────걸린시간 : _____ 분

각각의 카드에 한 개의 자연수가 적혀 있는 카드 30장이 있다. 승우와 준서는 다음과 같은 게임을 한다.

- 카드를 잘 섞고 위에서부터 차례로 승우와 준서가 번갈아 가져간다. (둘은 각각 15장의 카드를 가져간다.)

- 두 사람은 가져간 카드에 적힌 수의 합을 구한다.

- 합이 큰 편이 이기고, 상대와 수 차이만큼 동전을 받는다.

이렇게 게임을 몇 번 반복해서 서로 주고 받는 동전의 수가 최대 14개이다. 이들 30장의 카드 중 같은 수의 카드가 최소 한 몇 장인지 구하여라. 단, 같은 수가 적힌 카드가 여러 종류가 있어도 그 중 가장 많은 수를 가진 것을 생각한다. 예를 들어, 2가 적힌 카드가 3장, 6이 적힌 카드가 5장 있는 경우에는 답은 5장이 된다.

문제 8.10 ─────────────걸린시간 : _____ 분

다음 물음에 답하여라.

(1) $p < q < r$을 만족하는 세 소수 p, q, r의 곱 pqr이 $2009 \cdot 2021 \cdot 2027 + 320$일 때, 이 세 소수를 구하여라.

(2) 다음 등식을 만족시키는 양의 정수 x, y, z의 순서쌍 (x, y, z)의 개수를 구하여라.

$$50x + 51y + 52z = 2021.$$

문제 8.11 _____ 걸린시간 : _____ 분

AB = BC = CA = 1인 정삼각형 ABC에서 ∠BCD = 90°인 직각이등변삼각형 BCD를 그리고, 선분 AD와 BC의 교점을 E라 할 때, 다음 물음에 답하여라.

(1) CE의 길이를 구하여라.

(2) 점 E에서 변 BD에 내린 수선의 발을 F라 할 때, EF의 길이를 구하여라.

(3) 점 B에서 선분 AE에 내린 수선의 발을 G라 하자. 네 점 B, G, E, F를 지나는 원의 반지름을 r이라 하고, 네 점 C, E, F, D를 지나는 원의 반지름을 R이라 하자. 이때, $\frac{R}{r}$을 구하여라.

문제 8.12 _____ 걸린시간 : _____ 분

한 변의 길이가 1인 정육각형이 있다. 아래 그림과 같이 정육각형의 주위를 나선형으로 정삼각형으로 깔려고 한다.

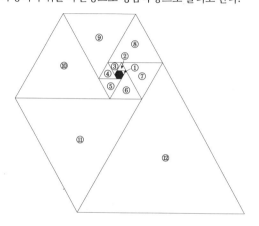

정삼각형 ①의 한 변의 길이를 a_i라 하자. $a_1 = 1$, $a_2 = 2$, $a_3 = 3$, $a_4 = 4$, $a_5 = 5$일 때, 다음 물음에 답하여라.

(1) a_6, a_7, a_8, a_9, a_{10}, a_{11}, a_{12}를 구하여라.

(2) 정삼각형 ⑪을 깔았을 때, $a_n = 200$이었다. 이때, n을 구하여라.

(3) (2)에서 구한 n에 대하여, 정삼각형 ⑪까지 깔았을 때, $a_1 + a_2 + \cdots + a_n$을 구하여라.

문제 8.13 —————————— 걸린시간 : _____ 분

다음 그림과 같이 한 모서리의 길이가 6인 정사면체 ABCD 가 있다.

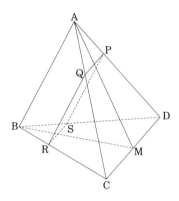

모서리 CD의 중점을 M이라할 때, 다음 물음에 답하여라.

(1) 삼각형 ABM의 넓이를 구하여라.

(2) 모서리 AD 위에 AP : PD = 1 : 2인 점 P를 잡는다. 점 P 를 지나고 두 모서리 AB, CD에 평행한 평면과 세 모서 리 AC, BC, BD와의 교점을 각각 Q, R, S라 하자. 평면 PQRS로 정사면체가 두 개의 입체로 절단될 때, 점 C 를 포함하는 입체의 부피를 구하여라.

문제 8.14 —————————— 걸린시간 : _____ 분

다음 물음에 답하여라.

(1) a_n은 7^n을 100으로 나눈 나머지라고 할 때,

$$a_1 + a_2 + \cdots + a_{2022} + a_{2023}$$

을 구하여라.

(2) 양의 정수의 집합에서 정의된 함수 $f(n)$은 다음 성질 을 만족한다고 한다.

$$f(1) = 1, \quad f(2) = 2,$$
$$f(n+2) = f(n+1) + \{f(n)\}^2 + 2018 \quad (n \geq 1)$$

2018개의 정수 $f(1), f(2), \cdots, f(2018)$들 중 7로 나누 었을 때, 나머지가 6인 수는 모두 몇 개인지 구하여라.

문제 8.15 _____ 걸린시간 : _____ 분

다음 물음에 답하여라.

(1) 양의 정수 n에 대하여, 다음이 성립함을 증명하여라.

$$\sqrt{1 + \frac{1}{n^2} + \frac{1}{(n+1)^2}} = 1 + \frac{1}{n(n+1)}.$$

(2) (1)을 이용하여 다음을 계산하여라.

$$\sqrt{1 + \frac{1}{1^2} + \frac{1}{2^2}} + \sqrt{1 + \frac{1}{2^2} + \frac{1}{3^2}} + \cdots$$
$$+ \sqrt{1 + \frac{1}{2022^2} + \frac{1}{2023^2}}.$$

문제 8.16 _____ 걸린시간 : _____ 분

다음 물음에 답하여라.

(1) 원에 내접하는 오각형 ABCDE에서 AB = BC, DE = EA, ∠BAE = 105°이고, ∠BCD와 ∠CDE의 차가 25°일 때, ∠BCD와 ∠CDE 중 큰 각의 크기를 구하여라.

(2) AB = CD인 사각형 ABCD에서 변 AD의 중점을 E, 변 BC의 중점을 F라 하고, AC와 EF의 교점을 G라 하면, ∠BAC = 107°, ∠ACD = 59°이다. 이때, ∠EGC의 크기를 구하여라.

문제 8.17 _____ 걸린시간 : _____ 분

자연수 n에 대하여 볼록 $4n+2$각형 $A_1 A_2 \cdots A_{4n+2}$의 모든 내각의 크기가 $30°$의 정수배이고, x에 대한 방정식

$$x^2 + 2x\sin A_1 + \sin A_2 = 0 \tag{1}$$

$$x^2 + 2x\sin A_2 + \sin A_3 = 0 \tag{2}$$

$$x^2 + 2x\sin A_3 + \sin A_1 = 0 \tag{3}$$

이 모두 실근을 가질 때, 볼록 $4n+2$각형의 내각의 크기를 구하여라.

문제 8.18 _____ 걸린시간 : _____ 분

다음 물음에 답하여라.

(1) 상자 안에 1부터 7까지의 숫자가 적힌 7개의 공이 들어 있다. 이 중에서 2개 이상의 공을 꺼내서 쓰인 숫자를 큰 순서로 왼쪽부터 적어 나가고, 숫자와 숫자 사이에는 왼쪽부터 순서대로 "−"와 "+" 기호를 "−"부터 순서대로 번갈아 넣어 계산을 한다. 예를 들어, 꺼낸 공이 "1, 3, 5, 6"의 4개이면, "6 − 5 + 3 − 1 = 3"이다. 이와 같이 공을 꺼내는 방법이 120개인데, 이때의 계산 결과를 각각 $a_1, a_2, \cdots, a_{120}$라 할 때,

$$a_1 + a_2 + \cdots + a_{120}$$

을 구하여라.

(2) 상자 안에 1부터 7까지의 숫자가 적힌 7개의 공이 들어 있다. 이 중에서 2개 이상의 공을 꺼내서 쓰인 숫자를 큰 순서로 왼쪽부터 적어 나가고, 숫자와 숫자 사이에는 왼쪽부터 순서대로 "+"와 "−" 기호를 "+"부터 순서대로 번갈아 넣어 계산을 한다. 예를 들어, 꺼낸 공이 "1, 3, 5, 6"의 4개이면, "6 + 5 − 3 + 1 = 9"이다. 이와 같이 공을 꺼내는 방법이 120개인데, 이때의 계산 결과를 각각 $b_1, b_2, \cdots, b_{120}$라 할 때,

$$b_1 + b_2 + \cdots + b_{120}$$

을 구하여라.

문제 8.19 _____ 걸린시간 : _____ 분

다음 물음에 답하여라.

(1) 두 자리 양의 정수 중에서 양의 약수의 개수가 2의 거듭제곱인 수의 꼴을 소수 p, q, r를 사용하여 나타내어라.

(2) 두 자리 양의 정수 중에서 양의 약수의 개수가 2의 거듭제곱인 수는 모두 몇 개인지 구하여라.

문제 8.20 _____ 걸린시간 : _____ 분

아래 그림은 한 변의 길이가 12인 정사각형과 반지름이 12인 원의 일부를 조합한 것이다. 다음 물음에 답하여라.

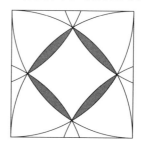

(1) 그림에서 색칠된 부분의 둘레의 길이를 구하여라.

(2) 그림에서 색칠된 부분의 넓이의 합을 구하여라.

제 9 절   점검 모의고사 9회

문제 9.1 ——————————걸린시간 : _____ 분

모든 5의 제곱(5^0도 포함) 및 서로 다른 5의 거듭제곱의 합들을 작은 수부터 차례대로 나열하는 수열을 생각하자. 즉,

$$1, 5, 6, 25, 26, 30, 31, 125, 126, 130, 131, \cdots$$

이다.

(1) 이 수열의 100항을 5진법으로 나타내어라.

(2) 이 수열에 2021이 포함되는가?

(3) 이 수열의 2023항을 5진법으로 나타내어라.

문제 9.2 ——————————걸린시간 : _____ 분

좌표평면 위에 원점 O, A(−2, 2), B(4, 8)이 있다. 선분 OB의 중점을 L, 선분 AB의 중점을 M, 선분 AM의 중점을 N이라 하고, 직선 ON과 LM의 교점을 C라 하자. 이때, 다음 물음에 답하여라.

(1) C의 좌표를 구하여라.

(2) △OBC의 넓이를 구하여라.

(3) 직선 LN과 AC의 교점을 D라 할 때, LN : ND를 구하고, 사각형 OLDA의 넓이를 구하여라.

문제 9.3 _____걸린시간 : _____ 분

한 변의 길이가 2인 정팔각형 ABCDEFGH의 내부에 한 변의 길이가 2인 정사각형 PQRS가 아래 그림과 같이 변 PQ가 변 AB와 겹쳐져 있다.

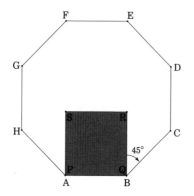

이 상태에서 정사각형을 점 Q를 중심으로 시계방향으로 45° 회전시키면 점 R는 점 C와 겹쳐진다. 그 다음은 점 R를 중심으로 시계방향으로 45° 회전시킨다. 이와 같은 작업을 원래 위치에 올 때까지 반복한다. 다음 물음에 답하여라.

(1) 점 R이 지나는 곡선의 길이를 구하여라.

(2) 점 R이 지나는 곡선으로 둘러싸인 도형의 넓이를 구하여라.

문제 9.4 _____ 걸린시간 : _____ 분

다음 물음에 답하여라.

(1) 정 496각형의 496개의 꼭짓점에서 몇 개를 뽑아 만들 수 있는 정다각형의 개수를 구하여라. 단, 합동인 정다각형이어도 다른 꼭짓점에서 뽑은 것은 다른 것으로 생각한다.

(2) 볼록육각형 ABCDEF가 있다. 이 육각형의 대각선을 모두 그리면 교점이 생기는데, 이 교점들은 모두 두 대각선의 교점이고, 3개 이상의 대각선은 한 점에서 만나지 않는다. 꼭짓점 A ~ F의 6개와 육각형 내부에 생긴 교점 중 세 점을 뽑아 삼각형을 만들 때, 육각형 ABCDEF의 꼭짓점을 2개 포함하는 삼각형은 모두 몇 개인지 구하여라.

문제 9.5 _____ 걸린시간 : _____ 분

주머니에 1부터 9까지의 서로 다른 숫자가 적힌 구슬이 각각 1개씩 있고, 그 구슬은 각각 빨간색 또는 흰색으로 칠해져 있다. 승우, 연우, 교순, 준서, 원준 5명이 주머니에서 1개씩 구슬을 꺼내 가지고 있다. 이때, 5개의 구슬의 색과 숫자에 대해서 다음과 같은 사실을 알고 있다.

(가) 빨간 구슬은 2개이고, 흰 구슬은 3개이다.

(나) 흰 구슬에 적힌 숫자는 모두 5이하이다.

(다) 승우와 연우는 흰 구슬을 가지고 있다.

(라) 연우와 교순이가 가지고 있는 구슬의 숫자의 합은 11이고, 준서와 원준이가 가지고 있는 구슬의 숫자의 합은 9이다.

(마) 원준이가 가지고 있는 구슬의 숫자가 가장 크고, 준서가 가지고 있는 구슬의 숫자가 가장 작다.

다음 물음에 답하여라.

(1) 다음 보기 중 항상 옳은 것을 모두 골라라.

① 승우의 구슬의 숫자는 연우의 구슬의 숫자보다 작다.

② 연우와 교순이의 구슬의 숫자의 차는 3이다.

③ 교순이의 구슬의 숫자는 두 번째로 크다.

④ 교순이의 구슬의 숫자는 6이다.

⑤ 준서는 흰 구슬을 가지고 있다.

⑥ 숫자 4가 적힌 구슬을 가진 사람이 있다.

(2) 교순이가 가지고 있다고 생각할 수 있는 구슬의 색과 숫자를 모두 구하여라.

문제 9.6 _____걸린시간 : _____ 분

다음 물음에 답하여라.

(1) 최고차항의 계수가 1인 2023차 다항식 $P(x)$가

$$P(0) = 2022, \ P(1) = 2021, \ \cdots, \ P(2022) = 0$$

을 만족할 때, $P(x)$을 구하여라.

(2) 5차 다항식 $f(x)$가 $f(1) = 0$, $f(3) = 1$, $f(9) = 2$, $f(27) = 3$, $f(81) = 4$, $f(243) = 5$를 만족할 때, 다항식 $f(x)$에서 x의 계수를 구하여라.

문제 9.7 _____걸린시간 : _____ 분

다음 물음에 답하여라.

(1) $AB = BC = CD$, $\angle ABC = 108°$, $\angle BCD = 48°$인 사각형 ABCD에서 $\angle ADC$의 크기를 구하여라.

(2) $BC = 10$인 삼각형 ABC에서, 변 AB 위에 $PB = PC$가 되는 점 P를 잡자. 또, P를 지나 변 BC에 평행한 직선과 변 AC와의 교점을 Q라 하면, $BQ = BC$, $AQ : QC = 3 : 7$이 된다. 이때, 삼각형 APQ의 넓이를 구하여라.

문제 9.8 _____걸린시간 : _____ 분

다음 물음에 답하여라.

(1) 같은 크기의 흰 구슬 4개와 검은 구슬 4개를 일렬로
 나열한다.

 (가) 검은 구슬로 하여금 흰 구슬이 2개의 그룹으로
  분리하여 일렬로 나열된 것을 생각하자. 예를
  들어,

  (A) $\cdots \bullet\circ\circ\circ\bullet\bullet\circ\bullet$

  (B) $\cdots \bullet\bullet\circ\circ\bullet\bullet\circ\circ$

  이다. (A)와 같이 4개의 흰 구슬이 1개와 3개
  로 분리하여 일렬로 나열된 경우의 수를 구하
  여라.

 (나) 검은 구슬로 하여금 흰 구슬이 2개의 그룹으로
  분리되게 일렬로 나열될 확률을 구하여라.

(2) 같은 크기의 흰 구슬 4개와 검은 구슬 4개를 원형으로
 나열한다. (1)에서 일렬로 나열한 것을 처음과 끝을
 위쪽으로 향하게 이어서 원형으로 만든다고 생각해
 도 된다.

 (가) 검은 구슬로 하여금 흰 구슬이 2개의 그룹으로
  분리하여 원형으로 나열된 것을 생각하자. 예
  를 들어,

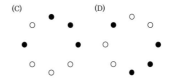

  이다. (C)와 같이 4개의 흰 구슬이 1개와 3개로
  분리하여 원형으로 나열된 경우의 수를 구하여
  라. 단, 회전하여 같은 것도 같은 것으로 간주
  한다.

 (나) 검은 구슬로 하여금 흰 구슬이 2개의 그룹으로
  분리되게 원형으로 나열될 확률을 구하여라.

문제 9.9 _____걸린시간 : _____ 분

양의 정수 n은 두 자리 수이고, n^2의 각 자리수의 합이 n의 자리수의 합의 제곱과 같다. 이러한 n을 모두 구하여라.

문제 9.10 _____걸린시간 : _____ 분

다음 물음에 답하여라.

(1) a, b는 서로 다른 수이고, $a + b + c = 13$, $a + \dfrac{bc - a^2}{a^2 + b^2 + c^2} = b + \dfrac{ca - b^2}{a^2 + b^2 + c^2}$ 일 때, $a + \dfrac{bc - a^2}{a^2 + b^2 + c^2}$ 의 값을 구하여라.

(2) 정수 a, b, c가 $a^2 + 2bc = 1$, $b^2 + 2ca = 2018$를 만족할 때, $c^2 + 2ab$의 가능한 값을 모두 구하여라.

문제 9.11 _____ 걸린시간 : _____ 분

다음 물음에 답하여라.

(1) AB = 7, AC = 5인 삼각형 ABC에서, $\angle C = \frac{1}{2} \times \angle B + 90°$ 이다. $\angle A$의 내각이등분선과 변 BC와의 교점을 P라고 할 때, PC의 길이를 구하여라.

(2) $\angle A = 90°$, AB : AC = 3 : 4인 직각삼각형 ABC에서 점 A를 중심으로 점 B가 변 BC위의 점 B′(점 B가 아닌 점)에 오도록 삼각형 ABC를 반시계방향으로 회전이동시킨다. 이때, 점 C가 회전이동한 점을 C′라 하자. CA와 C′B′의 교점을 D라 할 때, CD : DA를 구하여라.

문제 9.12 _____ 걸린시간 : _____ 분

다음 물음에 답하여라.

(1) 8개의 수 1, 1, 1, 1, 2, 3, 4, 5 중 4개를 택하여 만들 수 있는 네 자리 양의 정수의 개수를 구하여라.

(2) 8개의 수 1, 1, 1, 1, 2, 3, 4, 5 중 5개를 택하여 만들 수 있는 다섯 자리 양의 정수의 개수를 구하여라.

문제 9.13 _____ 걸린시간 : _____ 분
아래 그림과 같이 한 모서리의 길이가 6인 정육면체 ABCD-EFG가 있다. 대각선 BH의 중점을 O라 하자.

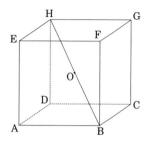

다음 물음에 답하여라.

(1) 사각뿔 O-ABCD의 부피를 구하여라.

(2) 아래 그림은 사각형 ABCD와 합동인 사각형 4개와 삼각형 OAB와 합동인 삼각형 8개로 이루어진 한 입체도형의 전개도이다.

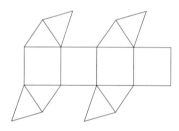

이 전개도를 이용하여 만들 수 있는 입체도형은 모두 몇 개인지 구하여라.

(3) (2)의 입체도형 중 부피가 가장 작은 입체도형의 부피를 구하여라.

문제 9.14 _____ 걸린시간 : _____ 분

정삼각형 ABC의 변 AB, BC, CA 위에 각각 점 D, E, F를 $DB = \frac{1}{4}AB$, $BE = \frac{1}{2}BC$, $CF = \frac{3}{4}CA$가 되도록 잡는다. 세 점 A, D, F를 지나는 원과 세 점 D, B, E를 지나는 원의 교점을 G라고 할 때, 점 G는 삼각형 ABC의 내부에 존재한다. 삼각형 ABC의 넓이가 320일 때, 다음 물음에 답하여라.

(1) 세 개의 사각형 ADGF, DBEG, ECFG 중에서 넓이가 가장 작은 것의 넓이를 구하여라.

(2) 세 개의 사각형 ADGF, DBEG, ECFG 중에서 넓이가 가장 큰 것의 넓이를 구하여라.

문제 9.15 _____ 걸린시간 : _____ 분

두 개의 주머니 A, B에 빨간구슬 3개, 흰구슬 3개를 섞어서 3개씩 담는다. 각 주머니에서 구슬을 동시에 1개 뽑은 후, A주머니에서 뽑은 구슬은 B주머니에 넣고, B주머니에 뽑은 구슬은 A주머니를 넣는 과정을 조작이라고 하자. 처음에 A주머니에는 2개의 빨간구슬과 1개의 흰구슬이, B주머니에는 2개의 흰구슬과 1개의 빨간구슬이 있다. 자연수 n에 대하여, n회의 조작을 한 후 A주머니에 빨간구슬이 3개 있을 확률을 a_n, 2개 있을 확률을 b_n, 1개 있을 확률을 c_n이라고 하자. 다음 물음에 답하여라.

(1) a_1, b_1, c_1을 구하여라.

(2) $p_n = b_n + c_n$으로 정의할 때, p_n과 p_{n+1} 사이의 관계식을 구하여라.

문제 9.16 ———————— 걸린시간 : _____ 분

양의 정수 n에 대하여

$$p = \left[\frac{n^2}{7}\right]$$

라고 할 때, 다음 물음에 답하여라. 단, $[x]$는 x를 넘지 않는 가장 큰 정수이다.

(1) $n = 7k + 1$(k는 음이 아닌 정수)일 때, p는 소수가 아님을 보여라.

(2) p가 300이하의 소수가 되게 하는 n을 모두 구하여라.

문제 9.17 ———————— 걸린시간 : _____ 분

다음 제시문을 읽고 물음에 답하여라.

> $BC = a$, $CA = b$, $AB = c$인 삼각형 ABC에서
> $a^2 = b^2 + c^2 - 2bc\cos\angle A$가 성립한다.
> 이를 코사인 제2법칙이라고 한다.
> 또, $0 \le x \le 90°$일 때, $\cos(90° + x) = -\sin x$이다.

(1) $(a^2 + b^2 + c^2)^2 - (4a^2b^2 + b^2c^2 + 4c^2a^2)$을 인수분해하여라.

(2) $BC = a$, $CA = b$, $AB = c$인 삼각형 ABC에서

$$(a^2 + b^2 + c^2)^2 = 4a^2b^2 + b^2c^2 + 4c^2a^2$$

를 만족할 때, $\angle A$의 크기를 구하여라.

문제 9.18 _____걸린시간 : _____ 분

사각형 ABCD에서, 변 AD, BC의 중점을 각각 M, N이라 하면, $\square$ABNM = 30, $\square$CDMN = 40, $\triangle$ABC = 35이다. AC와 BD, BD와 MN, MN과 AC의 교점을 각각 P, Q, R이라 할 때, 다음 물음에 답하여라.

(1) AC의 중점을 S라 할 때, 사각형 MPNS가 평행사변형임을 보여라.

(2) $\triangle$PQR의 넓이를 구하여라.

문제 9.19 _____걸린시간 : _____ 분

n이 3이상의 홀수일 때,

집합 $A_n = \left\{ {}_nC_1, {}_nC_2, \cdots, {}_nC_{\frac{n-1}{2}} \right\}$을 생각하자.

이때, 다음 물음에 답하여라. 단, ${}_nC_r = \dfrac{n!}{r!(n-r)!}$로 계산한다.

(1) 집합 A_9의 원소의 총합을 구하여라.

(2) ${}_nC_{\frac{n-1}{2}}$이 A_n의 원소 중 가장 큰 수임을 보여라.

(3) A_n의 원소 중 홀수의 개수를 m이라 할 때, m이 홀수임을 보여라.

문제 9.20 _____ 걸린시간 : _____ 분

한 모서리의 길이가 9인 정육면체 ABCD-EFGH에서 모서리 AB의 삼등분점을 각각 I, J, 모서리 BC의 삼등분점을 각각 K, L, 모서리 CD의 삼등분점을 각각 M, N, 모서리 DA의 삼등분점을 각각 O, P라 하자. 점 I와 N을, 점 J와 M을, 점 K와 P를, 점 L와 O를 연결하여 생긴 교점을 각각 Q, R, S, T라 하자. 아래 그림의 입체도형은 정육면체 ABCD-EFGH에서 직육면체 QRST-UVWX를 제거한 입체이다.

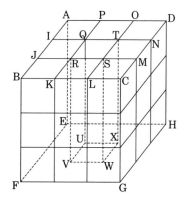

다음 물음에 답하여라.

(1) 이 입체를 세 점 B, D, G를 지나는 평면으로 절단했을 때, 점 C를 포함하는 입체의 부피를 구하여라.

(2) 이 입체를 세 점 B, D, G를 지나는 평면으로 절단했을 때, 절단면의 넓이와 삼각형 BDG의 넓이의 비를 구하여라.

(3) 이 입체를 세 점 I, P, G를 지나는 평면으로 절단했을 때, 점 E를 포함하는 입체의 부피를 구하여라.

제 10 절   점검 모의고사 10회

문제 10.1 _____걸린시간 : _____ 분

2016은 각 자리 수의 합이 9인 네 자리 수이다. 이와 같은 네 자리 자연수를 작은 순서부터 차례대로 나열하면 다음과 같은 수열이 된다.

$$1008, \quad 1017, \quad 1035, \quad \cdots, \quad 9000$$

이와같은 수열에서 각각의 수들은 9의 배수이므로 3으로 2회 이상 나누어떨어진다. 예를 들어, 1026으로 3으로 계속 나누면,

$$1026 \div 3 = 342, \quad 342 \div 3 = 114,$$
$$114 \div 3 = 38, \quad 38 \div 3 = 12 \cdots 2$$

이므로, 3회 나누어떨어지고, 4회는 나누어떨어지지 않는다. 이때, 1026은 3으로 3회 나누어떨어진다고 한다. 이때, 다음 물음에 답하여라.

(1) 2016은 수열에서 몇 번째에 해당하는지 구하여라.

(2) 수열 중 5로 3회 나누어떨어지는 수를 모두 구하여라.

(3) 2016은 2로 5회 나누어떨어진다. 이와 같이 2로 5회 나누어떨어지는 자연수를 모두 구하여라.

문제 10.2 _____걸린시간 : _____ 분

이차함수 $y = x^2$ 위에 세 점 A, B, C를 잡는다. 이때, A, B, C의 x좌표는 각각 a, b, c이고, $a < b < c$이다. 또, 직선 AB, BC와 x축과의 교점을 각각 D, E라 한다. 점 D, E의 x좌표는 모두 음수이다. $\triangle$ABC가 정삼각형이고, $\angle CED = 45°$일 때, 다음 물음에 답하여라.

(1) $b + c$의 값을 구하여라.

(2) $c + a$의 값을 구하여라.

(3) a, b, c의 값을 각각 구하여라. 또, 변 BC의 길이를 구하여라.

문제 10.3 _____걸린시간 : _____ 분

AB = AC인 이등변삼각형 ABC에서 변 BC위의 한 점 Q를 잡고, AQ의 연장선과 삼각형 ABC의 외접원과의 교점(점 A가 아닌 점)을 R이라 할 때, 다음 물음에 답하여라.

(1) AB × AC = AQ × AR임을 보여라.

(2) RB × RC = RQ × RA임을 보여라.

(3) RQ^2 = RB × RC − BQ × CQ임을 보여라.

문제 10.4 _____걸린시간 : _____ 분

집합 S = {1, 2, 3, 4, 5, 6, 7, 8, 9}에 대하여, 다음 조건 (a), (b), (c)를 모두 만족시키는 함수 $f : S \to S$의 개수를 구하여라.

(a) n이 3의 배수이면 $f(n)$은 3의 배수가 아니다.

(b) n이 3의 배수가 아니면 $f(n)$은 3의 배수이다.

(c) $f(f(n)) = n$을 만족하는 n의 개수는 6개이다.

문제 10.5 _____ 걸린시간 : _____ 분

수열 $\{a_n\}$이 다음과 같이 정의된다.

  (i) $a_1 = 2$,

  (ii) $a_n < 100$일 때, $a_{n+1} = a_n + 3$,

  (iii) $a_n \geq 100$일 때, $a_{n+1} = a_n - 100$.

또, $S_n = \displaystyle\sum_{k=1}^{n} a_k$이라 하자. 다음 물음에 답하여라.

  (1) $a_n > a_{n+1}$을 만족하는 최소의 자연수 n을 m이라 하자. 이때, m과 a_m, 그리고, S_m을 구하여라.

  (2) a_{105}와 S_{105}를 구하여라.

문제 10.6 _____ 걸린시간 : _____ 분

다음 물음에 답하여라.

  (1)   연립방정식

$$\frac{xyz}{y+z} = \frac{6}{5}, \quad \frac{xyz}{z+x} = \frac{3}{2}, \quad \frac{xyz}{x+y} = 2$$

      를 풀어라.

  (2)   연립방정식

$$\frac{1}{x} + \frac{1}{y+z} = \frac{1}{2}, \quad \frac{1}{y} + \frac{1}{z+x} = \frac{1}{3}, \quad \frac{1}{z} + \frac{1}{x+y} = \frac{1}{4}$$

      을 풀어라.

문제 10.7 _____걸린시간 : _____ 분

다음 물음에 답하여라.

(1) 한 변의 길이가 15인 정사각형 ABCD에서 BA의 연장선(점 A쪽의 연장선) 위에 $\angle DEA = 70°$가 되도록 점 E를 잡고, BC의 연장선(점 C쪽의 연장선) 위에 $\angle BFD = 65°$가 되도록 점 F를 잡는다. 이때, 직각삼각형 EBF의 넓이를 구하여라.

(2) BC = 89, CD = 58인 평행사변형 ABCD에서 $\angle C$, $\angle D$의 내각이등분선과 변 AD, BC와의 교점을 각각 E, F라 하고, CE와 DF의 교점을 O라 하자. 점 A에서 변 BC에 내린 수선의 발을 H라 하면, AH = 42이다. 이때, 오각형 ABFOE의 넓이를 구하여라.

문제 10.8 _____걸린시간 : _____ 분

등번호가 1부터 21번까지의 21명의 선수들을 일렬로 세운다. 일렬로 세워진 선수들의 등번호를 a_i ($i = 1, \cdots, 21$)라고 하자. 다음 두 조건을 만족하는 $(a_1, a_2, \cdots a_{21})$의 개수를 구하여라.

(가) $|a_i - a_{i+3}|$은 3의 배수이다. (단, $i = 1, \cdots, 18$)

(나) $|a_i - a_{i+7}|$은 7의 배수이다. (단, $i = 1, \cdots, 14$)

예를 들어, (3, 13, 5, 15, 7, 2, 18, 10, 20, 12, 1, 14, 9, 4, 17, 6, 19, 8, 21, 16, 11)은 주어진 조건을 만족한다.

문제 10.9 _____ 걸린시간 : _____ 분

다음 물음에 답하여라.

(1) 2023^2개의 동전이 있다. 이 동전 중에 한 개만 가짜 동전이고, 가짜 동전은 진짜 동전보다 가볍다고 한다. 양팔저울을 사용하여 가짜 동전을 찾으려고 한다. 양팔 저울을 최소한 몇 번 사용해야 하는가? (단, 양팔저울에는 한 번에 여러 개의 동전을 올려놓을 수 있다.)

(2) 1부터 512까지의 수가 적힌 카드가 한 장씩 왼쪽부터 (오름차순으로) "1, 2, 3, 4, ⋯, 511, 512" 으로 배열되어 있다. 다음과 같은 작업을 수행한다.

　(가) 처음부터 홀수 번째의 카드를 모두 제거한다.

　(나) 처음부터 짝수 번째의 카드를 모두 제거한다.

먼저 이 작업을 '(가) → (나) → (가) → (나) → ⋯'의 순서로 카드가 하나 남을 때까지 반복한다. 이때, 마지막에 남은 카드에 적힌 수는 무엇인가?

문제 10.10 _____ 걸린시간 : _____ 분

다음 물음에 답하여라.

(1) 실수 x, y가 관계식 $x^2 + 4y^2 - 16x + 32y - 16 = 0$을 만족할 때, y의 최댓값과 최솟값을 구하여라.

(2) 실수 x, y가 $x^2 + y^2 = 1$을 만족할 때, $(x + 2y)^2 + (2x + y)^2$의 최댓값과 최솟값을 구하여라.

문제 10.11 ────────걸린시간 : _____ 분

다음 물음에 답하여라.

(1) 삼각형 ABC에서 $\angle BAD + \angle ACD = 90°$가 되도록 점 D를 변 BC위에 잡으면, 삼각형 ABC의 외심은 직선 AD 위에 있음을 보여라.

(2) 사각형 ABCD에서 $\angle ABD = 20°$, $\angle DBC = 40°$, $\angle BAC = 80°$, $\angle CAD = 70°$일 때, $\angle ADC$의 크기를 구하여라.

문제 10.12 ────────걸린시간 : _____ 분

다음 물음에 답하여라.

(1) 집합 $A = \{1, 2, \cdots, 6\}$의 부분집합 중 다음 조건을 만족하도록 서로 다른 두 집합을 선택하는 방법의 수를 구하여라.

> 두 집합의 합집합이 A이고, 교집합의 원소가 2개 이상이다.

(2) 다음 조건을 만족하는 진분수인 기약분수의 개수를 구하여라.

> 분모와 분자의 곱은 15!이다.
> 단, $15! = 1 \times 2 \times \cdots \times 15$이다.

문제 10.13 ───────────걸린시간 : ────── 분

한 모서리의 길이가 1인 정육면체가 여러 개 있다. 이 정육면체를 4개를 가지고 아래 왼쪽 그림과 같은 입체도형을 만든다.

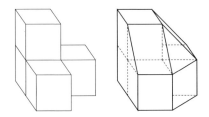

위의 오른쪽 그림의 입체도형은 왼쪽 입체를 포함한 찌그러짐없는 입체도형 중 부피가 가장 작은 것이다. 이런 입체도형을 "부피를 최소로 감싸는 입체도형"이라고 부르자.

위의 오른쪽 그림의 입체는 오각형의 면이 3개, 정사각형의 면이 4개, 직사각형의 면이 3개로 모두 10개의 면으로 이루어졌고, 부피는 $\frac{17}{3}$이다.

(1) 아래 그림은 정육면체 5개를 가지고 만든 입체도형이다. 이 입체의 "부피를 최소로 감싸는 입체도형"을 A라 하자. A의 면의 개수를 구하고, 부피를 구하여라.

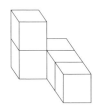

(2) 아래 그림은 정육면체 6개를 가지고 만든 입체도형이다. 이 입체의 "부피를 최소로 감싸는 입체도형"을 B라 하자. B의 면의 개수를 구하고, 부피를 구하여라.

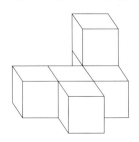

문제 10.14 _____ 걸린시간 : _____ 분

다음 물음에 답하여라.

(1) $f(a,b,c) = -a^4(b-c) - b^4(c-a) - c^4(a-b)$는 $f(a,b,c) = -f(b,a,c)$를 만족하므로 5차 교대식이다. 5차 교대식 $f(a,b,c)$는

$$(a-b)(b-c)(c-a)\{m(a+b+c)^2 + n(ab+bc+ca)\}$$

의 꼴로 인수분해된다. 이때, m, n의 값을 구하여라.

(2) 방정식

$$\frac{a^4}{(a-b)(a-c)} + \frac{b^4}{(b-c)(b-a)} + \frac{c^4}{(c-a)(c-b)} = 47$$

을 만족시키는 자연수의 순서쌍 (a,b,c)을 모두 구하여라.

문제 10.15 _____ 걸린시간 : _____ 분

주사위를 n번 던져서 k번째 나온 눈의 수를 X_k라 하자. 이때, 다음 물음에 답하여라. 단, $n \geq 2, 1 \leq k \leq n$이다.

(1) 곱 $X_1 X_2$가 18이하가 될 확률을 구하여라.

(2) 곱 $X_1 X_2 \cdots X_n$이 짝수가 될 확률을 구하여라.

(3) 곱 $X_1 X_2 \cdots X_n$이 4의 배수가 될 확률을 구하여라.

(4) 곱 $X_1 X_2 \cdots X_n$이 3으로 나누었을 때, 나머지가 1이 될 확률을 구하여라.

문제 10.16 _____ 걸린시간 : _____ 분

다음 물음에 답하여라.

(1) 정수 x, y, z가

$$2x + 3y + 4z = 3x + 2y + 3z = 4x - y + 5z$$

을 만족할 때, 이 식의 값이 27의 배수임을 보여라.

(2) 두 분수 P, Q의 곱인 $PQ = \frac{4}{7}$이다. 두 분수 P, Q의 분자와 분모가 모두 양의 정수이고, 분모가 분자보다 1이 크고, 분자는 1보다 클 때, $P + Q$의 값을 구하여라.

문제 10.17 _____ 걸린시간 : _____ 분

다음 물음에 답하여라.

(1) $x^3 + y^3 + z^3 - 3xyz$를 인수분해하여라.

(2) $x^3 + y^3 + z^3 - 3xyz = 91$을 만족하는 $x < y < z$인 자연수쌍 (x, y, z)를 모두 구하여라.

문제 10.18 _____ 걸린시간 : _____ 분

다음 물음에 답하여라.

(1) 삼각형 ABC에서 AB = AC이고 ∠ABC > ∠CAB이다. 점 B에서 삼각형 ABC의 외접원에 접하는 직선이 직선 AC와 점 D에서 만난다. 선분 AC 위의 점 E는 ∠DBC = ∠CBE를 만족하는 점이다. BE = 20, CD = 25일 때, AE의 값을 구하여라.

(2) 볼록사각형 ABCD에서 ∠DBC = ∠CDB = 45°, ∠BAC = ∠DAC이고, AB = 5, AD = 1일 때, BC을 구하여라.

문제 10.19 _____ 걸린시간 : _____ 분

자연수 n에 대하여, 1부터 n까지 서로 다른 자연수가 적힌 n개의 같은 공을 상자에 넣는다. 상자 안에 들어있는 1개의 공을 꺼내, 공에 적힌 수를 기록하고, 꺼낸 공은 다시 상자에 넣는 조작을 n회 반복한다. k회 때 나온 공에 적힌 수를 x_k ($k = 1, 2, \cdots, n$)라 하고, $y_n = \dfrac{x_1 \times x_2 \times x_3 \times \cdots \times x_n}{n!}$이라 할 때, 다음 물음에 답하여라.

(1) $n = 3$일 때, $y_3 = 1$일 확률을 구하여라.

(2) $n = 3$일 때, y_3이 자연수일 확률을 구하여라.

(3) $n = 4$일 때, $y_4 = 1$일 확률을 구하여라.

(4) $n = 6$일 때, $y_6 = 1$일 확률을 구하여라.

(5) $n = 6$일 때, $y_6 = 2$일 확률을 구하여라.

문제 10.20 ――――――――걸린시간 : _____ 분
아래 그림과 같이 밑면은 한 모서리의 길이가 12인 정사각형이고, 높이는 8인 정사각뿔이 두 개 있다.

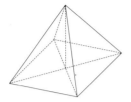

다음 물음에 답하여라.

(1) 아래 그림과 같이 두 정사각뿔을 겹쳤을 때, 겹쳐진 부분의 입체의 부피를 구하여라.

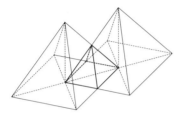

(2) 아래 그림과 같이 두 정사각뿔을 겹쳤을 때, 겹쳐진 부분의 입체의 부피를 구하여라.

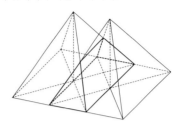

(3) (2)에서와 같은 상황에서 아래 그림과 같이 점 A, B, P, Q를 잡고, A와 B를 연결하고, P와 Q를 연결한다. 삼각뿔 APQB(색칠된 부분)의 부피를 구하여라.

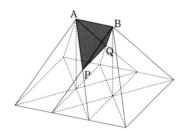

제 11 절 점검 모의고사 11회

문제 11.1 _____ 걸린시간 : _____ 분

다음 물음에 답하여라.

(1) 양의 정수 n을 100으로 나눈 몫을 q, 나머지를 r이라 하자. $q^2 + r + 1$을 74로 나눈 몫이 $r + 1$이고 나머지는 q일 때, n을 구하여라.

(2) 세 자리 자연수 N에서 N^2을 280으로 나눈 나머지가 1일 때, 이와 같은 N은 모두 몇 개인지 구하여라.

문제 11.2 _____ 걸린시간 : _____ 분

다음 물음에 답하여라.

(1) $\displaystyle\sum_{k=1}^{n} \frac{1}{(k+1)\sqrt{k} + k\sqrt{k+1}}$ 을 n을 사용하여 간단히 하여라.

(2) 양의 정수 k에 대하여

$$a_k = (1 + \sqrt{k})(1 + \sqrt{k+1})(\sqrt{k} + \sqrt{k+1})$$

라 할 때,

$$\frac{1}{a_1} + \frac{1}{a_2} + \cdots + \frac{1}{a_{2024}}$$

의 값을 구하여라.

문제 11.3 _____걸린시간 : _____ 분

다음 물음에 답하여라.

(1) $\angle B = \angle C = 40°$인 이등변삼각형 ABC의 내부에 $\angle ABO = \angle OBC = 20°$, $\angle BCO = 10°$, $\angle OCA = 30°$를 만족하는 점 O를 잡는다. 이때, $\angle OAC$의 크기를 구하여라.

(2) 삼각형 ABC의 내부에 AB = BP = PC가 되도록 점 P를 잡으면 $\angle ABP = 35°$, $\angle BPC = 155°$이다. 이때, $\angle BAC$의 크기를 구하여라.

문제 11.4 _____걸린시간 : _____ 분

다음 조건을 만족하는 수열의 개수를 구하여라.

(가) 첫째항은 2023이다.

(나) 다음 항은 이전 항의 양의 제곱근보다 작은 수이다.

(다) 마지막 항은 1이다.

예를 들어, 2023, 44, 6, 2, 1은 이 조건을 만족하는 수열이다.

문제 11.5 _____ 걸린시간 : _____ 분

다음 물음에 답하여라.

(1) 정수 $1^{2023}+2^{2023}+\cdots+201^{2023}$을 나누는 자연수들 중 가장 작은 세 자리 자연수를 구하여라.

(2) 다음과 같은 규칙을 가진 1부터 시작하는 수열 a_n이 있다.

   (가) 짝수 다음은 그 절반의 수가 된다.

   (나) 홀수 다음은 그 수에 53을 더한 후 2로 나눈 수이다.

   이 규칙에 따라 수열을 써 나가면,

$$1, 27, 40, 20, 10, 5, 29, \cdots$$

   이다. $a_{2023} \times 2^{2021}$을 53으로 나눈 나머지를 구하여라.

문제 11.6 _____ 걸린시간 : _____ 분

다음은 베르누이 부등식에 대한 설명이다.

> 모든 정수 $r \geq 0$과 모든 실수 $x > -1$에 대해 $(1+x)^r \geq 1 + rx$이 성립한다. 이를 확장하면, 모든 정수 $r \geq 2$과 모든 실수 $x > -1, x \neq 0$에 대해 $(1+x)^r > 1 + rx$이 성립한다.

다음 물음에 답하여라.

(1) 2이상의 자연수 k에 대하여

$$\sqrt[k]{1 + \frac{k^2}{(k+1)!}} < 1 + \frac{k}{(k+1)!}$$

   이 성립함을 보여라.

(2) 2이상의 자연수 n에 대하여 S_n을

$$S_n = 1 + \sqrt{1 + \frac{2^2}{3!}} + \sqrt[3]{1 + \frac{3^2}{4!}} + \cdots + \sqrt[n]{1 + \frac{n^2}{(n+1)!}}$$

   라고 정의할 때, $[S_{2023}]$을 구하여라. 단, $[x]$는 x를 넘지 않는 최대의 정수이다.

문제 11.7 _____ 걸린시간 : _____ 분

원에 내접하는 사각형 ABCD에 대하여 다음 물음에 답하여라.

(1) 대각선 AC위에 ∠ADB = ∠CDE가 되는 점 E를 잡으면 삼각형 ABD와 삼각형 ECD는 닮음이고, 삼각형 BCD와 삼각형 AED는 닮음이다. 이를 이용하여

$$AB \times CD + AD \times BC = AC \times BD$$

임을 증명하여라.

(2) 대각선 AC와 BD의 교점을 P라 하자. AB = 6, BC = 4, CD = 7, DA = 6, AC = 8일 때, 다음 물음에 답하여라.

(가) BD의 길이를 구하여라.

(나) △ABD와 △BCD의 넓이의 비를 구하여라.

(다) △BCP의 넓이는 사각형 ABCD의 넓이의 몇 배인지 구하여라.

문제 11.8 _____ 걸린시간 : _____ 분

자연수 n에 대하여 $(1 + x + x^2 + x^3 + x^4)^n$을 전개했을 때, x^4의 계수를 생각하자. 이때, 다음 물음에 답하여라.

(1) $n = 3$일 때, x^4의 계수를 구하여라.

(2) $n = 4$일 때, x^4의 계수를 구하여라.

(3) 자연수 n에 대하여 x^4의 계수를 n에 관한 식으로 나타내어라.

문제 11.9 _____걸린시간 : _____ 분

다음 물음에 답하여라.

(1) 소수 p, q에 대하여 $p^q + q^p$로 나타낼 수 있는 소수를 모두 구하여라.

(2) 다음 조건을 만족하는 소수 a, b, c에 대하여 이 세 수의 순서쌍 (a, b, c)를 모두 구하여라.

   (가) $b + 8$은 a의 배수이고, $b^2 - 1$은 a와 c의 배수이다.

   (나) $b + c = a^2 - 1$이다.

문제 11.10 _____걸린시간 : _____ 분

다음 물음에 답하여라.

(1) 방정식 $x^3 + ax^2 + bx + c = 0$의 세 근이 α, β, γ일 때, $(1 - \alpha)(1 - \beta)(1 - \gamma)$를 a, b, c를 사용하여 나타내어라.

(2) 방정식 $x^3 + ax^2 + bx + c = 0$가 a, b, c를 세 근으로 가질 때, 이를 만족하는 정수 a, b, c의 순서쌍 (a, b, c)를 모두 구하여라.

문제 11.11 _____걸린시간 : _____ 분

한 변의 길이가 $4\sqrt{2}$인 정사면체 ABCD에서 변 CD의 중점을 E, 선분 CE의 중점을 F라 하고, 다음 물음에 답하여라.

(1) 삼각형 ACE의 넓이를 구하여라.

(2) 삼각형 ACE를 변 AC에 대하여 회전하여 얻어진 입체의 겉넓이를 구하여라.

(3) 삼각형 ABF를 변 AB에 대하여 회전하여 얻어진 입체의 부피를 구하여라.

문제 11.12 _____걸린시간 : _____ 분

양의 정수 n에 대하여, n개의 공을 3개의 상자에 나누어 넣는 경우를 생각하자. 1개의 공도 들어 있지 않은 상자가 있을 수도 있다. 이때, 다음 물음에 답하여라.

(1) 1부터 n까지 서로 다른 번호가 적힌 n개의 공을 A, B, C로 구분된 상자에 나누어 넣는 경우의 수를 구하여라.

(2) 서로 구별이 안되는 n개의 공을 A, B, C로 구분된 상자에 나누어 넣는 경우의 수를 구하여라.

(3) 1부터 n까지의 서로 다른 번호가 적힌 n개의 공을 구별되지 않는 3개의 상자에 나누어 넣는 경우의 수를 구하여라.

(4) 1부터 n까지의 서로 다른 번호가 적힌 n개의 공을 구별되지 않는 3개의 상자에 빈 상자 없이 나누어 넣는 경우의 수를 구하여라.

문제 11.13 _____걸린시간 : _____ 분

다음 그림과 같이 한 모서리의 길이가 1인 정팔면체 ABCDEF에서 모서리 AB, AC, AD, AE, FB, FC, FD, FE 위에

$$\frac{AP}{BP} = \frac{AQ}{CQ} = \frac{AR}{DR} = \frac{AS}{ES} = \frac{FT}{BT} = \frac{FU}{CU} = \frac{FV}{DV} = \frac{FW}{EW}$$

를 만족하도록 점 P, Q, R, S, T, U, V, W를 잡으면, 사각기둥 PQRS-TUVW는 정육면체가 된다.

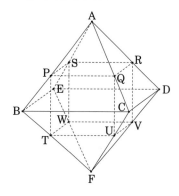

(1) AF의 길이를 구하여라.

(2) AP : PB를 구하여라.

(3) 정육면체 PQRS-TUVW와 정팔면체 ABCDEF의 부피의 비를 구하여라.

문제 11.14 —————————걸린시간 : ——— 분

다음 물음에 답하여라.

(1) $a \geq 4$인 정수 a에 대하여 $a! + 2$가 2의 거듭제곱이 될 수 없음을 보여라.

(2) $a \geq 6$인 정수 a에 대하여 $\dfrac{a!}{2} + 4$가 2의 거듭제곱이 될 수 없음을 보여라.

(3) $a \geq b \geq c$를 만족하는 양의 정수 a, b, c에 대하여 $S = a! + b! + c!$라고 하자. S가 2의 거듭제곱이 되게 하는 정수쌍 (a, b, c)를 모두 구하여라.

문제 11.15 —————————걸린시간 : ——— 분

다음 물음에 답하여라.

(1) 다항식 $f(x) = x^5 - kx - 1$가 정수 계수인 1차식과 4차식의 곱으로 인수분해될 때, k의 값을 구하고, 그 때의 $f(x)$를 인수분해하여라.

(2) 다항식 $f(x) = x^5 - kx - 1$가 정수 계수인 2차식과 3차식의 곱으로 인수분해될 때, k의 값을 구하고, 그 때의 $f(x)$를 인수분해하여라.

문제 11.16 _____걸린시간 : _____분

다음 물음에 답하여라.

(1) 삼각형 ABC의 외부에 AB를 한 변으로 하는 정사각형 ADEB를 그리고, 두 대각선 AE와 DB와의 교점을 P라고 하자. 또, 삼각형 ABC의 외부에 AC를 한 변으로 하는 정사각형 ACFG를 그리고, 두 대각선 AF와 CG와의 교점을 Q라 하고, 변 BC의 중점을 M이라 하자. PQ = 18일 때, 삼각형 PQM의 넓이를 구하여라.

(2) 정삼각형 ABC에서 변 BC위에 BD : DC = 1 : 2가 되도록 하는 점 D를, 선분 AD위에 AE : ED = 3 : 4가 되도록 점 E를 잡는다. 이때, ∠BED와 ∠BEC의 크기를 구하여라.

문제 11.17 _____걸린시간 : _____분

한 내각의 크기가 120°인 삼각형에서 세 변의 길이가 자연수 $x, y, z(x < y < z)$이다. 다음을 이용하여 물음에 답하여라.

> BC = a, CA = b, AB = c인 삼각형 ABC에서
> $a^2 = b^2 + c^2 - 2bc \cos \angle A$가 성립한다.
> 이를 코사인 제2법칙이라고 한다.
> 또, $0 \leq x \leq 90°$일 때,
> $\cos(90° + x) = -\sin x$이다.

(1) $x + y - z = 2$를 만족하는 x, y, z의 순서쌍을 구하여라.

(2) $x + y - z = 3$을 만족하는 x, y, z의 순서쌍을 구하여라.

(3) m, n가 음이 아닌 정수일 때, $x + y - z = 2^m \cdot 3^n$을 만족하는 x, y, z의 순서쌍의 개수를 m, n를 이용하여 구하여라.

문제 11.18 _____걸린시간 : _____분

다음 물음에 답하여라.

(1) 세 소수 a, b, c에 대하여 $ab - 1$과 $bc - 1$는 제곱수이고, $ca - 1$은 소수의 6제곱일 때, 세 소수의 쌍 (a, b, c)를 모두 구하여라.

(2) 소수 p, $r(p > r)$에 대하여 $p^r + 9r^6$이 자연수의 제곱이 되는 순서쌍 (p, r)을 모두 구하여라.

(3) $2 \le a < b < c < d$를 만족하는 자연수 a, b, c, d에 대하여 $\frac{1}{a} + \frac{1}{b} + \frac{1}{c} + \frac{1}{d} = 1$을 만족하는 순서쌍 (a, b, c, d)를 모두 구하여라.

문제 11.19 _____걸린시간 : _____ 분

xy평면 위에 점 (x, y)에 대하여, x, y가 모두 1이상 4이하인 정수로 이루어진 점의 전체 집합을 K라 하자. 집합 K의 원소 중 한 직선 위에 있지 않는 세 점으로 이루어진 삼각형을 생각하자. 이 삼각형 중 무게중심이 다시 K의 원소가 되는 것의 개수를 구하여라.

문제 11.20 ─────────── 걸린시간 : _____ 분

아래 그림과 정육면체 ABCD-EFGH에서 모서리 AB, BC, CD, DA의 중점을 각각 I, J, K, L이라 하자.

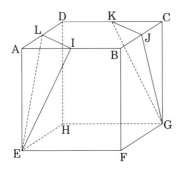

이 정육면체에서 삼각뿔 AEIL과 삼각뿔 CJGK를 제거한 입체를 T라 할 때, 다음 물음에 답하여라.

(1) 입체 T를 세 점 A, C, F를 지나는 평면으로 절단했을 때의 절단면의 넓이는 정육면체 ABCD-EFGH를 세 점 A, C, F를 지나는 평면으로 절단했을 때의 절단면의 넓이의 몇 배인지 구하여라.

(2) 모서리 EF의 중점을 M이라 하자. 입체 T를 세 점 K, L, M을 지나는 평면으로 절단했을 때의 절단면의 넓이는 정육면체 ABCD-EFGH를 세 점 K, L, M을 지나는 평면으로 절단했을 때의 절단면의 넓이의 몇 배인지 구하여라.

(3) 모서리 EF에서 EM : MF = 3 : 1이 되도록 점 M을 잡자. 입체 T를 세 점 K, L, M을 지나는 평면으로 절단했을 때의 절단면의 넓이는 정육면체 ABCD-EFGH를 세 점 K, L, M을 지나는 평면으로 절단했을 때의 절단면의 넓이의 몇 배인지 구하여라.

제 12 절   점검 모의고사 12회

문제 12.1 _____걸린시간 : _____ 분

다음 물음에 답하여라.

(1) 양의 정수 n에 대하여 $f(n)$은 완전제곱이 아닌 양의 정수 중 n번째 수라고 하자. 예를 들어, $f(1) = 2$, $f(2) = 3$, $f(3) = 5$, $f(4) = 6$이다. 이때, $f(2020)$을 구하여라.

(2) m이 양의 정수일 때, $m^3 + 3m^2 + 2m + 6$이 정수의 세제곱일 때, m의 값을 구하여라.

(3) 다음 식의 값이 자연수의 세제곱이 되도록 하는 가장 작은 양의 정수 n을 구하여라.

$$6n^2 - 192n + 1538$$

문제 12.2 _____걸린시간 : _____ 분

다음 물음에 답하여라.

(1) 정수 x, y, z가 관계식

$$x + y - 3z = 3, \quad x - y + z = 5$$

를 만족할 때, $x^2 + y^2 + z^2$의 최솟값을 구하여라.

(2) 음이 아닌 실수 x, y, z가

$$x + y + z = 8, \quad 2x + 3y + 4z = 18$$

을 만족할 때, $10x + 8y + 5z$의 최댓값과 최솟값을 구하여라.

문제 12.3 _____ 걸린시간 : _____ 분

좌표평면 위에 원점 O, A(a, b), B(c, d)가 있다. 선분 AB의 중점을 M, 점 B에서 선분 OA에 내린 수선의 발을 C라 하고, OA $= p$, OB $= q$, AB $= s$라 하자. 단, $a > 0$, $b > 0$, $c < 0$, $d > 0$이다.

(1) 다음이 성립함을 증명하여라.

$$\frac{1}{2}(p^2 + q^2 - s^2) = ac + bd.$$

(2) 다음이 성립함을 증명하여라.

$$\text{OM}^2 - \text{MA}^2 = ac + bd.$$

(3) 다음이 성립함을 증명하여라.

$$\text{OC} \times \text{OA} = ac + bd.$$

문제 12.4 _____ 걸린시간 : _____ 분

다음 물음에 답하여라.

(1) 30개의 자연수 $x_1, x_2, x_3, \cdots, x_{30}$가

$$x_1 \leq x_2 \leq x_3 \leq \cdots \leq x_{29} \leq x_{30}, \quad x_{30} = 3$$

을 만족한다. 이와 같은 자연수의 순서쌍 $(x_1, x_2, \cdots, x_{30})$의 개수를 구하여라.

(2) 111111111111111(1이 15개)의 사이에 '+'를 넣어 계산 결과가 30의 배수가 되게 하는 방법의 수를 구하여라.

문제 12.5 _____ 걸린시간 : _____ 분

자연수 x, y에 대하여, 다음 물음에 답하여라.

(1) $\dfrac{3x}{x^2+2}$가 자연수가 되게 하는 x를 모두 구하여라.

(2) $\dfrac{3x}{x^2+2} + \dfrac{1}{y}$가 자연수가 되게 하는 x, y의 순서쌍 (x, y)를 모두 구하여라.

문제 12.6 _____ 걸린시간 : _____ 분

a, b, k, x가 정수일 때, 다음 물음에 답하여라.

(1) $0 < a^2 - b^2 \le 5$를 만족하는 순서쌍 (a, b)를 모두 구하여라.

(2) $x^2 - 4kx + 2k + 1 = 0$을 만족하는 순서쌍 (k, x)를 모두 구하여라.

문제 12.7 _____ 걸린시간 : _____ 분

$\angle A = 120°$인 삼각형 ABC에서 $\angle B$, $\angle C$의 내각이등분선과 변 AC, AB와 교점을 각각 D, E라 하자. BD와 CE의 교점을 I라 하자. 변 BC 위에 BF = BE, CG = CD인 점 F, G를 잡는다. BE = 13, BI : ID = 13 : 7일 때, 다음 물음에 답하여라.

(1) $\angle EID$의 크기를 구하여라.

(2) 삼각형 IFG와 삼각형 IEG의 넓이의 비를 구하여라.

(3) 변 BC의 길이를 구하여라.

문제 12.8 _____ 걸린시간 : _____ 분

다음 물음에 답하여라.

(1) 아래 그림과 같이 가로와 세로의 간격이 1이 되도록 점들이 배열되어 있을 때, 이 중의 세 점을 꼭짓점으로 하는 삼각형의 개수를 구하여라.

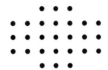

(2) 아래 그림과 같이 가로와 세로의 간격이 1이 되도록 점들이 가로 n개, 세로 n개로 모두 n^2개가 배열되어 있을 때, 이 중의 네 점을 꼭짓점으로 하는 정사각형의 개수를 n을 써서 나타내어라. 단, 필요하면 $\sum\limits_{k=1}^{n} k = \dfrac{n(n+1)}{2}$, $\sum\limits_{k=1}^{n} k^2 = \dfrac{n(n+1)(2n+1)}{6}$, $\sum\limits_{k=1}^{n} k^3 = \dfrac{n^2(n+1)^2}{4}$를 이용하여라.

문제 12.9 _____걸린시간 : _____ 분

자연수 n에 대하여 n의 양의 약수의 총합을 $\sigma(n)$이라 하자. 예를 들어, $\sigma(9) = 1 + 3 + 9 = 13$이다. 다음 물음에 답하여라.

(1) n이 서로 다른 소수 p, q에 대하여 $n = pq$로 표현될 때, $\sigma(n) = 24$를 만족하는 n을 모두 구하여라.

(2) n이 서로 다른 소수 p, q에 대하여 $n = pq$로 표현될 때, $\sigma(n) \geq 2n$을 만족하는 n을 모두 구하여라.

(3) n이 서로 다른 소수 p, q에 대하여 $n = p^2q$로 표현될 때, $\sigma(n) \geq 2n$을 만족하는 n을 모두 구하여라.

문제 12.10 _____걸린시간 : _____ 분

좌표평면 위에 원점 O와 이차함수 $y = \frac{1}{4}x^2$이 있다. 점 A, B는 이차함수 위의 두 점으로 x좌표가 각각 -4, 2이다. 점 P는 이차함수 위의 점일 때, 다음 물음에 답하여라.

(1) 점 P의 x좌표가 -4에서 0으로 변한다. 두 점 B, P를 지나는 직선의 기울기를 m이라 할 때, m의 최댓값을 구하여라.

(2) 점 P의 x좌표가 6이다. 세 점 A, B, P를 연결하여 삼각형 ABP를 그리고, $\angle$PAB의 내각이등분선과 변 BP의 교점 C의 좌표를 구하여라.

(3) 점 P의 x좌표가 2보다 크다. 네 점 A, O, B, P를 연결하여 사각형 AOBP를 그린다. 사각형 AOBP의 넓이가 60일 때, 점 P의 x좌표를 구하여라.

나는 푼다, 고로 (영재학교/과학고) 합격한다.

문제 12.11 _____ 걸린시간 : _____ 분

원에 내접하는 사각형 ABCD에서 AB = 2, CD = 5이다. 변 BA의 연장선(점 A쪽의 연장선)과 변 CD의 연장선(점 D쪽의 연장선)의 교점을 E라 하면, DE = 3이다. 점 E를 지나 변 BC와 평행한 직선이 CA의 연장선(점 A쪽의 연장선), BD의 연장선(점 D쪽의 연장선)과의 교점을 각각 G, F라 하고, 대각선 AC와 BD의 교점을 H라 하자. 이때, 다음 물음에 답하여라.

(1) $BC : DA$와 $AH : BH$를 구하여라.

(2) $AH : HC$를 구하여라.

(3) $AG : DF$를 구하여라.

문제 12.12 _____ 걸린시간 : _____ 분

다음 물음에 답하여라.

(1) 1부터 8까지의 8개의 자연수가 다음 두 조건 (가), (나)를 만족하도록 4개의 자연수 a, b, c, d를 8개의 자연수에서 선택하는 방법의 수를 구하여라.

(가) $1 \leq a < b < c < d \leq 8$

(나) $a + d = b + c$

(2) 1부터 $2n$까지의 $2n$개의 자연수가 다음 두 조건 (가), (나)를 만족하도록 4개의 자연수 a, b, c, d를 $2n$개의 자연수에서 선택하는 방법의 수를 구하여라. 단, $n \geq 2$이다.

(가) $1 \leq a < b < c < d \leq 2n$

(나) $a + d = b + c$

문제 12.13 _____걸린시간 : _____ 분
아래 그림과 같이 한 모서리의 길이가 4cm인 정육면체가 있다.

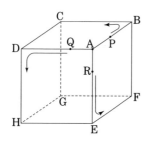

세 점 P, Q, R은 동시에 점 A를 출발하여 다음과 같은 순서로 정육면체의 모서리 위를 움직인다.

- P : A → B → C → D → A → …

- Q : A → D → H → E → A → …

- R : A → E → F → B → A → …

세 점 P, Q, R은 초당 1cm씩 움직인다. 다음 물음에 답하여라.

(1) 출발한 지 4초 후에, 삼각뿔 A-PQR의 부피를 구하여라.

(2) 출발한 지 8초 후에, 삼각뿔 A-PQR의 부피를 구하여라.

(3) 출발한 지 10초 후에, 삼각뿔 A-PQR의 부피를 구하여라.

문제 12.14 _____ 걸린시간 : _____ 분
다음 물음에 답하여라.

   (1) 양의 정수 중에서 양의 약수의 개수가 6인 수의 꼴을 소수 p, q를 사용하여 나타내어라.

   (2) 어떤 양의 정수 n의 양의 약수의 개수는 6개이고, 이 약수들의 합이 $\frac{3n+9}{2}$이다. n의 값을 모두 구하여라.

문제 12.15 _____ 걸린시간 : _____ 분
x에 대한 이차방정식 $x^2 - 2x - a^2 - a = 0$ $(a > 0)$이 있다. 다음 물음에 답하여라.

   (1) 이 방정식의 한 근이 2보다 크고 다른 한 근이 2보다 작음을 보여라.

   (2) $a = n$일 때, 이차방정식의 두 근을 각각 α_n, β_n이라 할 때, $n = 1, 2, \cdots, 2023$에 대하여 다음 식의 값을 구하여라.

$$\frac{1}{\alpha_1} + \frac{1}{\beta_1} + \frac{1}{\alpha_2} + \frac{1}{\beta_2} + \cdots + \frac{1}{\alpha_{2023}} + \frac{1}{\beta_{2023}}.$$

문제 12.16 _____ 걸린시간 : _____ 분

1, 2, 3, 4가 적힌 카드가 두 장씩 모두 8장이 있다. 이 카드를 섞은 다음

승훈 → 연우 → 교순 → 원준 → 승훈 → 연우 → 교순 → 원준

순으로 나누어준다. 이때, 다음 물음에 답하여라.

(1) 승훈, 연우, 교순, 원준이가 처음에 모두 다른 숫자가 적힌 카드를 받았을 때, 마지막에 가지고 있는 두 장의 카드 모두 다른 숫자가 적힌 카드를 받는 경우의 수를 구하여라.

(2) 승훈, 연우, 교순, 원준이 중 두 명만 처음에 같은 숫자가 적힌 카드를 받고, 나머지 두 명은 다른 숫자가 적힌 카드를 받았을 때, 마지막에 가지고 있는 두 장의 카드 모두 다른 숫자가 적힌 카드를 받는 경우의 수를 구하여라.

(3) 승훈, 연우, 교순, 원준이 중 두 명씩 처음에 같은 숫자가 적힌 카드를 받았을 때, 마지막에 가지고 있는 두 장의 카드 모두 다른 숫자가 적힌 카드를 받는 경우의 수를 구하여라.

문제 12.17 _____ 걸린시간 : _____ 분

다음 물음에 답하여라.

(1) $x - y = 12$일 때, $x^3 - y^3 - 36xy$의 값을 구하여라.

(2) 실수 x, y에 대하여,

$$\sqrt{4 + y^2} + \sqrt{x^2 + y^2 - 4x - 4y + 8} + \sqrt{x^2 - 8x + 17}$$

의 최솟값을 구하여라.

다음 물음에 답하여라.

(1) 삼각형 ABC에서 AB = 20, BC = 24, CA = 16이고, 삼각형 ABC의 내심을 I라 하자. 삼각형 ABI, 삼각형 BCI, 삼각형 CAI의 무게중심을 각각 P, Q, R이라 할 때, 삼각형 PQR의 변의 길이의 합 PQ + QR + RP를 구하여라.

(2) 반지름이 10인 원 T_1과 반지름의 길이가 20인 원 T_2의 두 공통외접선이 점 A에서 만나고, 두 원의 공통내접선이 T_1과 점 P에서 만나고, T_2와 점 Q에서 만난다. 선분 AQ의 길이가 50일 때, 선분 PQ의 길이를 구하여라.

다음 물음에 답하여라.

(1) 두 함수 $f(x) = x^6 - x^5 - x^3 - x^2 - x$, $g(x) = x^4 - x^3 - x^2 - 1$가 있다. 방정식 $g(x) = 0$의 네 근을 각각 a, b, c, d라 할 때, $f(a) + f(b) + f(c) + f(d)$를 구하여라.

(2) 함수 $h(x) = \dfrac{15}{x+1} + \dfrac{16}{x^2+1} - \dfrac{17}{x^3+1}$에 대하여,

$$h(\tan 15°) + h(\tan 30°) + h(\tan 45°)$$
$$+ h(\tan 60°) + h(\tan 75°)$$

의 값을 구하여라.

문제 12.20 _____걸린시간 : _____ 분

아래 그림에는 선분 AB, CD, EF와 ①, ②, ③, ④, ⑤, ⑥의 번호가 붙은 점선이 있다.

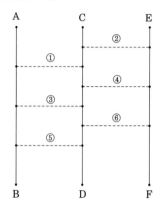

크기가 다른 두 개의 주사위를 1회 던져서 나온 눈과 같은 번호의 점선에 실선을 그린다. 두 주사위에서 나온 눈이 같으면 해당 번호의 점선에만 실선을 그린다. 이렇게 경로도를 완성한 후 A, C, E 중 하나에서 출발하여 다음 규칙(일반적인 사다리타기 규칙)에 따라 B, D, F로 이동한다.

(가) 이동은 반드시 경로도에서 실선으로만 진행한다.

(나) 세로선 위에서는 아래로 이동한다.

(다) 가로선이 그어진 위치에 도달하면 가로선 통하여 이웃한 세로선으로 이동한다.

다음 물음에 답하여라.

(1) 점 A에서 출발했을 때, 점 F로 이동할 확률을 구하여라.

(2) 점 C에서 출발했을 때, 점 F로 이동할 확률을 구하여라.

제 13 절   점검 모의고사 13회

문제 13.1 —————————— 걸린시간 : _____ 분

다음 물음에 답하여라.

(1) 다음 식을 계산하고, 계산 결과에서 8은 모두 몇 개인가?

$$8 + 88 + 888 + 8888 + \cdots + 8888888888$$

(2) 다음 식을 계산하고, 계산 결과에서 8은 모두 몇 개인가? (주의 : 다음 계산식에 88은 없다.)

$$8 + 888 + 8888 + 88888 + \cdots + 88888888888$$

(3) 다음 식의 계산 결과에서 8은 모두 몇 개인가?

$$8 + 88 + 888 + 8888 + \cdots + \underbrace{888888 \cdots 88}_{\text{8이 2023개}}$$

문제 13.2 —————————— 걸린시간 : _____ 분

민우, 승우, 연우, 정우는 ◦, ×를 답으로 하는 문제를 풀었다. 각각의 답안지와 득점은 아래표와 같다. 한 문제당 10점으로 100점 만점일 때, 다음 물음에 답하여라.

	1	2	3	4	5	6	7	8	9	10	득점
민우	×	◦	×	◦	×	◦	×	◦	×	◦	
승우	×	×	×	◦	◦	×	◦	◦	◦	◦	60점
연우	◦	×	◦	×	◦	◦	×	×	×	◦	70점
정우	×	×	◦	◦	◦	×	×	×	◦	◦	30점

(1) 연우는 맞고, 정우는 틀린 문제는 모두 몇 개인가?

(2) 100점의 답안지를 만들고, 민우의 점수는 몇 점인가?

문제 13.3 ──────── 걸린시간 : ____ 분

아래 그림과 같이, 두 점 A, B와 직선 *l*이 그려져 있다. 이 두 점을 지나면서 직선 *l*에 접하는 원을 작도하는 과정을 서술하여라.

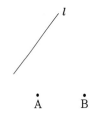

문제 13.4 ──────── 걸린시간 : ____ 분

아래 그림과 같이, 정팔각형 OABCDEFG가 있다. 점 O는 원점이고, 점 D는 y축 위에 있고, 두 점 C, E는 $y = ax^2$의 그래프 위의 점이고, 두 점 B, F는 $y = \frac{1}{2}x^2$의 그래프 위의 점이고, 두 점 A, G는 $y = bx^2$의 그래프 위의 점이고, 점 B의 x좌표는 2이다.

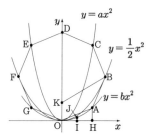

또, 점 A에서 x축에 내린 수선의 발을 H라 하고, 선분 OH의 수직이등분선과 x축, $y = bx^2$의 그래프와의 교점을 각각 I, J라 하고, 점 B를 지나고 직선 AJ에 평행한 직선과 y축과의 교점을 K라 한다. 이때, 다음 물음에 답하여라.

(1) a와 b의 값을 구하여라.

(2) 삼각형 ABK의 넓이를 구하여라.

문제 13.5 _____ 걸린시간 : _____ 분

원 O의 지름 위에 중심 있고, 아래 그림과 같이 원 O에 내접하고, 서로 점 P에서 외접하는 두 원 O_1, O_2가 있다. 점 P에서 O_1O_2와 현 QR이 직교한다.

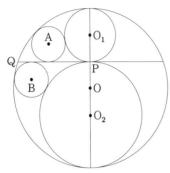

원 O의 반지름이 8이고, OP = 2일 때, 다음 물음에 답하여라.

(1) 현 QR에 접하고, 원 O에 내접하고, 원 O_1에 외접하는 원 A의 반지름을 구하여라.

(2) 현 QR에 접하고, 원 O에 내접하고, 원 O_2에 외접하는 원 B의 반지름을 구하여라.

문제 13.6 _____ 걸린시간 : _____ 분

아래 그림과 같이, 한 모서리의 길이가 1인 정육면체와 이 정육면체의 모서리를 이동하는 점 P가 처음에는 점 A에 있다.

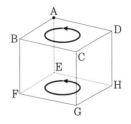

주사위를 던져서 1에서 4의 눈이 나오면, 윗면 또는 아랫면에서 나온 눈의 수만큼 화살표 방향으로 이동하고, 5 또는 6의 눈이 나오면, 윗면에 있을 때는 아랫면의 아래의 점으로, 아랫면에 있을 때는 윗면의 위의 점으로 이동한다. 다음 물음에 답하여라.

(1) 주사위를 두 번 던졌을 때, 점 P가 점 A에 있을 확률을 구하여라.

(2) 주사위를 세 번 던졌을 때, 점 P가 점 A에 있을 확률을 구하여라.

(3) 주사위를 네 번 던졌을 때, 점 P가 점 A에 있을 확률을 구하여라.

문제 13.7 _____ 걸린시간 : _____ 분

아래 그림과 같이, 원주 위에 네 점 A, B, C, D가 있고, 선분 AC와 선분 BD의 교점을 E라 한다.

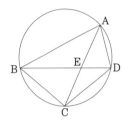

BC = CD, AB = 8, AC = 7, AD = 3일 때, 다음 물음에 답하여라.

(1) 삼각형 ABC와 삼각형 AED가 닮음임을 보여라.

(2) AE의 길이를 구하여라.

(3) BC의 길이를 구하여라.

문제 13.8 _____ 걸린시간 : _____ 분

아래 그림과 같이, 말이 S에서 출발하여, A → B → C → D → E → F → C → G → H → I로 진행하는 주사위 놀이가 있다. 0, 1, 2, 3, 4, 5의 숫자가 한 개씩 적힌 정육면체로, 눈이 나오는 방향이 동일한 확률을 가진 주사위를 1개 던지고 나온 눈의 수만큼 말을 진행한다. 0이 나오면 말은 제자리에 있고, 도중에 C에서 멈춘 경우에는 S로 돌아간다.

$$
\begin{array}{ccc}
\boxed{G} \to \boxed{H} \to \boxed{I} \\
\uparrow \qquad\qquad \searrow \\
\boxed{D} \leftarrow \boxed{C} \leftarrow \boxed{B} \leftarrow \boxed{A} \leftarrow \boxed{S} \\
\downarrow \qquad \uparrow \\
\boxed{E} \to \boxed{F}
\end{array}
$$

다음 물음에 답하여라.

(1) 주사위를 두 번 던졌을 때, 말이 S에 있을 확률을 구하여라.

(2) 주사위를 세 번 던졌을 때, 말이 G에 있게 되는 주사위의 눈이 나오는 방법의 수를 구하여라.

문제 13.9 _____ 걸린시간 : _____ 분

한 모서리의 길이가 2인 정이십면체가 있다. 각 꼭짓점을 아래 그림과 같이 A, B, C, D, E, F, A′, B′, C′, D′, E′, F′라고 한다.

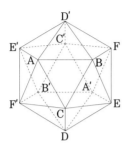

한 변의 길이가 2인 정오각형의 대각선의 길이는 $1+\sqrt{5}$임을 이용하여 다음 물음에 답하여라.

(1) 선분 AA′의 길이를 x라 할 때, x^2의 값을 구하여라.

(2) 이 정이십면체에서, 한 면을 수평한 평면 위에 놓는다. 이때, 정이십면체의 높이를 h라 할 때, h^2의 값을 구하여라.

문제 13.10 _____ 걸린시간 : _____ 분

아래 그림에서, 이차함수 $y = ax^2$의 그래프는 기울기가 1인 직선 l과 두 점 A, B에서 만나고, 점 A의 좌표는 $(-2, 1)$이다. 두 점 C, D는 직선 $y = -2$위의 점으로, 점 C의 좌표는 $(11, -2)$이고, 점 D는 직선 OB와의 교점이다.

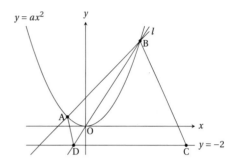

다음 물음에 답하여라.

(1) 점 A를 지나고 직선 OB에 평행한 직선과 직선 $y = -2$와의 교점을 E라 할 때, 점 E의 좌표를 구하여라.

(2) 점 B를 지나고 사각형 BADC의 넓이를 5등분하는 네 개의 직선의 기울기를 각각 m_1, m_2, m_3, m_4라 할 때, $\dfrac{1}{m_1} + \dfrac{1}{m_2} + \dfrac{1}{m_3} + \dfrac{1}{m_4}$의 값을 구하여라.

문제 13.11 ———————— 걸린시간 : _____ 분

다음 물음에 답하여라.

(1) 아래 그림과 같이, 사각형 ABCD에서 AD = CD = 1,
    ∠ABC = ∠BCD = 67.5°, ∠DAB = 90°일 때, 사각형
    ABCD의 넓이를 구하여라.

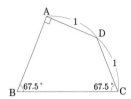

(2) 아래 그림과 같이, 한 변의 길이가 2인 정사각형과 반
    지름이 2이고, 중심각이 90°인 부채꼴을 겹쳐놓았다.
    이때, 빗금친 부분의 넓이를 구하여라.

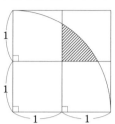

(3) 반지름 $\sqrt{2}$인 원에서 아래 그림과 같이 일부를 절단하
    였을 때, 남은 색칠된 부분의 넓이를 구하여라.

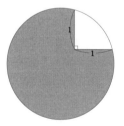

문제 13.12 _____걸린시간 : _____ 분

교순, 승우, 연우, 원준, 준서 다섯 명의 학생은 동시에 수행평가를 봤다. 수행평가는 100점 만점으로 0점, 25점, 50점, 75점, 100점으로 25점 단위로 점수를 받지만, 0점은 한 명도 없었다. 5명 모두 점수(결과)를 알고 있었고, 다음과 같이 말했다.

- 교순 : "나보다 점수가 높은 사람은 있다고 해도 한 명이야."

- 승우 : "내 점수는 최고 점수도 아니고 최저 점수도 아니야."

- 연우 : "최고 점수도 최저 점수도 받은 사람은 한 명뿐이야."

- 원준 : "승우와 나의 점수의 합은 준서의 점수와 같아."

- 준서 : "연우가 원준이보다 점수가 높아."

단, 5명의 말은 모두 참이다. 다음 물음에 답하여라.

(1) 최저 점수를 받은 학생은 누구인가?

(2) 최저 점수는 몇 점인가?

(3) 세 명이 같은 점수가 될 가능성이 있는 점수는 몇 점인가 모두 구하여라.

(4) 다섯 명의 말에 더해서, 선생님께서 "연우와 준서의 점수의 합은 나머지 세 명의 점수의 합보다 높아."라고 말씀하셨을 때, 다섯 명의 점수를 구하여라. 단, 선생님의 말씀은 참이다.

문제 13.13 _____ 걸린시간 : _____ 분

삼각기둥 ABC-DEF에서 삼각형 ABC와 삼각형 DEF는 합동이고, AC = 4, BC = 8, ∠ACB = 90°이다. 사각형 ACFD는 정사각형이고, 사각형 ABED와 사각형 CBEF는 직사각형이다. 점 G는 모서리 BC위의 점으로 점 B, C와 다른 점이다. 점 H는 모서리 EF위의 점으로 HF = BG를 만족한다. BG = FH = x라 할 때, 다음 물음에 답하여라. 단, $0 < x < 8$이다.

(1) 아래 그림과 같이, 점 G와 H를 연결하고, 점 G와 점 E를 연결한다. 삼각형 GEH의 넓이를 x를 사용하여 나타내어라.

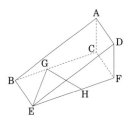

(2) 아래 그림과 같이, 점 G와 H를 연결하고, 점 A와 G를 연결하고, 점 A와 H를 연결한다. AG = AH일 때, x의 값과 삼각형 AGH의 넓이를 구하여라.

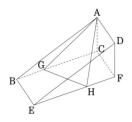

(3) 아래 그림과 같이, 점 G를 지나 모서리 AC에 평행한 직선과 모서리 AB와의 교점을 I, 점 H를 지나 모서리 DF에 평행한 직선과 모서리 DE와의 교점을 J라 한다. 점 I와 J를 연결하고, 점 G와 H를 연결한다. 이때, 네 점 I, G, H, J는 한 평면 위에 있고, 직선 IG와 직선 JH는 평면 CBEF에 수직이다.

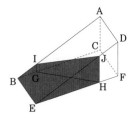

$x = 2$일 때, 입체 BE-IGHJ의 부피를 구하여라.

문제 13.14 ＿＿＿＿＿＿＿＿걸린시간 : ＿＿＿＿ 분

1부터 9까지의 숫자가 1개씩 적혀 있는 9개의 공이 주머니 속에 있다. 이 주머니 속에서 공을 한 개 꺼내서, 꺼낸 공의 번호를 보고 [그림1]의 같은 번호의 칸을 검게 칠하고 꺼낸 공을 다시 주머니 속에 넣는다. 이 작업을 세 번 반복한다.

1	2	3
4	5	6
7	8	9

[그림1]

1	2	3
4	5	6
7	8	9

[그림2]

예를 들어, 순서대로 7, 2, 7의 번호가 적힌 공이 꺼냈을 때, [그림2]와 같이 칠해진다. 다음 물음에 답하여라.

(1) [그림1]의 칸이 한 개만 칠해져 있을 확률을 구하여라.

(2) [그림1]의 칸이 두 개만 칠해져 있을 확률을 구하여라.

(3) [그림1]의 칸이 가로, 세로, 대각선의 한 줄의 세 개가 모두 칠해져 있을 확률을 구하여라.

문제 13.15 ＿＿＿＿＿＿＿＿걸린시간 : ＿＿＿＿ 분

아래 그림과 같이, 공간상에 세 점 A, B, C가 있고, 선분 AB, BC, CA를 지름으로 하는 세 개의 원이 한 점 O에서 만난다.

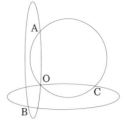

$AB = \sqrt{6} + \sqrt{2}$, $BC = \sqrt{14}$, $CA = \sqrt{6} - \sqrt{2}$일 때, 다음 물음에 답하여라.

(1) 선분 OA의 길이를 구하여라.

(2) 사면체 O-ABC의 부피를 구하여라.

(3) 삼각형 ABC의 넓이를 구하여라.

문제 13.16 _____ 걸린시간 : _____ 분

서로 다른 세 자연수 a, b, c에서, 어느 두 수의 합을 남은 다른 수로 나누면 나머지가 1이라고 한다. $a < b < c$일 때, 다음 물음에 답하여라.

(1) $a + b$를 c로 나눈 몫을 구하여라.

(2) $a + c$를 b로 나눈 몫을 구하여라.

(3) 순서쌍 (a, b, c)를 모두 구하여라.

문제 13.17 _____ 걸린시간 : _____ 분

아래 그림은, 한 모서리의 길이가 같은 정육각기둥이다. 하나의 주사위를 두 번 연속으로 던져서, 차례로 두 점 P, Q의 위치를 정한다.

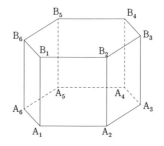

• 첫 번째 던져서 나온 눈을 m이라 할 때, 꼭짓점 A_m의 위치에 점 P를 놓는다.

• 두 번째 던져서 나온 눈을 n이라 할 때, 꼭짓점 B_n의 위치에 점 Q를 놓는다.

예를 들어, 첫 번째 던져서 나온 눈이 6이면 점 P를 꼭짓점 A_6에 놓고, 두 번째 나온 눈이 1이면 점 Q를 꼭짓점 B_1에 놓는다. 다음 물음에 답하여라.

(1) 세 점 A_1, P, Q를 연결한 도형이 삼각형이 되지 않을 확률을 구하여라.

(2) 두 점 P, Q를 연결했을 때, 선분 PQ의 길이가 최대가 될 확률을 구하여라.

(3) 세 점 A_6, P, Q를 연결한 도형이 직각삼각형이 될 확률을 구하여라.

문제 13.18 _____ 걸린시간 : _____ 분

그림과 같이, AB = 3, AC = 6인 삼각형 ABC에서 ∠BAC의 이등분선과 변 BC와의 교점을 D라 한다.

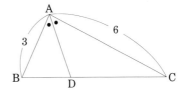

∠BAC = 60°일 때, AD의 길이를 x라 하고, ∠BAC = 120°일 때, AD의 길이를 y라 하자. 다음 물음에 답하여라.

(1) x의 값을 구하여라.

(2) ∠BAC = 120°일 때, 삼각형 ABC의 넓이를 구하여라.

(3) $x : y$를 구하여라.

문제 13.19 _____걸린시간 : _____ 분

3이 적힌 카드가 10장, 5가 적힌 카드가 10장, 10이 적힌 카드가 10장, 모두 30장의 카드가 상자 속에 있다. 이 중에서 한 장씩 카드를 꺼내고, 꺼낸 카드에 적힌 수의 합계가 10이상이 된 시점에 조작이 끝난다. 단, 각각의 카드에는 반드시 3, 5, 10 중 하나의 수가 1개 적혀있다. 꺼낸 카드는 다시 상자 속으로 되돌리지 않는다. 다음 물음에 답하여라.

(1) 조작이 끝날 때까지, 카드를 꺼낸 횟수가 한 번일 확률을 구하여라.

(2) 조작이 끝날 때까지, 카드를 꺼낸 횟수가 두 번일 확률을 구하여라.

(3) 조작이 끝날 때, 꺼낸 카드에 적힌 수의 합이 12이상인 확률을 구하여라.

문제 13.20 _____걸린시간 : _____ 분

아래 그림과 같이, 한 모서리의 길이가 6인 입체가 있다. 이 입체의 밑면 중 아래는 정육각형이고, 위는 정삼각형이다. 또, 옆면은 정삼각형 3개와 정사각형 3개로 이루어졌다.

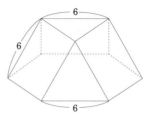

다음 물음에 답하여라.

(1) 이 입체의 겉넓이를 구하여라.

(2) 이 입체에서 두 밑면(정삼각형과 정육각형) 사이의 거리(즉, 높이)를 구하여라.

(3) 이 입체의 부피를 구하여라.

제 14 절   점검 모의고사 14회

문제 14.1 _____걸린시간 : _____ 분
다음 물음에 답하여라.

(1) A는 두 자리 자연수이고, 십의 자리 수가 일의 자리 수보다 크고, 일의 자리 수는 0이 아니다. A의 십의 자리 수와 일의 자리 수를 바꾼 두 자리 수를 B라 할 때, $\sqrt{A-B+9}$를 자연수가 되게 하는 A의 개수를 구하여라.

(2) 1부터 6까지의 눈이 나오는 큰 주사위와 작은 주사위 각각 1개를 동시에 1회 던진다. 큰 주사위에서 나온 눈의 수를 x, 작은 주사위에서 나온 눈의 수를 y라 할 때, $x \geq 2y$ 또는 $y \geq 3x$ 중 적어도 하나가 성립하는 확률을 구하여라. 단, 큰 주사위와 작은 주사위에서 1부터 6까지의 눈이 나올 확률은 같다.

(3) 그림과 같이, 삼각형 ABC의 세 점 A, B, C가 같은 원주 위에 있고, 직선 l이 변 AC, 변 AB와 각각 만난다. 직선 AB에 대하여 점 C와 같은 편에, $\angle APB = \frac{1}{2}\angle ACB$가 되도록 직선 l 위에 점 P를 자와 컴퍼스를 이용하여 작도하고 점 P의 위치를 문자 P를 사용하여 나타내어라. 단, 작도에 이용한 선은 지우지 말고 그대로 둔다.

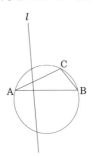

문제 14.2 _____걸린시간 : _____ 분

아래 그림에서 ①, ②, ③은 각각 이차함수 $y = ax^2$ $(a > 0)$, $y = bx^2$ $(b < 0)$, 반비례함수 $y = \frac{4}{x}$를 나타낸다. ①과 ③의 교점 A의 x좌표는 2이고, ②와 ③의 교점 B의 x좌표는 −4이다.

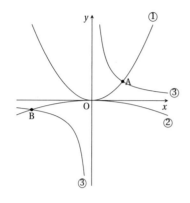

다음 물음에 답하여라.

(1) a, b의 값을 각각 구하여라.

(2) 이차함수 ①위의 x좌표가 음수인 점 P가 있다. △APB의 넓이와 △OAB의 넓이가 같을 때, 점 P의 x좌표를 구하여라.

(3) 직선 AB와 평행한 직선이 반비례함수 ③과 두 점 C, D에서 만나고, 점 D의 x좌표가 4이다. 이때, 사각형 ABCD의 넓이는 삼각형 OAB의 넓이의 몇 배인가?

문제 14.3 _____걸린시간 : _____ 분

아래 그림과 같이, 직사각형 ABCD와 선분 PQ가 있다. 변 BC 위에 점 R에 대하여 꺾은선 PQR이 직사각형 ABCD의 넓이를 이등분한다.

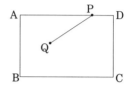

다음 물음에 답하여라.

(1) 점 R을 어떻게 잡으면 좋은지에 대하여 작도의 수순을 통하여 설명하여라.

(2) (1)의 수순으로 구한 점 R에 대하여, 꺾은선 PQR이 직사각형 ABCD의 넓이를 이등분함을 증명하여라.

문제 14.4 _____ 걸린시간 : _____ 분

왼쪽부터 순서대로 정수를 나열한다. 첫 번째 수를 a_1, 두 번째 수를 a_2, 세 번째 수를 a_3으로 나타낸다. 나열하는 방법은 다음의 규칙을 따른다.

(가) a_1과 a_2는 주어진다.

(나) $a_3 = a_2 - a_1$, $a_4 = a_3 - a_2$이고, 자연수 n에 대하여,
$a_{n+2} = a_{n+1} - a_n$이다.

예를 들어, $a_1 = 3$, $a_2 = 5$이면,

$$a_3 = 5 - 3 = 2, \quad a_4 = 2 - 5 = -3$$

이다.

(1) $a_1 = 3$, $a_2 = 5$일 때, a_5, a_9, a_{50}을 구하여라.

(2) (1)에서, a_1부터 a_{100}까지의 합을 구하여라.

문제 14.5 _____ 걸린시간 : _____ 분

다음 물음에 답하여라.

(1) $(a+c)(b+1)$를 전개하여라.

(2) $a + bc - ab - c$를 인수분해하여라.

(3) 다음 조건을 만족하는 자연수 a, b, c의 쌍 (a, b, c)를 모두 구하여라.

$$a + bc = 106, \quad ab + c = 29, \quad a \le b \le c$$

문제 14.6 _____ 걸린시간 : _____ 분

다음 물음에 답하여라.

(1) 그림과 같이, AB = AC = 4, BC = 2인 이등변삼각형
ABC에서 변 AC위에 중심을 갖고, 변 AB, BC에 모두
접하는 반원의 반지름을 구하여라.

(2) 자연수 a에 대하여, 이차함수 $y = ax^2$ $(x \leq 0)$ … ①과
일차함수 $y = ax + 4a$ … ②, x축으로 둘러싸인 부분
이 둘레와 내부의 격자점의 개수를 N이라 할 때, N을
a에 관한 식으로 나타내어라. 단, 격자점은 좌표평면
위의 x좌표와 y좌표가 모두 정수인 점을 말한다.

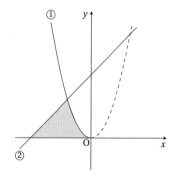

문제 14.7 _____ 걸린시간 : _____ 분

그림과 같이, 정육각기둥 ABCDEF-GHIJKL에서 모서리 BH,
EK의 중점을 각각 M, N이라 한다.

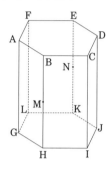

AB = 2, AG = 8일 때, 다음 물음에 답하여라.

(1) 정육각기둥 ABCDEF-GHIJKL에서, 모서리 AB와 꼬
인 위치에 있는 모서리는 모두 몇 개인가?

(2) 정육각기둥 ABCDEF-GHIJKL의 각 면에 7개의 색을
모두 사용하여 색칠한다. 한 개 면에는 한 가지 색으
로만 칠한다. 또, 두 개의 정육각형에는 같은 색으로
칠한다. 이때, 칠하는 방법의 수를 구하여라. 단, 돌리
거나 회전하여 같으면 한 가지 경우로 생각한다.

(3) 정육각기둥 ABCDEF-GHIJKL을 세 점 A, M, N을 지나는 평면으로 절단했을 때, 절단면의 넓이를 구하여라.

(5) (4)의 입체를 세 점 C, M, N을 지나는 평면으로 절단한 두 개의 입체 중 점 I를 포함한 입체의 부피를 구하여라.

(4) (3)에서 절단한 두 개의 입체 중 점 C를 포함한 입체에서, (3)의 절단면과 점 C 사이의 거리를 구하여라.

문제 14.8 _____걸린시간 : _____ 분

다음 물음에 답하여라.

(1) 세 자리 자연수 a, b의 최대공약수가 24이고, 최소공배수가 720일 때, a, b를 구하여라. 단, $a < b$이다.

(2) A주머니에는 빨간 공 3개, 흰 공 2개가 들어 있고, B주머니에는 빨간 공 1개, 흰 공 5개가 들어 있다. 두 주머니에서 동시에 1개의 공을 꺼내서, A주머니에서 꺼낸 공은 B주머니에 넣고, B주머니에서 꺼낸 공은 A주머니에 넣을 때, 처음의 상태에서 변하지 않을 확률을 구하여라.

(3) 12km 떨어진 두 지점 P, Q를 연결된 도로를, 승우는 시속 4km의 속력으로 P에서 Q로, 정우는 시속 $x$km의 속력으로 Q에서 P로 향하여 동시에 출발한다. 출발한 지 y시간 후에 두 사람은 만나고, 이어 48분 후에 정우는 P지점에 도착했다. 이때, x, y의 값을 구하여라.

(4) 아래 그림과 같이, 세 점 A, B, C가 원 O의 원주 위에 있고, AB = 9, BC = 8, CA = 7이다. 점 A에서 선분 BC에 내린 수선의 발을 D라 하고, AO의 연장선과 원 O와의 교점을 E라 할 때, 선분 AD와 AE의 길이를 각각 구하여라.

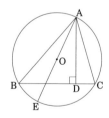

문제 14.9 _____ 걸린시간 : _____ 분

자연수의 역수를, 두 자연수의 역수의 합으로 나타내는 것을 생각한다. 예를 들어, $\frac{1}{2}$는 $\frac{1}{3} + \frac{1}{6}$, $\frac{1}{4} + \frac{1}{4}$로 두 가지 방법으로, $\frac{1}{3}$은 $\frac{1}{4} + \frac{1}{12}$, $\frac{1}{6} + \frac{1}{6}$으로 두 가지 방법으로, $\frac{1}{4}$는 $\frac{1}{5} + \frac{1}{20}$, $\frac{1}{6} + \frac{1}{12}$, $\frac{1}{8} + \frac{1}{8}$으로 세 가지 방법으로 나타낼 수 있다.

(1) 자연수 n에 대하여, $\frac{1}{n} = \frac{1}{n+p} + \frac{1}{n+q}$를 만족하는 p, q의 곱 pq를 n에 관한 식으로 나타내어라.

(2) $\frac{1}{6}$을 두 자연수의 역수의 합으로 나타낼 때, 모두 몇 가지의 방법으로 나타낼 수 있는가?

(3) $\frac{1}{216}$을 두 자연수의 역수의 합으로 나타낼 때, 모두 몇 가지의 방법으로 나타낼 수 있는가?

문제 14.10 _____ 걸린시간 : _____ 분

아래 그림은, 원점 O와 좌표평면 위에 일차함수 $y = 2x + 1$ $\cdots$ ①의 그래프와 반비례함수 $y = \frac{a}{x}$ $\cdots$ ②의 그래프이다.

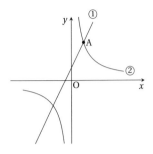

①, ②의 그래프 위에 x좌표가 t ($t > 1$)인 점 $P(t, 2t + 1)$, $Q\left(t, \frac{a}{t}\right)$가 각각 있다. 이때, 다음 물음에 답하여라.

(1) a의 값을 구하여라.

(2) 삼각형 OPQ의 넓이를 t를 사용하여 나타내어라.

(3) t의 값이 $\frac{5}{2}$에서 3으로 증가할 때, 삼각형 OPQ의 넓이의 변화율을 구하여라.

(4) 삼각형 OPQ의 넓이가 $\frac{3}{2}$일 때, 직선 AQ의 방정식을 구하여라.

문제 14.11 _____ 걸린시간 : _____ 분

[그림1]에서 점 O는 원 O의 중심이고, 삼각형 ABC는 세 꼭짓점 A, B, C가 원 O의 원주 위에 있고, AB > AC인 예각삼각형이다. 점 A에서 변 BC에 내린 수선의 발을 D라 하고, 직선 BO와 AD와의 교점을 E라 하고, 직선 BO와 원 O와의 교점 중 점 B가 아닌 점을 F라 한다. 선분 CO와 선분 AD의 교점을 G라 한다. 다음 물음에 답하여라.

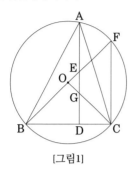

[그림1]

(1) 점 C를 포함하지 않는 호 AB와 호 AF의 길이의 비가 4 : 1이고, ∠BAD = 36°일 때, ∠BOC의 크기를 구하여라.

(2) 삼각형 ABE와 삼각형 CAG가 닮음임을 증명하여라.

(3) [그림2]는 [그림1]에서 OG = GC, AE : EG = 3 : 1인 경우이다. AE = 4일 때, 원 O의 반지름을 구하여라.

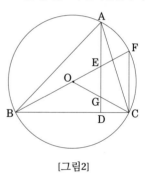

[그림2]

문제 14.12 _____ 걸린시간 : _____ 분

A, B, C의 3개의 학교의 학생들에게 등교에 관한 설문조사를 실시했는데, 모든 학교에서, 지하철을 이용하여 등교하는 학생이 각 학교의 72.5%이고, 버스를 이용하여 등교하는 학생은 각 학교에서 83명이다. 이때, 다음 물음에 답하여라.

(1) A학교에서는 지하철과 버스 양쪽 모두 이용하는 학생이 5명, 모두 이용하지 않는 학생이 10명이다. A학교 학생 수를 구하여라.

(2) B학교의 학생 수는 200명이다. 이 학교에서 지하철과 버스 양쪽을 이용하여 등교하는 학생으로 생각되는 인원의 최댓값과 최솟값을 각각 구하여라.

(3) C학교에서는 지하철과 버스를 모두 이용하지 않는 학생이 55명이다. C학교 학생 수로 생각할 수 있는 최대인원을 구하여라.

문제 14.13 _____ 걸린시간 : _____ 분

그림과 같이, $AB = 4$, $AC = 2$, $\angle C = 90°$인 직각삼각형 ABC가 있다. 변 AB, AC위에 두 점 P, Q가 각각 A, C를 동시에 출발하여, 점 P는 A → B로, 점 Q는 C → A → C로 1초에 1의 속력으로 움직인다. 이 두 점 P, Q에 대하여, 사각형 PRCQ가 평행사변형이 되도록 하는 점 R을 잡는다. 출발한 지 x초 후에, 평행사변형 PRCQ의 넓이가 삼각형 ABC의 넓이의 $\frac{1}{2}$일 때, 이를 만족하는 x를 모두 구하여라. 단, $0 < x < 4$이다.

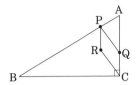

문제 14.14 ——————— 걸린시간 : ____ 분

부라퀴는 1일째는 10원, 2일째는 20원, ⋯과 같이, 매일 10원씩을 금액을 늘려서 돈을 모으고 있는데, 환전 가능한 금액이 되면, 즉시 50원짜리, 100원짜리 동전을 이용하여 가지고 있는 동전의 수를 최대한 줄인다. 예를 들어, 3일째에는 $10 + 20 + 30 = 60$원이므로, 가지고 있는 동전은 50원짜리 1개, 10원짜리 1개가 된다. 이때, 다음 물음에 답하여라.

(1) 처음으로 10원짜리 동전과 50원짜리 동전을 모두 소지하지 않을 때는 4일째인데, 두 번째로 그렇게 될 때는 몇 일째인가?

(2) 1일째부터 50일째까지의 기간 중에, 10원짜리 동전과 50원짜리 동전을 모두 소지하고 있지 않은 날은 모두 몇 번 있는가?

(3) 123번째로 10원짜리 동전과 50원짜리 동전을 모두 소지하고 있지 않을 때는 몇 일째인가?

문제 14.15 ——————— 걸린시간 : ____ 분

그림과 같이, 한 모서리의 길이가 6인 정팔면체 ABCDEF가 있다. 점 G는 삼각형 ABC의 무게중심이고, 점 H는 모서리 DF위의 점으로 DH = 5이다. 다음 물음에 답하여라.

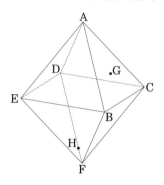

(1) 점 G에서 면 BCDE에 내린 수선의 발을 I라 할 때, 선분 GI의 길이를 구하여라.

(2) 선분 GE의 길이를 구하여라.

(3) 선분 GH의 길이를 구하여라.

나는 푼다, 고로 (영재학교/과학고) 합격한다.

문제 14.16 _____ 걸린시간 : _____ 분

다음 물음에 답하여라.

(1) 빨간색, 파란색의 주사위를 던져서 빨간색 주사위가 나온 눈을 십의 자리, 파란색 주사위가 나온 눈을 일의 자리로 하여 두 자리 수를 만든다. 이 두 자리 수가 4의 배수가 될 확률을 구하여라.

(2) 빨간색, 파란색의 주사위를 던져서 나온 각각의 눈과 4에 대하여 큰 수부터 순서대로 늘어놓고, 그것들을 백의 자리, 십의 자리, 일의 자리로 하여 세 자리 수를 만든다. 예를 들어, 나온 눈이 2, 5이면 542, 나온 눈이 3, 4이면 443, 나온 눈이 4, 4이면 444이다.

   (a) 세 자리 수가 432가 될 확률을 구하여라.

   (b) 세 자리 수를 100으로 나눈 나머지가 41이 될 확률을 구하여라.

   (c) 세 자리 수가 4의 배수가 될 확률을 구하여라.

문제 14.17 _____ 걸린시간 : _____ 분

두 자리 자연수 n에 대하여, 십의 자리 수의 제곱에 일의 자리 수의 제곱을 뺀 값을 $[n]$으로 나타낸다. 예를 들어, $[20] = 2^2 - 0^2 = 4$, $[45] = 4^2 - 5^2 = -9$이다.

(1) $[n]$의 값이 최대일 때, n은 얼마인가?

(2) $[n]$의 값이 양의 홀수인 자연수 n은 모두 몇 개인가?

(3) 연속인 두 자연수 n과 $n + 1$에 대하여, 차 $[n + 1] - [n]$의 값이 최대일 때, n은 얼마인가? 단, n은 98이하의 자연수이다.

문제 14.18 ──────── 걸린시간 : ____ 분

2이상의 자연수 n을 n보다 작은 자연수의 합으로 나타내고, 이 합에 사용된 자연수들의 곱 P가 최대인 경우를 생각한다. 예를 들어 $n = 2$일 때, $1 + 1$로 한 가지의 방법이 있고, 곱 P의 최댓값은 1이다. $n = 3$일 때, $1 + 1 + 1$, $1 + 2$로 두 가지의 방법이 있고, 곱 P의 최댓값은 2이다. 다음 물음에 답하여라.

(1) $n = 4$일 때, 곱 P의 최댓값을 구하여라.

(2) $n = 5$일 때, 곱 P의 최댓값을 구하여라.

(3) $n = 19$일 때, 곱 P의 최댓값을 구하여라.

문제 14.19 ──────── 걸린시간 : ____ 분

그림과 같이, $\angle B = 90°$, AC = CD = DA인 사각형 ABCD가 있다. 대각선 BD위에 삼각형 CPQ가 정삼각형이 되도록 점 P, Q를 잡는다. AB = $\sqrt{3}$, BC = 1일 때, 다음 물음에 답하여라.

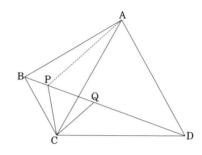

(1) BD의 길이를 구하여라.

(2) BP : CP를 구하여라.

(3) CP의 길이를 구하여라.

문제 14.20 ────────────걸린시간 : ─────── 분
1155을 연속한 자연수의 합으로 나타내려고 한다. 예를 들어, 연속한 5개의 자연수의 합으로 나타내면,

$$1155 = 229 + 230 + 231 + 232 + 233$$

이다.

(1) 1155을 연속한 7개의 자연수의 합으로 나타낼 때, 7개의 수를 순서대로 나열하면, 가운데 수는 무엇인가?

(2) 1155를 연속한 10개의 자연수의 합으로 나타낼 때, 10개의 수 중 가장 큰 수와 가장 작은 수의 합을 구하여라.

(4) AP, BP, CP의 길이의 합을 구하여라.

(3) 1155을 최대한 몇 개의 연속한 자연수의 합으로 나타낼 수 있는가?

제 15 절 점검 모의고사 15회

문제 15.1 _____ 걸린시간 : _____ 분

그림과 같이, 원에 내접하는 사각형 ABCD에서, 변 AD, BC, CD의 중점을 각각 E, F, G라 한다. 직선 AD와 직선 FG의 교점을 P, 직선 BC와 직선 EG의 교점을 Q라 한다. 이때, $\angle APF = \angle BQE$임을 증명하여라.

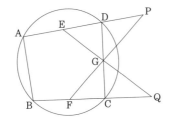

문제 15.2 _____ 걸린시간 : _____ 분

다음 물음에 답하여라.

(1) 자연수 N의 양의 약수가 4개이고, 이 4개의 약수의 총합이 120이다. 이때, N을 모두 구하여라.

(2) 5로 나누면 3이 남고, 6으로 나누면 4가 남고, 9로 나누면 7이 남는 자연수 중에서 1000에 가장 가까운 수를 구하여라.

(3) 세 자연수 2012, 2168, 2376은 자연수 n으로 나누면 나머지가 r로 모두 같다. 이러한 n중에서 가장 큰 값을 구하고, 그 때의 나머지 r을 구하여라.

문제 15.3 _____ 걸린시간 : _____ 분

그림과 같이 원 O의 원주 위에 세 점 A, B, C가 있고, ∠ABC의 이등분선과 원 O와의 점 B이외의 교점을 D라 하고, 직선 AD와 직선 BC의 교점을 E라 하고, 선분 AC와 선분 BD의 교점을 F라 한다.

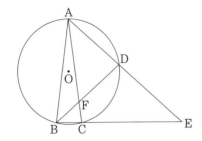

다음 물음에 답하여라.

(1) △ABD와 △FBC가 닮음임을 보여라.

(2) AB = AC, AD = 4, DE = 5일 때, AC의 길이를 각각 구하여라.

(3) (2)에서 BF의 길이를 구하여라.

문제 15.4 _____ 걸린시간 : _____ 분

1부터 9까지의 9개의 숫자에서 4개의 숫자를 선택하여 네 자리 수를 만든다. 선택한 4개의 숫자를 가지고 만든 네 자리 수 중에서, 가장 큰 수를 A, 가장 작은 수를 B라 하고, A − B를 생각한다. 단, 4개 모두 같은 숫자를 선택할 수는 없다. 예를 들어, 1, 2, 3, 4의 4개의 숫자를 선택하면, A − B = 4321 − 1234 = 3087이다. 1, 1, 2, 3의 개의 숫자를 선택하면, A − B = 3211 − 1123 = 2088이다.

(1) A − B는 항상 9의 배수임을 보여라.

(2) A − B = 3087을 만족하는 4개의 숫자들의 쌍(순서 무시)으로 만들어진 A의 최댓값을 구하여라.

(3) A − B = 3087을 만족하는 4개의 숫자들의 쌍(순서 무시)은 모두 몇 개인가?

문제 15.5 _____ 걸린시간 : _____ 분

다음 물음에 답하여라.

(1) 그림과 같이, 정사각형 ABCD의 변 AD위에 점 E, 변 BC위에 점 F가 있다. 선분 EF를 접는 선으로 하여 이 정사각형을 접으면, 점 C는 변 AB위의 점 G로, 점 D는 점 H로 각각 옮겨진다. 이때, CG = EF임을 증명하여라.

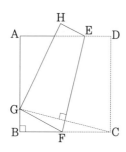

(2) 그림과 같이, 모든 모서리의 길이가 1인 정사각뿔 O-ABCD에 정사면체 P-ODA를 붙인 입체를 생각한다. 모서리 BC의 중점을 M이라 할 때, PM의 길이를 구하여라.

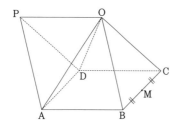

문제 15.6 _____ 걸린시간 : _____ 분

[그림1]에서, 점 O는 원점, 곡선 l은 함수 $y = 2x^2$의 그래프, 곡선 m은 함수 $y = kx^2 \ (0 < k < 2)$의 그래프를 나타낸다. 사각형 ABCD는 정사각형이고, 점 A는 곡선 l위에, 점 C는 곡선 m위에 있다. 점 A의 x좌표는 음수이고, 점 C의 x좌표는 양수이다. 점 A의 y좌표와 점 C의 y좌표는 같다. 점 D의 y좌표는 점 B의 y좌표보다 크다. 다음 물음에 답하여라.

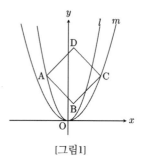

[그림1]

(1) $k = \dfrac{2}{9}$이고, 점 A의 x좌표가 -1일 때, 두 점 B, C를 지나는 직선의 방정식을 구하여라.

(2) [그림2]는, [그림1]에서 점 B가 곡선 l위에 있는 경우이다. AC = 3일 때, k의 값을 구하여라.

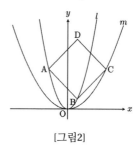

[그림2]

(3) [그림3]은 [그림1]에서 두 점 O, B를 지나는 직선이 변
   CD와 점 E에서 만나는 경우이다. 점 A의 y좌표가 8이
   고, 두 점 O, B를 지나는 직선의 기울기가 3일 때, 점 E
   의 좌표를 구하여라.

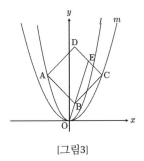

[그림3]

문제 15.7 ———————————— 걸린시간 : _____ 분

그림과 같이 4개의 꼭짓점이 같은 원주위에 있는 사각형
ABCD에서, 대각선 AC와 BD의 교점을 E라 한다. 세 점 C,
E, B를 지나는 원 위에 $\overset{\frown}{EB} : \overset{\frown}{BF} = 3 : 5$가 되는 점 F를 잡는다.
∠BAD = 90°, AB = AD = $3\sqrt{2}$일 때, 다음 물음에 답하여라.

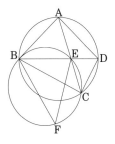

(1) ∠BEF의 크기를 구하여라.

(2) BE : ED = 2 : 1일 때, △BFE의 넓이를 구하여라.

문제 15.8 _____ 걸린시간 : _____ 분

[그림1]과 같이, 원주 위에 8개의 점을 잡고, 0부터 7까지의 숫자를 시계방향으로 순서로 적는다. 0에서 시작하여 일정한 수 만큼 시계방향으로 진행하여 그 점을 연결해 나가는 것을 생각한다. 예를 들어, 3씩 진행하면 [그림2]와 같다. [그림2]에서 1을 지나는 것은 세 번째이며, 2를 지나는 것은 여섯 번째이다.

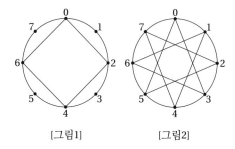

[그림1]   [그림2]

(1) 원주 위에 점이 8개가 있는 경우, [그림2]와 같이 모든 점을 지나서 0이 돌아오도록 진행하는 방법을 생각한다. 3씩 진행 이외의 8이하에서는 어떤 진행 방법이 있는 지 모두 구하여라.

(2) 원주 위에 9개가 있는 경우, 0에서 시작하여 5씩 진행하는 방법에서 1을 지나는 것은 몇 번째인가?

(3) 원주 위에 201개가 있는 경우, 0에서 시작하여 5씩 진행하는 방법에서 1을 지나는 것은 몇 번째인가?

(4) 원주 위에 2023개가 있는 경우, 0에서 시작하여 5씩 진행하는 방법에서 1을 지나는 것은 몇 번째인가?

문제 15.9 _____ 걸린시간 : _____ 분

그림과 같이, 육면체 ABCDE에서 6개의 면은 한 모서리의 길이가 6인 정삼각형이다. 모서리 AB, AC의 3등분점 중 점 A에 가까운 점을 각각 P, Q라 하고, 모서리 CD의 3등분점 중 점 C에 가까운 점을 R이라 한다. 세 점 P, Q, R을 지나는 평면을 면 PQR이라 하자. 이때, 다음 물음에 답하여라.

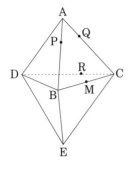

(1) 선분 AE의 길이를 구하여라.

(2) 모서리 BC의 중점을 M이라 하고, 면 PQR과 DM의 교점을 F라 할 때, DF : FM을 구하여라

(3) 면 PQR과 모서리 DE의 교점을 G라 할 때, DG : GE를 구하여라.

(4) 면 PQR로 육면체 ABCDE로 절단했을 때, 모서리 BC를 포함한 입체의 부피를 구하여라.

문제 15.10 _____걸린시간 : _____ 분

그림과 같이, 점 P(4,4)를 지나고 기울기 2인 직선을 l, 점 (0,−1)을 지나고 x축에 평행한 직선을 m이라 한다 점 P에서 직선 m에 내린 수선의 발을 H라 한다. 점 A(0,1)이고, 직선 l과 y축과의 교점을 B라 할 때, 다음 물음에 답하여라.

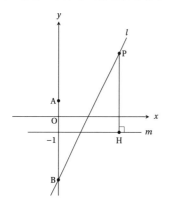

(1) 점 B의 좌표를 구하여라.

(2) 선분 AP의 길이를 구하여라.

(3) 사각형 ABHP는 무슨 사각형인가? 또, 그 이유를 밝혀라.

(4) 점 (4,30)에서 y축에 평행하게 광선이 나온다. 이 광선은 직선 l에 반사된다. 반사된 후에 광선이 지나는 y축 위의 점의 좌표를 구하여라.

문제 15.11 _____ 걸린시간 : _____ 분

아래 그림에서 △ABC는 한 내각이 60°인 직각삼각형이고, △ECD는 직각이등변삼각형이고, 세 점 B, C, D가 한 직선 위에 놓여 있다.

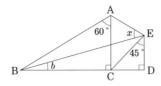

$\angle b = 15°$일 때, $\angle x$의 크기를 구하여라.

문제 15.12 _____ 걸린시간 : _____ 분

111개의 구슬과 빨간 상자와 파란 상자가 있다. 각각의 구슬은 1에서 111까지의 자연수가 하나씩 적혀있다 이러한 111개의 구슬에 적힌 수가 작은 순서부터 1개씩 빨간 상자 또는 파란 상자에 넣는다. 첫째로, 1이 적힌 구슬을 빨간 상자에 넣는다. 그 다음부터는 들어가는 구슬에 적힌 수가 빨간 상자에 이미 들어 있는 하나의 구슬에 적힌 수의 3배가 될 때 파란 상자에 넣고, 그렇지 않으면 빨간 상자에 넣기로 한다.

(1) 빨간 상자에 구슬이 20개 들어왔을 때, 빨간 상자에 들어 있는 20개의 구슬에 적힌 수의 합을 구하여라.

(2) 111개의 구슬을 모두 상자에 넣었을 때, 파란 상자에 들어 있는 구슬의 개수를 구하여라.

문제 15.13 _____ 걸린시간 : _____ 분

다음 물음에 답하여라.

(1) 두 자연수 a, b에서 a는 홀수이고, b는 소수이다. x의 이차방정식 $x^2 - ax - b^3 = 0$이 정수해를 가질 때, a, b의 값을 구하여라.

(2) 수직선 위에 이차방정식 $(x - a)(x - 3a - 1) = 0$ (a는 자연수)의 두 근이 놓여 있고, 이 두 근 사이에 같은 간격으로 네 개의 자연수를 놓는다. 이 여섯 개의 자연수의 합이 세 자리 수가 되도록 하는 a의 값 중 최솟값을 구하여라

문제 15.14 _____ 걸린시간 : _____ 분

아래 그림과 같이, 일차함수 $y = \frac{3}{2}x + 4$위를 움직이는 점 A와 x축을 움직이는 점 B에 대하여, 이 두 점을 꼭짓점으로 하는 정사각형 ABCD를 생각한다. 다음 물음에 답하여라.

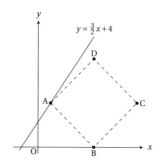

(1) 점 C가 x축 위의 점이고, 정사각형 ABCD의 넓이가 49일 때, 점 A의 좌표를 구하여라.

(2) 점 D가 일차함수 $y = \frac{3}{2}x + 4$ 위에 있고, 점 A의 x좌표가 $-\frac{4}{3}$일 때, 정사각형 ABCD의 넓이를 구하여라.

문제 15.15 _____ 걸린시간 : _____ 분

아래 그림은, 한 모서리의 길이가 1인 정팔면체의 투영도이다.

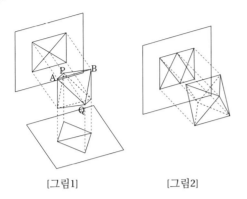

    [그림1]   [그림2]

다음 물음에 답하여라.

(1) [그림1]과 같이, 정면에서 보면 정사각형이고, 바로 위에서 보면 마름모일 때, 이 마름모의 넓이를 구하여라.

(2) [그림1]에서 사면체 PQAB의 부피를 구하여라.

(3) [그림2]와 같이, 정면에서 보면 가로의 길이가 1인 직사각형일 때, 이 직사각형의 넓이를 구하여라.

문제 15.16 _____ 걸린시간 : _____ 분

다음 물음에 답하여라.

(1) $x^2 y - 1 - x^2 + y$ 를 인수분해하여라

(2) x가 3의 배수가 아닐 때, x^2을 3으로 나눈 나머지가 1임을 보여라.

(3) $2x^2 y - x^2 + 2y = 946$을 만족하는 0이상의 정수 x, y의 쌍 (x, y)를 모두 구하여라.

문제 15.17 _____걸린시간 : _____ 분

직육면체 ABCD-EFGH에서 AB = AD = 2, AE = 3이다. 점 P, Q는 각각 모서리 AE, CG위의 점으로, AP = 1, CQ = 2이다. 네 점 P, F, Q, D가 같은 평면 위에 있다. 면 PFQD, 면 PEHD, 면 QGHD, 면 EFGH의 모든 면에 접하는 구 S가 있다. 직선 DP와 직선 HE의 교점을 P′라 할 때, 다음 물음에 답하여라.

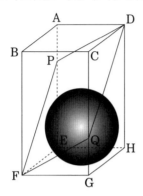

(1) HP′의 길이를 구하여라.

(2) DP′의 길이를 구하여라.

(3) 입체 QFG-DP′H의 부피를 구하여라.

(4) 구 S의 반지름을 구하여라.

문제 15.18 _____걸린시간 : _____ 분

그림과 같이, 좌표평면 위에 일차함수 l과 4개의 정사각형이 있다. 일차함수 l은 $y = x + 1$이고, 네 점 A, B, C, D이 일차함수 l위에 있다.

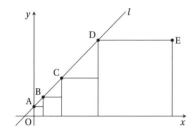

(1) 4개의 정사각형의 한 변의 길이를 작은 수부터 나열하여라.

(2) 4개의 정사각형을 합쳐서 하나의 계단형태의 도형을 생각한다. 점 E를 지나고, 이 도형의 넓이를 이등분하는 일차함수를 구하여라.

문제 15.19 _____걸린시간 : _____ 분

[그림1]은 정육각기둥 ABCDEF-GHIJKL로, AB = 6, AG = a이다. 모서리 IJ위에 점 M, 모서리 EK위에 점 N을 잡고, 점 A와 점 D, 점 A와 점 M, 점 A와 점 N, 점 D와 점 M, 점 D와 점 N, 점 M과 점 N을 각각 연결한다. 다음 물음에 답하여라.

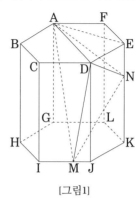

[그림1]

(1) 정육각기둥 ABCDEF-GHIJKL의 겉넓이를 a를 사용하여 나타내어라.

(2) $a = 9$, IM = 4, EN = x $\left(0 < x < \dfrac{9}{2} \right)$이다. ∠ANM = 90° 일 때, x의 값을 구하여라.

(3) [그림2]는 [그림1]에서 점 M이 모서리 IJ의 중점이고,
점 N이 점 K의 위치에 있는 경우이다. $a = 10$일 때,
사면체 A-DMN이 부피를 구하여라.

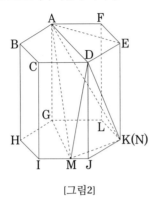

[그림2]

문제 15.20 _____걸린시간 : _____ 분

승우는 KMO 바이블 책을 보다가 다음의 사실을 발견하였
다.

"자연수 N에 대하여, $N = p^a \times q^b \times \cdots \times r^c$ (p, q, $\cdots$, r은 $p <$
$q < \cdots < r$을 만족하는 소수, a, b, $\cdots$, c는 자연수)로 소인수
분해되고, N의 양의 약수의 개수는 $(a+1) \times (b+1) \times \cdots \times (c+1)$
개 $\cdots$ ① 이다."

승우는 ①의 사실을 이용하여, 다음과 같은 과정을 통하여
N = 1 ~ 200에 대하여, 양의 약수의 개수의 최댓값을 구하
려고 한다. 다음 물음에 답하여라. 단, 소인수가 k종류라는
것은 서로 다른 k개의 소수를 약수로 갖는 것을 말한다.

(1) N의 소인수 1종류이고, 양의 약수의 개수는 최대일
때, N과 그 양의 약수의 개수를 구하여라.

(2) N의 소인수가 2종류이고, 양의 약수의 개수는 최대일
때, N과 그 양의 약수의 개수를 구하여라.

(3) N의 소인수가 3종류이고, 양의 약수의 개수는 최대일
때, N과 그 양의 약수의 개수를 구하여라.

(4) N의 소인수가 4종류일 수 없음을 보이고, N = 1 ~ 200
에 대하여 양의 약수의 개수의 최댓값과 그 양의 약수
의 개수를 구하여라.

제 2 장

영재학교/과학고 점검 모의고사 풀이

- 도움말

- 풀이에 나오는 정리나 공식을 더 공부하려면 다음 책들을 찾아보기 바랍니다.

    - 영재학교/과학고 합격수학 평면도형과 작도 2022/23시즌

    - 영재학교/과학고 합격수학 입체도형 2021/22시즌

    - 영재학교/과학고 합격수학 함수 2023/24시즌

    - 신(新) 영재수학의 지름길 1단계, 2단계, 3단계, 씨실과날실

    - 365일 수학愛미치다 (도형愛미치다), 씨실과날실

    - 올림피아드 수학의 지름길 중급 상, 하, 씨실과날실

    - 중학생을 위한 실전 영재 수학 모의고사, 씨실과날실

    - KMO FINAL TEST 한국수학올림피아드 모의고사 및 풀이집, 도서출판 세화

    - KMO BIBLE 한국수학올림피아드 바이블 프리미엄, 씨실과날실

    - 경시대회 수학 조합의 길잡이, 도서출판 세화

제 1 절   점검 모의고사 1회 풀이

문제 1.1 다음 물음에 답하여라.

(1) 다음과 같은 73개의 분수가 있다.

$$\frac{19}{x}, \frac{20}{x+1}, \frac{21}{x+2}, \cdots, \frac{90}{x+71}, \frac{91}{x+72}$$

이 분수가 모두 기약분수일 때, x에 들어갈 수 중 가장 작은 수를 구하여라. 단, $x \geq 21$이다.

(2) 다음과 같은 2023개의 분수가 있다.

$$\frac{9}{x}, \frac{10}{x+1}, \frac{11}{x+2}, \cdots, \frac{2030}{x+2021}, \frac{2031}{x+2022}$$

이 분수가 모두 기약분수일 때, x에 들어갈 수 중 가장 작은 수를 구하여라. 단, $x \geq 11$이다.

풀이

(1) 모든 분수에서 분모와 분자의 차는 $x-19$이다. 분수가 기약분수일 때, 분모와 분자가 서로소이고, 분모와 분자의 차도 분자와 서로소이므로, $x-19$는 19 ~ 91과 모두 서로소이다. 그러므로 $x-19$는 91보다 큰 소수 또는 그 소수만을 인수로 하는 수이다. 따라서 $x-19$의 최솟값은 97이다. 즉, 가장 작은 x는 116이다.

(2) 모든 분수에서 분모와 분자의 차는 $x-9$이다. 분수가 기약분수일 때, 분모와 분자가 서로소이고, 분모와 분자의 차도 분자와 서로소이므로, $x-9$는 9 ~ 2031과 모두 서로소이다. 그러므로 $x-9$는 2031보다 큰 소수 또는 그 소수만을 인수로 하는 수이다. 2031보다 큰 소수 중 가장 작은 수는 2039이다. 따라서 $x-9$의 최솟값은 2039이다. 즉, 가장 작은 x는 2048이다.

문제 1.2 좌표평면 위에 세 점 $A(-2, 0)$, $B(4, 2)$, $C\left(\frac{1}{4}, \frac{23}{4}\right)$가 있다. 이때, 다음에 물음에 답하여라.

(1) 직선 BC의 방정식을 구하여라.

(2) 삼각형 ABC의 넓이를 구하여라.

(3) b는 상수이고, 직선 l의 방정식이 $y = 2x + b$이고, 직선 l과 직선 BC의 교점을 Q라 하고, 점 Q의 x좌표가 t이다.

   (가) b를 t에 대한 식으로 나타내어라.

   (나) 직선 l이 삼각형 ABC의 넓이를 이등분할 때, b의 값을 구하여라.

풀이

(1) BC의 기울기는 $\frac{2 - \frac{23}{4}}{4 - \frac{1}{4}} = -1$이므로, 직선 BC의 방정식은 $y = -(x-4) + 2$이다. 즉, $y = -x + 6$이다.

(2) (1)에서 구한 직선 BC의 방정식과 x축과의 교점을 D라 하면, $D(6, 0)$이다. 그러므로

$$\triangle ABC = \triangle ADC - \triangle ADB$$
$$= \frac{1}{2} \times AD \times \frac{23}{4} - \frac{1}{2} \times AD \times 2$$
$$= \frac{1}{2} \times \{6 - (-2)\} \times \left(\frac{23}{4} - 2\right)$$
$$= \frac{1}{2} \times 8 \times \frac{15}{4} = 15$$

이다.

(3) (가) $-x + 6 = 2x + b$를 풀면 $x = t$이므로 $b = -3t + 6$이다.

(나) A를 지나면서 기울기가 2인 직선의 방정식은 $y = 2\{x - (-2)\}$이다. 즉, $y = 2x + 4$이다. $y = -x + 6$과 $y = 2x + 4$의 교점을 구하면 $\left(\frac{2}{3}, \frac{16}{3}\right)$이고, 선분 BC의 중점은 $\left(\frac{17}{8}, \frac{31}{8}\right)$이다. 직선 AB의 방정식은 $y = \frac{1}{3}x + \frac{2}{3}$이다.

직선 AB의 방정식과 직선 l의 방정식의 교점을 P라 하면, 점 P의 x좌표는 $x = \frac{2 - 3b}{5}$이다. 또, (가)에서 점

Q의 x좌표는 $x = \dfrac{6-b}{3}$이다. 따라서

$$\begin{aligned}
\frac{\triangle PBQ}{\triangle ABC} &= \frac{BP}{BA} \times \frac{BQ}{BC} \\
&= \frac{4 - \frac{2-3b}{5}}{4 - (-2)} \times \frac{4 - \frac{6-b}{3}}{4 - \frac{1}{4}} \\
&= \frac{b+6}{10} \times \frac{4(b+6)}{45} \\
&= \frac{2(b+6)^2}{225} \qquad\qquad (*)
\end{aligned}$$

이다. l이 삼각형 ABC의 넓이를 이등분하므로 $(*) = \dfrac{1}{2}$이어야 한다. 즉, $(b+6)^2 = \dfrac{225}{4}$이다. 이를 풀면 $b = \dfrac{3}{2}$이다.

문제 1.3 다음 물음에 답하여라.

(1) AB = BC = CD = DA = 3, AC = 4인 마름모 ABCD에서, 변 AB 위에 AP : PB = 1 : 3이 되도록 점 P를 잡고, 변 AD 위에 $\angle PCQ = \angle BCD \times \dfrac{1}{2}$가 되도록 점 Q를 잡자. 이때, AQ의 길이를 구하여라.

(2) 삼각형 ABC에서, $\angle ABC = 2 \times \angle ACB$이고, 점 A에서 변 BC에 내린 수선의 발을 H, 점 C에서 변 AB에 내린 수선의 발을 I라고 하자. 또, AH와 CI의 교점을 P라 하면, CP = 24, AP = 10이다. 이때, PH의 길이를 구하여라.

풀이

(1) CP의 연장선(P쪽)과 DA의 연장선(A쪽)의 교점을 R이라 하고, CQ의 연장선(Q쪽)과 점 D를 지나 AC에 평행한 직선과의 교점을 S라 하면, △PAR와 △PBC는 닮음비가 1 : 3인 닮음이므로, AR = 1이다. 또, △CAR과 △CDS는 닮음비가 4 : 3인 닮음이므로, DS = $\dfrac{3}{4}$이다.

그러므로 △QAC와 △QDS는 닮음비가 $4 : \dfrac{3}{4} = 16 : 3$인 닮음이다. 즉, AQ : QD = 16 : 3이다.

따라서 AQ = $3 \times \dfrac{16}{19} = \dfrac{48}{19}$이다.

(2) 점 A를 BC에 대하여 대칭이동시킨 점을 A′이라 하면 △CAA′는 이등변삼각형이 된다. $\angle$B의 내각이등분선과 AH, CI와의 교점을 각각 D, E라고 하면, $\angle PED = \angle PDE$이다. 즉, △PDE는 이등변삼각형이다.

$\angle DBC = \angle BCA = \angle BCA′$에서 BE ∥ A′C가 되어 △PA′C도 이등변삼각형이다. 따라서 PA′ = PC = 24이다. 그러므로 AH = AA′ $\times \dfrac{1}{2} = 17$이다. 따라서 PH = 7이다.

문제 1.4 1부터 5까지 숫자가 적힌 카드가 각각 한 장씩 있다. 이 중 4장의 카드를 선택하여 왼쪽에서 오른쪽으로 일렬로 나열한다. 나열한 카드에 적힌 숫자를 왼쪽부터 순서대로 a, b, c, d라 할 때, 다음 물음에 답하여라.

(1) 카드를 일렬로 나열하는 경우의 수를 구하여라.

(2) 다음 규칙을 모두 만족하면서 3, 4가 적힌 카드를 빼내는 경우의 수를 구하여라.

 - $a < b < c < d$이면 b와 c가 적힌 카드를 빼낸다.
 - $a < b < d < c$이면 b와 d가 적힌 카드를 빼낸다.
 - $b < a < c < d$이면 a와 c가 적힌 카드를 빼낸다.
 - $b < a < d < c$이면 a와 d가 적힌 카드를 빼낸다.
 - 나머지 경우에는 아무 것도 빼내지 않는다.

(3) (2)의 규칙을 모두 만족하는데 아무것도 빼내지 않을 확률을 구하여라.

풀이

(1) $5 \times 4 \times 3 \times 2 = 120$가지이다.

(2) $a < b < c < d$에서 $b = 3$, $c = 4$인 경우, a는 1 또는 2이고 d는 5로 두 가지 경우가 있다.
같은 방법으로 나머지 경우에도 모두 두 가지 경우가 있다.
따라서 3, 4가 적힌 카드를 빼내는 경우의 수는 모두 $4 \times 2 = 8$가지이다.

(3) a, b, c, d의 크기 순으로 나열하는 경우의 수는 4!가지이고, 같은 확률로 카드를 빼내는 경우의 수는 각각 한 가지로 모두 4가지이다.
따라서 구하는 확률은 $1 - \dfrac{4}{4!} = \dfrac{5}{6}$이다.

문제 1.5 다음 물음에 답하여라.

(1) 다음을 만족하는 정수쌍 (x, y)를 생각한다.

$$(x + y)(x - y) = 2020 \times 2020.$$

이때, 정수쌍 (x, y)는 모두 몇 개인지 구하여라. 단, $x \geq y \geq 0$이다.

(2) 다음 식을 만족하는 양의 정수의 순서쌍 (x, y)의 개수를 구하여라.

$$\frac{1}{x} + \frac{1}{y} + \frac{1}{xy} = \frac{1}{2021}$$

풀이

(1) $x + y$와 $x - y$는 $2020 \times 2020 = 2^4 \times 5^2 \times 101^2$의 약수이고, $x + y$와 $x - y$는 모두 짝수이다. 그러므로 양쪽에 2를 하나씩 나누어 놓고, 나머지 $2^2 \times 5^2 \times 101^2$의 약수의 개수를 구하면, $(2 + 1) \times (2 + 1) \times (2 + 1) = 27$개이다. 그런데, $y \geq 0$이므로 $x + y \geq x - y$이고 $y = 0$에서 $x + y = x - y$이다.
그러므로 구하는 정수쌍 (x, y)는 모두 $\dfrac{26}{2} + 1 = 14$개이다.

(2) 양변에 $2021xy$를 곱한 후 정리하면

$$(x - 2021)(y - 2021) = 2021 \times 2022$$
$$= 2 \times 3 \times 43 \times 47 \times 337$$

이다. 2, 3, 43, 47, 337이 소수이고, x, y는 양의 정수이므로 2021×2022의 양의 약수의 개수가 주어진 부정방정식의 해의 개수와 같다. 따라서 2021×2022의 양의 약수의 개수는 $2 \times 2 \times 2 \times 2 \times 2 = 32$개이다. 즉, 주어진 부정방정식의 양의 정수의 순서쌍 (x, y)의 개수는 32개이다.

문제 1.6 다음 물음에 답하여라.

(1) 이차함수 $y = ax^2$ 위의 서로 다른 두 점 P, Q의 x좌표를 각각 p, q라 할 때, 직선 PQ의 방정식이 $y = a(p+q)x - apq$임을 보여라.

(2) 이차함수 $y = ax^2$과 직선 $y = bx$가 원점 O와 점 A에서 만나고, 점 A의 x좌표는 $\frac{1}{2}$이다. 이차함수 위의 점 A 이외의 점 B에 대하여 직선 AB와 y축과의 교점을 C라 하면 C의 y좌표는 1이다. $\angle AOC = 45°$이다. 이때, 다음 물음에 답하여라.

   (가) a, b의 값을 구하여라.

   (나) 점 B의 좌표를 구하여라.

   (다) 선분 OA위에 두 점 O, A와 다른 점 D를 잡고, 직선 BD와 y축과의 교점을 E라 하자. 삼각형 BCE와 삼각형 ODE의 넓이가 같을 때, 점 D의 좌표를 구하여라.

풀이

(1) 직선 PQ의 방정식을 $y = mx + n$이라 하면, $ax^2 = mx + n$, 즉, $ax^2 - mx - n = 0$의 두 근이 p, q이다. 그러므로 근과 계수와의 관계에 의하여 $p + q = \frac{m}{a}$, $pq = -\frac{n}{a}$이다. 즉, $m = a(p+q)$, $n = -apq$이다. 그러므로 직선 PQ의 방정식은 $y = a(p+q)x - apq$이다.

(2) (가) $\angle AOC = 45°$이므로 직선 $y = bx$의 기울기 1이다. 즉, $b = 1$이고, $A\left(\frac{1}{2}, \frac{1}{2}\right)$이다.
또 점 A는 이차함수 $y = ax^2$위의 점이므로

$$\frac{1}{2} = a \times \left(\frac{1}{2}\right)^2$$

이다. 이를 풀면 $a = 2$이다.

(나) 점 B의 x좌표를 t라고 할 때, (1)을 이용하여 직선 AB의 y절편을 구하여, 비교하면 $-2 \times \frac{1}{2} \times t = 1$이다. 이를 풀면 $t = -1$이다. 따라서 B$(-1, 2)$이다.

(다) $\triangle BCE = \triangle ODE$이므로 양변에 $\triangle BOE$를 더하면 $\triangle BOC = \triangle BOD$이다. 따라서 CD $\parallel$ OB이다. 직선 OB의 기울기가 -2이므로 직선 CD의 방정식은 $y = -2x + 1$이다. 이와 $y = x$를 연립하여 풀면 D$\left(\frac{1}{3}, \frac{1}{3}\right)$이다.

문제 1.7 아래 그림과 같이 정사각형 ABCD의 내부(경계포함)에 네 개의 작은 정사각형이 들어있다.

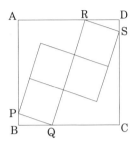

다음 물음에 답하여라.

(1) 점 R에서 변 BC에 내린 수선의 발을 H라 할 때, BQ : RH를 구하여라.

(2) PB : BQ를 구하여라.

(3) 내부의 작은 정사각형 한 개의 넓이가 40일 때, 정사각형 ABCD의 넓이를 구하여라.

풀이

(1) 삼각형 PBQ와 삼각형 QHR은 닮음이므로, BQ : HR = PQ : QR = 1 : 3이다.

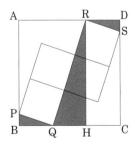

(2) 삼각형 SDR과 삼각형 PBQ가 합동이므로 BQ = DR이다. (1)에서 BQ : HR = 1 : 3이므로 BQ : BC = 1 : 3이다. 그러므로 BQ = QH = HC이다. 따라서 PB : BQ = QH : HR = 1 : 3이다.

(3) 아래 그림과 같이 정사각형 BKEF를 그리고, 점 I, J를 잡으면 삼각형 PBQ와 삼각형 JKQ, 삼각형 IEJ, 삼각형 IFP는 합동이다.

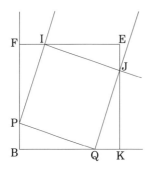

그러므로

$$BQ : QK = KJ : JE$$
$$= EI : IF$$
$$= FP : PB = 3 : 1$$

이다. BQ = 6, PB = 2이라 가정하면 삼각형 PBQ의 넓이는 6이고, 정사각형 PQJI의 넓이는 40이 되어 주어진 조건을 만족한다.
따라서 정사각형 ABCD의 넓이는 18 × 18 = 324이다.

문제 1.8 사과, 귤, 딸기의 세 종류의 과일이 있다. 승우, 연우, 교순, 준서 네 명이 각각 자신 이외의 세 명은 모르게 하나의 과일을 선택한다. 이때, 자신 이외의 3명과 다른 종류의 과일을 선택한 경우에만 그 과일을 먹는다. 예를 들어, 승우는 사과, 연우는 귤, 교순이는 딸기, 준서는 귤을 선택하면, 승우와 교순이는 먹을 수 있고, 연우와 준서는 먹을 수 없다. 다음 물음에 답하여라.

(1) 네 명 중 한 명만 과일을 먹을 수 있는 확률을 구하여라.

(2) 모두 과일을 먹을 수 없는 확률을 구하여라.

풀이 네 명이 과일을 선택하는 경우의 수는 모두 $3^4 = 81$ 가지이다.

(1) 한 명만 과일을 먹을 수 있는 것은, 먹은 한 명을 X라 할 때, 다른 세 명은 X가 선택한 과일 이외의 같은 과일을 선택할 경우이다. X를 선택하는 경우의 수가 4가지이고, 다른 세 명이 선택할 수 있는 과일은 두 가지 있으므로 조건을 만족하는 경우의 수는 $4 \times (3 \times 2)$ 가지이다. 따라서 구하는 확률은 $\frac{4 \times (3 \times 2)}{81} = \frac{8}{27}$ 이다.

(2) 모두 과일을 먹을 수 없는 경우는 (i) 4명이 모두 같은 과일을 선택하는 경우, (ii) 4명 중 2명이 같은 과일을 선택하고, 다른 2명이 그것과 다른 과일을 선택하는 경우의 두 가지로 나눌 수 있다.

(i) 4명이 모두 같은 과일을 선택하는 경우 : 이때의 경우의 수는 3가지이다.

(ii) 4명 중 2명이 같은 과일을 선택하고, 다른 2명이 그것과 다른 과일을 선택하는 경우 : 2종류의 과일을 선택하는 경우의 수가 3가지이고, 한 종류의 과일을 먹는 두 명을 선택하는 경우의 수가 $_4C_2 = 6$가지(나머지 2명은 자동적으로 다른 과일을 먹는다.)이다. 그러므로 이때의 경우의 수는 $3 \times 6 = 18$가지이다.

따라서 구하는 확률은 $\frac{3+18}{81} = \frac{7}{27}$ 이다.

문제 1.9 다음 물음에 답하여라.

(1) 볼록 n각형의 내각의 합에 외각 하나를 더하면 총합이 $1200°$일 때, n을 구하여라.

(2) 4종류의 공 A, B, C, D가 여러 개 있다. 공 1개의 무게가 A는 130g, B는 42g, C는 35g, D는 21g이다. 전체 공의 무게가 600g일 때, A, B, C, D는 각각 몇 개인지 구하여라. 단, 각 종류의 공은 1개 이상 있다.

〔풀이〕

(1) 더한 외각을 $x°$라고 하면 $0 < x < 180$이다. 볼록 n각형의 내각의 합은 $(n-2) \times 180°$이므로

$$(n-2) \times 180 + x = 1200$$

이다. 즉, $180n = 1560 - x$이다.

따라서 $n = \dfrac{1560 - x}{180} = 8 + \dfrac{120 - x}{180}$이다. n은 양의 정수이고, $0 < x < 180$이므로 $x = 120$만 가능하다. 이때, 구하는 $n = 8$이다.

(2) 공 A, B, C, D의 개수를 각각 a, b, c, d라고 하자. 그러면

$$130a + 42b + 35c + 21d = 600$$

이다. 42, 35, 21이 7의 배수이므로, $42b + 35c + 21d$의 값은 7의 배수이다.

그러므로 $130a \leq 600 - (42 + 35 + 21) = 502$을 만족하는 자연수 a는 1, 2, 3이다.

(i) $a = 1$이면 $42b + 35c + 21d = 470$이고, 470은 7의 배수가 아니다.

(ii) $a = 2$이면 $42b + 35c + 21d = 340$이고, 340은 7의 배수가 아니다.

(iii) $a = 3$이면 $42b + 35c + 21d = 210$이고, 210은 7의 배수이다.

이때, $35c = 210 - 42b - 21d$이고, $5c = 3(10 - 2b - d)$이다. 5와 3은 서로소이므로 c는 3의 배수이고, $5c \leq 3(10 - 2 - 1) = 21$이다. 그러므로 $c \leq 4$이다. 즉, $c = 3$이다. 이때, $10 - 2b - d = 5$에서 $2b + d = 5$이다. 이를 만족하는 자연수쌍 $(b, d) = (2, 1), (1, 3)$이다.

따라서 구하는 $(a, b, c, d) = (3, 2, 3, 1), (3, 1, 3, 3)$이다. 즉, A = 3, B = 2, C = 3, D = 1 또는 A = 3, B = 1, C = 3, D = 3이다.

문제 1.10 A용기에는 농도가 a%인 소금물 200g, B용기에는 농도가 b%인 소금물 200g이 들어있다. 이때, 다음과 같은 조작을 시행한다.

> A용기의 소금물 100g을 B용기에 넣어 혼합한 후, 다시 B용기의 소금물 100g을 A용기에 넣어 혼합한다.

다음 물음에 답하여라.

(1) 위의 조작을 1회 시행한 후, A용기의 소금물의 농도를 a_1%, B용기의 소금물의 농도를 b_1%라 할 때, a_1, b_1을 a, b를 써서 나타내어라.

(2) $a_1 = 7$, $b_1 = 10$일 때,

(가) a, b의 값을 구하여라.

(나) 위의 조작을 2회 시행한 후, A용기의 소금물의 농도를 a_2%, B용기의 소금물의 농도를 b_2%라 할 때, a_2, b_2를 구하여라.

(다) 위의 조작을 최소한 몇 회 시행하면 A용기의 소금물의 농도와 B용기의 소금물의 농도의 차가 0.1%이하가 되는지 구하여라.

〔풀이〕

(1) 위의 조작을 1회 시행한 후, A용기의 소금의 양은 $\dfrac{4a + 2b}{3}$g, B용기의 소금의 양은 $\dfrac{2a + 4b}{3}$g이다. 그러므로

$$a_1 = \frac{\frac{4a+2b}{3}}{200} \times 100 = \frac{2a + b}{3},$$
$$b_1 = \frac{\frac{2a+4b}{3}}{200} \times 100 = \frac{a + 2b}{3}$$

이다.

(2) (가) $\dfrac{2a + b}{3} = 7$, $\dfrac{a + 2b}{3} = 10$을 연립하여 풀면 $a = 4$, $b = 13$이다.

(나) (1)의 결과를 이용하면,

$$a_2 = \frac{2a_1 + b_1}{3} = \frac{2 \times 7 + 10}{3} = 8,$$
$$b_2 = \frac{a_1 + 2b_1}{3} = \frac{7 + 2 \times 10}{3} = 9$$

이다.

(다) $a = a_0$, $b = b_0$라 하면, (1)의 결과에 의하여

$$b_1 - a_1 = \frac{a + 2b}{3} - \frac{2a + b}{3} = \frac{1}{3}(b - a)$$

이다. 같은 방법으로

$$b_{n+1} - a_{n+1} = \frac{a_n + 2b_n}{3} - \frac{2a_n + b_n}{3}$$
$$= \frac{1}{3}(b_n - a_n)$$

이다. 그러므로 이 과정을 표로 만들어 살펴보면,

n	b_n	a_n	$b_n - a_n$
0	13	4	9
1	10	7	3
2	9	8	1
3			$\frac{1}{3}$
4			$\frac{1}{9}$
5			$\frac{1}{27}$

A용기의 소금물의 농도와 B용기의 소금물의 농도의 차는 1회 종료 후마다 $\frac{1}{3}$배씩 줄어든다.
그러므로 5회 종료 후 A용기의 소금물의 농도와 B용기의 소금물의 농도의 차가 0.1%이하가 된다.

문제 1.11 다음 물음에 답하여라.

(1) 삼각형 ABC에서 $\angle BAD + \angle ACD = 90°$가 되도록 점 D를 변 BC위에 잡으면, 삼각형 ABC의 외심은 직선 AD 위에 있음을 보여라.

(2) 사각형 ABCD에서 $\angle DAC = 20°$, $\angle CAB = 60°$, $\angle ABD = 50°$, $\angle DBC = 30°$일 때, $\angle ACD$의 크기를 구하여라.

풀이

(1) 삼각형 ABC의 외심을 O라고 하고, 직선 AD와 삼각형 ABC의 외접원과 의 교점을 E라 하면,

$$\angle BOE = 2 \times \angle BAE = 2 \times \angle BAD,$$

$$\angle AOB = 2 \times \angle ACB = 2 \times \angle ACD$$

이다. $\angle BAD + \angle ACD = 90°$이므로, $\angle BOE + \angle AOB = 180°$이다. 즉, 세 점 A, O, E는 한 직선 위에 있다. 따라서 중심 O는 직선 AE(직선 AD)위에 있다.

(2) 삼각형 ABC의 외심을 O라 하면 (1)에 의하여 O는 선분 BD 위에 있다. 점 O에서 변 DA에 내린 수선의 발을 H라 하고, 직선 OH와 삼각형 ABC의 외접원과의 교점을 E라 하자.
OB = OA이므로 $\angle OBA = \angle OAB = 50°$이다. 그래서 $\angle OAD = 30°$, $\angle HOA = 60°$이다. 그러므로 삼각형 OEA는 정삼각형이고, H는 선분 OE의 중점이다. 그러므로 DO = DE이다. 또, $\angle ADB = 50°$이므로, $\angle DOE = \angle DEO = 40°$이다.
한편, $\angle OBC = \angle OCB = 30°$이므로, $\angle COD = 60°$이다. 삼각형 OEC에서 $\angle EOC = 40° + 60° = 100°$이고, $\angle OEC = 40°$이다. 그런데, $\angle DEO = \angle OEC$이므로, (즉, $\angle OED = \angle OEC$이므로) 세 점 E, D, C는 한 직선 위에 있다. 삼각형 OCE에서 $\angle OCE = \angle OEC = 40°$, $\angle OCA = 10°$이므로 $\angle ACD = 40° - 10° = 30°$이다.

문제 1.12 빨간색, 흰색, 파란색, 녹색의 4가지 색의 공이 각각 2개씩 모두 8개가 있다. 같은 색의 공의 하나에는 숫자 "1"을 쓰고, 다른 공에는 숫자 "2"를 쓴다. 이 8개의 공을 1인당 2개씩, 승우, 연우, 교순, 준서 네 명에게 나누어준다. 이때, 다음 물음에 답하여라.

(1) 승우와 연우는 2개 모두 "1"이 적힌 공을, 교순이와 준서는 2개 모두 "2"가 적힌 공을 나누어 갖게 되는 경우의 수를 구하여라.

(2) 네 명 모두 같은 색의 공을 나누어 갖게 되는 경우의 수를 구하여라.

(3) 네 명 중 두 명만이 같은 색의 공을 나누어 갖게 되는 경우의 수를 구하여라.

풀이

(1) 승우가 2개의 "1"이 적힌 공을 가지게 되는 경우의 수는 $_4C_2 = 6$가지이다. 자동적으로 연우는 나머지 2개의 "1"이 적힌 공을 가지게 된다. 교순이가 2개의 "2"가 적힌 공을 가지게 되는 경우의 수는 $_4C_2 = 6$가지이다. 자동적으로 준서는 나머지 2개의 "1"이 적힌 공을 가지게 된다. 따라서 구하는 경우의 수는 $6 \times 6 = 36$가지이다.

(2) 승우, 연우, 교순, 준서가 색을 선택하는 경우의 수와 같으므로 모두 $4! = 24$가지이다.

(3) 같은 색 공을 갖는 네 명 중 두 명을 선택하는 경우의 수는 $_4C_2 = 6$가지이다.
같은 색 공을 갖는 두 명이 색을 선택하는 경우의 수는 $4 \times 3 = 12$가지이다.
같은 색 공을 갖지 않는 두 명이 "1", "2"가 적힌 공을 선택하는 경우의 수는 $2 \times 2 = 4$가지이다. 따라서 $6 \times 12 \times 4 = 288$가지이다.

문제 1.13 삼각기둥 ABC-DEF와 직육면체 BEFC-GHIJ를 합쳐 아래 그림과 같은 입체도형을 만든다. 여기서 BC = BG = 6, BE = 12이다. 점 A와 모서리 BC의 중점 K와 연결하고, 점 D와 모서리 EF의 중점 L과 연결한다. 그러면, AK = 6, DL = 6이다. 다음 물음에 답하여라.

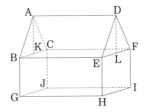

(1) 위 입체도형을 세 점 A, H I를 지나는 평면으로 절단할 때, 점 B를 포함하는 입체도형의 부피를 구하여라.

(2) (1)에서 얻은 점 B를 포함하는 입체도형을 세 점 A, G, H를 지나는 평면으로 절단할 때, 부피가 큰 입체도형의 부피를 구하여라.

(3) (1)에서 얻은 점 B를 포함하는 입체도형을 세 점 A, G, I를 지나는 평면으로 절단할 때, 점 J를 포함하는 입체도형의 부피를 구하여라.

(4) 위 입체도형을 세 점 A, G, F를 지나는 평면과 세 점 D, H, C를 지나는 평면으로 절단할 때, 점 I를 포함한 입체도형의 부피를 구하여라.

풀이

(1) 아래 그림과 같이 점 A, H, I를 지나는 평면과 모서리 BE, CF와의 교점을 각각 M, N이라고 하면, 점 M, N은 각각 모서리 BE, CF의 중점이 된다. 점 B를 포함하는 입체도형은 사각뿔 A-BMNC와 사다리꼴 BGHM을 밑면으로 하는 사각기둥으로 이루어진다.

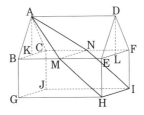

사각뿔의 부피는

$$6 \times 6 \times 6 \times \frac{1}{3} = 72$$

이고, 사각기둥의 부피는

$$(6 + 12) \times 6 \div 2 \times 6 = 324$$

이다. 따라서 구하는 부피는 396이다.

(2) 아래 그림과 같이 점 A, G, H를 지나는 평면으로 절단하면, 점 B를 포함하는 입체도형은 사각뿔 A-BGHM이다. (그림에서 진한 부분) 이 사각뿔의 부피는

$$(6 + 12) \times 6 \div 2 \times 3 \times \frac{1}{3} = 54$$

이다.

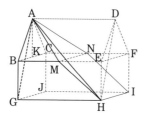

따라서 구하는 입체도형의 부피는 396 − 54 = 342이다.

(3) 구하는 입체도형은 (2)에서 얻어진 입체도형에서 세 점 A, G, I를 지나는 평면으로 절단하여 삼각뿔 A-GHI를 제거한 입체도형이다. 삼각뿔 A-GHI의 부피는

$$12 \times 6 \div 2 \times 12 \times \frac{1}{3} = 144$$

이다.

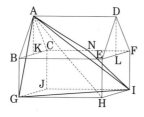

따라서 구하는 입체도형의 부피는 342 − 144 = 198이다.

(4) 세 점 A, G, F를 지나는 평면과 변 HI와의 교점을 P라 하자. 이제 IP의 길이를 구한다. 직육면체에서 면 BGJC와 면 EHIF가 평행하므로 AG와 FP도 평행하므로, IP = 6 ÷ 4 = 1.5이다.

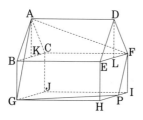

점 I를 포함한 입체를 평면 CBEF, 평면 CQPF로 절단하고 나누어서 구한다.

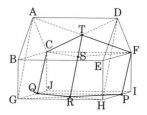

삼각형 QRP에서 QP를 밑변으로 보면 높이는 2.25이다. 비스듬한 삼각기둥 CSF-QRP의 부피는 2.25 × 12 ÷ 2 × 6 = 81이다. 삼각뿔 T-CSF의 부피는 2.25 × 12 ÷ 2 × 3 × $\frac{1}{3}$ = 13.5이다. 삼각기둥 IFP-JCQ의 부피는 1.5 × 6 ÷ 2 × 12 = 54이다.

따라서 구하는 부피는 81 + 13.5 + 54 = 148.5이다.

문제 1.14 정육각형 ABCDEF의 변 BC, DE 위에 각각 점 P, Q를 잡아 삼각형 APQ를 만들되, 삼각형 APQ의 둘레의 길이가 최소가 되도록 한다. 다음 물음에 답하여라.

(1) BP : PC를 구하여라.

(2) DQ : QE를 구하여라.

풀이

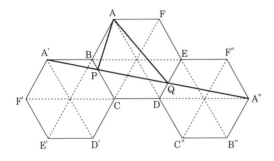

그림과 같이 정육각형 ABCDEF를 BC에 대하여 대칭이동시킨 정육각형 A′F′E′D′CB와 DE에 대하여 대칭이동시킨 정육각형 C″B″A″F″ED를 작도하자. 그러면, 문제에서 삼각형 APQ의 둘레의 길이가 최소가 될 때의 둘레의 길이는 A′A″임을 알 수 있다.

(1) BP : PC = A′B : CA″ = 1 : 3이다.

(2) DQ : QE = DA″ : A′E = 2 : 3이다.

문제 1.15 스위치를 1회 누를 때마다 빨간색, 파란색, 노란색, 흰색 구슬 중 1개가 $\frac{1}{4}$의 확률로 나오는 기계와 두 개의 상자 L, R을 준비한다. 다음과 같은 3종류의 조작을 한다.

(A) 1회 스위치를 눌러 나온 구슬을 L상자에 넣는다.

(B) 1회 스위치를 눌러 나온 구슬을 R상자에 넣는다.

(C) 1회 스위치를 눌러 나온 구슬과 같은 색이 구슬이 L상자에 없으면 L상자에 넣고, L상자에 있으면 R상자에 넣는다.

다음 물음에 답하여라.

(1) L상자와 R상자가 비어있는 상태에서, 조작 (A)를 5회 실시하고, 조작 (B)를 5회 실시할 때, L상자와 R상자에 모두 네 가지 색의 구슬이 모두 들어 있는 확률 P_1을 구하여라.

(2) L상자와 R상자가 비어있는 상태에서, 조작 (C)를 4회 실시할 때, L상자에 네 가지 색의 구슬이 모두 들어 있는 확률 P_2를 구하여라.

(3) L상자와 R상자가 비어있는 상태에서, 조작 (C)를 10회 실시할 때, L상자와 R상자 모두 네 가지 색의 구슬이 들어 있는 확률을 P_3라 하자. $\frac{P_3}{P_1}$을 구하여라.

풀이

(1) L상자에 한 색의 구슬이 두번 나오고, 나머지 색의 구슬이 나오는 경우의 수는 $\frac{5!}{2!1!1!1!} \times 4$가지이다.

따라서 L상자에 모두 네 가지 색의 구슬이 모두 들어 있는 확률은 $\frac{4 \times 5 \times 4 \times 3}{4^5} = \frac{15}{64}$이다.

같은 방법으로 R상자에 모두 네 가지 색의 구슬이 모두 들어 있는 확률은 $\frac{15}{64}$이다.

따라서 구하는 확률은 $P_1 = \frac{15^2}{64^2} = \frac{225}{4096}$이다.

(2) L상자에 네 가지 색의 구슬이 모두 들어 있는 확률은 $P_2 = \frac{4!}{4^4} = \frac{3}{32}$이다.

(3) L상자와 R상자에 네 가지 색의 구슬이 나오는 색의 구슬이 들어 있는 경우는 (i) (2회, 2회, 2회, 4회)인 경우와 (ii) (2회, 2회, 3회, 3회)인 경우이다.

    (i) (2회, 2회, 2회, 4회)인 경우의 수는 ${}_4C_1 \times {}_{10}C_2 \times {}_8C_2 \times {}_6C_2 = 4 \times 45 \times 28 \times 15$개이다.

    (ii) (2회, 2회, 3회, 3회)인 경우의 수는 ${}_4C_2 \times {}_{10}C_2 \times {}_8C_2 \times {}_6C_3 = 6 \times 45 \times 28 \times 20$개이다.

따라서

$$P_3 = \frac{4 \times 45 \times 28 \times 15 + 6 \times 45 \times 28 \times 20}{4^{10}}$$

이다. 그러므로 $\frac{P_3}{P_1} = \frac{63}{16}$이다.

문제 1.16 실수 x에 대하여 $[x]$를 x를 넘지 않는 최대의 정수라고 할 때, 다음 물음에 답하여라.

(1) $\left[\frac{1}{3}\right] + \left[\frac{2}{3}\right] + \left[\frac{2^2}{3}\right] + \cdots + \left[\frac{2^{2021}}{3}\right]$을 100으로 나눈 나머지를 구하여라.

(2) $\left[\frac{10^{2019}}{10^{673} + 2018}\right]$을 10^7으로 나눈 나머지를 구하여라.

풀이

(1) 2^n을 3으로 나눈 나머지는 n이 짝수일 때, 1이고, n이 홀수일 때, 2이다. 그러므로, n이 홀수일 때, $\left[\frac{2^n}{3}\right] = \frac{2^n - 2}{3}$이고, n이 짝수일 때, $\left[\frac{2^n}{3}\right] = \frac{2^n - 1}{3}$이다. 그러므로

$$\begin{aligned}
S &= \left[\frac{1}{3}\right] + \left[\frac{2}{3}\right] + \left[\frac{2^2}{3}\right] + \cdots + \left[\frac{2^{2021}}{3}\right] \\
&= 0 + \left(\frac{2-2}{3} + \frac{2^2-1}{3}\right) + \cdots \\
&\quad + \left(\frac{2^{2019}-2}{3} + \frac{2^{2020}-1}{3}\right) + \frac{2^{2021}-2}{3} \\
&= \left(\frac{2}{3} + \frac{2^2}{3} - 1\right) + \cdots \\
&\quad + \left(\frac{2^{2019}}{3} + \frac{2^{2020}}{3} - 1\right) + \frac{2^{2021}-2}{3} \\
&= \left(\frac{2}{3} + \frac{2^2}{3} + \frac{2^3}{3} + \cdots + \frac{2^{2020}}{3}\right) \\
&\quad - 1010 + \frac{2^{2021}-2}{3} \\
&= 2 \times \frac{2^{2021}-2}{3} - 1010
\end{aligned}$$

이다. 2의 거듭제곱을 100으로 나눈 나머지는 02, 04, 08, 16, 32, 64, 28, 56, 12, 24, 48, 96, 92, 84, 68, 36, 72, 44, 88, 76, 52, 04, 08, $\cdots$이다. 즉, 나머지가 두번째부터 20개씩 반복됨을 알 수 있다. 2^{2021}을 100으로 나눈 나머지는 2^{21}을 100으로 나눈 나머지와 같다. 즉, 52이다.

$2^{2021} - 2 = 100k + 50$인 자연수 k가 존재한다. $\frac{2^{2021}-2}{3}$이 자연수이므로 $100k + 50$는 3의 배수이다. 즉, $k = 3m + 1$이다.

따라서 S를 100으로 나눈 나머지는 $200m + 100 - 10$을 100으로 나눈 나머지와 같다. 즉, 90이다.

(2) $a^3 + b^3 = (a+b)(a^2 - ab + b^2)$임을 이용하자. $a = 10^{673}$, $b = 2018$이라고 하면, $10^{2019} = (10^{673} + 2018)(10^{1346} - 2018 \cdot 10^{673} + 2018^2) - 2018^3$이다. 그러

므로

$$\left[\frac{10^{2019}}{10^{673}+2018}\right] = 10^{1346} - 2018 \cdot 10^{673}$$
$$+ 2018^2 + \left[-\frac{2018^3}{10^{673}+2018}\right]$$

이다. 그런데, 2018^3은 $10^{673}+2018$보다 작으므로, $-1 < -\frac{2018^3}{10^{673}+2018} < 0$이다.

그러므로 $\left[-\frac{2018^3}{10^{673}+2018}\right] = -1$이다. 따라서

$$\left[\frac{10^{2019}}{10^{673}+2018}\right] = 10^{1346} - 2018 \cdot 10^{673} + 2018^2 - 1$$

이다. 이를 10^7으로 나눈 나머지는 $2018^2 - 1$을 10^7으로 나눈 나머지와 같다. 즉, 4072323이다.

문제 1.17 다음을 조건을 만족하는 쌍 (x, y, z)를 생각하자.

> 조건 : x, y, z는 양의 정수이고,
> $x^2 + y^2 + z^2 = xyz$와
> $x \le y \le z$를 만족한다.

이때, 다음 물음에 답하여라.

(1) 조건을 만족하는 양의 정수쌍 (x, y, z) 중 $y \le 3$인 것을 모두 구하여라.

(2) 양의 정수쌍 (a, b, c)가 조건을 만족하고, 다른 양의 정수쌍 (b, c, z)도 조건을 만족할 때, z를 a, b, c로 나타내어라.

풀이

(1) $y \le 3$, $x \le 2$일 때, $(x, y) = (1, 1)$, $(1, 2)$, $(1, 3)$, $(2, 2)$, $(2, 3)$이다. 이때, $z^2 + 2 = z$, $z^2 + 5 = 2z$, $z^2 + 10 = 3z$, $z^2 + 8 = 4z$, $z^2 + 13 = 6z$이다. 그런데, 모두 판별식이 0보다 작아서 해가 존재하지 않는다.

$y = 3$, $x = 3$일 때, $z^2 + 18 = 9z$이다. 즉, $z^2 - 9z + 18 = (z-3)(z-6) = 0$이 되어 $z = 3$ 또는 $z = 6$이다.

따라서 구하는 $(x, y, z) = (3, 3, 3)$, $(3, 3, 6)$이다.

(2) $a^2 + b^2 + c^2 = abc$, $b^2 + c^2 + z^2 = bcz$이므로, 두 식을 변변 빼면,

$$a^2 - z^2 = bc(a - z), \quad (z-a)(z+a-bc) = 0$$

이다. 그러므로 $z = a$ 또는 $z = bc - a$이다.

(1)에서 $z = a$이면 $a = b = c = z$가 되어 $(a, b, c) = (b, c, z)$가 되어 모순이다.

(1)에서 $b \ge 3$이므로 $bc - a \ge 3c - a \ge 2c$이다. 따라서 $bc - a > c$이다. 즉, 양의 정수쌍 (a, b, z)는 조건을 만족한다.

그러므로 $z = bc - a$이다.

문제 1.18 볼록사각형 ABCD에 대하여 △ABC의 외심이 O 이고, 직선 AO가 △ABC의 외접원과 만나는 점이 E이다. ∠D = 90°, ∠BAE = ∠CDE, AB = $4\sqrt{2}$, AC = CE = 5일 때, 다음 물음에 답하여라.

(1) 점 E에서 직선 CD에 내린 수선의 발을 F라 할 때, 삼각형 CEF와 삼각형 ACD가 합동임을 보여라.

(2) DE의 길이를 구하여라.

풀이

(1) 주어진 조건으로부터 AE는 삼각형 ABC의 외접원의 지름이고, 피타고라스의 정리로부터 AE = $5\sqrt{2}$, BE = $3\sqrt{2}$이다. 즉, 삼각형 ABE는 세 변의 길이의 비가 3 : 4 : 5인 직각삼각형이다.

∠BAE = ∠CDE = α, ∠ACD = β라 하고, CD = a, AD = b라 하자. 그러면, 삼각형 CEF와 ACD에서 ∠ECF = 90° − β이므로, ∠CEF = ∠ACD이다.

그러므로 △CEF ≡ △ACD(ASA합동)이다.

(2) (1)에 의하여 CF = b, EF = a이다. 그런데, 삼각형 ABE 와 삼각형 DFE는 닮음이므로, $a : a+b = 3 : 4$이다. 즉, $a = 3b$이다.

따라서 직각삼각형 ADC에서 $5^2 = a^2 + b^2 = 10b^2$이 다. 이를 풀면 $b = \frac{\sqrt{10}}{2}$이다.

또, 삼각형 DEF에서 $DE^2 = a^2 + (a+b)^2 = 25b^2$이다. 이를 풀면 $DE = 5b = \frac{5\sqrt{10}}{2}$이다.

문제 1.19 회원이 9명인 수학동아리에서 회장선거를 하고 있다. 입후보한 학생은 연우, 준서, 승우 3명이다. 선거결과 모두 3표씩 나왔다. 그런데 개표에서는 승우가 항상 득표수 에서 앞서 나가거나 다른 학생의 득표수와 같게 되었다. 그 러면 이와 같은 개표순서가 되는 방법의 수를 구하여라. 단, 1명의 학생당 한 명에게 무기명투표를 하고, 투표용지는 구 별되지 않고, 무효표는 없다.

풀이 표를 그리자. 여기서 "개"는 "개표"를 의미한다.

	개1	개2	개3	개4	개5	개6	개7	개8	개9
경우-1	승우	승우	승우						
경우-2	승우	승우		승우					
경우-3	승우	승우			승우				
경우-4	승우	승우				승우			
경우-5	승우	승우					승우		
경우-6	승우		승우	승우					
경우-7	승우		승우		승우				
경우-8	승우		승우			승우			
경우-9	승우		승우				승우		
경우-10	승우			승우	승우				
경우-11	승우			승우		승우			
경우-12	승우			승우			승우		

(i) "경우-1, 경우-2, 경우-3, 경우-6, 경우-7"에서는 "연우, 연 우, 연우, 준서, 준서, 준서"를 일렬로 배열하면 되므 로 $\frac{6!}{3!3!} = 20$가지이다. 따라서 $20 \times 5 = 100$가지이다.

(ii) "경우-4, 경우-8"에서는 (i)에서 구한 20가지 경우에서 마지막 "승우"가 개표되기 전에 모두 "연우" 또는 "준 서"가 나오는 $2 \times \frac{3!}{3!} = 2$가지 경우를 제외하면 되므로 18가지이다. 따라서 $18 \times 2 = 36$가지이다.

(iii) "경우-5, 경우-9"에서는 (i)에서 구한 20가지 경우에서 마지막 "승우"가 개표되기 전에 모두 "연우" 또는 "준 서"가 나오는 $2 \times \frac{4!}{3!1!} = 8$가지 경우를 제외하면 되므로 12가지이다. 따라서 $12 \times 2 = 24$가지이다.

(iv) "경우-10, 경우-11"에서는 (i)에서 구한 20가지 경우에 서 "개표2, 개표3"에 모두 "연우" 또는 "준서"가 나오 는 $2 \times \frac{4!}{3!1!} = 8$가지 경우를 제외하면 되므로 12가지이 다. 따라서 $12 \times 2 = 24$가지이다.

(v) "경우-12"에서는 "개표2, 개표3"에 연우와 준서가 한 번씩 나와야 하고, 마찬가지로 "개표5, 개표6", "개 표8, 개표9"에도 연우와 준서가 한 번씩 나와야 하므 로, $2 \times 2 \times 2 = 8$가지이다.

따라서 구하는 경우의 수는 $100 + 36 + 24 + 24 + 8 = 192$가지 이다.

문제 1.20 다음 그림과 같이 8면체 ABCDEF가 있다. 8개의 면은 모두 합동인 이등변삼각형이고, AB = AC = AD = AE = 10, BC = CD = DE = EB = $4\sqrt{5}$이고, 사각형 BCDE에서 대각선 BD와 EC의 교점을 O라 하자.

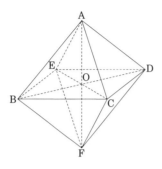

다음 물음에 답하여라.

(1) 모서리 BC의 중점을 M, 모서리 BE의 중점을 N이라 할 때, 삼각형 OMN의 넓이를 구하여라.

(2) 모서리 BC의 중점을 M, 모서리 AB의 중점을 P라 할 때, 삼각형 OMP의 넓이를 구하여라.

(3) 모서리 BC의 중점을 M, 모서리 AB의 중점을 P, 모서리 AE의 중점을 Q, 모서리 DE의 중점을 R, 모서리 DF의 중점을 S, 모서리 CF의 중점을 T라 할 때, 육각형 MPQRST의 넓이를 구하여라.

풀이

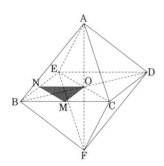

(1) 삼각형 OMN과 직각이등변삼각형 BCE는 닮음비가 1 : 2인 닮음이므로, 삼각형 OMN의 넓이는 직각이등변삼각형 BCE의 넓이의 $\frac{1}{4}$이다. 따라서 삼각형 OMN의 넓이는 $4\sqrt{5} \times 4\sqrt{5} \times \frac{1}{2} \times \frac{1}{4} = 10$이다.

(2) 삼각형 OPM과 삼각형 ACD는 닮음비가 1 : 2인 닮음이므로, 삼각형 OPM의 넓이는 삼각형 ACD의 넓이의 $\frac{1}{4}$이다.

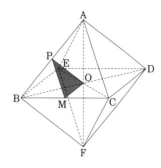

이등변삼각형 ACD에서 CD를 밑변으로 보고 높이를 피타고라스의 정리로 구하면 $\sqrt{10^2 - (2\sqrt{5})^2} = 4\sqrt{5}$이다. 그러므로 삼각형 ACD의 넓이는 $4\sqrt{5} \times 4\sqrt{5} \times \frac{1}{2} = 40$이다. 따라서 삼각형 OPM의 넓이는 $40 \times \frac{1}{4} = 10$이다.

(3) 육각형 MPQRST의 넓이는 삼각형 OPM의 넓이의 6배이다.

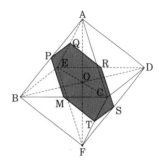

따라서 구하는 육각형 MPQRST의 넓이는 60이다.

제 2 절   점검 모의고사 2회 풀이

문제 2.1 다음 물음에 답하여라.

(1) 5개의 수 a, b, c, d, e가 $a+b+c = 15$, $b+c+d = 17$, $c+d+e = 18$, $d+e+a = 16$, $e+a+b = 18$을 만족할 때, a, b, c, d, e의 값을 구하여라.

(2) 6개의 수 a, b, c, d, e, f가 $a+b+c = 48$, $b+c+d = 45$, $c+d+e = 63$, $d+e+f = 79$을 만족할 때, 다음을 구하여라.

　(가) $e+f+a$와 $f+a+b$의 값을 구하여라.

　(나) a, b, c, d, e, f가 음이 아닌 정수일 때, 이를 만족하는 순서쌍 (a,b,c,d,e,f)를 모두 몇 개인지 구하여라.

풀이

(1) 5개의 수의 합 $a+b+c+d+e = (15+17+18+16+18) \div 3 = 28$이므로, $b+c = 28-16 = 12$이다. 그러므로 $a = 15-12 = 3$이다.

같은 방법으로 구하면 $b = 7$, $c = 5$, $d = 5$, $e = 8$이다.

(2) (가) 6개의 수의 합 $a+b+c+d+e+d = 48+79 = 127$이다. 그러므로 $e+f+a = 127-45 = 82$이고, $f+a+b = 127-63 = 64$이다.

(나) $a = d+3$, $e = b+18$, $f = c+16$이므로 b, c, d를 구하면 자동적으로 a, e, f가 정해진다.

$b+c+d = 45$이므로 $b+c+d = 45$를 만족하는 음이 아닌 정수 b, c, d의 쌍 (b,c,d)의 개수는 ${}_3\mathrm{H}_{45} = {}_{3+45-1}\mathrm{C}_{45} = 1081$개이다.

따라서 구하는 (a,b,c,d,e,f)의 개수는 1081개이다.

문제 2.2 이차함수 $y = 2ax^2$ ($a > 0$)위의 x좌표가 a, $-2a$인 점을 각각 A, B라고 하고, 이차함수 $y = -ax^2$ 위의 x좌표가 $-2a$, a인 점을 각각 C, D라 하자. 다음 물음에 답하여라.

(1) 직선 AC의 방정식을 a를 써서 나타내어라.

(2) 선분 BD와 y축과의 교점을 E라 하고, 선분 BD와 선분 OA의 교점을 F라 할 때, $\triangle$OAD : $\triangle$OBC와 $\triangle$ABE : $\triangle$AEF : $\triangle$AFD를 구하여라.

(3) 선분 BD와 x축과의 교점을 G라 하자. G의 x좌표가 1일 때, a의 값을 구하고, $\triangle$ACG의 넓이를 구하여라.

풀이 먼저 A($a, 2a^3$), B($-2a, 8a^3$), C($-2a, -4a^3$), D($a, -a^3$)이다.

(1) AC의 기울기가 $\dfrac{2a^3 - (-4a^3)}{a - (-2a)} = 2a^2$이므로 직선 AC의 방정식은 $y = 2a^2(x-a) + 2a^3$이다. 즉, $y = 2a^2 x$이다.

(2) 선분 AD, BC와 x축과의 교점을 각각 A′, B′라 하면,

$$\triangle\mathrm{OAD} : \triangle\mathrm{OBC} = \mathrm{AD} \times \mathrm{OA}' : \mathrm{BC} \times \mathrm{OB}'$$
$$= 3a^3 \times a : 12a^3 \times 2a$$
$$= 1 : 8$$

이다. 또,

$$\mathrm{BE} : \mathrm{ED} = \mathrm{OB}' : \mathrm{OA}' = 2 : 1 = 10 : 5,$$
$$\mathrm{BF} : \mathrm{FD} = \mathrm{BC} : \mathrm{AD} = 4 : 1 = 12 : 3$$

이므로 $\mathrm{BE} : \mathrm{EF} : \mathrm{FD} = 10 : 2 : 3$이다. 따라서

$$\triangle\mathrm{ABE} : \triangle\mathrm{AEF} : \triangle\mathrm{AFD} = \mathrm{BE} : \mathrm{EF} : \mathrm{FD}$$
$$= 10 : 2 : 3$$

이다.

(3) $\mathrm{GA}' : \mathrm{GB}' = \mathrm{A}'\mathrm{D} : \mathrm{BB}'$이므로, $(a-1) : \{1 - (-2a)\} = a^3 : 8a^3$이다. 즉, $(a-1) : (2a+1) = 1 : 8$이다. 이를 풀면 $a = \dfrac{3}{2}$이다. 또,

$$\triangle\mathrm{ACG} = \frac{1}{2} \times \mathrm{OG} \times (\mathrm{AA}' + \mathrm{CB}')$$
$$= \frac{1}{2} \times 1 \times (2a^3 + 4a^3)$$
$$= 3a^3 = 3 \times \frac{27}{8} = \frac{81}{8}$$

이다.

문제 2.3 AB = 8, AD = 7, ∠BAD = 120°인 사각형 ABCD는 CD를 지름으로 하는 원 O에 내접한다. 대각선 BD = 13일 때, 다음 물음에 답하여라.

(1) ∠BCD의 크기를 구하여라.

(2) 원 O의 반지름의 길이를 구하여라.

(3) 삼각형 ABD의 내접원 I의 반지름을 구하여라.

(4) 선분 OI의 길이를 구하여라.

⟨풀이⟩

(1) 내접하는 사각형의 성질에 의하여 ∠BCD = 180° − ∠BAD = 180° − 120° = 60°이다.

(2) CD가 지름이므로 ∠CBD = 90°이다. (1)에서 삼각형 DCB는 ∠BCD = 60°인 직각삼각형이므로 CD = $\frac{26\sqrt{3}}{3}$ 이다. 따라서 구하는 반지름의 길이는 $\frac{13\sqrt{3}}{3}$이다.

(3) 점 B에서 DA의 연장선에 내린 수선의 발을 H라 하면, 삼각형 BAH는 ∠BAH = 60°인 직각삼각형이다. 그러므로 AB = 8이므로 BH = $4\sqrt{3}$이다. 따라서 삼각형 ABD의 넓이는 $7 \times 4\sqrt{3} \div 2 = 14\sqrt{3}$이다.
구하는 내접원의 반지름을 r이라 하자.

$$\triangle ABD = \triangle IAB + \triangle IBD + \triangle IDA$$

이므로 $14\sqrt{3} = 14r$이다. 따라서 $r = \sqrt{3}$이다.

(4) 삼각형 ABD의 내접원 I와 변 BD, DA, AB와의 접점을 각각 P, Q, R이라 하면, 접선의 성질에 의하여 BP = BR, DP = DQ, AR = AQ이다. 그러므로 DP + AR = DA = 7이고,

$$BP = \frac{BD + BA - DA}{2} = \frac{13 + 8 - 7}{2} = 7$$

이다.
점 I에서 선분 BD의 수직이등분선에 내린 수선의 발을 K라 하자. 선분 BD의 수직이등분선은 원의 중심 O를 지난다. 직각삼각형 KOI를 생각하면,

$$KO = IP + \frac{BC}{2} = \sqrt{3} + \frac{13\sqrt{3}}{6} = \frac{19\sqrt{3}}{6}$$
$$KI = 7 - \frac{13}{2} = \frac{1}{2}$$

이다. 피타고라스의 정리에 의하여

$$OI = \sqrt{\left(\frac{19\sqrt{3}}{6}\right)^2 + \left(\frac{1}{2}\right)^2} = \frac{\sqrt{273}}{3}$$

이다.

문제 2.4 원형 나침반에서 중심을 점 O, 정북, 정서, 정남, 정동을 각각 점 A, B, C, D라 하고, 북동을 점 E라 하면, OE는 ∠AOD를 이등분하고, 선분 AC, 선분 BD는 점 O에서 수직으로 만난다. 이 여섯 개의 점 O, A, B, C, D, E 중 3개의 점을 선택하여 꼭짓점으로 하는 삼각형을 그린다. 꼭짓점이 다른 삼각형은 다른 것으로 간주한다. 다음 물음에 답하여라.

(1) 직각삼각형은 모두 몇 개인지 구하여라.

(2) 둔각삼각형은 모두 몇 개인지 구하여라.

(3) 삼각형은 모두 몇 개인지 구하여라.

⟨풀이⟩

(1) 지름 AC, BD를 변으로 삼각형이 각각 3개씩 있고, 삼각형 OAB와 합동인 직각이등변삼각형이 4개 있다. 따라서 구하는 경우의 수는 $3 \times 2 + 4 = 10$개이다.

(2) 둔각삼각형은 △OBE, △OCE, △ABE, △DCE, △EAD로 모두 5개이다.

(3) 6개의 점 중 3개의 점을 선택하는 경우의 수는 $_6C_3 = 20$개이다. 그런데, 세 점이 일직선 위에 있는 경우 (A,O,C), (B,O,D)의 경우를 빼면, 구하는 경우의 수는 $20 - 2 = 18$개이다.

문제 2.5 자연수 n에 대하여, $\tau(n)$을 n의 양의 약수의 개수라고 할 때, 다음 물음에 답하여라.

(1) $\tau(50)$을 구하여라.

(2) x가 50이하의 자연수일 때, $\tau(x) = 2$를 만족하는 자연수 x를 모두 구하여라.

(3) 다음 연립방정식을 만족하는 자연수 a, b의 쌍 (a, b)를 모두 구하여라.

$$\begin{cases} \tau(a) + \tau(b) = 4 \\ a + b = 50 \end{cases}$$

풀이

(1) $50 = 2 \times 5^2$이므로 $\tau(50) = 2 \times 3 = 6$이다.

(2) $\tau(x) = 2$를 만족하는 자연수 x는 소수이므로 50이하의 소수를 구하면, $2, 3, 5, 7, 11, 13, 17, 19, 23, 29, 31, 37, 41, 43, 47$이다.

(3) $\tau(a)$와 $\tau(b)$중 하나는 1이고, 나머지 하나는 3인 경우와 둘 다 2인 경우로 나누어 구한다.

   (i) $\tau(a) = 1$, $\tau(b) = 3$ (또는 $\tau(a) = 3$, $\tau(b) = 1$)인 경우, $a = 1$, $b = 49$ (또는 $a = 49$, $b = 1$)이다.

   (ii) $\tau(a) = \tau(b) = 2$인 경우, $(a, b) = (3, 47)$, $(7, 43)$, $(13, 37)$, $(19, 31)$, $(31, 19)$, $(37, 13)$, $(43, 7)$, $(47, 3)$이다.

따라서 주어진 조건을 만족하는 쌍은 $(a, b) = (1, 49)$, $(49, 1)$, $(3, 47)$, $(7, 43)$, $(13, 37)$, $(19, 31)$, $(31, 19)$, $(37, 13)$, $(43, 7)$, $(47, 3)$이다.

문제 2.6 다음 물음에 답하여라.

(1) 실수 x, y, z가 $x + y = 5$, $z^2 = xy + y - 9$를 만족할 때, $x + 2y + 3z$의 값을 구하여라.

(2) 서로 다른 실수 a, b, c에 대하여 $b^2 + c^2 = 2a^2 + 16a + 14$, $bc = a^2 - 4a - 5$이 성립할 때, a의 범위를 구하여라.

풀이

(1) $(x + 1) + y = 6$, $y(x + 1) = z^2 + 9$이므로 $x + 1$, y를 두 근으로 하는 이차방정식을 만들면 $t^2 - 6t + z^2 + 9 = $ 이다. 이 이차방정식이 실근을 갖기 위한 조건은 $36 - 4z^2 - 36 \geq 0$이다. 이를 정리하면, $4z^2 \leq 0$이다. 즉, $z = 0$이다. 따라서 $t^2 - 6t + 9 = (t - 3)^2 = 0$이다. 즉, $x + 1 = y = 3$이다. 그러므로 $x = 2$, $y = 3$이다. 따라서 $x + 2y + 3z = 8$이다.

(2) 주어진 두 식으로부터 $(b + c)^2 = 4(a + 1)^2$임을 알 수 있다. 즉, $b + c = \pm 2(a + 1)$이다. 그러므로 b, c를 두 근으로 하는 이차방정식을 만들면 $x^2 \pm 2(a + 1)x + a^2 - 4a - 5 = 0$이다. 이 이차방정식이 서로 다른 두 실근을 가져야 하므로, $(a + 1)^2 - (a^2 - 4a - 5) > 0$이다. 이를 풀면 $6a + 6 > 0$이다. 따라서 구하는 a의 범위는 $a > -1$이다.

문제 2.7 $BC = 8$, $\angle A = 30°$인 삼각형 ABC에서 꼭짓점 B, C에서 AC, AB에 내린 수선의 발을 각각 D, E라 하고, BD와 CE의 교점을 F라 하고, 변 BC의 중점을 M이라 할 때, 다음 물음에 답하여라.

(1) $\angle EMD$의 크기를 구하여라.

(2) ED의 길이를 구하여라.

(3) 세 점 A, E, D를 지나는 원의 반지름을 구하여라.

⟨풀이⟩

(1) $\angle BEC = \angle BDC = 90°$이므로, 네 점 B, E, D, C는 BC를 지름으로 하는 원 위에 있다. M이 이 원의 중심이므로 $\angle EMD = 2 \times \angle EBD = 120°$이다.

(2) 삼각형 MED는 꼭짓각이 120°인 이등변삼각형이므로, $ME : ED = 1 : \sqrt{3}$이다. $ME = MB = 4$이므로 $ED = \sqrt{3} \times ME = 4\sqrt{3}$이다.

(3) $\angle AEF = \angle ADF = 90°$이므로 세 점 A, E, D를 지나는 원은 점 F를 지난다. 이 원의 중심을 N이라 하면, $\angle END = 2 \times \angle EAD = 60°$이므로 $\triangle NED$는 정삼각형이다.

그러므로 구하는 반지름은 $NE = ED = 4\sqrt{3}$이다.

문제 2.8 주사위 하나를 두 번 던져서 나온 눈을 순서대로 a, b라 할 때, 다음 물음에 답하여라.

(1) $\sqrt{a} \times \sqrt{b}$가 정수일 확률을 구하여라.

(2) $|a - b| = 1$일 확률을 구하여라.

(3) 일차함수 $y = ax$와 $y = x + b$의 교점의 x좌표가 정수일 확률을 구하여라.

⟨풀이⟩

(1) $\sqrt{a} \times \sqrt{b} = \sqrt{ab}$이므로, 정수가 되기 위해서는 ab가 제곱수여야 한다. ab가 제곱수가 되는 경우는 $(a, b) = (1, 1)$, $(1, 4)$, $(2, 2)$, $(3, 3)$, $(4, 1)$, $(4, 4)$, $(5, 5)$, $(6, 6)$의 8가지가 있다. 따라서 구하는 확률은 $\frac{8}{6^2} = \frac{2}{9}$이다.

(2) $a - b = 1$ 또는 $a - b = -1$이므로 이를 만족하는 경우는 $(a, b) = (1, 2)$, $(2, 1)$, $(2, 3)$, $(3, 2)$, $(3, 4)$, $(4, 3)$, $(4, 5)$, $(5, 4)$, $(5, 6)$, $(6, 5)$의 10가지가 있다. 따라서 구하는 확률은 $\frac{10}{6^2} = \frac{5}{18}$이다.

(3) $a = 1$이면 두 직선이 평행하므로 $a \neq 1$이다. $ax = x + b$를 풀면 $x = \frac{b}{a-1}$이다. x의 좌표가 정수이므로 이를 만족하는 경우는 $(a, b) = (2, 1)$, $(2, 2)$, $(2, 3)$, $(2, 4)$, $(2, 5)$, $(2, 6)$, $(3, 2)$, $(3, 4)$, $(3, 6)$, $(4, 3)$, $(4, 6)$, $(5, 4)$, $(5, 5)$의 13가지가 있다. 따라서 구하는 확률은 $\frac{13}{6^2} = \frac{13}{36}$이다.

문제 2.9 다음 물음에 답하여라.

(1) 자연수 a, b, c의 최대공약수는 4, 최소공배수는 64일 때, 이를 만족하는 a, b, c 중 가장 작은 수는 4이고, 가장 큰 수는 64이다. 이를 만족하는 자연수 쌍 (a, b, c)의 개수를 구하여라.

(2) 자연수 a, b, c의 최대공약수는 4, 최소공배수는 64×81일 때, 이를 만족하는 자연수 쌍 (a, b, c)의 개수를 구하여라.

(3) 자연수 a, b, c, d의 최대공약수는 4, 최소공배수는 64일 때, 이를 만족하는 자연수 쌍 (a, b, c, d)의 개수를 구하여라.

풀이

(1) 64의 약수 중 4의 배수는 4, 8, 16, 32, 64로 모두 5개이고, a, b, c의 쌍으로 가능한 수의 조합은 $(4, 4, 64)$, $(4, 8, 64)$, $(4, 16, 64)$, $(4, 32, 64)$, $(4, 64, 64)$로 모두 5가지이다.

(i) $(4, 8, 64)$, $(4, 16, 64)$, $(4, 32, 64)$의 경우는 순서쌍 (a, b, c)가 되는 경우가 각각 6가지이다.

(ii) $(4, 4, 64)$, $(4, 64, 64)$의 경우는 순서쌍 (a, b, c)가 되는 경우가 각각 3가지이다.

따라서 구하는 자연수 쌍 (a, b, c)의 개수는 $3 \times 6 + 2 \times 3 = 24$가지이다.

(2) 81의 약수는 1, 3, 9, 27, 81로 모두 5개이고, 1과 81으로 포함하여 세 개로 나누는 조합은 $(1, 1, 81)$, $(1, 3, 81)$, $(1, 9, 81)$, $(1, 27, 81)$, $(1, 81, 81)$로 모두 5가지이다. (1)에서와 같은 방법으로 자연수 쌍을 구하면 모두 $3 \times 6 + 2 \times 3 = 24$가지이다.

따라서 구하는 자연수 쌍 (a, b, c)의 개수는 $24 \times 24 = 576$가지이다.

(3) a, b, c, d의 쌍으로 가능한 조합은 $(4, 4, 4, 64)$, $(4, 4, 8, 64)$, $(4, 4, 16, 64)$, $(4, 4, 32, 64)$, $(4, 4, 64, 64)$, $(4, 8, 8, 64)$, $(4, 8, 16, 64)$, $(4, 8, 32, 64)$, $(4, 8, 64, 64)$, $(4, 16, 16, 64)$, $(4, 16, 32, 64)$, $(4, 16, 64, 64)$, $(4, 32, 32, 64)$, $(4, 32, 64, 64)$, $(4, 64, 64, 64)$로 모두 15가지이다.

각각의 경우마다 (a, b, c, d)가 되는 경우의 수를 (1)에서와 같이 구한다. 그러면, 구하는 자연수 쌍 (a, b, c, d)의 개수는 $3 \times 24 + 9 \times 12 + 6 + 2 \times 4 = 194$가지이다.

문제 2.10 세 실수 a, b, c가

$$a + b + c = 3, \quad a^2 + b^2 + c^2 = 4, \quad a^3 + b^3 + c^3 = 6$$

을 만족할 때, 다음 물음에 답하여라.

(1) $ab + bc + ca$와 abc의 값을 구하여라.

(2) a, b, c를 해로 갖는 x의 3차 방정식 $f(x) = 0$를 구하여라. 단, x^3의 계수는 1이다.

(3) (2)에서 구한 $f(x) = 0$을 이용하여 $a^4 + b^4 + c^4$의 값을 구하여라.

풀이

(1) $ab + bc + ca = \dfrac{(a+b+c)^2 - (a^2+b^2+c^2)}{2} = \dfrac{5}{2}$이다. 또,

$$a^3 + b^3 + c^3 - 3abc$$
$$= (a+b+c)(a^2+b^2+c^2-ab-bc-ca)$$

에서 $abc = \dfrac{1}{2}$이다.

(2) $a + b + c = 3$, $ab + bc + ca = \dfrac{5}{2}$, $abc = \dfrac{1}{2}$이므로, 근과 계수와의 관계에 의하여

$$f(x) = x^3 - 3x^2 + \frac{5}{2}x - \frac{1}{2} = 0$$

이다.

(3) $g(x) = xf(x) = x^4 - 3x^3 + \dfrac{5}{2}x^2 - \dfrac{1}{2}x = 0$이라 하자. $g(x) = 0$에서 x에 각각 a, b, c를 대입하고 변변 더하여 정리하면,

$$(a^4+b^4+c^4) - 3(a^3+b^3+c^3)$$
$$+ \frac{5}{2}(a^2+b^2+c^2) - \frac{1}{2}(a+b+c) = 0$$

이다. 따라서 $a^4 + b^4 + c^4 = \dfrac{19}{2}$이다.

문제 2.11 AB = AD = 7, BC = DE = 10, CA = EA = 6, AB ∥ ED이고, BC와 AD, ED와의 교점을 각각 F, G라 하고, AC와 ED의 교점을 H라 할 때, 다음 물음에 답하여라.

(1) ∠ABC = ∠HAE임을 보여라.

(2) GC와 BF의 길이를 구하여라.

보기 **풀이**

(1) 세 변의 길이가 모두 같으므로, △ABC ≡ △ADE이다. 그러므로

$$\angle ABC = \angle ADE, \quad \angle BAC = \angle DAE$$

이다. AB ∥ ED이므로 ∠ADE = ∠BAD이다. 또, ∠BAD = ∠HAE이다.

따라서 ∠ABC = ∠HAE이다.

(2) 삼각형 HAE와 삼각형 HGC와 삼각형 ABC는 닮음이고, 세 변의 길이의 비가 7 : 10 : 6이다.

$$AH = \frac{7}{10} \times AE = \frac{21}{5}, \quad HC = 6 - AH = \frac{9}{5}$$

이므로, $GC = \frac{10}{6} \times HC = 3$이다. 또,

$$HE = \frac{6}{10} \times AE = \frac{18}{5}, \quad GH = \frac{7}{6} \times HC = \frac{21}{10}$$

이므로, $DG = 10 - (GH + HE) = \frac{43}{10}$이다.

$$AF : FD = AB : DG = 70 : 43$$

이므로

$$BF = AF = \frac{70}{70+43} \times AD = \frac{490}{113}$$

이다.

문제 2.12 다음 물음에 답하여라.

(1) 1에서 4 까지의 숫자를 하나씩 사용하여 다음과 같은 조건을 만족하는 4자리 자연수를 만든다.

> 어떤 홀수를 취하든 홀수보다 왼쪽에 그 홀수 보다 큰 짝수가 적어도 하나 있다.

예를 들어, "2143"은 조건을 만족하지만, "2341"은 3 왼쪽에 3보다 큰 짝수가 없으므로 조건을 만족하지 않는다. 주어진 조건을 만족하는 자연수는 모두 몇 개인지 구하여라.

(2) 1에서 6 까지의 숫자를 하나씩 사용하여 (1)의 조건을 만족하는 6자리 자연수를 만들 때, 이 자연수는 모두 몇 개인지 구하여라.

보기 **풀이**

(1) 맨 처음 수가 4인 경우, 2인 경우로 나누어 살펴보자.

(i) 맨 처음 수가 4인 경우, 나머지 3자리 수가 어떤 수가 와도 무방하므로 3! = 6가지이다.

(ii) 맨 처음 수가 2인 경우,
(a) 2 다음이 4인 경우, 나머지 두 자리 수가 어떤 수가 와도 무방하므로 2! = 2가지이다.
(b) 2 다음이 1인 경우, 나머지 두 자리 수가 4와 3이 순서대로 와야 하므로 1가지이다.

따라서 구하는 구하는 경우의 수는 6 + 2 + 1 = 9가지이다.

(2) 맨 처음 수가 6인 경우, 4인 경우, 2인 경우로 나누어 살펴보자.

(i) 맨 처음 수가 6인 경우, 나머지 5자리 수가 어떤 수가 와도 무방하므로 5! = 120가지이다.

(ii) 맨 처음 수가 4인 경우, 나머지 5자리 중 6과 5가 순서대로 오면 되므로 $\frac{5!}{2}$ = 60가지이다.

(iii) 맨 처음 수가 2인 경우,
(a) 2 다음이 6인 경우, 나머지 4자리 수가 어떤 수가 와도 무방하므로 4! = 24가지이다.
(b) 2 다음이 4인 경우, 나머지 4자리 중 6과 5가 순서대로 오면 되므로 $\frac{4!}{2}$ = 12가지이다.
(c) 2 다음이 1인 경우,
• 1 다음이 6인 경우, 나머지 3자리 수가 어떤 수가 와도 무방하므로 3! = 6가지이다.
• 1 다음이 4인 경우, 나머지 3자리 중 6과 5가 순서대로 오면 되므로 $\frac{3!}{2}$ = 3가지이다.

따라서 구하는 경우의 수는 $120+60+24+12+6+3 = 225$가지이다.

문제 2.13 한 모서리의 길이가 6인 정육면체가 있다. 다음 물음에 답하여라.

(1) 모서리 AB, BC, CD, DA의 중점을 각각 I, J, K, L이라 하자. 아래 그림과 같이 삼각뿔 A-EIL, B-FJI, C-GKJ, D-HLK를 절단하고 남은 입체도형의 부피를 구하여라.

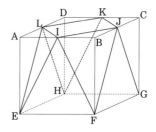

(2) 아래 그림과 같이 정육면체에서 면 BDE를 지나는 평면과 면 ACF를 지나는 평면으로 절단하고 남은 입체도형의 부피를 구하여라.

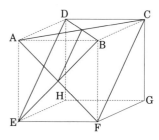

(3) (2)에서 남은 입체도형에서 아래 그림과 같이 면 BDG를 지나는 평면과 면 ACH를 지나는 평면으로 절단하고 남은 입체도형의 부피를 구하여라.

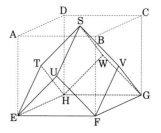

풀이

(1) 절단한 삼각뿔은 모두 합동이고, 삼각뿔 A-EIL의 부피는 $3 \times 3 \div 2 \times 6 \div 3 = 9$이다. 따라서 남은 입체도형의 부피는 $6 \times 6 \times 6 - 9 \times 4 = 180$이다.

(2) 절단한 부분의 부피는 아래 그림의 삼각뿔대 PQR-BCF의 부피의 2배이다.

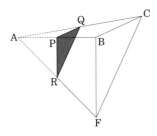

삼각뿔대 PQR-BCF의 부피는 삼각뿔 A-BFC의 부피의 $\frac{7}{8}$이다. 따라서 구하는 부피는 $6 \times 6 \times 6 - 6 \div 2 \times \times 6 \div 3 \times \frac{7}{8} \times 2 = 153$이다.

(3) 남은 입체도형 중 아래 그림과 같은 일부분을 생각하면 평면 SUFV는 직육면체의 부피를 이등분한다. 그러므로 남은 입체도형의 부피는 원래 정육면체의 부피의 반이다.

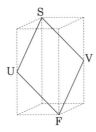

따라서 구하는 부피는 $6 \times 6 \times 6 \div 2 = 108$이다.

문제 2.14 다음 물음에 답하여라.

(1) 분수 $\frac{a}{b}$ (a, b는 서로 소인 양의 정수)는 $\frac{10}{57}$보다 크고 $\frac{5}{28}$보다 작은 분수 중 분모가 가장 작은 것일 때, $\frac{a}{b}$를 구하여라.

(2) 양의 정수 p, q에 대하여 $\frac{p}{q} = 0.123456789\cdots$를 만족할 때, q의 최솟값을 구하여라.

풀이

(1) 주어진 조건을 다시 쓰면,

$$\frac{10}{57} < \frac{a}{b} < \frac{5}{28}$$

이다. 위 식을 풀면

$$10b < 57a, \quad 28a < 5b$$

이다. 따라서 $\frac{10}{57}b < a < \frac{5}{28}b$이다. 즉, $\frac{10}{57}b < 0.1755 \times b < a < 0.1785 \times b < \frac{5}{28}b$이다. $b = 17$를 대입하면, $0.1755 \times 17 = 2.9835$, $0.1785 \times 17 = 3.0345$이다. 즉, $a = 3$이다. 따라서 주어진 조건을 만족하는 분수 중 분모가 가장 작은 것은 $\frac{a}{b} = \frac{3}{17}$이다.

(2) $0.123456789 \le \frac{p}{q} < 0.12345679$이다. 양변에 81을 곱하면

$$9.999999909 \le \frac{81p}{q} < 9.99999999$$

이다. 즉,

$$0.000000091 \ge \frac{10q - 81p}{q} > 0.00000001$$

이다. $10q - 81p$가 자연수이므로

$$q \ge \frac{10q - 81p}{0.000000091} \ge \frac{1}{0.000000091} > 10989010$$

이다. $10q - 81p = 1$이면, $10q - 1$은 81의 배수이고, 109890099보다 크다.

그러므로 $10q - 1$이 될 수 있는 가장 작은 수는 109890189이다.

따라서 $q = 10989019$, $p = 1356669$이다.

실제로 $\frac{1356669}{10989019} = 0.1234567890000008\cdots$이다.

문제 2.15 다음 물음에 답하여라.

(1) 양의 정수 m, n에 대하여 방정식 $4x^2 - 2mx + n = 0$의 두 실근 모두 1보다 크고 2보다 작을 때, m과 n의 값을 구하여라.

(2) 양의 정수 a, b에 대하여 방정식 $ax^2 + bx + 1 = 0$의 서로 다른 두 실근의 차가 1보다 작을 때, $a + b$의 최솟값을 구하여라.

$\boxed{\text{풀이}}$

(1) $f(x) = 4x^2 - 2mx + n$이라 하면 $f(x)$의 축의 방정식 $x = \dfrac{m}{4}$이 1보다 크고 2보다 작다. 즉, $1 < \dfrac{m}{4} < 2$이다. 그러므로 $4 < m < 8$이다. 따라서 $m = 5, 6, 7$에 대하여

$$f\left(\frac{m}{4}\right) \le 0, \quad f(1) > 0, \quad f(2) > 0$$

를 만족하는 정수 n을 구하면 된다.

(i) $m = 5$일 때, $6 < n \le \dfrac{25}{4}$이다. 즉, 양의 정수 n이 존재하지 않는다.

(ii) $m = 6$일 때, $8 < n \le 9$이다. 즉, 양의 정수 $n = 9$이다.

(iii) $m = 7$일 때, $12 < n \le \dfrac{49}{4}$이다. 즉, 양의 정수 n이 존재하지 않는다.

따라서 구하는 $m = 6$, $n = 9$이다.

(2) 서로 다른 두 실근의 차가 1보다 작으므로, 근의 공식으로부터

$$\left| \frac{\sqrt{b^2 - 4a}}{a} \right| < 1$$

이다. 이를 정리하면,

$$0 \le b^2 - 4a < a^2 \qquad (*)$$

이다.

(i) $a = 1$, $b = 1$이면, $(*)$에 모순된다.

(ii) $a = 1$, $b = 2$이면, 중근 $x = -1$이므로 조건에 모순이다.

(iii) $a = 1$, $b \ge 3$이면, $(*)$에 모순된다.

(iv) $a = 2$, $b \le 2$이면, $(*)$에 모순된다.

(v) $a = 2$, $b = 3$이면, $(2x + 1)(x + 1) = 0$이 되어 서로 다른 두 실근 -1, $-\dfrac{1}{2}$를 갖는다.

따라서 $a + b$의 최솟값은 5이다.

문제 2.16 다음 물음에 답하여라.

(1) 삼각형 ABC의 내심 I를 지나고 직선 AI에 수직인 직선이 직선 BC와 점 D에서 만난다. AB = 30, CA = 60, CD = 50일 때 선분 BC의 길이를 구하여라.

(2) AB = 28, AC = 24, BC = 19인 삼각형 ABC에서 변 BC 위에 BP : PC = 7 : 3이 되는 점 P를, ∠CAP = ∠BAQ가 되도록 점 Q를 잡는다. 이때, BQ의 길이를 구하여라.

$\boxed{\text{풀이}}$

(1) 변 AC와 DI의 연장선과의 교점을 H, 변 BC와 AI의 연장선과의 교점을 G라 하자. 또, 점 C에서 AG의 연장선의 위에 내린 수선의 발을 F라 하고, CF의 연장선과 AB의 연장선과의 교점을 E라 하자. 그러면, 삼각형 AEC는 AE = AC인 이등변삼각형이다. 즉, AE = 60이다.

그러므로 점 B는 변 AE의 중점이다. 즉, 점 G는 삼각형 AEC의 무게중심이다.

BG = x라 하면, GC = $2x$이고, DB = $50 - 3x$이다. 또, I가 삼각형 ABC의 내심이므로, 내각이등분선의 정리에 의하여 AI : IG = AC : CG = 60 : 2x이다. 그러므로

$$AI : IG : GF = 60 : 2x : 30 + x$$

이다. 삼각형 GID와 삼각형 GFC는 닮음이므로, DG : GC = IG : GF = 2x : 30 + x이다. 즉, 50 - 2x : 2x = 2x : 30 + x이다. 이를 풀면 $x = 15$이다.

따라서 BC = 45이다.

(2) 점 Q를 지나 변 AC에 평행한 직선과 변 AB와의 교점을 D, 점 P를 지나 변 AB에 평행한 직선과 변 AC와의 교점을 E라 할 때, 삼각형 ABC, 삼각형 DBQ, 삼각형 EPC는 모두 닮음이다 그러므로 BP : PC = 7 : 3이므로 EP = AB $\times \dfrac{3}{10}$, EC = AC $\times \dfrac{3}{10}$이다. 즉, EP = 8.4, EC = 7.2, AE = 16.8이다. 따라서 AE : EP = 16.8 : 8.4 = 2 : 1이다.

∠DAQ = ∠EAP, ∠ADQ = ∠AEP로부터 삼각형 ADQ와 삼각형 AEP는 닮음이고, AD : DQ = AE : EP = 2 : 1이다. 그러므로 DQ : DB = 24 : 28 = 6 : 7이고, AD : DB = 12 : 7이다. 따라서 BC : BQ = 19 : 7로부터 BQ = BC $\times \dfrac{7}{19}$ = 19 $\times \dfrac{7}{19}$ = 7이다.

문제 2.17 2026 동계올림픽 대회의 아이스하키 예선 조편성을 하고 있는데, 한국이 들어간 조에는 한국 외에 다섯 팀이 참가하여 예선전을 겨루게 되었다. 그런데, 일정 관계상 각 팀이 전부 경기를 하는 것은 어려워서 각 팀이 두 경기씩 시합을 하여 그 결과로 순위를 결정하게 되었다. 이 두 경기는 다른 팀과 한다. 이와 같이 대진표를 만들때, 모두 몇 가지 방법이 있는지 구하여라.

[풀이] 6개팀을 편의상 A, B, C, D, E, F라 할 때, 3개팀씩 두 개의 고리로 나누어서 각각의 고리에 속한 팀끼리 경기를 하도록 하는 경우와 6개팀이 하나의 고리를 이루어 이웃한 팀끼리 경기를 하도록 하는 경우로 나눌 수 있다.

(i) 3개팀씩 두 개의 고리로 나누는 경우, 6개팀에서 3개팀을 골라 하나의 고리를 만들면 자동적으로 나머지 3개팀은 하나의 고리를 이룬다. 그런데, 두 개의 고리가 바뀌어도 결과는 같은 편성이 되므로 구하는 경우의 수는 $_6C_3 \div 2 = 10$가지이다.

(ii) 6개팀이 하나의 고리를 이루는 경우, 6개의 염주순열(목걸이순열)이므로 $(6-1)! \div 2 = 60$가지이다.

따라서 구하는 경우의 수는 70가지이다.

문제 2.18 다음 물음에 답하여라.

(1) 음이 아닌 정수 a, b, c, d에 대하여 $\dfrac{2^a - 2^b}{2^c - 2^d}$으로 나타낼 수 없는 가장 작은 자연수를 구하여라.

(2) 8000과 9000 사이에 있는 100140001의 약수를 구하여라.

[풀이]

(1) 자연수 n을 $\dfrac{2^a - 2^b}{2^c - 2^d}$으로 나타낼 수 있다면, $2n$은 $\dfrac{2^{a+1} - 2^{b+1}}{2^c - 2^d}$으로 나타낼 수 있다.

$$1 = \frac{2^2 - 2^1}{2^2 - 2^1}, \quad 3 = \frac{2^3 - 2^1}{2^2 - 2^1}, \quad 5 = \frac{2^4 - 2^1}{2^2 - 2^0},$$
$$7 = \frac{2^4 - 2^1}{2^2 - 2^1}, \quad 9 = \frac{2^6 - 2^0}{2^3 - 2^0}$$

이므로 2, 4, 6, 8, 10도 모두 $\dfrac{2^a - 2^b}{2^c - 2^d}$으로 나타낼 수 있다.

이제 11을 살펴보자.

$$11 = \frac{2^a - 2^b}{2^c - 2^d} = \frac{2^k(2^m - 1)}{2^n - 1}$$

라고 하자. 단, $m = a - b$, $n = c - d$, $k = b - d$이고, m, n은 자연수이다. 그러면 $11(2^n - 1) = 2^k(2^m - 1)$이다. 좌변은 홀수이므로 $k = 0$이다.

분명히 m, n은 모두 1이 될 수 없다. 그러므로 $2^m - 1 \equiv 2^n - 1 \equiv 3 \pmod 4$이다. $11 \equiv 3 \pmod 4$이므로 좌변은 법(mod) 4에 대하여 1과 합동이고, 우변은 법(mod) 4에 대하여 3과 합동이 되어 모순이다.

따라서 11은 $\dfrac{2^a - 2^b}{2^c - 2^d}$으로 나타낼 수 없는 가장 작은 자연수이다.

(2) $100140001 = 10^8 + 14 \times 10^4 + 1$이므로, $10 = x$라 두면 $x^8 + 14x^4 + 1$이다.

$$x^8 + 14x^4 + 1$$
$$= x^8 + 2x^4 + 1 + 12x^4$$
$$= (x^4 + 1)^2 + 12x^4$$
$$= \{(x^4 + 1)^2 + 4x^2(x^4 + 1) + 4x^4\}$$
$$\quad + 8x^4 - 4x^2(x^4 + 1)$$
$$= (x^4 + 2x^2 + 1)^2 - 4x^2(x^4 - 2x^2 + 1)$$
$$= (x^4 + 2x^2 + 1)^2 - (2x^3 - 2x)^2$$
$$= (x^4 + 2x^3 + 2x^2 - 2x + 1)$$
$$\quad \times (x^4 - 2x^3 + 2x^2 + 2x + 1)$$

이다. 그러므로 $100140001 = 12181 \times 8221$이다. 구하는 답은 8221이다.

문제 2.19 다음과 같은 방법으로 인수분해를 하려고 한다.

(가) 근과 계수와의 관계를 이용하여 인수분해하려는 다항식이 포함된 미지수 a, b, c를 근으로 하는 n차 다항식 $p(x)$를 만든다.

(나) $p(a) = 0$, $p(b) = 0$, $p(c) = 0$을 이용하여 3개의 다항식을 유도한다.

(다) (나)에서 얻어진 3개의 다항식을 적절히 변형시키고 연립하여 등식의 좌변에 인수분해하려는 처음 다항식을 유도하고, 우변의 식을 인수분해하여 곱으로 꼴로 나타낸다.

위의 방법으로 다음을 인수분해하여라.

(1) $a^3 + b^3 + c^3 - 3abc$

(2) $a^4 + b^4 + c^4 + (ab + bc + ca)(a^2 + b^2 + c^2)$

$\boxed{\text{풀이}}$ a, b, c를 근으로 갖는 다항식 $p(x)$를 다음과 같이 쓸 수 있다.

$$p(x) = x^3 - (a+b+c)x^2 + (ab+bc+ca)x - abc.$$

이로부터 a, b, c에 대한 다음과 같은 등식을 얻는다.

$$a^3 - (a+b+c)a^2 + (ab+bc+ca)a - abc = 0 \quad \text{①}$$
$$b^3 - (a+b+c)b^2 + (ab+bc+ca)b - abc = 0 \quad \text{②}$$
$$c^3 - (a+b+c)c^2 + (ab+bc+ca)c - abc = 0 \quad \text{③}$$

(1) 식 ①, ②, ③을 더하면

$$a^3 + b^3 + c^3 - (a+b+c)(a^2 + b^2 + c^2)$$
$$+ (ab+bc+ca)(a+b+c) - 3abc = 0$$

이므로, 구하는 인수분해를 다음과 같이 얻을 수 있다.

$$a^3 + b^3 + c^3 - 3abc$$
$$= (a+b+c)(a^2 + b^c + c^2 - ab - bc - ca)$$

이다.

(2) (1)에서의 식 ①, ②, ③은 3차식인데, 구하는 인수분해는 4차식이므로 이때, 세 등식에 각각 a, b, c를 곱하여 얻어진 식을 더하면 4차식을 얻을 수 있다.

$$a^4 + b^4 + c^4 - (a+b+c)(a^3 + b^3 + c^3)$$
$$+ (ab+bc+ca)(a^2 + b^2 + c^2)$$
$$- abc(a+b+c) = 0$$

이제 인수분해하려는 식만 남기고 이항하면, 구하는 인수분해를 다음과 같이 얻을 수 있다.

$$a^4 + b^4 + c^4 + (ab + bc + ca)(a^2 + b^2 + c^2)$$
$$= (a+b+c)(a^3 + b^3 + c^3 + abc)$$

이다.

문제 2.20 한 모서리의 길이가 6인 정육면체 ABCD-EFGH 가 있다. 세 점 P, Q, R이 꼭짓점 E를 동시에 출발하여 다음과 같이 이동한다.

- 점 P가 초당 0.6 씩 변 EF, FG 위를 E → F → G → F → E → F → ⋯ 순으로 이동한다.

- 점 Q가 초당 1씩 변 EH, HG 위를 E → H → G → H → E → H → ⋯ 순으로 이동한다.

- 점 R가 초당 1.8씩 변 EA 위를 E → A → E → ⋯ 순으로 이동한다.

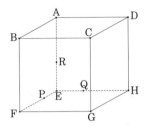

다음 물음에 답하여라.

(1) 44초 후에 삼각뿔 R-EPQ의 부피를 구하여라.

(2) 56초 후에 삼각뿔 R-EPQ의 부피를 구하여라.

(3) 15초 후에 세 점 P, Q, R를 지나는 평면으로 정육면체를 절단했을 때, 점 E를 포함하는 입체의 부피를 구하여라.

風이

(1) 44초 후, 세 점 P, Q, R의 위치를 구하면, EP = 2.4, EQ = 4, ER = 4.8이다.

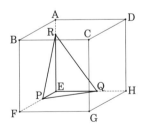

따라서 삼각뿔 R-EPQ의 부피는

$$\frac{1}{2} \times 2.4 \times 4 \times 4.8 \times \frac{1}{3} = 7.68$$

이다.

(2) 56초 후, 세 점 P, Q, R의 위치를 구하면, FP = 3.6, HQ = 2, ER = 4.8이다. 삼각형 EPQ의 넓이는

$$36 - \frac{1}{2}(6 \times 3.6 + 4 \times 2.4 + 6 \times 2) = 14.4$$

이다. 따라서 삼각뿔 R-EPQ의 부피는

$$\frac{1}{3} \times 14.4 \times 4.8 = 23.04$$

이다.

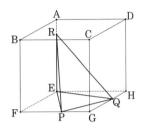

(3) 15초 후, 세 점 P, Q, R의 위치를 구하면, FP = 3, HQ = 3, ER = 3이다.

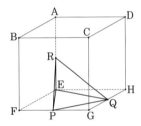

PQ의 연장선과 EF, EH의 연장선과의 교점을 각각 X, Y라 하고, RX와 BF와의 교점을 U, RY와 DH와의 교점을 V라 하자.

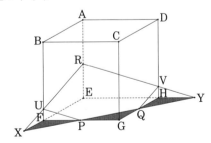

색칠된 부분의 세 삼각형은 모두 합동이므로 FX = HY = 3이고, FU = HV = 1이다. 따라서 점 E를 포함하는 입체의 부피는 삼각뿔 R-EXY의 부피에서 삼각뿔 U-FXP와 삼각뿔 V-HQY의 부피를 뺀 것과 같다. 즉,

$$\frac{1}{2} \times 9 \times 9 \times 3 \times \frac{1}{3} - 2 \times \left(\frac{1}{2} \times 3 \times 3 \times 1 \times \frac{1}{3}\right) = \frac{75}{2}$$

이다.

제 3 절 점검 모의고사 3회 풀이

문제 3.1 다음 두 성질을 만족하는 자연수 A이 있다.

(가) A를 2개의 연속한 자연수의 합으로 나타낼 수 있다. (예를 들어, 25 = 12 + 13이다.)

(나) (가)의 2개의 연속한 자연수의 각 자리 수의 합은 각각 31의 배수이다.

이때, 이 조건을 만족하는 자연수 A의 최솟값을 구하여라.

풀이 자리 올림이 없으면 +1한 것만으로 각 자리 수의 합이 +1만 되므로 두 수 모두 합이 31의 배수가 될 수 없다. 그러므로 두 수 중 작은 수는 □□…△99…9의 꼴이다. 여기서 △은 8이하의 수이다. 그러면, 두 수 중 큰 수는 □□…□(△ + 1)00…0이다. □□…□(△ + 1)의 각 자리 수의 합이 31의 배수이므로 $31 \times x$로 나타낼 수 있다. 또, □□…△99…9의 각 자리 수의 합이 31의 배수이므로 $31 \times x - 1 + 9 \times y = 31 \times z$이다. 즉, $9 \times y = 31 \times (z - x) + 1$이다. 이를 만족하는 최소의 y를 찾으면 $y = 7$, $x = 1$, $z = 3$이다. 그러므로 두 수는 □□…△9999999과 □□…□(△ + 1)0000000이다. 각 자리 수의 합이 31의 배수가 되는 가장 수는 4999이므로, 구하는 두 수는 49989999999과 49990000000이다. 따라서 A 중 가장 작은 수는 99979999999이다.

문제 3.2 다음 물음에 답하여라.

(1) 에스컬레이터가 위로 향하고 있다. 승우는 일정한 속도로 에스컬레이터 위를 걸으면서 아래층에서 30계단을 걸어서 위층에 도착했다. 연우는 일정한 속도로 에스컬레이터 위를 걸으면서 아래층에서 24계단을 걸어서 위층에 도착했다. 에스컬레이터가 멈춰 있을 때, 연우는 승우의 절반 속도로 걷는다. 이 에스컬레이터는 위층까지 몇 개의 계단이 있는지 구하여라.

(2) 에스컬레이터가 아래로 향하고 있다. 승우는 일정한 속도로 에스컬레이터 위를 걸으면서 위층에서 24계단을 걸어서 아래층에 도착했다. 연우는 일정한 속도로 에스컬레이터 위를 걸으면서 위층에서 16계단을 걸어서 아래층에 도착했다. 에스컬레이터가 멈춰 있을 때, 연우는 승우의 절반 속도로 걷는다. 이 에스컬레이터는 아래층까지 몇 개의 계단이 있는지 구하여라.

풀이

(1) 승우와 연우가 위층에 도착할 때까지 걸린 시간의 비는 $\frac{30}{2} : \frac{24}{1} = 15 : 24 = 5 : 8$이다.
승우와 연우가 각각 에스컬레이터에 의해 옮겨진 계단의 수는 시간에 비례하므로, $5t$, $8t$라 하고, 에스컬레이터의 계단의 수를 x라 하면, $x = 30 + 5t = 24 + 8t$가 된다. 이를 풀면 $t = 2$, $x = 40$이다.
그러므로 에스컬레이터는 위층까지 40개의 계단이 있다.

(2) 승우와 연우가 아래층에 도착할 때까지 걸린 시간의 비는 $\frac{24}{2} : \frac{16}{1} = 12 : 16 = 3 : 4$이다.
승우와 연우가 각각 에스컬레이터에 의해 옮겨진 계단의 수는 시간에 비례하므로, $3t$, $4t$라 하고, 에스컬레이터의 계단의 수를 x라 하면, $x = 24 + 3t = 16 + 4t$가 된다. 이를 풀면 $t = 8$, $x = 48$이다.
그러므로 에스컬레이터는 아래층까지 48개의 계단이 있다.

문제 3.3 아래 그림과 같이 BC = 2, AB = AC인 이등변삼각형 ABC가 원에 내접한다. 변 AC 위의 한 점 D를 잡고, BD에 대하여 삼각형 ABC를 접으면 점 C가 원 위의 점 C′와 겹쳐지고, ∠CBC′ = 90°이다.

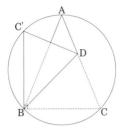

다음 물음에 답하여라.

(1) ∠BAC와 ∠BC′D의 크기를 구하여라.

(2) 삼각형 ABC의 넓이를 구하여라.

(3) 삼각형 BC′D의 넓이를 구하여라.

[풀이]

(1) C′B = CB, ∠CBC′ = 90°이므로 삼각형 BCC′는 직각이등변삼각형이다. 그러므로 ∠BAC = ∠BC′C = 45°이다. 또, ∠BC′D = ∠BCD = (180° − 45°) ÷ 2 = 67.5°이다.

(2) 아래 그림과 같이 원의 중심 O는 CC′의 중점이고, CC′와 BD의 교점이고, 중선 AM의 위에 있다.

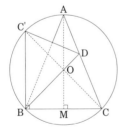

OA = OC = $\sqrt{2}$, OM = 1이므로,

$$\triangle\text{ABC} = \frac{1}{2} \times \text{BC} \times \text{AM} = \sqrt{2} + 1$$

이다.

(3) ∠DBC = 45° = ∠BAC이므로 삼각형 BDC와 삼각형 ABC는 닮음인 이등변삼각형이다. 그러므로 BD = BC = 2이다. 따라서

$$\triangle\text{BC}'\text{D} = \frac{1}{2} \times \frac{\text{CC}' \times \text{BD}}{2} = \sqrt{2}$$

이다.

문제 3.4 승우, 준서, 연우, 교순 4명이 5점 만점의 테스트를 받았다. 그 결과 0점인 사람은 없었다. 다음은 테스트 결과지를 받은 후 그들의 대화 내용이다.

- 승우 : "아, 최저점수네."

- 준서 : "아싸, 최고점수다."

- 연우 : "준서보다 점수가 낮네"

- 교순 : "승우보다 점수가 낮지 않구나."

이때, 이 4명의 득점상황은 모두 몇 가지인지 구하여라.

[풀이] 승우, 준서, 연우, 교순이의 점수를 각각 a, b, c, d라 하면, 다음과 같은 경우로 나눠서 각각의 경우의 수를 구할 수 있다.

(i) (동점이 없는 경우) $a < d < c < b$, $a < c < d < b$인 경우 : 각각의 경우의 수가 5가지이다. 그러므로 10가지이다.

(ii) (동점이 있지만 교순이와 승우가 동점이 아닌 경우) $a < c = d < b$, $a = c < d < b$, $a = c < d = b$, $a < c < d = b$인 경우 : 각각의 경우의 수가 10가지이다. 그러므로 40가지이다.

(iii) (승우와 교순이가 동점인 경우) $a = d < c < b$, $a = d = c < b$인 경우 : 각각의 경우의 수가 10가지이다. 그러므로 20가지이다.

따라서 구하는 경우의 수는 모두 70가지이다.

문제 3.5 2이상의 자연수 N을 소수들의 곱으로 나타냈을 때, $f(N)$, $g(N)$, $h(N)$을 다음과 같이 정의한다.

- $f(N)$은 N의 서로 다른 소인수의 종류의 수이다.

- $g(N)$은 N의 소인수의 곱의 개수이다.

- $h(N)$은 N의 소인수 중 가장 큰 수이다.

예를 들어, $N = 420 = 2 \times 2 \times 3 \times 5 \times 7$에서, $f(N) = 4$, $g(N) = 5$, $h(N) = 7$이다. 이때, 다음 물음에 답하여라.

(1) 두 자리 자연수 N에 대하여 $f(N) + 1 = g(N)$, $f(5 \times N) = f(N)$을 만족하는 N을 모두 구하여라.

(2) 2이상의 자연수 N에 대하여 $f(105 \times N) = f(N) + 2$, $g(N) = 5$, $h(N) = 11$을 만족하는 N 중 가장 작은 수를 구하여라.

풀이

(1) $f(N) + 1 = g(N)$에서 N의 소인수의 종류보다 소인수의 곱의 개수가 1개 더 많고, $f(5 \times N) = f(N)$에서 N은 5를 소인수로 갖는다. 따라서 5의 배수 중 $f(N) + 1 = g(N)$을 만족하는 수를 구하면 $20 = 2 \times 2 \times 5$, $25 = 5 \times 5$, $45 = 3 \times 3 \times 5$, $50 = 2 \times 5 \times 5$, $60 = 2 \times 2 \times 3 \times 5$, $75 = 3 \times 5 \times 5$, $90 = 2 \times 3 \times 3 \times 5$이다.

(2) $f(105 \times N) = f(N) + 2$이므로 N의 소인수 중에는 3, 5, 7 중 하나만 있다. $h(N) = 11$이므로 N의 소인수 중 가장 큰 수는 11이다. $g(N) = 5$이므로 N의 소인수의 곱의 개수는 5개이다.
따라서 이를 만족하는 가장 작은 수는 $2 \times 2 \times 2 \times 3 \times 11 = 264$이다.

문제 3.6 다음 제시문을 읽고 물음에 답하여라.

이차식이 두 개의 일차식의 곱으로 인수분해될 조건은 판별식이 제곱꼴이어야 한다. 그러므로 판별식을 다시 한 문자에 대한 이차식으로 정리한 후 다시 중근을 가질 조건(판별식이 0일 때)을 구하면 된다.

(1) 다항식 $x^2 - 2xy - 5y^2 + 2x + 22y - k$가 두 일차식의 곱으로 인수분해될 때, 상수 k의 값을 구하고, 인수분해를 하여라.

(2) 다항식 $6x^2 + kxy - 3y^2 - x - 7y - 2$가 두 일차식의 곱으로 인수분해될 때, 상수 k의 값을 구하고, 인수분해를 하여라.

풀이

(1) $x^2 - 2xy - 5y^2 + 2x + 22y - k$이 일차식으로 인수분해된다는 것은 판별식이 완전제곱꼴임을 의미한다. x의 내림차순으로 정리하면, $x^2 - 2(y-1)x - 5y^2 + 22y - k$이다. 판별식

$$D/4 = (y-1)^2 + 5y^2 - 22y + k$$
$$= 6y^2 - 24y + 1 + k$$
$$= 6(y^2 - 4y + 4) + k - 23$$
$$= 6(y-2)^2 + k - 23$$

이다. 따라서 $k = 23$이다. 실제로,

$$x^2 - 2xy - 5y^2 + 2x + 22y - 23$$
$$= \{x - (1+\sqrt{6})y + 1 + 2\sqrt{6}\}$$
$$\times \{x - (1-\sqrt{6})y + 1 - 2\sqrt{6}\}$$

로 인수분해된다.

(2) $6x^2 + kxy - 3y^2 - x - 7y - 2$가 일차식으로 인수분해된다는 것은 판별식이 완전제곱꼴임을 의미한다. x의 내림차순으로 정리하면, $6x^2 + (ky-1)x - 3y^2 - 7y - 2$이다. 판별식

$$D/4 = (ky-1)^2 + 72y^2 + 168y + 48$$
$$= (k^2 + 72)y^2 + 2(84-k)y + 49$$

이다. $(k^2 + 72)y^2 + 2(84-k)y + 49$이 제곱수이므로,

$$(84-k)^2 - (k^2 + 72) \times 49 = 0$$

이다. 이를 풀면, $k = -\frac{21}{2}$ 또는 7이다.
- $k = -\frac{21}{2}$일 때, $\left(2x + \frac{1}{2}y + 1\right)(3x - 6y - 2)$로 인수분해된다.
- $k = 7$일 때, $(2x + 3y + 1)(3x - y - 2)$로 인수분해된다.

문제 3.7 한 변의 길이가 12인 정사각형 ABCD에서 변 BC 위에 점 P를 BP = 8, PC = 4가 되도록 잡고, 변 CD 위에 점 Q를 ∠BAP = ∠PAQ가 되도록 잡는다. 이때, 다음 물음에 답하여라.

(1) AQ − CQ를 구하여라.

(2) AQ − DQ를 구하여라.

(3) CQ : QD를 구하여라.

[풀이]

(1) AP의 연장선(P쪽)의 연장선과 DC의 연장선(C쪽)과의 교점을 R이라 하면, AB ∥ DR이므로 ∠BAR = ∠DRA(엇각)이다. 그런데, ∠BAP = ∠QAR이므로, ∠QAR = ∠QRA이다. 따라서 △AQR은 AQ = QR인 이등변삼각형이 된다. 또, △ABP와 △RCP는 닮음비가 2 : 1인 닮음이므로, CR = 6이다. 그러므로 AQ = CQ + CR = CQ + 6이다. 따라서 AQ − CQ = 6이다.

(2) △ABP를 점 A를 중심으로 반시계방향으로 90° 회전시킨 삼각형을 △ADS라고 하면,

$$\angle SAQ = \angle SAD + \angle DAQ$$
$$= \angle PAB + \angle DAQ$$
$$= \angle QAP + \angle DAQ$$
$$= \angle DAP = \angle APB = \angle ASQ$$

이다. 따라서 △AQS는 AQ = QS인 이등변삼각형이다. 그러므로 AQ = DQ + DS = DQ + 8이다. 즉, AQ − DQ = 8이다.

(3) (1)과 (2)의 결과로부터 CQ = DQ + 2, CQ + DQ = 12이다. 따라서 CQ = 7, DQ = 5이다. 그러므로 CQ : DQ = 7 : 5이다.

문제 3.8 승우, 연우, 교순, 준서 네 명이 가위바위보를 한 번 할 때, 다음 물음에 답하여라.

(1) 한 명만이 이기고 다른 세 명은 지는 확률을 구하여라.

(2) 이기는 사람과 지는 사람이 각각 2명씩으로 나뉘는 확률을 구하여라.

(3) 승부가 나지 않는 (비기게 되는) 확률을 구하여라.

[풀이]

(1) 전체 경우의 수는 $3^4 = 81$가지이다. 한 명의 이기는 사람을 정하는 경우의 수는 4가지이고, 이기는 사람이 가위, 바위, 보 중 하나로 이기는 경우가 3가지이다. 따라서 구하는 확률은 $\frac{4 \times 3}{81} = \frac{4}{27}$이다.

(2) 이기는 사람 2명을 정하는 경우의 수는 $_4C_2 = 6$가지이다. 이기는 사람 2명이 정해지면 지는 사람 2명이 자동적으로 정해진다. 이기는 사람이 가위, 바위, 보 중 하나로 이기는 경우가 3가지이다. 따라서 구하는 확률은 $\frac{6 \times 3}{3^4} = \frac{2}{9}$이다.

(3) 세 명이 이기고, 다른 한 명만 지는 확률은 (1)에서 구한 확률과 같다. 그러므로 여사건을 이용하여 구한다. 따라서 구하는 확률은 $1 - \frac{4}{27} - \frac{2}{9} - \frac{4}{27} = \frac{13}{27}$이다.

문제 3.9 다음 물음에 답하여라.

(1) 200이하의 자연수 x를 3, 5, 19로 나누었을 때의 나머지가 각각 a, b, c이다. $2a = b$, $2b = c$를 만족할 때, x의 값을 모두 구하여라.

(2) 자연수 n을 3, 4, 5로 나누었을 때의 나머지가 모두 2이고, 7로 나누어떨어질 때, n의 최솟값을 구하여라.

⟨풀이⟩

(1) $2a = b$, $2b = c$, $a < 3$이므로 이를 만족하는 세 수의 쌍 $(a, b, c) = (0, 0, 0)$, $(1, 2, 4)$, $(2, 4, 8)$이다.

  (i) $(a, b, c) = (0, 0, 0)$일 때, x는 3, 5, 19의 최소공배수는 285이다. 이는 200보다 크므로 조건에 맞지 않는다.

  (ii) $(a, b, c) = (1, 2, 4)$일 때, x는 19로 나누었을 때, 나머지가 4이므로 이를 만족하는 200이하의 자연수는 4, 23, 42, 61, 80, 99, 118, 137, 156, 175, 194이다. 이 중 5로 나누었을 때, 나머지가 2인 수는 42와 137뿐이다. 그런데 이 두 수는 3으로 나누었을 때, 나머지가 1이 아니므로 조건에 맞지 않는다.

  (iii) $(a, b, c) = (2, 4, 8)$일 때, x는 19로 나누었을 때, 나머지가 8이므로 이를 만족하는 200이하의 자연수는 8, 27, 46, 65, 84, 103, 122, 141, 160, 179, 198이다. 이 중 5로 나누었을 때, 나머지가 4인 수는 84와 179뿐이다. 이 두 수 중 3으로 나누었을 때, 나머지가 2인 수는 179이다.

따라서 주어진 조건을 만족하는 자연수는 179뿐이다.

(2) $n = 3a + 2 = 4b + 2 = 5c + 2 = 7d$를 만족하는 음이 아닌 정수 a, b, c, d가 존재한다. $3a = 4b = 5c$이므로 $3a$는 4의 배수이면서 5의 배수이다. 즉, $a = 20k$(k는 음이 아닌 정수)이다. 같은 방법으로 $b = 15k$, $c = 12k$(k는 음이 아닌 정수)이다.
그러므로 $n = 60k + 2$(k는 음이 아닌 정수)로 나타낼 수 있다. 이제 n이 7의 배수이므로 이를 만족하는 최소의 정수 k를 찾으면 $k = 3$, $n = 182$이다.

문제 3.10 200명의 학생이 영재학교 2단계 전형의 수학시험을 치뤘다. 1번 문항은 20점, 2번 문항은 30점, 3번 문항은 50점으로 총 100만점인 시험이고, 각 문항에는 부분점수는 없다. 채점결과 100점인 학생과 0점인 학생은 각각 10명이고, 50점인 학생은 20명이다. 세 문항에서 한 문항만 맞은 학생과 한 문항만 틀린 학생의 수는 같고, 1번 문항을 맞은 학생과 2번 문항을 맞은 학생의 수도 같다. 50점 이하의 학생의 수와 70점 이상의 학생의 수의 차가 20명이다. 다음 물음에 답하여라.

(1) 한 문항을 맞은 학생의 수를 구하여라.

(2) 50점 이하의 학생의 수를 구하여라.

(3) 이 수학시험의 평균점수를 구하여라.

⟨풀이⟩ 나올 수 있는 점수의 경우를 표로 나타내면 다음과 같다. 단, ○은 맞은 문항, ×는 틀린 문항이다.

점수	0	20	30	50	50	70	80	100
1번	×	○	×	×	○	○	×	○
2번	×	×	○	×	○	×	○	○
3번	×	×	×	○	×	○	○	○
(명)	10	a	b	c	d	e	f	10

(1) 한 문항만 맞은 학생의 수는 $a + b + c$(명)이고, 한 문항만 틀린 학생의 수는 $d + e + f$(명)이다. 그런데, $a + b + c + d + e + f = 180$이고, $a + b + c = d + e + f$이므로 $a + b + c = 90$이다.

(2) 50점 이하의 학생의 수는 $10 + a + b + c + d = 100 + d$(명)이다. 70점 이상인 학생의 수는 $e + f + 10 = 100 - d$(명)이다. 그런데, 50점 이하의 학생의 수와 70점 이상의 학생의 수의 차가 20명이므로 $100 + d - (100 - d) = 20$이다. 즉, $d = 10$이다. 따라서 50점 이하의 학생의 수는 110명이다.

(3) 50점인 학생의 수가 50명이므로 $c = 50 - 10 = 40$이다. 1번 문항을 맞은 학생은 $a + d + e + 10 = a + e + 20$(명)이고, 2번 문항을 맞은 학생은 $b + d + f + 10 = b + f + 20$(명)이므로, $a + e = b + f$이다.
$a + b + e + f = 200 - 2 \times 10 - 50 = 130$이므로 $a + e = b + f = 65$이다.
그러므로 1번 문항을 맞은 학생은 모두 $65 + 20 = 85$명이고, 2번 문항을 맞은 학생은 모두 85명이다.
3번 문항을 맞은 학생은 $c + e + f + 10 = e + f + 50$(명)이다. 70점 이상인 학생 중 100점인 학생을 빼면 $e + f = 80$이다. 그러므로 3번 문항을 맞은 학생은 모두 130

명이다.

따라서 평균점수는

$$\frac{20 \times 85 + 30 \times 85 + 50 \times 130}{200} = 53.75$$

(점)이다.

문제 3.11 다음 물음에 답하여라.

(1) AB = BC인 삼각형 ABC의 내부에 BD = AC, ∠ABD = 12°, ∠CBD = 24°를 만족하도록 점 D를 잡는다. 이때, ∠ADC의 크기를 구하여라.

(2) AB : BC : DA = 10 : 19 : 4이고, ∠A = ∠B = 60°인 오목사각형 ABCD가 있다. CD = 24일 때, BD의 길이를 구하여라.

풀이

(1) 삼각형 ABC에서 AB = BC, ∠ABC = 36°이므로 AC를 한 변으로 하는 정오각형 CAEBF를 작도한다. BD = AC이고, ∠DBF = ∠DBC + ∠CBF = 24° + 36° = 60°이므로 삼각형 DBF는 정삼각형이다. 따라서 삼각형 DBE와 삼각형 DFC는 합동인 이등변삼각형이다. 더욱이 ∠DBE = 12° + 36° = 48°, ∠EDB + ∠CDF = 180° − 48° = 132°이다. 또한, 삼각형 DEA와 삼각형 DCA는 합동이다. 따라서 ∠ADC = (360° − 60° − 132°) ÷ 2 = 84°이다.

(2) 점 D를 지나고 AB에 평행한 직선이 변 BC와 만나는 점을 E라고 하자. 또, AD의 연장선과 변 BC와의 교점을 F라 하자. 그러면 사각형 DABE는 등변사다리꼴이 되고, △ABF와 △DEF는 정삼각형이 된다. 편의상 BE = AD = $4k$라고 하면, DE = $10k − 4k = 6k$, EC = BC − BE = $19k − 4k = 15k$, ∠BED = 120°이다. 따라서 △ABD와 △ECD에서 ∠BAD = ∠CED, AB : AD = 5 : 2 = EC : ED이므로 닮음이고, 닮음비는 2 : 3이다. 따라서 BD = CD × $\frac{2}{3}$ = 16이다

문제 3.12 검은 바둑돌 •과 흰 바둑돌 ○을 일렬로 나열하였을 때 이웃한 두 개의 바둑돌의 색이 나타날 수 있는 유형은

••	•○	○•	○○
A형	B형	C형	D형

으로 4가지이다. 예를 들어, 6개의 바둑돌을 A형 2번, B형 1번, C형 1번, D형 1번으로 나타나도록 일렬로 나열하는 모든 경우의 수는 아래와 같이 5가지이다.

•••○○••, ○○•••○○, ○○••○•, •••○○•, •○○•••

10개의 바둑돌을 A형 4번, B형 2번, C형 2번, D형 1번 나타나도록 일렬로 나열하는 모든 경우의 수를 구하여라. 단, 검은 바둑돌과 흰 바둑돌은 각각 10개 이상씩 있다.

$\boxed{\text{풀이}}$ B형과 C형이 각각 2번 나타나도록 5개의 바둑돌을 나열하는 경우는

•○○•○• 또는 ○○•••○

이다.

(i) •○○•○•인 경우, 1번의 D형을 만들기 위해서는 새로운 1개의 ○를 나열되어 있는 ○에 이웃하도록 나열하고, 4번의 A형을 만들기 위해서는 새로운 4개의 •을 나열되어 있는 •에 이웃하도록 나열하면 된다. 그러므로

$$_2C_1 \times _3H_4 = _2C_1 \times _{3+4-1}C_4 = _2C_1 \times _6C_4 = 30$$

가지이다.

(ii) ○○•••○인 경우, 1번의 D형을 만들기 위해서는 새로운 1개의 ○를 나열되어 있는 ○에 이웃하도록 나열하고, 4번의 A형을 만들기 위해서는 새로운 4개의 •을 나열되어 있는 •에 이웃하도록 나열하면 된다. 그러므로

$$_3C_1 \times _2H_4 = _3C_1 \times _{2+4-1}C_4 = _3C_1 \times _5C_4 = 15$$

가지이다.

따라서 (i), (ii)에 의하여 구하는 모든 경우의 수는 45가지이다.

문제 3.13 다음 물음에 답하여라.

(1) 수학캠프에 참석한 학생들에게 숫자 4와 9가 적혀있지 않은 번호표를 부여한다. 예를 들어, 첫 번째 학생에게 1번, 두 번째 학생에게는 2번, 세 번째 학생에게는 3번, 네 번째 학생에게는 5번, 다섯 번째 학생에게는 6번, 여섯 번째 학생에게는 7번, 일곱 번째 학생에게는 8번, 여덟 번째 학생에게는 10번, 아홉 번째 학생에게는 11번, 이렇게 번호를 부여한다. 번호에 적힌 수가 2021번인 학생은 몇 번째 학생인지 구하여라.

(2) 음이 아닌 정수 0부터 2021이 적힌 카드가 한 장씩있다. 다음 규칙을 만족하면서 최소한으로 카드를 가져간다.

(가) 0이 적힌 카드를 가져간다.

(나) 만약 x가 적힌 카드를 가져갔으면, $3x$, $3x+1$이 적힌 카드도 가져간다.

이때, 가져간 카드는 모두 몇 장인지 구하여라.

$\boxed{\text{풀이}}$

(1) 숫자 0, 1, 2, 3, 5, 6, 7, 8을 사용하는 변형 8진법을 생각하자. 즉, 다음과 같이 생각하자.

8진법	1	2	3	4	5	6	7	10	⋯
변형 8진법	1	2	3	5	6	7	8	10	⋯

그러면 변형된 8진법에서 번호가 2021번 학생은 8진법에서 2021번이므로, 우리가 구하는 답은 $2021_{(8)} = 1041$이다.

(2) 가져간 카드에 적힌 수들을 3진법으로 생각하자. $\overline{d_1 d_2 \cdots d_k}_{(3)}$가 적힌 카드를 가져갔으면, $\overline{d_1 d_2 \cdots d_k 0}_{(3)}$이 적힌 카드와 $\overline{d_1 d_2 \cdots d_k 1}_{(3)}$이 적힌 카드도 가져가야한다. 단, $d_1, d_2, \cdots, d_k$는 0, 1, 2 중 하나이다. 그러면 가져간 카드들에 적힌 수는 각 자리 수가 0 또는 1로만 이루어진 3진법의 수가 된다. 또, $2 \cdot 3^6 < 2021 < 3^7$이므로, 가져간 카드의 수는 $2^7 = 128$장이다.

문제 3.14 다음 물음에 답하여라.

(1) 다음 그림을 이용하여 $1^2 + 2^2 + \cdots + n^2 = \dfrac{n(n+1)(2n+1)}{6}$ 이 성립함을 보여라.

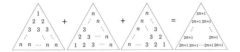

(2) (1)을 이용하여 다음을 계산하여라.

$$\frac{3}{1^2} + \frac{5}{1^2+2^2} + \frac{7}{1^2+2^2+3^2}$$
$$+ \cdots + \frac{101}{1^2+2^2+3^2+\cdots+50^2}.$$

풀이

(1)

$$3 \times (1^2 + 2^2 + \cdots + n^2)$$
$$= (2n+1) \times (1+2+\cdots+n)$$
$$= (2n+1) \times \frac{n(n+1)}{2}$$

이다. 그러므로

$$1^2 + 2^2 + \cdots + n^2 = \frac{n(n+1)(2n+1)}{6}$$

이다.

(2) 양의 정수 n에 대하여

$$\frac{2n+1}{1^2+2^2+3^2+\cdots+n^2} = \frac{2n+1}{\frac{n(n+1)(2n+1)}{6}}$$
$$= \frac{6}{n(n+1)}$$
$$= 6\left(\frac{1}{n} - \frac{1}{n+1}\right)$$

이다. 따라서 주어진 식의 값은

$$\sum_{n=1}^{50} \frac{2n+1}{1^2+2^2+3^2+\cdots+n^2}$$
$$= \sum_{n=1}^{50} 6\left(\frac{1}{n} - \frac{1}{n+1}\right)$$
$$= 6\left(1 - \frac{1}{51}\right)$$
$$= \frac{300}{51}$$

이다.

문제 3.15 삼각뿔 O-ABC에 대하여, AB = 15, BC = 24, CA = 21, OA = OB = OC = 26이다. 다음 물음에 답하여라.

(1) 삼각형 ABC의 외접원의 반지름을 구하여라.

(2) 삼각뿔 O-ABC의 부피를 구하여라.

(3) 삼각뿔 O-ABC에 외접하는 구의 반지름을 구하여라.

풀이

(1) 점 A에서 변 BC에 내린 수선의 발을 H라 하고, 삼각형 ABC의 외심을 O′이라 하고, AO′의 연장선과 외접원과의 교점을 D라 하자. 또 BH = x, HC = $24 - x$라 하면,

$$AH^2 = 15^2 - x^2 = 21^2 - (24-x)^2$$

이므로 이를 풀면 $x = \dfrac{15}{2}$이다. 즉, AB : BH = 2 : 1이다. 따라서 $\angle ABH = 60°$이다.

그러므로 삼각형 ADC와 삼각형 ABH는 닮음이고, $\angle ADC = 60°$이므로 삼각비에 의하여 AD = $14\sqrt{3}$이다. 즉, 삼각형 ABC의 외접원의 반지름은 $7\sqrt{3}$이다.

(2) 점 O에서 평면 ABC에 내린 수선의 발을 I라 하면, $\triangle OAI \equiv \triangle OBI \equiv \triangle OCI$이다. 따라서 IA = IB = IC이다. 즉, I는 삼각형 ABC의 외심 O′이다. 그러므로 (1)에 의하여 IA = $7\sqrt{3}$이다. 따라서 OI = OO′ = $\sqrt{OA^2 - IA^2} = \sqrt{26^2 - (7\sqrt{3})^2} = 23$이다.

(1)에서 삼각비에 의하여 AH = $\dfrac{15\sqrt{3}}{2}$이므로, 삼각뿔 O-ABC의 부피는

$$\frac{1}{3} \times \frac{1}{2} \times 24 \times \frac{15\sqrt{3}}{2} \times 23 = 690\sqrt{3}$$

이다.

(3) OO′위의 점은 세 꼭짓점 A, B, C에 이르는 거리가 같으므로, 삼각뿔 O-ABC에 외접하는 구의 중심 J는 OO′위에 있다. 외접하는 구의 반지름을 r이라 하면, JO′ = OO′ − OJ = $23 - r$이다. 직각삼각형 AJO′에서 피타고라스의 정리에 의하여 $r^2 = (23-r)^2 + (7\sqrt{3})^2$이다. 이를 풀면 $r = \dfrac{338}{23}$이다.

문제 3.16 다음 물음에 답하여라.

(1) $1, 2, 3, \cdots, n$의 순열 $a_1, a_2, a_3, \cdots, a_n$ 중 $a_i \le i + 1$ $(i = 1, 2, \cdots, n)$ 을 만족하는 경우의 수를 구하여라.

(2) 우선 11자리 수 하나를 생각한다. 여기서 12자리 수에서 한 개의 숫자를 제거하면, 방금 전 생각한 11자리 수와 같게된다. 예를 들어, 11자리 수 "23743557911"를 처음 생각했다고 하고, 12자리 수는 "237435579311"이라면 백의 자리 숫자 3을 없애면, 생각했던 11자리 수 "23743557911"이 된다. 그러면 이러한 12자리 수는 모두 몇 개인지 구하여라.

풀이

(1) a_1은 $a_1 \le 2$를 만족해야하므로 2가지 경우가 있고, a_2는 $a_2 \le 3$이므로 1, 2, 3이 가능한데, a_1이 선택한 수를 제외하면 모두 2가지 경우가 있다. 같은 방법으로 a_{n-1}도 2가지 방법이 있다. a_n은 남은 하나의 수를 선택해야하므로 1가지 방법이 있다.
따라서 구하는 경우의 수는 2^{n-1}이다.

(2) 11자리 수 "23743557911"에 대해, 한 자리 숫자를 덧붙이는 위치를 □로 나타내면

$$□2□3□7□4□3□5□5□7□9□1□1$$

으로 모두 12곳이 있다. 이 중 맨 앞 자리에 올 수 있는 수는 1 ~ 9의 9가지이다.
그 외의 곳에 올 수 있는 수는 0 ~ 9의 10가지인데, 왼쪽 옆의 숫자와 같은 것은 벌써 그 직전에 1개가 존재하므로 제외해야 하므로 10 – 1 = 9가지이다. (예를 들어 "2 23743557911"과 "2 2 3743557911"은 중복이다.)
따라서 구하는 경우의 수는 $9 \times 12 = 108$가지이다.

문제 3.17 양의 정수 a, b가 $123456789 = (11111 + a)(11111 - b)$를 만족할 때, 다음 물음에 답하여라.

(1) $a > b$임을 보여라.

(2) $a - b$가 짝수임을 이용하여 $a - b < 10$을 만족하는 순서쌍 (a, b)를 모두 구하여라.

풀이

(1) $(11111 + a)(11111 - b) = 123454321 + 11111(a - b) - ab$ 이므로

$$123456789 = 123454321 + 11111(a - b) - ab$$

이다. 즉, $11111(a - b) = ab + 2468$이다. $a > 0$, $b > 0$이므로 $a - b > 0$이다. 따라서 $a > b$이다.

(2) $11111(a - b) = ab + 2468$에서 $a - b$가 짝수이므로 ab도 짝수이다. 즉, a와 b 모두 짝수이다. 또, 2468이 4의 배수이므로 $a - b$는 4의 배수이다. 그러므로 $a - b = 4$ 또는 $a - b = 8$이다.

   (i) $a - b = 4$일 때, $a = b + 4$를 $11111(a - b) = ab + 2468$에 대입하면

$$44444 = b(b + 4) + 2468$$

이다. 이를 정리하면 $b^2 + 4b - 41976 = 0$이다. 이를 풀면 정수해가 없다.

   (ii) $a - b = 8$일 때, $a = b + 8$을 $11111(a - b) = ab + 2468$에 대입하면

$$88888 = b(b + 8) + 2468$$

이다. 이를 정리하면 $b^2 + 8b - 86420 = 0$이다. 이를 풀면 $b = 290$이다. 그러므로 $a = 298$이다.

따라서 구하는 순서쌍 $(a, b) = (298, 290)$뿐이다.

문제 3.18 다음 물음에 답하여라.

(1) 실수 x, y에 대하여 관계식

$$y + 3\sqrt{x+2} = \frac{23}{2} + y^2 - \sqrt{49 - 16x}$$

를 만족하는 순서쌍 (x, y)를 모두 구하여라.

(2) 방정식 $x^2 + 2y^2 - 2xy - 4 = 0$을 만족하는 실수 x, y에 대하여

$$xy(x - y)(x - 2y)$$

의 최댓값을 구하여라.

풀이

(1) 주어진 관계식을 변형하면

$$y^2 - y + \frac{23}{2} = 3\sqrt{x+2} + \sqrt{49 - 16x} \qquad ①$$

이다. 그런데, $y^2 - y + \frac{23}{2} = \left(y - \frac{1}{2}\right)^2 + \frac{45}{4}$이므로, 식 ① 의 좌변의 최솟값은 $y = \frac{1}{2}$일 때, $\frac{45}{4}$이다. 또, 코시-슈바르츠 부등식에 의하여

$$3\sqrt{x+2} + \sqrt{49 - 16x}$$
$$= 3\sqrt{x+2} + 4\sqrt{\frac{49}{16} - x}$$
$$\leq \sqrt{3^2 + 4^2}\sqrt{(x+2) + \left(\frac{49}{16} - x\right)}$$
$$= \frac{45}{4}$$

이다. 단, 등호는 $\frac{x+2}{3^2} = \frac{\frac{49}{16} - x}{4^2}$일 때, 즉, $x = -\frac{71}{400}$ 일 때, 성립한다. 그러므로 식 ①의 우변의 최댓값 은 $\frac{45}{4}$이다. 따라서 식 ①을 만족하는 (x, y)의 순서쌍 $\left(-\frac{71}{400}, \frac{1}{2}\right)$이다.

(2) 준식과 주어진 방정식으로 부터

$$xy(x - y)(x - 2y) = xy(x^2 - 3xy + 2y^2)$$
$$= xy(4 - xy)$$

이다. 위 식의 최댓값을 구하기 위해서 xy와 $4 - xy$을 양의 실수라고 가정하자. 이제 산술-기하평균 부등식 을 이용하면,

$$xy(4 - xy) \leq \left(\frac{xy + (4 - xy)}{2}\right)^2 = 4$$

이다. 그러므로 구하는 최댓값은 4이다. 단, 등호는 $xy = 2$, $x^2 + 2y^2 = 8$를 만족하는 $x = \sqrt{4 - 2\sqrt{2}}$, $y = \sqrt{2 + \sqrt{2}}$일 때, 성립한다.

문제 3.19 $\angle C = 90°$, $AC = 12$인 직각삼각형 ABC에서 $\angle BAD : \angle DAC = 2 : 1$이 되도록 변 BC위에 점 D를 잡는다. 그러면 $\triangle DAC$와 $\triangle ABC$는 닮음이다. 점 A를 변 BC에 대하여 대칭이동시킨 점을 E라 하고, AD의 연장선과 BE의 교점을 F라 할 때, 다음 물음에 답하여라.

(1) 삼각형 ABF는 직각이등변삼각형임을 보여라.

(2) 삼각형 ABD의 넓이를 구하여라.

풀이

(1) $\triangle DAC$와 $\triangle ABC$가 닮음이므로, $\angle DAC = \angle ABC$이다 . 따라서 $4 \times \angle ABC = 90°$이다. 즉, $\angle ABC = 22.5°$이다. 그러면 $\angle CBE = \angle ABC$이고, $\angle AFB = 90°$이다. 그러므로 $\triangle ABF$는 직각이등변삼각형이다.

(2) $BF = AF$, $\angle DBF = \angle EAF$, $\angle BDF = \angle AEF$이므로 $\triangle BFD \equiv \triangle AFE$이다. 즉, $BD = AE = 12 \times 2 = 24$이다. 따라서 $\triangle ABD = 24 \times 12 \div 2 = 144$이다.

문제 3.20 정육면체 ABCD-EFGH에서 모서리 AB, BC, CD, BF, DH, EF, HE의 중점을 각각 I, J, K, L, M, N, O라 하자. 다음 물음에 답하여라.

(1) 아래에서 세 점 A, F, C를 지나는 평면으로 절단할 때, 정육면체 ABCD-EFGH와 점 H를 포함하고 있는 입체도형의 부피의 비를 구하여라.

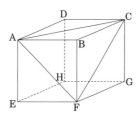

(2) 아래 그림에서 세 점 A, F, C를 지나는 평면과 네 점 I, E, G, J를 지나는 평면으로 절단할 때, 정육면체 ABCD-EFGH와 점 H를 포함하고 있는 입체도형의 부피의 비를 구하여라.

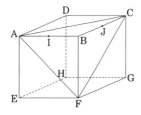

(3) 아래 그림에서 세 점 A, F, C를 지나는 평면과 네 점 D, O, F, J를 지나는 평면으로 절단할 때, 정육면체 ABCD-EFGH와 점 H를 포함하고 있는 입체도형의 부피의 비를 구하여라.

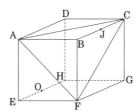

(4) 아래 그림에서 세 점 A, F, C를 지나는 평면과 여섯 점 K, M, O, N, L, J를 지나는 평면으로 절단할 때, 정육면체 ABCD-EFGH와 점 H를 포함하고 있는 입체도형의 부피의 비를 구하여라.

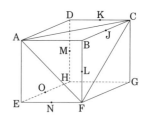

풀이 정육면체의 한 모서리의 길이를 1이라 가정하자.

(1) 삼각뿔 F-ABC의 부피는 $1 \times 1 \div 2 \times 1 \div 3 = \frac{1}{6}$이다. 따라서 구하는 부피의 비는 $1 : \left(1 - \frac{1}{6}\right) = 6 : 5$이다.

(2) I, E, G, J를 지나는 평면과 직선 BF의 연장선과의 교점을 P라 하자. 아래 그림과 같이 교점 Q, R를 잡는다. 점 H를 포함하는 부분은 (1)에서의 입체도형에서 사각뿔 F-QEGR를 없앤 입체이다.

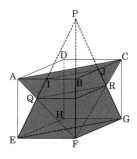

PQ : QE = PF : EA = 2 : 1이므로 △PQR : △PEG = 4 : 9 이다. 그러므로 사각뿔 F-QEGR의 부피는 삼각뿔 F-PEG의 부피의 $\frac{5}{9}$이다. 즉, 사각뿔 F-QEGR의 부피는 $1 \times 1 \div 2 \times 2 \div 3 \times \frac{5}{9} = \frac{5}{27}$이다. 따라서 구하는 부피의 비는

$$1 : \left(1 - \frac{1}{6} - \frac{5}{27}\right) = 54 : 35$$

이다.

(3) 정육면체는 사각형 DOFJ를 포함한 평면에 의하여 이등분된다. H를 포함한 입체는 사각형 DOFJ를 포함한 평면에 의하여 절단된 부분에서 삼각뿔 F-CSJ를 제거한 입체이다.

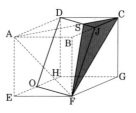

삼각뿔 F-CSJ의 부피는 $\frac{1}{2} \times \frac{1}{3} \div 2 \times 1 \div 3 = \frac{1}{36}$이다. 따라서 구하는 부피의 비는

$$1 : \left(\frac{1}{2} - \frac{1}{36}\right) = 36 : 17$$

이다.

(4) 여섯 점 K, M, O, N, L, J를 연결하면 정육각형이 생긴다. 이 정육각형을 포함한 평면은 정육면체를 이등분한다.

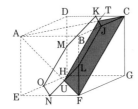

점 H를 포함한 입체는 정육각형을 포함한 평면에 의하여 절단된 부분에서 비스듬한 삼각기둥 TJC-ULF를 제거한 입체이다.

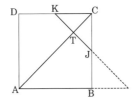

$AT : TC = 3 : 1$이므로 $\triangle ABC : \triangle TJC = 8 : 1$이고, $TU : CF : JL = 3 : 4 : 2$이므로 삼각뿔 B-AFC와 비스듬한 삼각기둥 TJC-ULF의 부피의 비는 $8 \times 4 : 1 \times (3 + 2 + 4) = 32 : 9$이다. 그러므로 비스듬한 삼각기둥 TJC-ULF의 부피는 $\frac{1}{6} \times \frac{9}{32} = \frac{3}{64}$이다.

따라서 구하는 부피의 비는

$$1 : \left(\frac{1}{2} - \frac{3}{64}\right) = 64 : 29$$

이다.

제 4 절   점검 모의고사 4회 풀이

문제 4.1 수학캠프에 참가한 학생들이 다음과 같은 놀이를 하였다.

(가) 각 학생은 "참" 또는 "거짓" 중 하나를 선택하여 이름 표에 적는다.

(나) 각 학생은 자신 이외의 모든 학생들에 대해 "참" 또는 "거짓"을 말한다. 그런데, "참"인 이름표를 달고 있는 학생들은 다른 학생의 이름표에 적힌데로 말하지만, "거짓"인 이름표를 달고 있는 학생들은 다른 학생의 이름표에 "참"이 적혀 있으면, "거짓", "거짓"이 적혀 있으면 "참"이라고 말한다. 수학캠프 선생님은 "거짓"이라고 말한 횟수를 적는다.

위의 놀이를 모든 학생들이 다 한 결과, "거짓"이라고 말한 횟수가 2024회였다. 한 명의 학생이 화장실에 간 후, 이름표는 그대로 하여 나머지 학생들로 '놀이 (나)'를 한 결과, "거짓"이라고 말한 횟수가 1978회였다. 이때, 이 수학캠프에 참가한 학생 수를 구하여라.

풀이 이름표에 "참"이 적힌 학생의 수를 x, "거짓"이 적힌 학생의 수를 y라고 하자. "거짓"을 말하는 경우는 이름표에 "참"이 적힌 학생이 "거짓"을 말하는 경우와 이름표에 "거짓"이 적힌 학생이 이름에 "참"인 적힌 것을 보고 "거짓"이라고 말하는 경우이다. 두 가지 경우 모두 $x \times y$회이므로 $x \times y = 1012$이다.

(i) 화장실에 간 학생의 이름표에 "참"이 적힌 경우, 이 학생이 이름표에 "거짓"이 적힌 학생 y명에 대하여 "거짓"이라고 말하지 못한 횟수와 이름표에 "거짓"이 적힌 학생 y명이 화장실에 간 학생에 대하여 "거짓"이라고 말하지 못한 횟수의 합이 $2024 - 1978 = 46$회이므로 $y = 23$이고, $x = 44$이다. 즉, $x + y = 67$이다.

(ii) 화장실에 간 학생의 이름표에 "거짓"이 적힌 경우, 이 학생이 이름표에 "참"이 적힌 학생 x명에 대하여 "거짓"이라고 말하지 못한 횟수와 이름표에 "참"이 적힌 학생 x명이 화장실에 간 학생에 대하여 "거짓"이라고 말하지 못한 횟수의 합이 $2024 - 1978 = 46$회이므로 $x = 23$이고, $y = 44$이다. 즉, $x + y = 67$이다.

따라서 (i), (ii)에 의하여 이 수학캠프에 참가한 학생 수는 67명이다.

문제 4.2 좌표평면 위에 $y = x$에 대하여 점 A$(2, 1)$의 대칭점을 B라 하고, x축에 대하여 점 B의 대칭점을 C라 하자.

(1) $\angle$AOC의 크기를 구하여라.

(2) $\triangle$AOC의 넓이를 구하여라.

(3) 직선 AC와 x축과의 교점을 P, 직선 BP와 직선 $y = x$와의 교점을 Q라 할 때, $\triangle$APQ의 둘레의 길이를 구하여라.

풀이

(1) 두 점 A와 B가 $y = x$에 대하여 대칭이므로, B$(1, 2)$이고, 두 점 B와 C가 x에 대하여 대칭이므로, C$(1, -2)$이다. 또, 점 A에서 x축에 내린 수선의 발을 D, 점 B, C에서 y축에 내린 수선의 발을 각각 E, F라 하면, 삼각형 AOD와 삼각형 BOE와 삼각형 COF는 합동이다. 따라서 $\angle$AOC $= 90°$이다.

(2) 삼각형 AOC는 OA $=$ OC $= \sqrt{5}$인 직각이등변삼각형이므로, $\triangle$AOC $= \dfrac{5}{2}$이다.

(3) QA $=$ QB, PB $=$ PC이므로, 삼각형 APQ의 둘레의 길이는

$$
\begin{aligned}
\text{AP} + \text{PQ} + \text{QA} &= \text{AP} + \text{PQ} + \text{QB} \\
&= \text{AP} + \text{PB} \\
&= \text{AP} + \text{PC} \\
&= \text{AC} = \sqrt{2} \times \text{OA} = \sqrt{10}
\end{aligned}
$$

이다.

문제 4.3 원에 내접하는 사각형 ABCD에서 BC = 13, DA = 4, CA = 15, ∠CBD = ∠BAC이다. 대각선 AC와 BD의 교점을 G라 할 때, 다음 물음에 답하여라.

(1) CD의 길이를 구하여라.

(2) CG의 길이를 구하여라.

(3) AB의 길이를 구하여라.

풀이

(1) 원주각의 성질로부터 ∠BAC = ∠BDC이므로 ∠CBD = ∠BDC이다. 즉, 삼각형 CBD는 CB = CD 인 이등변삼각형이다. 따라서 CD = 13이다.

(2) 삼각형 ACB와 삼각형 BCG에서 ∠C는 공통이고, ∠BAC = ∠GBC이므로 삼각형 ACB와 삼각형 BCG 는 닮음이다. 그러므로 AC : BC = CB : CG이다. 즉, $15 : 13 = 13 : CG$이다. 따라서 $CG = \frac{13^2}{15} = \frac{169}{15}$이다.

(3) 사각형 ABCD는 원에 내접하므로 ∠BAD + ∠BCD = 180°이다. 그러므로

$$\triangle ABD : \triangle BCD = AB \times AD : CB \times CD$$
$$= AB \times 4 : 13^2 \qquad \text{①}$$

이다. 또,

$$\triangle ABD : \triangle BCD = AG : CG$$
$$= 15 - \frac{169}{15} : \frac{169}{15}$$
$$= 56 : 169 \qquad \text{②}$$

이다. 식 ①, ②로부터 $AC \times 4 = 56$이다. 즉, AB = 14 이다.

문제 4.4 다음 물음에 답하여라.

(1) 각 자리 숫자가 1 또는 2 또는 3 또는 4로 이루어진 다섯 자리 자연수가 있다. 이 자연수는 어떤 연속한 2개의 자리 수를 선택하더라도 반드시 1이 포함되어 있다. 예를 들어, "13114"는 조건을 만족하지만 "11241" 은 "24"를 선택하면 1이 포함되어 있지 않아서 조건을 만족하지 않는다. 이와 같은 조건을 만족하는 자연수는 모두 몇 개인지 구하여라.

(2) 각 자리 숫자가 1 또는 2 또는 3 또는 4로 이루어진 n 자리 자연수가 있다. 이 자연수는 어떤 연속한 2개의 자리 수를 선택하더라도 반드시 1이 포함되어 있다. 이와 같은 조건을 만족하는 자연수의 개수를 x_n이라 할 때, x_{n+1}, x_n, x_{n-1} 사이의 관계식을 구하고, x_5를 구하여라. 단, $n \geq 2$이다.

풀이

(1) 1이외의 2 ~ 4가 들어가는 자리를 □로 나타내어 조건을 만족하는 경우를 나누어 각각의 경우의 수를 구하면,

(i) "□1□1□"인 경우는 $3 \times 3 \times 3 = 27$개이다.

(ii) "11□1□", "1□11□", "1□1□1", "□111□", "□11□1", "1□111"인 경우는 $3 \times 3 \times 6 = 54$개이다.

(iii) "1111□", "111□1", "11□11", "1□111", "□1111" 인 경우는 $3 \times 5 = 15$개이다.

(iv) "11111"인 경우는 1개이다.

그러므로 주어진 조건을 만족하는 자연수는 모두 97 개이다.

(2) a_n을 주어진 규칙을 만족하면서 앞에서부터 n번째 숫자가 1인 경우의 수, b_n을 주어진 규칙을 만족하면서 앞에서부터 n번째 숫자가 1이 아닌 경우의 수라고 하면,

$$x_n = a_n + b_n, \quad b_{n+1} = 3a_n, \quad a_{n+1} = a_n + b_n$$

이다. 이로부터 $x_{n+1} = a_{n+1} + b_{n+1} = x_n + 3x_{n-1}$이다. $x_1 = 4$, $x_2 = 7$이므로 $x_3 = 19$, $x_4 = 40$, $x_5 = 97$이다.

문제 4.5 다음 물음에 답하여라.

(1) 양의 정수 x를 이진법으로 표현했을 때, 숫자 1이 짝수개 포함되어 있을 때, x를 마법수라고 하자. 예를 들어, 작은 순서대로 5개의 마법수는 3, 5, 6, 9, 10이다. 작은 순서대로 2017개의 마법수의 합을 구하여라.

(2) 1024이하의 양의 정수 중 2진법으로 표현했을 때, 1이 홀수번 나타나는 것들의 총합을 나누는 가장 큰 홀수를 구하여라.

⟦풀이⟧

(1) 4이상의 임의의 양의 정수는 $4n, 4n+1, 4n+2, 4n+3$(단, n은 양의 정수)로 표현된다. 이들을 2진법으로 표현했을 때, 마지막 두 숫자는 00, 01, 10, 11이다. 그러므로 $4n$과 $4n+3$이 모두 마법수이거나 $4n+1$과 $4n+2$이 마법수이다. 그런데, 두 마법수의 합은 모두 $8n+3$이다. 즉, 연속된 4개의 수 중에는 반드시 마법수가 2개 있고, 이들은 합 $8n+3$의 꼴이다. 또, $2017 = 2 \times 1008 + 1$이다. 따라서 작은 순서대로 2017개의 마법수의 합은

$$3 + 8(1 + 2 + \cdots + 1008) + 3(1008) = 4071315$$

이다.

(2) $i \geq 2$인 정수 i에 대하여 $2^i \leq x < 2^{i+1}$인 x를 이진법으로 표현한 수의 1의 개수가 홀수개인 수의 총합과 짝수개인 수의 총합은 항상 서로 같다. 이제, $x = 1, 2, 3, 1024$인 경우만 살펴보면 된다.

그런데, $1 = 1_{(2)}$, $2 = 10_{(2)}$, $3 = 11_{(2)}$, $1024 = 10000000000_{(2)}$이므로, 3이하의 정수에서 2진법으로 표현했을 때, 1의 개수가 홀수개인 수(1, 2)와 1의 개수가 짝수개인 수(3)의 합이 같다. 따라서 1024이하의 양의 정수 중 2진법으로 표현했을 때, 1의 홀수번 나타나는 것들의 총합은

$$\frac{1 + 2 + 3 + \cdots + 1023}{2} + 1024 = 256 \cdot 1027$$

이다. 따라서 우리가 구하는 가장 큰 홀수는 1027이다.

문제 4.6 이차함수 $y = x^2$과 두 직선 $y = nx$, $y = (n+1)x$와의 원점 O가 아닌 교점을 각각 A, B라 하자. n은 2이상의 자연수일 때, 다음 물음에 답하여라.

(1) $n = 3$일 때, △OAB의 넓이를 구하여라.

(2) 삼각형 OAB의 넓이가 36일 때, n의 값을 구하여라.

(3) 2차함수 $y = x^2$ 위의 점 P는 점 O와 점 A 사이에 있다. 삼각형 OPB의 넓이와 삼각형 OAB의 넓이가 같을 때, 점 P의 좌표를 구하여라.

⟦풀이⟧ 점 A(n, n^2)이라 하고, 점 B의 x좌표를 $n+1$이라 하자. 점 A를 지나고 y축에 평행한 직선과 직선 OB와의 교점을 A′라 하면

$$AA' = (n+1) \times n - n^2 = n$$

이다. 따라서 OAB $= \frac{n(n+1)}{2}$이다.

(1) $n = 3$일 때, △OAB $= 6$이다.

(2) △OAB $= 36$이므로 $\frac{n(n+1)}{2} = 36$이다. 이를 풀면 $n = 8$ $(n \geq 2)$이다.

(3) 점 P의 x좌표를 p $(0 < p < n)$라 하자. △OPB $=$ △OAB이므로 AP ∥ OB이다. 즉, $n + p = n + 1$이다. 따라서 $p = 1$이다. 즉, P$(1, 1)$이다.

문제 4.7 다음 제시문을 읽고 물음에 답하여라.

> 원에 내접하는 사각형 ABCD에서
> $AC \times BD = AB \times CD + BC \times DA$
> 이 성립한다. 이를 톨레미의 정리라고 한다.

원 O에 원 밖의 한 점 P에서 그은 두 접선과 원 O와의 교점을 각각 A, C라 하자. 점 P를 지나는 직선이 원 O와의 두 점에서 만날 때, 그 교점을 점 P에 가까운 순서대로 B, D라 하자. 이때, $AC \times BD = 2 \times AB \times CD$가 성립함을 보여라.

풀이 삼각형 PAB와 삼각형 PDA에서 $\angle PAB = \angle PDA$, $\angle APB = \angle DPA$이므로 삼각형 PAB와 삼각형 PDA는 닮음이다. 따라서, $PA : AB = PD : DA$이다. 즉, $PD = \frac{PA \times DA}{AB}$이다.
같은 방법으로 삼각형 PCB와 삼각형 PDC는 닮음이고, $PC : CB = PD : DC$이다. 즉, $PD = \frac{PC \times CD}{CB}$이다. 그러므로 $\frac{PA \times DA}{AB} = \frac{PC \times CD}{CB}$이다.
$PA = PC$이므로 $\frac{DA}{AB} = \frac{CD}{CB}$이다. 즉, $CB \times DA = AB \times CD$이다.
이를 톨레미의 정리에 대입하면

$$AC \times BD = AB \times CD + BC \times AD$$
$$= AB \times CD + AB \times CD$$
$$= 2 \times AB \times CD$$

이다.

문제 4.8 1에서 5까지의 숫자가 하나씩 쓴 카드가 1장씩 총 5장의 카드가 상자에 들어있다. 이 상자에서 무작위로 카드를 1장 꺼내서 카드의 숫자를 기록한 후 다시 상자로 넣는다. 이와 같은 과정을 4회 반복한다. 이때, 다음 물음에 답하여라.

(1) 기록한 4개의 수의 합이 홀수가 될 확률을 구하여라.

(2) 기록한 4개의 수의 곱이 짝수일 확률을 구하여라.

(3) 기록한 4개의 수의 곱이 6의 배수가 될 확률을 구하여라.

풀이

(1) 1장의 카드를 꺼낼 때, 홀수가 나올 확률은 $\frac{3}{5}$이고, 짝수가 나올 확률은 $\frac{2}{5}$이다. 그러므로 두 수의 합이 짝수가 될 확률은 $\frac{13}{25}$이고, 두 수의 합이 홀수가 될 확률은 $\frac{12}{25}$이다.
4개의 수의 합이 홀수가 되는 경우는 (처음 두 수의 합, 뒤의 두 수의 합)=(홀수, 짝수), (짝수, 홀수)일 때이다. 따라서 구하는 확률은 $\frac{12}{25} \times \frac{13}{25} + \frac{13}{25} \times \frac{12}{25} = \frac{312}{625}$이다.

(2) 4개의 수의 곱이 홀수일 확률은 $\left(\frac{3}{5}\right)^4 = \frac{81}{625}$이다. 따라서 구하는 확률은 $1 - \frac{81}{625} = \frac{544}{625}$이다.

(3) 6의 배수가 아닌 경우의 확률을 구한다.

   (i) 4개의 수가 모두 홀수일 때의 확률은 $\left(\frac{3}{5}\right)^4 = \frac{81}{625}$이다.

   (ii) 4개의 수가 모두 3이 아닐 확률은 $\left(\frac{4}{5}\right)^4 = \frac{256}{625}$이다.

   (iii) 4개의 수가 1 또는 5일 확률은 $\left(\frac{2}{5}\right)^4 = \frac{16}{625}$이다.

따라서 구하는 확률은

$$1 - \left(\frac{81}{625} + \frac{256}{625} - \frac{1}{256}\right) = 1 - \frac{321}{625} = \frac{304}{625}$$

이다.

문제 4.9 승우, 연우, 교순, 준서 4명이 윷놀이를 해서 1등은 4점, 2등은 3점, 3등은 2점, 4등은 1점을 얻는 게임을 하는데, 이 게임을 4번 해서 다음과 같은 결과를 얻었다.

- 연우의 세 번째 점수는 첫 번째 점수보다 2점 높았다.

- 교순이의 두 번째 점수는 첫 번째 점수보다 1점 높았다.

- 준서의 두 번째 점수는 첫 번째 점수보다 2점 높았다.

다음 물음에 답하여라.

(1) 첫 번째 4점을 얻은 사람은 누구인가?

(2) 두 번째 4점을 얻는 사람은 누구인가?

(3) 4명이 각각 4회의 게임의 점수를 합산할 때, 다음 물음에 답하여라.

(가) 합계 점수가 높은 순으로 순위를 결정한다. 순위가 1위인 사람의 합계 점수를 생각하는데, 합계 점수가 가장 높을 때의 1위는 누구이고, 몇 점인지 구하여라.

(나) 합계 점수가 모두 같고, 전원이 한 번씩 4점을 얻었다고 할 때, 네 번째 네 사람의 점수는 각각 몇 점인지 구하여라.

풀이

(1) 첫 번째 4점을 얻은 사람은 두 번째, 세 번째 점수가 첫 번째 점수보다 높을 수 없으므로 첫 번째 4점을 얻은 사람은 승우이다.

(2) 첫 번째 3점을 얻는 사람은 두 번째, 세 번째 점수가 첫 번째 점수보다 2점이 높을 수 없으므로 연우와 준서는 첫 번째 3점을 얻은 사람이 아니다. 그러므로 첫 번째 3점을 얻는 사람은 교순이다. 따라서 교순이의 두 번째 점수는 4점이다. 즉, 두 번째 4점을 얻는 사람은 교순이다.

(3) 준서의 두 번째 점수가 첫 번째 점수보다 2점 높으므로 준서의 첫 번째 점수는 1점이다. 그러므로 연우의 첫 번째 점수는 2점이다. 현재 점수 상황을 표로 나타내면 아래와 같다.

	첫 번째	두 번째	세 번째	네 번째
승우	4점			
연우	2점		4점	
교순	3점	4점		
준서	1점	3점		

(가) 위의 표를 보면 교순이가 세 번째 3점, 네 번째 4점을 받을 수 있으므로 합계 점수가 가장 높을 때이다. 따라서 합계 점수가 가장 높을 때의 1위는 교순이이고, 점수는 14점이다.

(나) 전원이 한 번씩 4점을 얻었으므로 네 번째에 4점을 받는 사람은 준서이다. 그리고 네 명의 합계 점수가 모두 같으므로 이를 이용하여 표를 만들면 아래와 같다.

	첫 번째	두 번째	세 번째	네 번째
승우	4점	2점	3점	1점
연우	2점	1점	4점	3점
교순	3점	4점	1점	2점
준서	1점	3점	2점	4점

따라서 네 번째 승우는 1점, 연우는 3점, 교순이는 2점, 준서는 4점을 얻었다.

문제 4.10 다음 물음에 답하여라.

(1) a%의 소금물 Ag이 들어있는 그릇 '갑"과 b%의 소금물 Bg이 들어있는 그릇 "을"이 있다. 다음과 같은 작업을 시행한다.

> 그릇 "갑"과 "을"에 들어있는 소금물 xg를 꺼낸 후, 그릇 "갑"에서 꺼낸 소금물은 그릇 "을"에 넣고, 그릇 "을"에서 꺼낸 소금물은 그릇 "갑"에 넣는다.

이 작업을 시행한 후 그릇 "갑"과 "을"의 소금물의 농도가 a'%, b'%가 되었다.

  (가) a', b'을 a, b, A, B, x를 사용하여 나타내어라.

  (나) $(a-b) : (a'-b')$을 A, B, x를 사용하여 나타내어라.

(2) 13%의 소금물 200g이 들어있는 그릇 "갑"과 7%의 소금물 300g이 들어있는 그릇 "을"이 있다. (1)에서의 작업을 시행한다.

  (가) 작업을 시행한 후 그릇 "갑"의 소금물의 농도가 8.5%가 되었다. 이때, x의 값을 구하고, 그릇 "을"의 소금물의 농도를 구하여라.

  (나) 작업을 시행한 후 그릇 "갑"과 "을"의 소금물의 농도의 차가 2%가 될 때, x의 값을 구하여라.

풀이

(1) (가) 그릇 "갑"과 "을"에 안에 들어있는 소금의 양은 각각 $\frac{aA}{100}$(g), $\frac{bB}{100}$(g)이다. 그러므로

$$a' = \left(\frac{aA}{100} \times \frac{A-x}{A} + \frac{bB}{100} \times \frac{x}{B} \right) \div A \times 100$$

$$= \frac{a(A-x)+bx}{A} = a - \frac{a-b}{A}x \qquad ①$$

$$b' = \left(\frac{aA}{100} \times \frac{x}{A} + \frac{bB}{100} \times \frac{B-x}{B} \right) \div B \times 100$$

$$= \frac{ax+b(B-x)}{B} = b + \frac{a-b}{B}x \qquad ②$$

이다.

(나)

$$(a-b) : (a'-b')$$
$$= (a-b) : (①-②)$$
$$= (a-b) : \left\{ (a-b) - (a-b)\left(\frac{x}{A} + \frac{x}{B} \right) \right\}$$
$$= 1 : \left\{ 1 - \left(\frac{x}{A} + \frac{x}{B} \right) \right\} \qquad ③$$

이다.

(2) (가) ①에 $a = 13$, $b = 7$, A = 200, B = 300, $a' = 8.5$를 대입하면 풀면, $x = 150$이다.

이를 ②에 대입하면 $b' = 10$이다.

(나) 그릇 "갑"과 그릇 "을"의 처음 소금물의 농도의 차가 6%이었고, 작업을 시행한 후 농도의 차가 2%가 되기 위해서는 ③의 비가 $1 : \frac{1}{3}$ 또는 $1 : -\frac{1}{3}$이다. 즉, $1 - \left(\frac{x}{200} + \frac{x}{300} \right) = \frac{1}{3}$ 또는 $1 - \left(\frac{x}{200} + \frac{x}{300} \right) = -\frac{1}{3}$이다. 이를 풀면 $x = 80$ 또는 $x = 160$이다.

문제 4.11 AB = AE, AC = AD, BE ∥ CD인 오각형 ABCDE에서 BE와 AC, AD와의 교점을 각각 P, Q라 하면, BP : PQ : QE = 2 : 1 : 2이다. 점 D를 지나 변 AE에 평행한 직선과 대각선 AC와의 교점을 R이라 하면, AR = AB = AE이고, AB ∥ RQ이다. △ABE = 96일 때, 다음 물음에 답하여라.

(1) AQ : QD를 구하여라.

(2) 사다리꼴 PCDQ의 넓이를 구하여라.

[풀이]

(1) 삼각형 APB와 삼각형 RPQ는 닮음이고 AP : PR = 2 : 1이다. AC = AD로부터 AP = AQ이다.
삼각형 ARQ와 삼각형 ADR은 닮음이고

$$AQ : AR = AR : AD = AR : AC = 2 : 3$$

이다. 그러므로 AR : RC = 2 : 1이다. 즉, AQ : QD = 4 : 5이다.

(2) (1)에 의하여

$$\triangle APQ : \triangle ACD = 16 : 81$$

이므로

$$\begin{aligned}
\square PCDQ &= \triangle APQ \times \frac{65}{16} \\
&= \triangle ABE \times \frac{1}{5} \times \frac{65}{16} \\
&= 96 \times \frac{1}{5} \times \frac{65}{16} \\
&= 78
\end{aligned}$$

이다.

문제 4.12 원 위에 서로 다른 n개의 점 $P_1, P_2, \cdots, P_n$이 있다. 이 중 두 점을 잇는 선분들을 모두 그릴 때, 어떠한 세 선분도 원 내부의 한 점에서 만나지 않는다. 다음 조건을 만족하는 삼각형의 개수를 T_n이라 하자.

> 삼각형의 각 변은 어떤 선분 P_iP_j에 포함된다.

이때, 다음 물음에 답하여라.

(1) T_4를 구하여라.

(2) T_7을 구하여라.

[풀이]

(1) 꼭짓점 3개를 포함하는 경우의 수는 $_4C_3 = 4$가지이고, 꼭짓점 2개를 포함하는 경우의 수는 모두 4가지이다. 따라서 $T_4 = 8$이다.

(2) 다음과 같은 경우로 나누어 살펴보자.

(i) 꼭짓점 3개를 포함하는 경우 : $_7C_3 = 35$가지이다.

(ii) 꼭짓점 2개를 포함하는 경우 : 7개의 꼭짓점 중에서 4개를 선택하면 볼록사각형이 하나 생기고, 이 볼록사각형의 대각선으로 나누어진 4개의 삼각형이 생긴다. 그러므로 $_7C_4 \times 4 = 140$가지이다.

(iii) 꼭짓점 1개를 포함하는 경우 : 7개의 꼭짓점 중에서 5개를 선택하면 볼록오각형이 하나 생기고, 이 볼록오각형의 대각선으로 나누어진 5개의 삼각형이 생긴다. 그러므로 $_7C_5 \times 5 = 105$가지이다.

(iv) 꼭짓점 0개를 포함하는 경우 : 7개의 꼭짓점 중에서 6개를 선택하면 볼록육각형이 하나 생기고, 이 볼록육각형의 대각선으로 나누어진 1개의 삼각형이 생긴다. 그러므로 $_7C_6 \times 1 = 7$가지이다.

따라서 $T_7 = 287$이다.

문제 4.13 바닥에 점 A가 있고, 점 A에서 바로 위에 높이가 24cm인 지점에 전구가 있다. 한 모서리의 길이가 8cm인 정육면체가 5개 있다. 다음 물음에 답하여라.

(1) 아래 그림과 같이 5개의 정육면체를 쌓은 후 전구를 켰을 때, 생기는 그림자의 넓이를 구하여라.

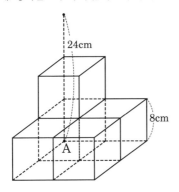

(2) 아래 그림과 같이 5개의 정육면체를 쌓은 후 전구를 켰을 때, 생기는 그림자의 넓이를 구하여라.

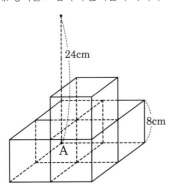

〔풀이〕

(1) 전구를 켰을 때, 생기는 그림자는 아래 그림에서 굵은 선 부분과 같다.

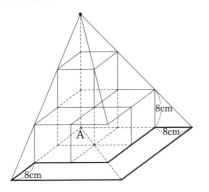

따라서 구하는 그림자의 넓이는 $24 \times 24 - 16 \times 16 = 320(\text{cm}^2)$이다.

(2) 전구를 켰을 때, 생기는 그림자는 아래 그림에서 굵은 선 부분과 같다.

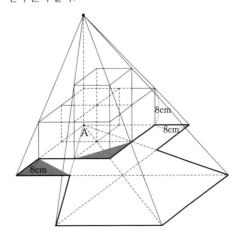

따라서 구하는 그림자의 넓이는 $320 + 24 \times 24 + 12 \times 24 \div 2 \times 2 = 1184(\text{cm}^2)$이다.

문제 4.14 다음 물음에 답하여라.

(1) $m^2 - n^2 = 777$을 만족하는 자연수쌍 (m, n)을 모두 구하여라.

(2) 자연수 a, b, c, d가 $a > b > c > d$를 만족한다.

   (가) $a^2 c^2 + b^2 d^2 - a^2 d^2 - b^2 c^2$을 인수분해하여라.

   (나) $a^2 c^2 + b^2 d^2 - a^2 d^2 - b^2 c^2 = 777$을 만족하는 자연수쌍 (a, b, c, d)은 모두 몇 개인지 구하여라.

   (다) a, b, c, d가 모두 두 자리수일 때, $a^2 c^2 + b^2 d^2 - a^2 d^2 - b^2 c^2 = 777$을 만족하는 a, b, c, d를 구하여라.

풀이

(1) $(m+n)(m-n) = 3 \times 7 \times 37$이고, m, n이 자연수이므로 $m + n > m - n \geq 0$이다. 따라서 $(m+n, m-n) = (777, 1), (259, 3), (111, 7), (37, 21)$이다. 이를 풀면 $(m, n) = (389, 388), (131, 128), (59, 52), (29, 8)$이다.

(2) (가)
$$
a^2 c^2 + b^2 d^2 - a^2 d^2 - b^2 c^2
$$
$$
= (a^2 c^2 - a^2 d^2) - (b^2 c^2 - b^2 d^2)
$$
$$
= a^2(c^2 - d^2) - b^2(c^2 - d^2)
$$
$$
= (a^2 - b^2)(c^2 - d^2)
$$
$$
= (a+b)(a-b)(c+d)(c-d)
$$
이다.

(나) a, b, c, d는 자연수이고, $a > b > c > d$이므로 $a + b > a - b, a + b > c + d > c - d$이다. 그러므로
$$
(a+b)(a-b)(c+d)(c-d) = 3 \times 7 \times 37
$$
을 만족하는 $(a+b, a-b, c+d, c-d)$를 구하면 $(259, 1, 3, 1), (111, 1, 7, 1), (37, 7, 3, 1), (37, 3, 7, 1), (37, 1, 21, 1), (37, 1, 7, 3)$이다. 이를 풀면 $(a, b, c, d) = (130, 129, 2, 1), (56, 55, 4, 3), (22, 15, 2, 1), (20, 17, 4, 3), (19, 18, 11, 10), (19, 18, 5, 2)$이다. 즉, 모두 6개이다.

(다) (나)에서 구한 (a, b, c, d) 중 두 자리 수는 $(19, 18, 11, 10)$뿐이다. 따라서 $a = 19, b = 18, c = 11, d = 10$이다.

문제 4.15 다음 물음에 답하여라.

(1) 각 자릿수가 1 또는 2인 6자리 양의 정수 중, 121121와 같이 2 바로 다음에 1이 나오는 경우가 정확히 두 번인 것의 개수를 구하여라.

(2) 각 자릿수가 1 또는 2인 10자리 양의 정수 중, 1211212212와 같이 2 바로 다음에 1이 나오는 경우가 정확히 세 번인 것의 개수를 구하여라.

풀이

(1) a_i를 1이 한 개이상 연속적으로 이루어진 수, b_i를 2가 한 개이상 연속적으로 이루어진 수라고 하자. 또, a_i와 b_i가 0일 경우에는 생략하는 것으로 하자. 단, $i = 1, 2, 3$이다. 그러면, 주어진 조건을 만족하는 10자리 양의 정수는
$$
a_1 b_1 2 1 a_2 b_2 2 1 a_3 b_3
$$
이다. 따라서
$$
a_1 + a_2 + a_3 + b_1 + b_2 + b_3 = 2
$$
를 만족하는 음이 아닌 정수 쌍의 개수가 우리가 구하는 경우의 수이다. 그러므로 구하는 답은 $_6\mathrm{H}_2 = {}_7\mathrm{C}_2 = 21$개이다.

(2) a_i를 1이 한 개이상 연속적으로 이루어진 수, b_i를 2가 한 개이상 연속적으로 이루어진 수라고 하자. 또, a_i와 b_i가 0일 경우에는 생략하는 것으로 하자. 단, $i = 1, 2, 3, 4$이다. 그러면, 주어진 조건을 만족하는 10자리 양의 정수는
$$
a_1 b_1 2 1 a_2 b_2 2 1 a_3 b_3 2 1 a_4 b_4
$$
이다. 따라서
$$
a_1 + a_2 + a_3 + a_4 + b_1 + b_2 + b_3 + b_4 = 4
$$
를 만족하는 음이 아닌 정수 쌍의 개수가 우리가 구하는 경우의 수이다. 그러므로 구하는 답은 $_8\mathrm{H}_4 = {}_{11}\mathrm{C}_4 = 330$개이다.

문제 4.16 다음 물음에 답하여라.

(1) x^{100}을 $(x-1)^2$으로 나눈 나머지를 $ax+b$라 할 때, a를 구하여라.

(2) x^{100}을 $(x-1)^3$으로 나눈 나머지를 ax^2+bx+c라 할 때, a를 구하여라.

[풀이]

(1)
$$x^{100} = \{(x-1)+1\}^{100}$$
$$= \left\{(x-1)^{2 \text{이상}} \text{의 항}\right\} + {}_{100}C_1(x-1)+1$$

이므로, x^{100}을 $(x-1)^2$으로 나눈 나머지는

$$_{100}C_1(x-1)+1$$

이다. 따라서 $a = {}_{100}C_1 = 100$이다.

(2)
$$x^{100} = \{(x-1)+1\}^{100}$$
$$= \left\{(x-1)^{3 \text{이상}} \text{의 항}\right\}$$
$$+ {}_{100}C_2(x-1)^2 + {}_{100}C_1(x-1)+1$$

이므로, x^{100}을 $(x-1)^3$으로 나눈 나머지는

$$_{100}C_2(x-1)^2 + {}_{100}C_1(x-1)+1$$

이다. 따라서 $a = {}_{100}C_2 = 4950$이다.

문제 4.17 다음 물음에 답하여라.

(1) 아래 그림과 같이 정육면체 1개가 있다. 정육면체의 꼭짓점 8개 중 세 점을 선택하여 만들 수 있는 정삼각형의 개수를 구하여라. 단, 점의 위치가 다르면 다른 정삼각형으로 본다.

(2) 아래 그림과 같이 합동인 정육면체 8개를 가지고 하나의 큰 정육면체를 만들었다. 이때, 큰 정육면체의 27개 중 세 점을 선택하여 만들 수 있는 정삼각형의 개수를 구하여라. 단, 점의 위치가 다르면 다른 정삼각형으로 본다.

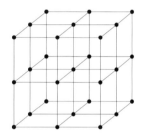

[풀이]

(1) 아래 그림과 같이 정육면체의 대각선에 수직이 되도록 점을 지나는 평면으로 자르면 두 개의 정삼각형이 생긴다.

정육면체에는 서로 다른 대각선이 모두 4개가 있으므로 구하는 정삼각형의 개수는 $4 \times 2 = 8$개이다.

(2) 아래 그림과 같이 정육면체의 대각선에 수직이 되도록 점을 지나는 평면으로 자르면 두 개의 작은 정삼각형, 두 개의 큰 정삼각형, 한 개의 정육각형이 생긴다.

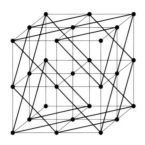

작은 정삼각형에는 한 개의 정삼각형이 있고, 큰 정삼각형에는 5개의 정삼각형이 있고, 정육각형에는 8개의 정삼각형이 있다. 또, 정육면체에는 서로 다른 대각선이 모두 4개가 있다. 따라서 구하는 정삼각형의 개수는 $4 \times (2 \times 1 + 2 \times 5 + 1 \times 8) = 80$개이다.

문제 4.18 다음 물음에 답하여라.

(1) 원에 내접하는 사각형 ABCD에서 AB = 3, BC = 4, CD = 6, AC : BD = 7 : 8일 때, AD의 길이를 구하여라.

(2) 원에 내접하는 사각형 ABCD의 꼭짓점 B에서 직선 AD와 CD에 내린 수선의 발을 각각 H_1, H_2라 하고, 꼭짓점 D에서 직선 AB와 BC에 내린 수선의 발을 각각 H_3, H_4라 하자. 직선 H_1H_3과 H_2H_4가 서로 평행하고, 변 AB, BC, CD의 길이가 각각 5, 3, $3\sqrt{2}$일 때, 변 AD의 길이를 구하여라.

풀이

(1) 두 대각선의 교점을 P라 하자. 삼각형 ABP와 삼각형 DCP는 닮음비가 AB : DC = 1 : 2인 닮음이다. 이제, BP = 1, CP = 2라 하자. 삼각형 BPC와 삼각형 APD는 닮음이고, 닮음비가 1 : k라 하면, AP = k, DP = $2k$이다. 또, AC : BD = (AP + PC) : (BP + PD) = ($k + 2$) : ($1 + 2k$) = 7 : 8이다. 즉, $7(2k + 1) = 8(k + 2)$이다. 이를 풀면, $k = \dfrac{3}{2}$이다.

따라서 BC : AD = 4 : AD = 1 : $\dfrac{3}{2}$이다. 이를 풀면 AD = 6이다.

(2) 점 D를 지나 H_1H_3에 평행한 직선과 AB와의 교점을 E라 하자. 그러면, $\angle BH_1D = \angle BH_2D = \angle BH_3D = \angle BH_4D = 90°$이므로, B, D, H_1, H_2, H_3, H_4는 BD를 지름으로 하는 한 원 위에 있다. 원주각과 내대각, 동위각, 엇각의 성질들을 이용하면,

$$\angle ABD = \angle AH_1H_3 = \angle ADE,$$

$$\angle DBC = \angle DH_2H_4 = \angle CDE$$

이다. 그러므로 $\angle ADC = \angle ABC$이다. 또, 사각형 ABCD가 원에 내접하므로, $\angle ADC + \angle ABC = 180°$이다. 따라서 $\angle ADC = \angle ABC = 90°$이다. 그러므로 $AD^2 = AC^2 - CD^2 = AB^2 + BC^2 - CD^2 = 16$이다. 즉, AD = 4이다.

문제 4.19 검은 구슬 6개, 흰 구슬 4개, 붉은 구슬 1개가 있다. 같은 색의 구슬은 각각 구별하지 못하는 것으로 할 때, 다음에 답하여라.

(1) 이 구슬을 전부 써서 원형으로 배열하는 방법의 가지수를 구하여라.

(2) (1)에서 붉은 구슬을 중심으로 해서 좌우 대칭으로 되는 가지수를 구하여라.

(3) 이들의 구슬을 전부 꿰서 목걸이를 만들 때, 만들어지는 목걸이의 가지수를 구하여라.

[풀이]

(1) 붉은 구슬 1개를 고정해서 생각하면 나머지 검은 구슬 6개, 흰 구슬 4개를 일렬로 배열하는 방법의 수와 같으므로 $\frac{10!}{6!4!} = 210$가지이다.

(2) 좌우 대칭이 되는 것은 한 쪽에 검은 구슬 3개, 흰 구슬 2개가 오는 경우이므로 $\frac{5!}{3!2!} = 10$가지이다.

(3) (1)에서 좌우 대칭인 것은 뒤집으면 그 자신과 일치하고, 좌우 대칭이 아닌 것은 뒤집었을 때 같은 것이 두 개씩 생기므로 $10 + \frac{210 - 10}{2} = 110$가지이다.

문제 4.20 한 모서리의 길이가 6인 정육면체 ABCD-EFGH에서 모서리 AB, BC, CD, DA의 중점을 각각 P, Q, R, S라 하자.

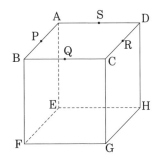

다음 물음에 답하여라.

(1) 이 정육면체를 삼각형 PQF을 포함하는 평면과 삼각형 SRH을 포함하는 평면으로 절단한다. 절단한 입체 중 부피가 가장 큰 것의 부피를 구하여라.

(2) (1)에서 부피가 가장 큰 입체의 겉넓이와 정육면체의 겉넓이의 차를 구하여라.

(3) 이 정육면체를 직사각형 AFGD를 포함하는 평면, 직사각형 BCHE를 포함하는 평면, 직사각형 CDEF를 포함하는 평면으로 절단한다. 절단한 입체 중 정사각형 EFGH를 포함한 입체의 부피를 구하여라.

(4) 이 정육면체를 직사각형 PRHE를 포함하는 평면, 직사각형 QSEF를 포함하는 평면으로 절단하면 4개의 입체로 나누어진다. 이때, 점 A를 포함한 입체, 점 B를 포함한 입체, 점 C를 포함한 입체, 점 D를 포함한 입체의 부피의 비를 구하여라.

[풀이]

(1) 구하는 부피는 정육면체의 부피에서 삼각뿔 B-PQF와 삼각뿔 D-SRH의 부피를 빼면 된다. 따라서 구하는 부피는

$$6 \times 6 \times 6 - 3 \times 3 \times \frac{1}{2} \times 6 \times \frac{1}{3} \times 2 = 198$$

이다.

(2) (1)에서 부피가 가장 큰 입체의 겉넓이와 정육면체의 겉넓이의 차는 아래 그림의 넓이에서 색칠된 부분과 색칠되지 않은 부분의 넓이의 차의 2배와 같다.

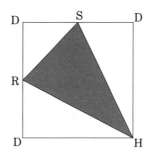

색칠되지 않은 부분의 넓이는

$$3 \times 3 \times \frac{1}{2} + 3 \times 6 \times \frac{1}{2} \times 2 = 22.5$$

이다. 색칠한 부분의 넓이는 $36 - 22.5 = 13.5$이다.
따라서 구하는 겉넓이의 차는 $(22.5 - 13.5) \times 2 = 18$
이다.

(3) 절단한 후 입체도형은 아래 그림과 같다.

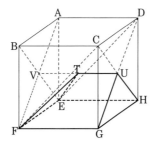

삼각기둥 FVE-GUH의 부피는 $6 \times 3 \times \frac{1}{2} \times 6 = 54$이고,
삼각뿔 T-VFE의 부피는 $6 \times 3 \times \frac{1}{2} \times 3 \times \frac{1}{3} = 9$이다.
따라서 구하는 입체도형의 부피는 $54 - 9 = 45$이다.

(4) 절단한 후 입체도형은 아래와 같다.

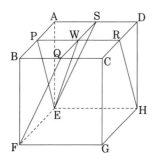

위의 입체도형을 분리하면 아래와 같다.

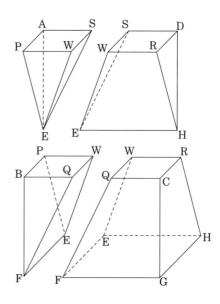

점 A를 포함한 입체와 점 C를 포함한 입체를 합하면
사각뿔이 생기고, 점 B를 포함한 입체와 점 D를 포함
한 입체는 부피가 같다.
점 A를 포함한 입체도형의 부피는 $3 \times 3 \times 6 \times \frac{1}{3} = 18$
이다.
점 C를 포함한 입체도형의 부피는 $6 \times 6 \times 12 \times \frac{1}{3} \times \frac{7}{8} = 126$이다.
그러므로 점 B를 포함한 입체도형의 부피와 점 D를
포함한 입체도형의 부피의 합은 $6 \times 6 \times 6 - 144 = 72$
이므로, 점 B를 포함한 입체도형의 부피와 점 D를 포
함한 입체도형의 부피는 36이다.
따라서 구하는 부피의 비는 $18 : 36 : 126 : 36 = 1 : 2 : 7 : 2$이다.

제 5 절 점검 모의고사 5회 풀이

문제 5.1 1부터 5까지의 카드를 승우, 연우, 준서, 교순, 원준이 5명에게 한 장씩 나눠준다. 승우가 가진 카드의 숫자는 3이고, 나머지 4명의 카드의 숫자는 몰라서, 승우가 다른 4명의 카드의 숫자를 맞추려고 한다. 연우, 준서, 교순, 원준이는 대화를 통해서 힌트를 2개씩 알려준다. 그러나 누군가 한 명은 2개 모두 거짓말을 했고, 나머지 3명은 2개 모두 진실을 말했다.

	힌트1		힌트2
연우	내 카드의 수는 홀수이다.	연우	내 카드의 숫자는 1과 4가 아니다.
준서	내 카드의 수는 홀수이다.	준서	내 카드의 숫자는 3과 4가 아니다.
교순	내 카드의 수는 홀수이다.	교순	내 카드의 숫자는 2와 5가 아니다.
원준	내 카드의 수는 짝수이다.	원준	내 카드의 숫자는 1과 2가 아니다.

(1) 원준이의 카드의 숫자는 무엇인가?

(2) 거짓말을 하는 사람은 연우, 준서, 교순, 원준이 중 누구인가?

(3) 연우와 준서의 카드의 숫자는 각각 무엇인가?

풀이

(1) 연우, 준서, 교순, 원준이는 1, 2, 4, 5의 카드를 (홀수 2장, 짝수 2장)으로 나누어야 하는데, 힌트1에서 자신의 카드가 홀수라고 말한 사람이 2명, 짝수라고 말한 사람이 2명이 있어야 하지만, 자신의 카드가 홀수라고 말한 사람은 한 명뿐이므로 연우, 준서, 교순이 중에 반드시 거짓말을 한 사람이 있다. 그러므로 원준이는 진실을 말하고 있고, 원준이가 가진 카드의 숫자는 4이다.

(2) 연우가 거짓말을 했다고 가정하면, 연우의 카드의 수는 짝수이고, 1 또는 4이므로 연우의 카드의 숫자는 4이다. 이는 (1)에서 원준이의 카드 숫자 4와 겹치므로 모순이다.

준서가 거짓말을 했다고 가정하면, 준서의 카드의 수는 짝수이고, 3 또는 4이므로 준서의 카드의 숫자는 4이다. 이는 (1)에서 원준이의 카드 숫자 4와 겹치므로 모순이다.

교순이가 거짓말을 했다고 가정하면, 교순이의 카드의 수는 짝수이고, 2 또는 5이므로, 교순이의 카드의 숫자는 2이다. 그러므로 거짓말을 하는 사람은 교순이다.

(3) (1), (2)에 의하여 원준이의 카드의 숫자는 4이고, 교순이의 카드의 숫자는 2이다. 연우의 카드의 수는 홀수이고, 1과 4가 아니므로 연우의 카드의 숫자는 5이다. 준서의 카드의 수는 홀수이고, 3과 4가 아니므로 준서의 카드의 숫자는 1이다.

문제 5.2 $y = x^2$ 위에 서로 다른 세 점 A, B, C가 있다. 점 A와 점 B는 y축에 대하여 대칭인 위치에 있다. 선분 BC의 길이가 10이고, 직선 BC의 기울기가 3이다. 또, 점 C의 x좌표는 점 B의 x좌표보다 크다. 이때, 다음 물음에 답하여라.

(1) 점 B의 x좌표를 구하여라.

(2) 세 점 A, B, C를 지나는 원의 중심의 좌표를 구하여라.

[풀이]

(1) 두 점 B, C의 x좌표의 차를 k라 하면, BC의 기울기가 3이므로 B, C의 y좌표의 차는 $3k$이다. 그러므로 BC $= \sqrt{k^2 + (3k)^2} = \sqrt{10}k = 10$이다. 즉, $k = \sqrt{10}$이다. 이제, B의 x좌표를 b라 하면, C의 x좌표는 $b + \sqrt{10}$이다. BC의 기울기가 3이므로

$$\frac{(b+\sqrt{10})^2 - b^2}{(b+\sqrt{10}) - b} = (b+\sqrt{10}) + b = 3$$

이다. 이를 풀면 $b = \frac{3 - \sqrt{10}}{2}$이다.

(2) 구하는 원의 중심을 P라 하면, 점 P는 두 선분 AB, CA의 수직이등분선의 교점이다. 또, 선분 CA의 수직이등분선과 y축과의 교점이 P이다.
점 C의 x좌표는 $b + \sqrt{10} = \frac{\sqrt{10}+3}{2}$이고, 점 A의 x좌표는 $-b = \frac{\sqrt{10}-3}{2}$이므로, CA의 기울기는 $\sqrt{10}$이고, CA의 수직이등분선의 기울기는 $-\frac{1}{\sqrt{10}}$이다. CA의 중점을 M이라 하면, M의 좌표는 $\left(\frac{\sqrt{10}}{2}, \frac{19}{4}\right)$이다. 따라서 CA의 수직이등분선은

$$y = -\frac{1}{\sqrt{10}}\left(x - \frac{\sqrt{10}}{2}\right) + \frac{19}{4} = -\frac{1}{\sqrt{10}}x + \frac{21}{4}$$

이다. 그러므로 점 P의 좌표는 $\left(0, \frac{21}{4}\right)$이다.

문제 5.3 AB $= 4$, BC $= 6$, CA $= 5$인 삼각형 ABC에서 $\angle ABC = \angle CAD$가 되도록 점 D를 변 BC위에 잡고, $\angle ACB = \angle ADE$가 되도록 점 E를 변 CA위에 잡는다. 이때, 다음 물음에 답하여라.

(1) AD의 길이를 구하여라.

(2) $\triangle ABD : \triangle ADE : \triangle EDC$를 구하여라.

[풀이]

(1) 삼각형 ADC와 삼각형 ABC가 닮음이므로, AD : AB = AC : BC가 성립한다. 즉, AD : 4 = 5 : 6이다. 그러므로 AD $= \frac{10}{3}$이다.

(2) 삼각형 EAD와 삼각형 ADC, 삼각형 ABC는 닮음비가 $\frac{10}{3} : 5 : 6 = 10 : 15 : 18$인 닮음이다. 그러므로 삼각형 EAD와 삼각형 ADC, 삼각형 ABC의 넓이의 비는 $100 : 225 : 324$이다. 따라서 $\triangle ABD : \triangle ADE : \triangle EDC = 99 : 100 : 125$이다.

문제 5.4 승우, 준서, 원준이 3명은 100m 달리기를 하여 기록이 좋은 순서대로 1위부터 3위까지 순위를 정했다. 이때, 순위에 대하여 3명은 다음과 같이 말하였다.

- 승우 : "나는 1등이다."

- 준서 : "나는 2등이다."

- 원준 : "나는 1등이 아니다."

다음 물음에 답하여라. 단, 순위는 모두 다르다.

(1) 3명 중 1명만 거짓말을 했다면, 거짓말을 하고 있는 것은 누구인가?

(2) (1)의 경우, 3명의 순위를 답하여라.

(3) 3명 전부 모두 진실을 말했다면 3명의 순위를 답하여라.

풀이

(1) 승우가 거짓말을 했다고 가정하면, 준서는 2등, 원준이는 3등이 되어 승우는 1등이 되는데, 이는 모순이다. 그러므로 승우는 진실을 말했다.

준서가 거짓말을 했다고 가정하면, 승우는 1등, 준서는 3등, 원준이는 2등이 되어 주어진 조건을 모두 만족한다. 따라서 준서가 거짓말을 했다.

원준이가 거짓말을 했다고 가정하면, 승우는 1등, 준서는 2등, 원준이는 1등이 되어 모순이다. 그러므로 원준이는 진실을 말했다.

(2) (1)에 의하여 1등은 승우, 2등은 원준, 3등은 준서이다.

(3) 3명 모두 진실을 말했다면, 1등은 승우, 2등은 준서, 3등은 원준이다.

문제 5.5 앞면과 뒷면에 자연수가 적혀 있는 5장의 카드가 다음 조건을 만족한다.

(가) 5 장의 카드의 앞면의 자연수의 합과 5장의 카드의 뒷면의 자연수의 합은 같다.

(나) 각각의 카드에 대하여 앞면과 뒷면의 자연수의 합은 같다.

(다) 적혀 있는 자연수는 모두 다르다.

(라) 카드의 앞면과 뒷면은 구별된다.

지금 5장의 카드 중 4장의 카드의 앞면에 적힌 자연수는 11, 12, 17, 20이다. 나머지 장의 카드의 앞면에 적힌 수로 가능한 자연수를 모두 구하여라.

풀이 앞면과 뒷면의 자연수의 합을 n이라 하고, 나머지 1장의 카드 앞면에 적힌 수를 x라 하자.

앞	11	12	17	20	x
뒷	$n-11$	$n-12$	$n-17$	$n-20$	$n-x$

$60 + x = 5n - 60 - x$이므로 $120 + 2x = 5n$이다. 즉, n은 짝수이고, x는 5의 배수이다. 또, $n > x$이므로 $x < 40$이다. 따라서 가능한 x는 5, 10, 15, 20, 25, 30, 35이다. 이를 대입하여 주어진 조건을 만족하는지 확인하면, $x = 5, 30, 35$만 가능하다.

문제 5.6 다음 물음에 답하여라.

(1) 연립방정식

$$\frac{x(y-1)}{2x+y-1} = 3,$$

$$\frac{x(z+1)}{x+2z+2} = 3,$$

$$\frac{(y-1)(z+1)}{2y+z-1} = 3$$

을 만족하는 x, y, z에 대하여 xyz의 값을 구하여라.

(2) 양의 실수 x, y, z에 대하여 연립방정식

$$x^2 - 2017x + 1 = y^2,$$

$$y^2 - 2017y + 1 = z^2,$$

$$z^2 - 2017z + 1 = x^2$$

을 풀어라.

[풀이]

(1) 주어진 식을 각각 역수를 취하면,

$$\frac{1}{x} + \frac{2}{y-1} = \frac{1}{3} \qquad ①$$

$$\frac{1}{z+1} + \frac{2}{x} = \frac{1}{3} \qquad ②$$

$$\frac{1}{y-1} + \frac{2}{z+1} = \frac{1}{3} \qquad ③$$

이다. 먼저 ① − ③ × 2에서,

$$\frac{1}{x} - \frac{4}{z+1} = -\frac{1}{3} \qquad ④$$

이다. 또, ② × 4 + ④에서, $\frac{9}{x} = 1$이다. 즉, $x = 9$이다. 그러면, $y = 10$, $z = 8$이다. 따라서 $xyz = 720$이다.

(2) 주어진 연립방정식을 변형하면

$$\frac{x^2+1-y^2}{x} = \frac{y^2+1-z^2}{y}$$

$$= \frac{z^2+1-x^2}{z} = 2017$$

이다. 위 식을 정리하면

$$x^2 y + y - y^3 - xy^2 - x + xz^2 = 0$$

$$y^2 z + z - z^3 - yz^2 - y + yx^2 = 0$$

$$z^2 x + x - x^3 - zx^2 - z + zy^2 = 0$$

이다. 위 세 식을 변변 더하여 정리하면

$$x(x-y)^2 + y(y-z)^2 + z(z-x)^2 = 0$$

이다. x, y, z가 양의 실수이므로 $x = y = z$이다. 따라서 주어진 연립방정식의 해는 $x = y = z = \frac{1}{2017}$이다.

문제 5.7 사각형 ABCD는 CD를 지름으로 하는 원 O에 내접한다. AB = 8, AD = 7, $\angle$BAD = 120°이고, 대각선 BD의 길이가 13일 때, 다음 물음에 답하여라.

(1) 원 O의 반지름을 구하여라.

(2) △ABD에 내접하는 원 I의 반지름을 구하여라.

[풀이]

(1) 사각형 ABCD이 원에 내접하므로 $\angle$BCD = 180° − $\angle$BAD = 60°이고, CD가 원의 지름이므로 $\angle$CBD = 90°이다.

그러므로 삼각형 DCB는 직각삼각형이다. 즉, CD : BD = 2 : $\sqrt{3}$이다.

따라서 구하는 반지름은

$$\frac{1}{2} \times CD = \frac{1}{2} \times \left(\frac{2}{\sqrt{3}} \times 13 \right) = \frac{13\sqrt{3}}{3}$$

이다.

(2) 구하는 반지름을 r이라 하고, B에서 변 DA의 연장선에 내린 수선의 발을 H라 하면, BH = $4\sqrt{3}$이다. 또,

$$\triangle ABD = \frac{1}{2} \times AD \times BH = 14\sqrt{3}$$

이다. △ABD = △IAB + △IBD + △IDA이므로,

$$14\sqrt{3} = \frac{1}{2} \times 8 \times r + \frac{1}{2} \times 13 \times r + \frac{1}{2} \times 7 \times r = 14r$$

이다. 따라서 $r = \sqrt{3}$이다.

문제 5.8 6개의 면에 각각 1, 1, 1, 2, 2, 3의 숫자가 적힌 주사위 A와 6개의 면에 각각 2, 3, 3, 4, 4, 4의 숫자가 적힌 주사위 B가 한 개씩 있을 때, 다음 물음에 답하여라. 단, 주사위 A와 B는 크기가 같다.

(1) 주사위 A와 B를 동시에 던져서 나온 눈의 합이 5가 될 확률을 구하여라.

(2) 가방 속에 주사위 A와 B를 넣고, 가방에서 주사위 한 개를 꺼내 그 주사위를 던져서 나온 눈을 x라 한다. 그 후 가방에서 남아 있는 주사위를 꺼내 그 주사위를 던져서 나온 눈을 y라 한다. $n = 10x + y$라 할 때, 다음 물음에 답하여라.

(가) $n = 12$일 확률을 구하여라.

(나) n이 6의 배수일 확률을 구하여라.

풀이 주사위 A, B에서 나온 눈을 각각 a, b라 하자.

(1) $a + b = 5$가 되는 경우를 표에 ○를 표시하여 살펴보자.

b \\ a	1	1	1	2	2	3
2						○
3				○	○	
3				○	○	
4	○	○	○			
4	○	○	○			
4	○	○	○			

따라서 구하는 확률은 $\dfrac{14}{6^2} = \dfrac{7}{18}$이다.

(2) (가) $n = 12$일 경우는 처음에 A 주사위를 꺼내어 $a = 1$이어야 하고, 다음에 $b = 2$이어야 한다. 그러므로 구하는 확률은 $\left(\dfrac{1}{2} \times \dfrac{3}{6}\right) \times \dfrac{1}{6} = \dfrac{1}{24}$이다.

(나) n이 6의 배수인 경우는 (i) (가)의 경우($n = 12$), (ii) $a = 2$, $b = 4$인 경우($n = 24$), (iii) $b = 4$, $a = 2$인 경우($n = 42$)로 나눌 수 있다.

그러므로 구하는 확률은

$$\frac{1}{24} + \left(\frac{1}{2} \times \frac{2}{6}\right) \times \frac{3}{6} + \left(\frac{1}{2} \times \frac{3}{6}\right) \times \frac{2}{6} = \frac{5}{24}$$

이다.

문제 5.9 1g, 4g, 16g, 64g, 256g, 1024g의 추가 각각 2개씩 있다. 이 추들을 사용하여 양팔저울의 한 쪽편에만 추를 놓아서 무게를 측정한다. 예를 들어, 6g의 무게는 1g의 추 2개와 4g의 추 1개를 사용하면 측정할 수 있고, 7g의 무게는 측정할 수 없다. 그러면 이 추들을 사용하여 양팔저울의 한쪽 편에만 추를 놓아서 측정할 때, 다음 물음에 답하여라.

(1) 289g은 작은 편으로부터 몇 번째의 무게인지 구하여라.

(2) 2023g은 이 양팔저울로 측정할 수 있는 무게인가?

(3) 이 양팔저울로 측정할 수 있는 작은 편으로부터 2023번째 무게를 구하여라.

풀이

(1) 양팔저울을 이용하여 측정할 수 있는 무게들은 4진법으로 표현했을 때, 0, 1, 2로 이루어진 수이다. 따라서 순서를 셀 때에는 3진법으로 수로 생각하면 된다. 그러므로 $289 = 10201_{(4)}$이므로, 289g은 작은편으로부터 $10201_{(3)} = 100$ 번째의 무게이다.

(2) $2023 = 133213_{(4)}$이므로 2023g은 이 양팔저울로 측정할 수 없다.

(3) $2023 = 2202221_{(3)}$이므로 작은 편으로부터 2023번째 무게는 $2202221_{(4)} = 10409g$이다.

문제 5.10 다음 물음에 답하여라.

(1) 양의 실수 x, y에 대하여

$$\frac{x+y}{2} \geq \sqrt{xy}$$

이 성립함을 증명하여라. 이를 산술-기하평균 부등식이라고 부른다.

(2) 서로 다른 실수 x, y에 대하여, $xy = 8$일 때, $\frac{(x+y)^4}{(x-y)^2}$의 최솟값을 구하여라.

풀이

(1) $\frac{x+y}{2} - \sqrt{xy} = \frac{(\sqrt{x}-\sqrt{y})^2}{2} \geq 0$이다. 단, 등호는 $x = y$일 때, 성립한다.

따라서 $\frac{x+y}{2} \geq \sqrt{xy}$이다.

(2) $(x+y)^4 = \{(x-y)^2 + 4xy\}^2$이므로, 이를 이용하면,

$$\frac{(x+y)^4}{(x-y)^2} = \frac{\{(x-y)^2 + 4xy\}^2}{(x-y)^2}$$

$$= \frac{\{(x-y)^2 + 32\}^2}{(x-y)^2}$$

$$= \frac{(x-y)^4 + 64(x-y)^2 + 32^2}{(x-y)^2}$$

$$= (x-y)^2 + 64 + \frac{32^2}{(x-y)^2}$$

산술-기하평균 부등식에 의하여,

$$\geq 2\sqrt{(x-y)^2 \cdot \frac{32^2}{(x-y)^2}} + 64$$

$$= 128$$

이다. 따라서 $\frac{(x+y)^4}{(x-y)^2}$의 최솟값은 128이고, 등호는 $(x-y)^2 = 32$, $xy = 8$를 만족하는 실수 x, y에 대하여, 성립한다.

문제 5.11 다음 물음에 답하여라.

(1) 삼각형 ABC에서 점 A에서 변 BC에 내린 수선의 발을 H라 하면, AB = 9, AC = 16, AH = 6이다. 이때, 삼각형 ABC의 외접원 O의 반지름의 길이를 구하여라.

(2) AB = AD, ∠BAD = 120°, ∠BCD = 60°, ∠CDA = 45°인 사각형 ABCD에서 삼각형 ABD의 넓이가 60일 때, 사각형 ABCD의 넓이를 구하여라.

풀이

(1) 점 A를 지나는 지름과 원 O과의 교점(점 A가 아닌 점)을 D라 하자. 삼각형 ABH와 삼각형 ADC에서 ∠ABH = ∠ADC, ∠AHB = ∠ACD = 90°이다. 따라서 삼각형 ABH와 삼각형 ADC는 닮음이다.

그러므로 AB : AH = AD : AC로부터 9 : 6 = AD : 16이고, 이를 풀면 AD = 24이다. 따라서 외접원의 반지름의 길이는 12이다.

(2) 점 D를 지나 변 BC에 평행한 직선 위에 AD = AE를 만족하는 점 E를 잡자. 그러면 ∠BCD = 60°, ∠CDA = 45°이므로, ∠ADE = 75°, ∠AED = 75°, ∠DAE = 30°이다.

AB = AD, ∠BAD = 120°이므로 ∠ABD = ∠ADB = 30°이고, AE ∥ BD이다. 그러므로 △ABD = △EBD이다.

또, AB = AE이므로, ∠BAE = 120° + 30° = 150°, ∠AEB = ∠ABE = 15°, ∠EBD = 30° − 15° = 15°, ∠CDB = 45° − 30° = 15°, BE ∥ CD이다. 그러므로 △EBD = △BCD이다. 따라서 □ABCD = 60 × 2 = 120이다.

문제 5.12 빨간색 카드가 7장, 파란색 카드가 10장, 노란색 카드가 15장 있다. 빨간색 카드에는 $1, 2, \cdots, 7$, 파란색 카드에는 $1, 2, \cdots, 10$, 노란색 카드에는 $1, 2, \cdots, 15$ 중 하나의 숫자가 적혀 있고, 같은 색 카드에 적혀 있는 숫자는 서로 다르다. 빨간색, 파란색, 노란색의 카드를 각각 한 장씩 고를 때 세 장의 카드에 적혀 있는 수의 합이 11의 배수가 되도록 하는 방법의 수를 구하여라.

[풀이] 빨간색, 파란색, 노란색에 적혀있는 수를 각각 r, b, y라 하면,

$$1 \leq r \leq 7, \quad 1 \leq b \leq 10, \quad 1 \leq y \leq 15$$

이다. $3 \leq r + b + y \leq 32$이므로 $r + b + y = 11$ 또는 22이다.

(i) $r + b + y = 11$일 경우, $r = 1, 2, 3, 4, 5, 6, 7$에 대하여, 각각 9개, 8개, 7개, 6개, 5개, 4개, 3개의 경우가 나오므로, 모두 42개이다.

(ii) $r + b + y = 22$일 경우, $r = 1, 2, 3, 4, 5, 6, 7$에 대하여, 각각 5개, 6개, 7개, 8개, 9개, 10개, 10개의 경우가 나오므로, 모두 55개이다.

따라서 모두 97개이다.

문제 5.13 다음 물음에 답하여라.

(1) 모든 실수 x에 대하여 $(x^2 + (7 - p)x + 2)(px^2 + 12x + 2p) \geq 0$을 만족시키는 정수 p를 모두 구하여라.

(2) p가 3이상의 소수이고, 네 정수 a, b, c, d가 다음 세 조건

$$a + b + c + d = 0 \qquad ①$$
$$ad - bc + p = 0 \qquad ②$$
$$a \geq b \geq c \geq d \qquad ③$$

을 만족할 때, a, b, c, d를 p를 사용하여 나타내어라.

[풀이]

(1) 모든 실수 x에 대하여 $(x^2 + (7 - p)x + 2)(px^2 + 12x + 2p) \geq 0$을 만족시키기 위해서는 (i) $(x^2 + (7 - p)x + 2)(px^2 + 12x + 2p)$가 완전제곱식이거나, (ii) 모든 실수 x에 대하여, $x^2 + (7 - p)x + 2 \geq 0$이고, $px^2 + 12x + 2p \geq 0$이어야 한다.

먼저 (i)의 경우를 살펴보면, $(x^2 + (7 - p)x + 2)(px^2 + 12x + 2p)$가 완전제곱이 되기 위해서는 $px^2 + 12x + 2p = p(x^2 + (7 - p)x + 2)$이면 된다. 이를 계수비교하면, $12 = p(7 - p)$이고, 즉, $p^2 - 7p + 12 = 0$이다. 이를 풀면 $p = 3, 4$이다.

이제 (ii)의 경우를 살펴보자. 모든 실수 x에 대하여 $x^2 + (7 - p)x + 2 \geq 0$이고, $px^2 + 12x + 2p \geq 0$이기 위해서는 두 이차방정식의 판별식이 모두 0이하여야 한다. 그러므로

$$(7 - p)^2 - 8 \leq 0, \quad 6^2 - 2p^2 \leq 0$$

이다. 두 연립부등식을 풀면

$$3\sqrt{2} \leq p \leq 7 + 2\sqrt{2}$$

이다. 이를 만족하는 정수 p는 $5, 6, 7, 8, 9$이다.

따라서 (i), (ii)에 의하여 주어진 조건을 만족하는 정수 p는 $3, 4, 5, 6, 7, 8, 9$이다.

(2) 식 ①에서 $d = -(a + b + c)$이고, 이를 식 ②에 대입하면

$$-a(a + b + c) - bc + p = 0$$

이다. 그러므로 $(a + b)(a + c) = p$이다.

p가 소수이고, ③에서 $a + b \geq a + c$이다. 또, 식 ①에서 $c + d = -(a + b)$, ③에서 $a + b \geq c + d$이므로 $a + b \geq 0$

이다. 따라서 $(a+b, a+c) = (p, 1)$이다. 즉, $b = p - a$, $c = 1 - a$, $d = a - p - 1$이다. 이를 ③에 대입하면

$$a \geq p - a \geq 1 - a \geq 1 - p - 1$$

이다. 따라서 $\frac{p}{2} \leq a \leq p + 22$이다. a는 정수, p는 소수이므로

$$a = \frac{p+1}{2}, \ \ b = \frac{p-1}{2}, \ \ c = \frac{1-p}{2}, \ \ d = \frac{-p-1}{2}$$

이다.

문제 5.14 아래 그림과 같이 반직선 AX, AY 위에 번갈아 점 A_0, A_1, A_2, A_3, A_4, $\cdots$를 잡으면 삼각형 A_0A_1의 넓이가 1이고, 삼각형 $A_0A_1A_2$의 넓이가 2, 삼각형 $A_1A_2A_3$의 넓이가 3, $\cdots$이 된다. 넓이가 111인 삼각형 $A_nA_{n+1}A_{n+2}$까지 그리면 삼각형 $AA_{n+1}A_{n+2}$는 $AA_{n+1} = AA_{n+2}$인 이등변삼각형이 된다. $AA_1 = 2.22$일 때, AA_0의 길이를 구하여라.

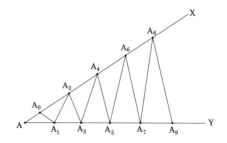

풀이 $\triangle AA_0A_1 = 1$, $\triangle A_0A_1A_2 = 2$이므로 $AA_0 : A_0A_2 = 1 : 2$이다.

$\triangle AA_1A_2 = 3$, $\triangle A_1A_2A_3 = 3$이므로 $AA_1 : A_1A_3 = 1 : 1$이다.

$\triangle AA_2A_3 = 6$, $\triangle A_2A_3A_4 = 4$이므로 $AA_2 : A_2A_4 = 3 : 2$이다.

$\triangle AA_3A_4 = 10$, $\triangle A_3A_4A_3 = 5$이므로 $AA_3 : A_3A_5 = 2 : 1$이다.

$\triangle AA_4A_5 = 15$, $\triangle A_4A_5A_6 = 6$이므로 $AA_4 : A_4A_6 = 5 : 2$이다.

$\triangle AA_5A_6 = 21$, $\triangle A_5A_6A_7 = 7$이므로 $AA_5 : A_5A_7 = 3 : 1$이다.

이와 같이 계속하면,

$$AA_0 : A_0A_2 : A_2A_4 : A_4A_6 : \cdots = 1 : 2 : 2 : 2 : \cdots$$

이고,

$$AA_1 : A_1A_3 : A_3A_5 : A_5A_7 : \cdots = 1 : 1 : 1 : 1 : \cdots$$

이다.

넓이가 111인 삼각형 $A_{109}A_{110}A_{111}$에서 $AA_{110} = AA_{111}$이고, $AA_1 = 2.22$이므로 $AA_{111} = 2.22 \times (111 + 1) \div 2 = 124.32$이다. $AA_0 = x$라 하면 $AA_{110} = x + 2x \times 110 \div 2 = 111x$이다. 따라서 $AA_0 = 124.32 \div 111 = 1.12$이다.

문제 5.15 다음은 삼각형의 오심에 대한 설명이다.

- 외심 : 삼각형의 각 변의 수직이등분선의 교점으로 외심에서 세 꼭짓점에 이르는 거리가 같다.

- 내심 : 삼각형의 세 내각의 이등분선의 교점으로 내심에서 각 변에 이르는 거리가 같다.

- 방심 : 삼각형의 한 내각의 이등분선과 다른 두 외각의 이등분선의 교점으로 방심에서 각 변 또는 그 연장선에 이르는 거리가 같다.

- 무게중심 : 삼각형의 세 중선의 교점으로 무게중심은 중선을 2:1로 내분한다.

- 수심 : 삼각형의 각 꼭짓점에서 대응변 또는 그 연장선에 내린 수선의 교점이다.

삼각형 ABC의 내부의 한 점 P를 세 변 BC, CA, AB에 대하여 대칭이동한 점을 각각 D, E, F라 하자.

(1) 점 P가 삼각형 ABC의 내심일 때, 점 P는 삼각형 DEF의 오심 중 어느 점에 해당하는가? 그 이유를 밝혀라.

(2) 점 P가 삼각형 ABC의 외심일 때, 점 P는 삼각형 DEF의 오심 중 어느 점에 해당하는가? 그 이유를 밝혀라.

(3) 점 P가 삼각형 ABC의 수심일 때, 점 P는 삼각형 DEF의 오심 중 어느 점에 해당하는가? 그 이유를 밝혀라.

풀이 PD, PE, PF와 변 BC, CA, AB와의 교점을 각각 L, M, N이라 하면, L, M, N은 선분 PD, PE, PF의 중점이고, PL⊥BC, PM⊥CA, PN⊥AB이다.

(1) 점 P가 삼각형 ABC의 내심이므로 PL = PM = PN이다. 따라서 PD = PE = PF이므로 점 P는 삼각형 DEF의 외심이다.

(2) 점 P가 삼각형 ABC의 외심이므로 세 점 L, M, N은 각각 변 BC, CA, AB의 중점이다. 삼각형 중점연결정리를 이용하면 BC ∥ NM ∥ PE이다. 또, PD⊥BC이므로 PD⊥FE이다.
같은 방법으로 PE⊥DF, PF⊥ED이다.
따라서 점 P는 삼각형 DEF의 수심이다.

(3) 점 P는 삼각형 ABC의 수심이므로 PL⊥BC, PM⊥CA, PN⊥AB이다. ∠PLC+∠PMC = 180°, ∠PLB+∠PNB = 180°, ∠BNC = ∠BMC = 90°이므로, 네 점 P, L, C, M과 네 점 P, L, B, N과 네 점 B, C, M, N은 각각 한 원 위에 있다. 따라서 원주각의 성질에 의하여

$$\angle PLM = \angle PCM = \angle PBN = \angle PLN$$

이다. 한편 삼각형 중점연결정리를 적용하면 LN ∥ DF, LM ∥ DE이다. 그러므로 ∠PDF = ∠PLN = ∠PLM = ∠PDE이다.
같은 방법으로 ∠PED = ∠PEF, ∠PFE = ∠PFD이다.
따라서 점 P는 삼각형 DEF의 내심이다.

문제 5.16 1부터 10까지의 번호가 씌여진 카드가 한 장씩 모두 10장이 있다. 이 10장의 카드 중 2장의 카드를 꺼낸 후 카드에 씌여진 번호를 기록한 후 다시 넣기를 두 번 한다. 첫 번째 꺼낸 카드의 번호 중 작은 번호를 a, 큰 번호를 b라 하자. 두 번째 꺼낸 카드의 번호 중 작은 번호를 c, 큰 번호를 d라 하자. 이때, 다음 물음에 답하여라.

(1) $a \le x \le b$, $c \le x \le d$를 만족하는 실수 x가 존재할 확률을 구하여라.

(2) $a < x < b$, $c < x < d$를 만족하는 실수 x가 존재할 확률을 구하여라.

[풀이] a, b를 결정하는 경우의 수는 $_{10}C_2 = 45$개이고, c, d를 결정하는 경우의 수도 45개이다.

(1) 여사건을 생각하자. "$a \le x \le b$, $c \le x \le d$"의 여사건은 "$a < b < c < d$ 또는 $c < d < a < b$"이다. 이 두 가지로 나누어 경우의 수를 구하자.

    (i) $a < b < c < d$일 때, 10개 번호 중 4의 번호를 뽑아 작은 순서부터 순서대로 a, b, c, d라 하면 되므로, $_{10}C_4 = 210$개이다.

    (ii) $c < d < a < b$일 때, (i)의 $a < b < c < d$일 때와 같으므로, 모두 210개이다.

    그러므로 구하는 확률은 $1 - \frac{210 \times 2}{45^2} = \frac{107}{135}$이다.

(2) 여사건을 생각하자. "$a < x < b$, $c < x < d$"의 여사건은 "$a < b \le c < d$ 또는 $c < d \le a < b$"이다. 이 두 가지로 나누어 경우의 수를 구하자.

    (i) $a < b \le c < d$일 때, $a < b < c < d$인 경우는 (1)에서 구한 210개의 경우가 있고, $a < b = c < d$인 경우는 10개 번호 중 3의 번호를 뽑아 작은 순서부터 순서대로 a, $b = c$, d라 하면 되므로, $_{10}C_3 = 120$개이다. 따라서 모두 330개이다.

    (ii) $c < d \le a < b$일 때, (i)의 $a < b \le c < d$일 때와 같으므로, 모두 330개이다.

    그러므로 구하는 확률은 $1 - \frac{330 \times 2}{45^2} = \frac{91}{135}$이다.

문제 5.17 좌표평면 위에 원점 O와 이차함수 $y = ax^2$이 있고, 직선 l은 x축 위의 점 A와 y축 위의 점 C를 지나고 이차함수와 점 B$(-4, 3)$, D$(8, 64a)$에서 만난다. 점 P는 점 B를 출발하여 선분 BD 위의 점 D로 1초에 1씩 움직인다. 점 P가 움직일 때, 직선 l에 수직인 직선과 x축, y축과의 교점을 각각 Q, R이라 하자. 점 P가 점 B를 출발한 지 t초가 지났을 때, 다음 물음에 답하여라.

(1) a의 값, 직선 l의 방정식, 선분 AC의 길이를 구하여라.

(2) 두 점 P, R이 겹치지 않을 때, 선분 CP와 선분 PR의 길이의 비를 구하여라.

(3) t가 $0 \le t \le 5$일 때와 $5 \le t \le 15$일 때, 삼각형 APR의 넓이를 t를 사용하여 나타내어라. 단, 두 점 P, R이 중첩될(겹쳐질) 때, 삼각형 APR의 넓이는 0이라고 간주한다.

(4) 삼각형 ABQ와 삼각형 APR의 넓이의 비가 $15 : 16$일 때, t의 값을 구하여라.

[풀이]

(1) $3 = (-4)^2 a$에서 $a = \frac{3}{16}$이다.
직선 BD의 방정식은 $y = \frac{3}{16}(-4 + 8)x - \frac{3}{16} \times (-4) \times 8$이다. 즉, $y = \frac{3}{4}x + 6$이다.
직선 l의 기울기는 $\frac{3}{4}$이고, 삼각형 OCA는 CO : OA : AC $= 3 : 4 : 5$인 직각삼각형이다. CO $= 6$이므로 AC $= 6 \times \frac{5}{3} = 10$이다.

(2) 삼각형 PCR과 삼각형 OCA는 닮음이다. 그러므로 CP : PR $=$ CO : OA $= 3 : 4$이다.

(3) AB $=$ BC $= 5$이다.
(i) $0 \le t \le 5$일 때, PR $= \frac{4}{3}(5 - t)$이다. 따라서
$$\triangle APR = \frac{1}{2} \times (t + 5) \times \frac{4}{3}(5 - 5) = \frac{2}{3}(25 - t^2)$$
이다.
(ii) $5 \le t \le 15$일 때, PR $= \frac{4}{3}(t - 5)$이다. 따라서
$$\triangle APR = \frac{1}{2} \times (t + 5) \times \frac{4}{3}(t - 5) = \frac{2}{3}(t^2 - 25)$$
이다.

(4) 삼각형 PCR과 삼각형 PQA가 닮음이므로,
$$AQ = \frac{5}{4}AP = \frac{5}{4}(5 + t)$$
이다. 따라서
$$\triangle ABQ = \frac{1}{2} \times \frac{5}{4}(5 + t) \times 3 = \frac{15}{8}(5 + t)$$

이다. $\triangle ABQ : \triangle APR = 15 : 16$이므로, (3)의 (i), (ii)에서 $0 \leq t \leq 5$일 때,

$$3(5 + t) = 25 - t^2$$

이다. 이를 풀면 $t = 2$이다.

또, $5 \leq t \leq 15$일 때,

$$3(5 + t) = t^2 - 25$$

이다. 이를 풀면 $t = 8$이다. 따라서 구하는 답은 2, 8 이다.

문제 5.18 한국, 독일, 멕시코, 스웨덴이 한 조에 편성되어 조별 경기를 한다. 한국팀이 조별 경기가 독일, 멕시코, 스웨덴팀의 순서로 정해졌을 때, 다음에 제시된 내용을 잘 읽고 물음에 답하여라.

(가) 한국팀이 독일, 멕시코, 스웨덴팀과 개별경기에서 이길 확률은 각각 $\frac{1}{5}, \frac{3}{5}, \frac{1}{10}$이다. 또한 독일, 멕시코, 스웨덴팀과 비길 확률은 각각 $\frac{2}{5}, \frac{1}{5}, \frac{1}{5}$이다.

(나) 한국팀이 첫 경기에서 독일, 멕시코, 스웨덴 각 팀과의 이길 확률과 비길 확률은 개별 경기의 확률과 같다. 두 번째, 세 번째 경기에서 한국팀이 이길 확률은 바로 앞서 벌어진 경기의 결과에 따라 다음과 같은 영향을 받는다.

- 직전 경기에서 이긴 경우, 다음 경기에서 이길 확률은 개별 경기에서 이길 확률의 1.3배이다.

- 직전 경기에서 비긴 경우, 다음 경기에서 이길 확률은 개별 경기에서 이길 확률의 1.1배이다.

- 직전 경기에서 진 경우, 다음 경기에서 이길 확률은 개별 경기에서 이길 확률의 0.9배이다.

- 비기는 확률은 직전 경기의 결과에 영향을 받지 않고 개별 경기에서의 확률과 같다.

(1) 한국팀이 멕시코팀과 경기에서 질 확률을 구하여라.

(2) 한국팀이 멕시코팀과 경기에서 지지 않았을 때, 모든 경기에서 지지 않으면서 두 경기 이상 이길 확률을 구하여라.

[풀이]

(1) 첫 번째 독일팀과의 경기에서 이긴 경우, 비긴 경우, 진 경우의 세 가지 경우로 나눈다.

(i) 독일팀과의 경기에서 이긴 경우, 멕시코팀과의 경기에서 이길 확률은 $1.3 \times \frac{3}{5}$, 비길 확률은 $\frac{1}{5}$이므로 멕시코팀과의 경기에서 질 확률은 $\frac{1}{5} \times \left(1 - \frac{13}{10} \times \frac{3}{5} - \frac{1}{5}\right) = \frac{1}{250}$이다.

(ii) 독일팀과의 경기에서 비긴 경우, 멕시코팀과의 경기에서 이길 확률은 $1.1 \times \frac{3}{5}$, 비길 확률은 $\frac{1}{5}$이므로 멕시코팀과의 경기에서 질 확률은 $\frac{2}{5} \times \left(1 - \frac{11}{10} \times \frac{3}{5} - \frac{1}{5}\right) = \frac{14}{250}$이다.

(iii) 독일팀과의 경기에서 진 경우, 멕시코팀과의 경기에서 이길 확률은 $0.9 \times \frac{3}{5}$, 비길 확률은 $\frac{1}{5}$이므로 멕시코팀과의 경기에서 질 확률은 $\frac{2}{5} \times \left(1 - \frac{9}{10} \times \frac{3}{5} - \frac{1}{5}\right) = \frac{26}{250}$이다.

그러므로 (i), (ii), (iii)에 의해 멕시코팀과의 경기에서 질 확률은
$$\frac{1}{250} + \frac{14}{250} + \frac{26}{250} = \frac{41}{250}$$
이다.

(2) 한국팀이 멕시코팀과의 경기에서 지지 않을 확률은 (1)에 의해 $1 - \frac{41}{250} = \frac{209}{250}$이다. 문제의 조건을 만족시키는 경우는 독일, 멕시코, 스웨덴팀에 대해 (이김, 이김, 이김), (이김, 이김, 비김), (이김, 비김, 이김), (비김, 이김, 이김)의 네 가지 경우가 있다.

   (i) (이김, 이김, 이김)인 경우, $\frac{1}{5} \times \frac{13}{10} \times \frac{3}{5} \times \frac{13}{10} \times \frac{1}{10} = \frac{507}{25000}$이다.

   (ii) (이김, 이김, 비김)인 경우, $\frac{1}{5} \times \frac{13}{10} \times \frac{3}{5} \times \frac{1}{5} = \frac{780}{25000}$이다.

   (iii) (이김, 비김, 이김)인 경우, $\frac{1}{5} \times \frac{1}{5} \times \frac{11}{10} \times \frac{1}{10} = \frac{110}{25000}$이다.

   (iv) (비김, 이김, 이김)인 경우, $\frac{2}{5} \times \frac{11}{10} \times \frac{3}{5} \times \frac{13}{10} \times \frac{1}{10} = \frac{858}{25000}$이다.

그러므로 (i), (ii), (iii), (iv)에 의하여 $\frac{451}{5000}$이다.

따라서 한국팀이 멕시코팀과의 경기에서 지지 않았을 때, 모든 경기에서 지지 않으면서 두 경기 이상 이길 확률은 $\frac{\frac{451}{5000}}{\frac{209}{250}} = \frac{41}{380}$이다.

문제 5.19 다음 물음에 답하여라.

(1) x, y가 정수일 때, $x^3 + y^3 = 91$을 만족하는 순서쌍 (x, y)를 모두 구하여라.

(2) 서로 다른 두 정수 x, y가
$$x^3 + y^3 + (3 - x - y)^3 = 3$$
을 만족할 때, 정수쌍 (x, y)를 모두 구하여라.

풀이

(1) $x^3 + y^3 = 91$의 좌변을 인수분해하고, 우변은 소인수분해하면
$$(x + y)(x^2 - xy + y^2) = 7 \times 13$$
이다. 이때, $x^2 - xy + y^2 = \left(x - \frac{y}{2}\right)^2 + \frac{3}{4}y^2 \geq 0$이므로 $x + y$는 7×13의 약수이다.
$x + y = k(k > 0)$라 하고, 주어진 식에 대입하면
$$k(k^2 - 3xy) = 91$$
이다. 이를 정리하면 $xy = \frac{1}{3}\left(k^2 - \frac{91}{k}\right)$이다.
따라서 x, y는 이차방정식
$$t^2 - kt + \frac{1}{3}\left(k^2 - \frac{91}{k}\right) = 0$$
의 두 실근이다. 그러므로 판별식
$$k^2 - \frac{4}{3}\left(k^2 - \frac{91}{k}\right) \geq 0$$
에서 $3k^3 - 4(k^3 - 91) \geq 0$이다. 즉, $k^3 \leq 4 \times 91$이다. 따라서 $k = 1$ 또는 7이다.

   (i) $k = 1$일 때, $t^2 - t - 30 = 0$이고 이를 풀면 $t = 6$ 또는 $t = -5$이다. 그러므로 $(x, y) = (6, -5)$, $(-5, 6)$이다.

   (ii) $k = 7$일 때, $t^2 - 7t + 12 = 0$이고 이를 풀면 $t = 3$, $t = 4$이다. 그러므로 $(x, y) = (3, 4)$, $(4, 3)$이다.

따라서 $(x, y) = (6, -5)$, $(-5, 6)$, $(3, 4)$, $(4, 3)$이다.

(2) $x^3 + y^3 + (3 - x - y)^3 = 3$을 전개하여 정리하면, $(x - 3)(y - 3)(x + y) = 8$이 된다. 그러므로 $x - 3$, $y - 3$, $x + y$은 모두 8의 약수이다. $x - 3 \geq 1$, $y - 3 \geq 1$이면 $x + y \leq 8$이므로 $x + y = 8$이 되어 $x = y = 4$가 된다. 이것은 $x \neq y$에 모순된다. 따라서 $x - 3 \leq -1$ 또는 $y - 3 \leq -1$이다. 이제 $x - 3 \leq -1$이라고 가정하자. 그러면 (i) $x - 3 = -1$, (ii) $x - 3 = -2$, (iii) $x - 3 = -4$, (iv) $x - 3 = -8$ 중 하나가 된다.

(i) $x-3 = -1$일 때, $x = 2$이므로, $(y-3)(y+2) = -8$이 되어 만족하는 정수 y가 없다.

(ii) $x-3 = -2$일 때, $x = 1$이므로, $(y-3)(y+1) = -4$가 되어 만족하는 정수 $y = 1$이 존재하나, $x = y = 1$이 되어 만족하는 정수해가 아니다.

(iii) $x-3 = -4$일 때, $x = -1$이므로, $(y-3)(y-1) = -2$가 되어 만족하는 정수 y가 없다.

(iv) $x-3 = -8$일 때, $x = -5$이므로, $(y-3)(y-5) = -1$가 되어 만족하는 정수 $y = 4$가 존재한다.

그러므로 위 네 가지 경우로 부터 $x = -5$, $y = 4$이다. 마찬가지로 $y-3 \leq -1$인 경우를 하면 대칭성의 원리에 의하여 $x = 4$, $y = -5$의 해를 얻는다. 따라서 $(x, y) = (-5, 4)$, $(4, -5)$이다.

문제 5.20 아래 그림의 입체도형은 한 모서리의 길이가 6인 정육면체 5개로 이루어졌고, 네 점 A, B, C, D가 그림 위치 표시되어 있다.

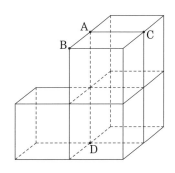

다음 물음에 답하여라.

(1) 네 점 A, B, C, D을 꼭짓점으로 하는 삼각뿔의 부피를 구하여라.

(2) 삼각형 BCD의 넓이를 구하여라.

(3) 세 점 B, C, D를 지나는 평면으로 입체도형을 절단할 때, 절단면의 넓이를 구하여라.

(4) (3)에서 절단된 입체도형 중 점 A를 포함한 입체의 부피를 구하여라.

⟨풀이⟩

(1) 아래 그림에서 삼각뿔 D-ABC의 부피는 $6 \times 6 \div 2 \times 12 \div 3 = 72$이다.

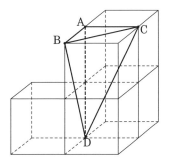

(2) 삼각뿔 D-ABC의 전개도를 그리면 다음과 같다.

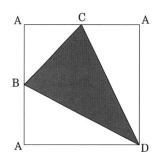

이다. 따라서 구하는 부피는 $6 \times 6 \times 6 \times 3 - 63 = 585$ 이다.

삼각형 BCD의 넓이는 $12 \times 12 - (12 \times 6 \div 2 \times 2 + 6 \times 6 \div 2) = 54$이다.

(3) 세 점 B, C, D를 지나는 평면으로 입체도형을 절단했을 때, 절단면은 아래 그림의 굵은 부분이다.
절단면의 넓이는 사다리꼴 BGHC의 넓이에서 삼각형 BFE의 넓이를 뺀 것과 같다. 또, 사다리꼴 BGHC의 넓이는 삼각형 BCD의 넓이의 3배이다. 따라서 구하는 넓이는 $54 \times 3 - 54 \times \dfrac{3}{4} = 148.5$이다.

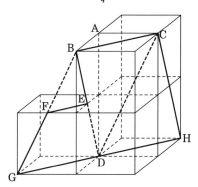

(4) 아래 그림에서 보면 점 A를 포함한 입체의 부피는 한 변의 길이가 6인 정육면체 3개의 부피에서 삼각뿔대 FIE-GJD의 부피를 뺀 것과 같다.

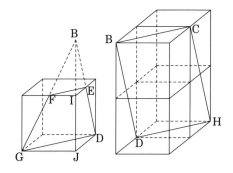

삼각뿔대 FIE-GJD의 부피는 $6 \times 6 \div 2 \times 12 \div 3 \times \dfrac{7}{8} = 63$

제 6 절   점검 모의고사 6회 풀이

문제 6.1   1, 4, 16, 64, 256, 1024, 4096이 적힌 카드가 1장씩 총 7장의 카드가 있다. 이 카드 중 몇 장을 선택하여 그 합을 계산한다. 예를 들어, "1, 4, 16"을 선택하면 "21"이고, "64"만 선택하면 그대로 "64"이다. 이 카드 중 몇 장을 선택하여 그 합을 크기 순으로 나열할 때, 작은 순서부터 차례대로 a_1, $a_2, \cdots$라 하자. 이때, 다음 물음에 답하여라.

   (1) a_1, a_2, a_3, a_4, a_5를 구하여라.

   (2) a_{100}을 구하여라.

풀이

   (1) $a_1 = 1$, $a_2 = 4$, $a_3 = 1 + 4 = 5$, $a_4 = 16$, $a_5 = 1 + 16 = 17$ 이다.

   (2) $1 = 4^0$, $4 = 4^1$, $16 = 4^2$, $64 = 4^3$, $256 = 4^4$, $1024 = 4^5$, $4096 = 4^6$이므로 문제의 방법에 따라 만들어지는 수는 4진법에서 각 자리 수가 0 또는 1만 사용하는 수이다. 그러므로 0 또는 1만 사용하여 100번째 수를 구하면 된다. $100 = 2^6 + 2^5 + 2^2$이므로 100번째 수는 1100100이다.

     따라서 $a_{100} = 1100100_{(4)} = 4096 + 1024 + 16 = 5136$ 이다.

문제 6.2   이차함수 $y = x^2$위에 점 A$(-1, 1)$, B$(2, 4)$가 있다. 점 A에서의 $y = x^2$에 접하는 접선을 l이라 하자. 선분 AB위에 점 A, B가 아닌 점 P를 잡고, 점 P를 지나 y축에 평행한 직선과 l과의 교점을 Q라 하고, PQ와 $y = x^2$과의 교점을 R이라 하자. 이때, 다음 물음에 답하여라.

   (1) l의 방정식을 구하여라.

   (2) QR : RP = AP : PB임을 증명하여라.

풀이

   (1) l의 방정식을 $y = m(x + 1) + 1$이라 하자. 이를 $y = x^2$에 대입하여 정리하면 $x^2 - mx - m - 1 = 0$이다. 이 이차방정식이 중근을 갖기 위한 조건은 판별식 $m^2 + 4m + 4 = 0$이다. 즉, $m = -2$이다. 따라서 l의 방정식은 $y = -2x - 1$이다.

   (2) 점 P의 x좌표를 t라 하면 Q의 y좌표는 $-2t - 1$이다. 직선 AB의 방정식은 $y = x + 2$이므로 P의 y좌표는 $t + 2$이다. R의 y좌표는 t^2이다. 그러므로

$$\text{QR} : \text{RP} = \left\{ t^2 - (-2t - 1) \right\} : \left\{ (t + 2) - t^2 \right\}$$
$$= (t + 1)^2 : (t + 1)(2 - t)$$
$$= (t + 1) : (2 - t)$$
$$\text{AP} : \text{PB} = \left\{ t - (-1) \right\} : (2 - t)$$
$$= (t + 1) : (2 - t)$$

이다. 즉, QR : RP = AP : PB이다.

문제 6.3 AD ∥ BC이고, AD = 6, BC = 12인 사다리꼴 ABCD에서 변 AB 위에 AE : EB = 2 : 1이 되는 점 E를 잡고, 변 DC 위에 DF : FC = 2 : 1이 되는 점 F를 잡고, 선분 EF 위에 EP : PF = 2 : 3이 되는 점 P를 잡는다. 점 P를 지나는 직선과 변 AD, BC와의 교점을 각각 Q, R이라 하자. 이때, 다음 물음에 답하여라.

(1) AQ = x라 할 때, BR의 길이를 x를 써서 나타내어라.

(2) 사다리꼴 EBRP와 사다리꼴 QPFD의 넓이의 합이 사다리꼴 ABCD의 넓이의 $\frac{1}{2}$일 때, 선분 AQ의 길이를 구하여라.

[풀이]

(1) 대각선 AC와 선분 EF의 교점을 G라 하고, 점 A를 지나 선분 QR에 평행인 직선과 변 BC와의 교점을 H라 하면,

$$EF = EG + GF = 12 \times \frac{2}{3} + 6 \times \frac{1}{3} = 10,$$
$$EP = EF \times \frac{2}{5} = 4,$$
$$BR = BH + HR = (EP - x) \times \frac{3}{2} + x$$
$$= 6 - \frac{x}{2}$$

이다.

(2) 사다리꼴 ABCD의 높이를 h라 하면,

$$\square ABCD = \frac{1}{2} \times (6 + 12) \times h = 9h$$

이다.

$$\square EBRP + \square QPFD$$
$$= \frac{1}{2} \times (EP + BR) \times \frac{1}{3}h$$
$$\quad + \frac{1}{2} \times \{(6 - x) + (EF - EP)\} \times \frac{2}{3}h$$
$$= \frac{20 - x}{12}h + \frac{12 - x}{3}h$$
$$= \frac{68 - 5x}{12}h$$

이다. 그러므로 $\frac{68 - 5x}{12}h = \frac{9}{2}h$이다. 이를 풀면, $x = \frac{14}{5}$이다.

문제 6.4 서로 다른 n개 중에서 중복을 허락하지 않고, 또 순서에 상관없이 r개를 뽑을 때, 이를 n개에서 r개를 택하는 조합이라고 한다. 조합의 경우의 수를 $_nC_r$로 나타내며, $_nC_r = \frac{n!}{(n-r)!r!}$로 계산한다. 단, $n! = 1 \times 2 \times \cdots \times n$이다.

(1) 아래 그림에서 직사각형의 개수를 조합을 이용하여 구하여라.

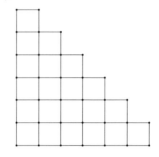

(2) 아래 그림에서 직사각형의 개수를 조합을 이용하여 나타내어라.

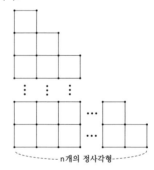

[풀이]

(1) 아래 그림과 같이 연결하고, 각 점을 잡는다.

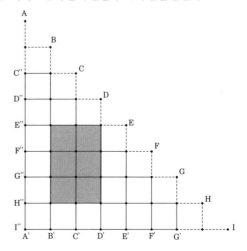

9개의 점 A, B, C, D, E, F, G, H, I 중 4개의 점을 선택하면, 예를 들어, B, D, E, H를 선택하였다고 하면, 네 직선 BB′, DD′, EE″, HH″로 이루어진 하나의 직사각형이 결정된다. 따라서 구하는 경우의 수는 $_9\text{C}_4 = \dfrac{9!}{5!4!} = 126$가지이다.

(2) (1)에서와 같은 방법으로 하면 구하는 경우의 수는 $_{n+3}\text{C}_4$가지이다.

문제 6.5 다음 물음에 답하여라.

(1) 다섯 개의 수 1, 2, 3, 4, 5를 모두 한 번씩 사용하여 만든 다섯 자리 양의 정수 중, 만의 자리 수가 1, 2가 아니고 일의 자리 수가 1, 5가 아닌 것의 개수를 구하여라.

(2) 양의 정수 n을 두 개 이상의 연속한 양의 정수의 합으로 나타내는 방법을 생각하자. 예를 들어 15의 경우에는 7+8, 4+5+6, 1+2+3+4+5의 세 가지 방법이 있다. 999를 이와 같이 나타내는 방법의 수를 구하여라.

[풀이]

(1) 1, 2, 3, 4, 5를 모두 한 번씩 사용하여 만든 다섯 자리 양의 정수의 개수는 모두 5! = 120개이다. 만의 자리 수가 1인 경우와 2인 경우의 수는 각각 4! = 24개이다. 일의 자리 수가 1이고, 만의 자리 수가 2가 아닌 경우의 수는 $3 \times 3! = 18$개이다. 일의 자리 수가 5이고, 만의 자리 수가 1과 2가 아닌 경우의 수는 $2 \times 3! = 12$개이다.

따라서 구하는 경우의 수는 $120 - (24 + 24 + 18 + 12) = 42$개이다.

(2) 999를 $m+1$부터 시작하여 k의 합으로 나타낸다고 하자. 즉,

$$(m+1) + (m+2) + \cdots + (m+k) = 999$$

이다. 그러면,

$$mk + \frac{k(k+1)}{2} = 999$$

이다. 이를 정리하면,

$$k(2m+k+1) = 2 \cdot 999 = 2 \cdot 3^3 \cdot 37$$

이다. 따라서 k는 2이상 $2m+k+1$미만이므로, 가능한 k는 2, 3, 6, 9, 18, 27, 37의 7개이다. 이 k에 대하여, 각각의 m이 존재하므로, 우리가 구하는 답은 7개이다.

문제 6.6 그림과 같이 정사각형 6개와 정육각형 8개로 이루어진 입체가 있다. 정사각형 하나의 넓이가 18일 때, 이 입체의 부피를 구하여라.

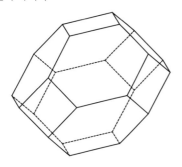

풀이 아래 그림에서, 구하는 입체도형의 부피는 정사각형의 대각선의 길이를 한 모서리로 하는 정육면체 8개의 부피의 반임을 알 수 있다.

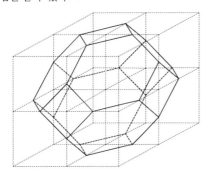

정사각형의 대각선의 길이는 $\sqrt{18 \times 2} = 6$이므로 구하는 입체의 부피는 $6 \times 6 \times 6 \times 8 \div 2 = 864$이다.

문제 6.7 다음 물음에 답하여라.

(1) 삼각형 ABC에서 점 A에서 변 BC에 내린 수선의 발을 D, 점 D에서 변 AB, AC에 내린 수선의 발을 각각 E, F라 한다. AE = 5, EB = 3, AF = 2일 때, 삼각형 ADC의 넓이를 구하여라.

(2) ∠B = 90°인 직각삼각형 ABC에서 변 BC위에 ∠ACB = ∠BAD가 되도록 점 D를 잡으면 BD : DC = 1 : 2이다 이때, ∠ACB의 크기를 구하여라.

풀이

(1) 사각형 AEDF에서 ∠AED + ∠AFD = 180°이므로 사각형 AEDF는 원에 내접한다. 그러므로 ∠AEF = ∠ADF = 90° − ∠DAF이다. 그러므로 삼각형 AEF와 삼각형 ABC는 닮음이고, AE : AF = AC : AB이다. 즉, 5 : 2 = AC : 8이다. 따라서 AC = 20, FC = 18이다. 삼각형 ADF와 삼각형 DCF는 닮음이므로, AF : FD = DF : FC이다. 즉, 2 : FD = FD : 18이다. 따라서 FD = 6이다. 그러므로 △ADC = 20 × 6 ÷ 2 = 60이다.

(2) 삼각형 DAB와 삼각형 ACB가 닮음이므로, $\frac{BD}{AB} = \frac{AB}{BC}$ 이다. 즉, $AB^2 = BD \times BC = 3 \times BD^2$이다. 삼각형 DAB에서 $AD^2 = AB^2 + BD^2 = 3 \times BD^2 + BD^2 = 4 \times BD^2$이다. 따라서 $BD = \frac{1}{2} \times AD$이다. 그러므로 삼각형 DAB는 ∠ADB = 60°인 직각삼각형이다. 즉, ∠DAB = ∠ACB = 30°이다.

문제 6.8 수직선 위에 좌표가 0, 1, 2, 3, 4인 점이 있다. 점 P 는 좌표가 0인 점에 있다. ○, ×가 표시된 두 장의 카드 중 하 나의 카드를 뽑아 아래와 같이 이동한다.

- ○ 카드 : 점 P를 오른쪽으로 한 점 이동한다.

- × 카드 : 점 P를 왼쪽으로 한 점 이동한다. (단, 0인 점 에서는 이동하지 않는다.)

이때, 다음 물음에 답하여라. 단, 뽑은 카드를 다시 돌려 놓는 다.

(1) 위와 같은 과정을 4회 시행한 후, 점 P가 좌표가 1인 점에 있을 확률을 구하여라.

(2) 조건 "△ 카드 : 점 P는 이동하지 않는다."를 하나 추가 한다. 점 P는 좌표가 0인 점에 있고, ○, ×, △의 3장의 카드에서 한 장을 뽑는다. 이와 같은 과정을 3회 시행 한 후, 점 P가 좌표가 1인 점에 있을 확률을 구하여라.

[풀이] □를 점 P가 좌표 0에 있을 때, × 카드를 뽑은 경우라 하자.

(1) 조건을 만족하는 경우는
(1회, 2회, 3회, 4회) = (□,□,□,○), (□,○,×,○), (□,○,○,×), (○,×,□,○)
으로 4가지이다. 따라서 구하는 확률은 $\frac{4}{2^4} = \frac{1}{4}$이다.

(2) 조건을 만족하는 경우는 (i) 2회 이동하지 않고, 1회 오른쪽으로 이동하는 경우와, (ii) 3회 이동하는데, 2 회 오른쪽으로, 1회는 왼쪽으로 이동하는 경우이다.
실제로 (i)의 경우는
(1회, 2회, 3회) = (○,△,△), (△,○,△), (△,△,○), (□,△,○), (□,○,△), (△,□,○), (□,□,○)의 7가지이다.
(ii)의 경우는

$$(1회, 2회, 3회) = (○,○,×), \ (○,×,○)$$

의 2가지이다.
따라서 구하는 확률은 $\frac{7+2}{3^3} = \frac{1}{3}$이다.

문제 6.9 연속한 4개의 자연수에 대하여 다음 물음에 답하 여라.

(1) 4개의 자연수의 제곱의 합이 366일 때, 4개의 수 중 가 장 작은 자연수를 구하여라.

(2) 4개의 자연수의 곱에 1을 더한 합이 181^2과 같을 때, 4 개의 자연수 자연수의 합을 구하여라.

[풀이]

(1) 4개의 자연수 중 가장 작은 수를 n이라고 하자. 그러 면,

$$n^2 + (n+1)^2 + (n+2)^2 + (n+3)^2 = 366$$

이다. 이를 정리하면 $n^2 + 3n - 88 = 0$이고, 인수분해 하면 $(n+11)(n-8) = 0$이다.
따라서 $n > 0$이므로 $n = 8$이다.

(2) 문제의 조건으로부터

$$n(n+1)(n+2)(n+3) + 1 = 181^2$$

이다. 위 식의 좌변을 정리하면

$$
\begin{aligned}
&n(n+1)(n+2)(n+3) + 1 \\
&= n(n+3) \times (n+1)(n+2) + 1 \\
&= (n^2 + 3n)(n^2 + 3n + 2) + 1 \\
&= (n^2 + 3n)^2 + 2(n^2 + 3n) + 1 \\
&= (n^2 + 3n + 1)^2
\end{aligned}
$$

이다. 그러므로 $(n^2+3n+1)^2 = 181^2$이다. $n^2+3n+1 > 0$이므로 $n^2 + 3n + 1 = 181$이다. 이를 정리하면 $n^2 + 3n - 180 = 0$이고, 인수분해하면 $(n+15)(n-12) = 0$이 다. $n > 0$이므로 $n = 12$이다. 따라서 $12+13+14+15 = 54$이다.

문제 6.10 좌표평면 위에 점 (x, y)를 생각하자. x, y는 0이상인 정수이고, n은 자연수이다. 이때, 다음 물음에 답하여라. (힌트 : $1^2 + 2^2 + \cdots + n^2 = \frac{1}{6}n(n+1)(2n+1)$이다.)

(1) $x + y \le n$을 만족하는 점 (x, y)의 개수를 구하여라.

(2) $\frac{x}{2} + y \le n$을 만족하는 점 (x, y)의 개수를 구하여라.

(3) $x + \sqrt{y} \le n$을 만족하는 점 (x, y)의 개수를 구하여라.

풀이

(1) $x + y \le n$, $x \ge 0$, $y \ge 0$이므로, $x = k$ $(0 \le k \le n)$에 대하여 $0 \le y \le n - k$이다. 즉, $x = k$ 위에 격자점(x좌표와 y좌표가 모두 정수인 점)은 $n + 1 - k$개이다. 따라서

$$(n+1) + n + \cdots + 2 + 1 = \frac{1}{2}(n+1)(n+2)$$

개이다.

(2) $\frac{x}{2} + y \le n$, $x \ge 0$, $y \ge 0$이므로, $y = k$ $(0 \le k \le n)$에 대하여 $0 \le x \le 2(n-k)$이다. 즉, $y = k$ 위에 격자점은 $2(n-k) + 1$개이다. 따라서

$$(2n+1) + \{2(n-1)+1\} + \cdots$$
$$+ (2 \cdot 1 + 1) + (2 \cdot 0 + 1)$$
$$= \frac{1 + (2n+1)}{2} \cdot (n+1) = (n+1)^2$$

개이다.

(3) $x + \sqrt{y} \le n$, $x \ge 0$, $y \ge 0$이므로 $0 \le x \le n$에서 $0 \le y \le (n-x)^2$이다. 그러므로 $x = k$ $(0 \le x \le n)$ 위에 격자점은 $(n-k)^2 + 1$개이다.

$$(n^2 + 1) + \{(n-1)^2 + 1\} + \cdots$$
$$+ (1^2 + 1) + (0 + 1)$$
$$= \frac{1}{6}n(n+1)(2n+1) + n + 1$$
$$= \frac{1}{6}(n+1)(2n^2 + n + 6)$$

개이다.

문제 6.11 $AB = 7$, $BC = 5$, $CA = 8$인 삼각형 ABC에서 변 BC 위에 점 P를 잡고, AP를 연결한다. 삼각형 ABP의 내접원의 중심을 O_1, 삼각형 APC의 내접원의 중심을 O_2라 하자. 두 원 O_1과 O_2가 선분 AP에서 만날 때, 다음 물음에 답하여라.

(1) 선분 PB의 길이와 선분 AP의 길이를 구하여라.

(2) 원 O_1과 원 O_2의 반지름의 길이를 구하여라.

(3) 삼각형 ABC의 외접원의 중심을 O라 할 때, 삼각형 OO_1O_2의 넓이를 구하여라.

풀이

(1) 두 원 O_1, O_2의 접점을 Q라 하고, PB = x, AP = y라 하면, 삼각형 ABP에서 AQ = $\frac{y+7-x}{2}$이고, 삼각형 ACP에서 AQ = $\frac{y+8-(5-x)}{2}$이다. 그러므로 $\frac{y+7-x}{2} = \frac{y+8-(5-x)}{2}$이다. 이를 풀면 $x = 2$이다. 따라서 PB = 2이다.

점 A에서 변 BC에 내린 수선의 발을 H라 하고, PH = z라 하면, 피타고라스의 정리에 의하여

$$AH^2 = y^2 - z^2 = 7^2 - (2-z)^2 = 8^2 - (3+z)^2$$

이다. 이를 정리하면 $y^2 = 49 - 4 + 4z = 64 - 9 - 6z$이다. 이를 풀면 $z = 1$, $y = 7$이다. 따라서 AP = 7이다.

(2) (1)에서 $AH^2 = 48$이므로 $AH = 4\sqrt{3}$이다. 원 O_1, O_2의 반지름을 각각 r_1, r_2라 하면,

$$2 \times \triangle ABP = 7r_1 + 2r_1 + 7r_1 = 2 \times 4\sqrt{3}$$

이고,

$$2 \times \triangle ACP = 8r_2 + 3r_2 + 7r_2 = 3 \times 4\sqrt{3}$$

이다. 이를 풀면 $r_1 = \frac{\sqrt{3}}{2}$, $r_2 = \frac{2\sqrt{3}}{3}$이다.

(3) 원 O의 반지름을 r이라 하면,

$$2 \times \triangle ABC = 7r + 5r + 8r = 5 \times 4\sqrt{3}$$

이다. 이를 풀면 $r = \sqrt{3}$이다.

O_1과 O는 $\angle ABC$의 내각이등분선 위의 점이므로 OB : O_1B = $r : r_1$ = 2 : 1이다. 따라서 OO_1 : OB = 1 : 2이다. 또, O_2와 O가 $\angle ACB$의 내각이등분선 위의 점이므로, OC : O_2C = $r : r_2$ = 3 : 2이다. 따라서 OO_2 : OC = 1 : 3이다. 그러므로

$$\triangle OO_1O_2 = \frac{1}{2} \times \frac{1}{3} \times \triangle OBC = \frac{1}{6} \times \frac{5\sqrt{3}}{2} = \frac{5\sqrt{3}}{12}$$

이다.

문제 6.12 수직선 위에 좌표가 O(0), A(1), B(2), C(3), D(4), E(5), F(6), G(7)인 점이 있다. 아래와 같은 규칙을 가진 게임을 한다.

(가) O에서 시작한다. 주사위를 던져 나온 눈만큼 오른쪽의 점으로 이동한다.

(나) 점 G에서 멈추면 게임이 끝난다.

(다) 점 G에서 멈추지 않는다면, 초과한 수만큼 왼쪽의 점으로 이동한다. (예를 들어, 점 E에 있을 때, 다음 6의 눈이 나왔을 경우에는 점 C로 이동한다.) 이런 경우를 "점 G에서 돌아간다"고 한다.

(라) 점 D에 멈추면, 점 O로 돌아간다.

이때, 다음 물음에 답하여라.

(1) 주사위를 두 번 던져서 게임이 끝나는 경우의 수를 구하여라.

(2) 점 G에서 돌아가지 않고 주사위를 세 번 던져서 게임이 끝나는 경우의 수를 구하여라.

(3) 점 G에서 돌아가고, 주사위를 세 번 던져서 게임이 끝나는 경우의 수를 구하여라.

풀이 주사위를 세 번 던져서 나온 눈을 순서대로 a, b, c라 하자.

(1) 주사위를 두 번 던져서 나오는 경우를 표로 살펴보자. 점 G에서 돌아간 경우에는 아랫첨자 $_G$를 표시하였다.

b＼a	1	2	3	4	5	6
1	B	C	O	A	F	G
2	C	O	E	B	G	F_G
3	O	E	F	C	F_G	E_G
4	E	F	G	O	E_G	O_G
5	F	G	F_G	E	O_G	C_G
6	G	F_G	E_G	F	C_G	B_G

따라서 주사위를 두 번 던져서 게임이 끝나는 경우, 즉 G에 도달한 경우의 수는 5가지이다.

(2) 점 G에서 돌아가지 않고 주사위를 세 번 던져서 게임이 끝나는 경우는 주사위를 두 번 던졌을 때, 점 O에 있는 경우와 G에서 돌아간 경우를 제외하면 된다. 따라서 모두 15가지이다.

(3) 점 G에서 돌아가고, 주사위를 세 번 던져서 게임이 끝나는 경우는 주사위를 두 번 던졌을 때, 아랫첨자 $_G$가 붙은 점 중에서 O_G를 제외하면 된다. 따라서 모두 10가지이다.

문제 6.13 다음 물음에 답하여라.

(1) $\angle B = \angle D = 90°$인 크기가 다른 두 개의 직각이등변삼각형 ABC와 CDE가 있다. 점 A, E, D의 순서로 한 직선 위에 있고, CD+DE = EA이다. $\triangle CDE = 13$일 때, 사각형 ABCD의 넓이를 구하여라.

(2) $\angle C = 90°$인 직각삼각형 ABC에서, 사각형 DBEF가 마름모가 되도록 점 D, E, F를 각각 변 AB, BC, CA 위에 잡는다. 삼각형 ADF의 내접원을 P, 삼각형 FEC의 내접원을 Q라 할 때, 원 P, Q의 지름의 길이가 각각 20, 16일 때, 삼각형 ABC의 넓이를 구하여라.

풀이

(1) 삼각형 BCD를 점 B를 중심으로 반시계방향으로 90° 회전이동시킨다. 점 D가 이동한 점을 D′라 하자. 그러면 삼각형 BDD′는 직각이등변삼각형이다. CD = 1이라 가정하면 DD′ = 4이다. 점 B에서 변 DD′에 내린 수선의 발을 F라 하자. 그러면 BF = 2이다. 즉, $\triangle CDE : \triangle BFD′ = 1 : 4$이다. 따라서

$$\square ABCD = \triangle D′BD$$
$$= 2 \times \triangle BFD′$$
$$= 8 \times \triangle CDE$$
$$= 8 \times 13 = 104$$

이다.

(2) 원 P와 Q의 지름의 비가 5 : 4이므로 AF : FC = BE : EC = 5 : 4이다. 그러면 FE : EC = 5 : 4이므로 삼각형 FEC와 삼각형 ADF는 변의 길이의 비가 3 : 4 : 5인 직각삼각형이다. 더욱이 삼각형 ABC도 변의 길이의 비가 3 : 4 : 5인 직각삼각형이다. 세 변의 길이가 3, 4, 5인 직각삼각형의 내접원의 반지름이 1이므로, 원 P와 Q의 반지름이 각각 10, 8이므로 AF = 30, FC = 24, DF = 40, EC = 32이다. 따라서 $\triangle ABC = 72 \times 54 \times \frac{1}{2} = 1944$이다.

문제 6.14 세 자리 양의 정수 abc를 생각하자. 세 개의 정수 a, b, c 중 어떤 두 개의 합이 나머지 하나의 두 배인 양의 정수 abc를 생각하자.

(1) 세 자리 수 abc에서 a, b, c 중 0이 있는 경우의 수를 구하여라.

(2) 세 자리 수 abc에서 a, b, c 중 0이 없는 경우의 수를 구하여라.

풀이

(1) a, b, c 중 0이 있는 경우

   (i) a, b, c가 0, 1, 2로 이루어진 경우는 모두 4가지

   (ii) a, b, c가 0, 2, 4로 이루어진 경우는 모두 4가지

   (iii) a, b, c가 0, 3, 6으로 이루어진 경우는 모두 4가지

   (iv) a, b, c가 0, 4, 8로 이루어진 경우는 모두 4가지

그러므로 모두 16가지의 경우가 있다.

(2) a, b, c가 0을 포함하지 않는 경우, 일반성을 잃지 않고, $a \le b \le c$라고 가정하면, $a + c = 2b$이다.

   (i) $a = b = c$인 경우, $(a, b, c) = (1, 1, 1), (2, 2, 2), \cdots, (9, 9, 9)$가 가능하므로 모두 9가지

   (ii) $a < b < c$인 경우, $b = 2, 3, \cdots, 8$이 가능하다.

- $b = 2$일 때, $(a, c) = (1, 3)$만 가능하므로 1가지
- $b = 3$일 때, $(a, c) = (1, 5), (2, 4)$만 가능하므로 2가지
- $b = 4$일 때, $(a, c) = (1, 7), (2, 6), (3, 5)$만 가능하므로 3가지
- $b = 5$일 때, $(a, c) = (1, 9), (2, 8), (3, 7), (4, 6)$만 가능하므로 4가지
- $b = 6$일 때, $(a, c) = (3, 9), (4, 8), (5, 7)$만 가능하므로 3가지
- $b = 7$일 때, $(a, c) = (5, 9), (6, 8)$만 가능하므로 2가지
- $b = 8$일 때, $(a, c) = (7, 9)$만 가능하므로 1가지

그러므로 (ii)의 경우는 a, b, c의 순서가 바뀌는 것을 고려하면 $16 \times 3! = 96$가지이다.

그러므로 경우의 수는 모두 105가지이다.

문제 6.15 아래 그림과 같은 삼각기둥 ABC-DEF에서 점 P는 모서리 BE 위를 점 B에서 출발하여 점 E로 이동하고, 점 Q는 모서리 CF 위를 점 C에서 출발하여 점 F로 이동하는데, 각각 1초당 2cm, 3cm의 속도로 동시에 출발한다. 입체도형을 세 점 A, P, Q를 지나는 평면으로 절단하면 두 부분으로 나누어진다.

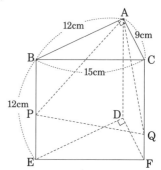

다음 물음에 답하여라.

(1) 점 B를 포함하는 입체와 점 E를 포함하는 입체의 부피의 비가 4 : 5일 때, 출발한 지 몇 초가 지난 후 인지 구하여라.

(2) 나누어진 두 입체의 겉넓이가 같을 때, 출발한 지 몇 초가 지난 후인지 구하여라.

풀이

(1) 입체도형을 세 점 A, P, Q를 지나는 평면으로 절단해서 나누어진 두 입체 중 삼각형 DEF를 밑면으로 하는 비스듬한 삼각기둥을 살펴보자. 부피의 비는 높이의 비와 같다.

점 B를 포함하는 비스듬한 삼각기둥의 높이는 $\frac{0 + BP + CQ}{3} = \frac{BP + CQ}{3}$이다. 또, 이 삼각기둥의 높이는 주어진 삼각기둥의 높이의 $\frac{4}{9}$이다. 그러므로 $BP + CQ = 12 \times 3 \times \frac{4}{9} = 16$cm이다.

$BP + CQ$는 1초에 5cm씩 증가하므로, 구하는 시간은 $16 \div 5 = 3.2$초이다.

(2) 나누어진 두 입체의 옆넓이만 같으면 두 입체의 겉넓이는 같다. 그러므로 아래 그림에서 색칠된 부분과 색칠되지 않은 부분의 넓이가 같으면 된다.

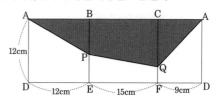

출발한 지 1초 후, 색칠된 부분의 넓이는 $12 \times 2 \div 2 +$ $(2+3) \times 15 \div 2 + 9 \times 3 \div 2 = 63(\text{cm}^2)$이다.

따라서 구하는 시간은 색칠된 부분의 넓이가 직사각형의 넓이의 반이 되는 $12 \times (12+15+9) \div 2 \div 63 = \dfrac{24}{7}$초이다.

문제 6.16 다음 물음에 답하여라.

(1) 승우가 다음과 같은 수학게임을 하고 있다.

    (가) 세 자리 자연수를 생각한다.

    (나) (가)에서 생각한 수를 3으로 나눈 몫을 생각한다. 즉, 나머지는 버린다.

    (다) (나)에서 얻은 수를 3으로 나눈 몫을 생각한다. 즉, 나머지는 버린다.

    (라) (다) 단계를 반복하고 "7"이 나오면 이긴다.

이 수학게임에서 승우가 이길 수 있는 세 자리 자연수는 모두 몇 개인지 구하여라.

(2) 다음과 같은 성질을 만족하는 자연수를 생각한다.

> 자연수에서 42를 여러번 빼도 그 결과는 소수이다.
> (단, 결과는 0보다 큰 범위에서 뺄셈을 한다.)

이를 만족하는 자연수 중 가장 큰 수를 구하여라.

풀이

(1) 표를 만들어 거꾸로 생각해보자.

최종	7
전단계	21이상 24미만
전전단계	63이상 72미만
전전전단계	189이상 216미만
전전전전단계	567이상 648미만

따라서 승우가 이길 수 있는 세 자리 자연수는 189이상 216미만의 27개와 567이상 648미만의 81개이다. 즉, 모두 108개이다.

(2) 거꾸로 생각하면 소수에 42를 더해가면서 소수가 되는 것을 찾으면 된다. $42 = 2 \times 3 \times 7$이므로 $2, 3, 7$에 42를 한 번만 더하면 합성수가 된다. 그러므로 $2, 3, 7$은 제외하고, 나머지 소수들에 대해서 살펴보면 된다.

    (i) 마지막 소수를 5라고 하면, $5 \to 47 \to 89 \to 131 \to 173 \to 215$이다.

    (ii) 마지막 소수를 11이라고 하면, $11 \to 53 \to 95$이다.

    (iii) 마지막 소수를 13이라고 하면, $13 \to 55$이다.

    (iv) 마지막 소수를 17이라고 하면, $17 \to 59 \to 101 \to 143$이다.

(v) 마지막 소수를 19라고 하면 $19 \to 61 \to 103 \to 145$이다.

(vi) 마지막 소수를 23이라고 하면 $23 \to 65$이다.

(vii) 마지막 소수를 29라고 하면 $29 \to 71 \to 113 \to 155$이다.

(viii) 마지막 소수를 31라고 하면 $31 \to 73 \to 115$이다.

(ix) 마지막 소수를 37라고 하면 $37 \to 79 \to 121$이다.

(x) 마지막 소수 41라고 하면 $41 \to 83 \to 125$이다.

따라서 구하는 가장 큰 수는 215이다.

문제 6.17 다음 물음에 답하여라.

(1) $(x+a)(x+b)(x+c)$를 x의 내림차순으로 전개하여라.

(2) $(a+b)(b+c)(c+a) + abc = (a+b+c)(ab+bc+ca)$ 이 성립함을 보여라.

(3) 정수 a, b, c에 대하여,

$$\frac{1}{2}(a+b)(b+c)(c+a) + (a+b+c)^3 = 1 - abc$$

가 성립할 때, 이를 만족하는 정수쌍 (a, b, c)를 모두 구하여라.

풀이

(1) x에 대한 내림차순으로 정리하면

$$(x+a)(x+b)(x+c)$$
$$= x^3 + (a+b+c)x^2 + (ab+bc+ca)x + abc$$

이다.

(2) 전개한 후, 인수분해하면

$$(a+b)(b+c)(c+a) + abc$$
$$= ab(a+b) + bc(b+c) + ca(c+a) + 3abc$$
$$= ab(a+b+c) + bc(a+b+c) + ca(a+b+c)$$
$$= (a+b+c)(ab+bc+ca)$$

이다.

(3) 주어진 식을 변형하면,

$$2(a+b+c)^3 + (a+b)(b+c)(c+a) + 2abc = 2$$

이다. 이 식은

$$(a+b+c+a)(a+b+c+b)(a+b+c+c) = 2$$

으로 변형이 가능하다. $a \geq b \geq c$라고 놓아도 일반성을 잃지 않는다. 그러면 $(2a+b+c, a+2b+c, a+b+2c) = (2,1,1), (2,-1,-1), (1,-1,-2)$이다. 이를 계산하면, 정수쌍 $(a, b, c) = (1, 0, 0), (2, -1, -1)$이다. 그런데, a, b, c의 대소관계가 바뀔 수 있으므로, 구하는 정수쌍은 $(a, b, c) = (1, 0, 0), (2, -1, -1), (0, 1, 0), (-1, 2, -1), (0, 0, 1), (-1, -1, 2)$이다.

문제 6.18 $\angle CAB = 90°$, $AB = AC = 1$인 직각이등변삼각형 ABC에서 변 BC의 중점을 M이라 하자. 두 점 A, M를 지나는 원 O가 변 AB와 만나는 (A가 아닌) 점을 P, 변 AC와 만나는 (점 A가 아닌) 점을 Q이라 할 때, 다음 물음에 답하여라. 단, $AP \le AQ$이다.

(1) 점 O를 지나고 BC에 평행한 직선과 AM, AC와의 교점을 각각 D, E라 하면, OD = OE이다. 이때, 원의 반지름을 구하여라.

(2) 사각형 PBCQ의 넓이가 $\frac{4}{9}$일 때, AP의 길이를 구하여라.

보기 풀이 원 O는 두 점 A, M을 지나므로 OA = OM이고, 중심 O는 AM의 수직이등분선 위에 있다.

(1) △ADE가 직각이등변삼각형이고, E가 AC의 중점이므로 $AE = \frac{1}{2}$이다. 또, OD = OE이므로 DO : DA = 1 : 2이다. 그러므로 삼각형 OAD는 세 변의 길이의 비가 $1 : 2 : \sqrt{5}$인 직각삼각형이다. 따라서 $DA = AE \times \frac{1}{\sqrt{2}} = \frac{1}{2\sqrt{2}}$이다. 즉, $OA = DA \times \frac{\sqrt{5}}{2} = \frac{\sqrt{10}}{8}$이다. 이것이 구하는 반지름이다.

(2) $AP = p$, $AQ = q$라 하자. 사각형 PBCQ의 넓이가 $\frac{4}{9}$이므로

$$\frac{1}{2}AB^2 - \frac{1}{2}pq = \frac{4}{9}$$

이다. 즉 $pq = \frac{1}{9}$이다.
이제 삼각형 AMP와 삼각형 CMQ가 합동임을 보이자. 삼각형 ACM이 직각이등변삼각형이므로 AM = CM이고, $\angle MAP = \angle MCQ = 45°$이고, $\angle AMP = 90° - \angle AMQ = \angle CMQ$이다. 그러므로 △AMP ≡ △CMQ이다. 즉, AP = CQ이다.
따라서 AP+AQ = CQ+AQ = 1이다. 즉, $p+q = 1$이다. $p + q = 1$, $pq = \frac{1}{9}$를 만족하는 p, q를 두 근으로 하는 이차방정식을 만들면

$$x^2 - x + \frac{1}{9} = 0, \quad 9x^2 - 9x + 1 = 0$$

이다. 이를 근의 공식으로 구하면 $p < q$이므로 $p = \frac{3-\sqrt{5}}{6}$이다.

문제 6.19 다음 물음에 답하여라.

(1) 삼각형의 각 변에 꼭짓점이 아닌 점이 네 개씩 주어져 있다. 이 12개의 점 중 네 점을 꼭짓점으로 갖는 볼록 사각형의 개수를 구하여라.

(2) 반지름이 10인 원주 위에 60등분이 되도록 점 60개점을 찍고 A_1, A_2, $\cdots$, A_{60}이라 하자. 이 60개의 점 중 5개의 점을 선택하여 오각형을 만드는데, 반드시 A_1을 선택한다. 이때 생긴 오각형의 변의 길이는 모두 10보다 클 때, 나머지 4개의 점을 선택하는 방법의 수를 구하여라. 단, 모양이 같은 오각형이라도 선택한 점이 다르면 다른 오각형으로 본다.

보기 풀이

(1) 다음과 같은 두 가지 경우로 나누어 살펴볼 수 있다.

(i) 세 변 중 두 변에서 2개의 점을 선택할 때, 세 변에서 두 변을 선택하는 경우의 수는 3가지이고, 선택된 변에서 네 개의 점에서 2개의 점을 선택하는 경우의 수는 $_4C_2$가지이다. 따라서 $3 \times {_4C_2} \times {_4C_2} = 108$개다.

(ii) 세 변 중 한 변에서 2개의 점을 선택하고, 나머지 두 개의 변에서 각각 1개의 점을 선택할 때, 세 변에서 2개의 점을 선택하는 한 변을 선택하는 경우의 수는 3가지이고, 2개의 점이 선택된 변에서 2개의 점을 선택하는 경우의 수는 $_4C_2$가지이고, 1개의 점이 선택된 변에서 1개의 점을 선택하는 경우의 수는 $_4C_1$가지이다. 따라서 $3 \times {_4C_2} \times {_4C_1} \times {_4C_1} = 288$개다.

그러므로 구하는 경우의 수는 396개다.

(2) 각 점 사이에는 11개 이상의 점이 필요하므로 $60 - 11 \times 5 = 5$개의 점을 각 점 사이에 배분하면 된다. 즉, 5개의 그룹에 (빈 그룹이 있어도 무관하게) 5개의 점을 배분하는 방법으로 중복조합에 해당한다. 따라서 구하는 방법의 수는 $_5H_5 = {_{5+5-1}C_5} = 126$가지이다.

문제 6.20 다음 물음에 답하여라.

(1) 아래 그림과 같이 지름 AB = 24인 반원 "가"와 지름 PQ = 8인 반원 "나"가 있다. AB와 PQ가 항상 평행하고 반원 "나"가 반원 "가"의 둘레를 떨어지지 않게 한 바퀴 돈다. 이때, 지름 PQ가 지나는 부분의 넓이를 구하여라.

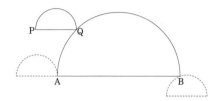

(2) 아래 그림과 같이 반지름이 12인 사분원 OFE와 한 변의 길이가 6인 정삼각형 VWX가 있다. OF와 WX가 항상 평행하고 정삼각형 VWX의 꼭짓점 W가 호 EF를 떨어지지 않게 이동한다. 이때, 정삼각형 VWX가 지나는 부분의 넓이를 구하여라.

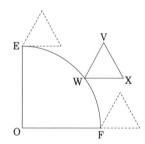

풀이

(1) 지름 PQ가 지나는 부분은 아래 그림에서 굵은 선의 내부이다.

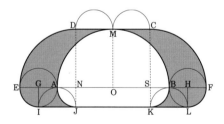

도형 DEAM의 넓이는 직사각형 DNOM의 넓이와 같고, 도형 EIJA의 넓이는 직사각형 GIJN의 넓이와 같다.

마찬가지로, 도형 MBFC의 넓이는 직사각형 MOSC의 넓이와 같고, 도형 KLFB의 넓이는 직사각형 SKLH

의 넓이와 같다.

따라서 지름 PQ가 지나는 부분의 넓이는

$$(8 \times 12 + 8 \times 4) \times 2 = 256$$

이다.

(2) 정삼각형 VWX가 지나는 부분은 아래 그림에서 굵은 선의 내부이다.

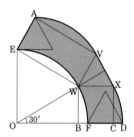

도형 AEWV의 넓이는 직사각형 AEWV의 넓이와 같고, 도형 WFDX의 넓이는 정사각형 WBCX의 넓이와 같다.

따라서 정삼각형 VWX가 지나는 부분의 넓이는

$$6 \times 12 + 6 \times 3\sqrt{3} \div 2 + 6 \times 6 = 108 + 9\sqrt{3}$$

이다.

제 7 절   점검 모의고사 7회 풀이

문제 7.1 자연수 x, y에 대하여 $x > y$이면 $x - y$를 y로 나누었을 때, 몫을 p, 나머지를 q라 하자. $N(x, y)$를 다음과 같이 정의한다.

$$\begin{cases} q = 0 \text{이면}, \quad N(x, y) = p \\ q > 0 \text{이면}, \quad N(x, y) = -1 \end{cases}$$

다음 물음에 답하여라.

(1) $N(2013, 25)$, $N(2016, 28)$을 구하여라.

(2) $N(2013 + n, 25 + n) > 0$을 만족하는 자연수 n중 2번째로 작은 수를 구하여라.

풀이

(1) $2013 - 25 = 1988 = 25 \times 79 + 13$이므로 $N(2013, 25) = -1$이고, $2016 - 28 = 1988 = 28 \times 71$이므로 $N(2016, 28) = 71$이다.

(2) $(2013 + n) - (25 + n) = 1988$이고, $N(2013 + n, 25 + n) > 0$이므로, 1988을 $25 + n$로 나누어떨어져야 한다. 즉, $25 + n$은 1988의 25보다 큰 약수여야 한다.
1988의 양의 약수를 구하면 1, 2, 4, 7, 14, 28, 71, 142, 284, 497, 994, 1988이다.
그러므로 구하는 2번째로 작은 n은 46이다.

문제 7.2 두 직선 $y = x + 4$와 $y = ax + b$의 교점이 A$(1, 5)$이고, B$(-4, 0)$, C$(0, 4)$, D$(0, b)$라고 하자. 단, $a < 0$, $b > 0$이다. 다음 물음에 답하여라.

(1) $\triangle$ADC의 넓이가 2일 때, 직선 $y = ax + b$를 구하여라.

(2) (1)에서 구한 직선 $y = ax + b$ 위에 $\triangle$CBE $= 8$이 되도록 점 E를 잡을 때, 점 E의 좌표를 구하여라. 단, 점 E의 x좌표는 1보다 크다.

풀이

(1) $\triangle$ADC $= 2$이므로 $\frac{(b - 4) \times 1}{2} = 2$이다. 즉, $b = 8$이다. 그러므로 $y = \frac{5 - 8}{1 - 0}x + 8$이다. 즉, $y = -3x + 8$이다.

(2) $\triangle$CBO $= \frac{4 \times 4}{2} = 8$이고, $\triangle$CBE $= 8$이므로 $\triangle$CBE $=$ $\triangle$CBO이다. 즉, $\overline{OE} \parallel \overline{BC}$이다.
점 E$(e, -3e + 8)$이라 하고, 점 E를 지나 x축에 평행한 직선과 $y = x + 4$와의 교점을 F$(f, f + 4)$라 하자. 그러면, $-3e + 8 = f + 4$로 부터 $f = -3e + 4$이다. 즉, $\overline{FE} = e - (-3e + 4) = 4e - 4$이다. 따라서 $\triangle$CBE $= \frac{1}{2} \times (4e - 4) \times 4 = 8(e - 1) = 8$이다. 이를 풀면, $e = 2$이다. 따라서 E$(2, 2)$이다.

문제 7.3 아래 그림과 같이 네 점 A, B, C, D가 구면 위에 있다.

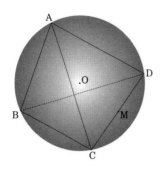

사면체 ABCD에서 모서리 길이는 AB = $\sqrt{3}$이고 나머지 모서리의 길이는 2이다.

(1) 모서리 CD의 중점을 M이라 할 때, 선분 BM의 길이를 구하여라.

(2) 구의 중심을 O라 하고, 점 O에서 BM에 내린 수선의 발을 H라 할 때, OH의 길이를 구하여라.

(3) 선분 OB의 길이를 구하여라.

풀이

(1) 삼각형 BCD는 한 변의 길이가 2인 정삼각형이다. 따라서 중선 BM의 길이는 $2 \times \frac{\sqrt{3}}{2} = \sqrt{3}$이다.

(2) 삼각형 ABM을 포함하는 평면으로 구를 절단했을 때, 절단면은 아래 그림과 같다.

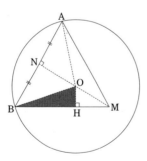

(1)과 같은 방법으로 AM = $\sqrt{3}$이다. 따라서 삼각형 ABM은 정삼각형이다. 또, OA = OB이므로 점 O는 AB의 수직이등분선 MN 위에 있다.

OB = OC = OD이므로 대칭성의 원리에 의하여 점 H는 정삼각형 BCD의 무게중심이다. 따라서

$$HM = CM \times \frac{1}{\sqrt{3}} = \frac{1}{\sqrt{3}}$$

이고, 삼각형 OHM은 한 내각이 30°인 직각삼각형이므로

$$OH = HM \times \frac{1}{\sqrt{3}} = \frac{1}{3}$$

이다.

(3) BH = CH = HM × 2 = $\frac{2}{\sqrt{3}}$이므로,

$$OB = \sqrt{BH^2 + OH^2} = \frac{\sqrt{13}}{3}$$

이다.

문제 7.4 서로 다른 n개 중에서 중복을 허락하지 않고, 또 순서에 상관없이 r개를 뽑을 때, 이를 n개에서 r개를 택하는 조합이라고 한다. 조합의 경우의 수를 $_nC_r$로 나타내며, $_nC_r = \dfrac{n!}{(n-r)!r!}$로 계산한다. 단, $n! = 1 \times 2 \times \cdots \times n$이다.

(1) 아래 그림과 일정한 간격으로 55개의 점이 놓여 있다. 이 55개의 점 중 세 점으로 만들 수 있는 정삼각형의 개수를 조합을 이용하여 구하여라.

(2) (1)에서의 그림과 같이 일정한 간격으로 $1 + 2 + \cdots + n = \dfrac{n(n+1)}{2}$개의 점이 놓여 있을 때, 이 $\dfrac{n(n+1)}{2}$개의 점 중 세 점으로 만들 수 있는 정삼각형의 개수를 조합을 이용하여 나타내어라.

풀이

(1) 아래 그림과 같이 한 줄에 11개, 12개의 점을 추가한다.

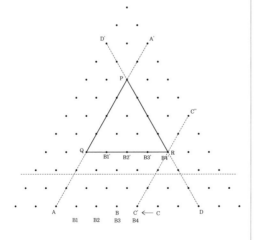

위의 그림과 같이 마지막 줄 12개의 점 중 4개의 점을 선택하여 순서대로 A, B, C, D라 하자. AA', DD'를 연결하여 생긴 교점을 P라 하자. 점 C를 바로 왼쪽 점 C′

로 옮긴 후 $C'C''$와 DD'의 교점을 R이라 하고, 정삼각형 PQR이 되도록 점 Q를 잡는다. 점 B의 위치는 점 A와 점 C의 사이에 있으므로 그림에서 B의 위치가 될 수 있는 점은 B1, B2, B3, B4이다. 아래 그림과 같이 각각 B1′, B2′, B3′, B4′ 마다 하나의 정삼각형이 생긴다. 그러므로 12개의 점 중 4개의 점을 선택하면 정삼각형이 하나 결정된다.

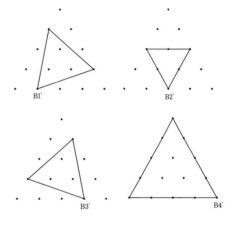

따라서 구하는 경우의 수는 $_{12}C_4 = \dfrac{12!}{8!4!} = 495$가지이다.

(2) (1)에서와 같은 방법으로 하면 구하는 경우의 수는 $_{n+2}C_4$가지이다.

문제 7.5 2이상의 자연수 n에 대하여, n을 소수들의 곱으로 표현했을 때, 이 소수들의 합을 $< n >$로 나타내기로 하자. 예를 들어, n이 소수이면, $< n >= n$이고, $4 = 2 \times 2$이므로 $< 4 >= 2 + 2 = 4$이고, $6 = 2 \times 3$이므로 $< 6 >= 2 + 3 = 5$이고, $12 = 2 \times 2 \times 3$이므로 $< 12 >= 2 + 2 + 3 = 7$이다. 이때, 다음 물음에 답하여라.

(1) $< 30 >$을 구하여라.

(2) $< 2021 > \times < x >= 450$를 만족하는 자연수 x를 모두 구하여라.

(3) $< x >= 12$를 만족하는 자연수 x를 모두 구하여라.

풀이

(1) $30 = 2 \times 3 \times 5$이므로 $< 30 >= 10$이다.

(2) $2021 = 43 \times 47$이므로 $< 2021 >= 43 + 47 = 90$이다. $< 2021 > \times < x >= 450$이므로 $< x >= 5$이다. 따라서 $x = 5, 6$이다.

(3) 소수들의 합이 12이 되는 경우를 구하면 $2 + 2 + 2 + 2 + 2 + 2, 2 + 2 + 2 + 3 + 3, 2 + 2 + 3 + 5, 2 + 3 + 7, 2 + 5 + 5, 3 + 3 + 3 + 3, 5 + 7$이다.
따라서 구하는 x는 $2^6 = 64, 2^3 \times 3^2 = 72, 2^2 \times 3 \times 5 = 60, 2 \times 3 \times 7 = 42, 2 \times 5^2 = 50, 3^4 = 81, 5 \times 7 = 35$이다.

문제 7.6 다음 물음에 답하여라.

(1) 실수 x, y, z, w에 대하여

$$\frac{x^2}{2^2 - 1^2} + \frac{y^2}{2^2 - 3^2} + \frac{z^2}{2^2 - 5^2} + \frac{w^2}{2^2 - 7^2} = 1$$
$$\frac{x^2}{4^2 - 1^2} + \frac{y^2}{4^2 - 3^2} + \frac{z^2}{4^2 - 5^2} + \frac{w^2}{4^2 - 7^2} = 1$$
$$\frac{x^2}{6^2 - 1^2} + \frac{y^2}{6^2 - 3^2} + \frac{z^2}{6^2 - 5^2} + \frac{w^2}{6^2 - 7^2} = 1$$
$$\frac{x^2}{8^2 - 1^2} + \frac{y^2}{8^2 - 3^2} + \frac{z^2}{8^2 - 5^2} + \frac{w^2}{8^2 - 7^2} = 1$$

이 성립할 때, $x^2 + y^2 + z^2 + w^2$을 구하여라.

(2) 영이 아닌 실수 x, y, z에 대하여 연립방정식

$$\frac{4x^2}{1 + 4x^2} = y, \quad \frac{4y^2}{1 + 4y^2} = z, \quad \frac{4z^2}{1 + 4z^2} = x$$

을 풀어라.

풀이

(1) t에 관한 방정식

$$\frac{x^2}{t - 1^2} + \frac{y^2}{t - 3^2} + \frac{z^2}{t - 5^2} + \frac{w^2}{t - 7^2} = 1$$

의 해가 $2^2, 4^2, 6^2, 8^2$이다. 위 식을 분모들의 최소공배수로 곱하여 정리하면

$$t^4 - (x^2 + y^2 + z^2 + w^2 + 1 + 9 + 25 + 49)t^3$$
$$+ a_2 t^2 + a_3 t + a_4 = 0$$

이 형태가 된다. 단, a_2, a_2, a_4는 x, y, z, w와 수로 이루어진 다항식이다. 근과 계수와의 관계를 이용하면

$$2^2 + 4^2 + 6^2 + 8^2 = x^2 + y^2 + z^2 + w^2 + 1 + 9 + 25 + 49$$

이다. 따라서 $x^2 + y^2 + z^2 + w^2 = 36$이다.

(2) 모든 실수 x에 대하여 $(1 - 2x)^2 \geq 0$이다. 단, 등호는 $x = \frac{1}{2}$일 때, 성립한다. 그러므로 $1 + 4x^2 \geq 4x$이다. 같은 이유로 $1 + 4y^2 \geq 4y$, $1 + 4z^2 \geq 4z$이다.
주어진 세 식을 변변 더하여 정리하면

$$x + y + z = \frac{4x^2}{1 + 4x^2} + \frac{4y^2}{1 + 4y^2} + \frac{4z^2}{1 + 4z^2}$$
$$\leq \frac{4x^2}{4x} + \frac{4y^2}{4y} + \frac{4z^2}{4z}$$
$$= x + y + z$$

이다. 위 부등식은 $x = y = z = \frac{1}{2}$일 때, 등호가 성립한다.
따라서 주어진 연립방정식의 해는 $x = y = z = \frac{1}{2}$이다.

문제 7.7 AB = AD인 사각형 ABCD가 원 O에 내접한다. 대각선 BD가 원 O의 지름이고, 두 대각선의 교점을 P라 하자. BC = 12, CD = 6일 때, 다음 물음에 답하여라.

(1) 선분 BP의 길이를 구하여라.

(2) 선분 AP의 길이를 구하여라.

(3) 세 점 A, B, P를 지나는 원의 지름을 구하여라.

풀이

(1) $BD = \sqrt{6^2 + 12^2} = 6\sqrt{5}$이고, AB = AD이므로 $\angle PCD = \angle PCB$이다. 삼각형 DCB에서 내각이등분선의 정리에 의하여 BP : PD = 12 : 6 = 2 : 1이다. 따라서 $BP = BD \times \frac{2}{3} = 4\sqrt{5}$이다.

(2) 삼각형 ABD는 AB = AD인 직각이등변삼각형이고, $AO \perp BD$이고, $OA = BD \div 2 = 3\sqrt{5}$, $OP = BP - BO = \sqrt{5}$이므로, $AP = 5\sqrt{2}$이다.

(3) 세 점 A, B, P를 지나는 원의 중심을 Q라 하자. $\angle ABP = 45°$이므로 $\angle AQP = 90°$이다. 그러므로 삼각형 APQ는 QA = QP인 직각이등변삼각형이다. 따라서 구하는 지름의 길이는 $\frac{AP}{\sqrt{2}} \times 2 = 10$이다.

문제 7.8 정사각형 ABCD에서 점 P는 꼭짓점 A에 있다. 주사위를 던져서 점 P는 정사각형의 꼭짓점으로 나온 눈만큼 반시계방향으로 이동한다. 이때, 다음 물음에 답하여라.

(1) 주사위를 1회 던진 후, 점 P가 꼭짓점 B에 있을 확률을 구하여라.

(2) 주사위를 2회 던진 후, 점 P가 꼭짓점 B에 있을 확률을 구하여라.

(3) 주사위를 3회 던졌다. 점 P가 1회 던진 후에는 꼭짓점 B에, 3회 던진 후에는 꼭짓점 C에 있을 확률을 구하여라.

풀이 1회에서 3회까지 나온 눈을 각각 a, b, c라 하자.

(1) 1회 던진 후, P가 B에 있는 경우는 $a = 1, 5$이다. 그러므로 구하는 확률은 $\frac{2}{6} = \frac{1}{3}$이다.

(2) 2회 던진 후, P가 B에 있는 경우는 $(a, b) = (1, 4)$, $(2, 3)$, $(3, 2)$, $(3, 6)$, $(4, 1)$, $(4, 5)$, $(5, 4)$, $(6, 3)$의 8가지이다. 따라서 구하는 확률은 $\frac{8}{6^2} = \frac{2}{9}$이다.

(3) 1회 던진 후, P가 B에 있을 확률은 (1)에서 구한 $\frac{1}{3}$이다.
2회 던진 후, P가 B에 있을 확률과 1회 던진 후, B의 위치에 있는 P가 3회 던진 후 C의 위치에 있을 확률과 같다. 즉, (2)에서 구한 $\frac{2}{9}$이다.
따라서 구하는 확률은 $\frac{1}{3} \times \frac{2}{9} = \frac{2}{27}$이다.

문제 7.9 음이 아닌 유리수 x에 대하여 a, b, c, d를 다음과 같이 정의한다.

$$a = [2x], \quad b = [4x], \quad c = [6x], \quad d = [8x]$$

단, $[x]$는 x를 넘지 않는 최대의 정수이다. 이때, $a+b+c+d$로 나타낼 수 없는 0이상 1000이하의 정수는 모두 몇 개인지 구하여라. 예를 들어, $x = 3.14$일 때, $a = 6$, $b = 12$, $c = 18$, $d = 25$으로 $a+b+c+d = 61$이다.

풀이 $x + 0.5$일 때,

$$[2x + 1] + [4x + 2] + [6x + 3] + [8x + 4]$$
$$= [2x] + [4x] + [6x] + [8x] + 10$$

이다. 그러므로 $0 \sim 9$ 중 $a+b+c+d$로 나타낼 수 있으면 이 수들에 10의 배수를 더한 수들은 모두 나타낼 수 있다.

- $a+b+c+d = 0$인 경우는 $x = 0$이면 나타낼 수 있다.
- $a+b+c+d = 1$인 경우는 $x = \frac{1}{8}$이면 나타낼 수 있다.
- $a+b+c+d = 2$인 경우는 $x = \frac{1}{6}$이면 나타낼 수 있다.
- $a+b+c+d = 3$인 경우는 $\frac{1}{6} < x < \frac{1}{4}$일 때, $a+b+c+d = 2$가 되어, 나타낼 수 없다.
- $a+b+c+d = 4$인 경우는 $x = \frac{1}{4}$이면 나타낼 수 있다.
- $a+b+c+d = 5$인 경우는 $x = \frac{1}{3}$이면 나타낼 수 있다.
- $a+b+c+d = 6$인 경우는 $x = \frac{3}{8}$이면 나타낼 수 있다.
- $a+b+c+d = 7, 8, 9$인 경우는 $\frac{3}{8} < x < \frac{1}{2}$일 때, $a+b+c+d = 6$가 되어, 나타낼 수 없다.

따라서 일의 자리 수가 3, 7, 8, 9인 수는 나타낼 수 없다. 그러므로 $a+b+c+d$로 나타낼 수 없는 0이상 1000이하의 정수는 400개이다.

문제 7.10 좌표평면 위에 이차함수 $y = ax^2$ $(a > 0)$와 원점 A_0가 있다. A_0을 지나고 기울기가 1인 직선과 이차함수와의 교점을 A_1, A_1을 지나고 기울기가 -1인 직선과 이차함수와의 교점을 A_2, A_2을 지나고 기울기가 1인 직선과 이차함수와의 교점을 A_3라고 하자. 이와 같이 계속하여 $A_4, A_5, \cdots$를 잡는다. 이때, 다음 물음에 답하여라.

(1) $y = ax^2$과 $y = mx + n$의 두 교점 P, Q의 x좌표를 각각 p, q라 할 때,

$$m = a(p + q), \quad n = -apq$$

임을 보여라.

(2) 점 A_1, A_2, A_3, A_4, A_5의 x좌표를 a를 써서 나타내어라.

(3) 선분들의 합 $A_0A_1 + A_1A_2 + A_2A_3 + A_3A_4$를 a를 써서 나타내어라.

(4) $a = 1$일 때, 선분들의 합 $A_0A_1 + A_1A_2 + A_2A_3 + \cdots + A_{n-1}A_n$이 100보다 크게 하는 자연수 n의 최솟값을 구하여라.

풀이

(1) $ax^2 = mx + n$에서 $ax^2 - mx - n = 0$이다. 근과 계수와의 관계에 의하여 $p + q = \frac{m}{a}$, $pq = -\frac{n}{a}$이다. 따라서 $m = a(p + q)$, $n = -apq$이다.

(2) A_k의 x좌표를 a_k $(k = 0, 1, 2, \cdots)$라 하자. A_0A_1의 기울기는 1이므로 (1)을 이용하면 $a(0 + a_1) = 1$이다. 즉, $a_1 = \frac{1}{a}$이다.
A_1A_2의 기울기는 -1이므로 $a\left(\frac{1}{a} + a_2\right) = -1$이다. 즉, $a_2 = -\frac{2}{a}$이다.
A_2A_3의 기울기는 1이므로 $a\left(-\frac{2}{a} + a_3\right) = -1$이다. 즉, $a_3 = \frac{3}{a}$이다.
같은 방법으로 $a_4 = -\frac{4}{a}$, $a_5 = \frac{5}{a}$이다.

(3) A_kA_{k+1}의 기울기는 1 또는 -1이므로, $A_kA_{k+1} = \sqrt{2}|a_{k+1} - a_k|$이다. 그러므로

$$A_0A_1 + A_1A_2 + A_2A_3 + A_3A_4$$
$$= \sqrt{2}\left\{\frac{1}{a} + \left(\frac{1}{a} + \frac{2}{a}\right) + \cdots + \left(\frac{3}{a} + \frac{4}{a}\right)\right\}$$
$$= \sqrt{2}\left(\frac{1}{a} + \frac{3}{a} + \frac{5}{a} + \frac{7}{a}\right)$$
$$= \frac{16\sqrt{2}}{a}$$

이다.

(4) $a = 1$일 때,

$$A_0A_1 + A_1A_2 + \cdots + A_{n-1}A_n$$
$$= \sqrt{2}\{1 + 3 + 5 + \cdots + (2n-1)\}$$
$$= \sqrt{2}n^2$$

이다. $1.4 < \sqrt{2} < 1.5$이므로

$$1.5 \times 8^2 = 96 < 100, \quad 1.4 \times 9^2 = 113.4 > 100$$

이다. 그러므로 $\sqrt{2}n^2 > 100$을 만족하는 최소의 자연수 n은 9이다.

문제 7.11 다음 물음에 답하여라.

(1) AD $/\!/$ BC인 등변사다리꼴 ABCD에서 삼각형 AEF가 정삼각형이 되도록 점 E, F를 각각 변 BC, CD위에 잡으면, $\angle$BAE = 36°, $\angle$EFC = 50°이다. 이때, $\angle$AEB의 크기를 구하여라.

(2) $\triangle$ABC의 변 AC 위에 $\angle$ACB = $\angle$DBC가 되도록 점 D를 잡고, BD 위에 $\angle$BEC = 2 × $\angle$BAC가 되도록 점 E를 잡으면, BE = 3, EC = 8이다. 이때, AC의 길이를 구하여라.

풀이

(1) 사각형 ABCD가 등변사다리꼴이므로 $\angle$ABC = $\angle$DCB이다. 따라서

$$\angle ABC = \{360° - (36° + 60°) - (60° + 50°)\} \div 2$$
$$= 77°$$

이다. 그러므로 $\angle$AEB = $180° - 77° - 36° = 67°$이다.

(2) BD의 연장선(D쪽) 위에 AD = DF가 되는 점 F를 잡으면 AD = DF, BD = DC, $\angle$ADB = $\angle$FDC이므로 $\triangle$ABD $\equiv$ $\triangle$FCD(SAS합동)이다. 또, $\angle$BAC = $\angle$BFC이고, $\angle$BEC = 2 × $\angle$BAC = $\angle$BFC + $\angle$FCE이다. 따라서 AC = BF = 3 + EF = 3 + EC = 11이다.

문제 7.12 1, 2, 3, 4, 5, 6이 적힌 6장의 카드를 다음 규칙을 만족하도록 나열한다.

> 양쪽 끝의 카드를 제외한 나머지의 카드 중 어느 것을 선택하여도 카드에 적힌 수가 옆에 있는 카드에 적힌 수보다 모두 크거나 작다.

이와 같은 나열하는 방법 수를 구하여라.

풀이 "작은, 큰, 작은, 큰, 작은, 큰"순으로 오는 것을 생각한다. 작은 부분에 오는 세 수의 쌍은 $(1, 2, 3)$, $(1, 2, 4)$, $(1, 2, 5)$, $(1, 3, 4)$, $(1, 3, 5)$, $(1, 4, 5)$ 뿐이다.

(i) 작은 부분에 오는 수가 $(1, 2, 3)$인 경우, 다른 3개의 숫자가 어디에 오든 상관없으므로 $3 \times 2 \times 1 \times 3 \times 2 \times 1 = 36$ 가지이다.

(ii) 작은 부분에 오는 수가 $(1, 2, 4)$인 경우,

- 4가 1과 2의 중간에 오는 경우, 3이 끝에 있어야 하므로 $2 \times 2 = 4$가지이다.

- 4가 1과 2의 중간에 오지 않는 경우, 3이 끝에 있는 경우와 1, 2 사이에 올 수 있는 경우로 나누어 구하면 $2 \times 2 + 4 \times 2 = 12$가지이다.

(iii) 작은 부분에 오는 수가 $(1, 2, 5)$인 경우, 5가 1과 2의 중간에 오는 경우와 세 번째 "작은" 부분에 오는 경우에는 6이 올 수 없다. 그러므로 5는 처음에 와야 하고, 그 다음에는 6이 와야 하므로 이때의 경우의 수는 $2 \times 2 = 4$가지이다.

(iv) 작은 부분에 오는 수가 $(1, 3, 4)$인 경우, 1이 3과 4사이에 오면 2가 올 수 없고, 1이 처음에 와도 2가 올 수 없으므로 1은 세 번째 "작은" 부분에 와야 한다. 이때, 2는 끝에 와야 한다. 이 경우의 수는 $2 \times 2 = 4$가지이다.

(v) 작은 부분에 오는 수가 $(1, 3, 5)$인 경우, 563412뿐이므로 1가지이다.

(vi) 작은 부분에 오는 수가 $(1, 4, 5)$인 경우, 조건을 만족하는 경우가 없다.

그러므로 모두 $36 + 4 + 12 + 4 + 4 + 1 = 61$가지이다. "큰, 작은, 큰, 작은, 큰, 작은"순으로 나열하는 방법을 고려하면 구하는 경우의 수는 122가지이다.

문제 7.13 다음 그림과 같이 정육면체 ABCD-EFGH에서 각 모서리의 중점을 잡는다.

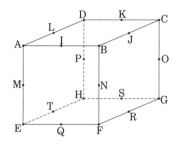

다음 물음에 답하여라.

(1) 정육면체를 세 점 A, C, F를 지나는 평면과 세 점 I, K, S를 지나는 평면으로 절단했을 때, 점 B를 포함하는 입체와 정육면체의 부피의 비를 구하여라.

(2) 정육면체를 세 점 P, K, J를 지나는 평면과 세 점 I, K, S를 지나는 평면으로 절단했을 때, 점 B를 포함하는 입체와 정육면체의 부피의 비를 구하여라.

(3) 정육면체를 세 점 A, C, F를 지나는 평면과 세 점 P, K, J를 지나는 평면으로 절단했을 때, 점 B를 포함하는 입체와 정육면체의 부피의 비를 구하여라.

풀이

(1) 절단한 후 점 B를 포함하는 입체는 아래 그림에서 삼각뿔대 IUV-BCF이다.
삼각뿔 A-IUV의 부피를 $1 \times 1 \times 1 = 1$이라 하면, 삼각뿔대 IUV-BCF의 부피는 $2 \times 2 \times 2 - 1 \times 1 \times 1 = 7$이고, 정육면체의 부피는 $2 \times 2 \times 2 \times 6 = 48$이다.
따라서 구하는 부피의 비는 $7 : 48$이다.

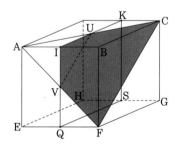

(2) 세 점 P, K, J를 지나는 평면으로 절단한 절단면은 정육각형 PKJNQT가 된다. 절단한 후 점 B를 포함하는 입체는 삼각뿔대 BNJ-IQK(아래 그림에서 색칠한 부분)이다.

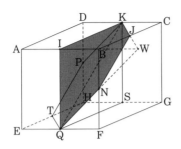

그림과 같이 KJ, IB, QN의 연장선의 교점을 W라 하면, IW = AB이므로, 삼각형 KQW와 삼각형 ACF는 합동이다. 그러므로 점 B를 포함하는 입체인 삼각뿔대는 (1)에서의 삼각뿔대와 합동이다. 따라서 구하는 부피의 비는 7 : 48이다.

(3) 절단한 후 점 B를 포함하는 입체는 아래 그림에서 삼각뿔 A-XYZ와 삼각뿔대 BNJ-ZYX를 합친 부분(그림에서 색칠한 부분)이다.

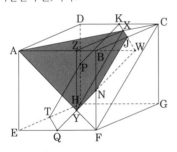

그림에서 AX : XC = AW : CK = 3 : 1이고, AZ : ZB : BW = 3 : 1 : 2이다.

그러므로 삼각뿔 W-JBN과 삼각뿔 A-XYZ의 부피의 비는 $2 \times 2 \times 2 : 3 \times 3 \times 3 = 8 : 27$이다.

또, 삼각뿔 W-JBN과 색칠한 부분의 부피의 비는 $8 : (27 \times 2 - 8) = 4 : 23$이다.

삼각뿔 W-JBN은 (1)에서 구한 삼각뿔 A-IUV와 합동이므로 삼각뿔 W-JBN과 정육면체의 부피의 비는 $1 : 48 = 4 : 192$이다.

따라서 구하는 부피의 비는 23 : 192이다.

문제 7.14 다음 물음에 답하여라.

(1) 원에 내접하는 사각형 ABCD에서 BC = CD = 4, DA = 16이다. AC = 16일 때, AB의 길이를 구하여라.

(2) AB = 5, AD = 3, ∠BAD + ∠BCA = 180°인 사각형 ABCD에서 두 대각선의 교점을 O라 하자. AC = 4, BO : OD = 7 : 6일 때, BC의 길이를 구하여라.

풀이

(1) BC = CD로부터 ∠BAC = ∠DAC이다. 점 B를 AC에 대하여 대칭이동시키면 AD위의 점으로 이동하는데, 이 점을 B′라 하자. 그러면 삼각형 ACD와 삼각형 CDB′는 닮음인 이등변삼각형이므로, AD : CD = CD : DB′이다. 그런데, AD = 16, CD = 4이므로 16 : 4 = 4 : DB′가 되어 DB′ = 1이다. 따라서 AB = AB′ = 15이다.

(2) 점 B를 AD에 평행한 직선과 AC의 연장선과의 교점을 E라고 하자. 그러면 ∠BEO = ∠DAO이다. 또, ∠BAD + ∠BCA = 180°이므로, ∠CBA = 180° − (∠BCA + ∠CAB) = ∠DAO이다. 따라서 ∠BEO = ∠CBA이다. 그러므로 △BAC와 ∠EAB는 닮음이고, 닮음비는 BC : BE = AC : AB = 4 : 5이다. 즉, BC = $\frac{4}{5}$ × BE이다. 또, BE ∥ AD이므로 △BOE와 △DOA는 닮음이고, 닮음비는 BE : AD = BO : OD = 7 : 6이다. 즉, BE = $\frac{7}{6}$ × AD = $\frac{7}{6}$ × 3 = $\frac{7}{2}$이다. 따라서 BC = $\frac{4}{5}$ × BE = $\frac{4}{5}$ × $\frac{7}{2}$ = $\frac{14}{5}$이다.

문제 7.15 자연수 1,2,3,4,5,6,7,8로 만든 순서쌍 $(x_1, x_2, x_3, x_4, x_5, x_6, x_7, x_8)$들 중 다음 네 조건을 만족시키는 순서쌍의 개수를 구하여라.

(가) $x_1, x_2, x_3, x_4, x_5, x_6, x_7, x_8$는 서로 다른 자연수이다.

(나) $x_1 + x_2 + x_3 + x_4 < x_5 + x_6 + x_7 + x_8$

(다) $x_1 < x_2 < x_3 < x_4$

(라) $x_5 < x_6 < x_7 < x_8$

풀이 1, 2, 3, 4, 5, 6, 7, 8의 수를 서로 다른 8개의 수 $x_1, x_2, x_3, x_4, x_5, x_6, x_7, x_8$을 $x_1 + x_2 + x_3 + x_4 < x_5 + x_6 + x_7 + x_8$이 되도록 분할하는 것이다. 8개의 수에서 4개의 수를 뽑는 경우의 수는 $_8C_4 = 70$이고, 이 4개의 수를 작은 순서대로 x_1, x_2, x_3, x_4라고 하면 나머지 4개의 수가 작은 순서대로 x_5, x_6, x_7, x_8이 된다. 또한, x_1, x_2, x_3, x_4의 합은 x_5, x_6, x_7, x_8의 합과 같거나, 크거나 또는 작다. 두 합이 같은 경우의 수를 제외한 크거나 작은 경우의 수는 서로 바뀐 형태이다. 두 합이 같은 경우의 수는 $x_1 + x_2 + x_3 + x_4 = x_5 + x_6 + x_7 + x_8 = 18$이므로, $(1,8), (2,7), (3,6), (4,5)$로 합이 18이 되도록 순서쌍 4개 중 2개를 고르면 $_4C_2$이고, 각 순서쌍에서 하나씩을 뽑아서 18을 만드는 방법이 2가지이다.

그러므로 $x_1 + x_2 + x_3 + x_4 < x_5 + x_6 + x_7 + x_8$인 경우의 수는 $\frac{_8C_4 - (_4C_2 + 2)}{2} = 31$이다.

따라서 구하는 경우의 수는 31개다.

문제 7.16 다음 물음에 답하여라.

(1) 두 수 $n^2 + 3m$과 $m^2 + 3n$이 모두 완전제곱수가 되게 하는 양의 정수쌍 (m, n)을 모두 구하여라.

(2) 3보다 큰 임의의 소수 p에 대하여 $\frac{p^6 - 7}{3} + 2p^2$은 두 세제곱수의 합으로 나타낼 수 있음을 증명하여라.

풀이

(1) $m \le n$이라고 가정해도 일반성을 잃지 않는다. 그러면

$$n^2 < n^2 + 3m \le n^2 + 3n < (n+2)^2$$

이다. 따라서 $n^2 + 3m = (n+1)^2$이다. 즉, $n = \frac{3}{2}m - \frac{1}{2}$이다. 또,

$$m^2 < m^2 + 3n = m^2 + \frac{9}{2}m - \frac{3}{2} < (m+3)^2$$

이다. 그러므로

$$m^2 + \frac{9}{2}m - \frac{3}{2} = (m+1)^2 \text{ 또는 } m^2 + \frac{9}{2}m - \frac{3}{2} = (m+2)^2$$

이다. 이를 풀면 $(m, n) = (1, 1), (11, 16)$이다. 따라서 구하는 $(m, n) = (1, 1), (11, 16), (16, 11)$이다.

(2) 다음 사실을 이용하자.

$$\frac{p^6 - 7}{3} + 2p^2 = \left(\frac{2p^2 + 1}{3}\right)^3 + \left(\frac{p^2 - 4}{3}\right)^3.$$

여기서, p가 3보다 큰 소수이므로 $p^2 \equiv 1 \pmod 3$이므로, $\frac{2p^2 + 1}{3}$와 $\frac{p^2 - 4}{3}$는 정수이다. 따라서 $\frac{p^6 - 7}{3} + 2p^2$은 두 세제곱수의 합으로 나타낼 수 있다.

문제 7.17 다음 물음에 답하여라.

(1) 1보다 큰 실수 x에 대하여

$$\frac{x^4 - x^2}{x^6 + 2x^3 - 1}$$

의 최댓값을 구하여라.

(2) 양의 실수 x, y, z가 $x + 2y + 3z \geq 20$을 만족할 때,

$$x + y + z + \frac{3}{x} + \frac{9}{2y} + \frac{4}{z}$$

의 최솟값을 구하여라.

풀이

(1) 주어진 식을 변형하면

$$\frac{x^4 - x^2}{x^6 + 2x^3 - 1} = \frac{x - \frac{1}{x}}{x^3 + 2 - \frac{1}{x^3}}$$

$$= \frac{x - \frac{1}{x}}{\left(x - \frac{1}{x}\right)^3 + 2 + 3\left(x - \frac{1}{x}\right)}$$

이다. $x > 1$이므로, $x - \frac{1}{x} > 0$이다. 그러므로 산술-기하평균 부등식에 의하여

$$\left(x - \frac{1}{x}\right)^3 + 2 = \left(x - \frac{1}{x}\right)^3 + 1 + 1$$

$$\geq 3\sqrt[3]{\left(x - \frac{1}{x}\right)^3 \cdot 1 \cdot 1}$$

$$= 3\left(x - \frac{1}{x}\right)$$

이다. 따라서

$$\frac{x^4 - x^2}{x^6 + 2x^3 - 1} = \frac{x - \frac{1}{x}}{x^3 + 2 - \frac{1}{x^3}}$$

$$= \frac{x - \frac{1}{x}}{\left(x - \frac{1}{x}\right)^3 + 2 + 3\left(x - \frac{1}{x}\right)}$$

$$\leq \frac{x - \frac{1}{x}}{3\left(x - \frac{1}{x}\right) + 3\left(x - \frac{1}{x}\right)}$$

$$= \frac{1}{6}$$

이다. 단, 등호는 $x - \frac{1}{x} = 1$일 때, 성립한다.

(2) 산술-기하평균 부등식에 의하여

$$x + \frac{4}{x} \geq 4, \quad y + \frac{9}{y} \geq 6, \quad z + \frac{16}{z} \geq 8$$

이다. 그러므로

$$\frac{3}{4}\left(x + \frac{4}{x}\right) \geq 3,$$
$$\frac{1}{2}\left(y + \frac{1}{y}\right) \geq 3,$$
$$\frac{1}{4}\left(z + \frac{16}{z}\right) \geq 2$$

이다. 위 세 식을 변변 더하면,

$$\frac{3}{4}x + \frac{1}{2}y + \frac{1}{4}z + \frac{3}{x} + \frac{9}{2y} + \frac{4}{z} \geq 8$$

이다. 또, $x + 2y + 3z \geq 20$이므로

$$\frac{1}{4}x + \frac{1}{2}y + \frac{3}{4}z \geq 5$$

이다. 따라서

$$x + y + z + \frac{3}{x} + \frac{9}{2y} + \frac{4}{z} \geq 13$$

이다. 단, 등호는 $x = 2$, $y = 3$, $z = 4$일 때 성립한다.

문제 7.18 한 변의 길이가 16인 정사각형 ABCD에서 변 AD 위에 AE = 4인 점 E를 잡자. 점 A를 EB에 대하여 대칭이동 시킨 점을 A′라 하자. EA′의 연장선과 변 DC와의 교점을 F라 하자. 점 F를 지나 BE에 평행한 직선과 ED의 연장선과의 교점을 G라 하자. 다음 물음에 답하여라.

(1) 삼각형 EFG가 이등변삼각형임을 보여라.

(2) 삼각형 DEF의 넓이를 구하여라.

풀이

(1) 점 E에서 FG에 내린 수선의 발을 H, 점 H에서 EG에 내린 수선의 발을 I라 하자. 그러면 BE와 FG가 평행 이므로, $\angle AEB = \angle DGF = \angle A'EB = \angle A'FG$이다. 따라서 $\triangle EFG$는 EG = EF인 이등변삼각형이다.

(2) (1)에서 H는 FG의 중점이다. 또, $\triangle ABE$와 $\triangle DFG$, $\triangle IHG$는 닮음이고, $\triangle HEG$와 $\triangle IHG$, $\triangle IEH$는 닮음이 다. 주어진 조건에서 AE = 4, AB = 16이므로 AE : AB = 1 : 4, ED = 12이다. DG = $2x$라고 하면,

$$DI = x, \quad DF = 8x, \quad IH = 4x, \quad EI = 16x$$

이다. 그러므로 ED = $16x - x = 15x = 12$이다. 즉, $x = \frac{4}{5}$이다. 따라서 DF = $8 \times \frac{4}{5} = \frac{32}{5}$이다. 그러므로 $\triangle DEF = 12 \times \frac{32}{5} \div 2 = \frac{192}{5}$이다.

문제 7.19 다음 물음에 답하여라.

(1) $1 \le a_1 \le a_2 \le a_3 \le a_4 \le 5$를 만족하는 양의 정수쌍 (a_1, a_2, a_3, a_4)의 개수를 구하여라.

(2) $5 \le a_6 \le a_7 \le a_8 \le a_9 \le 9$를 만족하는 양의 정수쌍 (a_6, a_7, a_8, a_9)의 개수를 구하여라.

(3) 다음 조건 (가), (나), (다)를 모두 만족하는 양의 정수 쌍 $(a_1, a_2, \cdots, a_9)$의 개수를 구하여라.

(가) $1 \le a_1 \le a_2 \le \cdots \le a_9 \le 9$

(나) $a_5 = 5$

(다) $a_9 - a_1 \le 7$

풀이

(1) $1 \le a_1 \le a_2 \le a_3 \le a_4 \le 5$를 만족하는 (a_1, a_2, a_3, a_4)를 결정하는 방법의 수는 $_5H_4 = {}_8C_4 = 70$이다.

(2) $5 \le a_6 \le a_7 \le a_8 \le a_9 \le 9$를 만족하는 (a_6, a_7, a_8, a_9)를 결정하는 방법의 수는 $_5H_4 = {}_8C_4 = 70$이다.

(3) 조건 (가)와 (나)로 부터,

$$1 \le a_1 \le a_2 \le \cdots \le 5 \le a_6 \le \cdots \le a_9 \le 9$$

이다. 여기서, $a_1 = 1$, $a_9 = 9$인 경우를 제외한 순서쌍 $(a_1, a_2, \cdots, a_9)$의 개수가 우리가 구하는 경우의 수가 된다.

(1), (2)에서 $1 \le a_1 \le a_2 \le a_3 \le a_4 \le 5$를 만족하는 양 의 정수쌍 (a_1, a_2, a_3, a_4)의 개수와 $5 \le a_6 \le a_7 \le a_8 \le a_9 \le 9$를 만족하는 양의 정수쌍 (a_6, a_7, a_8, a_9)의 개수 는 각각 70개이다.

이제 $a_1 = 1$, $a_9 = 9$인 경우를 구하면 된다. $1 \le a_2 \le a_3 \le a_4 \le 5$, $5 \le a_6 \le a_7 \le a_8 \le 9$를 만족하는 (a_2, a_3, a_4)와 (a_6, a_7, a_8)를 결정하는 방법의 수는 각 각 $_5H_3 = {}_7C_3 = 35$가지이다.

따라서 우리가 구하는 순서쌍의 개수는 $70 \times 70 - 35 \times 35 = 3675$이다.

문제 7.20 다음 그림과 같이 한 모서리의 길이가 12인 정육면체 ABCD-EFGH에서 모서리 CD, AD, AE의 중점을 각각 P, Q, R이라 하자.

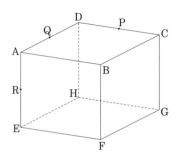

세 점 B, D, E를 지나는 평면, 세 점 B, D, G를 지나는 평면, 세 점 P, Q, R를 지나는 평면으로 정육면체를 동시에 절단한다. 절단되어 나누어진 입체 중 점 F를 포함하는 "입체 F"라 하자. 다음 물음에 답하여라.

(1) "입체 F"의 면의 수를 구하여라.

(2) "입체 F"의 면 중에서 넓이가 최대인 면의 넓이는 삼각형 BDE의 넓이의 몇 배인지 구하여라.

(3) "입체 F"의 부피를 구하여라.

풀이

(1) 아래 왼쪽 그림과 같은 오면체의 면과 만나는 면이 2개, 아래 오른쪽 그림과 같은 오면에칙 면과 만나는 면이 2개 있다.

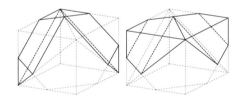

또, 아래 왼쪽 그림과 같이 육면체의 면과 만나는 면이 1개, 아래 오른쪽 그림과 같이 팔면체의 면과 만나는 면이 1개 있다.

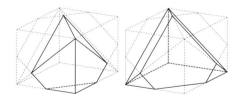

따라서 "입체 F"의 면의 수는 6개이다.

(2) "입체 F"의 면 중에서 넓이가 최대인 면은 아래 그림과 같이 오각형 STUVW이다.

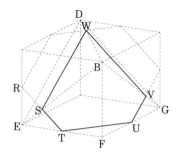

ES : SB = 1 : 3임을 이용하여, 오각형 STUVW의 넓이와 삼각형 BDE의 넓이를 비교하기 위해 작은 정삼각형으로 내부를 나누면 아래 그림과 같다.

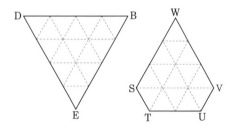

따라서 오각형 STUVW의 넓이는 삼각형 BDE의 넓이의 $\frac{14}{16} = \frac{7}{8}$이다.

(3) "입체 F"의 부피는 삼각뿔 B-WSV, 삼각뿔 B-SYV와 삼각뿔대 SYV-TFU의 부피의 합이다.

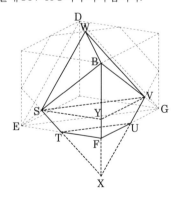

삼각뿔 B-WSV의 부피는 정사면체 BDEG의 부피의 $\frac{27}{64}$이다. 또, 정사면체 BDEG의 부피는

$$12 \times 12 \times 12 - 12 \times 12 \div 2 \times 12 \times \frac{1}{3} \times 4 = 576$$

이다. 그러므로 삼각뿔 B-WSV의 부피는 $576 \times \frac{27}{64} = 243$이다.

삼각뿔 B-SYV의 부피는 $9 \times 9 \div 2 \times 9 \times \frac{1}{3} = \frac{243}{2}$이다.

삼각뿔대 SYV-TFU의 부피는 삼각뿔 X-SYV의 부피의 $1 - \frac{8}{27} = \frac{19}{27}$이므로, 삼각뿔대 SYV-TFU의 부피는 $\frac{243}{2} \times \frac{19}{27} = \frac{171}{2}$이다.

따라서 "입체 F"의 부피는 $243 + \frac{243}{2} + \frac{171}{2} = 450$이다.

제 8 절   점검 모의고사 8회 풀이

문제 8.1 양의 정수 k에 대하여, k의 양의 약수들의 평균을 $m(k)$라 할 때, 다음 물음에 답하여라. 단, n은 음의 아닌 정수이다.

(1) $m(3^3)$을 구하여라.

(2) $m(3^n)$을 n에 관한 식으로 나타내어라.

(3) $m(2^n \cdot 3^3)$을 n에 관한 식으로 나타내어라.

(4) $m(6^n)$을 n에 관한 식으로 나타내어라.

풀이 k의 양의 약수의 개수를 $\tau(k)$, k의 양의 약수의 총합을 $\sigma(k)$라 하자.

(1) $\tau(3^3) = 3 + 1 = 4$, $\sigma(3^3) = 1 + 3 + 3^2 + 3^3 = 40$이므로, $m(3^3) = 40 \div 4 = 10$이다.

(2) $\tau(3^n) = n + 1$, $\sigma(3^n) = 1 + 3 + \cdots + 3^n = \frac{3^{n+1} - 1}{3 - 1}$이므로, $m(3^n) = \frac{3^{n+1} - 1}{2(n+1)}$이다.

(3) $\tau(2^n \cdot 3^3) = (n+1) \times (3+1) = 4(n+1)$, $\sigma(2^n \cdot 3^3) = \frac{2^{n+1} - 1}{2 - 1} \cdot 40 = 40(2^{n+1} - 1)$이므로, $m(2^n \cdot 3^3) = \frac{10(2^{n+1} - 1)}{n+1}$이다.

(4) $\tau(6^n) = \tau(2^n \cdot 3^n) = (n+1)^2$이고,

$$\sigma(6^n) = (1 + 2 + \cdots + 2^n)(1 + 3 + \cdots + 3^n)$$
$$= \frac{2^{n+1} - 1}{2 - 1} \cdot \frac{3^{n+1} - 1}{3 - 1}$$

이므로, $m(6^n) = \frac{(2^{n+1} - 1)(3^{n+1} - 1)}{2(n+1)^2}$이다.

문제 8.2 두 직선 $y = x$와 $y = -\frac{1}{2}x + 3$의 교점을 A, x축 위의 한 점을 B, 점 B를 지나 y축에 평행한 직선과 $y = x$와의 교점을 C라 하고, 삼각형 ABC를 작도한다. 다음 물음에 답하여라.

(1) 점 A의 좌표를 구하여라.

(2) 직선 $y = -\frac{1}{2}x + 3$이 삼각형 ABC의 넓이를 이등분할 때, 점 C의 좌표를 구하여라.

풀이

(1) $y = x$와 $y = -\frac{1}{2}x + 3$을 연립하여 풀면, $x = y = 2$이다. 즉, A(2, 2)이다.

(2) 직선 $y = -\frac{1}{2}x + 3$이 삼각형 ABC의 넓이를 이등분한다는 것은 직선 $y = -\frac{1}{2}x + 3$이 선분 BC의 중점을 지난다는 것이다. 점 B$(c, 0)$, 점 C(c, c)라고 하면, 선분 BC의 중점 M$\left(c, \frac{c}{2}\right)$이다. $\frac{c}{2} = -\frac{1}{2}c + 3$를 풀면 $c = 3$이다. 즉, C(3, 3)이다.

문제 8.3 다음 내용은 톨레미의 정리에 대한 것이다.

> 원에 내접하는 볼록사각형 ABCD에서
> $$AB \cdot CD + BC \cdot DA = AC \cdot BD$$
> 이 성립한다.

이를 이용하여 다음 물음에 답하여라

(1) 점 P가 정삼각형 ABC의 외접원의 호 BC 위에 임의의 한 점일 때, PA = PB + PC임을 증명하여라.

(2) 정삼각형 ABC의 변 BC 위의 점 D에 대하여, 직선 AD 가 이 정삼각형의 외접원과 만나는 점을 P라 하자. BP = 5, PC = 20일 때, AD의 길이를 구하여라.

[풀이]

(1) 사각형 ABPC에서 톨레미의 정리에 의하여

$$PA \cdot BC = PB \cdot AC + PC \cdot AB$$

이다. 그런데, AB = BC = CA이므로 PA = PB + PC이다.

(2) (1)로부터 PA = PB+PC이다. 따라서 PA = 25이다. 또, 삼각형 ABP와 CDP가 닮음이므로, 5 : 25 = PD : 20이다. 즉, PD = 4이다.
따라서 AD = 25 − 4 = 21이다.

문제 8.4 다음 물음에 답하여라.

(1) 숫자 1과 2만을 사용하여 만든 7자리 양의 정수 중에서 '1221'이 한 번만 나타나는 것의 개수를 구하여라. 단, 1221221은 '1221'이 두 번 나타난 것으로 본다.

(2) 숫자 1과 2만을 사용하여 만든 8자리 양의 정수 중에서 '1221'이 한 번만 나타나는 것의 개수를 구하여라. 단, 1221221은 '1221'이 두 번 나타난 것으로 본다.

[풀이]

(1) 수 '1221'이 들어갈 수 있는 자리는 다음의 네 가지 뿐이다.

   (i) '1221□□□'의 경우 : 끝이 221인 경우를 제외하면 모두 7가지이다.

   (ii) '□1221□□'의 경우 : 모두 8가지이다.

   (iii) '□□1221□'의 경우 : 모두 8가지이다.

   (iv) '□□□1221'의 경우 : 앞이 122인 경우를 제외하면 모두 7가지이다.

따라서 (i) ~ (iv)로부터 구하는 경우의 수는 모두 30가지이다.

(2) 수 '1221'이 들어갈 수 있는 자리는 다음의 다섯 가지 뿐이다.

   (i) '1221□□□□'의 경우 : 끝이 2211, 2212, 1221인 경우를 제외하면 $2^4 - 3 = 13$가지이다.

   (ii) '□1221□□□'의 경우 : 끝이 221인 경우를 제외하면 $2^4 - 2 = 14$가지이다.

   (iii) '□□1221□□'의 경우 : 모두 16가지이다.

   (iv) '□□□1221□'의 경우 : 앞이 122인 경우를 제외하면 $2^4 - 2 = 14$가지이다.

   (v) '□□□□1221'의 경우 : 앞이 1122, 2122, 1221인 경우를 제외하면 $2^4 - 3 = 13$가지이다.

따라서 (i) ~ (v)로부터 구하는 경우의 수는 모두 70가지이다.

문제 8.5 다음 물음에 답하여라.

(1) 네 자리 자연수 N의 각 자리 숫자의 합이 17의 배수이고, N + 1의 각 자리 숫자의 합이 17의 배수이다. 이를 만족하는 가장 큰 N을 구하여라.

(2) 숫자 1, 2, 3, 4, 5, 6이 하나씩 적혀 있는 카드 여섯 장이 있다. 이 중 다섯 장의 카드를 나열하여 만들 수 있는 다섯 자리 수 중 6의 배수는 모두 몇 가지인가?

箱 풀이

(1) 네 자리 자연수 N에 1을 더할 때, 일의 자리에서 십의 자리로 받아올림이 없다면, 각 자리 숫자의 합은 1만 증가하므로 이 경우는 17의 배수가 될 수 없다. 그러므로 일의 자리 숫자는 9이다.

네 자리 자연수 N에 1을 더할 때, 십의 자리에서 백의 자리로 받아올림이 없다면, 각 자리 숫자의 합은 일의 자리에서 9가 줄고, 십의 자리에서 1이 늘어나서 전체적으로 8이 줄어들어 17의 배수가 될 수 없다. 그러므로 십의 자리 숫자는 9이다.

가장 큰 네 자리 수를 구하는 것이므로 각 자리 숫자의 합이 34인 경우를 생각하자. 천의 자리 숫자가 9인 경우, 가능한 네 자리 수는 N은 9799이고, N + 1 = 9800이 되어 각 자리 숫자의 합이 17의 배수가 된다.

(2) 일의 자리 수는 2, 4, 6 중 하나이다.

(i) 일의 자리 수가 2일 때, 3의 배수가 되기 위해서는 1, 3, 4, 5 또는 1, 4, 5, 6이 남은 자리 수가 되어야 하므로, 모두 $4! \times 2 = 48$가지이다.

(i) 일의 자리 수가 4일 때, 3의 배수가 되기 위해서는 1, 2, 3, 5 또는 1, 2, 5, 6이 남은 자리 수가 되어야 하므로, 모두 $4! \times 2 = 48$가지이다.

(i) 일의 자리 수가 6일 때, 3의 배수가 되기 위해서는 1, 2, 4, 5이 남은 자리 수가 되어야 하므로, 모두 $4! = 24$가지이다.

따라서 구하는 경우의 수는 120가지이다.

문제 8.6 다음 물음에 답하여라.

(1) a는 양의 정수이고, p, q는 소수일 때, 2차방정식 $ax^2 - px + q = 0$의 두 근이 모두 정수가 되게 하는 순서쌍 (a, p, q)를 모두 구하여라.

(2) 다항식 $ax^{17} + bx^{16} + 1$이 다항식 $x^2 - x - 1$으로 나누어떨어지도록 하는 정수쌍 (a, b)를 모두 구하여라.

箱 풀이

(1) $ax^2 - px + q = 0$의 두 정수근을 α, β라 하자. 근과 계수와의 관계에 의하여 $\alpha + \beta = \frac{p}{a}$, $\alpha\beta = \frac{q}{a}$이다. 또, $a > 0$, $p > 0$, $q > 0$이므로 $\alpha > 0$, $\beta > 0$이다. 그런데, $\frac{p}{a}$, $\frac{q}{a}$가 모두 정수이고, p, q는 소수이고, a는 양의 정수이므로 $a = 1$이거나 $a = p = q$이다.

(i) $a = 1$일 때, $\alpha + \beta = p$, $\alpha\beta = q$이다. q가 소수이므로, $(\alpha, \beta) = (1, q), (q, 1)$이다. 또, $1 + q = p$이므로 $q = 2$, $p = 3$이다.

(ii) $a = p = q$일 때, $\alpha + \beta = 1$이므로 이는 $\alpha + \beta \geq 2$에 모순된다.

따라서 (i), (ii)에 의하여 구하는 순서쌍 $(a, p, q) = (1, 3, 2)$뿐이다.

(2) p, q를 $x^2 - x - 1 = 0$의 근이라고 하자. 그러면, 근과 계수와의 관계에 의하여, $p + q = 1$, $pq = -1$이다. p, q는 또한 $ax^{17} + bx^{16} + 1 = 0$의 근임에 주목하자. 따라서

$$ap^{17} + bp^{16} = -1 \text{ 이고, } aq^{17} + bq^{16} = -1$$

이다. 위 방정식에서 첫 번째 식에 q^{16}를 곱하고, 두 번째 식에 p^{16}를 곱한 후, $pq = -1$를 이용하면,

$$ap + b = -q^{16} \text{ 이고, } aq + b = -p^{16} \tag{1}$$

이다. 그러므로

$$a = \frac{p^{16} - q^{16}}{p - q} = (p^8 + q^8)(p^4 + q^4)(p^2 + q^2)(p + q)$$

이다.

$$p + q = 1,$$
$$p^2 + q^2 = (p + q)^2 - 2pq = 1 + 2 = 3,$$
$$p^4 + q^4 = (p^2 + q^2)^2 - 2p^2q^2 = 9 - 2 = 7,$$
$$p^8 + q^8 = (p^4 + q^4)^2 - 2p^4q^4 = 49 - 2 = 47$$

이므로, $a = 1 \cdot 3 \cdot 7 \cdot 47 = 987$이다.

같은 방법으로, 식 (1)에서 a를 소거하면

$$-b = \frac{p^{17} - q^{17}}{p - q}$$
$$= p^{16} + p^{15}q + p^{14}q^2 + \cdots + q^{16}$$
$$= (p^{16} + q^{16}) + pq(p^{14} + q^{14}) + p^2 q^2 (p^{12} + q^{12})$$
$$\quad + \cdots + p^7 q^7 (p^2 + q^2) + p^8 q^8$$
$$= (p^{16} + q^{16}) - (p^{14} + q^{14}) + \cdots - (p^2 + q^2) + 1$$

이다. $n \geq 1$에 대하여, $k_{2n} = p^{2n} + q^{2n}$라고 하자. 그러면, $k_2 = 3$, $k_4 = 7$, $n \geq 3$에 대하여

$$k_{2n+4}$$
$$= p^{2n+4} + q^{2n+4}$$
$$= (p^{2n+2} + q^{2n+2})(p^2 + q^2) - p^2 q^2 (p^{2n} + q^{2n})$$
$$= 3k_{2n+2} - k_{2n}$$

이다. 그러므로 $k_6 = 18$, $k_8 = 47$, $k_{10} = 123$, $k_{12} = 322$, $k_{14} = 843$, $k_{16} = 2207$이다. 따라서 $-b = 2207 - 843 + 322 - 123 + 47 - 18 + 7 - 3 + 1 = 1597$이다. 즉, $(a, b) = (987, -1597)$이다.

문제 8.7 $AB = AC$인 이등변삼각형 ABC의 내부에 $\angle BCP = 30°$, $\angle APB = 150°$, $\angle CAP = 39°$를 만족하는 점 P를 잡는다.

(1) 삼각형 BCP의 외심을 D라 할 때, 삼각형 APB와 삼각형 APD가 합동임을 보여라.

(2) $\angle BAP$를 구하여라.

풀이

(1) D가 삼각형 BCP의 외심이므로 $\angle PDB = 2 \times \angle PCB = 60°$이고, $DB = DP$이다. 즉, 삼각형 BDP는 정삼각형이다. 그러므로 $\angle APD = 360° - 150° - 60° = 150° = \angle APB$이다. 또, $PB = PD$이므로, $\triangle APB \equiv \triangle APD$이다.

(2) $AD = AB = AC$, $DB = DC$이므로, $\triangle ABD \equiv \triangle ACD$이다.
그러므로 $\angle BAP = \angle DAP$, $\angle BAD = \angle CAD$이다.
따라서 $\angle BAP = \frac{1}{3} \times \angle CAP = 13°$이다.

문제 8.8 서로 다른 n개 중에서 중복을 허락하지 않고, 또 순서에 상관없이 r개를 뽑을 때, 이를 n개에서 r개를 택하는 조합이라고 한다. 조합의 경우의 수를 $_n\mathrm{C}_r$로 나타내며, $_n\mathrm{C}_r = \dfrac{n!}{(n-r)!r!}$로 계산한다. 단, $n! = 1 \times 2 \times \cdots \times n$이다.

(1) 아래 그림에서 평행사변형의 개수를 조합을 이용하여 구하여라.

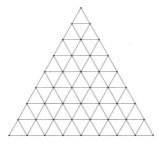

(2) 아래 그림에서 평행사변형의 개수를 조합을 이용하여 나타내어라.

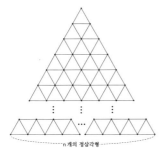

풀이

(1) 아래 그림과 같이 점 A1, A2, $\cdots$, A10, B1, B2, $\cdots$, B10, C1, C2, $\cdots$, C10을 잡는다.

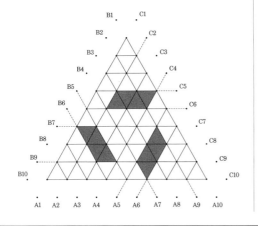

먼저, 10개의 점 A1, A2, $\cdots$, A10에서 4개의 점을 선택하면, 예를 들어, A5, A6, A7, A9를 선택하면, 처음 두 점은 오른쪽으로 올라가는 직선, 나중 두 점은 왼쪽으로 올라가는 직선으로 생각하여 위의 그림과 같이 평행사변형 한 개가 결정된다.

같은 방법으로 10개의 점 B1, B2, $\cdots$, B10에서 4개의 점을 선택하면, 평행사변형 한 개가 결정되고, 10개의 점 C1, C2, $\cdots$, C10에서 4개의 점을 선택하면, 평행사변형 한 개가 결정된다.

이 세 경우에서 생긴 평행사변형은 각기 다른 형태의 평행사변형이다.

따라서 구하는 경우의 수는 $3 \times _{10}\mathrm{C}_4 = 3 \times \dfrac{10!}{6!4!} = 630$ 가지이다.

(2) (1)에서와 같은 방법으로 하면 구하는 경우의 수는 $3 \times _{n+2}\mathrm{C}_4$가지이다.

문제 8.9 각각의 카드에 한 개의 자연수가 적혀 있는 카드 30장이 있다. 승우와 준서는 다음과 같은 게임을 한다.

- 카드를 잘 섞고 위에서부터 차례로 승우와 준서가 번 갈아 가져간다. (둘은 각각 15장의 카드를 가져간다.)

- 두 사람은 가져간 카드에 적힌 수의 합을 구한다.

- 합이 큰 편이 이기고, 상대와 수 차이만큼 동전을 받 는다.

이렇게 게임을 몇 번 반복해서 서로 주고 받는 동전의 수가 최대 14개이다. 이들 30장의 카드 중 같은 수의 카드가 최소 한 몇 장인지 구하여라. 단, 같은 수가 적힌 카드가 여러 종 류가 있어도 그 중 가장 많은 수를 가진 것을 생각한다. 에를 들어, 2가 적힌 카드가 3장, 6이 적힌 카드가 5장 있는 경우 에는 답은 5장이 된다.

풀이 카드를 적힌 수가 작은 수부터 큰 수 순서로 정리하여 작은 수부터 x_1, x_2, $\cdots$, x_{30}이라 한다. 승우가 이길 때, 받는 동전의 수가 최대가 되는 것은 승우가 가진 카드가 $x_{16} \sim x_{30}$ 이고, 준서가 가진 카드가 $x_1 \sim x_{15}$일 때다.

x_1과 x_{16}, x_2와 x_{17}, $\cdots$, x_{15}와 x_{30}로 쌍을 만든다. 같은 카드 가 15장 이하밖에 없다고 하면, 어떤 쌍도 카드에 적힌 수의 차가 1이상이므로 받는 동전의 수가 15개 이상이 된다. 따라 서 같은 수의 카드가 최소한 16장이다.

실제로, 1이 16장, 2가 14장의 경우, 그 중에서 15장의 카드 를 선택하면 최저는 15점, 최고는 29점이어서 문제의 조건 을 만족한다.

문제 8.10 다음 물음에 답하여라.

(1) $p < q < r$을 만족하는 세 소수 p, q, r의 곱 pqr이 $2009 \cdot 2021 \cdot 2027 + 320$일 때, 이 세 소수를 구하여라.

(2) 다음 등식을 만족시키는 양의 정수 x, y, z의 순서쌍 (x, y, z)의 개수를 구하여라.

$$50x + 51y + 52z = 2021.$$

풀이

(1) $2021 = x$라 두고 다항식을 만들면, $f(x) = x(x - 12)(x + 6) + 320$이다. 이를 정리하여 인수분해하면,

$$f(x) = x^3 - 6x^2 - 72x + 320$$
$$= (x - 4)(x - 10)(x + 8)$$

이다. $f(2021) = 2017 \cdot 2011 \cdot 2029$이다. 따라서 $p = 2011$, $q = 2017$, $r = 2029$이다.

(2) 주어진 조건을 다시 쓰면,

$$2021 = 50x + 51y + 52z$$
$$= 50(x + y + z) + (y + z) + z$$
$$= 50a + b + c$$

이다. 단, $a = x + y + z$, $b = y + z$, $c = z$이다. 또, x, y, z가 양의 정수이므로, $a > b > c$이다. 그런데 $a \leq 38$ 이면, $b + c \geq 121$이어야 하는데, 이는 $a > b > c$에 모 순된다.

따라서 $a = 39$ 또는 40이다.

(i) $a = 39$일 때, $b + c = 71$이다. 이를 풀면 $36 \leq b \leq 38$이다. 이 경우의 수는 모두 3개이다.

(ii) $a = 40$일 때, $b + c = 21$이다. 이를 풀면 $11 \leq b \leq 20$이다. 이 경우의 수는 모두 10개이다.

따라서 (i), (ii)에 의하여 구하는 순서쌍 (x, y, z)의 개 수는 13개이다.

실제로 $(x, y, z) = (1, 5, 33)$, $(2, 3, 34)$, $(3, 1, 35)$, $(20, 19, 1)$, $(21, 17, 2)$, $(22, 15, 3)$, $(23, 13, 4)$, $(24, 11, 5)$, $(25, 9, 6)$, $(26, 7, 7)$, $(27, 5, 8)$, $(28, 3, 9)$, $(29, 1, 10)$이다.

문제 8.11 $AB = BC = CA = 1$인 정삼각형 ABC에서 $\angle BCD = 90°$인 직각이등변삼각형 BCD를 그리고, 선분 AD와 BC의 교점을 E라 할 때, 다음 물음에 답하여라.

(1) CE의 길이를 구하여라.

(2) 점 E에서 변 BD에 내린 수선의 발을 F라 할 때, EF의 길이를 구하여라.

(3) 점 B에서 선분 AE에 내린 수선의 발을 G라 하자. 네 점 B, G, E, F를 지나는 원의 반지름을 r이라 하고, 네 점 C, E, F, D를 지나는 원의 반지름을 R이라 하자. 이때, $\frac{R}{r}$을 구하여라.

풀이

(1) $\angle DCA = 90° + 60° = 150°$, $CD = DA$이므로 $\angle CDA = 15°$이다. 따라서 $\angle ADB = 30°$이다. 삼각형 EBF는 직각이등변삼각형이고, 삼각형 DEF는 한 각이 $30°$인 직각삼각형이므로

$$EF : FB : BE : FD : DE = 1 : 1 : \sqrt{2} : \sqrt{3} : 2$$

이다. $BD = \sqrt{2}BC = \sqrt{2}$이므로,

$$BE = \frac{\sqrt{2}}{\sqrt{3}+1}BD = \frac{\sqrt{2}(\sqrt{3}-1)}{2} \times \sqrt{2} = \sqrt{3}-1$$

이다. 따라서 $CE = BC - BE = 1 - (\sqrt{3}-1) = 2 - \sqrt{3}$이다.

(2) $EF = \frac{\sqrt{3}-1}{\sqrt{2}} = \frac{\sqrt{6}-\sqrt{2}}{2}$이다.

(3) $\angle BGE = \angle BFE = \angle ECD = 90°$이므로 네 점 B, G, E, F을 지나는 원의 지름은 BE이고, 네 점 C, E, F, D를 지나는 원의 지름은 DE이다. 따라서

$$\frac{R}{r} = \frac{DE}{BE} = \frac{2}{\sqrt{2}} = \sqrt{2}$$

이다.

문제 8.12 한 변의 길이가 1인 정육각형이 있다. 아래 그림과 같이 정육각형의 주위를 나선형으로 정삼각형으로 깔려고 한다.

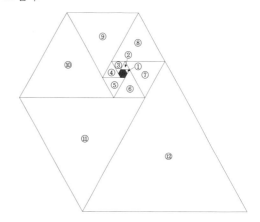

정삼각형 ①의 한 변의 길이를 a_i라 하자. $a_1 = 1$, $a_2 = 2$, $a_3 = 3$, $a_4 = 4$, $a_5 = 5$일 때, 다음 물음에 답하여라.

(1) $a_6, a_7, a_8, a_9, a_{10}, a_{11}, a_{12}$를 구하여라.

(2) 정삼각형 ⓝ을 깔았을 때, $a_n = 200$이었다. 이때, n을 구하여라.

(3) (2)에서 구한 n에 대하여, 정삼각형 ⓝ까지 깔았을 때, $a_1 + a_2 + \cdots + a_n$을 구하여라.

풀이

(1) $a_1 = 1$, $a_2 = 2$, $a_3 = 3$, $a_4 = 4$, $a_5 = 5$이므로, $a_6 = a_5 + 1 + a_1 = 7$, $a_7 = a_6 + a_2 = 9$, $a_8 = a_7 + a_3 = 12$, $a_9 = a_8 + a_4 = 16$, $a_{10} = a_9 + a_5 = 21$, $a_{11} = a_{10} + a_6 = 28$, $a_{12} = a_{11} + a_7 = 37$이다.

(2) (1)에서 찾은 규칙 $a_n = a_{n-1} + a_{n-5}$을 이용하여 $a_n = 200$이 되는 n을 구한다.

$a_{13} = a_{12} + a_8 = 49$, $a_{14} = a_{13} + a_9 = 65$, $a_{15} = a_{14} + a_{10} = 86$, $a_{16} = a_{15} + a_{11} = 114$, $a_{17} = a_{16} + a_{12} = 151$, $a_{18} = a_{17} + a_{13} = 200$이다.

따라서 $n = 18$이다.

(3) $1+2+3+4+5+7+9+12+16+21+28+37+49+65+86+114+151+200 = 810$이다.

문제 8.13 다음 그림과 같이 한 모서리의 길이가 6인 정사면체 ABCD가 있다.

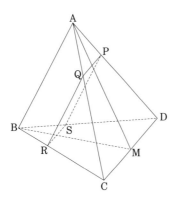

모서리 CD의 중점을 M이라 할 때, 다음 물음에 답하여라.

(1) 삼각형 ABM의 넓이를 구하여라.

(2) 모서리 AD 위에 AP : PD = 1 : 2인 점 P를 잡는다. 점 P를 지나고 두 모서리 AB, CD에 평행한 평면과 세 모서리 AC, BC, BD와의 교점을 각각 Q, R, S라 하자. 평면 PQRS로 정사면체가 두 개의 입체로 절단될 때, 점 C를 포함하는 입체의 부피를 구하여라.

[풀이]

(1) AB의 중점을 N이라 하면 아래 그림에서 MN⊥AB, MN = $3\sqrt{2}$임을 알 수 있다.

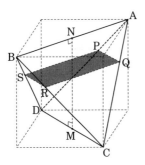

따라서 $\triangle ABM = \dfrac{6 \times 3\sqrt{2}}{2} = 9\sqrt{2}$이다.

(2) 아래 그림과 같이 P, Q를 지나고 모서리 CD에 수직인 평면(색칠한 부분)으로 절단하면 구하는 입체의 부피는 3개의 부분으로 절단되는데, 양 끝의 두 입체는 합동이므로, 구하는 입체의 부피는 삼각뿔 C-QRV의 부피의 2배와 삼각기둥 QRV-PSW의 부피의 합이다.

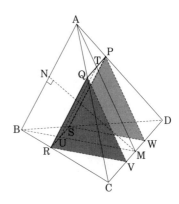

$\triangle QRV(\equiv \triangle PSW) \equiv \triangle TUM$이므로 $\triangle QRV$의 넓이는 $\triangle ABM \times \left(\dfrac{2}{3}\right)^2 = 4\sqrt{2}$이다.

또, VW = PQ = CD $\times \dfrac{1}{3} = 2$이다.

따라서 CV(= DW) = 2이다.

그러므로 구하는 입체의 부피는

$$\left(\dfrac{1}{3} \times 4\sqrt{2} \times 2\right) \times 2 + 4\sqrt{2} \times 2 = \dfrac{40\sqrt{2}}{3}$$

이다.

문제 8.14 다음 물음에 답하여라.

(1) a_n은 7^n을 100으로 나눈 나머지라고 할 때,

$$a_1 + a_2 + \cdots + a_{2022} + a_{2023}$$

을 구하여라.

(2) 양의 정수의 집합에서 정의된 함수 $f(n)$은 다음 성질을 만족한다고 한다.

$$f(1) = 1, \quad f(2) = 2,$$
$$f(n+2) = f(n+1) + \{f(n)\}^2 + 2018 \quad (n \geq 1)$$

2018개의 정수 $f(1), f(2), \cdots, f(2018)$들 중 7로 나누었을 때, 나머지가 6인 수는 모두 몇 개인지 구하여라.

풀이

(1) n이 양의 정수일 때, 7^n의 마지막 두 자리에는 07, 49, 43, 01이 순환되어 나타난다. 그리고, $2023 = 4 \cdot 505 + 3$이다. 따라서

$$a_1 + a_2 + \cdots + a_{2022} + a_{2023}$$
$$= 505 \times (7 + 49 + 43 + 1) + 7 + 49 + 43 = 50599$$

이다.

(2) $f(n)$를 7로 나눈 나머지를 $r(n)$이라고 하면, $f(n+2) = f(n+1) + \{f(n)\}^2 + 2018$을 7로 나눈 나머지는

$$r(n+2) \equiv r(n+1) + \{r(n)\}^2 + 2 \pmod 7$$

이 된다. 단, $n \geq 1$, $r(1) = 1$, $r(2) = 2$이다. 나머지의 규칙을 찾아보면

$$r(1) = 1, \ r(2) = 2, \ r(3) = 5, \ r(4) = 4,$$
$$r(5) = 3, \ r(6) = 0, \ r(7) = 4, \ r(8) = 6,$$
$$r(9) = 3, \ r(10) = 6, \ r(11) = 3, \ r(12) = 6, \ \cdots$$

가 되어 $n \geq 8$에 대하여 $r(n+2) = r(n)$, $r(8) = 6$, $r(9) = 3$이다. 따라서 $r(k) = 6$이 되는 k는 1006개이다.

문제 8.15 다음 물음에 답하여라.

(1) 양의 정수 n에 대하여, 다음이 성립함을 증명하여라.

$$\sqrt{1 + \frac{1}{n^2} + \frac{1}{(n+1)^2}} = 1 + \frac{1}{n(n+1)}.$$

(2) (1)을 이용하여 다음을 계산하여라.

$$\sqrt{1 + \frac{1}{1^2} + \frac{1}{2^2}} + \sqrt{1 + \frac{1}{2^2} + \frac{1}{3^2}} + \cdots$$
$$+ \sqrt{1 + \frac{1}{2022^2} + \frac{1}{2023^2}}.$$

풀이

(1)

$$1 + \frac{1}{n^2} + \frac{1}{(n+1)^2} = \frac{n^2(n+1)^2 + (n+1)^2 + n^2}{n^2(n+1)^2}$$
$$= \frac{(n^2 + n + 1)^2}{n^2(n+1)^2}$$

이다. 그러므로

$$\sqrt{1 + \frac{1}{n^2} + \frac{1}{(n+1)^2}} = \frac{n^2 + n + 1}{n^2 + n} = 1 + \frac{1}{n(n+1)}$$

이다.

(2) (1)에 의하여 주어진 식의 합은

$$\sum_{n=1}^{2022} \left(1 + \frac{1}{n(n+1)}\right) = \sum_{n=1}^{2022} \left(1 + \frac{1}{n} - \frac{1}{n+1}\right)$$
$$= 2023 - \frac{1}{2023} = \frac{4092528}{2023}$$

과 같다.

문제 8.16 다음 물음에 답하여라.

(1) 원에 내접하는 오각형 ABCDE에서 AB = BC, DE = EA, $\angle$BAE = 105°이고, $\angle$BCD와 $\angle$CDE의 차가 25°일 때, $\angle$BCD와 $\angle$CDE 중 큰 각의 크기를 구하여라.

(2) AB = CD인 사각형 ABCD에서 변 AD의 중점을 E, 변 BC의 중점을 F라 하고, AC와 EF의 교점을 G라 하면, $\angle$BAC = 107°, $\angle$ACD = 59°이다. 이때, $\angle$EGC의 크기를 구하여라.

풀이

(1) 사각형 BCDE를 잘라내어 점 B와 점 E, 점 E와 점 B가 겹치도록 뒤집어 붙인다. 점 D가 옮겨진 점을 D′, 점 C가 옮겨진 점을 C′라고 하면 삼각형 ABD′, 삼각형 BAE, 삼각형 C′EA는 대응하는 두 변의 길이가 같고, 원주각의 성질에 의하여 사잇각이 같으므로 합동이다.

따라서 $\angle$ABD′ = $\angle$C′EA = 105°이다. 또, 오각형의 내각의 합은 540°이므로, $\angle$BD′C′ + $\angle$EC′D′ = 540° − 105° × 3 = 225°이고, 두 각의 차가 25°이므로 두 각 중 큰 각은 125°이다.

(2) AC의 중점을 H라 하면, 삼각형 중점연결정리에 의하여 HE = CD × $\frac{1}{2}$, HF = AB × $\frac{1}{2}$이다. 그러므로 삼각형 HEF는 HE = HF인 이등변삼각형이다.

AB ∥ HF이고, CD ∥ HE이므로, $\angle$FHA = 180° − 107° = 73°, $\angle$EHA = 59°이다. 그러므로 $\angle$EHF = 73° + 59° = 132°이다. 따라서 $\angle$HEG = (180° − 132°) ÷ 2 = 24°이므로, $\angle$EGC = 180° − (59° + 24°) = 97°이다.

문제 8.17 자연수 n에 대하여 볼록 $4n+2$각형 $A_1 A_2 \cdots A_{4n+2}$의 모든 내각의 크기가 30°의 정수배이고, x에 대한 방정식

$$x^2 + 2x \sin A_1 + \sin A_2 = 0 \tag{1}$$

$$x^2 + 2x \sin A_2 + \sin A_3 = 0 \tag{2}$$

$$x^2 + 2x \sin A_3 + \sin A_1 = 0 \tag{3}$$

이 모두 실근을 가질 때, 볼록 $4n + 2$각형의 내각의 크기를 구하여라.

풀이 볼록다각형의 한 내각 A는 0° < A < 180°이므로 볼록 $4n+2$ 각형의 내각이 가질 수 있는 각도는 30°, 60°, 90°, 120°, 150°이다. 이들의 사인(sine)값은 $\frac{1}{2}$, $\frac{\sqrt{3}}{2}$, 1이다.

(i) $\sin A_1 = \frac{1}{2}$일 때, 식 (1)에 대입하면 $x^2 + x + \sin A_2 = 0$이다. 이 방정식이 실근을 갖기 위해서는 판별식 $1 - 4\sin A_2 \geq 0$이다. 즉, $\sin A_2 \leq \frac{1}{4}$이다. 그런데, 이를 만족하는 $\sin A_2$가 존재하지 않으므로 $\sin A_1 \neq \frac{1}{2}$이다. 같은 방법으로 $\sin A_2 \neq \frac{1}{2}$, $\sin A_3 \neq \frac{1}{2}$이다.

(ii) $\sin A_1 = \frac{\sqrt{3}}{2}$일 때, 식 (1)에 대입하면 $x^2 + \sqrt{3} x + \sin A_2 = 0$이다. 이 방정식이 실근을 갖기 위해서는 판별식 $3 - 4\sin A_2 \geq 0$이다. 즉, $\sin A_2 \leq \frac{3}{4} < \frac{\sqrt{3}}{2}$이다. 그런데, 이를 만족하는 $\sin A_2$가 존재하지 않으므로 $\sin A_1 \neq \frac{\sqrt{3}}{2}$이다. 같은 방법으로 $\sin A_2 \neq \frac{\sqrt{3}}{2}$, $\sin A_3 \neq \frac{\sqrt{3}}{2}$이다.

그러므로 $\sin A_1 = \sin A_2 = \sin A_3 = 1$이다. 즉, $A_1 = A_2 = A_3 = 90°$이다.

볼록 $4n+2$각형의 내각의 총합은 $4n \times 180°$이다. 즉, $A_1 + A_2 + \cdots + A_{4n+2} = 4n \times 180°$이다. 또,

$$A_1 + A_2 + \cdots + A_{4n+2} \leq 3 \times 90° + (4n - 1) \times 150°$$

$$= 4 \times 150° + 120°$$

이다. 따라서 $n \leq 1$이다. 즉, 주어진 조건을 만족하는 다각형은 볼록 6각형이다. $A_4 + A_5 + A_6 = 4 \times 180° - 270° = 450°$이고, $A_4 \leq 150°$, $A_5 \leq 150°$, $A_6 \leq 150°$이므로 $A_4 = A_5 = A_6 = 150°$이다.

그러므로 주어진 조건을 만족하는 볼록다각형 $A_1 A_2 \cdots A_6$의 내각의 크기는 $A_1 = A_2 = A_3 = 90°$, $A_4 = A_5 = A_6 = 150°$이다.

문제 8.18 다음 물음에 답하여라.

(1) 상자 안에 1부터 7까지의 숫자가 적힌 7개의 공이 들어 있다. 이 중에서 2개 이상의 공을 꺼내서 쓰인 숫자를 큰 순서로 왼쪽부터 적어 나가고, 숫자와 숫자 사이에는 왼쪽부터 순서대로 "−"와 "+" 기호를 "−"부터 순서대로 번갈아 넣어 계산을 한다. 예를 들어, 꺼낸 공이 "1, 3, 5, 6"의 4개이면, "$6 - 5 + 3 - 1 = 3$"이다. 이와 같이 공을 꺼내는 방법이 120개인데, 이때의 계산 결과를 각각 $a_1, a_2, \cdots, a_{120}$라 할 때,

$$a_1 + a_2 + \cdots + a_{120}$$

을 구하여라.

(2) 상자 안에 1부터 7까지의 숫자가 적힌 7개의 공이 들어 있다. 이 중에서 2개 이상의 공을 꺼내서 쓰인 숫자를 큰 순서로 왼쪽부터 적어 나가고, 숫자와 숫자 사이에는 왼쪽부터 순서대로 "+"와 "−" 기호를 "+"부터 순서대로 번갈아 넣어 계산을 한다. 예를 들어, 꺼낸 공이 "1, 3, 5, 6"의 4개이면, "$6 + 5 - 3 + 1 = 9$"이다. 이와 같이 공을 꺼내는 방법이 120개인데, 이때의 계산 결과를 각각 $b_1, b_2, \cdots, b_{120}$라 할 때,

$$b_1 + b_2 + \cdots + b_{120}$$

을 구하여라.

풀이

(1) 공 1개와 0개를 꺼내는 것도 포함하면 모두 128개이다. 우선 7을 포함하지 않는 경우를 생각하면 이는 1부터 6까지의 경우에 해당한다.

7을 포함하는 경우 중 2개를 꺼낼 때에는 $7 - 1, 7 - 2, 7 - 3, 7 - 4, 7 - 5, 7 - 6$이고, 3개 이상을 꺼낼 때에는 7을 제외한 2개 이상은 1부터 6까지이므로, 이는 7을 포함하지 않는 경우와 같게 된다.

따라서

$$a_1 + a_2 + \cdots + a_{120}$$
$$= 7 \times (2^6 - {_6}C_1 - {_6}C_0)$$
$$\quad - \{(7 - 1) + (7 - 2) + \cdots + (7 - 5) + (7 - 6)\}$$
$$= 420$$

이다.

(2) 공 1개와 0개를 꺼내는 것도 포함하면 모두 128개이다. "−, +, −, +, ⋯"와 "+, −, +, −, ⋯"만 다른 같은

숫자 열을 더하면 첫 번째 숫자 밖에 남지 않는다. 그러므로

$$a_1 + a_2 + \cdots + a_{120} + b_1 + b_2 + \cdots + b_{120}$$
$$= 2\{7 \times (2^6 - 1) + 6 \times (2^5 - 1) + 5 \times (2^4 - 1)$$
$$\quad + 4 \times (2^3 - 1) + 3 \times (2^2 - 1) + 2 \times (2^1 - 1)\}$$
$$= 1482$$

이다. 따라서

$$b_1 + b_2 + \cdots + b_{120} = 1482 - 420 = 1062$$

이다.

문제 8.19 다음 물음에 답하여라.

(1) 두 자리 양의 정수 중에서 양의 약수의 개수가 2의 거듭제곱인 수의 꼴을 소수 p, q, r를 사용하여 나타내어라.

(2) 두 자리 양의 정수 중에서 양의 약수의 개수가 2의 거듭제곱인 수는 모두 몇 개인지 구하여라.

풀이

(1) 두 자리 양의 정수 중에서 양의 약수의 개수가 2의 거듭제곱인 수의 꼴은 p, p^3, pq, pqr, pq^3이다. 단, p, q, r은 소수이다.

(2) (1)에서 구한 꼴의 형태로 나누어 구한다.

(i) p의 꼴일 때, $p = 11$, 13, 17, 19, 23, 29, 31, 37, 41, 43, 47, 53, 59, 61, 67, 71, 73, 79, 83, 89, 97로 모두 21개이다.

(ii) p^3의 꼴일 때, $p = 3^3$으로 1개이다.

(iii) pq의 꼴일 때,
$p = 2$일 때, $q = 5$, 7, 11, 13, 17, 19, 23, 29, 31, 37, 41, 43, 47로 모두 13개이다.
$p = 3$일 때, $q = 5$, 7, 11, 13, 17, 19, 23, 29, 31로 모두 9개이다.
$p = 5$일 때, $q = 7$, 11, 13, 17, 19로 모두 5개이다.
$p = 7$일 때, $q = 11$, 13으로 모두 2개이다.

(iv) pqr꼴일 때, $pqr = 2 \times 3 \times 5$, $2 \times 3 \times 7$, $2 \times 3 \times 11$, $2 \times 3 \times 13$, $2 \times 5 \times 7$로 모두 5개이다.

(v) pq^3꼴일 때, $pq^3 = 2 \times 3^3$, 3×2^3, 5×2^3, 7×2^3, 11×2^3로 모두 5개이다.

따라서 구하는 경우의 수는 모두 61개이다.

문제 8.20 아래 그림은 한 변의 길이가 12인 정사각형과 반지름이 12인 원의 일부를 조합한 것이다. 다음 물음에 답하여라.

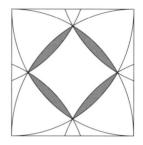

(1) 그림에서 색칠된 부분의 둘레의 길이를 구하여라.

(2) 그림에서 색칠된 부분의 넓이의 합을 구하여라.

풀이

(1) 아래 그림에서 삼각형 ABD와 삼각형 ACE는 세 변의 길이가 같으므로, 정삼각형이다.

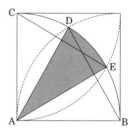

$\angle CAD = \angle DAE = \angle EAB = 30°$이므로, 위의 그림에서 색칠된 부채꼴 ADE는 중심각이 30°이고, 반지름이 12이다. 또, 아래 그림과 같이 호 DE를 만드는 반지름이 12인 부채꼴 FDE를 그린다.

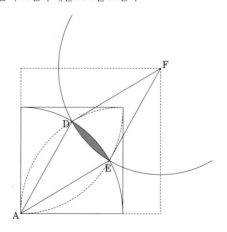

삼각형 ADE와 삼각형 FDE는 세 변의 길이가 같으므로 합동이다. 따라서 부채꼴 FDE도 중심각이 30°이다.

그러므로 구하는 길이는 호 DE의 길이의 8배이므로

$$12 \times 2 \times \pi \times \frac{30}{360} \times 8 = 16\pi$$

이다.

(2) 아래의 그림의 색칠된 부분의 넓이는 부채꼴 ADE의 넓이에서 삼각형 ADG의 넓이를 **빼면** 된다.

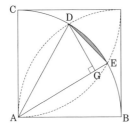

삼각형 ADE의 꼭짓점 D에서 AE에 내린 수선의 발을 G라 하면 삼각형 ADG는 ∠DAG = 30°, ∠ADG = 60°, ∠AGD = 90°인 직각삼각형이므로 AD = 12로부터 DG = 6이다. 따라서 구하는 넓이는 색칠된 부분의 넓이의 8배이므로,

$$\left(12 \times 12 \times \pi \times \frac{30}{360} - 12 \times 6 \div 2\right) \times 8$$
$$= (12 \times \pi - 12 \times 3) \times 8$$
$$= 96\pi - 288$$

이다.

제 9 절　점검 모의고사 9회 풀이

문제 9.1 모든 5의 제곱(5^0도 포함) 및 서로 다른 5의 거듭제곱의 합들을 작은 수부터 차례대로 나열하는 수열을 생각하자. 즉,

$$1, 5, 6, 25, 26, 30, 31, 125, 126, 130, 131, \cdots$$

이다.

(1) 이 수열의 100항을 5진법으로 나타내어라.

(2) 이 수열에 2021이 포함되는가?

(3) 이 수열의 2023항을 5진법으로 나타내어라.

[풀이] 이 수열을 a_n이라 하자. 그리고, 이를 표로 나타내면,

10진법	1	5	6	25	26	30	$\cdots$
5진법	1	10	11	100	101	110	$\cdots$

이다. 즉, 주어진 수열을 5진법으로 나타내면, 각 자리 수가 0과 1로만 이루어진 수열이 된다.

(1) $100 = 1100100_{(2)}$이므로, $a_{100} = 1100100_{(5)}$이다.

(2) $2021 = 31041_{(5)}$이므로 이 수열에 포함되지 않는다.

(3) $2023 = 11111100111_{(2)}$이므로,
$$a_{2023} = 11111100111_{(5)}$$이다.

문제 9.2 좌표평면 위에 원점 O, A$(-2, 2)$, B$(4, 8)$이 있다. 선분 OB의 중점을 L, 선분 AB의 중점을 M, 선분 AM의 중점을 N이라 하고, 직선 ON과 LM의 교점을 C라 하자. 이때, 다음 물음에 답하여라.

(1) C의 좌표를 구하여라.

(2) △OBC의 넓이를 구하여라.

(3) 직선 LN과 AC의 교점을 D라 할 때, LN : ND를 구하고, 사각형 OLDA의 넓이를 구하여라.

[풀이]

(1) △OAB에서 중점연결정리에 의하여 LM∥OA이다. 직선 LM의 기울기가 -1이므로 LM의 직선의 방정식은 $y = -(x-2) + 4$이다. 즉, $y = -x + 6$이다.
선분 AB의 중점 M의 좌표는 $(1, 5)$이다. 또, 선분 AM의 중점 N의 좌표는 $\left(-\frac{1}{2}, \frac{7}{2}\right)$이다.
직선 ON의 방정식은 $y = -7x$이므로 점 C의 좌표는 $(-1, 7)$이다.
(다른풀이) △OBN과 직선 CL에 메넬라우스 정리를 적용하면,

$$\frac{\text{BL}}{\text{LO}} \times \frac{\text{OC}}{\text{CN}} \times \frac{\text{NM}}{\text{MB}} = 1, \quad \frac{1}{1} \times \frac{\text{OC}}{\text{CN}} \times \frac{1}{2} = 1$$

이다. 따라서 $\frac{\text{OC}}{\text{CN}} = \frac{2}{1}$이다. 선분 AM의 중점 N의 좌표가 $\left(-\frac{1}{2}, \frac{7}{2}\right)$이므로, C$(-1, 7)$이다.

(2) 직선 BC의 기울기는 $\frac{8-7}{4-(-1)} = \frac{1}{5}$이므로, BC의 직선의 방정식은 $y = \frac{1}{5}(x-4) + 8$이다. 즉, $y = \frac{1}{5}x + \frac{36}{5}$이다.
따라서 △OBC $= \frac{1}{2} \times \frac{36}{5} \times \{4-(-1)\} = 18$이다.

(3) (1)에서 N은 선분 OC의 중점이고, 삼각형 OBC에서 중점연결정리에 의하여 LN∥BC이다. (2)로부터 직선 LN의 방정식이 $y = \frac{1}{5}(x-4) + 4$이다. 즉, $y = \frac{1}{5}x + \frac{18}{5}$이다.
직선 AC의 기울기는 $\frac{7-2}{-1-(-2)} = 5$이므로, AC의 직선의 방정식은 $y = 5(x+2) + 2$이다. 즉, $y = 5x + 12$이다.
D의 x좌표를 구하기 위하여 $y = 5x + 12$와 $y = \frac{1}{5}x + \frac{18}{5}$를 연립하여 풀면 $x = -\frac{7}{4}$이다.

$$\text{LN} : \text{ND} = \left\{2 - \left(-\frac{1}{2}\right)\right\} : \left\{-\frac{1}{2} - \left(-\frac{7}{4}\right)\right\}$$
$$= 2 : 1$$

이다. 직선 LN과 직선 OA의 교점을 E라 하면, x좌표를 구하기 위해 $y = \frac{1}{5}x + \frac{18}{5}$과 $y = -x$을 연립하여 풀면

$$\frac{1}{5}x + \frac{18}{5} = -x, \quad x = -3$$

이다. 그러므로

$$ED : EL = \left\{ -\frac{7}{4} - (-3) \right\} : \{2 - (-3)\} = 1 : 4$$

이다. 또,

$$EA : EO = \{-2 - (-3)\} : -(-3) = 1 : 3$$

이다. 따라서

$$\begin{aligned}
\square OLDA &= \triangle OLE \times \left(1 - \frac{1}{4} \times \frac{1}{3} \right) \\
&= \frac{1}{2} \times \frac{18}{5} \times \{2 - (-3)\} \times \frac{11}{12} \\
&= \frac{33}{4}
\end{aligned}$$

이다.

문제 9.3 한 변의 길이가 2인 정팔각형 ABCDEFGH의 내부에 한 변의 길이가 2인 정사각형 PQRS가 아래 그림과 같이 변 PQ가 변 AB와 겹쳐져 있다.

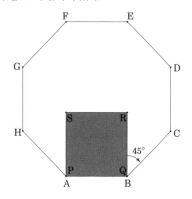

이 상태에서 정사각형을 점 Q를 중심으로 시계방향으로 45° 회전시키면 점 R는 점 C와 겹쳐진다. 그 다음은 점 R를 중심으로 시계방향으로 45° 회전시킨다. 이와 같은 작업을 원래 위치에 올 때까지 반복한다. 다음 물음에 답하여라.

(1) 점 R이 지나는 곡선의 길이를 구하여라.

(2) 점 R이 지나는 곡선으로 둘러싸인 도형의 넓이를 구하여라.

풀이 점 R이 지나는 곡선은 아래 그림에서 굵은 부분이다.

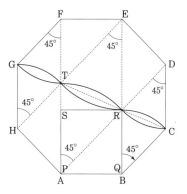

(1) 점 R이 지나는 곡선의 길이는 반지름이 2이고, 중심각의 크기가 45°인 부채꼴의 호의 길이의 4배와 반지름이 $2\sqrt{2}$이고 중심각이 크기가 45°인 부채꼴의 호의 길이의 2배의 합과 같다. 따라서 구하는 곡선의 길이는

$$2\pi \times 2 \times \frac{1}{8} \times 4 + 2\pi \times 2\sqrt{2} \times \frac{1}{8} \times 2 = (2 + \sqrt{2})\pi$$

이다.

(2) 점 R이 지나는 곡선으로 둘러싸인 도형의 넓이는 부채꼴 OCR의 넓이에서 삼각형 OCR의 넓이를 뺀 것의 4배와 부채꼴 ART의 넓이에서 삼각형 ART의 넓이를 뺀 것의 2배의 합이다.

부채꼴 OCR의 넓이에서 삼각형 OCR의 넓이를 빼면,

$$\pi \times 2^2 \times \frac{1}{8} - \frac{1}{2} \times 2 \times 2 \times \frac{\sqrt{2}}{2} = \frac{\pi}{2} - \sqrt{2}$$

이고, 부채꼴 ART의 넓이에서 삼각형 ART의 넓이를 빼면,

$$\pi \times (2\sqrt{2})^2 \times \frac{1}{8} - \frac{1}{2} \times 2\sqrt{2} \times 2\sqrt{2} \times \frac{\sqrt{2}}{2} = \pi - 2\sqrt{2}$$

이다. 따라서 구하는 도형의 넓이는

$$\left(\frac{\pi}{2} - \sqrt{2}\right) \times 4 + (\pi - 2\sqrt{2}) \times 2 = 4\pi - 8\sqrt{2}$$

이다.

문제 9.4 다음 물음에 답하여라.

(1) 정 496각형의 496개의 꼭짓점에서 몇 개를 뽑아 만들 수 있는 정다각형의 개수를 구하여라. 단, 합동인 정다각형이어도 다른 꼭짓점에서 뽑은 것은 다른 것으로 생각한다.

(2) 볼록육각형 ABCDEF가 있다. 이 육각형의 대각선을 모두 그리면 교점이 생기는데, 이 교점들은 모두 두 대각선의 교점이고, 3개 이상의 대각선은 한 점에서 만나지 않는다. 꼭짓점 A ~ F의 6개와 육각형 내부에 생긴 교점 중 세 점을 뽑아 삼각형을 만들 때, 육각형 ABCDEF의 꼭짓점을 2개 포함하는 삼각형은 모두 몇 개인지 구하여라.

풀이

(1) 정다각형의 변의 수는 1, 2를 제외한 496의 약수이다. 변의 수가 n이면 이때 생기는 정n각형의 개수는 $\frac{496}{n}$개이다. $496 = 2^4 \cdot 31$이므로 각각의 약수들에 대해서 생기는 정다각형의 개수를 구하면 된다.

- $n = 4$일 때, 124개이다.
- $n = 8$일 때, 62개이다.
- $n = 16$일 때, 31개이다.
- $n = 31$일 때, 16개이다.
- $n = 62$일 때, 8개이다.
- $n = 124$일 때, 4개이다.
- $n = 248$일 때, 2개이다.
- $n = 496$일 때, 1개이다.

따라서 구하는 경우의 수는 248개이다.

(2) 우선 대각선의 교점의 개수는 육각형의 각 꼭짓점에서 4점을 선택하여 만든 사각형의 대각선의 교점의 개수와 같다. 그러므로 대각선의 교점의 개수는 $_6C_4 = 15$개이다. 삼각형의 한 점을 대각선의 교점 중에 선택하면 나머지 두 점은 육각형의 꼭짓점에서 선택할 수 있지만, 그 대각선의 양쪽의 육각형의 꼭짓점을 뺀 삼각형이 있기 때문에 구하는 삼각형의 개수는 $(_6C_2 - 2) \times 15 = 195$개이다.

문제 9.5 주머니에 1부터 9까지의 서로 다른 숫자가 적힌 구슬이 각각 1개씩 있고, 그 구슬은 각각 빨간색 또는 흰색으로 칠해져있다. 승우, 연우, 교순, 준서, 원준 5명이 주머니에서 1개씩 구슬을 꺼내 가지고 있다. 이때, 5개의 구슬의 색과 숫자에 대해서 다음과 같은 사실을 알고 있다.

(가) 빨간 구슬은 2개이고, 흰 구슬은 3개이다.

(나) 흰 구슬에 적힌 숫자는 모두 5이하이다.

(다) 승우와 연우는 흰 구슬을 가지고 있다.

(라) 연우와 교순이가 가지고 있는 구슬의 숫자의 합은 11이고, 준서와 원준이가 가지고 있는 구슬의 숫자의 합은 9이다.

(마) 원준이가 가지고 있는 구슬의 숫자가 가장 크고, 준서가 가지고 있는 구슬의 숫자가 가장 작다.

다음 물음에 답하여라.

(1) 다음 보기 중 항상 옳은 것을 모두 골라라.

     ① 승우의 구슬의 숫자는 연우의 구슬의 숫자보다 작다.

     ② 연우와 교순이의 구슬의 숫자의 차는 3이다.

     ③ 교순이의 구슬의 숫자는 두 번째로 크다.

     ④ 교순이의 구슬의 숫자는 6이다.

     ⑤ 준서는 흰 구슬을 가지고 있다.

     ⑥ 숫자 4가 적힌 구슬을 가진 사람이 있다.

(2) 교순이가 가지고 있다고 생각할 수 있는 구슬의 색과 숫자를 모두 구하여라.

풀이

(1) 승우, 연우, 교순, 준서, 원준이가 가지고 있는 구슬의 숫자를 a, b, c, d, e라 하면, e가 가장 크고, d가 가장 작으므로 $e - d \geq 4$이다. 또, $d + e = 9$이므로 $(d, e) = (1, 8), (2, 7)$이다. 그러므로 준서의 구슬은 흰색이고, 원준이의 구슬은 빨간색이다.

$b \leq 5$이고, $b + c = 11$이므로 $c \geq 6$이다. 그러므로 교순이의 구슬은 빨간색이다. 즉, 승우와 연우의 구슬은 흰색이다.

승우의 구슬의 숫자가 될 수 있는 경우를 표에 $*$로 나타내면 다음과 같다. 단, "연", "교", "준", "원"은 각각 연우, 교순, 준서, 원준이를 의미한다.

표1	1	2	3	4	5	6	7	8	9
빨							교	원	
흰	준	*	*	연	*				

표2	1	2	3	4	5	6	7	8	9
빨						교		원	
흰	준	*	*	*	연				

표3	1	2	3	4	5	6	7	8	9
빨						교	원		
흰		준	*	*	연				

① 표1에서 승우의 구슬의 숫자가 연우의 구슬의 숫자보다 큰 경우가 있으므로 거짓이다.

② 표2와 표3에서 연우와 교순이의 구슬의 숫자의 차는 1이므로 거짓이다.

③ 표1, 표2, 표3에서 모두 교순이의 구슬의 숫자는 두 번째로 크므로 참이다.

④ 표1에서 교순이의 구슬의 숫자는 7이므로 거짓이다.

⑤ 표1, 표2, 표3에서 모두 준서는 흰 구슬을 가지고 있으므로 참이다.

⑥ 표2, 표3에서 숫자 4가 적힌 구슬을 가진 사람이 없을 수도 있으므로 거짓이다.

따라서 항상 참인 것은 ③, ⑤이다.

(2) 교순이가 가지고 있다고 생각할 수 있는 구슬의 색과 숫자는 빨간색과 7 또는 빨간색과 6이다.

문제 9.6 다음 물음에 답하여라.

(1) 최고차항의 계수가 1인 2023차 다항식 $P(x)$가

$$P(0) = 2022, \ P(1) = 2021, \ \cdots, \ P(2022) = 0$$

을 만족할 때, $P(x)$을 구하여라.

(2) 5차 다항식 $f(x)$가 $f(1) = 0$, $f(3) = 1$, $f(9) = 2$, $f(27) = 3$, $f(81) = 4$, $f(243) = 5$를 만족할 때, 다항식 $f(x)$에서 x의 계수를 구하여라.

풀이

(1) 다항식 $Q(x) = P(x) + x - 2022$을 생각하자. 그러면, $x = 0, 1, 2, \cdots, 2022$에 대하여 $Q(x) = 0$이다. 즉, $0, 1, \cdots, 2022$은 방정식 $Q(x) = 0$의 2023개의 해이다. 그런데, $P(x)$의 최고차항의 계수가 1인 2023차 다항식이므로, $Q(x)$의 최고차항의 계수가 1인 2023차 다항식이다. 그러므로

$$Q(x) = x(x-1)(x-2) \cdots (x-2022)$$

이다. 따라서

$$P(x) = x(x-1)(x-2) \cdots (x-2022) - x + 2022$$

이다.

(2) $g(x) = f(3x) - f(x) - 1$이라고 하면, $g(1) = g(3) = g(9) = g(27) = g(81) = 0$이다. $g(x)$는 기껏해야 5차 다항식이므로, $g(x) = k(x-1)(x-3)(x-9)(x-27)(x-81)$라 둘 수 있다. 단, k는 상수이다. $g(0) = -1$이므로 $k = \dfrac{1}{1 \times 3 \times 9 \times 27 \times 81}$이다. 그러므로

$$g(x) = \frac{(x-1)(x-3)(x-9)(x-27)(x-81)}{1 \times 3 \times 9 \times 27 \times 81}$$

이고, x의 계수는 $\dfrac{1}{81} + \dfrac{1}{27} + \dfrac{1}{9} + \dfrac{1}{3} + \dfrac{1}{1} = \dfrac{121}{81}$이다. 다항식 $f(x)$에서 x의 계수를 c라 하면, $f(3x)$에서 x의 계수는 $3c$이다. 그러므로 $g(x)$에서 x의 계수는 $2c$와 같다.
따라서 $f(x)$에서 x의 계수는 $\dfrac{1}{2} \times \dfrac{121}{81} = \dfrac{121}{162}$이다.

문제 9.7 다음 물음에 답하여라.

(1) $AB = BC = CD$, $\angle ABC = 108°$, $\angle BCD = 48°$인 사각형 ABCD에서 $\angle ADC$의 크기를 구하여라.

(2) $BC = 10$인 삼각형 ABC에서, 변 AB 위에 $PB = PC$가 되는 점 P를 잡자. 또, P를 지나 변 BC에 평행한 직선과 변 AC와의 교점을 Q라 하면, $BQ = BC$, $AQ : QC = 3 : 7$이 된다. 이때, 삼각형 APQ의 넓이를 구하여라.

풀이

(1) $BA = BC$, $\angle ABC = 108°$라는 사실로부터 정오각형 ABCEF를 작도한다. $\angle BCD = 48°$, $\angle DCE = 108° - 48° = 60°$이므로 삼각형 DCE는 정삼각형이다.
사각형 ABCD와 사각형 AFED는 직선 AD에 대하여 대칭이므로 AD의 연장선과 변 CE와의 교점을 G라 할 때, 삼각형 DCG와 삼각형 DEG도 선분 DG에 대하여 대칭이다. 따라서 $\angle CDG = 60° \div 2 = 30°$이다.
그러므로 $\angle ADC = 180° - 30° = 150°$이다.

(2) $PQ \parallel BC$이고, $AQ : AC = 3 : 10$, $BC = 10$이므로 $PQ = 3$이다. 점 P, Q에서 변 BC에 내린 수선의 발을 각각 M, D라 하면, $BM = 5$, $MD = PQ = 3$이다. 따라서 $BD = 5 + 3 = 8$이다. $BQ = BC = 10$이므로 $\triangle BQD$는 세 변의 길이의 비가 $3 : 4 : 5$인 직각삼각형이다. 그러므로 $QD = 6$이다. 따라서 $\triangle BQC = 10 \times 6 \times \dfrac{1}{2} = 30$이다. 그러므로

$$\begin{aligned}
\triangle APQ &= \frac{3}{10} \times \triangle ABQ \\
&= \frac{3}{10} \times \frac{3}{7} \times \triangle BQC \\
&= \frac{3}{10} \times \frac{3}{7} \times 30 \\
&= \frac{27}{7}
\end{aligned}$$

이다.

문제 9.8 다음 물음에 답하여라.

(1) 같은 크기의 흰 구슬 4개와 검은 구슬 4개를 일렬로 나열한다.

    (가) 검은 구슬로 하여금 흰 구슬이 2개의 그룹으로 분리하여 일렬로 나열된 것을 생각하자. 예를 들어,

        (A) $\cdots \bullet \circ \circ \circ \bullet \bullet \circ \bullet$

        (B) $\cdots \bullet \bullet \circ \circ \bullet \circ \bullet \circ \circ$

    이다. (A)와 같이 4개의 흰 구슬이 1개와 3개로 분리하여 일렬로 나열된 경우의 수를 구하여라.

    (나) 검은 구슬로 하여금 흰 구슬이 2개의 그룹으로 분리되게 일렬로 나열될 확률을 구하여라.

(2) 같은 크기의 흰 구슬 4개와 검은 구슬 4개를 원형으로 나열한다. (1)에서 일렬로 나열한 것을 처음과 끝을 위쪽으로 향하게 이어서 원형으로 만든다고 생각해도 된다.

    (가) 검은 구슬로 하여금 흰 구슬이 2개의 그룹으로 분리하여 원형으로 나열된 것을 생각하자. 예를 들어,

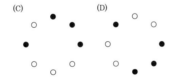

    이다. (C)와 같이 4개의 흰 구슬이 1개와 3개로 분리하여 원형으로 나열된 경우의 수를 구하여라. 단, 회전하여 같은 것도 같은 것으로 간주한다.

    (나) 검은 구슬로 하여금 흰 구슬이 2개의 그룹으로 분리되게 원형으로 나열될 확률을 구하여라.

풀이

(1) (가) '□•□•□•□•□'의 5개의 □ 중 두 곳에 흰 구슬 3개와 1개로 나누어 들어가면 되므로 경우의 수는 $5 \times 4 = 20$가지이다.

    (나) 이제 (B)와 같이 4개의 흰 구슬이 2개와 2개로 분리하여 일렬로 나열된 경우의 수를 구하자. '□•□•□•□•□'의 5개의 □ 중 두 곳에 흰 구슬 2

개와 2개로 나누어 들어가면 되므로 경우의 수는 $\frac{5 \times 4}{2 \times 1} = 10$가지이다.

흰 구슬 4개와 검은 구슬 4개를 일렬로 나열하는 경우의 수는 $\frac{8!}{4!4!} = 70$가지이다.

따라서 구하는 확률은 $\frac{20 + 10}{70} = \frac{3}{7}$이다.

(2) (가) 1개의 흰 구슬을 위치를 결정하고, 나머지 3개의 흰 구슬을 위치를 생각하면 아래 그림과 같이 (a), (b), (c)의 3가지 경우이다.

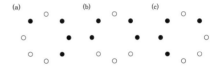

    (나) (D)와 같이 4개의 흰 구슬이 2개와 2개로 분리하여 원형으로 나열된 경우는 아래 그림과 같이 (d), (e)의 2가지 경우이다.

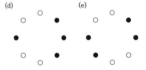

또, 흰 구슬 4개와 검은 구슬 4개를 원형으로 배열하는 나머지 경우는 아래와 같이 (j), (k), (l), (m), (n)의 5가지 경우이다.

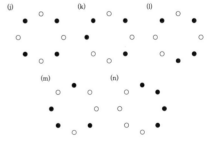

그런데, 여기서 구하는 확률은 $\frac{5}{10} = \frac{1}{2}$이 아니다. 왜냐하면 각각의 경우마다 실제로 나오는 경우의 수가 다르기 때문이다.

(a), (b), (c), (d)는 각각 8가지, (e)는 4가지, (j)는 2가지, (k), (l), (m), (n)은 각각 8가지로 전체 70가지 경우가 있고, 흰 구슬이 2개의 그룹으로 분리되게 원형으로 나열된 경우의 수는 36가지가 있으므로 우리가 구하는 확률은 $\frac{36}{70} = \frac{18}{35}$이다.

문제 9.9 양의 정수 n은 두 자리 수이고, n^2의 각 자리수의 합이 n의 자리수의 합의 제곱과 같다. 이러한 n을 모두 구하여라.

풀이 $n = 10a + b$라고 하자. 단, $a \neq 0$이고, a, b는 한 자리 수이다. 그러므로 $n^2 = 100a^2 + 20ab + b^2$의 각 자리수의 합이 $(a+b)^2 = a^2 + 2ab + b^2$과 같으므로, 이를 만족하는 a, b를 구하면 된다. 그래서, 두 식의 계수를 비교하면,

$$1 \leq a^2 < 10, \ 0 \leq ab < 5, \ 0 \leq b^2 < 10$$

이다. 이를 풀면, $(a, b) = (1, 0), (1, 1), (1, 2), (1, 3), (2, 0), (2, 1), (2, 2), (3, 0), (3, 1)$이다. 따라서 구하는 n은 10, 11, 12, 13, 20, 21, 22, 30, 31이다.

문제 9.10 다음 물음에 답하여라.

(1) a, b는 서로 다른 수이고, $a + b + c = 13$, $a + \dfrac{bc - a^2}{a^2 + b^2 + c^2} = b + \dfrac{ca - b^2}{a^2 + b^2 + c^2}$일 때, $a + \dfrac{bc - a^2}{a^2 + b^2 + c^2}$의 값을 구하여라.

(2) 정수 a, b, c가 $a^2 + 2bc = 1$, $b^2 + 2ca = 2018$를 만족할 때, $c^2 + 2ab$의 가능한 값을 모두 구하여라.

풀이

(1) $a + \dfrac{bc - a^2}{a^2 + b^2 + c^2} = b + \dfrac{ca - b^2}{a^2 + b^2 + c^2}$에서

$$a - b = \frac{a^2 - b^2 + ca - bc}{a^2 + b^2 + c^2}$$
$$= \frac{(a - b)(a + b + c)}{a^2 + b^2 + c^2}$$

이다. $a - b \neq 0$이므로 $a - b$로 양변을 나누면

$$1 = \frac{a + b + c}{a^2 + b^2 + c^2}$$

이다. 즉, $a^2 + b^2 + c^2 = a + b + c$이다. 그러므로

$$ab + bc + ca = \frac{(a + b + c)^2 - (a^2 + b^2 + c^2)}{2}$$
$$= \frac{13^2 - 13}{2} = 78$$

이다. 따라서

$$a + \frac{bc - a^2}{a^2 + b^2 + c^2} = a + \frac{bc - a^2}{a + b + c}$$
$$= \frac{ab + bc + ca}{a + b + c}$$
$$= \frac{78}{13} = 6$$

이다.

(2) 주어진 두 식을 빼서, 정리하면,

$$(b - a)(b + a - 2c) = 2017$$

이다. 2017이 소수이므로,

$$\begin{cases} b = a \pm 1 \\ 2c = b + a \mp 2017 \end{cases}, \quad \begin{cases} b = a \pm 2017 \\ 2c = b + a \mp 1 \end{cases}$$

이다. 단, 복부호 동순이다. 이 식을 $a^2 + 2bc = 1$에 대입하면, 다음의 네 개의 식이 나온다.

$$3a^2 - 2014a - 2017 = 0 \qquad \textcircled{1}$$
$$3a^2 + 2014a - 2017 = 0 \qquad \textcircled{2}$$
$$3a^2 + 6050a + 2016 \cdot 2017 - 1 = 0 \qquad \textcircled{3}$$
$$3a^2 - 6050a + 2016 \cdot 2017 - 1 = 0 \qquad \textcircled{4}$$

식 ①을 풀면 $(a+1)(3a-2017) = 0$이 되어 $a = -1$, $b = 0$, $c = -1009$이다.

식 ②를 풀면 $(a-1)(3a+2017) = 0$이 되어 $a = 1$, $b = 0$, $c = 1009$이다.

식 ③과 ④는 판별식이 음이 되어 실근이 존재하지 않는다.

따라서 $c^2 + 2ab = 1009^2 = 1018081$이다.

문제 9.11 다음 물음에 답하여라.

(1) AB = 7, AC = 5인 삼각형 ABC에서, $\angle C = \frac{1}{2} \times \angle B + 90°$이다. $\angle A$의 내각이등분선과 변 BC와의 교점을 P라고 할 때, PC의 길이를 구하여라.

(2) $\angle A = 90°$, AB : AC = 3 : 4인 직각삼각형 ABC에서 점 A를 중심으로 점 B가 변 BC위의 점 B′(점 B가 아닌 점)에 오도록 삼각형 ABC를 반시계방향으로 회전이동시킨다. 이때, 점 C가 회전이동한 점을 C′라 하자. CA와 C′B′의 교점을 D라 할 때, CD : DA를 구하여라.

풀이

(1) 변 AB위에 AD = 5가 되는 점 D를 잡고, P와 연결하면, △BDP에서 $\angle BDP = \angle BPD = 90° - \frac{1}{2} \times \angle B$이다. 즉, △BDP는 이등변삼각형이다. 그러므로 BP = BD = 2이다. 또, 내각이등분선의 정리에 의하여 BP : PC = 7 : 5이다. 따라서 $PC = \frac{10}{7}$이다.

(2) 점 A에서 선분 BB′, CC′에 내린 수선의 발을 각각 E, F라 하자. 그러면, 점 E, F는 각각 선분 BB′, CC′의 중점이다. 삼각형 EBA와 삼각형 ABC가 닮음이고, AB : AC = 3 : 4이므로 EB = 9라고 하면,

$$AE = 12, AB = 15, AC = 20, EC = 16, B'C = 7$$

이다. $\angle C'AC = \angle B'AB$이므로, 삼각형 FCA와 삼각형 EBA는 닮음이고, $CF = 20 \times \frac{3}{5} = 12$이다. 즉, CC′ = 24이다. 따라서 CD : DA = △CB′C′ : △AB′C′ = 7 × 24 ÷ 2 : 15 × 20 ÷ 2 = 14 : 25이다.

문제 9.12 다음 물음에 답하여라.

(1) 8개의 수 1, 1, 1, 1, 2, 3, 4, 5 중 4개를 택하여 만들 수 있는 네 자리 양의 정수의 개수를 구하여라.

(2) 8개의 수 1, 1, 1, 1, 2, 3, 4, 5 중 5개를 택하여 만들 수 있는 다섯 자리 양의 정수의 개수를 구하여라.

풀이

(1) 1이 몇 개 사용되는지에 따라 나누어 살펴보자.

   (i) 1이 0개인 경우 : $4! = 24$개이다.

   (ii) 1이 1개인 경우 : $_4C_3 \times 4! = 96$개이다.

   (iii) 1이 2개인 경우 : $_4C_2 \times \dfrac{4!}{2!1!1!} = 72$개이다.

   (iv) 1이 3개인 경우 : $_4C_1 \times \dfrac{4!}{3!1!} = 16$개이다.

   (v) 1이 4개인 경우 : 1개이다.

   따라서 구하는 경우의 수는 209개이다.

(1) 1이 몇 개 사용되는지에 따라 나누어 살펴보자.

   (i) 1이 1개인 경우 : $5! = 120$개이다.

   (ii) 1이 2개인 경우 : $_4C_3 \times \dfrac{5!}{2!1!1!1!} = 240$개이다.

   (iii) 1이 3개인 경우 : $_4C_2 \times \dfrac{5!}{3!1!1!} = 120$개이다.

   (iv) 1이 4개인 경우 : $_4C_1 \times \dfrac{5!}{4!1!} = 20$개이다.

   따라서 구하는 경우의 수는 500개이다.

문제 9.13 아래 그림과 같이 한 모서리의 길이가 6인 정육면체 ABCD-EFG가 있다. 대각선 BH의 중점을 O라 하자.

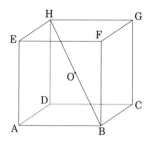

다음 물음에 답하여라.

(1) 사각뿔 O-ABCD의 부피를 구하여라.

(2) 아래 그림은 사각형 ABCD와 합동인 사각형 4개와 삼각형 OAB와 합동인 삼각형 8개로 이루어진 한 입체도형의 전개도이다.

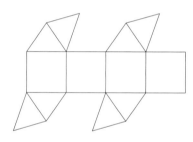

이 전개도를 이용하여 만들 수 있는 입체도형은 모두 몇 개인지 구하여라.

(3) (2)의 입체도형 중 부피가 가장 작은 입체도형의 부피를 구하여라.

풀이

(1) 사각뿔 O-ABCD의 부피는 $6 \times 6 \times 3 \div 3 = 36$이다.

(2) 주어진 전개도로 만들 수 있는 입체는 다음과 같이 모두 3개이다.

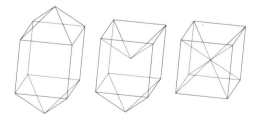

(3) (2)의 입체도형 중 부피가 가장 작은 입체도형은 (2)의 그림 중 세 번째이다. 이 입체도형의 부피는 정육면체의 부피에서 사각뿔 O-ABCD의 부피의 2배를 뺀 것이다. 따라서 $6 \times 6 \times 6 - 36 \times 2 = 144$이다.

문제 9.14 정삼각형 ABC의 변 AB, BC, CA 위에 각각 점 D, E, F를 $DB = \frac{1}{4}AB$, $BE = \frac{1}{2}BC$, $CF = \frac{3}{4}CA$가 되도록 잡는다. 세 점 A, D, F를 지나는 원과 세 점 D, B, E를 지나는 원의 교점을 G라고 할 때, 점 G는 삼각형 ABC의 내부에 존재한다. 삼각형 ABC의 넓이가 320일 때, 다음 물음에 답하여라.

(1) 세 개의 사각형 ADGF, DBEG, ECFG 중에서 넓이가 가장 작은 것의 넓이를 구하여라.

(2) 세 개의 사각형 ADGF, DBEG, ECFG 중에서 넓이가 가장 큰 것의 넓이를 구하여라.

[풀이]

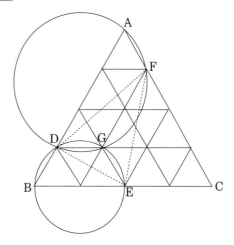

정삼각형 ABC의 각 변을 4등분하고 그 등분점들을 그림과 같이 각 변에 평행하게 이어보자. 그러면, 삼각형 DEF와 점 G는 그림의 위치에 있음을 쉽게 알 수 있다. 작은 정삼각형 하나의 넓이는 원래 정삼각형의 넓이의 $\frac{1}{16}$이고, 세 개의 사각형 ADGF, DBEG, ECFG는 각각 작은 정삼각형 5개, 3개, 8개를 갖는다.

(1) 가장 작은 사각형의 넓이는 $3 \cdot \frac{1}{16} \cdot 320 = 60$이다.

(2) 가장 큰 사각형의 넓이는 $8 \cdot \frac{1}{16} \cdot 320 = 160$이다.

문제 9.15 두 개의 주머니 A, B에 빨간구슬 3개, 흰구슬 3개를 섞어서 3개씩 담는다. 각 주머니에서 구슬을 동시에 1개 뽑은 후, A주머니에서 뽑은 구슬은 B주머니에 넣고, B주머니에 뽑은 구슬은 A주머니를 넣는 과정을 조작이라고 하자. 처음에 A주머니에는 2개의 빨간구슬과 1개의 흰구슬이, B주머니에는 2개의 흰구슬과 1개의 빨간구슬이 있다. 자연수 n에 대하여, n회의 조작을 한 후 A주머니에 빨간구슬이 3개 있을 확률을 a_n, 2개 있을 확률을 b_n, 1개 있을 확률을 c_n이라고 하자. 다음 물음에 답하여라.

  (1) a_1, b_1, c_1을 구하여라.

  (2) $p_n = b_n + c_n$으로 정의할 때, p_n과 p_{n+1} 사이의 관계식을 구하여라.

[풀이] n회 조작을 한 후 A주머니에 빨간구슬이 0개 있을 확률을 d_n이라고 하자.

$$a_{n+1} = \frac{1}{9}b_n \tag{i}$$
$$b_{n+1} = a_n + \frac{4}{9}b_n + \frac{4}{9}c_n \tag{ii}$$
$$c_{n+1} = \frac{4}{9}b_n + \frac{4}{9}c_n + d_n \tag{iii}$$
$$d_{n+1} = \frac{1}{9}c_n \tag{iv}$$

이다.

  (1) $a_0 = 0$, $b_0 = 1$, $c_0 = 0$, $d_0 = 0$이므로, 이를 식 (i), (ii), (iii)에 대입하면

$$a_1 = \frac{1}{9}, \quad b_1 = \frac{4}{9}, \quad c_1 = \frac{4}{9}$$

이다.

  (2) 식 (ii)와 (iii)을 변변 더하면,

$$b_{n+1} + c_{n+1} = a_n + \frac{8}{9}(b_n + c_n) + d_n$$

이다. $a_n + b_n + c_n + d_n = 1$이므로

$$b_{n+1} + c_{n+1} = 1 - (b_n + c_n) + \frac{8}{9}(b_n + c_n)$$

이다. 따라서

$$p_{n+1} = -\frac{1}{9}p_n + 1$$

이다.

문제 9.16 양의 정수 n에 대하여

$$p = \left[\frac{n^2}{7}\right]$$

라고 할 때, 다음 물음에 답하여라. 단, $[x]$는 x를 넘지 않는 가장 큰 정수이다.

  (1) $n = 7k + 1$(k는 음이 아닌 정수)일 때, p는 소수가 아님을 보여라.

  (2) p가 300이하의 소수가 되게 하는 n을 모두 구하여라.

[풀이]

  (1) $n = 7k + 1$일 때, $p = \left[\frac{n^2}{7}\right] = k(7k + 2)$이다. 모든 음이 아닌 정수 k에 대하여 p는 합성수이다.

  (2) $n = 7k, 7k+1, 7k+2, 7k+3, 7k+4, 7k+5, 7k+6$($k$는 음이 아닌 정수)인 경우로 나누어서 살펴보자.

    (i) $n = 7k$일 때, $p = \left[\frac{n^2}{7}\right] = 7k^2$이다. p가 300이하의 소수가 되기 위해서는 $k = 1$뿐이다. 이때, $n = 7$이다.

    (ii) $n = 7k + 1$일 때, (1)에 의해 p는 합성수이다.

    (iii) $n = 7k + 2$일 때, $p = \left[\frac{n^2}{7}\right] = k(7k + 4)$이다. p가 300이하의 소수가 되기 위해서는 $k = 1$뿐이다. 이때, $n = 9$이다.

    (iv) $n = 7k + 3$일 때, $p = \left[\frac{n^2}{7}\right] = 7k^2 + 6k + 1$이다. p가 300이하의 소수가 되려면 k는 짝수여야 한다. $k = 2$이면, $p = 41$(소수), $k = 4$이면, $p = 137$(소수), $k = 6$이면, $p = 289$(합성수), $k = 8$이면, p가 300보다 크므로, 구하는 $n = 17, 31$이다.

    (v) $n = 7k + 4$일 때, $p = \left[\frac{n^2}{7}\right] = 7k^2 + 8k + 2$이다. p가 300이하의 소수가 되려면 $k = 0$ 또는 k는 홀수여야 한다. $k = 0$이면, $p = 2$(소수), $k = 1$이면, $p = 17$(소수), $k = 3$이면, $p = 89$(소수), $k = 5$이면, $p = 217$(합성수), $k = 7$이면, p가 300보다 크므로, 구하는 $n = 4, 11, 25$이다.

    (vi) $n = 7k + 5$일 때, $p = \left[\frac{n^2}{7}\right] = 7k^2 + 10k + 3 = (7k+3)(k+1)$이다. p가 300이하의 소수가 되기 위해서는 $k = 0$뿐이다. 이때, $n = 5$이다.

    (vii) $n = 7k + 6$일 때, $p = \left[\frac{n^2}{7}\right] = 7k^2 + 12k + 5 = (7k+5)(k+1)$이다. p가 300이하의 소수가 되기 위해서는 $k = 0$뿐이다. 이때, $n = 6$이다.

따라서 주어진 조건을 만족하는 n은 4, 5, 6, 7, 9, 11, 17, 25, 31이다.

문제 9.17 다음 제시문을 읽고 물음에 답하여라.

> $BC = a$, $CA = b$, $AB = c$인 삼각형 ABC에서
> $a^2 = b^2 + c^2 - 2bc\cos\angle A$가 성립한다.
> 이를 코사인 제2법칙이라고 한다.
> 또, $0 \le x \le 90°$일 때, $\cos(90° + x) = -\sin x$이다.

(1) $(a^2 + b^2 + c^2)^2 - (4a^2b^2 + b^2c^2 + 4c^2a^2)$을 인수분해하여라.

(2) $BC = a$, $CA = b$, $AB = c$인 삼각형 ABC에서

$$(a^2 + b^2 + c^2)^2 = 4a^2b^2 + b^2c^2 + 4c^2a^2$$

를 만족할 때, $\angle A$의 크기를 구하여라.

풀이

(1)

$$(a^2 + b^2 + c^2)^2 - (4a^2b^2 + b^2c^2 + 4c^2a^2)$$
$$= a^4 - 2a^2b^2 + b^4 + b^2c^2 + c^4 - 2c^2a^2$$
$$= (a^4 - 2a^2b^2 + b^4 + 2b^2c^2 + c^4 - 2c^2a^2)$$
$$\qquad - b^2c^2$$
$$= (-a^2 + b^2 + c^2)^2 - (bc)^2$$
$$= (b^2 + bc + c^2 - a^2)(b^2 - bc + c^2 - a^2)$$

이다.

(2) (1)로 부터 $(b^2 + bc + c^2 - a^2)(b^2 - bc + c^2 - a^2) = 0$이다. 즉, $b^2 + bc + c^2 = a^2$ 또는 $b^2 - bc + c^2 = a^2$이다.

- $b^2 + bc + c^2 = a^2$일 때, 코사인 제2법칙을 이용하여 정리하면 $bc(1 + 2\cos\angle A) = 0$이다. 이를 풀면 $\cos\angle A = -\frac{1}{2}$이다. 즉, $\angle A = 120°$이다.

- $b^2 - bc + c^2 = a^2$일 때, 코사인 제2법칙을 이용하여 정리하면 $bc(1 - 2\cos\angle A) = 0$이다. 이를 풀면 $\cos\angle A = \frac{1}{2}$이다. 즉, $\angle A = 60°$이다.

따라서 $\angle A$는 $60°$ 또는 $120°$이다.

문제 9.18 사각형 ABCD에서, 변 AD, BC의 중점을 각각 M, N이라 하면, □ABNM = 30, □CDMN = 40, △ABC = 35이다. AC와 BD, BD와 MN, MN과 AC의 교점을 각각 P, Q, R이라 할 때, 다음 물음에 답하여라.

(1) AC의 중점을 S라 할 때, 사각형 MPNS가 평행사변형임을 보여라.

(2) △PQR의 넓이를 구하여라.

풀이

(1) 오각형 MSNCD의 넓이는 35이다. 점 B, D에서 대각선 AC에 내린 수선의 발을 각각 X, Y라 하면, △ABC = △DAC = 35이므로 BX = DY, $\angle XBP = \angle YDP$(엇각), $\angle BXP = \angle DYP = 90°$이 되어, $\triangle BPX \equiv \triangle DPY$이다. 그러므로 점 P는 BD의 중점이다. 따라서 삼각형 중점연결정리에 의하여 MP = SN, MS = PN이 되어 사각형 MPNS은 평행사변형이다.

(2) 사각형 MPNS은 평행사변형이므로 $\triangle NSR = \triangle MPR = \frac{5}{2}$이다. 따라서 $AP : PR : RS : SC = 3 : 2 : 2 : 7$이다. 선분 PD의 중점을 T라 하면 $MT \parallel AP$이고, $AP : MT = 2 : 1$이다. 따라서 $MT : PR = MQ : QR = 3 : 4$이다. 그러므로 $\triangle PQR = \triangle MPR \times \frac{4}{7} = \frac{5}{2} \times \frac{4}{7} = \frac{10}{7}$이다.

문제 9.19 n이 3이상의 홀수일 때, 집합 $A_n = \left\{ {}_nC_1, {}_nC_2, \cdots, {}_nC_{\frac{n-1}{2}} \right\}$을 생각하자. 이때, 다음 물음에 답하여라. 단, ${}_nC_r = \frac{n!}{r!(n-r)!}$로 계산한다.

(1) 집합 A_9의 원소의 총합을 구하여라.

(2) ${}_nC_{\frac{n-1}{2}}$이 A_n의 원소 중 가장 큰 수임을 보여라.

(3) A_n의 원소 중 홀수의 개수를 m이라 할 때, m이 홀수임을 보여라.

풀이

(1) $A_9 = \{{}_9C_1, {}_9C_2, {}_9C_3, {}_9C_4\} = \{9, 36, 84, 126\}$이다. 그러므로 원소의 총합은 255이다.

(2)
$$\frac{{}_nC_{k+1}}{{}_nC_k} = \frac{n!}{(k+1)!(n-k-1)!} \cdot \frac{k!(n-k)!}{n!}$$
$$= \frac{n-k}{k+1} \qquad (*)$$

이므로,

$$\begin{aligned} {}_nC_k < {}_nC_{k+1} &\Leftrightarrow (*) > 1 \\ &\Leftrightarrow n-k > k+1 \\ &\Leftrightarrow k < \frac{n-1}{2} \end{aligned}$$

이다. 따라서

$$ {}_nC_1 < {}_nC_2 < \cdots < {}_nC_{\frac{n-1}{2}} $$

이다. 즉, ${}_nC_{\frac{n-1}{2}}$이 A_n의 원소 중 가장 큰 수이다.

(3) n이 홀수이고, ${}_nC_j = {}_nC_{n-j}$이므로,

$$ {}_nC_1 = {}_nC_{n-1}, $$
$$ {}_nC_2 = {}_nC_{n-2}, $$
$$ \vdots $$
$$ {}_nC_{\frac{n-1}{2}} = {}_nC_{\frac{n+1}{2}} $$

이다. 또,

$$ (1+1)^n = {}_nC_0 + {}_nC_1 + \cdots + {}_nC_{\frac{n-1}{2}} $$
$$ + {}_nC_{\frac{n+1}{2}} + \cdots + {}_nC_{n-1} + {}_nC_n $$
$$ = 2\left({}_nC_1 + \cdots + {}_nC_{\frac{n-1}{2}} \right) + 2 $$

이므로, ${}_nC_1 + \cdots + {}_nC_{\frac{n-1}{2}} = 2^{n-1} - 1$ 이다. 따라서 $n \geq 3$일 때, A_n의 원소의 합은 홀수이므로, A_n의 원소 중 홀수의 개수도 홀수이다. 즉, m은 홀수이다.

문제 9.20 한 모서리의 길이가 9인 정육면체 ABCD-EFGH 에서 모서리 AB의 삼등분점을 각각 I, J, 모서리 BC의 삼등분 점을 각각 K, L, 모서리 CD의 삼등분점을 각각 M, N, 모서리 DA의 삼등분점을 각각 O, P라 하자. 점 I와 N을, 점 J와 M을, 점 K와 P를, 점 L와 O를 연결하여 생긴 교점을 각각 Q, R, S, T라 하자. 아래 그림의 입체도형은 정육면체 ABCD-EFGH 에서 직육면체 QRST-UVWX를 제거한 입체이다.

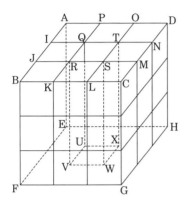

다음 물음에 답하여라.

(1) 이 입체를 세 점 B, D, G를 지나는 평면으로 절단했을 때, 점 C를 포함하는 입체의 부피를 구하여라.

(2) 이 입체를 세 점 B, D, G를 지나는 평면으로 절단했을 때, 절단면의 넓이와 삼각형 BDG의 넓이의 비를 구하여라.

(3) 이 입체를 세 점 I, P, G를 지나는 평면으로 절단했을 때, 점 E를 포함하는 입체의 부피를 구하여라.

풀이

(1) 점 C를 포함한 입체는 아래 그림과 같다.

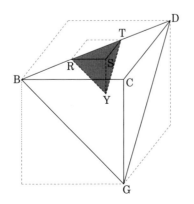

삼각뿔 G-BCD의 부피는 $9 \times 9 \div 2 \times 9 \times \frac{1}{3} = \frac{243}{2}$이고, 삼각뿔 Y-RST의 부피는 $3 \times 3 \div 2 \times 3 \times \frac{1}{3} = \frac{9}{2}$이다. 따라서 구하는 부피는 117이다.

(2) 절단한 면의 그림은 아래와 같다.

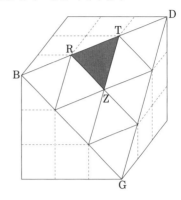

따라서 절단면의 넓이와 삼각형 BDG의 넓이의 비는 8 : 9이다.

(3) 먼저 정육면체 ABCD-EFGH를 세 점 I, P, G를 지나는 평면으로 절단했을 때를 생각하자. 점 E를 포함하는 입체의 부피를 구하기 위해서 아래 그림과 같이 먼저 삼각뿔 A′-EF′H′를 그린다.

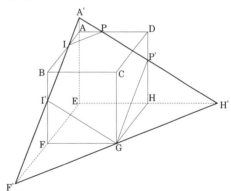

A′A = 1.8, BI′ = 3.6, I′F = 5.4, FF′ = 9, DP′ = 3.6, P′H = 5.4, HH′ = 9임을 알 수 있다.
삼각뿔 A′-EF′H′의 부피는

$$18 \times 18 \div 2 \times 10.8 \times \frac{1}{3} = 583.2$$

이다. 삼각뿔 A′-AIP의 부피는

$$3 \times 3 \div 2 \times 1.8 \times \frac{1}{3} = 2.7$$

이다. 삼각뿔 I′-FF′G와 삼각뿔 P′-HGH′의 부피는

$$9 \times 9 \div 2 \times 5.4 \times \frac{1}{3} = 72.9$$

이다. 그러므로 위의 그림에서 점 E를 포함한 입체의
부피는 583.2 − 2.7 − 72.9 × 2 = 434.7이다.

이제 직육면체 QRST-UVWX를 세 점 I, P, G를 지나는
평면으로 절단하면 아래 그림과 같이 비슷듬한 육면
체 U′V′W′X′-UVWX가 생긴다.

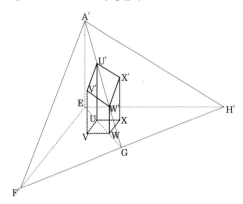

EU = UW = WG이므로 A′E : U′U : W′W = 3 : 2 : 1
이다. 즉, U′U = 7.2, W′W = 3.6이다. 그러므로 비슷
듬한 육면체 U′V′W′X′-UVWX의 부피는

$$3 \times 3 \times \frac{3.6 + 7.2}{2} = 48.6$$

이다.

따라서 구하는 부피는 434.7 − 48.6 = 386.1이다.

제 10 절 점검 모의고사 10회 풀이

문제 10.1 2016은 각 자리 수의 합이 9인 네 자리 수이다. 이와 같은 네 자리 자연수를 작은 순서부터 차례대로 나열하면 다음과 같은 수열이 된다.

$$1008, \ 1017, \ 1035, \ \cdots, \ 9000$$

이와같은 수열에서 각각의 수들은 9의 배수이므로 3으로 2회 이상 나누어떨어진다. 예를 들어, 1026으로 3으로 계속 나누면,

$$1026 \div 3 = 342, \ 342 \div 3 = 114,$$

$$114 \div 3 = 38, \ 38 \div 3 = 12 \cdots 2$$

이므로, 3회 나누어떨어지고, 4회는 나누어떨어지지 않는다. 이때, 1026은 3으로 3회 나누어떨어진다고 한다. 이때, 다음 물음에 답하여라.

(1) 2016은 수열에서 몇 번째에 해당하는지 구하여라.

(2) 수열 중 5로 3회 나누어떨어지는 수를 모두 구하여라.

(3) 2016은 2로 5회 나누어떨어진다. 이와 같이 2로 5회 나누어떨어지는 자연수를 모두 구하여라.

풀이

(1) 수열에서 천의 자리 수가 1인 수는 나머지 자리 수의 합이 8임을 이용하자. 백의 자리 수, 십의 자리 수, 일의 자리 수를 각각 x, y, z라 하면, $x + y + z = 8$을 만족하는 음이 아닌 정수쌍 (x, y, z)의 개수가 수열에서 천의 자리 수가 1인 수의 개수와 같다. 따라서 $x + y + z = 8$을 만족하는 음이 아닌 정수쌍 (x, y, z)의 개수는 $_3H_8 = {}_{10}C_8 = 45$개이다. 이제 수열에서 천의 자리 수가 2인 수를 차례대로 쓰면 2007, 2016이다. 그러므로 2016은 수열에서 47번째 수이다.

(2) 5로 3회 나누어떨어지는 수는 $5 \times 5 \times 5 \times 9 \times k$이다. 단, k는 5로 나누어떨어지지 않는 자연수이다. $k = 1, 2, \cdots$ 를 대입하면 1125, 2250, 3375, 4500, 6750, 7875, 9000이다. 이 중에서 각 자리 수의 합이 9인 수는 1125, 2250, 4500, 9000이다.

(3) 2로 5회 나누어떨어지는 수는 $2 \times 2 \times 2 \times 2 \times 2 \times 9 \times k$이다. 단, k는 5이상의 홀수이다. $k = 5, 7, \cdots$를 대입하면, 1440, 2016, 2592, 3168, 3744, 4320, 2896, 5472, 6048, 6624, 7200, 7776, 8352, 8928, 9506이다. 이 중에서 각 자리 수의 합이 9인 수는 1440, 2016, 4320, 7200이다.

문제 10.2 이차함수 $y = x^2$위에 세 점 A, B, C를 잡는다. 이때, A, B, C의 x좌표는 각각 a, b, c이고, $a < b < c$이다. 또, 직선 AB, BC와 x축과의 교점을 각각 D, E라 한다. 점 D, E의 x좌표는 모두 음수이다. $\triangle ABC$가 정삼각형이고, $\angle CED = 45°$일 때, 다음 물음에 답하여라.

(1) $b + c$의 값을 구하여라.

(2) $c + a$의 값을 구하여라.

(3) a, b, c의 값을 각각 구하여라. 또, 변 BC의 길이를 구하여라.

풀이

(1) $\dfrac{c^2 - b^2}{c - b} = 1 = \tan 45°$이므로,

$$c + b = 1 \qquad\qquad ①$$

이다.

(2) 점 C와 B에서 점 A를 지나고 y축에 평행한 직선에 내린 수선의 발을 각각 H, I라 하고, 점 C에서 직선 IB에 내린 수선의 발을 J라 하자. 그러면, $\angle ACH = 15°$이다. $\angle ACH = 15°$이고, $\angle H = 90°$인 직각삼각형 AHC에서 $AH : HC = 1 : 2 + \sqrt{3}$이므로,

$$c + a = -\dfrac{HA}{CH} = -\dfrac{1}{2 + \sqrt{3}} = \sqrt{3} - 2 \qquad ②$$

이다.

(3) $\angle ABI = 75°$이고, $\angle I = 90°$인 직각삼각형 ABI에서 $IB : HI = 1 : 2 + \sqrt{3}$이므로,

$$a + b = -\dfrac{HI}{IB} = -(2 + \sqrt{3}) \qquad\qquad ③$$

이다. 그러므로

$$a + b + c = \dfrac{① + ② + ③}{2} = -\dfrac{3}{2} \qquad ④$$

이다. ①, ②, ③, ④로부터

$$a = -\dfrac{5}{2}, b = \dfrac{1 - 2\sqrt{3}}{2}, c = \dfrac{1 + 2\sqrt{3}}{2}$$

이다. 또, $BC = (b - c) \times \sqrt{2} = 2\sqrt{6}$이다.

문제 10.3 AB = AC인 이등변삼각형 ABC에서 변 BC위의 한 점 Q를 잡고, AQ의 연장선과 삼각형 ABC의 외접원과의 교점(점 A가 아닌 점)을 R이라 할 때, 다음 물음에 답하여라.

(1) AB × AC = AQ × AR임을 보여라.

(2) RB × RC = RQ × RA임을 보여라.

(3) RQ^2 = RB × RC − BQ × CQ임을 보여라.

[풀이]

(1) 삼각형 ARC와 삼각형 ACQ가 닮음이므로, AR : AC = AC : AQ이다. 즉, AC × AC = AQ × AR이다. AB = AC 이므로 AB × AC = AQ × AR이다.

(2) 삼각형 BRQ와 삼각형 ARC가 닮음이므로, RB : RQ = RA : RC이다. 즉, RB × RC = RQ × RA이다.

(3) (2)에서 RB × RC = RQ × (RQ + QA) = RQ^2 + RQ × QA 이다.
삼각형 BRQ와 삼각형 ACQ가 닮음이므로, RQ : BQ = CQ : AQ이다. 즉, RQ × AQ = BQ × CQ이다. 따라서 RB × RC = RQ^2 + BQ × CQ이다. 즉, RQ^2 = RB × RC − BQ × CQ이다.

문제 10.4 집합 S = {1, 2, 3, 4, 5, 6, 7, 8, 9}에 대하여, 다음 조건 (a), (b), (c)를 모두 만족시키는 함수 $f : S \to S$의 개수를 구하여라.

(a) n이 3의 배수이면 $f(n)$은 3의 배수가 아니다.

(b) n이 3의 배수가 아니면 $f(n)$은 3의 배수이다.

(c) $f(f(n)) = n$을 만족하는 n의 개수는 6개이다.

[풀이] 조건 (c)에 의해서 $f(i) = j$, $f(j) = i$을 만족하는 쌍이 존재하는데, n의 개수가 6개이므로, 항상 세 쌍이 존재한다. 먼저 3이 대응될 수 있는 수는 6개, 6이 대응될 수 있는 수는 5개, 9가 대응될 수 있는 수는 4개이다. 3, 6, 9에 대응된 세 수를 제외한 나머지 3개의 수는 각각 3, 6, 9 모두에 대응이 가능하므로, 구하는 경우의 수는 $6 \times 5 \times 4 \times 3^3 = 3240$개이다.

문제 10.5 수열 $\{a_n\}$이 다음과 같이 정의된다.

(i) $a_1 = 2$,

(ii) $a_n < 100$일 때, $a_{n+1} = a_n + 3$,

(iii) $a_n \geq 100$일 때, $a_{n+1} = a_n - 100$.

또, $S_n = \sum_{k=1}^{n} a_k$이라 하자. 다음 물음에 답하여라.

(1) $a_n > a_{n+1}$을 만족하는 최소의 자연수 n을 m이라 하자. 이때, m과 a_m, 그리고, S_m을 구하여라.

(2) a_{105}와 S_{105}를 구하여라.

풀이

(1) $1 \leq n \leq m$일 때, $a_n = 2 + 3(n-1) = 3n - 1$이다. $a_m > a_{m+1}$이므로, $a_m \geq 100$이다. 즉, $m \geq 34$이다. 또, $a_{34} = 101$이고, $S_{34} = 1751$이다.

(2) $a_{35} = a_{34} - 100 = 1$이므로, $a_n > a_{n+1}$을 만족하는 35보다 큰 n의 최솟값을 p라 하자. 그러면, $a_n = 1 + 3(n-35) = 3n - 104$이다. $a_p \geq 100$이므로, $p = 68$, $a_{68} = 100$이다. 또, $a_{69} = a_{68} - 100 = 0$이므로, $a_n > a_{n+1}$을 만족하는 69보다 큰 n의 최솟값을 q라 하자. 그러면, $a_n = 3(n-69)$이다. $a_q \geq 100$이므로, $q = 103$, $a_{103} = 102$이다. 그러므로 $a_{104} = 2$, $a_{105} = 5$이다. 따라서

$$\begin{aligned}
S_{105} &= \sum_{k=1}^{34} a_k + \sum_{k=35}^{68} a_k + \sum_{k=69}^{103} a_k + a_{104} + a_{105} \\
&= 1751 + \frac{(1+100) \times 34}{2} + \frac{(0+102) \times 35}{2} \\
&\quad + 2 + 5 \\
&= 5260
\end{aligned}$$

이다.

문제 10.6 다음 물음에 답하여라.

(1) 연립방정식

$$\frac{xyz}{y+z} = \frac{6}{5}, \quad \frac{xyz}{z+x} = \frac{3}{2}, \quad \frac{xyz}{x+y} = 2$$

를 풀어라.

(2) 연립방정식

$$\frac{1}{x} + \frac{1}{y+z} = \frac{1}{2}, \quad \frac{1}{y} + \frac{1}{z+x} = \frac{1}{3}, \quad \frac{1}{z} + \frac{1}{x+y} = \frac{1}{4}$$

을 풀어라.

풀이

(1) 주어진 연립방정식의 역수를 취하면

$$\frac{y+z}{xyz} = \frac{5}{6}, \quad \frac{z+x}{xyz} = \frac{2}{3}, \quad \frac{x+y}{xyz} = \frac{1}{2}$$

이다. 즉,

$$\frac{1}{zx} + \frac{1}{xy} = \frac{5}{6}, \quad \frac{1}{yz} + \frac{1}{xy} = \frac{2}{3}, \quad \frac{1}{yz} + \frac{1}{zx} = \frac{1}{2}$$

이다. 위 연립방정식을 풀면

$$\frac{1}{yz} = \frac{1}{6}, \quad \frac{1}{zx} = \frac{1}{3}, \quad \frac{1}{xy} = \frac{1}{2}$$

이다. 즉, $yz = 6$, $zx = 3$, $xy = 2$이다.

따라서 $x = 1$, $y = 2$, $z = 3$ 또는 $x = -1$, $y = -2$, $z = -3$이다.

(2) 주어진 연립방정식을 변형하면

$$\begin{aligned}
xy + zx &= 2(x+y+z), \\
yz + xy &= 3(x+y+z), \\
zx + yz &= 4(x+y+z)
\end{aligned}$$

이다. $x + y + z = k$라 하면

$$xy + zx = 2k, \quad yz + xy = 3k, \quad zx + yz = 4k$$

이다. 위 세 식을 변변 더하면 $xy + yz + zx = \frac{9}{2}k$이다. 그러므로

$$xy = \frac{1}{2}k, \quad yz = \frac{5}{2}k, \quad zx = \frac{3}{2}k$$

이다. 위 세 식을 변변 곱하여 정리하면 $xyz = \frac{k\sqrt{30k}}{4}$이다. 이를 위 세 식에 대입하면,

$$x = \frac{\sqrt{30k}}{10}, \quad y = \frac{\sqrt{30k}}{6}, \quad z = \frac{\sqrt{30k}}{2}$$

이다. 이 세 식을 $x + y + z = k$에 대입하여 계산하면 $k = \frac{529}{30}$이다.

따라서 $x = \frac{23}{10}$, $y = \frac{23}{6}$, $z = \frac{23}{2}$이다.

문제 10.7 다음 물음에 답하여라.

(1) 한 변의 길이가 15인 정사각형 ABCD에서 BA의 연장선(점 A쪽의 연장선) 위에 ∠DEA = 70°가 되도록 점 E를 잡고, BC의 연장선(점 C쪽의 연장선) 위에 ∠BFD = 65°가 되도록 점 F를 잡는다. 이때, 직각삼각형 EBF의 넓이를 구하여라.

(2) BC = 89, CD = 58인 평행사변형 ABCD에서 ∠C, ∠D의 내각이등분선과 변 AD, BC와의 교점을 각각 E, F라 하고, CE와 DF의 교점을 O라 하자. 점 A에서 변 BC에 내린 수선의 발을 H라 하면, AH = 42이다. 이때, 오각형 ABFOE의 넓이를 구하여라.

(풀이)

(1) ∠EDB = 65°, ∠BDF = 70°이므로, 삼각형 EDB와 삼각형 DFB는 닮음이고, EB : DB = DB : FB이다. 즉, DB × DB = EB × FB이다. 또, 직각삼각형 EBF의 넓이는

$$\triangle EBF = EB \times FB \div 2 = DB \times DB \div 2 = \square ABCD$$

이다. 따라서 △EBF = 15 × 15 = 225이다.

(2) 사각형 EFCD가 마름모가 되므로, 오각형 ABFOE의 넓이는 사각형 ABFE의 넓이와 마름모 EFCD의 넓이의 $\frac{1}{4}$의 합이다. 따라서 오각형 ABFOE의 넓이는 $(89-58) \times 42 + 58 \times 42 \times \frac{1}{4} = 1911$이다.

문제 10.8 등번호가 1부터 21번까지의 21명의 선수들을 일렬로 세운다. 일렬로 세워진 선수들의 등번호를 a_i $(i = 1, \cdots, 21)$라고 하자. 다음 두 조건을 만족하는 $(a_1, a_2, \cdots a_{21})$의 개수를 구하여라.

(가) $|a_i - a_{i+3}|$은 3의 배수이다. (단, $i = 1, \cdots, 18$)

(나) $|a_i - a_{i+7}|$은 7의 배수이다. (단, $i = 1, \cdots, 14$)

예를 들어, (3, 13, 5, 15, 7, 2, 18, 10, 20, 12, 1, 14, 9, 4, 17, 6, 19, 8, 21, 16, 11)은 주어진 조건을 만족한다.

(풀이) 3으로 나누었을 때, 나머지가 같은 그룹을 만든다.
3으로 나누었을 때, 나머지가 1인 그룹은 1, 4, 7, 10, 13, 16, 19이다.
3으로 나누었을 때, 나머지가 2인 그룹은 2, 5, 8, 11, 14, 17, 20이다.
3으로 나누었을 때, 나머지가 0인 그룹은 3, 6, 9, 12, 15, 18, 21이다.
이제, 7로 나누었을 때, 나머지가 같은 그룹은 만든다.
7으로 나누었을 때, 나머지가 1인 그룹은 1, 8, 15이다.
7으로 나누었을 때, 나머지가 2인 그룹은 2, 9, 16이다.
7으로 나누었을 때, 나머지가 3인 그룹은3, 10, 17이다.
7으로 나누었을 때, 나머지가 4인 그룹은 4, 11, 18이다.
7으로 나누었을 때, 나머지가 5인 그룹은 5, 12, 19이다.
7으로 나누었을 때, 나머지가 6인 그룹은 6, 13, 20이다.
7으로 나누었을 때, 나머지가 0인 그룹은 7, 14, 21이다.
여기에서 3과 7은 서로소이므로, 3으로 나눈 나머지 각 그룹의 각각의 수가 7로 나눈 나머지 다른 그룹에 속하고, 7로 나눈 나머지 각 그룹의 각각의 수가 3으로 나눈 나머지 다른 그룹에 속한다. 일렬로 늘어선 것으로 세 개씩 구분하여 다음과 같이 가로로 3개, 세로로 7개로 하는 직사각형 모양으로 나타낸다.

a_1	a_2	a_3
a_4	a_5	a_6
a_7	a_8	a_9
a_{10}	a_{11}	a_{12}
a_{13}	a_{14}	a_{15}
a_{16}	a_{17}	a_{18}
a_{19}	a_{20}	a_{21}

이렇게 나타내면 일렬로 세우는 것과 일대일대응이 된다.
첫 번째 열 $(a_1, a_4, \cdots, a_{19})$에 들어갈 수들은 3으로 나누었을 때, 나머지가 같은 그룹에 있는 수들이어야 하므로 이 그룹을 선택하는 경우의 수는 $_3C_2 = 3$가지이고, 이 그룹의 7개의

수를 일렬로 나열하는 경우의 수는 7!가지이다.

이제 두 번째 열 (a_2, a_5, $\cdots$, a_{20})에 들어갈 수들도 마찬가지로 3으로 나누었을 때, 나머지가 같은 그룹에 있는 수들이어야 하므로 이 그룹을 선택하는 경우의 수는 $_2C_2 = 2$가지이고, 이 그룹의 7개의 수들 중 a_8, a_{11}, a_{14}, a_{17}, a_{20}에 들어갈 수들은 자동적으로 정해진다. a_2, a_5에 들어가게 되는 수는 세 번째 열 (a_3, a_6, $\cdots$, a_{21})에 들어갈 수들을 나열하고 나면 자동적으로 정해진다.

따라서 구하는 경우의 수는 $3! \times 7! = 30240$가지이다.

문제 10.9 다음 물음에 답하여라.

(1) 2023^2개의 동전이 있다. 이 동전 중에 한 개만 가짜 동전이고, 가짜 동전은 진짜 동전보다 가볍다고 한다. 양팔저울을 사용하여 가짜 동전을 찾으려고 한다. 양팔 저울을 최소한 몇 번 사용해야 하는가? (단, 양팔저울에는 한 번에 여러 개의 동전을 올려놓을 수 있다.)

(2) 1부터 512까지의 수가 적힌 카드가 한 장씩 왼쪽부터 (오름차순으로) "1, 2, 3, 4, $\cdots$, 511, 512" 으로 배열되어 있다. 다음과 같은 작업을 수행한다.

(가) 처음부터 홀수 번째의 카드를 모두 제거한다.

(나) 처음부터 짝수 번째의 카드를 모두 제거한다.

먼저 이 작업을 '(가) → (나) → (가) → (나) → $\cdots$'의 순서로 카드가 하나 남을 때까지 반복한다. 이때, 마지막에 남은 카드에 적힌 수는 무엇인가?

(풀이)

(1) 양팔저울은 삼진법과 관련이 있다. 동전이 1 ~ 3개일 경우는 1번을 사용하면 되고, 3 + 1 ~ 3^2개일 경우는 2번을 사용하면 되고, $3^2 + 1 ~ 3^3$개일 경우는 3번을 사용하면 된다. 이렇게 계속하면, $3^{n-1} + 1 ~ 3^n$개일 경우는 n번을 사용하면 된다. 그러면 $2023^2 = 4092529$이고, $3^{13} = 1594323$, $3^{14} = 4782969$이므로, 14번 사용해야 가짜 동전을 찾을 수 있다.

(2) 2진법을 사용한다. 1 ~ 512를 2진법으로 고치는데 0000000001 ~ 1000000000로 생각한다.
(가)작업을 시행하면 처음이 0000000001이므로 'XXXXXXXXX1'인 카드가 모두 제거되고, 'XXXXXXXXX0'인 카드만 남는다.
(나)작업을 시행하면 처음이 0000000010이므로 'XXXXXXXX00'인 카드가 모두 제거되고, 'XXXXXXXX10'인 카드만 남는다.
(가)작업을 시행하면 처음이 0000000010이므로 'XXXXXXX010'인 카드가 모두 제거되고, 'XXXXXXX110'인 카드만 남는다.
(나)작업을 시행하면 처음이 0000000110이므로 'XXXXXX1110'인 카드가 모두 제거되고, 'XXXXXX0110'인 카드만 남는다.
(가)작업을 시행하면 처음이 0000000110이므로 'XXXXX00110'인 카드가 모두 제거되고, 'XXXXX10110'인 카드만 남는다.
(나)작업을 시행하면 처음이 0000010110이므로

'XXXX110110'인 카드가 모두 제거되고,
'XXXX010110'인 카드만 남는다.

(가)작업을 시행하면 처음이 0000010110이므로
'XXX0010110'인 카드가 모두 제거되고,
'XXX1010110'인 카드만 남는다.

(나)작업을 시행하면 처음이 0001010110이므로
'XX11010110'인 카드가 모두 제거되고,
'XX01010110'인 카드만 남는다.

(가)작업을 시행하면 처음이 0001010110이므로
'X001010110'인 카드가 모두 제거되고,
'X101010110'인 카드만 남는다. 여기서 X101010110<
1000000000이므로 X= 0이다.

따라서 남은 카드에 적힌 수는 이진법으로
101010110이다. 이를 십진법의 수로 고치면

$$101010110_{(2)} = 256 + 64 + 16 + 4 + 2 = 342$$

이다.

문제 10.10 다음 물음에 답하여라.

(1) 실수 x, y가 관계식 $x^2 + 4y^2 - 16x + 32y - 16 = 0$을 만족할 때, y의 최댓값과 최솟값을 구하여라.

(2) 실수 x, y가 $x^2 + y^2 = 1$을 만족할 때, $(x+2y)^2 + (2x+y)^2$의 최댓값과 최솟값을 구하여라.

풀이

(1) 관계식 $x^2 + 4y^2 - 16x + 32y - 16 = 0$를 x에 대하여 정리하면,

$$x^2 - 16x + 4y^2 + 32y - 16 = 0$$

이다. 위 방정식은 실근을 가지므로, 판별식 D/4 ≥ 0 이다. 그러므로

$$D/4 = 64 - 4y^2 - 32y + 16 \geq 0$$

이다. 이를 정리하면, $y^2 + 8y - 20 \leq 0$이다. 이를 풀면, $-10 \leq y \leq 2$이다. 따라서 y의 최댓값은 2이고, 최솟값은 -10이다.

(2) $(x+2y)^2 + (2x+y)^2 = k$라 두자. 그러면, $x^2 + y^2 = 1$이므로,

$$(x+2y)^2 + (2x+y)^2 = k(x^2 + y^2)$$

이다. 이를 정리하면,

$$(5-k)x^2 + 8yx + (5-k)y^2 = 0$$

이다. 위 방정식은 실근을 가지므로, D/4 ≥ 0이다. 그러므로

$$D/4 = 16y^2 - (5-k)^2 y^2 \geq 0$$

이다. 이를 정리하면, $(k^2 - 10k + 9)y^2 \leq 0$이다. 그런데, $y^2 \geq 0$이므로, $k^2 - 10k + 9 \leq 0$이다. 따라서 $1 \leq k \leq 9$이다. 즉, 최솟값은 1이고, 최댓값은 9이다.

문제 10.11 다음 물음에 답하여라.

(1) 삼각형 ABC에서 ∠BAD + ∠ACD = 90°가 되도록 점 D를 변 BC위에 잡으면, 삼각형 ABC의 외심은 직선 AD 위에 있음을 보여라.

(2) 사각형 ABCD에서 ∠ABD = 20°, ∠DBC = 40°, ∠BAC = 80°, ∠CAD = 70°일 때, ∠ADC의 크기를 구하여라.

풀이

(1) 삼각형 ABC의 외심을 O라고 하고, 직선 AD와 삼각형 ABC의 외접원과의 교점을 E라 하면,

$$\angle BOE = 2 \times \angle BAE = 2 \times \angle ADB,$$

$$\angle AOB = 2 \times \angle ACB = 2 \times \angle ACD$$

이다. ∠BAD + ∠ACD = 90°이므로, ∠BOE + ∠AOB = 180°이다. 즉, 세 점 A, O, E는 한 직선 위에 있다. 따라서 중심 O는 직선 AE(직선 AD)위에 있다.

(2) 삼각형 ABD의 외심을 O라 하면, (1)에 의하여 O는 직선 AC 위에 있다. 삼각형 OAB에서 ∠AOB = 20°이고, 삼각형 ODA에서 ∠DOA = 40°이므로, 삼각형 ODB는 정삼각형이다. 점 D에서 선분 OB에 내린 수선의 발을 H라 하면 H는 선분 OB의 중점이다. 삼각형 COB에서 ∠CBO = 60° − 40° = 20°이므로, 삼각형 COB는 CO = CB인 이등변삼각형이다. 점 C에서 선분 OB에 내린 수선의 발을 H′라 하면 H′는 선분 OB의 중점이다. 그러므로 점 H와 H′는 일치한다. 즉, 세 점 D, C, H는 한 직선 위에 있다. 따라서 ∠ADC = ∠ADB + ∠BDH = 10° + 30° = 40°이다.

문제 10.12 다음 물음에 답하여라.

(1) 집합 A = {1, 2, ⋯, 6}의 부분집합 중 다음 조건을 만족하도록 서로 다른 두 집합을 선택하는 방법의 수를 구하여라.

> 두 집합의 합집합이 A이고, 교집합의 원소가 2개 이상이다.

(2) 다음 조건을 만족하는 진분수인 기약분수의 개수를 구하여라.

> 분모와 분자의 곱은 15!이다.
> 단, 15! = 1 × 2 × ⋯ × 15이다.

풀이

(1) 두 집합의 교집합의 원소의 개수를 $k(k = 2, 3, 4, 5)$이면, 교집합을 선택하는 방법의 수가 $_6C_k$개이고, 나머지 수 6 − k개를 두 집합에 배열하는 방법의 수가 $\frac{2^{6-k}}{2!} = 2^{5-k}$개이다. 따라서 구하는 방법의 수는 $_6C_2 \times 2^3 + _6C_3 \times 2^2 + _6C_4 \times 2^1 + _6C_5 \times 2^0 = 236$개이다.

(2) 15!의 소인수 2, 3, 5, 7, 11, 13의 6개를 두 쌍으로 나눌 수 있다. 같은 소인수가 다른 쌍에 들어가면 서로소가 되지 않으므로 2^6가지의 경우가 있다. 그런데 진분수가 되어야 하므로 구하는 경우의 수는 32개이다.

문제 10.13 한 모서리의 길이가 1인 정육면체가 여러 개 있다. 이 정육면체를 4개를 가지고 아래 왼쪽 그림과 같은 입체도형을 만든다.

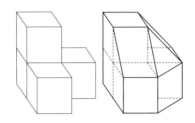

위의 오른쪽 그림의 입체도형은 왼쪽 입체를 포함한 찌그러짐없는 입체도형 중 부피가 가장 작은 것이다. 이런 입체도형을 "부피를 최소로 감싸는 입체도형"이라고 부르자.
위의 오른쪽 그림의 입체는 오각형의 면이 3개, 정사각형의 면이 4개, 직사각형의 면이 3개로 모두 10개의 면으로 이루어졌고, 부피는 $\frac{17}{3}$ 이다.

(1) 아래 그림은 정육면체 5개를 가지고 만든 입체도형이다. 이 입체의 "부피를 최소로 감싸는 입체도형"을 A라 하자. A의 면의 개수를 구하고, 부피를 구하여라.

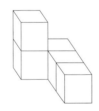

(2) 아래 그림은 정육면체 6개를 가지고 만든 입체도형이다. 이 입체의 "부피를 최소로 감싸는 입체도형"을 B라 하자. B의 면의 개수를 구하고, 부피를 구하여라.

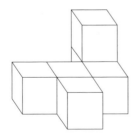

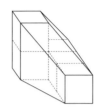

A의 면의 개수는 9개이고, A의 부피는 $\frac{47}{6}$ 이다.

(2) B는 아래 그림과 같다.

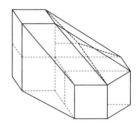

B의 면의 개수는 13개이고, B의 부피는 $\frac{32}{3}$ 이다.

풀이

(1) A는 아래 그림과 같다.

나는 푼다, 고로 (영재학교/과학고) 합격한다.

문제 10.14 다음 물음에 답하여라.

(1) $f(a, b, c) = -a^4(b - c) - b^4(c - a) - c^4(a - b)$는 $f(a, b, c) = -f(b, a, c)$를 만족하므로 5차 교대식이다. 5차 교대식 $f(a, b, c)$는

$$(a - b)(b - c)(c - a)\{m(a + b + c)^2 + n(ab + bc + ca)\}$$

의 꼴로 인수분해된다. 이때, m, n의 값을 구하여라.

(2) 방정식

$$\frac{a^4}{(a - b)(a - c)} + \frac{b^4}{(b - c)(b - a)} + \frac{c^4}{(c - a)(c - b)} = 47$$

을 만족시키는 자연수의 순서쌍 (a, b, c)을 모두 구하여라.

풀이

(1)

$$-a^4(b - c) - b^4(c - a) - c^4(a - b)$$
$$= (a - b)(b - c)(c - a)\{m(a + b + c)^2$$
$$+ n(ab + bc + ca)\}$$

의 양변에 $(a, b, c) = (-1, 1, 2), (1, -1, 0)$을 대입하여 m, n을 구하면 $m = 1, n = -1$이다. 그

(2) 주어진 식을 분모를 통분하여 식을 정리하면

$$\frac{-a^4(b - c) - b^4(c - a) - c^4(a - b)}{(a - b)(b - c)(c - a)} = 47$$

이다. (1)에 의하여

$$\frac{(a - b)(b - c)(c - a)\{(a + b + c)^2 - (ab + bc + ca)\}}{(a - b)(b - c)(c - a)}$$
$$= 47$$

이다. 위 식을 정리하면

$$a^2 + b^2 + c^2 + ab + bc + ca = 47$$

이다. 위 식을 두배하여 완전제곱꼴로 나누면

$$(a + b)^2 + (b + c)^2 + (c + a)^2 = 94 = 3^2 + 6^2 + 7^2$$

이 된다. 이를 풀면, $(a, b, c) = (1, 2, 5), (1, 5, 2), (2, 1, 5), (2, 5, 1), (5, 1, 2), (5, 2, 1)$이다.

문제 10.15 주사위를 n번 던져서 k번째 나온 눈의 수를 X_k라 하자. 이때, 다음 물음에 답하여라. 단, $n \geq 2, 1 \leq k \leq n$이다.

(1) 곱 $X_1 X_2$가 18이하가 될 확률을 구하여라.

(2) 곱 $X_1 X_2 \cdots X_n$이 짝수가 될 확률을 구하여라.

(3) 곱 $X_1 X_2 \cdots X_n$이 4의 배수가 될 확률을 구하여라.

(4) 곱 $X_1 X_2 \cdots X_n$이 3으로 나누었을 때, 나머지가 1이 될 확률을 구하여라.

풀이

(1) 여사건을 생각하면, 18보다 큰 경우의 수가 8가지이므로, 구하는 확률은 $1 - \frac{8}{36} = \frac{28}{36} = \frac{7}{9}$이다.

(2) 여사건을 생각하면, 모두 홀수일 경우의 수가 3^n이므로, 구하는 확률은 $1 - \frac{3^n}{6^n} = 1 - \frac{1}{2^n}$이다.

(3) 여사건을 생각하면, (i) 홀수인 경우, (ii) 4로 나누었을 때, 나머지가 2인 경우로 나누어 생각하자.

  (i) 홀수인 경우의 확률은 (2)에서 $\frac{1}{2^n}$이다.

  (ii) 2나 6이 한 번만 나오고 모두 홀수인 확률은 $_nC_1 \left(\frac{2}{6}\right)\left(\frac{3}{6}\right)^{n-1} = \frac{n}{3} \cdot \frac{1}{2^{n-1}}$이다.

그러므로 구하는 확률은

$$1 - \left(\frac{1}{2^n} + \frac{n}{3} \cdot \frac{1}{2^{n-1}}\right) = 1 - \frac{2n + 3}{3 \cdot 2^n}$$

이다.

(4) 곱 $X_1 X_2 \cdots X_n = Y_n$이라 하자. $Y_n \equiv 1 \pmod 3$인 확률을 p_n, $Y_n \equiv 2 \pmod 3$인 확률을 q_n, $Y_n \equiv 0 \pmod 3$인 확률을 r_n이라 하자. 그러면, $p_n + q_n + r_n = 1$이다. 또, 3의 배수가 나오지 않을 확률은 $1 - r_n = \left(\frac{4}{6}\right)^n = \left(\frac{2}{3}\right)^n$이므로, $p_n + q_n = \left(\frac{2}{3}\right)^n$이다. 이제, $Y_{n+1} \equiv 1 \pmod 3$일 때를 살펴보자. $Y_{n+1} = Y_n X_{n+1}$에서 (i) $Y_n \equiv 1 \pmod 3$, $X_{n+1} \equiv 1 \pmod 3$인 경우와 (ii) $Y_n \equiv 2 \pmod 3$, $X_{n+1} \equiv 2 \pmod 3$인 경우이다. 따라서

$$p_{n+1} = p_n \cdot \frac{2}{6} + q_n \cdot \frac{2}{6} = \frac{1}{3}\left(\frac{2}{3}\right)^n$$

이다. 그러므로 $p_n = \frac{1}{3}\left(\frac{2}{3}\right)^{n-1}$이다.

문제 10.16 다음 물음에 답하여라.

(1) 정수 x, y, z가

$$2x+3y+4z = 3x+2y+3z = 4x-y+5z$$

을 만족할 때, 이 식의 값이 27의 배수임을 보여라.

(2) 두 분수 P, Q의 곱인 $PQ = \frac{4}{7}$이다. 두 분수 P, Q의 분자와 분모가 모두 양의 정수이고, 분모가 분자보다 1이 크고, 분자는 1보다 클 때, P + Q의 값을 구하여라.

풀이

(1) $2x+3y+4z = 3x+2y+3z$을 정리하면, $x-y-z = 0$이고, $3x+2y+3z = 4x-y+5z$를 정리하면 $x-3y+2z = 0$이다. $x-y-z = 0$과 $x-3y+2z = 0$를 연립하여 x, z를 y로 나타내면 $z = \frac{2}{3}y$, $x = \frac{5}{3}y$이다. 따라서 $x : y : z = 5 : 3 : 2$이다. 즉, $x = 5k$, $y = 3k$, $z = 2k$를 만족하는 정수 k가 존재한다. 이를 $2x+3y+4z$에 대입하면 $2x+3y+4z = 27k$이다. 즉, 27의 배수이다.

(2) 주어진 조건으로부터

$$P = \frac{p}{p+1}, \quad Q = \frac{q}{q+1}, \quad 2 \le p \le q$$

를 만족하는 자연수 p, q가 존재한다. 그러므로

$$PQ = \frac{pq}{(p+1)(q+1)} = \frac{4}{7}$$

이다. 이를 정리하면

$$3pq - 4(p+q) = 4, \quad 9pq - 4(3p+3q) = 12$$

이다. 즉, $(3p-4)(3q-4) = 28$이다. $28 = 1 \times 28 = 2 \times 14 = 4 \times 7$이므로 $(3p-4, 3q-4) = (2, 14)$만 가능하다. 이를 풀면 $(p, q) = (2, 6)$이다. 따라서 $P + Q = \frac{2}{3} + \frac{6}{7} = \frac{32}{21}$이다.

문제 10.17 다음 물음에 답하여라.

(1) $x^3 + y^3 + z^3 - 3xyz$를 인수분해하여라.

(2) $x^3 + y^3 + z^3 - 3xyz = 91$을 만족하는 $x < y < z$인 자연수쌍 (x, y, z)를 모두 구하여라.

풀이

(1)
$$
\begin{aligned}
&x^3 + y^3 + z^3 - 3xyz \\
&= (x+y)^3 - 3xy(x+y) + z^3 - 3xyz \\
&= (x+y)^3 + z^3 - 3xy(x+y+z) \\
&= (x+y+z)\{(x+y)^2 - (x+y)z + z^2\} \\
&\quad - 3xy(x+y+z) \\
&= (x+y+z)(x^2 + y^2 + z^2 - xy - yz - zx)
\end{aligned}
$$

이다.

(2) $x^3 + y^3 + z^3 - 3xyz = 91$이므로,

$$
\begin{aligned}
&(x+y+z)(x^2+y^2+z^2 - xy - yz - zx) \\
&= \frac{1}{2}(x+y+z)\{(x-y)^2 + (y-z)^2 + (z-x)^2\} \\
&= 7 \times 13
\end{aligned}
$$

이다. 자연수 x, y, z가 $x < y < z$를 만족하므로 $x+y+z \ge 1+2+3 = 6$이다. 또, $y - x \ge 1$, $z - y \ge 1$, $z - x \ge 2$이므로

$$\frac{1}{2}\{(x-y)^2 + (y-z)^2 + (z-x)^2\} \ge 3$$

이다. 따라서 $(x+y+z, (x-y)^2 + (y-z)^2 + (z-x)^2) = (7, 26), (13, 14)$이다.

(i) $x+y+z = 7$, $(x-y)^2 + (y-z)^2 + (z-x)^2 = 26$일 때, $(x, y, z) = (1, 2, 4)$만 가능하고, 이때, $(x-y)^2 + (y-z)^2 + (z-x)^2 = 14$가 되어 조건에 맞지 않는다.

(ii) $x+y+z = 13$, $(x-y)^2 + (y-z)^2 + (z-x)^2 = 14$일 때, $((x-y)^2, (y-z)^2, (z-x)^2) = (1, 4, 9), (4, 1, 9)$만 가능하고, 이때, $(y-x, z-y, z-x) = (1, 2, 3), (2, 1, 3)$이다. 즉, $(y, z) = (x+1, x+3), (x+2, x+3)$이다 이를 $x+y+z = 13$에 대입하여 각각 구하면 $3x+4 = 13$에서 $x = 3$이고, $3x+5 = 13$에서 x는 자연수가 아니다.
따라서 $(x, y, z) = (3, 4, 6)$만 가능하다.

문제 10.18 다음 물음에 답하여라.

(1) 삼각형 ABC에서 AB = AC이고 ∠ABC > ∠CAB이다. 점 B에서 삼각형 ABC의 외접원에 접하는 직선이 직선 AC와 점 D에서 만난다. 선분 AC 위의 점 E는 ∠DBC = ∠CBE를 만족하는 점이다. BE = 20, CD = 25일 때, AE의 값을 구하여라.

(2) 볼록사각형 ABCD에서 ∠DBC = ∠CDB = 45°, ∠BAC = ∠DAC이고, AB = 5, AD = 1일 때, BC을 구하여라.

⟨풀이⟩

(1) 주어진 조건과 접현각의 성질에 의하여 ∠DBC = ∠CBE = ∠BAC이다.

그러므로 △ABC과 △BCE은 닮음이다. 또, ∠AEB = ∠BCD = 180° − ∠BCA이므로, △EAB과 △CBD은 닮음이다.

그러므로 AE : BE = CB : DC이다. 즉, AE : 20 = 20 : 25이다. 이를 풀면 AE = 16이다.

(2) 삼각형 BCD의 외접원 위에 한 점 E를 잡으면 BC = CD이므로, ∠BEC = ∠DEC이다.

점 A 또한 점 E의 자취 중 하나이므로, 점 A는 삼각형 BCD의 외접원 위에 있다.

그러므로 ∠BAD = 180° − ∠BCD = 90°이므로, $BD^2 = 26$이고, $CD^2 + BC^2 = BD^2 = 26$이다.

따라서 BC = $\sqrt{13}$이다.

문제 10.19 자연수 n에 대하여, 1부터 n까지 서로 다른 자연수가 적힌 n개의 같은 공을 상자에 넣는다. 상자 안에 들어있는 1개의 공을 꺼내, 공에 적힌 수를 기록하고, 꺼낸 공은 다시 상자에 넣는 조작을 n회 반복한다. k회 때 나온 공에 적힌 수를 x_k ($k = 1, 2, \cdots, n$)라 하고, $y_n = \frac{x_1 \times x_2 \times x_3 \times \cdots \times x_n}{n!}$이라 할 때, 다음 물음에 답하여라.

(1) $n = 3$일 때, $y_3 = 1$일 확률을 구하여라.

(2) $n = 3$일 때, y_3이 자연수일 확률을 구하여라.

(3) $n = 4$일 때, $y_4 = 1$일 확률을 구하여라.

(4) $n = 6$일 때, $y_6 = 1$일 확률을 구하여라.

(5) $n = 6$일 때, $y_6 = 2$일 확률을 구하여라.

⟨풀이⟩

(1) $x_1 x_2 x_3 = 3!$, $1 \leq x_k \leq 3$을 만족하는 (x_1, x_2, x_3)의 개수는 $(1, 2, 3)$의 순열의 개수와 같다.
그러므로 구하는 확률은 $\frac{3!}{3^3} = \frac{2}{9}$이다.

(2) $x_1 x_2 x_3$이 3!의 배수이고, x_1, x_2, x_3 중 2, 3이 한 개 이상 포함되어 있어야 한다. 즉, $(1,2,3)$, $(2,2,3)$, $(2,3,3)$의 순열 중 하나여야 한다.
그러므로 구하는 확률은 $\frac{3! + 3 + 3}{3^3} = \frac{4}{9}$이다.

(3) $x_1 x_2 x_3 x_4 = 4! = 2^3 \cdot 3$, $1 \leq x_k \leq 4$이다. x_1, x_2, x_3, x_4 중 3이 한 개 있고, 나머지 수들의 곱이 2^3이므로, $(3, 1, 2, 4)$, $(3, 2, 2, 2)$의 순열 중 하나여야 한다.
그러므로 구하는 확률은 $\frac{4! + 4}{4^4} = \frac{7}{64}$이다.

(4) $x_1 x_2 x_3 x_4 x_5 x_6 = 6! = 2^4 \cdot 3^2 \cdot 5$이다. x_1, x_2, x_3, x_4, x_5, x_6 중 5가 한 개 있고, 3의 배수가 2개 있고, 나머지 수들이 1, 2, 4 중에 있어야 한다. 3의 배수가 2개 있는 경우는 3이 두 개, 3과 6이 한 개씩, 6이 2개 있는 경우로 나뉜다.
그러므로 $(5, 3, 3, 1, 4, 4)$, $(5, 3, 3, 2, 2, 4)$, $(5, 3, 6, 1, 2, 4)$, $(5, 3, 6, 2, 2, 2)$, $(5, 6, 6, 1, 1, 4)$, $(5, 6, 6, 1, 2, 2)$의 순열 중 하나이다.
따라서 구하는 확률은

$$\frac{\frac{6!}{2!2!} + \frac{6!}{2!2!} + 6! + \frac{6!}{3!} + \frac{6!}{2!2!} + \frac{6!}{2!2!}}{6^6} = \frac{65}{1944}$$

이다.

(5) $x_1 x_2 x_3 x_4 x_5 x_6 = 2 \cdot 6! = 2^5 \cdot 3^2 \cdot 5$이다. x_1, x_2, x_3, x_4, x_5, x_6 중 5가 한 개 있고, 3의 배수가 2개 있고, 나머지 수들이 1, 2, 4 중에 있어야 한다. 3의 배수가 2개

있는 경우는 3이 두 개, 3과 6이 한 개씩, 6이 2개 있는 경우로 나뉜다. 그러므로 $(5,3,3,2,4,4)$, $(5,3,6,1,4,4)$, $(5,3,6,2,2,4)$, $(5,6,6,1,2,4)$, $(5,6,6,2,2,2)$의 순열 중 하나이다. 따라서 구하는 확률은

$$\frac{\frac{6!}{2!2!}+\frac{6!}{2!}+\frac{6!}{2!}+\frac{6!}{2!}+\frac{6!}{3!}}{6^6}=\frac{55}{1944}$$

이다.

문제 10.20 아래 그림과 같이 밑면은 한 모서리의 길이가 12인 정사각형이고, 높이는 8인 정사각뿔이 두 개 있다.

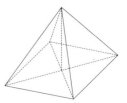

다음 물음에 답하여라.

(1) 아래 그림과 같이 두 정사각뿔을 겹쳤을 때, 겹쳐진 부분의 입체의 부피를 구하여라.

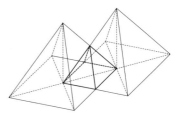

(2) 아래 그림과 같이 두 정사각뿔을 겹쳤을 때, 겹쳐진 부분의 입체의 부피를 구하여라.

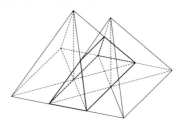

(3) (2)에서와 같은 상황에서 아래 그림과 같이 점 A, B, P, Q를 잡고, A와 B를 연결하고, P와 Q를 연결한다. 삼각뿔 APQB(색칠된 부분)의 부피를 구하여라.

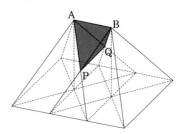

풀이

(1) 겹쳐진 부분의 입체는 정사각뿔로 원래 정사각뿔의 $\frac{1}{2}$이다. 그러므로 구하는 부피는 $12\times12\times8\times\frac{1}{3}\times\frac{1}{8}=48$ 이다.

(2) 겹쳐진 부분의 입체는 (1)에서 구한 정사각뿔의 절반 모양인 사각뿔 2개와 삼각기둥 1개로 이루어진다. 따라서 구하는 부피는 $48 + 6 \times 4 \div 2 \times 6 = 120$이다.

(3) 삼각뿔 APQB의 부피는 (2)에서의 입체의 부피에서 (1)에서의 정사각뿔의 부피 2개를 뺀 것과 같다. 따라서 $120 - 48 \times 2 = 24$이다.

제 11 절   점검 모의고사 11회 풀이

문제 11.1 다음 물음에 답하여라.

(1) 양의 정수 n을 100으로 나눈 몫을 q, 나머지를 r이라 하자. $q^2 + r + 1$을 74로 나눈 몫이 $r + 1$이고 나머지는 q일 때, n을 구하여라.

(2) 세 자리 자연수 N에서 N^2을 280으로 나눈 나머지가 1일 때, 이와 같은 N은 모두 몇 개인지 구하여라.

풀이

(1) $q^2 + r + 1 = 74(r + 1) + q$ $(0 \leq q < 74)$에서

$$q(q - 1) = 73(r + 1)$$

이다. 좌변은 소수 73의 배수이고, $q - 1 < 73$이므로, $q = 73$이다. 이를 위 식에 대입하여 풀면 $r = 71$이다. 따라서 $n = 100 \times 73 + 71 = 7371$이다.

(2) N의 일의 자리 수는 1 또는 9이다.

   (i) N의 일의 자리 수가 1인 경우, $N = 10(7x + y) + 1$라 두면,

   $$N^2 - 1 = (70x + 10y + 1)^2 - 1 = 280k$$

   이다. 단, $x \geq 2$, $0 \leq y \leq 6$이고, k는 자연수이다. 이를 정리하면

   $$(35x + 5y + 1)(7x + y) = 14k$$

   이다. 좌변은 14의 배수이므로 $y = 0$ 또는 4만 가능하다.

      (a) $y = 0$일 때, $10 \leq 7x \leq 99$을 만족하는 x는 모두 13개이다.

      (b) $y = 4$일 때, $10 \leq 7x + 4 \leq 99$을 만족하는 x는 모두 13개이다.

   (ii) N의 일의 자리 수가 9인 경우, $N = 10(7x + y) + 9$라 두면,

   $$N^2 - 1 = (70x + 10y + 9)^2 - 1 = 280k$$

   이다. 단, $x \geq 2$, $0 \leq y \leq 6$이고, k는 자연수이다. 이를 정리하면

   $$(7x + y + 1)(35x + 5y + 4) = 14k$$

   이다. 좌변은 14의 배수이므로 $y = 2$ 또는 6만 가능하다.

      (a) $y = 2$일 때, $10 \leq 7x + 2 \leq 99$을 만족하는 x는 모두 12개이다.

      (b) $y = 6$일 때, $10 \leq 7x + 6 \leq 99$을 만족하는 x는 모두 13개이다.

따라서 구하는 N의 개수는 51개이다.

문제 11.2 다음 물음에 답하여라.

(1) $\displaystyle\sum_{k=1}^{n} \dfrac{1}{(k+1)\sqrt{k} + k\sqrt{k+1}}$ 을 n을 사용하여 간단히 하여라.

(2) 양의 정수 k에 대하여

$$a_k = (1 + \sqrt{k})(1 + \sqrt{k+1})(\sqrt{k} + \sqrt{k+1})$$

라 할 때,

$$\dfrac{1}{a_1} + \dfrac{1}{a_2} + \cdots + \dfrac{1}{a_{2024}}$$

의 값을 구하여라.

풀이

(1) 분모를 유리화하면,

$$\sum_{k=1}^{n} \dfrac{1}{(k+1)\sqrt{k} + k\sqrt{k+1}}$$
$$= \sum_{k=1}^{n} \dfrac{(k+1)\sqrt{k} - k\sqrt{k+1}}{k(k+1)}$$
$$= \sum_{k=1}^{n} \left(\dfrac{1}{\sqrt{k}} - \dfrac{1}{\sqrt{k+1}} \right)$$
$$= 1 - \dfrac{1}{\sqrt{n+1}}$$

이다.

(2)

$$\dfrac{1}{a_k} = \dfrac{1}{(1+\sqrt{k})(1+\sqrt{k+1})(\sqrt{k}+\sqrt{k+1})}$$
$$= \dfrac{\sqrt{k+1} - \sqrt{k}}{(1+\sqrt{k})(1+\sqrt{k+1})}$$
$$= \dfrac{1}{1+\sqrt{k}} - \dfrac{1}{1+\sqrt{k+1}}$$

이므로,

$$\dfrac{1}{a_1} + \dfrac{1}{a_2} + \cdots + \dfrac{1}{a_{2024}} = \dfrac{1}{1+\sqrt{1}} - \dfrac{1}{1+\sqrt{2025}}$$
$$= \dfrac{1}{2} - \dfrac{\sqrt{2025}-1}{2024} = \dfrac{11}{23}$$

이다.

문제 11.3 다음 물음에 답하여라.

(1) $\angle B = \angle C = 40°$인 이등변삼각형 ABC의 내부에 $\angle ABO = \angle OBC = 20°$, $\angle BCO = 10°$, $\angle OCA = 30°$를 만족하는 점 O를 잡는다. 이때, $\angle OAC$의 크기를 구하여라.

(2) 삼각형 ABC의 내부에 AB = BP = PC가 되도록 점 P를 잡으면 $\angle ABP = 35°$, $\angle BPC = 155°$이다. 이때, $\angle BAC$의 크기를 구하여라.

풀이

(1) 점 C에서 BO의 연장선에 내린 수선의 발을 F라 하고, CF의 연장선과 변 BA의 연장선과의 교점을 E라 하고, AC와 OE의 교점을 G라 하면, BO가 $\angle ABC$의 내각이 등분선이므로 OC = OE이고, $\angle EOF = \angle COF = 30°$이다. 그러면 $\angle OGC = 90°$이다.

$\angle OEC = 60°$이므로 $\angle ECO = 60°$이다. 따라서 $\angle ECG = 30°$이다. 그러므로 $\triangle CGO \equiv \triangle CGE$이다. 따라서 삼각형 AOE는 이등변삼각형이다. 그러므로 $\angle OAC = \angle EAC = \angle ABC + \angle ACB = 80°$이다.

(2) 변 BC에 대하여 점 A와 같은 쪽에 정삼각형 DBC가 되도록 점 D를 잡는다. $\angle PBC = \angle PCB = 12.5°$이므로, $\angle ABD = 60° - (35° + 12.5°) = 12.5°$이다. 그러면 삼각형 ADB와 삼각형 PBC에서 $\angle ABD = \angle PBC$, AB = BP, BD = BC이므로 $\triangle ADB \equiv \triangle PBC$이다. 즉, AB = AD이고, $\angle BAD = 155°$이다.

또, 삼각형 ABC와 삼각형 ADC에서 AB = AD, AC는 공통, BC = CD이므로 $\triangle ABC \equiv \triangle ADC$이다.

따라서 $\angle BAC = \angle DAC = (360° - 155°) \div 2 = 102.5°$이다.

문제 11.4 다음 조건을 만족하는 수열의 개수를 구하여라.

(가) 첫째항은 2023이다.

(나) 다음 항은 이전 항의 양의 제곱근보다 작은 수이다.

(다) 마지막 항은 1이다.

예를 들어, 2023, 44, 6, 2, 1은 이 조건을 만족하는 수열이다.

[풀이] 주어진 조건 (나), (다)을 만족하면서 n부터 시작하는 수열의 개수를 S_n이라 하자. 우리는 S_{2023}을 구하면 된다. $44 < \sqrt{2023} < 45$이므로 두 번째 항은 반드시 44이하여야 한다. 따라서

$$S_{2023} = S_{44} + S_{43} + \cdots + S_1$$

이다. 그런데, $6 < \sqrt{37} < \sqrt{44} < 7$이므로,

$$S_{44} = S_{43} = \cdots = S_{37}$$
$$= S_6 + S_5 + S_4 + S_3 + S_2 + S_1$$
$$= \sum_{i=1}^{6} S_i$$

이다. 같은 방법으로

$$S_{36} = \cdots = S_{26} = \sum_{i=1}^{5} S_i$$
$$S_{25} = \cdots = S_{17} = \sum_{i=1}^{4} S_i$$
$$S_{16} = \cdots = S_{10} = \sum_{i=1}^{3} S_i$$
$$S_9 = \cdots = S_5 = \sum_{i=1}^{2} S_i$$
$$S_4 = \cdots = S_2 = \sum_{i=1}^{1} S_i$$

이다. 따라서

$$S_{2023} = 8 \sum_{i=1}^{6} S_i + 11 \sum_{i=1}^{5} S_i + 9 \sum_{i=1}^{4} S_i$$
$$+ 7 \sum_{i=1}^{3} S_i + 5 \sum_{i=1}^{2} S_i + 3 \sum_{i=1}^{1} S_i + S_1$$

이다. 여기서, $S_1 = S_2 = S_3 = S_4 = 1$, $S_5 = S_6 = 2$이므로,

$$S_{2023} = 8 \times 8 + 11 \times 6 + 9 \times 4 + 7 \times 3$$
$$+ 5 \times 2 + 3 \times 1 + 1$$
$$= 201$$

이다.

문제 11.5 다음 물음에 답하여라.

(1) 정수 $1^{2023} + 2^{2023} + \cdots + 201^{2023}$을 나누는 자연수들 중 가장 작은 세 자리 자연수를 구하여라.

(2) 다음과 같은 규칙을 가진 1부터 시작하는 수열 a_n이 있다.

(가) 짝수 다음은 그 절반의 수가 된다.

(나) 홀수 다음은 그 수에 53을 더한 후 2로 나눈 수이다.

이 규칙에 따라 수열을 써 나가면,

$$1, 27, 40, 20, 10, 5, 29, \cdots$$

이다. $a_{2023} \times 2^{2021}$을 53으로 나눈 나머지를 구하여라.

[풀이]

(1) 2023이 홀수이므로, 양의 정수 a, b에 대하여 $(a + b) \mid (a^{2023} + b^{2023})$을 만족한다. 그러므로 $(1 + 201) \mid (1^{2023} + 201^{2023})$, $\cdots$, $(100 + 102) \mid (100^{2023} + 102^{2023})$이 되어 모두 202의 배수이다. 또, 남은 한 항 101^{2023}은 101의 배수이다. 따라서 $1^{2023} + 2^{2023} + \cdots + 201^{2023}$은 101로 나누어 떨어진다. 구하는 답은 101이다.

(2) 자연수 n에 대하여, $1 \le a_n \le 52$이다.
$a_n \times 2 \le 52$인 경우, $a_{n-1} = a_n \times 2$이다.
$a_n \times 2 > 52$인 경우, $a_{n-1} = a_n \times 2 - 53$이고, $a_n \times 2 - 53$을 53으로 나눈 나머지는 a_{n-1}이다.
같은 방법으로 $a_n \times 2^2 = a_{n-1} \times 2$ 또는 $a_{n-1} \times 2 + 53 \times 2$이다. 이를 53으로 나눈 나머지는 $a_{n-1} \times 2$를 53으로 나눈 나머지와 같고, 이 나머지는 앞에서와 같은 방법으로 a_{n-2}이다.
이 방법으로 계속하면 $a_{2023} \times 2^{2021}$을 53으로 나눈 나머지는 a_2와 같다. 즉, 27이다.

문제 11.6 다음은 베르누이 부등식에 대한 설명이다.

> 모든 정수 $r \geq 0$과 모든 실수 $x > -1$에 대해 $(1+x)^r \geq 1 + rx$이 성립한다. 이를 확장하면, 모든 정수 $r \geq 2$와 모든 실수 $x > -1$, $x \neq 0$에 대해 $(1+x)^r > 1 + rx$이 성립한다.

다음 물음에 답하여라.

(1) 2이상의 자연수 k에 대하여

$$\sqrt[k]{1 + \frac{k^2}{(k+1)!}} < 1 + \frac{k}{(k+1)!}$$

이 성립함을 보여라.

(2) 2이상의 자연수 n에 대하여 S_n을

$$S_n = 1 + \sqrt{1 + \frac{2^2}{3!}} + \sqrt[3]{1 + \frac{3^2}{4!}} + \cdots \\ + \sqrt[n]{1 + \frac{n^2}{(n+1)!}}$$

라고 정의할 때, $[S_{2023}]$을 구하여라. 단, $[x]$는 x를 넘지 않는 최대의 정수이다.

풀이

(1) 베르누이 부등식으로부터

$$\left(1 + \frac{k}{(k+1)!}\right)^k > 1 + \frac{k^2}{(k+1)!}$$

이다. 따라서

$$\sqrt[k]{1 + \frac{k^2}{(k+1)!}} < 1 + \frac{k}{(k+1)!}$$

이다.

(2) (1)에서

$$1 < \sqrt[k]{1 + \frac{k^2}{(k+1)!}} \\ < 1 + \frac{k}{(k+1)!} < 1 + \frac{1}{k!} - \frac{1}{(k+1)!}$$

이 성립한다. 그러므로

$$\sum_{k=2}^{n} 1 < \sum_{k=2}^{n} \sqrt[k]{1 + \frac{k^2}{(k+1)!}} \\ < \sum_{k=2}^{n} \left\{ 1 + \frac{1}{k!} - \frac{1}{(k+1)!} \right\}$$

이다. 즉,

$$n - 1 < S_n - 1 < n - 1 + \frac{1}{2} - \frac{1}{(n+1)!}$$

이다. 따라서

$$n < S_n < n + \frac{1}{2} - \frac{1}{(n+1)!} < n + \frac{1}{2}$$

이다. 그러므로 $[S_n] = n$이다. 즉, $[S_{2023}] = 2023$이다.

문제 11.7 원에 내접하는 사각형 ABCD에 대하여 다음 물음에 답하여라.

(1) 대각선 AC위에 $\angle ADB = \angle CDE$가 되는 점 E를 잡으면 삼각형 ABD와 삼각형 ECD는 닮음이고, 삼각형 BCD와 삼각형 AED는 닮음이다. 이를 이용하여

$$AB \times CD + AD \times BC = AC \times BD$$

임을 증명하여라.

(2) 대각선 AC와 BD의 교점을 P라 하자. AB = 6, BC = 4, CD = 7, DA = 6, AC = 8일 때, 다음 물음에 답하여라.

  (가) BD의 길이를 구하여라.

  (나) △ABD와 △BCD의 넓이의 비를 구하여라.

  (다) △BCP의 넓이는 사각형 ABCD의 넓이의 몇 배 인지 구하여라.

풀이

(1) 삼각형 ABD와 삼각형 ECD가 닮음이므로, AB : EC = BD : CD이다. 즉, AB × CD = BD × EC이다. 삼각형 BCD와 삼각형 AED가 닮음이므로, BC : AE = BD : AD이다. 즉, BC × AD = BD × AE이다. 그러므로

$$AB \times CD + BC \times AD \\ = BD \times EC + BD \times AE \\ = BD \times (EC + AE) \\ = BD \times AC$$

이다.

(2) (가) (1)에서 $6 \times 7 + 6 \times 4 = 8 \times BD$이므로 $BD = \frac{33}{4}$이다.

(나) 사각형 ABCD은 원에 내접하므로 $\angle BAD + \angle BCD = 180°$이다. 따라서

$$\triangle ABD : \triangle BCD = AB \times AD : CB \times CD \\ = 6 \times 6 : 4 \times 7 = 9 : 7$$

이다.

(다) AB = AD = 6이므로 $\angle BCP = \angle DCP$이다. 그러므로 내각이등분선의 정리에 의하여 BP : PD = BC : CD = 4 : 7이다. 즉, △BCP : △CDP = 4 : 7이다. 따라서

$$\triangle BCP = \square ABCD \times \frac{7}{9+7} \times \frac{4}{4+7} \\ = \square ABCD \times \frac{7}{44}$$

이다. 즉, △BCP의 넓이는 사각형 ABCD의 넓이의 $\frac{7}{44}$이다.

문제 11.8 자연수 n에 대하여 $(1+x+x^2+x^3+x^4)^n$을 전개했을 때, x^4의 계수를 생각하자. 이때, 다음 물음에 답하여라.

(1) $n = 3$일 때, x^4의 계수를 구하여라.

(2) $n = 4$일 때, x^4의 계수를 구하여라.

(3) 자연수 n에 대하여 x^4의 계수를 n에 관한 식으로 나타내어라.

$\boxed{\text{풀이}}$

$$(1 + x + x^2 + x^3 + x^4)^n$$
$$= \underbrace{(1 + x + x^2 + x^3 + x^4)}_{\text{에서 선택된 항을 } x^{a_1}} \cdots \underbrace{(1 + x + x^2 + x^3 + x^4)}_{\text{에서 선택된 항을 } x^{a_n}}$$

을 생각하자.

(1) $x^{a_1} \times x^{a_2} \times x^{a_3} = x^4$를 만족하는 음의 아닌 정수쌍 (a_1, a_2, a_3)을 구하는 문제가 된다. 즉, $a_1 + a_2 + a_3 = 4$를 만족하는 음의 아닌 정수쌍의 개수는 $_3H_4 = {}_{3+4-1}C_4 = 15$개이다.

(2) $x^{a_1} \times x^{a_2} \times x^{a_3} \times x^{a_4} = x^4$를 만족하는 음의 아닌 정수쌍 (a_1, a_2, a_3, a_4)를 구하는 문제가 된다. 즉, $a_1 + a_2 + a_3 + a_4 = 4$를 만족하는 음의 아닌 정수쌍의 개수는 $_4H_4 = {}_{4+4-1}C_4 = 35$개이다.

(3) $x^{a_1} \times x^{a_2} \times x^{a_3} \times \cdots \times x^{a_n} = x^4$를 만족하는 음의 아닌 정수쌍 $(a_1, a_2, a_3, \cdots, a_n)$을 구하는 문제가 된다. 즉, $a_1 + a_2 + a_3 + \cdots + a_n = 4$를 만족하는 음의 아닌 정수쌍의 개수는 $_nH_4 = {}_{n+4-1}C_4 = {}_{n+3}C_4$개이다.

문제 11.9 다음 물음에 답하여라.

(1) 소수 p, q에 대하여 $p^q + q^p$로 나타낼 수 있는 소수를 모두 구하여라.

(2) 다음 조건을 만족하는 소수 a, b, c에 대하여 이 세 수의 순서쌍 (a, b, c)를 모두 구하여라.

 (가) $b + 8$은 a의 배수이고, $b^2 - 1$은 a와 c의 배수이다.

 (나) $b + c = a^2 - 1$이다.

풀이

(1) $p^q + q^p = n$이라 하자. $p^q + q^p \geq 2 + 2 = 4$이고, n은 소수이므로 n은 홀수이다. 그러므로 p^q, q^p의 홀짝성이 다르다. 즉, p, q의 홀짝성이 다르다. p와 q의 대칭성에 의하여 $p = 2$, q를 3이상의 소수라고 가정하자.

 (i) $q = 3$일 때, $n = 2^3 + 3^2 = 17$로 소수이다.

 (ii) $q > 3$일 때, q는 홀수이므로 법 3에 대한 합동식을 생각하자.
$$n = 2^q + q^2 \equiv (-1)^q + q^2$$
$$= -1 + q^2$$
$$= (q+1)(q-1)$$

이다. $q - 1$, q, $q + 1$은 연속한 세 자연수이므로 이 중에 적어도 하나는 3의 배수이다. q가 3의 배수가 아니므로 $q - 1$ 또는 $q + 1$는 3의 배수이다. 즉, n은 3의 배수이고, $n > q^2 > 3$이므로 n은 소수가 아니다.

따라서 소수 p, q에 대하여 $p^q + q^p$로 나타낼 수 있는 소수는 17뿐이다.

(2) 조건 (가)로부터 $b^2 - 1 = (b+1)(b-1)$이 a의 배수이므로, $b - 1$ 또는 $b + 1$이 a의 배수이다.

 (a) $b - 1$이 a의 배수일 때, $b + 8 = (b - 1) + 9$도 a의 배수이므로, $a = 3$이다. 그런데, $b + c = 8$에서 가능한 순서쌍 $(b, c) = (3, 5)$, $(5, 3)$인데, 어느 경우도 $b - 1$이 3의 배수가 되지 않아 모순이다.

 (b) $b + 1$이 a의 배수일 때, $b + 8 = (b + 1) + 7$도 a의 배수이므로, $a = 7$이다. 이때, $b + c = 48$에서 $b + 1$이 a의 배수이면서 $b^2 - 1$이 c의 배수가 되는 경우는 $(b, c) = (41, 7)$뿐이다.

따라서 $(a, b, c) = (7, 41, 7)$이다.

문제 11.10 다음 물음에 답하여라.

(1) 방정식 $x^3 + ax^2 + bx + c = 0$의 세 근이 α, β, γ일 때, $(1 - \alpha)(1 - \beta)(1 - \gamma)$를 a, b, c를 사용하여 나타내어라.

(2) 방정식 $x^3 + ax^2 + bx + c = 0$가 a, b, c를 세 근으로 가질 때, 이를 만족하는 정수 a, b, c의 순서쌍 (a, b, c)를 모두 구하여라.

풀이

(1) 방정식 $x^3 + ax^2 + bx + c = 0$의 세 근이 α, β, γ이므로
$$x^3 + ax^2 + bx + c = (x - \alpha)(x - \beta)(x - \gamma)$$

이다. 양변에 $x = 1$을 대입하면
$$1 + a + b + c = (1 - \alpha)(1 - \beta)(1 - \gamma)$$

이다.

(2) 근과 계수와의 관계에 의하여

$$a + b + c = -a \qquad ①$$
$$ab + bc + ca = b \qquad ②$$
$$abc = -c \qquad ③$$

식 ③으로부터 $c = 0$ 또는 $ab = -1$이다.

 (i) $c = 0$일 때, 이를 식 ①에 대입하면 $b = -2a$이고, 이를 다시 식 ②에 대입하면 $ab = b$이다. 따라서 $a = 1$, $b = -2$ 또는 $a = b = 0$이다. 즉, $(a, b, c) = (1, -2, 0)$, $(0, 0, 0)$이다.

 (ii) $c \neq 0$이고, $ab = -1$일 때, a와 b가 모두 정수이므로 $(a, b) = (1, -1)$, $(-1, 1)$의 두 가지 경우가 나온다.
$(a, b) = (1, -1)$이면, 식 ①로부터 $c = -1$이고, a, b, c의 값을 식 ②에 대입하면 만족한다.
$(a, b) = (-1, 1)$이면 식 ①로부터 $c = 1$이고, a, b, c의 값을 식 ②에 대입하면 만족하지 않는다. 그러므로 $(a, b, c) = (1, -1, -1)$이다.

따라서 (i), (ii)로 부터 $(a, b, c) = (1, -2, 0)$, $(0, 0, 0)$, $(1, -1, -1)$이다.

문제 11.11 한 변의 길이가 $4\sqrt{2}$인 정사면체 ABCD에서 변 CD의 중점을 E, 선분 CE의 중점을 F라 하고, 다음 물음에 답하여라.

(1) 삼각형 ACE의 넓이를 구하여라.

(2) 삼각형 ACE를 변 AC에 대하여 회전하여 얻어진 입체의 겉넓이를 구하여라.

(3) 삼각형 ABF를 변 AB에 대하여 회전하여 얻어진 입체의 부피를 구하여라.

풀이

(1) 삼각형 ACE에서 삼각비에 의하여

$$CE = \frac{AC}{2} = 2\sqrt{2}, \quad AE = \sqrt{3}CE = 2\sqrt{6}$$

이다. 따라서 $\triangle ACE = \frac{1}{2} \times CE \times AE = 4\sqrt{3}$이다.

(2) 점 E에서 AC에 내린 수선의 길이를 h라 하면, $h = \frac{AE}{2} = \sqrt{6}$이다. 따라서 구하는 겉넓이는

$$\pi \times AE \times h + \pi \times CE \times h$$
$$= \pi \times 2\sqrt{6} \times \sqrt{6} + \pi \times 2\sqrt{2} \times \sqrt{6}$$
$$= (12 + 4\sqrt{3})\pi$$

이다. (참고로 : 모선의 길이가 l, 밑면의 반지름이 r인 원뿔의 옆넓이는 $\pi l r$이다.)

(3) $FE = \frac{CE}{2} = \sqrt{2}$이고, $AF^2 = AE^2 + FE^2 = (2\sqrt{6})^2 + (\sqrt{2})^2 = 26$이다. $BF = AF$이므로, 점 F에서 AB에 내린 수선의 발을 H라 하면, H는 모서리 AB의 중점이다. 그러므로 $FH^2 = AF^2 - AH^2 = 26 - (2\sqrt{2})^2 = 18$이다. 따라서 구하는 입체의 부피는

$$\frac{1}{3} \times (\pi \times FH^2) \times AB = \frac{1}{3} \times 18\pi \times 4\sqrt{2}$$
$$= 24\sqrt{2}\pi$$

이다.

문제 11.12 양의 정수 n에 대하여, n개의 공을 3개의 상자에 나누어 넣는 경우를 생각하자. 1개의 공도 들어 있지 않은 상자가 있을 수도 있다. 이때, 다음 물음에 답하여라.

(1) 1부터 n까지 서로 다른 번호가 적힌 n개의 공을 A, B, C로 구분된 상자에 나누어 넣는 경우의 수를 구하여라.

(2) 서로 구별이 안되는 n개의 공을 A, B, C로 구분된 상자에 나누어 넣는 경우의 수를 구하여라.

(3) 1부터 n까지의 서로 다른 번호가 적힌 n개의 공을 구별되지 않는 3개의 상자에 나누어 넣는 경우의 수를 구하여라.

(4) 1부터 n까지의 서로 다른 번호가 적힌 n개의 공을 구별되지 않는 3개의 상자에 빈 상자 없이 나누어 넣는 경우의 수를 구하여라.

풀이

(1) 번호가 적힌 공마다 3개의 상자 중 하나를 선택할 수 있으므로 구하는 경우의 수는 3^n가지이다.

(2) 중복조합으로 $_3H_n = _{3+n-1}C_n = _{n+2}C_n = _{n+2}C_2$가지이다.

(3) $S(n,k)$를 1부터 n까지의 서로 다른 번호가 적힌 n개의 공을 꼭 k개의 상자에 나누어 넣는 경우의 수라 하자. 그러면, $S(n,k)$의 성질과 (1)에 의하여

$$S(n,0) + _3C_1 \times S(n,1) + _3C_2 \times 2! \times S(n,2)$$
$$+ 3! \times S(n,3) = 3^n$$

이다. $S(n,0) = 0$, $S(n,1) = 1$이므로,

$$S(n,2) + S(n,3) = \frac{3^n - 3}{6} = \frac{3^{n-1} - 1}{2} \qquad (*)$$

이다. 따라서

$$S(n,0) + S(n,1) + S(n,2) + S(n,3) = \frac{3^{n-1} + 1}{2}$$

이다.

(4) 구하는 경우의 수가 $S(n,3)$이다. $S(n,2) = 2^{n-1} - 1$이므로, 식 $(*)$에서

$$S(n,3) = \frac{3^{n-1} - 1}{2} - (2^{n-1} - 1)$$
$$= \frac{3^{n-1} - 2^n + 1}{2}$$

이다.

문제 11.13 다음 그림과 같이 한 모서리의 길이가 1인 정팔면체 ABCDEF에서 모서리 AB, AC, AD, AE, FB, FC, FD, FE 위에

$$\frac{AP}{BP} = \frac{AQ}{CQ} = \frac{AR}{DR} = \frac{AS}{ES} = \frac{FT}{BT} = \frac{FU}{CU} = \frac{FV}{DV} = \frac{FW}{EW}$$

를 만족하도록 점 P, Q, R, S, T, U, V, W를 잡으면, 사각기둥 PQRS-TUVW는 정육면체가 된다.

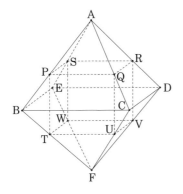

(1) AF의 길이를 구하여라.

(2) AP : PB를 구하여라.

(3) 정육면체 PQRS-TUVW와 정팔면체 ABCDEF의 부피의 비를 구하여라.

[풀이]

(1) 사각형 ABFD는 정사각형 BCDE와 합동이므로 정삼각형이다. 그러므로 AF = $1 \times \sqrt{2} = \sqrt{2}$이다.

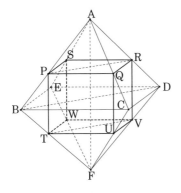

(2) 아래 그림과 같이 사각형 ABFD에서 색칠한 부분의 삼각형은 직각이등변삼각형이고, PR : PT = $\sqrt{2}$: 1이다. 따라서 AP : PB = $\sqrt{2}$: 1이다.

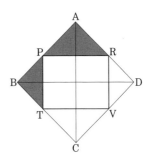

(3) (2)에서 정육면체 한 모서리의 길이가 1이므로

$$PT = PB \times \sqrt{2}$$
$$= \left(1 \times \frac{1}{\sqrt{2}+1}\right) \times \sqrt{2}$$
$$= \sqrt{2}(\sqrt{2}-1)$$

이다. 정육면체 PQRS-TUVW의 부피는 $\{2(\sqrt{2}-1)\}^3 = 20 - 14\sqrt{2}$이고, 정팔면체 ABCDEF의 부피의 비는 $\frac{1}{3} \times 1^2 \times \frac{\sqrt{2}}{2} \times 2 = \frac{\sqrt{2}}{3}$이다.
따라서 구하는 부피의 비는 $20 - 14\sqrt{2} : \frac{\sqrt{2}}{3} = 30\sqrt{2} - 42 : 1$이다.

문제 11.14 다음 물음에 답하여라.

(1) $a \geq 4$인 정수 a에 대하여 $a! + 2$가 2의 거듭제곱이 될 수 없음을 보여라.

(2) $a \geq 6$인 정수 a에 대하여 $\frac{a!}{2} + 4$가 2의 거듭제곱이 될 수 없음을 보여라.

(3) $a \geq b \geq c$를 만족하는 양의 정수 a, b, c에 대하여 $S = a! + b! + c!$라고 하자. S가 2의 거듭제곱이 되게 하는 정수쌍 (a, b, c)를 모두 구하여라.

풀이

(1) $a! + 2 = 2\left(\frac{a!}{2} + 1\right)$이다. $a \geq 4$에 대하여 $a!$은 4의 배수이므로 $\frac{a!}{2}$은 짝수이고, $\frac{a!}{2} + 1$은 3이상의 홀수이다. 그러므로 $a! + 2$는 2의 거듭제곱이 될 수 없다.

(2) $\frac{a!}{2} + 4 = 4\left(\frac{a!}{8} + 1\right)$이다. $a \geq 6$에 대하여 $a!$은 16의 배수이므로 $\frac{a!}{8}$은 짝수이고, $\frac{a!}{8} + 1$은 3이상의 홀수이다. 그러므로 $\frac{a!}{2} + 4$는 2의 거듭제곱이 될 수 없다.

(3)

$$S = c!\left(\frac{a!}{c!} + \frac{b!}{c!} + 1\right) \qquad (*)$$

라 하자. $a \geq b \geq c$이므로 $a!$와 $b!$는 $c!$의 배수이고, 식 $(*)$에서 $\frac{a!}{c!} + \frac{b!}{c!} + 1$는 정수이다.

(i) $c \geq 3$일 때, $c!$은 6의 배수이고, S는 $c!$의 배수이므로 S는 6의 배수가 되어 2의 거듭제곱이 될 수 없다.

(ii) $c = 2$일 때,

$$S = 2\left(\frac{a!}{2} + \frac{b!}{2} + 1\right) \qquad (**)$$

라고 하자.

(가) $b \geq 4$이면 $a \geq 4$가 되어 $\frac{a!}{2}$, $\frac{b!}{2}$가 짝수가 되어 식 $(**)$에서 $\frac{a!}{2} + \frac{b!}{2} + 1$이 3이상의 홀수가 된다. 그러므로 S는 2의 거듭제곱이 될 수 없다.

(나) $b = 3$이면, $S = 2\left(\frac{a!}{2} + 4\right)$이다. (2)의 결과를 이용하면, $a = 3, 4, 5$일 때만 가능하고, 이때 S의 값은 순서대로 $14, 32, 128$이 된다. 즉, $a = 4$, $a = 5$일 때, S는 2의 거듭제곱이 된다.

(다) $b = 2$이면,

$$S = 2\left(\frac{a!}{2} + 2\right) = 4\left(\frac{a!}{4} + 1\right)$$

이다. $a = 2, 3$일 때, $\frac{a!}{2} + 2$는 3이상의 홀수이고, $a \geq 4$일 때, $\frac{a!}{4} + 1$은 3이상의 홀수가 되어, S는 2의 거듭제곱이 될 수 없다.

(iii) $c = 1$일 때, $S = a! + b! + 1$이다.

(가) $b \geq 2$이면 $a!$, $b!$ 모두 짝수가 되어 S는 3이상의 홀수이다.

(나) $b = 1$이면, $S = a! + 2$이다. (1)의 결과를 이용하면 $a = 2, 3$이 가능하고, 이때 S의 값은 순서대로 $4, 8$이다. 즉, $a = 2$, $a = 3$일 때, S는 2의 거듭제곱이 된다.

따라서 S가 2의 거듭제곱이 되게 하는 정수쌍 $(a, b, c) = (5, 3, 2), (4, 3, 2), (3, 1, 1), (2, 1, 1)$이다.

문제 11.15 다음 물음에 답하여라.

(1) 다항식 $f(x) = x^5 - kx - 1$가 정수 계수인 1차식과 4차식의 곱으로 인수분해될 때, k의 값을 구하고, 그 때의 $f(x)$를 인수분해하여라.

(2) 다항식 $f(x) = x^5 - kx - 1$가 정수 계수인 2차식과 3차식의 곱으로 인수분해될 때, k의 값을 구하고, 그 때의 $f(x)$를 인수분해하여라.

[풀이]

(1) 1차식과 4차식의 곱으로 인수분해될 때,

(i) $f(1) = 0$이면, $k = 0$이다. 그러므로
$$f(x) = (x-1)(x^4 + x^3 + x^2 + x + 1)$$
이다.

(ii) $f(-1) = 0$이면, $k = 2$이다. 그러므로
$$f(x) = (x+1)(x^4 - x^3 + x^2 - x - 1)$$
이다.

(2) 2차식과 3차식의 곱으로 인수분해될 때,

(i) 2차식의 형태가 $x^2 + mx + 1$일 때,
$$f(x)$$
$$= (x^2 + mx + 1)\{x^3 - mx^2 + (m^2-1)x$$
$$+ m(2 - m^2)\} + (m^4 - 3m^2 - k + 1)x$$
$$+ (m^3 - 2m - 1)$$

에서 $m^4 - 3m^2 - k + 1 = 0$과 $m^3 - 2m - 1 = 0$을 만족하는 정수 m과 그 때의 k를 구하면 된다. 그런데, $m^3 - 2m - 1 = (m+1)(m^2 - m - 1) = 0$이므로, $m = -1$이고, 이때, $k = -1$이다. 그러므로 $f(x) = (x^2 - x + 1)(x^3 + x^2 - 1)$이다.

(ii) 2차식의 형태가 $x^2 + mx - 1$일 때,
$$f(x)$$
$$= (x^2 + mx - 1)\{x^3 - mx^2 + (m^2+1)x$$
$$- m(m^2 + 2)\} + (m^4 + 3m^2 - k + 1)x$$
$$- (m^3 + 2m + 1)$$

에서 $m^4 + 3m^2 - k + 1 = 0$과 $m^3 + 2m + 1 = 0$을 만족하는 정수 m과 그 때의 k를 구하면 된다. 그런데, $m^3 + 2m + 1 = 0$을 만족하는 정수 m이 존재하지 않는다. 이 때는 인수분해되지 않는다.

문제 11.16 다음 물음에 답하여라.

(1) 삼각형 ABC의 외부에 AB를 한 변으로 하는 정사각형 ADEB를 그리고, 두 대각선 AE와 DB와의 교점을 P라고 하자. 또, 삼각형 ABC의 외부에 AC를 한 변으로 하는 정사각형 ACFG를 그리고, 두 대각선 AF와 CG와의 교점을 Q라 하고, 변 BC의 중점을 M이라 하자. PQ = 18일 때, 삼각형 PQM의 넓이를 구하여라.

(2) 정삼각형 ABC에서 변 BC위에 BD : DC = 1 : 2가 되도록 하는 점 D를, 선분 AD위에 AE : ED = 3 : 4가 되도록 점 E를 잡는다. 이때, ∠BED와 ∠BEC의 크기를 구하여라.

[풀이]

(1) 삼각형 ADC와 삼각형 ABG에서 AD = AB, AC = AG, ∠DAC = ∠BAG이므로 △ADC ≡ △ABG이다. 즉, DC = BG이다. 삼각형 중점연결정리에 의하여 MQ = $\frac{1}{2}$BG, PM = $\frac{1}{2}$DC이다. 따라서 PM = MQ이다. 또, AG와 AC가 수직이므로 DC와 BG는 수직이고, PM과 MQ도 수직이다. 따라서 삼각형 PMQ는 직각이등변삼각형이다. 그러므로 △PMQ = $18 \times 18 \div 4 = 81$이다.

(2) CE의 연장선과 변 AB와의 교점을 F라 하고, 점 D를 지나 CF에 평행한 직선과 변 AB와의 교점을 G라 하고, 점 F를 지나 AD의 평행한 직선과 변 BC와의 교점을 H라 하자. 그러면, AE : ED = 3 : 4로부터 AF : FG = 3 : 4이고, BD : DC = 1 : 2로부터 BG : GF = 2 : 4이다. 그러므로 AF : FG : GB = 3 : 4 : 2이고, AF : FB = 1 : 2이다. BH : HD = 2 : 1이므로 HD : DC = 1 : 6이고, CE : EF = 6 : 1이다. AF : FB = BD : DC = 1 : 2이므로 변 CA위에 CI : IA = 1 : 2가 되는 점 I를 잡고, BI와 AD, CF와의 교점을 각각 J, K라 하면, AD = BI = CF이다. 또, CE : EF = 6 : 1이고, AE : ED = 3 : 4이므로 AE = EJ = BJ = JK = CK = KE이다. 즉, 삼각형 EJK는 정삼각형이고, 삼각형 BEJ는 BJ = EJ인 이등변삼각형이고, ∠JEK = 60°, ∠BEJ = 60° ÷ 2 = 30°이다. 따라서 ∠BED = 30°, ∠BEC = 30° + 60° = 90°이다.

문제 11.17 한 내각의 크기가 $120°$인 삼각형에서 세 변의 길이가 자연수 $x, y, z(x < y < z)$이다. 다음을 이용하여 물음에 답하여라.

> BC $= a$, CA $= b$, AB $= c$인 삼각형 ABC에서
> $a^2 = b^2 + c^2 - 2bc\cos\angle$A가 성립한다.
> 이를 코사인 제2법칙이라고 한다.
> 또, $0 \le x \le 90°$일 때,
> $\cos(90° + x) = -\sin x$이다.

(1) $x + y - z = 2$를 만족하는 x, y, z의 순서쌍을 구하여라.

(2) $x + y - z = 3$을 만족하는 x, y, z의 순서쌍을 구하여라.

(3) m, n이 음이 아닌 정수일 때, $x + y - z = 2^m \cdot 3^n$을 만족하는 x, y, z의 순서쌍의 개수를 m, n를 이용하여 구하여라.

[풀이] 제2코사인법칙에 의하여

$$z^2 = x^2 + y^2 - 2xy\cos 120° = x^2 + y^2 + xy \qquad \text{(a)}$$

이다. 일반적인 경우에 대해서 알아보자. $x + y - z = k$라 하자. $z = x + y - k$를 식 (a)에 대입하면,

$$(x + y - k)^2 = x^2 + y^2 + xy$$

이다. 이를 정리하면,

$$(x - 2k)(y - 2k) = 3k^2 \qquad \text{(b)}$$

이다.

(1) 식 (b)에 $k = 2$를 대입하면, $(x - 4)(y - 4) = 12$이다. $-4 < x - 4 < y - 4$이므로, $(x - 4, y - 4) = (1, 12), (2, 6), (3, 4)$이다. 즉, $(x, y) = (5, 16), (6, 10), (7, 8)$이다. 따라서 $(x, y, z) = (5, 16, 19), (6, 10, 14), (7, 8, 13)$이다.

(2) 식 (b)에 $k = 3$를 대입하면 $(x - 6)(y - 7) = 27$이다. $-6 < x - 6 < y - 6$이므로, $(x - 6, y - 6) = (1, 27), (3, 9)$이다. 즉, $(x, y) = (7, 33), (9, 15)$이다. 따라서 $(x, y, z) = (7, 33, 37), (9, 15, 21)$이다.

(3) 식 (b)에 $k = 2^m \cdot 3^n$를 대입하면

$$(x - 2^{m+1} \cdot 3^n)(y - 2^{m+1} \cdot 3^n) = 2^{2m} \cdot 3^{2n+1} \qquad \text{(c)}$$

이다. $x < y < z$이므로, $x < y < x + y - k$이다. 즉, $k = 2^m \cdot 3^n < x < y$이다.

만약 $2^m \cdot 3^n < x < 2^{m+1} \cdot 3^n$, $2^m \cdot 3^n < y < 2^{m+1} \cdot 3^n$이라면, 식 (c)의 좌변은 (음수)×(음수)형태이므로,

$$(\text{좌변})$$
$$< (2^m \cdot 3^n - 2^{m+1} \cdot 3^n)(2^m \cdot 3^n - 2^{m+1} \cdot 3^n)$$
$$= \{2^m \cdot 3^n (1 - 2)\}^2$$
$$= 2^{2m} \cdot 3^{3n}$$
$$< 2^{2m} \cdot 3^{2n+1}$$
$$= (\text{우변})$$

이 되는데, 식 (c)에 모순된다. 따라서 x와 y는 모두 $2^{m+1} \cdot 3^n$보다 크다.

이제, X $= x - 2^{m+1} \cdot 3^n$, Y $= y - 2^{m+1} \cdot 3^n$라 두면, XY $= 2^{2m} \cdot 3^{2n+1}$이고, $0 < \text{X} < \text{Y}$이다.

XY $= 2^{2m} \cdot 3^{2n+1}$를 만족하는 정수쌍 (X, Y)의 개수는 $(2m + 1)(2n + 2)$개이다. 이 중에는 X $=$ Y인 경우는 없으므로, $0 < \text{X} < \text{Y}$인 경우의 수는 $(2m + 1)(n + 1)$개이다.

따라서 구하는 경우의 수는 $(2m + 1)(n + 1)$개이다.

나는 푼다, 고로 (영재학교/과학고) 합격한다.

문제 11.18 다음 물음에 답하여라.

(1) 세 소수 a, b, c에 대하여 $ab-1$과 $bc-1$는 제곱수이고, $ca-1$은 소수의 6제곱일 때, 세 소수의 쌍 (a,b,c)를 모두 구하여라.

(2) 소수 p, $r(p > r)$에 대하여 $p^r + 9r^6$이 자연수의 제곱이 되는 순서쌍 (p,r)을 모두 구하여라.

(3) $2 \leq a < b < c < d$를 만족하는 자연수 a, b, c, d에 대하여 $\frac{1}{a} + \frac{1}{b} + \frac{1}{c} + \frac{1}{d} = 1$을 만족하는 순서쌍 (a,b,c,d)를 모두 구하여라.

풀이

(1) 대칭성에 의하여 $a \leq c$라고 하자. p를 소수라 하면, $ca-1 = p^6$이다.

$$ac = p^6 + 1 = (p^2+1)(p^4-p^2+1)$$

이다. $(p^4-p^2+1) - (p^2+1) = p^2(p^2-2) > 0$이므로, $5 \leq p^2+1 < p^4-p^2+1$이다. 그런데, a, c가 소수이므로

$$a = p^2+1, \quad c = p^4-p^2+1 \qquad ①$$

이다. 만약 p가 홀수인 소수이면, p^2+1은 10보다 큰 짝수이므로 a는 소수가 아니다. 그러므로 p는 짝수인 소수이다. 즉, $p=2$이다. 식 ①에서 $a=5$, $c=13$이다. 이제 $5b-1 = l^2$, $13b-1 = k^2$ (l, l는 자연수)라고 하면,

$$8b = k^2 - l^2 = (k+l)(k-l)$$

이다.

(i) $b=2$이면, $l=3$, $k=2$이다.

(ii) $b \geq 3$이면, $(k+l, k-l) = (2b,4)$, $(4b,2)$이다.

- $(k+l, k-l) = (2b,4)$인 경우, $k = b+2$이 되어 $13b-1 = b^2 + 4b+4$이다. 이를 만족하는 자연수 b가 존재하지 않는다.
- $(k+l, k-l) = (4b,2)$인 경우, $k = 2b+1$이 되어 $13b-1 = 4b^2 + 4b+1$이다. 이를 만족하는 자연수 b가 존재하지 않는다.

따라서 $(a,b,c) = (5,2,13)$, $(13,2,5)$이다.

(2) $p > r$에서 p는 홀수인 소수이다. $p^r + 9r^6 = k^2 (k>0)$이라 하자. 그러면 $(k+3r^3)(k-3r^3) = p^r$이다. $k+3r^3 = p^a$, $k-3r^3 = p^b$라고 하자. 단, $a > b \geq 0$, $r = a+b$이다.

먼저 $b > 0$일 때, $p|6r^3$에서 p가 홀수인 소수이므로 $p|3r^3$이다. 그러므로 $p|3$이다. 따라서 $p=3$이고, $r=2$이다.

그런데, $a+b = 2$, $a > b > 0$인 a와 b는 존재하지 않는다. 그러므로 $b=0$이다. 즉, $p^r - 1 = 6r^3$이다. $r \geq 5$이면, $p^r > r^r > 6r^3 + 2$이므로 모순이다.

따라서 가능한 $r=2$이고, 이때, $p=7$이다. 즉, $(p,r) = (7,2)$뿐이다.

(3)

$$\frac{1}{a} + \frac{1}{b} + \frac{1}{c} + \frac{1}{d} = 1 \qquad ①$$

$$2 \leq a < b < c < d \qquad ②$$

라고 하자. 식 ②로부터 $\frac{1}{b} < \frac{1}{a}$, $\frac{1}{c} < \frac{1}{a}$, $\frac{1}{d} < \frac{1}{a}$이다. 식 ①로부터

$$1 = \frac{1}{a} + \frac{1}{b} + \frac{1}{c} + \frac{1}{d} < \frac{1}{a} + \frac{1}{a} + \frac{1}{a} + \frac{1}{a} = \frac{4}{a}$$

이다. 그러므로 $a=2,3$만 가능하다.

(i) $a=2$일 때, 식 ①, ②로 부터

$$3 \leq b < c < d, \quad \frac{1}{b} + \frac{1}{c} + \frac{1}{d} = \frac{1}{2}$$

이다. $\frac{1}{c} < \frac{1}{b}$, $\frac{1}{d} < \frac{1}{b}$이므로

$$\frac{1}{2} = \frac{1}{b} + \frac{1}{c} + \frac{1}{d} < \frac{1}{b} + \frac{1}{b} + \frac{1}{b} = \frac{3}{b}$$

이다. 그러므로 $b=3,4,5$만 가능하다.

- $b=3$일 때, $4 \leq c < d$이고, $\frac{1}{c} + \frac{1}{d} = \frac{1}{6}$이다. 양변에 $6cd$를 곱하면 $6d+6c = cd$이고, 이를 정리하면 $(c-6)(d-6) = 36$이다. $-2 \leq c-6 < d-6$이므로 $(c-6, d-6) = (1,36), (2,18), (3,12), (4,9)$이다. 따라서 $(c,d) = (7,42), (8,24), (9,18), (10,15)$이다.
- $b=4$일 때, $5 \leq c < d$이고, $\frac{1}{c} + \frac{1}{d} = \frac{1}{4}$이다. 양변에 $4cd$를 곱하면 $4d+4c = cd$이고, 이를 정리하면 $(c-4)(d-4) = 16$이다. $1 \leq c-4 < d-4$이므로, $(c-4, d-4) = (1,16), (2,8)$이다. 따라서 $(c,d) = (5,20), (6,12)$이다.
- $b=5$일 때, $6 \leq c < d$이고, $\frac{1}{c} + \frac{1}{d} = \frac{3}{10}$이다. 양변에 $10cd$를 곱하면 $10d + 10c = 3cd$이고, 이를 정리하면 $(3c-10)(3d-10) = 100$이다. $8 \leq 3c-10 < 3d-10$이므로 이를 만족하는 $(3c-10, 3d-10)$은 존재하지 않는다.

(ii) $a = 3$일 때, 식 ①, ②로 부터

$$4 \leq b < c < d, \quad \frac{1}{b} + \frac{1}{c} + \frac{1}{d} = \frac{2}{3}$$

이다. $\frac{1}{c} < \frac{1}{b}, \frac{1}{d} < \frac{1}{b}$이므로

$$\frac{2}{3} = \frac{1}{b} + \frac{1}{c} + \frac{1}{d} < \frac{1}{b} + \frac{1}{b} + \frac{1}{b} = \frac{3}{b}$$

이다. 그러므로 $b = 4$만 가능하다. $5 \leq c < d$이고, $\frac{1}{c} + \frac{1}{d} = \frac{5}{12}$이다. 양변에 $12cd$를 곱하면 $12d + 12c = 5cd$이고, 이를 정리하면 $(5c - 12)(5d - 12) = 144$이다. $13 \leq 5c - 12 < 5d - 12$이므로 이를 만족하는 $(5c - 12, 5d - 12)$는 존재하지 않는다.

따라서 주어진 조건을 만족하는 순서쌍 $(a, b, c, d) = (2, 3, 7, 42)$, $(2, 3, 8, 24)$, $(2, 3, 9, 18)$, $(2, 3, 10, 15)$, $(2, 4, 5, 20)$, $(2, 4, 6, 12)$이다.

문제 11.19 xy평면 위에 점 (x, y)에 대하여, x, y가 모두 1이상 4이하인 정수로 이루어진 점의 전체 집합을 K라 하자. 집합 K의 원소 중 한 직선 위에 있지 않는 세 점으로 이루어진 삼각형을 생각하자. 이 삼각형 중 무게중심의 다시 K의 원소가 되는 것의 개수를 구하여라.

풀이 세 점을 $P_1(x_1, y_1)$, $P_2(x_2, y_2)$, $P_3(x_3, y_3)$라 하자. 그러면 무게중심의 좌표 $G(x, y)$는 $\left(\frac{x_1 + x_2 + x_3}{3}, \frac{y_1 + y_2 + y_3}{3}\right)$이다. 여기서, $1 \leq x_k \leq 4$, $1 \leq y_k \leq 4$이므로 $1 \leq x \leq 4$, $1 \leq y \leq 4$이다. 그런데 $x = 1$이면, $x_1 = x_2 = x_3$이고, 세 점 P_1, P_2, P_3가 모두 한 직선 위에 있게 되므로 조건을 만족하지 않는다. 마찬가지로 $x = 4$, $y = 1$, $y = 4$일 때도 같은 이유로 조건을 만족하지 않는다. 따라서 $x = 2, 3$, $y = 2, 3$의 경우만 살펴보면 된다.

$G_1(2, 2)$, $G_2(3, 2)$, $G_3(3, 3)$, $G_4(2, 3)$이라고 하자. 점 G_1을 $x = \frac{5}{2}$, $y = \frac{5}{2}$, $\left(\frac{5}{2}, \frac{5}{2}\right)$에 대하여 대칭이동시키면 각각 G_2, G_4, G_3가 되므로 $G = G_1$인 경우의 수를 구한 후 4배를 하면 우리가 구하는 경우의 수가 된다.

$G = G_1$일 때, $x_1 + x_2 + x_3 = 6$, $y_1 + y_2 + y_3 = 6$을 만족하는 쌍의 개수를 구하면 된다. 구하는 정수쌍의 조건으로 $\{1, 1, 4\}$, $\{1, 2, 3\}$이 가능하다. ($\{2, 2, 2\}$는 한 직선 위에 있게 되어 부적합하다.)

(i) x좌표와 y가 모두 $\{1, 1, 4\}$일 때, $(1, y_1)$, $(1, y_2)$, $(4, y_3)$에서 $y_1 \neq y_2$이므로 $(1, 1)$, $(1, 4)$, $(4, 1)$으로 1가지이다.

(ii) x좌표는 $\{1, 2, 3\}$, y좌표는 $\{1, 1, 4\}$일 때, $(1, y_1)$, $(2, y_2)$, $(3, y_3)$에서 y_1, y_2, y_3가 1, 1, 4이므로 모두 3가지이다.

(iii) x좌표는 $\{1, 1, 4\}$, y좌표는 $\{1, 2, 3\}$일 때, (ii)와 같은 경우이므로 모두 3가지이다.

(iv) x좌표와 y좌표가 모두 $\{1, 2, 3\}$일 때, $(1, y_1)$, $(2, y_2)$, $(3, y_3)$에서 y_1, y_2, y_3가 1, 2, 3이므로 6가지인데, 이 중에서 한 직선 위에 있게 되는 경우, $(1, 1)$, $(2, 2)$, $(3, 3)$과 $(1, 3)$, $(2, 2)$, $(3, 1)$을 제외하면 모두 4가지이다.

그러므로 구하는 경우의 수는 $4 \times (1 + 3 + 3 + 4) = 44$가지이다.

문제 11.20 아래 그림과 정육면체 ABCD-EFGH에서 모서리 AB, BC, CD, DA의 중점을 각각 I, J, K, L이라 하자.

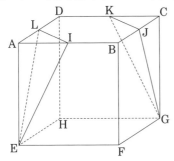

이 정육면체에서 삼각뿔 AEIL과 삼각뿔 CJGK를 제거한 입체를 T라 할 때, 다음 물음에 답하여라.

(1) 입체 T를 세 점 A, C, F를 지나는 평면으로 절단했을 때의 절단면의 넓이는 정육면체 ABCD-EFGH를 세 점 A, C, F를 지나는 평면으로 절단했을 때의 절단면의 넓이의 몇 배인지 구하여라.

(2) 모서리 EF의 중점을 M이라 하자. 입체 T를 세 점 K, L, M을 지나는 평면으로 절단했을 때의 절단면의 넓이는 정육면체 ABCD-EFGH를 세 점 K, L, M을 지나는 평면으로 절단했을 때의 절단면의 넓이의 몇 배인지 구하여라.

(3) 모서리 EF에서 EM : MF = 3 : 1이 되도록 점 M을 잡자. 입체 T를 세 점 K, L, M을 지나는 평면으로 절단했을 때의 절단면의 넓이는 정육면체 ABCD-EFGH를 세 점 K, L, M을 지나는 평면으로 절단했을 때의 절단면의 넓이의 몇 배인지 구하여라.

풀이

(1) 아래 그림에서 입체 T를 세 점 A, C, F를 지나는 평면으로 절단했을 때의 절단면은 오각형 OPFRQ이고, 정육면체 ABCD-EFGH를 세 점 A, C, F를 지나는 평면으로 절단했을 때의 절단면은 삼각형 AFC이다.

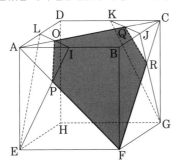

AO : OQ : QC = 1 : 2 : 1이고, AP : PF = CR : RF = 1 : 2이므로 삼각형 AOP와 삼각형 CQR의 넓이는 각각 삼각형 AFC의 넓이의 $\frac{1}{4} \times \frac{1}{3} = \frac{1}{12}$배이다.

따라서 오각형 OPFRQ의 넓이는 삼각형 AFC의 넓이의 $1 - \frac{1}{12} \times 2 = \frac{5}{6}$배이다.

(2) 아래 그림에서 입체 T를 세 점 K, L, M을 지나는 평면으로 절단했을 때의 절단면은 육각형 LUMNVK이고, 정육면체 ABCD-EFGH를 세 점 K, L, M을 지나는 평면으로 절단했을 때의 절단면은 육각형 LSMNTK이다.

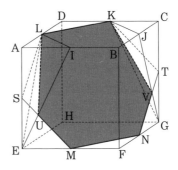

SU : UM = TV : VN = 1 : 2이므로 삼각형 LSU와 삼각형 KTV의 넓이는 각각 육각형 LSMNTK의 넓이의 $\frac{1}{6} \times \frac{1}{3} = \frac{1}{18}$배이다.

따라서 육각형 육각형 LUMNVK의 넓이는 육각형 LSMNTK의 넓이의 $1 - \frac{1}{18} \times 2 = \frac{8}{9}$배이다.

(3) 아래 그림에서 입체 T를 세 점 K, L, M을 지나는 평면으로 절단했을 때의 절단면은 육각형 LUMNVK이고, 정육면체 ABCD-EFGH를 세 점 K, L, M을 지나는 평면으로 절단했을 때의 절단면은 육각형 LSMNTK이다.

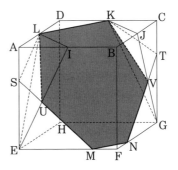

EM : MF = GN : NF = 3 : 1이다. 아래 첫 번째 그림에서 LU : UM = LI : EM = 4 : 3, LS : SM = 2 : 3임을 알 수 있다. 그러므로 LS : SU : UM = 14 : 6 : 15이다.

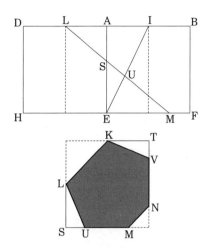

위의 두 번째 그림과 같이 한 변의 길이가 28인 정사각형을 생각하면 LS = 14, SU = 6, UM = 15을 만족한다. 이때, 육각형 LSMNTK의 넓이는

$$28 \times 28 - 14 \times 14 \div 2 - 7 \times 7 \div 2 = \frac{1323}{2}$$

이고, 육각형 LUMNVK의 넓이는

$$\frac{1323}{2} - 14 \times 6 \div 2 \times 2 = \frac{1155}{2}$$

이다. 따라서 육각형 LUMNVK의 넓이는 육각형 LSMNTK의 넓이의 $\frac{55}{63}$배이다.

제 12 절 점검 모의고사 12회 풀이

문제 12.1 다음 물음에 답하여라.

(1) 양의 정수 n에 대하여 $f(n)$은 완전제곱이 아닌 양의 정수 중 n번째 수라고 하자. 예를 들어, $f(1) = 2$, $f(2) = 3$, $f(3) = 5$, $f(4) = 6$이다. 이때, $f(2020)$을 구하여라.

(2) m이 양의 정수일 때, $m^3 + 3m^2 + 2m + 6$이 정수의 세제곱일 때, m의 값을 구하여라.

(3) 다음 식의 값이 자연수의 세제곱이 되도록 하는 가장 작은 양의 정수 n을 구하여라.

$$6n^2 - 192n + 1538$$

[풀이]

(1) $f(n) = m$일 경우, $n = m - [\sqrt{m}]$이다. 단, $[x]$는 x를 넘지 않는 최대 정수이다.

$m = 45^2 + 1$을 대입하면 $n = 1981$이고, $m = 46^2 + 1$을 대입하면 $n = 2071$이다. 따라서 $2020 - 1981 = 39$이므로, $f(2020) = (45^2 + 1) + 39 = 2065$이다.

(2) $m > 0$이므로

$$m^3 < m^3 + 3m^2 + 2m + 6$$

이고,

$$(m+2)^3 = m^3 + 6m^2 + 12m + 8 > m^3 + 3m^2 + 2m + 6$$

이므로, $m^3 + 3m^2 + 2m + 6 = (m+1)^3$이다. 이를 풀면, $m = 5$이다.

(3)

$$\begin{aligned} f(n) &= 6n^2 - 192n + 1538 \\ &= 6(n^2 - 32n + 256) + 2 \\ &= 6(n - 16)^2 + 2 \end{aligned}$$

라고 하면 $n = 15$일 때, $f(15) = 2^3$이 된다. 그러므로 $n < 15$인 양의 정수 n에 대하여 $f(n)$에 세제곱수가 되는 n을 찾으면 된다. 그런데, $n < 15$인 양의 정수 n에 대하여 $f(n)$은 모두 세제곱수가 아니므로 구하는 가장 작은 양의 정수 n은 15이다.

문제 12.2 다음 물음에 답하여라.

(1) 정수 x, y, z가 관계식

$$x + y - 3z = 3, \quad x - y + z = 5$$

를 만족할 때, $x^2 + y^2 + z^2$의 최솟값을 구하여라.

(2) 음이 아닌 실수 x, y, z가

$$x + y + z = 8, \quad 2x + 3y + 4z = 18$$

을 만족할 때, $10x + 8y + 5z$의 최댓값과 최솟값을 구하여라.

[풀이]

(1) 주어진 관계식을 연립하여 x, y를 z에 관한 식으로 나타내면

$$x = z + 4, \quad y = 2z - 1$$

이다. 그러므로

$$\begin{aligned} x^2 + y^2 + z^2 &= (z+4)^2 + (2z-1)^2 + z^2 \\ &= 6z^2 + 4z + 17 \\ &= 6\left(z + \frac{1}{3}\right)^2 + \frac{49}{3} \end{aligned}$$

이다. $\left|z + \frac{1}{3}\right|$을 최소로 하는 정수 z의 값은 0이고, 이때, $x = 4$, $y = -1$이다. 따라서 $x^2 + y^2 + z^2$의 최솟값은 17이다.

(2) $x + y + z = 8$, $2x + 3y + 4z = 18$에서 x와 y를 z에 관한 식으로 나타내면, $x = 6 + z$, $y = 2 - 2z$이다. 이를 $10x + 8y + 5z$에 대입하면

$$10x + 8y + 5z = 60 + 10z + 16 - 16z + 5z$$

$$= 76 - z$$

가 된다. $y = 2 - 2z \geq 0$, $z \geq 0$으로 부터 $0 \leq z \leq 1$이므로 최댓값은 $z = 0$일 때, 76이고, 최솟값은 $z = 1$일 때, 75이다.

문제 12.3 좌표평면 위에 원점 O, A(a, b), B(c, d)가 있다. 선분 AB의 중점을 M, 점 B에서 선분 OA에 내린 수선의 발을 C라 하고, OA $= p$, OB $= q$, AB $= s$라 하자. 단, $a > 0$, $b > 0$, $c < 0$, $d > 0$이다.

(1) 다음이 성립함을 증명하여라.

$$\frac{1}{2}(p^2 + q^2 - s^2) = ac + bd.$$

(2) 다음이 성립함을 증명하여라.

$$OM^2 - MA^2 = ac + bd.$$

(3) 다음이 성립함을 증명하여라.

$$OC \times OA = ac + bd.$$

풀이

(1) $p^2 = a^2 + b^2$, $q = c^2 + d^2$, $s^2 = (a-c)^2 + (b-d)^2$이므로,

$$\frac{1}{2}(p^2 + q^2 - s^2) = ac + bd$$

이다.

(2) M$\left(\frac{a+c}{2}, \frac{b+d}{2}\right)$이므로, $OM^2 = \left(\frac{a+c}{2}\right)^2 + \left(\frac{b+d}{2}\right)^2$, $MA^2 = \left(\frac{c-a}{2}\right)^2 + \left(\frac{d-b}{2}\right)^2$이다. 그러므로

$$OM^2 - MA^2 = ac + bd$$

이다.

(3) 점 M을 중심으로 하고 반지름을 MA로 하는 원 M을 그린다. OM의 연장선과 원 M과의 교점을 D라 하면, MD $=$ MA이다. 또, $\angle BCA = 90°$이므로 점 C는 원 M 위에 있다. 그러면 원과 비례의 성질에 의하여

$$OC \times OA = OM^2 - MD^2 = OM^2 - MA^2 = ac + bd$$

이다.

문제 12.4 다음 물음에 답하여라.

(1) 30개의 자연수 $x_1, x_2, x_3, \cdots, x_{30}$가

$$x_1 \le x_2 \le x_3 \le \cdots \le x_{29} \le x_{30}, \quad x_{30} = 3$$

을 만족한다. 이와 같은 자연수의 순서쌍 $(x_1, x_2, \cdots, x_{30})$의 개수를 구하여라.

(2) 111111111111111(1이 15개)의 사이에 '+'를 넣어 계산 결과가 30의 배수가 되게 하는 방법의 수를 구하여라.

풀이

(1) $x_1, x_2, \cdots, x_{29}$은 자연수이므로, $x_1 \le x_2 \le x_3 \le \cdots \le x_{29} \le 3$는 $1 \le x_1 < x_2 + 1 < x_3 + 2 < \cdots < x_{29} + 28 \le 31$과 동치이다. 이 부등식을 만족하는 자연수 쌍 $x_1, x_2 + 1, x_3 + 2, \cdots, x_{29} + 28$의 개수는 $_{31}C_{29} = 465$개이다.

(2) 각 자리 숫자의 합은 15이므로 3의 배수이다. 10의 배수가 되기 위해서는 일의 자리 수가 1인 10개의 수의 합이 필요하므로 14곳의 1과 1사이 중 9곳에 '+'를 넣으면 된다. 따라서 구하는 방법의 수는 $_{14}C_9 = 2002$ 가지이다.

문제 12.5 자연수 x, y에 대하여, 다음 물음에 답하여라.

(1) $\dfrac{3x}{x^2+2}$가 자연수가 되게 하는 x를 모두 구하여라.

(2) $\dfrac{3x}{x^2+2} + \dfrac{1}{y}$가 자연수가 되게 하는 x, y의 순서쌍 (x, y)를 모두 구하여라.

【풀이】

(1) $\dfrac{3x}{x^2+2}$가 자연수가 되기 위해서는 $\dfrac{3x}{x^2+2} \geq 1$이어야 한다. 즉, $3x \geq x^2+2$이다. 이를 풀면 $1 \leq x \leq 2$이다. 따라서 $x = 1, 2$이다.

(2) $x = 1, 2$일 때와 $x \geq 3$일 때로 나누어 살펴보자.

(i) $x = 1, 2$일 때, $\dfrac{3x}{x^2+2} = 1$이므로, $y = 1$이면, 일 때, $\dfrac{3x}{x^2+2} + \dfrac{1}{y}$는 자연수이다. 그러므로 $(x, y) = (1, 1), (2, 1)$이다.

(ii) $x \geq 3$일 때, $\dfrac{3x}{x^2+2} < 1$이고, $y \geq 1$이면, $\dfrac{1}{y} \leq 1$이므로 $\dfrac{3x}{x^2+2} + \dfrac{1}{y} < 2$이다. 그러므로 $\dfrac{3x}{x^2+2} + \dfrac{1}{y} = 1$을 만족하는 자연수쌍 (x, y)를 구하면 된다. $y \geq 2$이므로 $\dfrac{1}{y} \leq \dfrac{1}{2}$이다. 따라서

$$\frac{3x}{x^2+2} \geq \frac{1}{2}, \quad x^2 - 6x + 2 \leq 0$$

이다. 이를 풀면 $3 - \sqrt{7} \leq x \leq 3 + \sqrt{7}$이다. 그러므로 x로 가능한 값은 $3, 4, 5$이다. 이를 각각 대입하면

$$\frac{1}{y} = 1 - \frac{9}{11} = \frac{2}{11},$$
$$\frac{1}{y} = 1 - \frac{12}{18} = \frac{1}{3},$$
$$\frac{1}{y} = 1 - \frac{15}{27} = \frac{4}{9}$$

이다. 즉, $(x, y) = (4, 3)$이다.

따라서 구하는 $(x, y) = (1, 1), (2, 1), (4, 3)$이다.

문제 12.6 a, b, k, x가 정수일 때, 다음 물음에 답하여라.

(1) $0 < a^2 - b^2 \leq 5$를 만족하는 순서쌍 (a, b)를 모두 구하여라.

(2) $x^2 - 4kx + 2k + 1 = 0$을 만족하는 순서쌍 (k, x)를 모두 구하여라.

【풀이】

(1) $t > 0$일 때, $(t+1)^2 - t^2 = 2t+1$이고, $t > 2$이면 두 제곱수의 차가 5보다 크므로 가능한 제곱수는 $0^2, 1^2, 2^2, 3^2$이다. $0 < a^2 - b^2 \leq 5$를 만족하는 (a^2, b^2)은 $(1^2, 0^2)$, $(2^2, 0^2)$, $(2^2, 1^2)$, $(3^2, 2^2)$이다.

따라서 $(a, b) = (1, 0), (-1, 0), (2, 0), (-2, 0), (2, 1), (2, -1), (-2, 1), (-2, -1), (3, 2), (3, -2), (-3, 2), (-3, -2)$이다.

(2) t에 관한 이차방정식 $t^2 - 4kt + 2k + 1 = 0$의 정수해를 x라 하고, 다른 해를 y라 하면, 근과 계수와의 관계로부터

$$x + y = 4k, \quad xy = 2k + 1$$

이다. x와 k가 모두 정수이므로 y도 정수이다. 위 두 식을 연립하여 정리하면

$$2xy - x - y = 2,$$
$$4xy - 2x - 2y = 4,$$
$$(2x-1)(2y-1) = 5$$

이다. 이를 만족하는 $(2x-1, 2y-1) = (1, 5), (-1, -5), (5, 1), (-5, -1)$이다. 그런데, k가 정수이므로 $(x, y) = (1, 3), (3, 1)$만 가능하다.

따라서 $(k, x) = (1, 1), (1, 3)$이다.

문제 12.7 ∠A = 120°인 삼각형 ABC에서 ∠B, ∠C의 내각이 등분선과 변 AC, AB와 교점을 각각 D, E라 하자. BD와 CE의 교점을 I라 하자. 변 BC 위에 BF = BE, CG = CD인 점 F, G를 잡는다. BE = 13, BI : ID = 13 : 7일 때, 다음 물음에 답하여라.

(1) ∠EID의 크기를 구하여라.

(2) 삼각형 IFG와 삼각형 IEG의 넓이의 비를 구하여라.

(3) 변 BC의 길이를 구하여라.

$\boxed{\text{풀이}}$

(1) ∠BIC = 150°이므로 ∠EID = ∠BIC = 150°이다.

(2) 점 D에서 CE에 내린 수선의 발을 H라 하면, 삼각형 DIH는 ∠DIH = 30°인 직각삼각형이다. 그러므로 DH = ID ÷ 2 = IG ÷ 2이다. 따라서 삼각형 IED의 넓이는

$$IE \times DH \div 2 = IE \times (IG \div 2) \div 2 = IF \times IG \div 4$$

이다. 한편, ∠GIC = ∠FIB = ∠DIC = 30°이므로 ∠FIG = 90°이다. 그러므로 삼각형 IFG의 넓이는 IF × IG ÷ 2이다. 따라서 △IFG : △IEG = 2 : 1이다.

(3) BI : ID = 13 : 7이므로 △IBE : △IDE = 13 : 7이다. △IBE = 13, △IDE = 7이라 하면, (2)에서 △IBG = 13 + 7 × 2 = 27이다. 그러므로

$$\triangle IBF : \triangle IBC = 13 : 27 \times \frac{13}{6} = 2 : 9$$

이다. 따라서 BC = BF × $\frac{9}{2}$ = BE × $\frac{9}{2}$ = $\frac{117}{2}$이다.

문제 12.8 다음 물음에 답하여라.

(1) 아래 그림과 같이 가로와 세로의 간격이 1이 되도록 점들이 배열되어 있을 때, 이 중의 세 점을 꼭짓점으로 하는 삼각형의 개수를 구하여라.

(2) 아래 그림과 같이 가로와 세로의 간격이 1이 되도록 점들이 가로 n개, 세로 n개로 모두 n^2개가 배열되어 있을 때, 이 중의 네 점을 꼭짓점으로 하는 정사각형의 개수를 n을 써서 나타내어라. 단, 필요하면 $\sum_{k=1}^{n} k = \frac{n(n+1)}{2}$, $\sum_{k=1}^{n} k^2 = \frac{n(n+1)(2n+1)}{6}$, $\sum_{k=1}^{n} k^3 = \frac{n^2(n+1)^2}{4}$를 이용하여라.

$\boxed{\text{풀이}}$

(1) 먼저 27개의 점에서 3점을 선택하는 경우의 수는 $_{27}C_3$ = 2925이다. 세 점이 일직선 상에 있는 경우를 기울기에 따라 분류하자.

  (i) 가로방향(기울기가 0인) 직선 위의 세 점을 택하는 경우의 수는 $_7C_3 \times 3 + _3C_3 \times 2$ = 107가지이다.

  (ii) 기울기가 ±1인 직선 위의 세 점을 택하는 경우의 수는 $(_3C_3 \times 3 + _4C_3 \times 4) \times 2$ = 38가지이다.

  (iii) 기울기가 ±2인 직선 위의 세 점을 택하는 경우의 수는 $_3C_3 \times 2$ = 2가지이다.

  (iv) 기울기가 $\pm\frac{1}{2}$인 직선 위의 세 점을 택하는 경우의 수는 $_3C_3 \times 5 \times 2$ = 10가지이다.

  (v) 기울기가 $\pm\frac{1}{3}$인 직선 위의 세 점을 택하는 경우의 수는 $_3C_3 \times 2$ = 2가지이다.

  (vi) 세로방향 직선 위의 세 점을 택하는 경우의 수는 $_5C_3 \times 3 + _3C_3 \times 4$ = 34가지이다.

따라서 삼각형의 개수는 $2925 - 107 - 38 - 2 - 10 - 2 - 34 = 2732$개다.

(2) 한 변의 길이가 $k(k = 1, \cdots, n-1)$인 정사각형의 개수는 $(n-k)^2$개이고, 이 정사각형 하나마다 정사각형의 변 위의 점을 꼭짓점으로 하는 k개의 정사각형이 생긴다. 예를 들어, 아래 그림과 같이 한 변의 길이가 3인 정사각형의 개수는 $(n-3)^2$개이고, 이 정사각형 하나마다 정사각형의 변 위의 점을 꼭짓점으로 하는 3개의 정사각형이 생기는 것을 알 수 있다.

따라서 구하는 경우의 수는

$$\sum_{k=1}^{n-1} (n-k)^2 \times k$$
$$= \sum_{k=1}^{n} (n-k)^2 \times k$$
$$= n^2 \sum_{k=1}^{n} k - 2n \sum_{k=1}^{n} k^2 + \sum_{k=1}^{n} k^3$$
$$= \frac{n^3(n+1)}{2} - \frac{2n^2(n+1)(2n+1)}{6} + \frac{n^2(n+1)^2}{4}$$
$$= \frac{n^2(n+1)(n-1)}{12}$$

이다.

문제 12.9 자연수 n에 대하여 n의 양의 약수의 총합을 $\sigma(n)$이라 하자. 예를 들어, $\sigma(9) = 1 + 3 + 9 = 13$이다. 다음 물음에 답하여라.

(1) n이 서로 다른 소수 p, q에 대하여 $n = pq$로 표현될 때, $\sigma(n) = 24$를 만족하는 n을 모두 구하여라.

(2) n이 서로 다른 소수 p, q에 대하여 $n = pq$로 표현될 때, $\sigma(n) \geq 2n$을 만족하는 n을 모두 구하여라.

(3) n이 서로 다른 소수 p, q에 대하여 $n = p^2q$로 표현될 때, $\sigma(n) \geq 2n$을 만족하는 n을 모두 구하여라.

（풀이）

(1) $\sigma(n) = 24$이므로 $(1+p)(1+q) = 24$이다. 대칭성에 의하여 $p < q$, $p \geq 2$라 하면 $(1+p, 1+q) = (3, 8), (4, 6)$이다. 즉, $(p, q) = (2, 7), (3, 5)$이다. 따라서 $n = 14, 15$이다.

(2) $\sigma(n) \geq 2n$이므로 $(1+p)(1+q) \geq 2pq$이다. 따라서 $pq - p - q \leq 1$이다. 즉, $(p-1)(q-1) \leq 2$이다. 대칭성에 의하여 $p < q$, $p \geq 2$라 하면, $(p-1, q-1) = (1, 2)$이다. 즉, $(p, q) = (2, 3)$이다. 따라서 $n = 6$이다.

(3) $\sigma(n) \geq 2n$이므로 $(1+p+p^2)(1+q) \geq 2p^2q$이다. 이를 정리하면

$$(p^2 - p - 1)q \leq p^2 + p + 1$$

이다. $p^2 - p - 1 = p(p-1) - 1 \geq 2 \cdot 1 - 1 > 0$이므로

$$q \leq \frac{p^2 + p + 1}{p^2 - p - 1} \qquad (*)$$

이다. $q \leq 2$이므로 $\frac{p^2 + p + 1}{p^2 - p - 1} \geq 2$이다. 이를 정리하면

$$p^2 + p + 1 \geq 2(p^2 - p - 1),$$
$$p^2 - 3p \leq 3,$$
$$p(p-3) \leq 3$$

이다. $p \geq 4$이면 $p(p-3) \geq 4 \cdot 1 > 3$이므로 모순이다. 따라서 $p = 2$ 또는 $p = 3$이다.

  (i) $p = 2$일 때, 식 $(*)$에서 $q \leq 7$이다. 따라서 $q = 3$, 5, 7이다.

  (ii) $p = 3$일 때, 식 $(*)$에서 $q \leq \frac{13}{5}$이다. 따라서 $q = 2$이다.

그러므로 $n = 12, 20, 28, 18$이다.

문제 12.10 좌표평면 위에 원점 O와 이차함수 $y = \frac{1}{4}x^2$이 있다. 점 A, B는 이차함수 위의 두 점으로 x좌표가 각각 -4, 2이다. 점 P는 이차함수 위의 점일 때, 다음 물음에 답하여라.

(1) 점 P의 x좌표가 -4에서 0으로 변한다. 두 점 B, P를 지나는 직선의 기울기를 m이라 할 때, m의 최댓값을 구하여라.

(2) 점 P의 x좌표가 6이다. 세 점 A, B, P를 연결하여 삼각형 ABP를 그리고, ∠PAB의 내각이등분선과 변 BP의 교점 C의 좌표를 구하여라.

(3) 점 P의 x좌표가 2보다 크다. 네 점 A, O, B, P를 연결하여 사각형 AOBP를 그린다. 사각형 AOBP의 넓이가 60일 때, 점 P의 x좌표를 구하여라.

[풀이] 점 P의 x좌표를 p라 하자.

(1) $m = \frac{1}{4}(p+2)$에서 $-4 \le p \le 0$이므로

$$\frac{-4+2}{4} \le m \le \frac{0+2}{4}$$

이다. 따라서 $-\frac{1}{2} \le m \le \frac{1}{2}$이다. 즉, m의 최댓값은 $m = \frac{1}{2}$ ($p = 0$일 때)이다.

(2) 직선 AB, AP의 기울기는 각각 $-\frac{1}{2}$, $\frac{1}{2}$이므로 ∠PAB의 내각이등분선은 x축과 평행하다. 즉, $y = 4$이다.
직선 BP의 방정식은 $y = 2x - 3$이므로 $2x - 3 = 4$를 풀면 $x = \frac{7}{2}$이다. 따라서 점 $C\left(\frac{7}{2}, 4\right)$이다.

(3) 직선 AB의 방정식은 $y = -\frac{1}{2}x + 2$이므로 $\triangle$OBA $= \frac{1}{2} \times 2 \times \{2 - (-4)\} = 6$이다. 그러므로 $\triangle$BPA $= 60 - \triangle$OBA $= 54$이다.
점 B를 지나 y축에 평행한 직선과 직선 AP와의 교점을 $D(2, d)$라 하면, AD의 기울기와 AP이 기울기는 같으므로,

$$\frac{d-4}{2-(-4)} = \frac{1}{4} \times \frac{p^2 - 4^2}{p+4} = \frac{1}{4} \times (p-4)$$

이다. 즉, $d = \frac{3}{2}p - 2$이다. 이를 이용하여 삼각형 BPA의 넓이를 구하면,

$$\triangle BPA = \frac{1}{2} \times \left\{\left(\frac{3}{2}p - 2\right) - 1\right\} \times (p+4) = 54$$

이다. 이를 정리하면 $p^2 + 2p - 80 = 0$이다. 즉, $(p+10)(p-8)$이다. 그런데, $p > 2$이므로 $p = 8$이다.

문제 12.11 원에 내접하는 사각형 ABCD에서 AB = 2, CD = 5이다. 변 BA의 연장선(점 A쪽의 연장선)과 변 CD의 연장선(점 D쪽의 연장선)의 교점을 E라 하면, DE = 3이다. 점 E를 지나 변 BC와 평행한 직선이 CA의 연장선(점 A쪽의 연장선), BD의 연장선(점 D쪽의 연장선)과의 교점을 각각 G, F라 하고, 대각선 AC와 BD의 교점을 H라 하자. 이때, 다음 물음에 답하여라.

(1) BC : DA와 AH : BH를 구하여라.

(2) AH : HC를 구하여라.

(3) AG : DF를 구하여라.

[풀이]

(1) 원과 비례의 성질에 의하여

$$EA \times EB = ED \times EC,$$
$$EA \times (EA + 2) = 3 \times 8$$

이다. 이를 정리하면 $EA^2 + 2 \times EA - 24 = 0$이다. 이를 풀면 EA = 4이다. 또, 삼각형 EBC와 삼각형 EDA는 닮음이므로,

$$BC : DA = 6 : 3 = 2 : 1 \tag{a}$$

이다. 삼각형 ADH와 삼각형 BCH는 닮음이고, 식 (a)에 의하여

$$AH : BH = AD : BC = 1 : 2 \tag{b}$$

이다.

(2) 삼각형 ABH와 삼각형 DCH가 닮음이므로

$$AH : DH = AB : DC = 2 : 5,$$
$$HB : HC = AB : DC = 2 : 5 \tag{c}$$

이다. (b)에서 BH = 2 × AH이므로 이를 (c)에 대입하면 2 × AH : HC = 2 : 5이므로

$$AH : HC = 1 : 5 \tag{d}$$

이다.

(3) 삼각형 ABC와 삼각형 AEG가 닮음이므로

$$AG : AC = AE : AB = 4 : 2 = 2 : 1$$

이다. 식 (d)로부터

$$AG = 2 \times AC$$
$$= 2 \times (AH + HC)$$
$$= 2 \times (AH + 5 \times AH)$$
$$= 12 \times AH$$

이다. 또, 삼각형 BCD와 삼각형 FED가 닮음이므로

$$BD : FD = CD : ED = 5 : 3$$

이다. 식 (b), (c)으로 부터

$$\begin{aligned}
DF &= BD \times \frac{3}{5} \\
&= \frac{3}{5} \times (BH + HD) \\
&= \frac{3}{5} \times \left(2 \times AH + \frac{5}{2} \times AH \right) \\
&= \frac{27}{10} \times AH
\end{aligned}$$

이다. 따라서 $AG : DF = 12 \times AH : \frac{27}{10} \times AH = 40 : 9$이다.

문제 12.12 다음 물음에 답하여라.

(1) 1부터 8까지의 8개의 자연수가 다음 두 조건 (가), (나)를 만족하도록 4개의 자연수 a, b, c, d를 8개의 자연수에서 선택하는 방법의 수를 구하여라.

　(가)　$1 \le a < b < c < d \le 8$

　(나)　$a + d = b + c$

(2) 1부터 $2n$까지의 $2n$개의 자연수가 다음 두 조건 (가), (나)를 만족하도록 4개의 자연수 a, b, c, d를 $2n$개의 자연수에서 선택하는 방법의 수를 구하여라. 단, $n \ge 2$이다.

　(가)　$1 \le a < b < c < d \le 2n$

　(나)　$a + d = b + c$

풀이

(1) $d - a$를 고정하고 생각하자.

　(i) $d - a = 2k + 1$ ($k = 1, 2, 3$)일 때, a, d를 정하는 방법의 수를 생각하자. a는 $1, 2, \cdots, 8 - (2k + 1)$이 가능하고, a가 정해지면, 자동적으로 d가 정해진다. 이때, (가), (나)를 만족하는 b, c를 정하는 방법의 수는 k가지이다.

　(ii) $d - a = 2(k + 1)$ ($k = 1, 2$)일 때, a, d를 정하는 방법의 수를 생각하자. a는 $1, 2, \cdots, 8 - 2(k + 1)$이 가능하고, a가 정해지면, 자동적으로 d가 정해진다. 이때, (가), (나)를 만족하는 b, c를 정하는 방법의 수는 k가지이다.

따라서 구하는 경우의 수는

$$\begin{aligned}
&\sum_{k=1}^{3} \{ 8 - (2k + 1) \} k + \sum_{k=1}^{3} \{ 8 - 2(k + 1) \} k \\
&= \sum_{k=1}^{3} \{ 13k - 4k^2 \} \\
&= 13 \cdot 6 - 4 \cdot (1 + 4 + 9) \\
&= 22
\end{aligned}$$

이다.

(2) $d - a$를 고정하고 생각하자.

　(i) $d - a = 2k + 1$ (k는 자연수)일 때, a, d를 정하는 방법의 수를 생각하자. a는 $1, 2, \cdots, 2n - (2k + 1)$이 가능하고, a가 정해지면, 자동적으로 d가 정해진다. 이때, (가), (나)를 만족하는 b, c를 정하는 방법의 수는 k가지이다.

(ii) $d - a = 2(k+1)$ (k는 자연수)일 때, a, d를 정하는 방법의 수를 생각하자. a는 $1, 2, \cdots, 2n - 2(k+1)$이 가능하고, a가 정해지면, 자동적으로 d가 정해진다. 이때, (가), (나)를 만족하는 b, c를 정하는 방법의 수는 k가지이다.

따라서 구하는 경우의 수는

$$
\sum_{k=1}^{n-1}\{2n - (2k+1)\}\,k + \sum_{k=1}^{n-1}\{2n - 2(k+1)\}\,k
$$
$$
= \sum_{k=1}^{n-1}\left\{(4n-3)k - 4k^2\right\}
$$
$$
= (4n-3) \cdot \frac{n(n-1)}{2} - 4 \cdot \frac{n(n-1)(2n-1)}{6}
$$
$$
= \frac{1}{6}n(n-1)(4n-5)
$$

이다.

문제 12.13 아래 그림과 같이 한 모서리의 길이가 4cm인 정육면체가 있다.

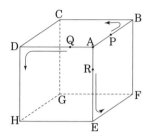

세 점 P, Q, R은 동시에 점 A를 출발하여 다음과 같은 순서로 정육면체의 모서리 위를 움직인다.

- $P : A \to B \to C \to D \to A \to \cdots$
- $Q : A \to D \to H \to E \to A \to \cdots$
- $R : A \to E \to F \to B \to A \to \cdots$

세 점 P, Q, R은 초당 1cm씩 움직인다. 다음 물음에 답하여라.

(1) 출발한 지 4초 후에, 삼각뿔 A-PQR의 부피를 구하여라.

(2) 출발한 지 8초 후에, 삼각뿔 A-PQR의 부피를 구하여라.

(3) 출발한 지 10초 후에, 삼각뿔 A-PQR의 부피를 구하여라.

보기 **풀이**

(1) 출발한 지 4초 후에, 삼각뿔 A-PQR은 아래 그림과 같다.

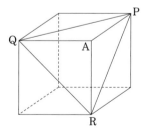

그러므로 삼각뿔 A-PQ의 부피는 $4 \times 4 \div 2 \times 4 \times \frac{1}{3} = \frac{32}{3}$ (cm^3)이다.

(2) 출발한 지 8초 후에, 삼각뿔 A-PQR은 아래 그림과 같다.

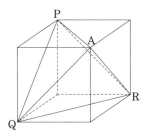

삼각뿔 A-PQR의 부피는 정육면체의 부피에서 (1)에서 구한 삼각뿔의 부피의 4배를 뺀 것과 같다. 따라서 삼각뿔 A-PQ의 부피는 $4 \times 4 \times 4 - \frac{32}{3} \times 4 = \frac{64}{3}$(cm^3)이다.

(3) 출발한 지 10초 후에, 삼각뿔 A-PQR은 아래 그림과 같다.

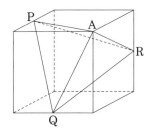

세 점 P, Q, R을 지나는 평면으로 정육면체를 절단하면 점 A를 포함한 입체도형의 부피는 정육면체의 부피의 절반이고, 점 A를 포함한 입체도형에서 아래 그림의 색칠된 삼각뿔 세 개의 부피를 빼면 육각뿔의 부피가 되고, 이 육각뿔의 부피의 절반이 구하는 삼각뿔 A-PQR의 부피가 된다.

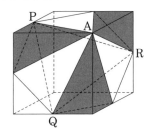

먼저 육각뿔의 부피를 구하면 $4 \times 4 \times 4 \div 2 - \left(2 \times 2 \div 2 \times 4 \times \frac{1}{3}\right) \times 3 = 24$(cm^3)이다.

따라서 구하는 삼각뿔 A-PQR의 부피는 12(cm^3)이다.

문제 12.14 다음 물음에 답하여라.

(1) 양의 정수 중에서 양의 약수의 개수가 6인 수의 꼴을 소수 p, q를 사용하여 나타내어라.

(2) 어떤 양의 정수 n의 양의 약수의 개수는 6개이고, 이 약수들의 합이 $\frac{3n+9}{2}$이다. n의 값을 모두 구하여라.

풀이

(1) 양의 약수의 개수가 6개가 되는 경우는 p^5, $p^2 q$의 경우만 가능하다. 단, p, q는 소수이다.

(2)   (i) $n = p^5$일 때,

$$1 + p + p^2 + p^3 + p^4 + p^5 = \frac{p^6 - 1}{p - 1}$$
$$= \frac{3p^5 + 9}{2}$$

이다. 이를 정리하면 $p^5 - 2p^4 - 2p^3 - 2p^2 - 2p + 7 = 0$이다.

이 경우 해가 될 수 있는 경우는 $p = 7$뿐이므로 이를 대입하면 등식이 성립하지 않음을 알 수 있다. 따라서 $n = p^5$의 경우는 없다.

  (ii) $n = p^2 q$일 때,

$$(1 + p + p^2)(1 + q) = \frac{3p^2 q + 9}{2}$$

이다. 여기서, p와 q는 홀수여야 한다. 그렇지 않으면 우변이 정수가 되지 않는다. 이제 위 식을 q에 관하여 정리하면

$$(p^2 - 2p - 2)q = 2p^2 + 2p - 7$$

이다. 양변을 $p^2 - 2p - 2$로 나누면

$$q = \frac{2p^2 + 2p - 7}{p^2 - 2p - 2} = 2 + \frac{6p - 3}{p^2 - 2p - 2}$$

이다. q가 소수이므로 $\frac{6p - 3}{p^2 - 2p - 2}$는 1이상의 정수이다. 즉, $\frac{6p - 3}{p^2 - 2p - 2} \geq 1$이다. 양변에 $p^2 - 2p - 2$를 곱하고 좌변으로 이항하여 정리하면

$$p^2 - 8p + 1 \leq 0$$

이다. 이를 풀면 $p \leq 4 + \sqrt{15} < 8$이다. 이를 만족하는 홀수인 소수 p는 $p = 3, 5, 7$이다. $p = 3$이면 $q = 17$이 된다. 그런데, $p = 5, 7$를 대입하면 q는 정수가 아니다.

따라서 (i), (ii)에 의하여 $n = 3^2 \times 17 = 153$이다.

문제 12.15 x에 대한 이차방정식 $x^2 - 2x - a^2 - a = 0$ $(a > 0)$ 이 있다. 다음 물음에 답하여라.

(1) 이 방정식의 한 근이 2보다 크고 다른 한 근이 2보다 작음을 보여라.

(2) $a = n$일 때, 이차방정식의 두 근을 각각 α_n, β_n이라 할 때, $n = 1, 2, \cdots, 2023$에 대하여 다음 식의 값을 구하여라.

$$\frac{1}{\alpha_1} + \frac{1}{\beta_1} + \frac{1}{\alpha_2} + \frac{1}{\beta_2} + \cdots + \frac{1}{\alpha_{2023}} + \frac{1}{\beta_{2023}}.$$

[풀이]

(1) $f(x) = x^2 - 2x - a^2 - a$에서 $a > 0$이므로 $f(2) = 4 - 4 - a^2 - a < 0$이다. 따라서 $x^2 - 2x - a^2 - a = 0$의 한 근을 2보다 크고, 다른 한 근은 2보다 작다.

(2) 근과 계수와의 관계에 의하여 $\alpha_n + \beta_n = 2$, $\alpha_n \beta_n = -n(n+1)$이므로

$$\frac{1}{\alpha_n} + \frac{1}{\beta_n} = \frac{\alpha_n + \beta_n}{\alpha_n \beta_n} = \frac{2}{-n(n+1)} = \frac{2}{n+1} - \frac{2}{n}$$

이다. 따라서

$$\frac{1}{\alpha_1} + \frac{1}{\beta_1} + \frac{1}{\alpha_2} + \frac{1}{\beta_2} + \cdots + \frac{1}{\alpha_{2023}} + \frac{1}{\beta_{2023}}$$
$$= \left(\frac{2}{2} - \frac{2}{1} \right) + \left(\frac{2}{3} - \frac{2}{2} \right) + \cdots + \left(\frac{2}{2024} - \frac{2}{2023} \right)$$
$$= \frac{2}{2024} - \frac{2}{1} = -\frac{2023}{1012}$$

이다.

문제 12.16 1, 2, 3, 4가 적힌 카드가 두 장씩 모두 8장이 있다. 이 카드를 섞은 다음

승훈 → 연우 → 교순 → 원준
→ 승훈 → 연우 → 교순 → 원준

순으로 나누어준다. 이때, 다음 물음에 답하여라.

(1) 승훈, 연우, 교순, 원준이가 처음에 모두 다른 숫자가 적힌 카드를 받았을 때, 마지막에 가지고 있는 두 장의 카드 모두 다른 숫자가 적힌 카드를 받는 경우의 수를 구하여라.

(2) 승훈, 연우, 교순, 원준이 중 두 명만 처음에 같은 숫자가 적힌 카드를 받고, 나머지 두 명은 다른 숫자가 적힌 카드를 받았을 때, 마지막에 가지고 있는 두 장의 카드 모두 다른 숫자가 적힌 카드를 받는 경우의 수를 구하여라.

(3) 승훈, 연우, 교순, 원준이 중 두 명씩 처음에 같은 숫자가 적힌 카드를 받았을 때, 마지막에 가지고 있는 두 장의 카드 모두 다른 숫자가 적힌 카드를 받는 경우의 수를 구하여라.

[풀이]

(1) 네 명 모두 처음에 모두 다른 숫자가 적힌 카드를 받는 경우의 수는 $4! = 24$가지이다. 예를 들어 처음에 받은 숫자 카드를 순서대로 $(1, 2, 3, 4)$라고 하면, 두 번째 받은 카드의 숫자는 처음에 받은 카드의 숫자와 다르므로 $(2, 1, 4, 3)$, $(2, 3, 4, 1)$, $(2, 4, 3, 1)$, $(3, 1, 4, 2)$, $(3, 4, 1, 2)$, $(3, 4, 2, 1)$, $(4, 1, 2, 3)$, $(4, 3, 1, 2)$, $(4, 3, 2, 1)$의 9가지 경우가 있다. 따라서 구하는 경우의 수는 $24 \times 9 = 216$가지이다.

(2) 두 명만 처음에 같은 숫자가 적힌 카드를 받는 경우의 수는 ${}_4C_3 \times {}_3C_1 \times \frac{4!}{2!1!1!} = 144$가지이다. 예를 들어 처음에 받은 숫자 카드를 순서대로 $(1, 1, 2, 3)$이라고 하면, 두 번째 받은 카드의 숫자는 처음에 받은 카드의 숫자와 다르므로 $(2, 3, 4, 4)$, $(2, 4, 3, 4)$, $(2, 4, 4, 3)$, $(3, 2, 4, 4)$, $(3, 4, 4, 2)$, $(4, 2, 3, 4)$, $(4, 4, 3, 2)$의 7가지 경우가 있다. 따라서 구하는 경우의 수는 $144 \times 7 = 1008$가지이다.

(3) 두 명씩 처음에 같은 숫자가 적힌 카드를 받는 경우의 수는 ${}_4C_2 \times \frac{4!}{2!2!} = 36$가지이다. 예를 들어 처음에 받은 숫자 카드를 순서대로 $(1, 1, 2, 2)$이라고 하면, 두 번째는 $(3, 3, 4, 4)$을 일렬로 배열하는 경우의 수 $\frac{4!}{2!2!} = 6$

이다. 따라서 구하는 경우의 수는 $36 \times 6 = 216$가지이다.

문제 12.17 다음 물음에 답하여라.

(1) $x - y = 12$일 때, $x^3 - y^3 - 36xy$의 값을 구하여라.

(2) 실수 x, y에 대하여,

$$\sqrt{4 + y^2} + \sqrt{x^2 + y^2 - 4x - 4y + 8} + \sqrt{x^2 - 8x + 17}$$

의 최솟값을 구하여라.

풀이

(1)
$$x^3 - y^3 - 36xy$$
$$= (x - y)(x^2 + xy + y^2) - 36xy$$
$$= 12(x^2 + xy + y^2) - 36xy$$
$$= 12(x^2 + xy + y^2 - 3xy)$$
$$= 12(x - y)^2$$
$$= 12^3$$
$$= 1728$$

이다.

(2) $x^2 + y^2 - 4x - 4y + 8 = (x - 2)^2 + (y - 2)^2$과 $x^2 - 8x + 17 = (x - 4)^2 + 1$임을 이용하자. $A(0, 0)$, $B(2, y)$, $C(x, 2)$, $D(4, 3)$이라 하면,

$$\sqrt{4 + y^2} + \sqrt{x^2 + y^2 - 4x - 4y + 8} + \sqrt{x^2 - 8x + 17}$$
$$= AB + BC + CD$$

이다. 그러므로, 주어진 식의 최솟값은 A, B, C, D가 한 직선 위에 있을 때, AD와 같다. 따라서, 최솟값은 5이다.

문제 12.18 다음 물음에 답하여라.

(1) 삼각형 ABC에서 AB = 20, BC = 24, CA = 16이고, 삼각형 ABC의 내심을 I라 하자. 삼각형 ABI, 삼각형 BCI, 삼각형 CAI의 무게중심을 각각 P, Q, R이라 할 때, 삼각형 PQR의 변의 길이의 합 PQ + QR + RP를 구하여라.

(2) 반지름이 10인 원 T_1과 반지름의 길이가 20인 원 T_2의 두 공통외접선이 점 A에서 만나고, 두 원의 공통내접선이 T_1과 점 P에서 만나고, T_2와 점 Q에서 만난다. 선분 AQ의 길이가 50일 때, 선분 PQ의 길이를 구하여라.

풀이

(1) 변 AB, BC의 중점을 각각 M, N이라 하면 삼각형 ABC에서 중점연결정리에 의하여 $MN = \frac{1}{2} \times AC$이다. 한편 삼각형 IMN에서 IP = PM = 2 : 1, IQ : QN = 2 : 1이므로, 삼각형 IMN과 삼각형 IPQ는 닮음비가 3 : 2인 닮음이다. 그래서 $PQ = \frac{2}{3} \times MN = \frac{2}{3} \times \frac{1}{2} \times AC = \frac{1}{3} \times AC$이다.

같은 방법으로 $QR = \frac{1}{3} \times AB$, $RP = \frac{1}{3} \times CB$가 되어 삼각형 PQR의 둘레의 길이는 삼각형 ABC의 둘레의 길이의 $\frac{1}{3}$이다.

따라서 삼각형 PQR의 둘레의 길이는 $(20 + 24 + 26) \times \frac{1}{3} = 20$이다.

(2) PT_1의 연장선과 원 T_1과의 교점을 R라 하면, A, R, Q는 한 직선 위에 있다. 또, 삼각형 AT_1R과 삼각형 AT_2Q는 닮음비가 $T_1R : T_2Q = 1 : 2$인 닮음이다. 그러므로 $AR = RQ = AQ \times \frac{1}{2} = 25$이다. 따라서 피타고라스의 정리로부터 $PQ^2 = RQ^2 - RP^2 = 625 - 400 = 225$이다. 즉, PQ = 15이다.

문제 12.19 다음 물음에 답하여라.

(1) 두 함수 $f(x) = x^6 - x^5 - x^3 - x^2 - x$, $g(x) = x^4 - x^3 - x^2 - 1$가 있다. 방정식 $g(x) = 0$의 네 근을 각각 a, b, c, d라 할 때, $f(a) + f(b) + f(c) + f(d)$를 구하여라.

(2) 함수 $h(x) = \frac{15}{x+1} + \frac{16}{x^2+1} - \frac{17}{x^3+1}$에 대하여,

$$h(\tan 15°) + h(\tan 30°) + h(\tan 45°)$$
$$+ h(\tan 60°) + h(\tan 75°)$$

의 값을 구하여라.

풀이

(1) a는 $g(x) = 0$의 한 근이므로 $a^4 - a^3 - a^2 - 1 = 0$이다. 이를 이용하면,

$$f(a) = a^6 - a^5 - a^3 - a^2 - a$$
$$= (a^2 + 1)(a^4 - a^3 - a^2 - 1) + a^2 - a + 1$$
$$= a^2 - a + 1$$

이다. b, c, d에 대해서 같은 방법으로 구할 수 있다. 그러면

$$f(a) + f(b) + f(c) + f(d)$$
$$= (a^2 + b^2 + c^2 + d^2) - (a + b + c + d) + 4$$

이다. a, b, c, d는 4차 방정식의 $x^4 - x^3 - x^2 - 1 = 0$의 네 근이므로, 근과 계수와의 관계에 의하여

$$a + b + c + d = 1, \quad ab + ac + ad + bc + bd + cd = -1$$

이다. 그러므로

$$a^2 + b^2 + c^2 + d^2$$
$$= (a + b + c + d)^2$$
$$\quad - 2(ab + ac + ad + bc + bd + cd)$$
$$= 3$$

이다. 따라서 $f(a) + f(b) + f(c) + f(d) = 3 - 1 + 4 = 6$이다.

(2) $h\left(\frac{1}{x}\right) = \frac{15}{\frac{1}{x}+1} + \frac{16}{\frac{1}{x^2}+1} - \frac{17}{\frac{1}{x^3}+1} = \frac{15x}{1+x} + \frac{16x^2}{1+x^2} - \frac{17x^3}{1+x^3}$이

다. 그러므로

$$\begin{aligned}
&h(x) + h\left(\frac{1}{x}\right) \\
&= 15\left(\frac{1}{x+1} + \frac{x}{x+1}\right) \\
&\quad + 16\left(\frac{1}{x^2+1} + \frac{x^2}{x^2+1}\right) \\
&\quad - 17\left(\frac{1}{x^3+1} + \frac{x^3}{x^3+1}\right) \\
&= 15 + 16 - 17 = 4
\end{aligned}$$

이다. $\tan 15° = \frac{1}{\tan 75°}$, $\tan 30° = \frac{1}{\tan 60°}$, $\tan 45° = 1$이 므로

$$\begin{aligned}
&h(\tan 15°) + h(\tan 30°) + h(\tan 45°) \\
&\quad + h(\tan 60°) + h(\tan 75°) \\
&= 14 + 14 + h(1) \\
&= 14 + 14 + \frac{15}{2} + \frac{16}{2} - \frac{17}{2} \\
&= 35
\end{aligned}$$

이다.

문제 12.20 아래 그림에는 선분 AB, CD, EF와 ①, ②, ③, ④, ⑤, ⑥의 번호가 붙은 점선이 있다.

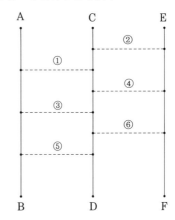

크기가 다른 두 개의 주사위를 1회 던져서 나온 눈과 같은 번호의 점선에 실선을 그린다. 두 주사위에서 나온 눈이 같으면 해당 번호의 점선에만 실선을 그린다. 이렇게 경로도를 완성한 후 A, C, E 중 하나에서 출발하여 다음 규칙(일반적인 사다리타기 규칙)에 따라 B, D, F로 이동한다.

(가) 이동은 반드시 경로도에서 실선으로만 진행한다.

(나) 세로선 위에서는 아래로 이동한다.

(다) 가로선이 그어진 위치에 도달하면 가로선 통하여 이웃한 세로선으로 이동한다.

다음 물음에 답하여라.

(1) 점 A에서 출발했을 때, 점 F로 이동할 확률을 구하여라.

(2) 점 C에서 출발했을 때, 점 F로 이동할 확률을 구하여라.

[풀이]

(1) A에서 출발하여 F에 도달하기 위해 점선 중 실선이 되어야 하는 것은 ①과 ④, ①과 ⑥, ③과 ⑥의 세 경우이다. 크기가 다른 두 개의 주사위를 던진 것이므로 나오는 총 경우의 수는 6가지이다. 따라서 구하는 확률은 $\frac{6}{6 \times 6} = \frac{1}{6}$이다.

(2) A에서 출발하여 F에 도달하기 위해서는 두 주사위의 눈이 2와 1, 2와 3, 2와 5, 2와 2, 4와 3, 4와 5, 4와 4, 6과 5, 6과 6이 나오면 된다. 따라서 구하는 확률은 $\frac{6 \times 2 + 3}{6 \times 6} = \frac{5}{12}$이다.

제 13 절   점검 모의고사 13회 풀이

문제 13.1 다음 물음에 답하여라.

(1) 다음 식을 계산하고, 계산 결과에서 8은 모두 몇 개인가?

$$8 + 88 + 888 + 8888 + \cdots + 8888888888$$

(2) 다음 식을 계산하고, 계산 결과에서 8은 모두 몇 개인가? (주의 : 다음 계산식에 88은 없다.)

$$8 + 888 + 8888 + 88888 + \cdots + 88888888888$$

(3) 다음 식의 계산 결과에서 8은 모두 몇 개인가?

$$8 + 88 + 888 + 8888 + \cdots + \underbrace{888888\cdots88}_{8\text{이 } 2023\text{개}}$$

풀이

(1) 계산 결과는 9876543200이고, 계산 결과에서 8은 1개다.

(2) 계산 결과는 98765432000이고, 계산 결과에서 8은 1개다.

(3) (1)과 (2)의 결과를 잘 살펴보면, 8이 k개 있는 수부터 8이 $k+8$개 있는 수까지의 9개의 수를 더한 후에 8을 더한 계산 결과는 98765432000$\cdots$0(0이 k개)이다. (아래 세로셈 참고)

$$
\begin{array}{rl}
8\cdots8 & (8\text{이 } k\text{개}) \\
88\cdots8 & (8\text{이 } k+1\text{개}) \\
\vdots & \vdots \\
888888888\cdots8 & (8\text{이 } k+8\text{개}) \\
+ \qquad\qquad 8 & (8\text{이 } 1\text{개}) \\
\hline
987654320\cdots0 & (0\text{이 } k\text{개})
\end{array}
$$

그러므로 8이 가장 많은 큰 수부터 9개씩 나누어서 합한 후 8을 더하는 과정을 반복하면, 987654320이 반복해서 나오게 된다.

$2023 = 9 \times 224 + 7$이므로 987654320이 224번 반복해서 나오고, 마지막 일곱 자리 수는 처음 4개의 수의 합 $8 + 88 + 888 + 8888 + 88888 + 888888 + 8888888 = 9876536$이다. 또, 8을 224번 더한 수의 합은 $8 \times 224 = 1792$이다. 주어진 식의 계산 결과는

$$\underbrace{987654320\cdots987654320}_{987654320\text{이 } 224\text{번 반복}}9876536 - 1792$$

와 같다. 따라서 987654320마다 8이 1개씩 있고, 마지막 일곱 자리 수 9874744(= 9876536 − 1792)에 추가되는 8이 있으므로 구하는 8의 개수는 224 + 1 = 225개다.

문제 13.2 민우, 승우, 연우, 정우는 ◦, ×를 답으로 하는 문제를 풀었다. 각각의 답안지와 득점은 아래표와 같다. 한 문제당 10점으로 100점 만점일 때, 다음 물음에 답하여라.

	1	2	3	4	5	6	7	8	9	10	득점
민우	×	◦	×	◦	×	◦	×	◦	×	◦	
승우	×	×	×	◦	◦	×	◦	◦	◦	◦	60점
연우	◦	×	◦	×	◦	◦	×	×	×	◦	70점
정우	×	×	◦	◦	◦	×	×	×	◦	◦	30점

(1) 연우는 맞고, 정우는 틀린 문제는 모두 몇 개인가?

(2) 100점의 답안지를 만들고, 민우의 점수는 몇 점인가?

풀이

(1) 2번, 3번, 5번, 7번, 8번, 10번의 여섯 문제에 대해서는 연우와 정우의 답이 일치하므로 이들 문항에 대한 점수는 연우와 정우가 같다.

1번, 4번, 6번, 9번의 네 문제에 대해서는 연우와 정우의 답이 일치하지 않고, 연우와 정우의 점수의 차가 40점이므로 이 네 문제를 연우는 모두 맞췄고, 정우는 모두 틀렸다. 따라서 연우는 맞고, 정우는 틀린 문제는 모두 4개이다.

(2) (1)으로부터 알 수 있는 정답은 1번 ◦, 4번 ×, 6번 ◦, 9번 ×이다. 승우의 답안지를 보면 1번, 4번, 6번, 9번 모두 틀린 것을 알 수 있다. 남은 6문제를 모두 맞춰야 승우의 점수인 60점이 나온다. 즉, 2번, 3번, 5번, 7번, 8번, 10번은 승우가 적은 답이 정답이다. 따라서 100점의 답안지는 1번 ◦, 2번 ×, 3번 ×, 4번 ×, 5번 ◦, 6번 ◦, 7번 ◦, 8번 ◦, 9번 ×, 10번 ◦이다.

또, 민우의 답안지에서 맞은 문제는 3번, 6번, 8번, 9번, 10번의 다섯 문제이므로 민우의 점수는 50점이다.

문제 13.3 아래 그림과 같이, 두 점 A, B와 직선 l이 그려져 있다. 이 두 점을 지나면서 직선 l에 접하는 원을 작도하는 과정을 서술하여라.

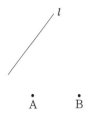

풀이 (순서1) 두 점 A, B를 지나는 직선과 직선 l과의 교점 P를 잡는다.

(순서2) 두 점 A, B를 지나는 원을 그린다. 중심 O라 한다.

(순서3) 점 P에서 위의 원에 접선을 그리고, 그 접점을 N이라 한다.

(순서4) 직선 l위에 PN = PM이 되는 점 M을 잡는다.

(순서5) 세 점 M, A, B를 지나는 원을 그린다.

(순서1)~(순서4)는 아래 왼쪽 그림을 참고하고, (순서5)는 아래 오른쪽 그림을 참고하면 된다.

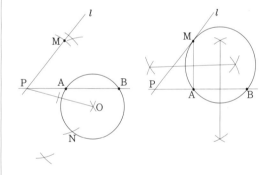

문제 13.4 아래 그림과 같이, 정팔각형 OABCDEFG가 있다. 점 O는 원점이고, 점 D는 y축 위에 있고, 두 점 C, E는 $y = ax^2$의 그래프 위의 점이고, 두 점 B, F는 $y = \frac{1}{2}x^2$의 그래프 위의 점이고, 두 점 A, G는 $y = bx^2$의 그래프 위의 점이고, 점 B의 x좌표는 2이다.

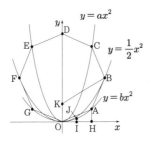

또, 점 A에서 x축에 내린 수선의 발을 H라 하고, 선분 OH의 수직이등분선과 x축, $y = bx^2$의 그래프와의 교점을 각각 I, J라 하고, 점 B를 지나고 직선 AJ에 평행한 직선과 y축과의 교점을 K라 한다. 이때, 다음 물음에 답하여라.

(1) a와 b의 값을 구하여라.

(2) 삼각형 ABK의 넓이를 구하여라.

[풀이]

(1) 아래 그림에서, PC = PA = PB = 2이고, 색칠한 부분의 삼각형은 직각이등변삼각형이므로, C($\sqrt{2}, 2 + \sqrt{2}$), A($\sqrt{2}, 2 - \sqrt{2}$)이다. 점 C, A를 각각 $y = ax^2$, $y = bx^2$에 대입하여 풀면, $a = \frac{2+\sqrt{2}}{2}$, $b = \frac{2-\sqrt{2}}{2}$이다.

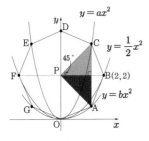

(2) 아래 그림과 같이, AJ의 연장선과 y축과의 교점을 L이라 하자. 두 점 K와 L의 y좌표를 각각 k, l이라 하자.

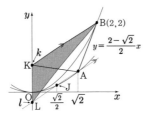

선분 AL의 중점이 J이므로 $\frac{l + 2 - \sqrt{2}}{2} = \frac{2 - \sqrt{2}}{2} \times \left(\frac{\sqrt{2}}{2}\right)^2$이다. 이를 풀면, $l = -\frac{2 - \sqrt{2}}{2}$이다.

BK∥AJ이므로 $\frac{2-k}{2} = \frac{(2-\sqrt{2}) - l}{\sqrt{2}}$이다. $l = -\frac{2-\sqrt{2}}{2}$를 대입한 후, 정리하면 $k = 5 - 3\sqrt{2}$이다. 따라서

$$\triangle ABK = \triangle LBK = \frac{1}{2} \times KL \times 2$$
$$= \frac{1}{2} \times \left\{(5 - 3\sqrt{2}) + \frac{2-\sqrt{2}}{2}\right\} \times 2$$
$$= \frac{12 - 7\sqrt{2}}{2}$$

이다.

문제 13.5 원 O의 지름 위에 중심 있고, 아래 그림과 같이 원 O에 내접하고, 서로 점 P에서 외접하는 두 원 O_1, O_2가 있다. 점 P에서 O_1O_2와 현 QR이 직교한다.

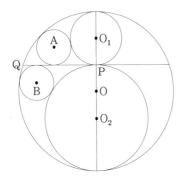

원 O의 반지름이 8이고, OP = 2일 때, 다음 물음에 답하여라.

(1) 현 QR에 접하고, 원 O에 내접하고, 원 O_1에 외접하는 원 A의 반지름을 구하여라.

(2) 현 QR에 접하고, 원 O에 내접하고, 원 O_2에 외접하는 원 B의 반지름을 구하여라.

〔풀이〕

(1) 아래 그림과 같이, 원 A의 반지름을 a라 하고, 원 A의 중심 A에서 OO_1에 내린 수선의 발을 H라 하자.

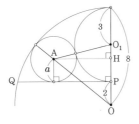

삼각형 O_1AH에서

$$AH^2 = O_1A^2 - O_1H^2 = (3+a)^2 - (3-a)^2 = 12a$$

이고, 삼각형 OAH에서 $AH^2 = OA^2 - OH^2$이므로

$$12a = (8-a)^2 - (2+a)^2$$

이다. 이를 정리하여 풀면 $a = \dfrac{15}{8}$이다.

(2) 아래 그림과 같이, 원 B의 반지름을 b라 하고, 원 B의 중심 B에서 OP에 내린 수선의 발을 I라 하자.

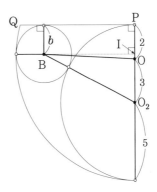

삼각형 O_2BI에서

$$BI^2 = O_2B^2 - O_2I^2 = (5+b)^2 - (5-b)^2 = 20b$$

이고, 삼각형 OBI에서 $BI^2 = OB^2 - OI^2$이므로,

$$20b = (8-b)^2 - (2-b)^2$$

이다. 이를 정리하여 풀면 $b = \dfrac{15}{8}$이다.

문제 13.6 아래 그림과 같이, 한 모서리의 길이가 1인 정육면체와 이 정육면체의 모서리를 이동하는 점 P가 처음에는 점 A에 있다.

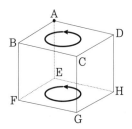

주사위를 던져서 1에서 4의 눈이 나오면, 윗면 또는 아랫면에서 나온 눈의 수만큼 화살표 방향으로 이동하고, 5 또는 6의 눈이 나오면, 윗면에 있을 때는 아래면의 아래의 점으로, 아랫면에 있을 때는 윗면의 위의 점으로 이동한다. 다음 물음에 답하여라.

(1) 주사위를 두 번 던졌을 때, 점 P가 점 A에 있을 확률을 구하여라.

(2) 주사위를 세 번 던졌을 때, 점 P가 점 A에 있을 확률을 구하여라.

(3) 주사위를 네 번 던졌을 때, 점 P가 점 A에 있을 확률을 구하여라.

(**풀이**) 5 또는 6의 눈이 나온 경우를 •로 나타내자.

(1) 조건을 만족하는 눈이 나오는 조합은 {•,•}, {1,3}, {2,2}, {4,4}이다. 각각의 조합마다 나오는 가지수는 각각 4, 2, 1, 1로 모두 8가지이다 따라서 구하는 확률은 $\frac{8}{6^2} = \frac{2}{9}$이다

(2) 조건을 만족하는 눈이 나오는 조합은 {•,•,4}, {1,1,2}, {1,3,4}, {2,2,4}, {2,3,3}, {4,4,4}이다. 각각의 조합마다 나오는 가지수는 각각 $2^2 \times 3$, 3, $3 \times 2 \times 1$, 3, 3, 1이므로 모두 28가지이다. 따라서 구하는 확률은 $\frac{28}{6^3} = \frac{7}{54}$이다.

(3) 조건을 만족하는 눈이 나오는 조합은 {•,•,•,•}, {•,•,1,3}, {•,•,2,2}, {•,•,4,4}, {1,1,1,1}, {1,1,2,4}, {1,1,3,3}, {1,2,2,3}, {2,2,2,2}, {1,3,4,4}, {2,2,4,4}, {2,3,3,4}, {3,3,3,3}, {4,4,4,4}이다. 각각의 조합마다 나오는 가지수는 각각 2^4, $4 \times 3 \times 2^2$, 6×2^2, 6×2^2, 1, 4×3, 6, 4×3, 1, 4×3, 6, 4×3, 1, 1이므로 모두 176가지이다. 따라서 구하는 확률은 $\frac{176}{6^4} = \frac{11}{81}$이다.

문제 13.7 아래 그림과 같이, 원주 위에 네 점 A, B, C, D가 있고, 선분 AC와 선분 BD의 교점을 E라 한다.

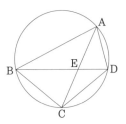

BC = CD, AB = 8, AC = 7, AD = 3일 때, 다음 물음에 답하여라.

(1) 삼각형 ABC와 삼각형 AED가 닮음임을 보여라.

(2) AE의 길이를 구하여라.

(3) BC의 길이를 구하여라.

(**풀이**)

(1) 아래 그림과 같이, 각 c, d, p, q를 나타낸다.

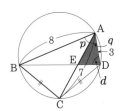

원주각의 성질에 의하여 $c = d$이고, BC = CD이므로 $\overparen{BC} = \overparen{CD}$이다. 즉, $p = q$이다. 따라서 삼각형 ABC와 삼각형 AED는 닮음(AA닮음)이다.

(2) (1)에서, AB : AE = AC : AD이므로 8 : AE = 7 : 3이다. 따라서 AE $= \frac{24}{7}$이다.

(3) (1)에서 $p = q$이므로 각의 이등분선의 정리에 의하여 BE : ED = AB : AD = 8 : 3이다. 아래 그림과 같이 BE $= 8k$, ED $= 3k$라고 하자.

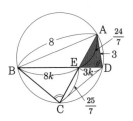

삼각형 BCE와 삼각형 ADE는 닮음(AA닮음)이고, BE : AE = EC : ED이다. 그러므로 $8k : \frac{24}{7} = \frac{25}{7} : 3k$ 이다. 이를 풀면 $k^2 = \frac{25}{49}$이다. 즉, $k = \frac{5}{7}$이다. 그러면 BC : AD = 5 : 3이다. 그런데, AD = 3이므로 BC = 5이다.

문제 13.8 아래 그림과 같이, 말이 S에서 출발하여, A → B → C → D → E → F → C → G → H → I로 진행하는 주사위 놀이가 있다. 0, 1, 2, 3, 4, 5의 숫자가 한 개씩 적힌 정육면체로, 눈이 나오는 방향이 동일한 확률을 가진 주사위를 1개 던지고 나온 눈의 수만큼 말을 진행한다. 0이 나오면 말은 제자리에 있고, 도중에 C에서 멈춘 경우에는 S로 돌아간다.

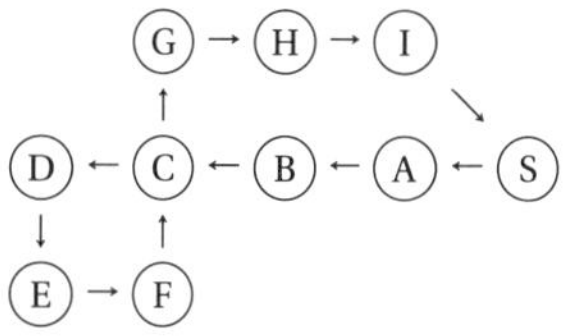

$$
\begin{array}{ccc}
G \rightarrow H \rightarrow I \\
\uparrow \qquad \searrow \\
D \leftarrow C \leftarrow B \leftarrow A \leftarrow S \\
\downarrow \quad \uparrow \\
E \rightarrow F
\end{array}
$$

다음 물음에 답하여라.

(1) 주사위를 두 번 던졌을 때, 말이 S에 있을 확률을 구하여라.

(2) 주사위를 세 번 던졌을 때, 말이 G에 있게 되는 주사위의 눈이 나오는 방법의 수를 구하여라.

풀이

(1) C에서 멈추면 S로 돌아가는 것에 유의하면서, 주사위를 두 번 던졌을 때 말의 위치를 표로 나타내면 아래 그림과 같다.

1＼2	0	1	2	3	4	5
0	Ⓢ	A	B	Ⓢ	D	E
1	A	B	Ⓢ	D	E	F
2	B	Ⓢ	D	E	F	Ⓢ
3	Ⓢ	A	B	Ⓢ	D	E
4	D	E	F	Ⓢ	G	H
5	E	F	Ⓢ	G	H	I

따라서 구하는 확률은 $\frac{9}{36} = \frac{1}{4}$이다.

(2) C에서 멈추면 S로 돌아가는 것에 유의하면서, 주사위를 세 번 던졌을 때 말이 G에 있는 경우는 두 번째에 D, E, F, G에 있을 때이다. 이 경우마다 한 가지의 방법으로 세 번째에 G에 있게 된다. 그러므로 위의 그림에서 D, E, F, G가 색칠한 부분에 있을 때, 세 번째에 G에 있을 수 있다. 따라서 구하는 경우의 수는 17가지이다.

문제 13.9 한 모서리의 길이가 2인 정이십면체가 있다. 각 꼭짓점을 아래 그림과 같이 A, B, C, D, E, F, A′, B′, C′, D′, E′, F′라고 한다.

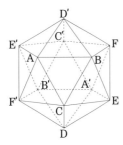

한 변의 길이가 2인 정오각형의 대각선의 길이는 $1+\sqrt{5}$임을 이용하여 다음 물음에 답하여라.

(1) 선분 AA′의 길이를 x라 할 때, x^2의 값을 구하여라.

(2) 이 정이십면체에서, 한 면을 수평한 평면 위에 놓는다. 이때, 정이십면체의 높이를 h라 할 때, h^2의 값을 구하여라.

풀이

(1) 정이십면체의 중심을 O라고 하고, 아래 그림과 같이, 점 A와 A′, 점 F와 F′은 점 O에 대하여 대칭이다. 대칭성에 의하여 AA′ = FF′이고, 사각형 AF′A′F는 직사각형이다. 그러므로 ∠A′FA = 90°이다.

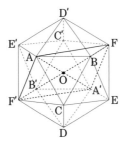

오각형 ABFC′E′은 한 변의 길이가 2인 정오각형이므로, AF = $1+\sqrt{5}$이고, 피타고라스의 정리에 의하여

$$x^2 = \mathrm{AA'}^2 = \mathrm{A'F}^2 + \mathrm{AF}^2$$
$$= 2^2 + (1+\sqrt{5})^2 = 10 + 2\sqrt{5}$$

이다.

(2) 아래 왼쪽 그림에서, 삼각형 AF′C와 삼각형 A′FC′은 평행이고, 두 정삼각뿔 O-AF′C와 O-A′FC′는 합동이다.

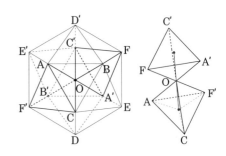

O에서 삼각형 AF′C에 내린 수선의 발을 H(위의 오른쪽 그림 참고)라 하면, OA = OC = OF′ = $\frac{x}{2}$이고, △OAH ≡ △OCH ≡ △OF′H이고, AH = CH = F′H이다. 점 H는 정삼각형 AF′C의 무게중심이므로, AH = $\frac{1}{\sqrt{3}}$AC = $\frac{2}{\sqrt{3}}$이다. 삼각형 OAH에 피타고라스의 정리를 적용하면,

$$\left(\frac{h}{2}\right)^2 = \mathrm{OH}^2 = \mathrm{OA}^2 - \mathrm{AH}^2$$
$$= \left(\frac{x}{2}\right)^2 - \left(\frac{2}{\sqrt{3}}\right)^2 = \frac{10+2\sqrt{5}}{4} - \frac{4}{3}$$
$$= \frac{7+3\sqrt{5}}{6}$$

이다 따라서 $h^2 = \frac{14+6\sqrt{5}}{3}$이다.

문제 13.10 아래 그림에서, 이차함수 $y = ax^2$의 그래프는 기울기가 1인 직선 l과 두 점 A, B에서 만나고, 점 A의 좌표는 $(-2, 1)$이다. 두 점 C, D는 직선 $y = -2$위의 점으로, 점 C의 좌표는 $(11, -2)$이고, 점 D는 직선 OB와의 교점이다.

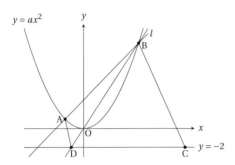

다음 물음에 답하여라.

(1) 점 A를 지나고 직선 OB에 평행한 직선과 직선 $y = -2$와의 교점을 E라 할 때, 점 E의 좌표를 구하여라.

(2) 점 B를 지나고 사각형 BADC의 넓이를 5등분하는 네 개의 직선의 기울기를 각각 m_1, m_2, m_3, m_4라 할 때, $\dfrac{1}{m_1} + \dfrac{1}{m_2} + \dfrac{1}{m_3} + \dfrac{1}{m_4}$의 값을 구하여라.

풀이

(1) $1 = a \times (-2)^2$에서 $a = \dfrac{1}{4}$이다. B의 x좌표를 b라고 할 때, AB의 기울기가 1이므로, $\dfrac{1}{4} \times (-2+b) = 1$이다. 이를 풀면 $b = 6$이다. 즉, B$(6, 9)$이다.

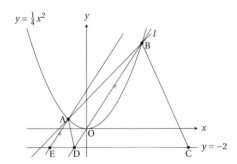

직선 OB의 기울기는 $\dfrac{3}{2}$이므로, 직선 OB의 방정식은 $y - 1 = \dfrac{3}{2}(x+2)$이다. 즉, $y = \dfrac{3}{2}x + 4$이다. 여기에 $y = -2$를 대입하면 $x = -4$이다. 그러므로 E$(-4, -2)$이다.

(2) 사각형 BADC의 넓이는 삼각형 BEC의 넓이와 같다. 아래 그림과 같이, 선분 EC를 5등분점하는 점을 각각 F, G, H, I라고 하자.

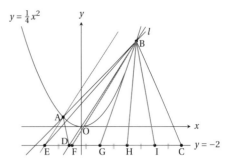

EC = 15이므로, 점 F, G, H, I의 x좌표는 각각 $-1, 2, 5, 8$이다.

직선 OB와 $y = -2$의 교점 D의 x좌표는 $-\dfrac{4}{3}$이므로 점 D는 점 F보다 좌측에 있다. 그러므로 네 개의 직선의 기울기는 BF, BG, BH, BI이다.

$p \neq 6$에 대하여 $(p, -2)$와 $(6, 9)$를 지나는 직선의 기울기는 $\dfrac{9+2}{6-p} = \dfrac{11}{6-p}$이다. 따라서

$$\frac{1}{m_1} + \frac{1}{m_2} + \frac{1}{m_3} + \frac{1}{m_4}$$
$$= \frac{6+1}{11} + \frac{6-2}{11} + \frac{6-5}{11} + \frac{6-8}{11}$$
$$= \frac{10}{11}$$

이다.

문제 13.11 다음 물음에 답하여라.

(1) 아래 그림과 같이, 사각형 ABCD에서 AD = CD = 1, ∠ABC = ∠BCD = 67.5°, ∠DAB = 90°일 때, 사각형 ABCD의 넓이를 구하여라.

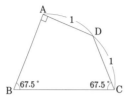

(2) 아래 그림과 같이, 한 변의 길이가 2인 정사각형과 반지름이 2이고, 중심각이 90°인 부채꼴을 겹쳐놓았다. 이때, 빗금친 부분의 넓이를 구하여라.

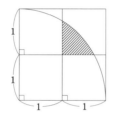

(3) 반지름 $\sqrt{2}$인 원에서 아래 그림과 같이 일부를 절단하였을 때, 남은 색칠된 부분의 넓이를 구하여라.

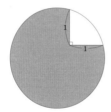

풀이

(1) 아래 그림과 같이 AB, CD의 연장선의 교점을 O라 하면, 삼각형 OAD는 직각이등변삼각형이다. 그러므로 OA = AD = 1, OD = $\sqrt{2}$이다.

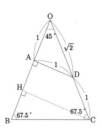

또, ∠B = ∠C이므로 OB = OC = $\sqrt{2}+1$이다. 점 C에서 OB에 내린 수선의 발을 H라 하면, CH = $\frac{\sqrt{2}+1}{\sqrt{2}}$이다. 따라서

$$\Box ABCD = \triangle OBC - \triangle OAD$$
$$= \frac{1}{2} \times (\sqrt{2}+1) \times \frac{\sqrt{2}+1}{\sqrt{2}} - \frac{1}{2} \times 1 \times 1$$
$$= \frac{3\sqrt{2}+2}{4}$$

이다.

(2) 아래 그림과 같이, 사분원의 반지름 2, OM = ON = 1이므로 삼각형 AOM과 삼각형 BON은 한 내각이 30°인 직각삼각형이다 그러므로 ∠AOB = 30°, AP = BP = $\sqrt{3}-1$이다.

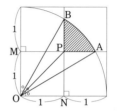

따라서

빗금친 부분의 넓이
= 부채꼴 OAB의 넓이 − 2 × △OAP
$$= 2^2 \times \pi \times \frac{30}{360} - 2 \times \frac{1}{2} \times (\sqrt{3}-1) \times 1$$
$$= \frac{\pi}{3} - \sqrt{3} + 1$$

이다.

(3) 아래 그림과 같이, 삼각형 APB는 직각이등변삼각형이므로, AB = $\sqrt{2}$이다. 삼각형 AOB는 한 변의 길이가 $\sqrt{2}$인 정삼각형이다. 따라서

구하는 부분의 넓이
$$= (\sqrt{2})^2 \times \pi \times \frac{300}{360} + \frac{\sqrt{3}}{4} \times (\sqrt{2})^2 - \frac{1}{2} \times 1 \times 1$$
$$= \frac{5}{3}\pi + \frac{\sqrt{3}-1}{2}$$

이다.

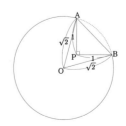

문제 13.12 교순, 승우, 연우, 원준, 준서 다섯 명의 학생은 동시에 수행평가를 봤다. 수행평가는 100점 만점으로 0점, 25점, 50점, 75점, 100점으로 25점 단위로 점수를 받지만, 0점은 한 명도 없었다. 5명 모두 점수(결과)를 알고 있었고, 다음과 같이 말했다.

- 교순 : "나보다 점수가 높은 사람은 있다고 해도 한 명이야."

- 승우 : "내 점수는 최고 점수도 아니고 최저 점수도 아니야."

- 연우 : "최고 점수도 최저 점수도 받은 사람은 한 명뿐이야."

- 원준 : "승우와 나의 점수의 합은 준서의 점수와 같아."

- 준서 : "연우가 원준이보다 점수가 높아."

단, 5명의 말은 모두 참이다. 다음 물음에 답하여라.

(1) 최저 점수를 받은 학생은 누구인가?

(2) 최저 점수는 몇 점인가?

(3) 세 명이 같은 점수가 될 가능성이 있는 점수는 몇 점인가 모두 구하여라.

(4) 다섯 명의 말에 더해서, 선생님께서 "연우와 준서의 점수의 합은 나머지 세 명의 점수의 합보다 높아."라고 말씀하셨을 때, 다섯 명의 점수를 구하여라. 단, 선생님의 말씀은 참이다.

풀이

(1) 교순, 승우, 연우, 원준, 준서의 점수를 각각 a, b, c, d, e라고 하자. 원준이의 말로부터 $d < e$, $b < e$이고, 준서의 말로부터 $d < c$이다. 또 교순이의 말로부터 $d < a$이다.
원준이의 점수가 승우의 점수보다 높다고 하면, 승우의 점수가 최저점수가 되므로, 승우의 말이 거짓이 된다. 따라서 원준이의 점수가 승우의 점수보다 낮다. 즉, 최저 점수를 받은 학생은 원준이다.

(2) 원준이가 50점이상을 받았다고 하면, 연우의 말로부터 나머지 학생들은 75점이상이고, 원준이와 승우의 점수의 합이 125점 이상이 되어 준서의 점수와 같을 수가 없게 된다. 따라서 원준이의 점수는 25점이다. 즉, 최저 점수는 25점이다.

(3) 세 명의 점수로 가능한 점수는 50점, 75점이다. 실제로, (교순, 승우, 연우, 원준, 준서)의 점수는 (50점, 50점, 50점, 25점, 75점), (75점, 75점, 75점, 25점, 100점)이 가능하다.

(4) (3)에서 구한 경우는 연우와 준서의 점수의 합과 나머지 3명의 점수의 합이 같으므로 해당되지 않는다. 따라서 50점 또는 75점인 학생이 2명이다.
교순이의 점수가 50점이라고 하면, 교순이의 말이 거짓이 되므로, 교순이의 점수는 75점이다.
승우의 점수가 75점이라고 하면, 준서의 점수는 100점이고, 교순, 승우, 원준이의 점수의 합이 175점이 되어 연우도 100점이어야 하는데, 그러면 연우의 말이 거짓이 된다. 따라서 승우의 점수는 50점이다.
교순, 승우, 원준이의 점수의 합은 150점이고, 준서의 점수는 75점이므로 연우의 점수는 100점이 된다.
따라서 교순이는 75점, 승우는 50점, 연우는 100점, 원준이는 25점, 준서는 75점이다.

문제 13.13 삼각기둥 ABC-DEF에서 삼각형 ABC와 삼각형 DEF는 합동이고, AC = 4, BC = 8, ∠ACB = 90°이다. 사각형 ACFD는 정사각형이고, 사각형 ABED와 사각형 CBEF는 직사각형이다. 점 G는 모서리 BC위의 점으로 점 B, C와 다른 점이다. 점 H는 모서리 EF위의 점으로 HF = BG를 만족한다. BG = FH = x라 할 때, 다음 물음에 답하여라. 단, 0 < x < 8이다.

(1) 아래 그림과 같이, 점 G와 H를 연결하고, 점 G와 점 E를 연결한다. 삼각형 GEH의 넓이를 x를 사용하여 나타내어라.

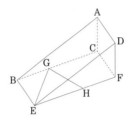

(2) 아래 그림과 같이, 점 G와 H를 연결하고, 점 A와 G를 연결하고, 점 A와 H를 연결한다. AG = AH일 때, x의 값과 삼각형 AGH의 넓이를 구하여라.

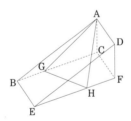

(3) 아래 그림과 같이, 점 G를 지나 모서리 AC에 평행한 직선과 모서리 AB와의 교점을 I, 점 H를 지나 모서리 DF에 평행한 직선과 모서리 DE와의 교점을 J라 한다. 점 I와 J를 연결하고, 점 G와 H를 연결한다. 이때, 네 점 I, G, H, J는 한 평면 위에 있고, 직선 IG와 직선 JH는 평면 CBEF에 수직이다.

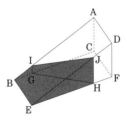

x = 2일 때, 입체 BE-IGHJ의 부피를 구하여라.

풀이

(1) 아래 그림에서 $\triangle$GEH = $\frac{1}{2} \times (8-x) \times 4 = 16 - 2x$이다.

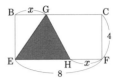

(2) 아래 그림에서 AG^2 = $(8-x)^2 + 4^2$, AH^2 = $4^2 + x^2 + 4^2$이다. AG = AH이므로 $(8-x)^2 + 4^2 = 4^2 + x^2 + 4^2$이다. 이를 풀면 x = 3이다.

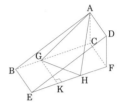

위의 그림에서 KH = 8 − 2x = 2이고, GH = $\sqrt{GK^2 + KH^2}$ = 2$\sqrt{5}$, AG = AH = $\sqrt{41}$이다.

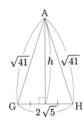

위의 그림에서 $h = \sqrt{(\sqrt{41})^2 - (\sqrt{5})^2} = 6$이다. 따라서 $\triangle$AGH = $\frac{1}{2} \times 2\sqrt{5} \times 6 = 6\sqrt{5}$이다.

(3) 아래 그림와 같이, 두 직선 EB, HG의 교점을 M이라 하면, 직선 JI는 M을 지난다.

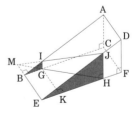

$$MB = \frac{BG}{KH} \times GK = 2,$$
$$JH = \frac{EH}{EF} \times DF = 3,$$
$$IG = \frac{BG}{BC} \times AC = 1$$

나는 푼다, 고로 (영재학교/과학고) 합격한다.

이므로, 구하는 입체의 부피는

삼각뿔 M-EHJ의 부피 – 삼각뿔 M-BGI의 부피

$$= \frac{1}{3} \times \frac{1}{2} \times 6 \times 3 \times 6 - \frac{1}{3} \times \frac{1}{2} \times 2 \times 1 \times 2$$
$$= \frac{52}{3}$$

이다.

문제 13.14 1부터 9까지의 숫자가 1개씩 적혀 있는 9개의 공이 주머니 속에 있다. 이 주머니 속에서 공을 한 개 꺼내서, 꺼낸 공의 번호를 보고 [그림1]의 같은 번호의 칸을 검게 칠하고 꺼낸 공을 다시 주머니 속에 넣는다. 이 작업을 세 번 반복한다.

1	2	3
4	5	6
7	8	9

[그림1]

1	2	3
4	5	6
7	8	9

[그림2]

예를 들어, 순서대로 7, 2, 7의 번호가 적힌 공이 꺼냈을 때, [그림2]와 같이 칠해진다. 다음 물음에 답하여라.

(1) [그림1]의 칸이 한 개만 칠해져 있을 확률을 구하여라.

(2) [그림1]의 칸이 두 개만 칠해져 있을 확률을 구하여라.

(3) [그림1]의 칸이 가로, 세로, 대각선의 한 줄의 세 개가 모두 칠해져 있을 확률을 구하여라.

풀이

(1) 구하는 확률은 $\frac{9}{9 \times 9 \times 9} = \frac{1}{81}$이다.

(2) 두 개의 칸이 색칠되었으므로, 두 번 나온 숫자를 a, 한 번 나온 숫자를 b라 하면, 나오는 순서를 고려하면 (a, a, b), (a, b, a), (b, a, a)의 세 가지 경우가 있다. 따라서 구하는 확률은 $\frac{9 \times 8 \times 3}{9 \times 9 \times 9} = \frac{8}{27}$이다.

(3) 가로, 세로, 대각선은 모두 8가지의 경우가 있고, 각각의 경우마다 나오는 수의 순서를 고려하면 $3 \times 2 \times 1 = 6$가지가 있다. 따라서 구하는 확률은 $\frac{8 \times (3 \times 2 \times 1)}{9 \times 9 \times 9} = \frac{16}{243}$이다.

문제 13.15 아래 그림과 같이, 공간상에 세 점 A, B, C가 있고, 선분 AB, BC, CA를 지름으로 하는 세 개의 원이 한 점 O에서 만난다.

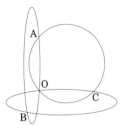

$AB = \sqrt{6} + \sqrt{2}$, $BC = \sqrt{14}$, $CA = \sqrt{6} - \sqrt{2}$일 때, 다음 물음에 답하여라.

(1) 선분 OA의 길이를 구하여라.

(2) 사면체 O-ABC의 부피를 구하여라.

(3) 삼각형 ABC의 넓이를 구하여라.

풀이

(1) 아래 그림과 같이, AB, BC, CA가 각각의 원의 지름이므로, $\angle AOB = \angle BOC = \angle COA = 90°$이다.

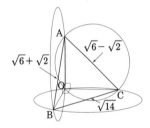

그러므로 OA $= a$, OB $= b$, OC $= c$라 하면,

$$a^2 + b^2 = (\sqrt{6} + \sqrt{2})^2 = 8 + 4\sqrt{3},$$
$$b^2 + c^2 = (\sqrt{14})^2 = 14,$$
$$c^2 + a^2 = (\sqrt{6} - \sqrt{2})^2 = 8 - 4\sqrt{3}$$

이다. 즉, $a^2 + b^2 + c^2 = 15$이다. 따라서 $a^2 = 1$이다. 즉, OA $= a = 1$이다.

(2) (1)로부터, $b^2 = 7 + 4\sqrt{3}$, $c^2 = 7 - 4\sqrt{3}$이다. 그러므로 $a^2 b^2 c^2 = 1$이다. 즉, $abc = 1$이다. 따라서 사면체 O-ABC의 부피는 $\frac{1}{6}abc = \frac{1}{6}$이다.

(3) 아래 그림과 같이, 점 A에서 선분 BC에 내린 수선의 발을 H라 하고, BH $= x$라 하자.

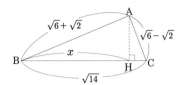

그러면, $AH^2 = AB^2 - BH^2 = AC^2 - CH^2$이다. 그러므로

$$(\sqrt{6} + \sqrt{2})^2 - x^2 = (\sqrt{6} - \sqrt{2})^2 - (\sqrt{14} - x)^2$$

이다. 이를 정리하면 $x = \frac{4\sqrt{3} + 7}{\sqrt{14}}$이다. 또, $AH^2 = \frac{15}{14}$이다. 즉, $AH = \sqrt{\frac{15}{14}}$이다. 따라서

$$\triangle ABC = \frac{1}{2} \times \sqrt{14} \times \sqrt{\frac{15}{14}} = \frac{\sqrt{15}}{2}$$

이다.

문제 13.16 서로 다른 세 자연수 a, b, c에서, 어느 두 수의 합을 남은 다른 수로 나누면 나머지가 1이라고 한다. $a < b < c$일 때, 다음 물음에 답하여라.

(1) $a+b$를 c로 나눈 몫을 구하여라.

(2) $a+c$를 b로 나눈 몫을 구하여라.

(3) 순서쌍 (a, b, c)를 모두 구하여라.

[풀이] 문제문으로부터

$$a+b = kc+1, a+c = lb+1, b+c = ma+1$$

을 만족하는 음이 아닌 정수 k, l, m이 존재한다.

(1) $1 \leq a < b < c$에서 $1 < a+b < 2c$이다. 그런데, $a+b-1$는 c로 나누어떨어지므로 $a+b$를 c로 나눈 몫은 1이다.

(2) (1)에서 $a+b = c+1$이다. 그러므로 $c = a+b-1$이다. 즉, $a+c = 2a+b-1$이다.
$1 \leq a < b < c$에서 $1+b < a+c = 2a+b-1 < 3b-1$이다.
$a+c-1$은 b로 나누어떨어지고, 그 때의 몫은 2이다. 따라서 $a+c$를 b로 나눈 몫은 2이다.

(3) (1), (2)에서 $a+b = c+1, a+c = 2b+1$이다. 이를 b, c에 대한 연립방정식으로 보고 풀면 $b = 2a-2, c = 3a-3$이다.
$a < b < c$이므로 $a < 2a-2 < 3a-3$이다. 따라서 $a > 2$이다. 또, $b+c = 5a-5 = ma+1$이므로 $(5-m)a = 6$이다. 즉, a는 6의 약수이다. 그러므로 가능한 $a = 3, 6$이다. 따라서 구하는 $(a, b, c) = (3, 4, 6), (6, 10, 15)$이다.

문제 13.17 아래 그림은, 한 모서리의 길이가 같은 정육각기둥이다. 하나의 주사위를 두 번 연속으로 던져서, 차례로 두 점 P, Q의 위치를 정한다.

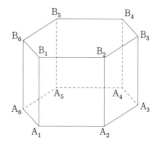

• 첫 번째 던져서 나온 눈을 m이라 할 때, 꼭짓점 A_m의 위치에 점 P를 놓는다.

• 두 번째 던져서 나온 눈을 n이라 할 때, 꼭짓점 B_n의 위치에 점 Q를 놓는다.

예를 들어, 첫 번째 던져서 나온 눈이 6이면 점 P를 꼭짓점 A_6에 놓고, 두 번째 나온 눈이 1이면 점 Q를 꼭짓점 B_1에 놓는다. 다음 물음에 답하여라.

(1) 세 점 A_1, P, Q를 연결한 도형이 삼각형이 되지 않을 확률을 구하여라.

(2) 두 점 P, Q를 연결했을 때, 선분 PQ의 길이가 최대가 될 확률을 구하여라.

(3) 세 점 A_6, P, Q를 연결한 도형이 직각삼각형이 될 확률을 구하여라.

[풀이]

(1) A_1과 P가 일치하는 경우에만 세 점 A_1, P, Q을 연결한 도형이 삼각형이 되지 않으므로 구하는 확률은 $\frac{1 \times 6}{6 \times 6} = \frac{1}{6}$이다.

(2) (아래 그림 참고) 선분 PQ의 길이가 최대가 되는 경우는 P와 Q가 A_1과 B_4, A_2와 B_5, A_3과 B_6, A_4와 B_1, A_5와 B_2, A_6과 B_3일 때의 6가지 경우이다.

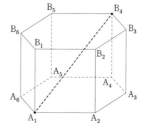

따라서 구하는 확률은 $\frac{6}{6 \times 6} = \frac{1}{6}$이다.

따라서 구하는 확률은 $\frac{9 \times 2}{6 \times 6} = \frac{1}{2}$이다.

(3) 삼각형 $A_6 PQ$가 직각삼각형이 되기 위해서는 $\angle A_6$, $\angle P$, $\angle Q$ 중 하나가 $90°$이어야 한다.

  (i) $\angle A_6 = 90°$인 경우를 살펴보자.

  $P = A_1$일 때, Q는 B_6, B_4가 가능해서 2가지이다. (아래 그림 참고)

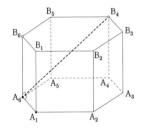

  • $P = A_2$일 때, Q는 B_6, B_5가 가능해서 2가지이다.

  • $P = A_3$일 때, Q는 B_6만 가능해서 1가지이다.

  • $P = A_4$일 때, $P = A_2$와 같은 경우이므로 2가지이다.

  • $P = A_5$일 때, $P = A_1$과 같은 경우이므로 2가지이다

  따라서 $\angle A_6 = 90°$인 경우에는 모두 9가지이다.

  (ii) $\angle P = 90°$인 경우를 살펴보자.

  $P = A_1$일 때, Q는 B_1, B_3이 가능해서 2가지이다. (아래 그림 참고)

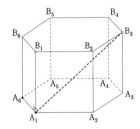

  • $P = A_2$일 때, Q는 B_2, B_3가 가능해서 2가지이다.

  • $P = A_3$일 때, Q는 B_3만 가능해서 1가지이다.

  • $P = A_4$일 때, $P = A_2$와 같은 경우이므로 2가지이다.

  • $P = A_5$일 때, $P = A_1$과 같은 경우이므로 2가지이다

  따라서 $\angle P = 90°$인 경우에는 모두 9가지이다.

  (iii) $\angle Q = 90°$인 경우는 불가능하다.

문제 13.18 그림과 같이, AB = 3, AC = 6인 삼각형 ABC에서 ∠BAC의 이등분선과 변 BC와의 교점을 D라 한다.

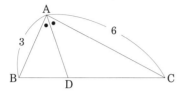

∠BAC = 60°일 때, AD의 길이를 x라 하고, ∠BAC = 120°일 때, AD의 길이를 y라 하자. 다음 물음에 답하여라.

(1) x의 값을 구하여라.

(2) ∠BAC = 120°일 때, 삼각형 ABC의 넓이를 구하여라.

(3) $x : y$를 구하여라.

[풀이]

(1) (아래 그림 참고) ∠BAC = 60°, AB : AC = 1 : 2이므로 삼각형 ABC는 한 내각이 30°인 직각삼각형이고, ∠ABC = 90°이다.

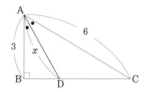

또, 삼각형 ABD도 한 내각이 30°인 직각삼각형이므로, x = AD = AB × $\frac{2}{\sqrt{3}}$ = $2\sqrt{3}$이다.

(2) (아래 그림 참고) 점 B에서 직선 CA에 내린 수선의 발을 H라 하면, 삼각형 ABH는 한 내각이 30°인 직각삼각형이고, BH = $\frac{3\sqrt{3}}{2}$이다. 그러므로 △ABC = $\frac{1}{2}$ × 6 × $\frac{3\sqrt{3}}{2}$ = $\frac{9\sqrt{3}}{2}$이다.

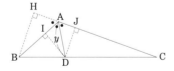

(3) (위의 그림 참고) 점 D에서 선분 AB, AC에 내린 수선의 발을 각각 I, J라 하면, 삼각형 ADI와 삼각형 ADJ는 한 내각이 30°인 직각삼각형이다. 즉, DI = DJ = $\frac{\sqrt{3}}{2}y$이다. 또,

$$\triangle ABC = \triangle ABD + \triangle ACD = \frac{9\sqrt{3}}{4}y = \frac{9\sqrt{3}}{2}$$

이다. 그러므로 $y = 2$이다. 즉, $x : y = \sqrt{3} : 1$이다.

문제 13.19 3이 적힌 카드가 10장, 5가 적힌 카드가 10장, 10이 적힌 카드가 10장, 모두 30장의 카드가 상자 속에 있다. 이 중에서 한 장씩 카드를 꺼내고, 꺼낸 카드에 적힌 수의 합계가 10이상이 된 시점에 조작이 끝난다. 단, 각각의 카드에는 반드시 3, 5, 10 중 하나의 수가 1개 적혀있다. 꺼낸 카드는 다시 상자 속으로 되돌리지 않는다. 다음 물음에 답하여라.

(1) 조작이 끝날 때까지, 카드를 꺼낸 횟수가 한 번일 확률을 구하여라.

(2) 조작이 끝날 때까지, 카드를 꺼낸 횟수가 두 번일 확률을 구하여라.

(3) 조작이 끝날 때, 꺼낸 카드에 적힌 수의 합이 12이상인 확률을 구하여라.

[풀이]

(1) 첫 번째에 10이 나오면 조작이 끝나므로, 구하는 확률을 $\frac{10}{30} = \frac{1}{3}$이다.

(2) 첫 번째에 3, 두 번째에 10을 꺼내는 경우과 첫번째에 5를, 두 번째에 5나 10을 꺼내는 경우가 있다. 따라서 구하는 확률은

$$\frac{10}{30} \times \frac{10}{29} + \frac{10}{30} \times \frac{19}{29} = \frac{1}{3}$$

이다.

(3) 여사건을 생각하자. 12미만으로 끝나는 경우를 생각하면, 첫 번째 10을 꺼내는 경우, 첫 번째에 5를, 두 번째 5를 꺼내는 경우, 세 번에 걸쳐서 3, 3, 5를 꺼내는 경우가 있다. 따라서 12미만으로 끝나는 확률은

$$\frac{10}{30} + \frac{10}{30} \times \frac{9}{29} + \frac{10}{30} \times \frac{10}{29} \times \frac{9}{28} \times 3 = \frac{23}{42}$$

이다. 그러므로 구하는 확률은 $1 - \frac{23}{42} = \frac{19}{42}$이다.

문제 13.20 아래 그림과 같이, 한 모서리의 길이가 6인 입체가 있다. 이 입체의 밑면 중 아래는 정육각형이고, 위는 정삼각형이다. 또, 옆면은 정삼각형 3개와 정사각형 3개로 이루어졌다.

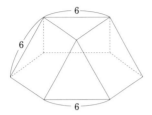

다음 물음에 답하여라.

(1) 이 입체의 겉넓이를 구하여라.

(2) 이 입체에서 두 밑면(정삼각형과 정육각형) 사이의 거리(즉, 높이)를 구하여라.

(3) 이 입체의 부피를 구하여라.

풀이

(1) 밑면 중 정육각형의 넓이는 한 변의 길이가 6인 정삼각형의 넓이의 6배이다. 그러므로 구하는 입체의 겉넓이는

$$\frac{\sqrt{3}}{4} \times 6^2 \times (4+6) + 6^2 \times 3 = 90\sqrt{3} + 108$$

이다.

(2) 아래 그림과 같이(평면도), 밑면 중 위의 정삼각형을 ABC와 아래의 정육각형을 DEFGHI라고 하고, 점 A, B, C에서 정육각형 DEFGHI에 내린 수선의 발을 각각 A′, B′, C′라 하자.

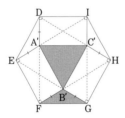

위의 그림의 삼각형 B′FG은 밑변이 6이고, 꼭짓각이 120°인 이등변삼각형이므로, B′G = $\frac{\text{FG}}{\sqrt{3}}$ = $2\sqrt{3}$이다. 아래 그림과 같이 다른 각도에서 직각삼각형 BB′G을 생각하면, 구하는 높이는

$$\text{BB}' = \sqrt{6^2 - (2\sqrt{3})^2} = 2\sqrt{6}$$

이다.

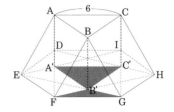

(3) (위의 그림 참고) 이 입체의 부피는 삼각뿔 BB′FG의 부피의 3배와 삼각기둥 BB′G-CC′H의 부피의 3배와 삼각기둥 ABC-A′B′C′의 부피의 합과 같다. 따라서

구하는 입체의 부피
$$= \frac{1}{3} \times \frac{\sqrt{3}}{4} \times (2\sqrt{3})^2 \times 2\sqrt{6} \times 3$$
$$+ \frac{1}{2} \times 2\sqrt{3} \times 2\sqrt{6} \times 6 \times 3 + \frac{\sqrt{3}}{4} \times 6^2 \times 2\sqrt{6}$$
$$= 180\sqrt{2}$$

이다.

제 14 절   점검 모의고사 14회 풀이

문제 14.1 다음 물음에 답하여라.

(1) A는 두 자리 자연수이고, 십의 자리 수가 일의 자리 수보다 크고, 일의 자리 수는 0이 아니다. A의 십의 자리 수와 일의 자리 수를 바꾼 두 자리 수를 B라 할 때, $\sqrt{A-B+9}$를 자연수가 되게 하는 A의 개수를 구하여라.

(2) 1부터 6까지의 눈이 나오는 큰 주사위와 작은 주사위 각각 1개를 동시에 1회 던진다. 큰 주사위에서 나온 눈의 수를 x, 작은 주사위에서 나온 눈의 수를 y라 할 때, $x \geq 2y$ 또는 $y \geq 3x$ 중 적어도 하나가 성립하는 확률을 구하여라. 단, 큰 주사위와 작은 주사위에서 1부터 6까지의 눈이 나올 확률은 같다.

(3) 그림과 같이, 삼각형 ABC의 세 점 A, B, C가 같은 원주 위에 있고, 직선 l이 변 AC, 변 AB와 각각 만난다. 직선 AB에 대하여 점 C와 같은 편에, $\angle APB = \frac{1}{2} \angle ACB$가 되도록 직선 l 위에 점 P를 자와 컴퍼스를 이용하여 작도하고 점 P의 위치를 문자 P를 사용하여 나타내어라. 단, 작도에 이용한 선은 지우지 말고 그대로 둔다.

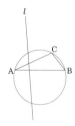

풀이

(1) A의 십의 자리 수를 x, 일의 자리 수를 y라 하면, $A = 10x + y$, $B = 10y + x$이다.

$$\sqrt{A-B+9} = \sqrt{(10x+y) - (10y+x) + 9}$$
$$= \sqrt{9(x-y+1)}$$
$$= 3\sqrt{x-y+1}$$

이므로 $x - y + 1$은 완전제곱수이어야 한다. x, y는 한 자리 자연수이고, $x > y > 0$이므로 $x - y + 1 = 4$ 또는 $x - y + 1 = 9$이다.

(i) $x - y + 1 = 4$일 때, $(x, y) = (9, 6)$, $(8, 5)$, $(7, 4)$, $(6, 3)$, $(5, 2)$, $(4, 1)$이다.

(ii) $x - y + 1 = 9$일 때, $(x, y) = (9, 1)$이다.

따라서 주어진 조건을 만족하는 A는 모두 7개이다.

(2) $x \geq 2y$를 만족하는 (x, y)는

- $y = 1$일 때, $x = 2, 3, 4, 5, 6$이 가능하므로 5가지이다.

- $y = 2$일 때, $x = 4, 5, 6$이 가능하므로 3가지이다.

- $y = 3$일 때, $x = 6$이 가능하므로 1가지이다.

또, $y \geq 3x$를 만족하는 (x, y)는

- $x = 1$일 때, $y = 3, 4, 5, 6$이 가능하므로 4가지이다.

- $x = 2$일 때, $y = 6$이 가능하므로 1가지이다.

그러므로 구하는 확률은 $\frac{14}{36} = \frac{7}{18}$이다.

(3) 다음 순서로 작도한다.

① 선분 AB의 수직이등분선과 원과의 교점 중 C와 같은 편에 있는 점을 O라 한다.

② O를 중심으로 하고, A, B를 지나는 원과 직선 l과의 교점 중 AB에 대하여 C와 같은 편에 있는 점을 P라 한다.

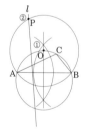

문제 14.2 아래 그림에서 ①, ②, ③은 각각 이차함수 $y = ax^2$ $(a > 0)$, $y = bx^2$ $(b < 0)$, 반비례함수 $y = \frac{4}{x}$를 나타낸다. ①과 ③의 교점 A의 x좌표는 2이고, ②와 ③의 교점 B의 x좌표는 -4이다.

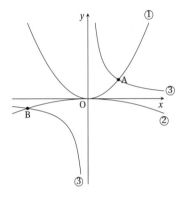

다음 물음에 답하여라.

(1) a, b의 값을 각각 구하여라.

(2) 이차함수 ①위의 x좌표가 음수인 점 P가 있다. △APB의 넓이와 △OAB의 넓이가 같을 때, 점 P의 x좌표를 구하여라.

(3) 직선 AB와 평행한 직선이 반비례함수 ③과 두 점 C, D에서 만나고, 점 D의 x좌표가 4이다. 이때, 사각형 ABCD의 넓이는 삼각형 OAB의 넓이의 몇 배인가?

풀이

(1) ③으로부터 A(2,2), B($-4,-1$)이다. A를 ①에, B를 ②에 대입하면

$$2 = 2^2 a, \quad -1 = (-4)^2 b$$

이다. 따라서 $a = \frac{1}{2}$, $b = -\frac{1}{16}$이다.

(2) 직선 AB의 방정식은 $y = \frac{2+1}{2+4}(x-2) + 2$이다. 즉, $y = \frac{1}{2}x + 1$이다.

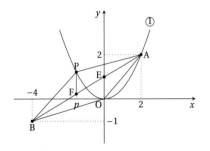

위의 그림과 같이 점 E, F를 잡으면, △APB = △OAB일 때, PF = EO이다. P의 x좌표를 p라 하면,

$$\frac{1}{2}p^2 - \left(\frac{1}{2}p + 1\right) = 1$$

이다. 이를 정리하면 $p^2 - p - 4 = 0$이다. 따라서, $p < 0$이므로 $p = \frac{1-\sqrt{17}}{2}$이다.

(3) D(4,1)이고, 직선 CD의 방정식은 $y = \frac{1}{2}(x-4)+1$이다. 즉, $y = \frac{1}{2}x - 1$이다.

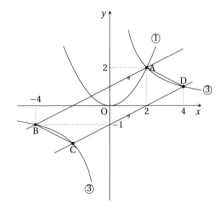

두 직선 AB, CD가 원점에 대하여 대칭이고, ③의 그래프도 원점에 대하여 대칭이므로, 사각형 ABCD는 평행사변형이다. 그러므로 AC와 BD의 교점이 O이다.

따라서 사각형 ABCD의 넓이는 삼각형 OAB의 넓이의 4배이다.

문제 14.3 아래 그림과 같이, 직사각형 ABCD와 선분 PQ가 있다. 변 BC위에 점 R에 대하여 꺾은선 PQR이 직사각형 ABCD의 넓이를 이등분한다.

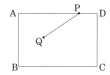

다음 물음에 답하여라.

(1) 점 R을 어떻게 잡으면 좋은지에 대하여 작도의 수순을 통하여 설명하여라.

(2) (1)의 수순으로 구한 점 R에 대하여, 꺾은선 PQR이 직사각형 ABCD의 넓이를 이등분함을 증명하여라.

box[풀이]

(1) ① DP = BS가 되는 점 S를 변 BC위에 잡는다.
② P를 중심으로 하고 반지름이 QS이 원을 그리고, S를 중심으로 하고 반지름이 PQ이 원을 그린다. 두 원의 교점을 T라 한다.
③ 직선 PT와 변 BC의 교점을 R이라 한다.

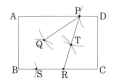

(2) 위의 그림에서, ②로부터 PT = QS, ST = QP이므로, 사각형 PQST는 평행사변형이다. 그러므로 QS ∥ PR 이고, △QRP = △SRP이다. 양변에 각각 사다리꼴 PRCD를 더하면,

$$오각형 \ PQRCD = 사다리꼴 \ PSCD$$
$$= \frac{1}{2} \times 직사각형 \ ABCD$$

이다.

문제 14.4 왼쪽부터 순서대로 정수를 나열한다. 첫 번째 수를 a_1, 두 번째 수를 a_2, 세 번째 수를 a_3으로 나타낸다. 나열하는 방법은 다음의 규칙을 따른다.

(가) a_1과 a_2는 주어진다.

(나) $a_3 = a_2 - a_1$, $a_4 = a_3 - a_2$이고, 자연수 n에 대하여, $a_{n+2} = a_{n+1} - a_n$이다.

예를 들어, $a_1 = 3$, $a_2 = 5$이면,

$$a_3 = 5 - 3 = 2, \ a_4 = 2 - 5 = -3$$

이다.

(1) $a_1 = 3$, $a_2 = 5$일 때, a_5, a_9, a_{50}을 구하여라.

(2) (1)에서, a_1부터 a_{100}까지의 합을 구하여라.

box[풀이]

(1) 순서대로 몇 개의 항을 구하면,

$$a_5 = a_4 - a_3 = -3 - 2 = -5$$
$$a_6 = a_5 - a_4 = -5 + 3 = -2$$
$$a_7 = a_6 - a_5 = -2 + 5 = 3$$
$$a_8 = a_7 - a_6 = 3 + 2 = 5$$
$$a_9 = a_8 - a_7 = 5 - 3 = 2$$

이다. a_n은 $n = 1$부터 $3 \to 5 \to 2 \to -3 \to -5 \to -2$로 6개씩 반복된다.
$50 \div 6 = 8 \cdots 2$이므로 $a_{50} = a_2 = 5$이다.
따라서 $a_5 = -5$, $a_9 = 2$, $a_{50} = 5$이다.

(2) $100 \div 6 = 16 \cdots 4$이므로

$$a_1 + \cdots + a_{100}$$
$$= (3 + 5 + 2 - 3 - 5 - 2) \times 16 + (3 + 5 + 2 - 3)$$
$$= 7$$

이다

문제 14.5 다음 물음에 답하여라.

(1) $(a+c)(b+1)$를 전개하여라.

(2) $a+bc-ab-c$를 인수분해하여라.

(3) 다음 조건을 만족하는 자연수 a, b, c의 쌍 (a,b,c)를 모두 구하여라.

$$a+bc = 106, \quad ab+c = 29, \quad a \le b \le c$$

풀이

(1) $(a+c)(b+1) = ab+a+bc+c$이다.

(2) $a+bc-ab-c = b(c-a)-(c-a) = (c-a)(b-1)$이다.

(3) $a+bc+ab+c = 106+29$이므로 좌변을 인수분해하면,

$$(a+c)(b+1) = 135 \qquad ①$$

이고, $a+bc-ab-c = 106-29$이므로 좌변을 인수분해하면,

$$(c-a)(b-1) = 77 \qquad ②$$

이다. ②에서 $b-1$은 77의 양의 약수이므로, $b-1 = 1$, 7, 11, 77이 가능하고, $b+1 = 3$, 9, 13, 79가 가능하다. ①에서 $b+1$은 135의 양의 약수이므로, $b+1 = 3$, 9가 가능하다.

  (i) $b+1 = 3$ $(b-1=1)$일 때, ①, ②에서 $c+a = 45$, $c-a = 77$이 되어 $a < 0$이다. 그러므로 이를 만족하는 a, b, c는 존재하지 않는다.

  (ii) $b+1 = 9$ $(b-1=7)$일 때, ①, ②에서 $c+a = 15$, $c-a = 11$이 되어 $c = 13$, $a = 2$이다.

따라서 구하는 $(a,b,c) = (2,8,13)$이다.

문제 14.6 다음 물음에 답하여라.

(1) 그림과 같이, AB = AC = 4, BC = 2인 이등변삼각형 ABC에서 변 AC위에 중심을 갖고, 변 AB, BC에 모두 접하는 반원의 반지름을 구하여라.

(2) 자연수 a에 대하여, 이차함수 $y = ax^2 \; (x \le 0) \cdots$ ①과 일차함수 $y = ax + 4a \cdots$ ②, x축으로 둘러싸인 부분이 둘레와 내부의 격자점의 개수를 N이라 할 때, N을 a에 관한 식으로 나타내어라. 단, 격자점은 좌표평면 위의 x좌표와 y좌표가 모두 정수인 점을 말한다.

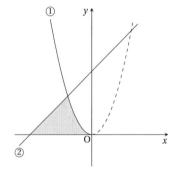

풀이

(1) 아래 그림과 같이 A에서 BC에 내린 수선의 길이를 h라 하고, 반원의 중심을 O, 반지름을 r이라 하자.

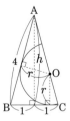

$h = \sqrt{4^2-1^2} = \sqrt{15}$이므로,

$$\triangle ABC = \frac{1}{2} \times 2 \times \sqrt{15} = \sqrt{15}$$

이다. 또,

$$\triangle ABC = \triangle OAB + \triangle OBC = \frac{1}{2} \times 4r + \frac{1}{2} \times 2r = 3r$$

이다. 그러므로 $\sqrt{15} = 3r$이다. 즉, $r = \frac{\sqrt{15}}{3}$이다.

(2) 이차함수 ①과 일차함수 ②의 교점의 x좌표를 구한다. $ax^2 = ax + 4a$에서 $a \neq 0$이므로 a로 양변을 나누고 정리하면 $x^2 - x - 4 = 0$이다.

$x \leq 0$이므로 $x = \frac{1-\sqrt{17}}{2}$이다. $4 < \sqrt{17} < 5$이므로 $-5 < -\sqrt{17} < -4$이므로 $-2 < \frac{1-\sqrt{17}}{2} < -1.5$이다.

일차함수 ②의 x절편이 -4이므로 그래프는 아래 그림과 같다.

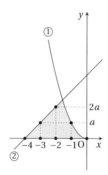

색칠한 부분의 둘레의 격자점을 그림과 같이 나타낸다.

색칠한 부분에서 직선 $x = -4$, $x = -3$, $x = -2$, $x = -1$, $x = 0$위의 격자점의 개수는 순서대로 1, $a+1$, $2+1$, $a+1$, 1개다.

따라서 $N = 4a + 5$이다.

문제 14.7 그림과 같이, 정육각기둥 ABCDEF-GHIJKL에서 모서리 BH, EK의 중점을 각각 M, N이라 한다.

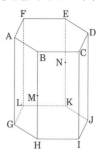

$AB = 2$, $AG = 8$일 때, 다음 물음에 답하여라.

(1) 정육각기둥 ABCDEF-GHIJKL에서, 모서리 AB와 꼬인 위치에 있는 모서리는 모두 몇 개인가?

(2) 정육각기둥 ABCDEF-GHIJKL의 각 면에 7개의 색을 모두 사용하여 색칠한다. 한 개 면에는 한 가지 색으로만 칠한다. 또, 두 개의 정육각형에는 같은 색으로 칠한다. 이때, 칠하는 방법의 수를 구하여라. 단, 돌리거나 회전하여 같으면 한 가지 경우로 생각한다.

(3) 정육각기둥 ABCDEF-GHIJKL을 세 점 A, M, N을 지나는 평면으로 절단했을 때, 절단면의 넓이를 구하여라.

(4) (3)에서 절단한 두 개의 입체 중 점 C를 포함한 입체에서, (3)의 절단면과 점 C 사이의 거리를 구하여라.

(5) (4)의 입체를 세 점 C, M, N을 지나는 평면으로 절단한 두 개의 입체 중 점 I를 포함한 입체의 부피를 구하여라.

풀이

(1) 모서리 AB와 동일 평면 위에 있는 모서리는 BC, CD, DE, EF, FA, AG, GH, HB, KJ로 모두 9개이다. 따라서 모서리 AB와 꼬인 위치에 있는 모서리는 $18 - (9+1) = 8$개이다.

(2) 7개의 색을 a, b, c, d, e, f, g라 하자. 두 밑면에 색칠하는 색을 정하는 방법이 7가지이고, 편의상 그 색을 a라 하자.

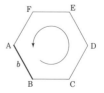

그림과 같이 정육각기둥을 위에서 볼 때, 모서리 AB를 포함한 옆면을 b로 칠하면, 남은 5개의 옆면에 색을 칠하는 방법의 수는 $5 \times 4 \times 3 \times 2 \times 1 = 120$가지이다. 모서리 AB의 반시계방향으로 b, c, d, e, f, g를 칠하는 것과 b, g, f, e, d, c, b를 칠하는 것은 같은 경우에 해당한다. 따라서 구하는 답은 $7 \times (120 \div 2) = 420$가지이다.

(3) MN // AF이므로 모서리 MN과 점 A를 포함한 평면은 모서리 IJ를 지난다. 그러므로 절단면은 아래 그림의 굵은 선의 육각형이 된다.

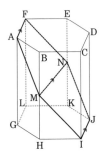

이 육각형의 넓이는 등변사다리꼴 AMNF의 넓이의 2배가 된다. 아래 그림과 같이 등변사다리꼴 AMNF만 따로 떼어 생각하면,

$$AP = \sqrt{(2\sqrt{5})^2 - 1^2} = \sqrt{19}$$

이다. 그러므로 구하는 넓이는

$$\frac{(2+4) \times \sqrt{19}}{2} \times 2 = 6\sqrt{19}$$

이다.

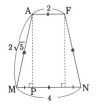

(4) 구하는 거리는, △CAI에서 점 C에서 변 AI에 내린 수선의 길이와 같다.

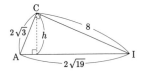

위의 그림과 같이 수선의 길이를 h라 하면, 삼각형 넓이를 구하는 두 가지 방법에 의하여

$$2\sqrt{19} \times h = 2\sqrt{3} \times 8$$

이다. 이를 정리하면 $h = \dfrac{8\sqrt{57}}{19}$이다.

(5) 부피를 구하는 입체는, 아래 그림에서 굵은 선으로 표시된 입체이다.

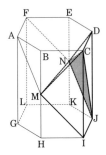

이 부피는 사각뿔 C-IMNJ과 삼각뿔 C-DNJ의 부피의 합이다. 따라서 구하는 부피는

$$\frac{1}{3} \times \frac{6\sqrt{19}}{2} \times \frac{8\sqrt{57}}{19} + \frac{1}{3} \times \frac{8 \times 2}{2} \times \sqrt{3}$$
$$= 8\sqrt{3} + \frac{8\sqrt{3}}{3}$$
$$= \frac{32\sqrt{3}}{3}$$

문제 14.8 다음 물음에 답하여라.

(1) 세 자리 자연수 a, b의 최대공약수가 24이고, 최소공배수가 720일 때, a, b를 구하여라. 단, $a < b$이다.

(2) A주머니에는 빨간 공 3개, 흰 공 2개가 들어 있고, B주머니에는 빨간 공 1개, 흰 공 5개가 들어 있다. 두 주머니에서 동시에 1개의 공을 꺼내서, A주머니에서 꺼낸 공은 B주머니에 넣고, B주머니에서 꺼낸 공은 A주머니에 넣을 때, 처음의 상태에서 변하지 않을 확률을 구하여라.

(3) 12km 떨어진 두 지점 P, Q를 연결된 도로를, 승우는 시속 4km의 속력으로 P에서 Q로, 정우는 시속 $x$km의 속력으로 Q에서 P로 향하여 동시에 출발한다. 출발한 지 y시간 후에 두 사람은 만나고, 이어 48분 후에 정우는 P지점에 도착했다. 이때, x, y의 값을 구하여라.

(4) 아래 그림과 같이, 세 점 A, B, C가 원 O의 원주 위에 있고, AB = 9, BC = 8, CA = 7이다. 점 A에서 선분 BC에 내린 수선의 발을 D라 하고, AO의 연장선과 원 O와의 교점을 E라 할 때, 선분 AD와 AE의 길이를 각각 구하여라.

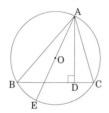

[풀이]

(1) $a = 24a'$, $b = 24b'$ (a'과 b'은 서로소인 자연수이고, $b' > a' \geq 5$)라고 하면, 주어진 조건으로부터 $24a'b' = 720$이다. 즉, $a'b' = 30$이다.

따라서 $a' = 5$, $b' = 6$이다. 즉, $a = 120$, $b = 144$이다.

(2) 두 주머니에서 빨간 공을 꺼내는 경우와 흰 공을 꺼내는 경우로 나눠서 생각하여 확률을 구하면,

$$\frac{3}{5} \times \frac{1}{6} + \frac{2}{5} \times \frac{5}{6} = \frac{13}{30}$$

이다.

(3) 주어진 조건으로부터 연립방정식을 만들면,

$$4y + xy = 12, \quad x\left(y + \frac{48}{60}\right) = 12$$

이다. 두 식을 변끼리 빼면,

$$4y - \frac{48}{60}x = 0, \quad x = 5y$$

이다. 이를 $4y + xy = 12$에 대입한 후 정리하면

$$5y^2 + 4y - 12 = 0, \quad (y+2)(5y-6) = 0$$

이다. $y > 0$이므로, $y = \frac{6}{5}$이다. 또, $x = 6$이다.

(4) CD = x라 하면, $AD^2 = 7^2 - x^2 = 9^2 - (8-x)^2$이다. 이를 정리하면 $x = 2$이다. 그러므로 AD = $\sqrt{7^2 - 2^2} = 3\sqrt{5}$이다.

BE를 연결하면, $\angle ABE = 90° = \angle ADC$이고, 원주각의 성질에 의하여 $\angle AEB = \angle ACD$이므로 $\triangle ABE$와 $\triangle ADC$는 닮음(AA닮음)이다.

그러므로 AB : AE = AD : AC, $9 : AE = 3\sqrt{5} : 7$이다.

따라서 AE $= \frac{9 \times 7}{3\sqrt{5}} = \frac{21\sqrt{5}}{5}$이다.

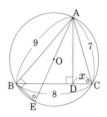

문제 14.9 자연수의 역수를, 두 자연수의 역수의 합으로 나타내는 것을 생각한다. 예를 들어, $\frac{1}{2}$는 $\frac{1}{3}+\frac{1}{6}$, $\frac{1}{4}+\frac{1}{4}$로 두 가지 방법으로, $\frac{1}{3}$은 $\frac{1}{4}+\frac{1}{12}$, $\frac{1}{6}+\frac{1}{6}$으로 두 가지 방법으로, $\frac{1}{4}$는 $\frac{1}{5}+\frac{1}{20}$, $\frac{1}{6}+\frac{1}{12}$, $\frac{1}{8}+\frac{1}{8}$으로 세 가지 방법으로 나타낼 수 있다.

(1) 자연수 n에 대하여, $\frac{1}{n}=\frac{1}{n+p}+\frac{1}{n+q}$를 만족하는 p, q의 곱 pq를 n에 관한 식으로 나타내어라.

(2) $\frac{1}{6}$을 두 자연수의 역수의 합으로 나타낼 때, 모두 몇 가지의 방법으로 나타낼 수 있는가?

(3) $\frac{1}{216}$을 두 자연수의 역수의 합으로 나타낼 때, 모두 몇 가지의 방법으로 나타낼 수 있는가?

[풀이]

(1) $\frac{1}{n}=\frac{1}{n+p}+\frac{1}{n+q}$에서 우변을 통분하면

$$\frac{1}{n}=\frac{2n+(p+q)}{(n+p)(n+q)}$$

이다. 양변에 $n(n+p)(n+q)$를 곱한 후, 정리하면

$$n^2+(p+q)n+pq=2n^2+(p+q)n$$

이다. 즉, $pq=n^2$이다.

(2) (1)에서 $n=6$이므로 $pq=36$이다.
$p \le q$라 하면, $(p,q) = (1,36)$, $(2,18)$, $(3,12)$, $(4,9)$, $(6,6)$이다.
따라서 $\frac{1}{6}=\frac{1}{7}+\frac{1}{42}$, $\frac{1}{8}+\frac{1}{24}$, $\frac{1}{9}+\frac{1}{18}$, $\frac{1}{10}+\frac{1}{15}$, $\frac{1}{12}+\frac{1}{12}$이다.
그러므로 모두 5가지의 방법으로 나타낼 수 있다.
(다른 풀이) $pq=2^2 \times 3^2$이므로 양의 약수의 개수는 $(2+1)(2+1)=9$개이므로, $(9-1) \div 2+1=5$가지로 나타낼 수 있다.

(3) (2)의 (다른 풀이)와 같은 방법으로 구하자.
$pq=216^2=2^6 \times 3^6$의 양의 약수의 개수는 $(6+1)(6+1)=49$개이므로, $(49-1) \div 2+1=25$가지로 나타낼 수 있다.

문제 14.10 아래 그림은, 원점 O와 좌표평면 위에 일차함수 $y=2x+1 \cdots$ ①의 그래프와 반비례함수 $y=\frac{a}{x} \cdots$ ②의 그래프이다.

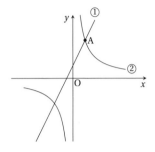

①, ②의 그래프 위에 x좌표가 t $(t>1)$인 점 $\mathrm{P}(t, 2t+1)$, $\mathrm{Q}\left(t, \frac{a}{t}\right)$가 각각 있다. 이때, 다음 물음에 답하여라.

(1) a의 값을 구하여라.

(2) 삼각형 OPQ의 넓이를 t를 사용하여 나타내어라.

(3) t의 값이 $\frac{5}{2}$에서 3으로 증가할 때, 삼각형 OPQ의 넓이의 변화율을 구하여라.

(4) 삼각형 OPQ의 넓이가 $\frac{3}{2}$일 때, 직선 AQ의 방정식을 구하여라.

[풀이]

(1) A는 ① 위에 $x=1$인 점이므로, A(1,3)이다.
또, A는 ② 위에 있으므로, $a=1 \times 3=3$이다.

(2) $\triangle \mathrm{OPQ}=\frac{1}{2} \times \mathrm{PQ} \times t=\frac{t}{2}\left(2t+1-\frac{3}{t}\right)=\frac{1}{2}(2t^2+t-3) \cdots$ ③ 이다.

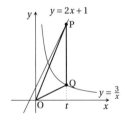

(3) $t=\frac{5}{2}$, 3일 때, ③은 순서대로 6, 9이다. 따라서 구하는 답은 $(9-6) \div \left(3-\frac{5}{2}\right)=6$이다.

(4) ③ $=\frac{3}{2}$일 때, $2t^2+t-3=3$을 풀면 $t=-2$, $\frac{3}{2}$이다. 그런데, $t>1$이므로 $t=\frac{3}{2}$이다.
A(1,3), Q$\left(\frac{3}{2}, 2\right)$이므로, AQ의 방정식은 $y=\frac{2-3}{\frac{3}{2}-1}(x-1)+3$이다. 즉, $y=-2x+5$이다.

문제 14.11 [그림1]에서 점 O는 원 O의 중심이고, 삼각형 ABC는 세 꼭짓점 A, B, C가 원 O의 원주 위에 있고, AB > AC 인 예각삼각형이다. 점 A에서 변 BC에 내린 수선의 발을 D라 하고, 직선 BO와 AD와의 교점을 E라 하고, 직선 BO와 원 O와의 교점 중 점 B가 아닌 점을 F라 한다. 선분 CO와 선분 AD의 교점을 G라 한다. 다음 물음에 답하여라.

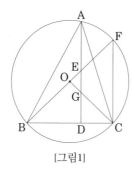

[그림1]

(1) 점 C를 포함하지 않는 호 AB와 호 AF의 길이의 비가 4 : 1이고, ∠BAD = 36°일 때, ∠BOC의 크기를 구하여라.

(2) 삼각형 ABE와 삼각형 CAG가 닮음임을 증명하여라.

(3) [그림2]는 [그림1]에서 OG = GC, AE : EG = 3 : 1인 경우이다. AE = 4일 때, 원 O의 반지름을 구하여라.

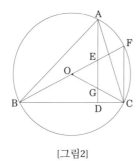

[그림2]

풀이

(1) $\widehat{AB} : \widehat{AF} = 4 : 1$이므로 아래 그림에서 $p : q = 4 : 1$이다.

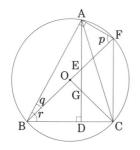

삼각형 ABF는 직각삼각형이므로, $p + q = 90°$이다.

따라서 $q = 90° \times \dfrac{1}{4+1} = 18°$이다.

∠BAD = 36°이므로, $r = 90° - 36° = 54°$이다.

그러므로 ∠OBC = ∠OCB = 54° - 18° = 36°이다.

따라서 ∠BOC = 180° - 36° × 2 = 108°이다.

(2) $\widehat{AF}$의 원주각으로부터

$$\angle ABE = \angle ACF \qquad ①$$

이고, AD ∥ FC으로부터 엇각이 같으므로

$$\angle ACF = \angle CAG \qquad ②$$

이다. ①, ②로부터

$$\angle ABE = \angle CAG \qquad ③$$

이다.

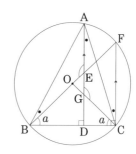

∠OBC = ∠OCB = a라 하면,

$$\angle BEA = a + 90° \quad (\triangle EBD의 외각) \qquad ④$$
$$\angle AGC = a + 90° \quad (\triangle GDC의 외각) \qquad ⑤$$

이다. ④, ⑤로부터

$$\angle BEA = \angle AGC \qquad ⑥$$

이다. ③, ⑥으로부터 △ABE와 △CAG는 닮음(AA닮음)이다.

(3) AD ∥ FC, △OCF는 이등변삼각형, OG = GC이므로, 아래 그림과 같이 각과 변이 같은 것을 표시한다.

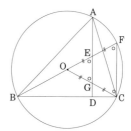

원의 반지름을 r이라 하면, (2)로부터 AE : CG = BE : AG이다. AE = 4이고, AE : AG = 3 : (3 + 1)로부터

$$4 : \frac{1}{2}r = \frac{3}{2}r : 4 \times \frac{4}{3}$$

이다. 이를 정리하면 $\frac{3}{4}r^2 = \frac{64}{3}$이다. 즉, $r^2 = \frac{64 \times 4}{3^2}$이 다. 따라서 $r = \frac{16}{3}$이다.

문제 14.12 A, B, C의 3개의 학교의 학생들에게 등교에 관한 설문조사를 실시했는데, 모든 학교에서, 지하철을 이용하여 등교하는 학생이 각 학교의 72.5%이고, 버스를 이용하여 등교하는 학생은 각 학교에서 83명이다. 이때, 다음 물음에 답하여라.

(1) A학교에서는 지하철과 버스 양쪽 모두 이용하는 학생이 5명, 모두 이용하지 않는 학생이 10명이다. A학교 학생 수를 구하여라.

(2) B학교의 학생 수는 200명이다. 이 학교에서 지하철과 버스 양쪽을 이용하여 등교하는 학생으로 생각되는 인원의 최댓값과 최솟값을 각각 구하여라.

(3) C학교에서는 지하철과 버스를 모두 이용하지 않는 학생이 55명이다. C학교 학생 수로 생각할 수 있는 최대인원을 구하여라.

$\boxed{\text{풀이}}$ (1) ~ (3)에서 각 학교의 학생 수를 x명이라고 하면, 지하철을 이용하여 등교하는 학생 수는

$$x \times 0.725 = \frac{29}{40}x \quad \cdots \quad ①$$

이다. 아래 그림에서 P는 지하철을 이용하여 등교하는 학생 수를, Q는 버스를 이용하여 등교하는 학생 수를 나타낸다.

(1) A학교의 상황을 아래 그림과 같이 나타내면,

$$\frac{29}{40}x + 83 - 5 + 10 = x$$

이다. 이를 정리하면 $\frac{11}{40}x = 88$이다.
따라서, $x = 88 \times \frac{40}{11} = 320$(명)이다.

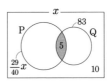

(2) $200 \times \frac{29}{40} = 145$이므로, B학교의 상황을 아래 그림과 같이 나타낸다.

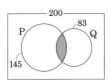

그러므로 그림에서 색칠한 부분의 최댓값은 83(명)이고 최솟값은 145 + 83 − 200 = 28(명)이다.

---

(3) 지하철과 버스를 모두 이용하는 학생수를 y(명)이라고 하고, C학교의 상황을 아래그림과 같이 나타낸다.

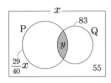

그러면, $\frac{29}{40}x + 83 - y + 55 = x$이다. 이를 정리하면 $y = \frac{29}{40}x + 83 + 55 - x = 138 - \frac{11}{40}x$이다.

$y \geq 0$이므로, $138 - \frac{11}{40}x \geq 0$이다. 이를 정리하면,

$$x \leq 138 \times \frac{40}{11} = 501.8\cdots$$

이다. ①로 부터 x는 40의 배수이므로 x의 최댓값은 480(명)이다.

문제 14.13 그림과 같이, AB = 4, AC = 2, $\angle C = 90°$인 직각삼각형 ABC가 있다. 변 AB, AC위에 두 점 P, Q가 각각 A, C를 동시에 출발하여, 점 P는 A → B로, 점 Q는 C → A → C로 1초에 1의 속력으로 움직인다. 이 두 점 P, Q에 대하여, 사각형 PRCQ가 평행사변형이 되도록 하는 점 R을 잡는다. 출발한 지 x초 후에, 평행사변형 PRCQ의 넓이가 삼각형 ABC의 넓이의 $\frac{1}{2}$일 때, 이를 만족하는 x를 모두 구하여라. 단, $0 < x < 4$이다.

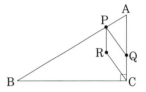

풀이   삼각형 ABC는 한 내각이 60°인 직각삼각형이고, $\triangle ABC = \frac{1}{2} \times 2 \times 2\sqrt{3} = 2\sqrt{3}$이다. (i) $0 < x \leq 2$인 경우와 (ii) $0 < 2 < 4$인 경우로 나누어 살펴보자

(i) $0 < x \leq 2$일 때, 아래 그림 (P_0, Q_0, R_0는 2초후의 P, Q, R의 위치)에서 PA = QC = PR이므로 ▲ = △이고, AC ∥ PR이므로 × = △이므로 ▲ = ×이다.

그러므로 R은 $\angle$A의 이등분선 위를 A에서 R_0로 움직인다. (삼각형 RPA은 꼭지각 120°인 이등변삼각형이다.)

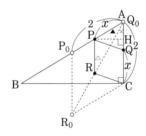

그림과 같이 점 P에서 AC에 내린 수선의 발을 H라 하면, $PH = \frac{\sqrt{3}}{2}x$이다. 그러므로

$$\square PRCQ = CQ \times PH = \frac{\sqrt{3}}{2}x^2 = 2\sqrt{3} \times \frac{1}{2}$$

이므로 $x^2 = 2$이다. $0 < x \leq 2$이므로 $x = \sqrt{2}$이다.

(ii) $2 < x < 4$일 때, 아래 그림에서 PB = QC = PR이고, AC ∥ PR이므로 • = 60°이고, $\triangle RPB$는 정삼각형이다. 그러므로 R은 그림에서 선분 R_0B위를 R_0에서 B로 움직인다.

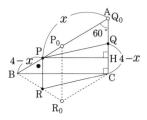

그러므로

$$\square PRCQ = CQ \times PH = \frac{\sqrt{3}}{2}(4-x)x = 2\sqrt{3} \times \frac{1}{2}$$

이므로 $(4-x)x = 2$이다. 이를 정리하여 풀면 $2 < x < 4$ 이므로 $x = 2 + \sqrt{2}$이다.

따라서 구하는 답은 $\sqrt{2}, 2 + \sqrt{2}$이다.

문제 14.14 부라퀴는 1일째는 10원, 2일째는 20원, $\cdots$과 같이, 매일 10원씩을 금액을 늘려서 돈을 모으고 있는데, 환전 가능한 금액이 되면, 즉시 50원짜리, 100원짜리 동전을 이용하여 가지고 있는 동전의 수를 최대한 줄인다. 예를 들어, 3일째에는 $10 + 20 + 30 = 60$원이므로, 가지고 있는 동전은 50원짜리 1개, 10원짜리 1개가 된다. 이때, 다음 물음에 답하여라.

(1) 처음으로 10원짜리 동전과 50원짜리 동전을 모두 소지하지 않을 때는 4일째인데, 두 번째로 그렇게 될 때는 몇 일째인가?

(2) 1일째부터 50일째까지의 기간 중에, 10원짜리 동전과 50원짜리 동전을 모두 소지하고 있지 않은 날은 모두 몇 번 있는가?

(3) 123번째로 10원짜리 동전과 50원짜리 동전을 모두 소지하고 있지 않을 때는 몇 일째인가?

풀이

(1) n일째까지 모은 돈은

$$10 + 20 + 30 + \cdots + 10n = 5n(n+1)$$

원이다. 10원짜리 동전과 50원짜리 동전이 동시에 가지고 있는 돈에서 사라지는 것은 $5n(n+1)$이 100의 배수가 될 때이다.

그것은 $n(n+1)$이 20의 배수가 될 때이므로, 그런 n을 $1 \le n \le 20$에서 찾으면,

$$n = 4, \ 15, \ 19, \ 20$$

이다. 따라서, 두 번째로 10원짜리 동전과 50원짜리 동전을 소지하지 않을 때는 15일째이다.

(2) $n \ge 21$일 때, 10원짜리 동전과 50원짜리 동전을 모두 소지하고 있지 않을 때는 (1)과 같은 방법으로 구하면,

$$n = 20k + 4, \ 20k + 15, \ 20k + 19, \ 20k + 20$$

이다. 단, $k = 1, 2, \cdots$이다. 그러므로 $1 \le n \le 50$에서 n을 구하면, $50 \div 20 = 2 \cdots 10$이므로 $(4 \times 2 + 1) = 9$회 이다.

(3) $123 \div 4 = 30 \cdots 3$이므로 123번째는 $20 \times 30 + 19 = 619$ 일째이다.

나는 푼다, 고로 (영재학교/과학고) 합격한다.

문제 14.15 그림과 같이, 한 모서리의 길이가 6인 정팔면체 ABCDEF가 있다. 점 G는 삼각형 ABC의 무게중심이고, 점 H는 모서리 DF위의 점으로 DH = 5이다. 다음 물음에 답하여라.

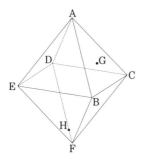

(1) 점 G에서 면 BCDE에 내린 수선의 발을 I라 할 때, 선분 GI의 길이를 구하여라.

(2) 선분 GE의 길이를 구하여라.

(3) 선분 GH의 길이를 구하여라.

⟨풀이⟩

(1) A에서 면 BCDE에 내린 수선의 발을 J를 하자. 그러면, △AEC ≡ △BEC(SSS합동)이므로,

$$AJ = BJ = \frac{6}{\sqrt{2}} = 3\sqrt{2}$$

이다.
또, 변 BC의 중점을 M이라 하면 △MGI와 △MAJ는 닮음이고, 닮음비는

$$MG : MA = 1 : (1+2) = 1 : 3$$

이므로,

$$GI = \frac{3\sqrt{2}}{3} = \sqrt{2}$$

이다.

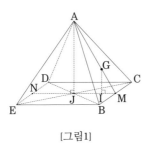

[그림1]

(2) 변 DE의 중점을 N이라 하면

$$GE = \sqrt{GI^2 + IN^2 + NE^2}$$

이다. (1)로부터 IN = MN − MI = 6 − 1 = 5이므로,

$$GE = \sqrt{(\sqrt{2})^2 + 5^2 + 3^2} = 6$$

이다.

(3) 점 H에서 면 BCDE에 내린 수선의 발을 K라 한다.

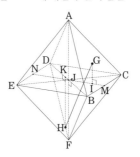

[그림2]

면 HKGI를 따로 떼어 생각한다. (그림[3] 참고)

[그림3]

HK = FJ × $\frac{5}{6}$ = $3\sqrt{2} × \frac{5}{6} = \frac{5\sqrt{2}}{2}$이다.
한편 K에서 NM에 내린 수선의 발을 P라 하자.

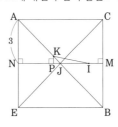

[그림4]

[그림4]에서,

$$JK = JD \times \frac{1}{6} = \frac{\sqrt{2}}{2},$$
$$KP = JP = \frac{1}{2}$$
$$KI = \sqrt{KP^2 + IP^2} = \sqrt{\left(\frac{1}{2}\right)^2 + \left(2 + \frac{1}{2}\right)^2} = \frac{\sqrt{26}}{2}$$

이므로,

$$GH = \sqrt{GL^2 + HL^2}$$
$$= \sqrt{\left(\sqrt{2} + \frac{5\sqrt{2}}{2}\right)^2 + \left(\frac{\sqrt{26}}{2}\right)^2}$$
$$= \sqrt{31}$$

이다.

문제 14.16 다음 물음에 답하여라.

(1) 빨간색, 파란색의 주사위를 던져서 빨간색 주사위가 나온 눈을 십의 자리, 파란색 주사위가 나온 눈을 일의 자리로 하여 두 자리 수를 만든다. 이 두 자리 수가 4의 배수가 될 확률을 구하여라.

(2) 빨간색, 파란색의 주사위를 던져서 나온 각각의 눈과 4에 대하여 큰 수부터 순서대로 늘어놓고, 그것들을 백의 자리, 십의 자리, 일의 자리로 하여 세 자리 수를 만든다. 예를 들어, 나온 눈이 2, 5이면 542, 나온 눈이 3, 4이면 443, 나온 눈이 4, 4이면 444이다.

  (a) 세 자리 수가 432가 될 확률을 구하여라.

  (b) 세 자리 수를 100으로 나눈 나머지가 41이 될 확률을 구하여라.

  (c) 세 자리 수가 4의 배수가 될 확률을 구하여라.

풀이

(1) 주사위가 나오는 방법은 모두 $6 \times 6 = 36$가지이고, 두 자리 수가 4의 배수가 되는 것은 12, 16, 24, 32, 36, 44, 52, 56, 64로 모두 9가지이다. 따라서 구하는 확률은 $\frac{9}{36} = \frac{1}{4}$이다.

(2) 빨간색, 파란색의 주사위에서 나온 눈을 각각 r, b라 한다.

  (a) 조건을 만족하는 경우는 $(r, b) = (3, 2), (2, 3)$인 2가지이므로, 구하는 확률은 $\frac{2}{36} = \frac{1}{18}$이다.

  (b) 조건을 만족하는 경우는 $r = 1$일 때, $b = 4, 5, 6$인 경우와 $b = 1$일 때, $r = 4, 5, 6$의 경우로 모두 6가지이다. 따라서 구하는 확률은 $\frac{6}{36} = \frac{1}{6}$이다.

  (c) 세 자리 수를 표를 나타내면 아래와 같다.

b \ r	1	2	3	4	5	6
1	411	421	431	441	541	641
2	421	422	432	442	542	642
3	431	432	433	443	543	643
4	441	442	443	444	544	644
5	541	542	543	544	554	654
6	641	642	643	644	654	664

표의 수 중에서 4의 배수는 색칠한 8가지이다. 따라서 구하는 확률은 $\frac{8}{36} = \frac{2}{9}$이다.

문제 14.17 두 자리 자연수 n에 대하여, 십의 자리 수의 제곱에 일의 자리 수의 제곱을 뺀 값을 $[n]$으로 나타낸다. 예를 들어, $[20] = 2^2 - 0^2 = 4$, $[45] = 4^2 - 5^2 = -9$이다.

(1) $[n]$의 값이 최대일 때, n은 얼마인가?

(2) $[n]$의 값이 양의 홀수인 자연수 n은 모두 몇 개인가?

(3) 연속인 두 자연수 n과 $n+1$에 대하여, 차 $[n+1] - [n]$의 값이 최대일 때, n은 얼마인가? 단, n은 98이하의 자연수이다.

[풀이]

(1) $[n]$의 값이 최대가 되려면 십의 자리 수는 가장 크고, 일의 자리 수는 가장 작아야 하므로 $n = 90$이다.

(2) $n = 10p + q$ (p는 음이 아닌 한 자리 정수, q는 한 자리 정수)라 하면, $[n] = p^2 - q^2 = (p+q)(p-q)$가 양의 홀수이므로, $p - q$가 양의 홀수여야 한다.

이러한 n을 구하면, 10, 21, 30, 32, 41, 43, 50, 52, 54, 61, 63, 65, 70, 72, 74, 76, 81, 83, 85, 87, 90, 92, 94, 96, 98이다.

따라서 구하는 답은 25개다.

(3) $n = 10p + q$, $n + 1 = 10p' + q'$ (p, p'는 음이 아닌 한 자리 정수, q, q'는 한 자리 정수)라 하자.

(i) $p' = p$, $q' = q + 1$일 때,

$$[n+1] - [n] = \{p^2 - (q+1)^2\} - (p^2 - q^2)$$
$$= -2q - 1 < 0$$

이다. 그러므로 이 경우에는 존재하지 않는다.

(ii) $p' \neq p$ (즉, $p' = p + 1$, $q' = 0$, $q = 9$, $p \leq 8$)일 때,

$$[n+1] - [n] = \{(p+1)^2 - 0^2\} - (p^2 - 9^2)$$
$$= 2p + 82$$

이다. $2p + 82$는 $p = 8$일 때, 최대가 된다. 이때 $q = 9$이다.

따라서 $n = 89$이다.

문제 14.18 2이상의 자연수 n을 n보다 작은 자연수의 합으로 나타내고, 이 합에 사용된 자연수들의 곱 P가 최대인 경우를 생각한다. 예를 들어 $n = 2$일 때, $1 + 1$로 한 가지의 방법이 있고, 곱 P의 최댓값은 1이다. $n = 3$일 때, $1 + 1 + 1$, $1 + 2$로 두 가지의 방법이 있고, 곱 P의 최댓값은 2이다. 다음 물음에 답하여라.

(1) $n = 4$일 때, 곱 P의 최댓값을 구하여라.

(2) $n = 5$일 때, 곱 P의 최댓값을 구하여라.

(3) $n = 19$일 때, 곱 P의 최댓값을 구하여라.

[풀이]

(1) 4는 $1+1+1+1$, $1+1+2$, $1+3$, $2+2$의 4가지의 방법이 있고, 곱 P의 최댓값은 4이다.

(2) 5는 $1+1+1+1+1$, $1+1+1+2$, $1+1+3$, $1+4$, $1+2+2$, $2+3$의 6가지의 방법이 있고, 곱 P의 최댓값은 6이다.

(3) A ≥ 5일 때, A를 $2 + (A-2)$로 나타내면, $2 \times (A-2) - A = A - 4 > 0$이고, $4 = 2 + 2$, $4 = 2 \times 2$이므로, P가 최대가 되려면 합을 2와 3으로만 나타내는 경우이다.

또, $2 + 2 + 2 = 3 + 3$에서 $2 \times 2 \times 2 < 3 \times 3$이므로 $19 = 3 + 3 + 3 + 3 + 3 + 2 + 2$일 때, 곱 P가 최대가 된다.

따라서 곱 P의 최댓값은 $3^5 \times 2^2 = 972$이다.

문제 14.19 그림과 같이, $\angle B = 90°$, AC = CD = DA인 사각형 ABCD가 있다. 대각선 BD위에 삼각형 CPQ가 정삼각형이 되도록 점 P, Q를 잡는다. $AB = \sqrt{3}$, BC = 1일 때, 다음 물음에 답하여라.

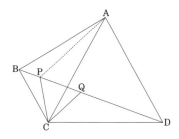

(1) BD의 길이를 구하여라.

(2) BP : CP를 구하여라.

(3) CP의 길이를 구하여라.

(4) AP, BP, CP의 길이의 합을 구하여라.

풀이

(1) 삼각형 ABC에서, $\angle B = 90°$, $AB = \sqrt{3}$, BC = 1인 삼각형이므로, 한 내각이 $30°$인 직각삼각형이다.
    그러므로 아래 그림에서 $a = 30°$, AC = 2이다.

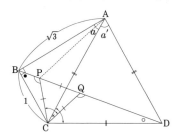

$a' = 60°$이므로 $\angle BAD = a + a' = 90°$이고, 또, AD = AC = 2이므로, $BD = \sqrt{AB^2 + AD^2} = \sqrt{7}$이다.

(2) $\triangle BCD$와 $\triangle BPC$에서 $\angle B$는 공통이고,

$$\angle BCD = \angle BCA + \angle ACD = 60° + 60°,$$

$$\angle BPC = 180° - \angle CPQ = 120°$$

이므로, 두 각이 같다.
    따라서 $\triangle BCD$와 $\triangle BPC$는 닮음이므로, BP : PC = BC : CD = 1 : 2이다.

(3) (2)와 같은 방법으로, $\triangle BCD$와 $\triangle CQD$이므로

$$CQ : QD = 1 : 2$$

이다. (2)와 CP = PQ = QC이므로,

$$BP : PQ : QD = 1 : 2 : 2^2$$

이다. 따라서

$$CP = PQ = BD \times \frac{2}{1+2+4} = \frac{2}{7}\sqrt{7}$$

이다.

(4) $\triangle ACP$와 $\triangle DCQ$에서, AC = DC, CP = CQ이고,

$$\angle ACP = 60° - \angle ACQ,$$

$$\angle DCQ = 60° - \angle ACQ$$

로부터 $\angle ACP = \angle DCQ$이다. 그러므로 $\triangle ACP \equiv \triangle DCQ$(SAS합동)이다. 즉, AP = DQ이다.
따라서

$$AP + BP + CP = DQ + BP + PQ$$

$$= BP + PQ + QD = BD$$

이므로 구하는 답은 $\sqrt{7}$이다.

문제 14.20 1155을 연속한 자연수의 합으로 나타내려고 한다. 예를 들어, 연속한 5개의 자연수의 합으로 나타내면,

$$1155 = 229 + 230 + 231 + 232 + 233$$

이다.

(1) 1155를 연속한 7개의 자연수의 합으로 나타낼 때, 7개의 수를 순서대로 나열하면, 가운데 수는 무엇인가?

(2) 1155를 연속한 10개의 자연수의 합으로 나타낼 때, 10개의 수 중 가장 큰 수와 가장 작은 수의 합을 구하여라.

(3) 1155를 최대한 몇 개의 연속한 자연수의 합으로 나타낼 수 있는가?

풀이

(1) 가운데 수를 a라 하면, a는 7개의 수의 평균이므로 $a \times 7 = 1155$이다. 따라서 $a = 165$이다.

(2) 가장 큰 수를 b, 가장 작은 수를 c라 하면, $\frac{b+c}{2} \times 10 = 1155$이다. 따라서 $b + c = 231$이다.
(참고로, $b - c = 9$이므로 $b = 120$, $c = 111$이다.)

(3) 최대 n개의 연속한 자연수의 합으로 나타낸다고 하고, 가장 작은 수를 d라 하면,

$$\frac{d + \{d + (n-1)\}}{2} \times n = 1155$$

이다. 이를 정리하면

$$(2d + n - 1) \times n = 2310$$

이다. n은 $2310(= 2 \times 3 \times 5 \times 7 \times 11)$의 약수이고, $2d + n - 1 > n$이므로, n의 최댓값은 $(2d + n - 1, n) = (55, 42)$일 때이다.
따라서 $(d, n) = (7, 42)$이다. 즉, 1155를 최대 42개의 연속한 자연수의 합으로 나타낼 수 있다.

제 15 절　점검 모의고사 15회 풀이

문제 15.1 그림과 같이, 원에 내접하는 사각형 ABCD에서, 변 AD, BC, CD의 중점을 각각 E, F, G라 한다. 직선 AD와 직선 FG의 교점을 P, 직선 BC와 직선 EG의 교점을 Q라 한다. 이때, ∠APF = ∠BQE임을 증명하여라.

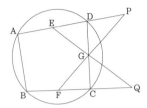

풀이　그림과 같이 AC와 BD를 연결한다.

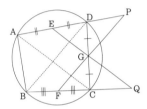

그러면 삼각형 중점연결정리에 의하여 GF ∥ DB, EG ∥ AC이다. 평행선의 동위각이 같으므로,

$$\angle APF = \angle ADB, \quad \angle BQE = \angle BCA$$

이다. 원주각의 성질에 의하여 ∠ADB = ∠BCA이다. 따라서 ∠APF = ∠BQE이다.

문제 15.2 다음 물음에 답하여라.

(1) 자연수 N의 양의 약수가 4개이고, 이 4개의 약수의 총합이 120이다. 이때, N을 모두 구하여라.

(2) 5로 나누면 3이 남고, 6으로 나누면 4가 남고, 9로 나누면 7이 남는 자연수 중에서 1000에 가장 가까운 수를 구하여라.

(3) 세 자연수 2012, 2168, 2376은 자연수 n으로 나누면 나머지가 r로 모두 같다. 이러한 n중에서 가장 큰 값을 구하고, 그 때의 나머지 r을 구하여라.

풀이

(1) 양의 약수가 4개이므로 N은 a^3 또는 $a \times b$ (a, b는 서로 다른 소수, $a < b$)의 꼴이어야 한다.

　(i) N = a^3일 때, P = $1 + a + a^2 + a^3$라 하자.
- $a = 3$이면, P = 40이다.
- $a = 5$이면, P = 156이다.
- $a \geq 7$이면, P > 120이다.

　따라서, N = a^3일 때, P = 120이 될 수 없다.

　(ii) N = ab일 때, P = $(1+a)(1+b)$라 하면, $(a+1, b+1)$ = $(1, 120)$, $(2, 60)$, $(3, 40)$, $(4, 30)$, $(5, 24)$, $(6, 20)$, $(8, 15)$, $(10, 12)$이다. a, b가 소수이므로, 이를 만족하는 (a, b) = $(3, 29)$, $(5, 19)$이다. 따라서 N = 3 × 29 = 87, 5 × 19 = 95이다.

(2) N = $5a + 3$, N = $6b + 4$, N = $9c + 7$ (a, b, c는 음이 아닌 정수)라 하면 N + 2는 5, 6, 9의 배수이다. 5, 6, 9의 최소공배수가 90이므로, 1000에 가까운 90의 배수가 990이므로, N + 2 = 990이다. 따라서 N = 988이다.

(3) $2012 = an + r$, $2168 = bn + r$, $2376 = cn + r$이라 하면, $2168 - 2012 = 156 = (b - a)n$, $2376 - 2168 = 208 = (c - b)n$이다.
n은 156과 208의 공약수이다. 156과 208의 최대공약수가 52이므로 n의 최댓값은 52이다. 또, $2012 = 52 \times 38 + 36$이므로 $r = 36$이다.
따라서 n의 최댓값은 52이고, 이 때의 나머지는 36이다.

문제 15.3 그림과 같이 원 O의 원주 위에 세 점 A, B, C가 있고, ∠ABC의 이등분선과 원 O와의 점 B이외의 교점을 D라 하고, 직선 AD와 직선 BC의 교점을 E라 하고, 선분 AC와 선분 BD의 교점을 F라 한다.

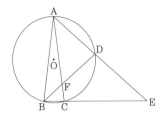

다음 물음에 답하여라.

(1) △ABD와 △FBC가 닮음임을 보여라.

(2) AB = AC, AD = 4, DE = 5일 때, AC의 길이를 각각 구하여라.

(3) (2)에서 BF의 길이를 구하여라.

(1) △ABD와 △FBC에서, 원주각의 성질에 의하여 ∠ADB = ∠FCB이다. 또, BD가 ∠ABC의 이등분선이므로 ∠ABD = ∠FBC이다. 따라서 △ABD와 △FBC는 닮음(AA닮음)이다.

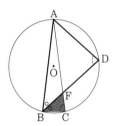

(2) AB = AC와 원주각의 성질에 의하여 아래와 그림과 같이 각도를 표시한다.

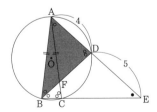

△ABD와 △AEB에서 ∠A는 공통이고, ∠ADB = ∠ABE 이므로 △ABD와 △AEB는 닮음(AA닮음)이고, 대응하는 변의 비는 AB : AE = AD : AB이다. 즉, AB : 9 = 4 : AB가 되어 $AB^2 = 36$이다. 따라서 AB = 6이다.

(3) 아래 그림과 같이, 각과 길이를 표시한다.

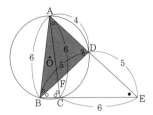

∠ADB에서 ○ × 2 = ○ + •이므로 • = ○이다. 원과 비례의 성질에 의하여 EC × EB = ED × EA이다. 즉, 6 × EB = 5 × 9이므로 $EB = \frac{15}{2}$이다. 그러므로 $BC = \frac{3}{2}$이고, (1)의 닮음으로부터

$$AB : FB = BD = BC$$

이다. 즉, $6 : FB = 5 : \frac{3}{2}$이다. 따라서 $FB = \frac{9}{5}$이다.

문제 15.4 1부터 9까지의 9개의 숫자에서 4개의 숫자를 선택하여 네 자리 수를 만든다. 선택한 4개의 숫자를 가지고 만든 네 자리 수 중에서, 가장 큰 수를 A, 가장 작은 수를 B라 하고, A − B를 생각한다. 단, 4개 모두 같은 숫자를 선택할 수는 없다. 예를 들어, 1, 2, 3, 4의 4개의 숫자를 선택하면, A − B = 4321 − 1234 = 3087이다. 1, 1, 2, 3의 개의 숫자를 선택하면, A − B = 3211 − 1123 = 2088이다.

(1) A − B는 항상 9의 배수임을 보여라.

(2) A − B = 3087을 만족하는 4개의 숫자들의 쌍(순서 무시)으로 만들어진 A의 최댓값을 구하여라.

(3) A − B = 3087을 만족하는 4개의 숫자들의 쌍(순서 무시)은 모두 몇 개인가?

[풀이]

(1) 4개의 숫자를 a, b, c, d ($a \le b \le c \le d$)라 하자. 그러면,

$$A - B = (1000d + 100c + 10b + a)$$
$$\qquad - (1000a + 100b + 10c + d)$$
$$= 999d + 90c - 90b - 999a$$
$$= 999(d - a) + 90(c - b)$$
$$= 9\{111(d - a) + 10(c - b)\} \qquad ①$$

이다. 따라서 A − B는 9의 배수이다.

(2) ① = 3087일 때,

$$111(d - a) + 10(c - d) = 343$$

이다. $0 \le 10(c - b) \le 10 \times 8 = 80$이므로 $d - a = 3$, $c - b = 1$이다. 따라서 주어진 조건을 만족하는 A의 최댓값은 9986이다.

(3) (2)에서 $d - a = 3$이므로, $a = d - 3$이다. 따라서 $c - b = 1$을 만족하는 (c, b)는 $(d, d - 1)$, $(d - 1, d - 2)$, $(d - 2, d - 3)$이 가능하다. 따라서 $4 \le d \le 9$이므로 구하는 4개의 숫자들의 쌍은 모두 $3 \times (9 - 3) = 18$개이다.

문제 15.5 다음 물음에 답하여라.

(1) 그림과 같이, 정사각형 ABCD의 변 AD위에 점 E, 변 BC위에 점 F가 있다. 선분 EF를 접는 선으로 하여 이 정사각형을 접으면, 점 C는 변 AB위의 점 G로, 점 D는 점 H로 각각 옮겨진다. 이때, CG = EF임을 증명하여라.

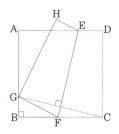

(2) 그림과 같이, 모든 모서리의 길이가 1인 정사각뿔 O-ABCD에 정사면체 P-ODA를 붙인 입체를 생각한다. 모서리 BC의 중점을 M이라 할 때, PM의 길이를 구하여라.

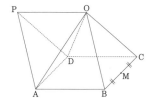

[풀이]

(1) 아래 그림과 같이, 점 E에서 변 BC에 내린 수선의 발을 I라 하고, CG와 EF의 교점을 J라 하자.

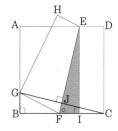

△CGB와 △EFI에서 CB = EI이고, ∠CBG = ∠EIF = 90°이다.
또, CG ⊥ EF이므로, ∠FCJ = 90° − ∘ = ∠FEI이다.
따라서 △CGB ≡ △EFI이다. 즉, CF = EF이다.

(2) 아래 그림과 같이, 점 O, P에서 밑면을 포함한 평면에 내린 수선의 발을 각각 H, I라 하고, 모서리 AD의 중점을 N이라 한다.

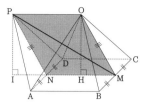

위의 그림에서 대칭면 OPM만 따로 떼어 생각한다.
(아래 그림 참고)

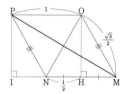

사각형 OPNM은 두 쌍의 대변의 길이가 같으므로 평행사변형이다.

$$\mathrm{PI} = \mathrm{OH} = \sqrt{\left(\frac{\sqrt{3}}{2}\right)^2 - \left(\frac{1}{2}\right)^2} = \frac{\sqrt{2}}{2}$$
$$\mathrm{IN} = \mathrm{HM} = \frac{1}{2}$$

이므로,

$$\begin{aligned}
\mathrm{PM} &= \sqrt{\mathrm{PI}^2 + \mathrm{IM}^2} \\
&= \sqrt{\left(\frac{\sqrt{2}}{2}\right)^2 + \left(\frac{1}{2} + 1\right)^2} \\
&= \frac{\sqrt{11}}{2}
\end{aligned}$$

이다.

문제 15.6 [그림1]에서, 점 O는 원점, 곡선 l은 함수 $y = 2x^2$의 그래프, 곡선 m은 함수 $y = kx^2$ $(0 < k < 2)$의 그래프를 나타낸다. 사각형 ABCD는 정사각형이고, 점 A는 곡선 l위에, 점 C는 곡선 m위에 있다. 점 A의 x좌표는 음수이고, 점 C의 x좌표는 양수이다. 점 A의 y좌표와 점 C의 y좌표는 같다. 점 D의 y좌표는 점 B의 y좌표보다 크다. 다음 물음에 답하여라.

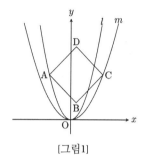

[그림1]

(1) $k = \frac{2}{9}$이고, 점 A의 x좌표가 -1일 때, 두 점 B, C를 지나는 직선의 방정식을 구하여라.

(2) [그림2]는, [그림1]에서 점 B가 곡선 l위에 있는 경우이다. AC = 3일 때, k의 값을 구하여라.

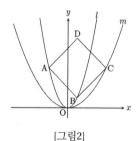

[그림2]

(3) [그림3]은 [그림1]에서 두 점 O, B를 지나는 직선이 변 CD와 점 E에서 만나는 경우이다. 점 A의 y좌표가 8이고, 두 점 O, B를 지나는 직선의 기울기가 3일 때, 점 E의 좌표를 구하여라.

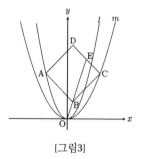

[그림3]

풀이

(1) A(−1, 2), C(3, 2)이고, 두 점 B와 C를 지나는 직선의 기울기가 1이므로 $y = 1 \times (x-3) + 2$이다. 즉, $y = x - 1$이다.

(2) A의 x좌표를 a라 하면, B, C의 x좌표는 각각 $a + \frac{3}{2}$, $a + 3$이다. 직선 AB의 기울기가 −1이므로,

$$2\left\{ a + \left(a + \frac{3}{2} \right) \right\} = -1$$

이다. 따라서 $a = -1$이다.
B$\left(\frac{1}{2}, \frac{1}{2} \right)$, C(2, 4$k$)를 지나는 직선의 기울기가 1이므로,

$$\frac{4k - \frac{1}{2}}{2 - \frac{1}{2}} = 1$$

이다. 따라서 $k = \frac{1}{2}$이다.

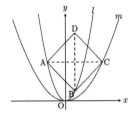

(3) A의 y좌표가 8이므로 A(−2, 8)이다. B의 x좌표를 b라 하면 직선 AB의 기울기가 −1이므로 $2(-2 + b) = -1$이다. 따라서 $b = \frac{3}{2}$이다. 즉, B$\left(\frac{3}{2}, \frac{9}{2} \right)$이다.
C의 x좌표는 $-2 + 2 \times \left\{ \frac{3}{2} - (-2) \right\} = 5$, y좌표는 8이다. 직선 CD의 방정식은 $y = -1 \times (x - 5) + 8$이다. 즉, $y = -x + 13$이다. 점 E는 직선 $y = -x + 13$과 $y = 3x$의 교점이므로 E$\left(\frac{13}{4}, \frac{39}{4} \right)$이다.

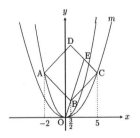

문제 15.7 그림과 같이 4개의 꼭짓점이 같은 원주위에 있는 사각형 ABCD에서, 대각선 AC와 BD의 교점을 E라 한다. 세 점 C, E, B를 지나는 원 위에 $\overset{\frown}{EB} : \overset{\frown}{BF} = 3 : 5$가 되는 점 F를 잡는다. ∠BAD = 90°, AB = AD = $3\sqrt{2}$일 때, 다음 물음에 답하여라.

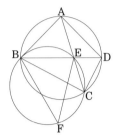

(1) ∠BEF의 크기를 구하여라.

(2) BE : ED = 2 : 1일 때, △BFE의 넓이를 구하여라.

풀이

(1) ∠BAD = 90°, AB = AD이므로 △ABD는 직각이등변삼각형이다. 그러므로 ∠ACB = ∠ADB = 45°이다. 또, $\overset{\frown}{EB} : \overset{\frown}{BF} = 3 : 5$이므로 ∠BEF = ∠BCE $\times \frac{5}{3}$ = 75°이다.

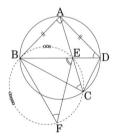

(2) 직각이등변삼각형 ABD에서 BD = AB $\times \sqrt{2}$ = 6이다. BE = ED = 2 : 1이므로 BE = 4이다.

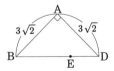

△BEF에서 (1)로부터 ∠E = 75°이고, ∠F = ∠BCE = 45°이므로 △BEF는 아래 그림과 같다.

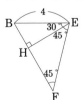

$\text{BH} = \dfrac{\text{BE}}{2} = 2$, $\text{EH} = \text{FH} = \text{BH} \times \sqrt{3} = 2\sqrt{3}$이므로, 구하는 넓이는 $\dfrac{1}{2} \times \text{BF} \times \text{EH} = 2\sqrt{3} + 6$이다.

문제 15.8 [그림1]과 같이, 원주 위에 8개의 점을 잡고, 0부터 7까지의 숫자를 시계방향으로 순서로 적는다. 0에서 시작하여 일정한 수 만큼 시계방향으로 진행하여 그 점을 연결해 나가는 것을 생각한다. 예를 들어, 3씩 진행하면 [그림2]와 같다. [그림2]에서 1을 지나는 것은 세 번째이며, 2를 지나는 것은 여섯 번째이다.

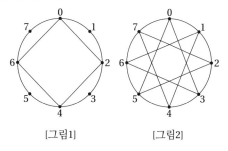

[그림1]   [그림2]

(1) 원주 위에 점이 8개가 있는 경우, [그림2]와 같이 모든 점을 지나서 0이 돌아오도록 진행하는 방법을 생각한다. 3씩 진행 이외의 8이하에서는 어떤 진행 방법이 있는 지 모두 구하여라.

(2) 원주 위에 9개가 있는 경우, 0에서 시작하여 5씩 진행하는 방법에서 1을 지나는 것은 몇 번째인가?

(3) 원주 위에 201개가 있는 경우, 0에서 시작하여 5씩 진행하는 방법에서 1을 지나는 것은 몇 번째인가?

(4) 원주 위에 2023개가 있는 경우, 0에서 시작하여 5씩 진행하는 방법에서 1을 지나는 것은 몇 번째인가?

풀이

(1) $k(1 \le k \le 8)$씩 진행한다고 하면, $k = 3$이외에 $k = 1, 5, 7$이 가능하다. 따라서 1씩, 5씩, 7씩 진행하는 방법이 있다.

(2) 5씩 진행하는 경우, 첫 번째가 5, 두 번째가 $5 \times 2 - 9 = 1$이 되어 두 번째에 1을 지난다.

(3) 5씩 진행하는 경우, 1을 지나는 것이 n번째라고 하면, $5 \times n - 1$이 201의 배수여야 한다. 따라서 $5n - 1 = 201m$, 즉 $5n = 201m + 1$을 만족하는 자연수 m이 존재한다. $n \le 201$이므로, $m \le 4$이다. 이를 우변에 대입하면 $m = 4$일 때, $n = 161$이다.

(4) (3)과 같은 방법으로, $5 \times n - 1$이 2023의 배수여야 한다. 따라서 $5n - 1 = 2023m$, 즉 $5n = 2023m + 1$을 만족하는 자연수 m이 존재한다. $n \le 2023$이므로, $m \le 4$이다. 이를 우변에 대입하면 $m = 3$일 때, $n = 1214$이다.

문제 15.9 그림과 같이, 육면체 ABCDE에서 6개의 면은 한 모서리의 길이가 6인 정삼각형이다. 모서리 AB, AC의 3등분점 중 점 A에 가까운 점을 각각 P, Q라 하고, 모서리 CD의 3등분점 중 점 C에 가까운 점을 R이라 한다. 세 점 P, Q, R을 지나는 평면을 면 PQR이라 하자. 이때, 다음 물음에 답하여라.

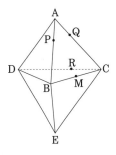

(1) 선분 AE의 길이를 구하여라.

(2) 모서리 BC의 중점을 M이라 하고, 면 PQR과 DM의 교점을 F라 할 때, DF : FM을 구하여라

(3) 면 PQR과 모서리 DE의 교점을 G라 할 때, DG : GE를 구하여라.

(4) 면 PQR로 육면체 ABCDE로 절단했을 때, 모서리 BC를 포함한 입체의 부피를 구하여라.

풀이

(1) 대칭성에 의하여, 면 ADE는 점 M을 지나므로, 아래 그림과 같이 면 ADEM를 따로 떼어 생각한다.

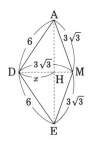

위 그림과 같이, DM은 선분 AE의 수직이등분선이고, AE와 DM의 교점을 H라 하면

$$AD^2 - DH^2 = AM^2 - MH^2$$

이다. 그러므로 DH = x라 하면,

$$6^2 - x^2 = (3\sqrt{3})^2 - (3\sqrt{3} - x)^2$$

이므로, $36 = 6\sqrt{3}x$이다. 따라서 $x = 2\sqrt{3}$이다. 즉, AH = $\sqrt{6^2 - (2\sqrt{3})^2} = 2\sqrt{6}$이다.
그러므로 AE = 2AH = $4\sqrt{6}$이다.

(2) PQ ∥ BC이므로 면 PQR과 면 BCD의 교선은 BC와 평행하다. 그러므로 R을 지나고 BC에 평행한 직선과 DM의 교점을 F라 하면,

$$DF : FM = DR : RC = 2 : 1$$

이다.

(3) (1), (2)로부터 DH : HM = 2 : 1 = DF : FM이므로, F와 H는 동일한 점이다. 다시 면 ADEM를 따로 떼어 생각한다. 아래 그림과 같이 길이를 기호로 표시하면,

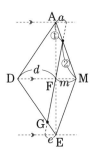

$$a : m = 1 : 2, \quad m : d = 1 : 2, \quad a : e = AF : EF = 1 : 1$$

이므로 $d : e = 4 : 1$이다.
따라서 DG : GE = $d : e$ = 4 : 1이다.

(4) 모서리 DB위에 DS : SB = 2 : 1이 되는 점 S를 잡는다. 문제의 절단된 면은 아래 그림의 오각형 PQRGS이고, 절단된 부분의 입체 중 모서리 BC를 포함한 입체는 비스듬한 삼각기둥 PBS-QCR과 삼각뿔대 SGR-BEC의 두 개의 입체로 이루어진다.

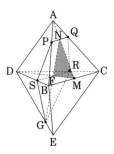

비스듬한 삼각기둥 PBS-QCR과 정사면체 ABCD의

부피의 비는

$$\frac{\triangle NFM}{\triangle ADM} \times \frac{\frac{PQ+SR+BC}{3}}{\frac{0+0+BC}{3}}$$

$$= \frac{MN \times MF}{MA \times MD} \times \frac{PQ+SR+BC}{BC}$$

$$= \frac{2 \times 1}{3 \times 3} \times \frac{1+2+3}{3} = \frac{4}{9}$$

이고, 삼각뿔대 SGR-BEC와 정사면체 ABCD의 부피의 비는

$$1 - \frac{DS \times DR \times DG}{DB \times DC \times DE} = 1 - \frac{2 \times 2 \times 4}{3 \times 3 \times 5} = \frac{29}{45}$$

이므로, 구하는 부피는

$$\left(\frac{\sqrt{2}}{12} \times 6^3 \right) \times \frac{49}{45} = \frac{98\sqrt{2}}{5}$$

이다.

문제 15.10 그림과 같이, 점 P(4,4)를 지나고 기울기 2인 직선을 l, 점 $(0,-1)$을 지나고 x축에 평행한 직선을 m이라 한다 점 P에서 직선 m에 내린 수선의 발을 H라 한다. 점 A(0,1)이고, 직선 l과 y축과의 교점을 B라 할 때, 다음 물음에 답하여라.

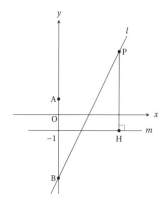

(1) 점 B의 좌표를 구하여라.

(2) 선분 AP의 길이를 구하여라.

(3) 사각형 ABHP는 무슨 사각형인가? 또, 그 이유를 밝혀라.

(4) 점 (4,30)에서 y축에 평행하게 광선이 나온다. 이 광선은 직선 l에 반사된다. 반사된 후에 광선이 지나는 y축 위의 점의 좌표를 구하여라.

$\boxed{\text{풀이}}$

(1) B(0, b)라 하면, 두 점 P(4,4)와 B 지나는 직선 l의 기울기가 2이므로, $\frac{4-b}{4-0} = 2$이다. 따라서 $b = -4$이다. 즉, B(0, -4)이다.

(2) A(0,1)이므로, $AP = \sqrt{(4-0)^2 + (4-1)^2} = 5$이다.

(3) H(4, -1), B(0, -4)이므로

$$HB = \sqrt{(4-0)^2 + \{-1-(-4)^2\}} = 5$$

이다. PH = 4 - (-1) = 5, AB = 1 - (-4) = 5이므로 AP = HB = PH = AB이다. 따라서 사각형 ABHP는 마름모이다.

(4) 아래 그림과 같이, 각 p, q, r를 표시한다.

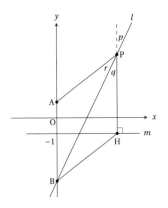

맞꼭지각이 같으므로 $p = q$이고, 마름모의 성질에 의하여 $q = r$이다. 따라서 $p = r$이다.

점 $(4, 30)$에서 y축에 평행하게 나오는 광선은, 점 P에서 직선 l에 반사되어 점 A를 지난다. 따라서 구하는 점의 좌표는 $(0, 1)$이다.

문제 15.11 아래 그림에서 △ABC는 한 내각이 $60°$인 직각삼각형이고, △ECD는 직각이등변삼각형이고, 세 점 B, C, D가 한 직선 위에 놓여 있다.

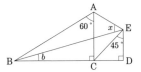

$\angle b = 15°$일 때, $\angle x$의 크기를 구하여라.

[풀이] 아래 그림과 같이 점 E에서 변 AC와 변 BA의 연장선 위에 내린 수선의 발을 각각 H, I라 한다.

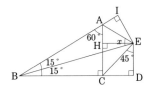

EB는 각 이등분선이므로, EI = ED이다. 또 사각형 HCDE는 정사각형이므로, ED = EH이다. 즉, EI = EH이다. 그러므로 △AEI ≡ △AEH(RHS합동)이다.

$\angle EAH = \angle EAI = (180° - 60°) \div 2 = 60°$이므로, △ABE에서 $\angle x = 180° - 15° - 60° = 45°$이다.

[다른 풀이1] 아래 그림과 같이 변 BA의 연장선과 DE의 연장선의 교점을 F라 한다.

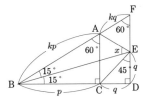

BC = p, CD = DE = q라 하면, AC ∥ FD이므로 BC : CD = BA : AF = $p : q$이다.

BA = kp, AF = kq라고 하고, 이제 EF를 구하자. 각의 이등분선의 정리에 의하여

$$BD : BF = (p + q) : k(p + q) = 1 : k = DE : EF$$

이다. DE = q이므로, EF = kq이다.

AF = FE = kq, $\angle AFE = 60°$이므로, △FAE는 정삼각형이다. 즉, $\angle FAE = 60°$이다.

[다른 풀이2] E를 지나고 BD에 평행한 직선과 변 AB, AC와의 교점을 각각 X, Y라 하고, 점 X에서 변 BC에 내린 수선의 발을 Z라 한다.

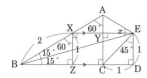

사각형 YCDE, XZDE는 각각 정사각형, 직사각형이다. ED = EY = XZ = 1라 하면, △XBZ는 한 내각이 30°인 직각삼각형이므로, XB = 2이고, △XBE는 이등변삼각형이므로 XE = XB = 2이다. 그러므로 XY = 2 − 1 = 1 = YE이다.

점 A는 XE의 수직이등분선 위의 점이므로, △AXE는 이등변삼각형이다. 수직이등분선은 이등변삼각형의 꼭지각을 이등분하므로 ∠EAY = ∠XAY = 60°이다. 따라서 ∠AEY = 30°이다. 그러므로 x = 45°이다.

다른 풀이3 ∠ACB의 이등분선과 BE의 교점을 I라 하면 I는 △ABC의 내심이다.

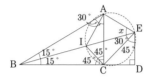

내심의 성질에 의하여 ∠CAI = 30°이다. ∠CEI = 30°이므로, 원주각의 성질에 의하여 네 점 A, I, C, E가 한 원 위에 있다. 따라서 원주각의 성질에 의하여 ∠x = ∠ACI = 45°이다.

문제 15.12 111개의 구슬과 빨간 상자와 파란 상자가 있다. 각각의 구슬은 1에서 111까지의 자연수가 하나씩 적혀있다 이러한 111개의 구슬에 적힌 수가 작은 순서부터 1개씩 빨간 상자 또는 파란 상자에 넣는다. 첫째로, 1이 적힌 구슬을 빨간 상자에 넣는다. 그 다음부터는 들어가는 구슬에 적힌 수가 빨간 상자에 이미 들어 있는 하나의 구슬에 적힌 수의 3배가 될 때 파란 상자에 넣고, 그렇지 않으면 빨간 상자에 넣기로 한다.

(1) 빨간 상자에 구슬이 20개 들어왔을 때, 빨간 상자에 들어 있는 20개의 구슬에 적힌 수의 합을 구하여라.

(2) 111개의 구슬을 모두 상자에 넣었을 때, 파란 상자에 들어 있는 구슬의 개수를 구하여라.

풀이

(1) 1 ~ 26의 자연수가 적힌 구슬 중 파란 상자에 들어 가는 것은

$$3, \quad 6, \quad 12, \quad 15, \quad 21, \quad 24 \qquad ①$$

이므로, 빨간 상자에는 1 ~ 26의 자연수가 적힌 구슬 중 ①의 6개를 제외한 20개가 들어 있다.
따라서 구하는 적힌 수의 합은

$$\frac{26 \times 27}{2} - (3 + 6 + 12 + 15 + 21 + 24) = 270$$

이다.

(2) 파란 상자에 들어가는 구슬에 적힌 수는 소인수 3의 개수가 홀수 개인 것이므로, $3^2, 3^4$으로 소인수분해되는 수를 빼면 된다.
1 ~ 111의 자연수 중 3의 배수는 37개이고, $3^2 \times p$의 꼴은 $p = 1, 2, 4, 5, 7, 8, 10, 11$이 가능하므로 8개이고, $3^4 \times p$의 꼴은 $p = 1$만 가능하므로 1개이다.
따라서 구하는 구슬의 개수는 $37 - 8 - 1 = 28$개이다.

문제 15.13 다음 물음에 답하여라.

(1) 두 자연수 a, b에서 a는 홀수이고, b는 소수이다. x의 이차방정식 $x^2 - ax - b^3 = 0$이 정수해를 가질 때, a, b의 값을 구하여라.

(2) 수직선 위에 이차방정식 $(x - a)(x - 3a - 1) = 0$ (a는 자연수)의 두 근이 놓여 있고, 이 두 근 사이에 같은 간격으로 네 개의 자연수를 놓는다. 이 여섯 개의 자연수의 합이 세 자리 수가 되도록 하는 a의 값 중 최솟값을 구하여라

풀이

(1) 정수해를 $x = n$이라 하면, $n^2 - an - b^3 = 0$이다. 이를 정리하면,

$$n(n - a) = b^3 \qquad ①$$

이다. $b \neq 2$이면, b는 홀수이므로, n, $n - a$는 모두 홀수여야 한다. 그런데 a가 홀수이므로, n, $n - a$는 모두 홀수일 수 없다. 따라서 $b = 2$이다.

①에서 $n(n - a) = 8$를 만족하는 홀수 $a = 7$뿐이다. (참고로, 이때의 n은 -1, 8이다.)

따라서 구하는 답은 $a = 7$, $b = 2$이다.

(2) 이차방정식의 해는 $x = a$, $3a + 1$이다. 수직선 위에 a와 $3a + 1$을 놓고, 이 두 근 사이에 같은 간격을 b라 하면, 이 여섯 개의 자연수의 합은 세 자리 수이므로,

$$\frac{a + (3a + 1)}{2} \times 6 \geq 100$$

이다. 이를 정리하면 $a \geq \frac{97}{12} = 8.08\cdots$이다.

또 $b = \frac{(3a + 1) - a}{5} = \frac{2a + 1}{5}$이다.

이제 $a \geq 9$인 자연수 a에 대하여 b가 자연수가 되는 최소의 a를 구하면, $a = 12$, $b = 5$이다.

따라서 구하는 a의 최솟값은 12이다.

문제 15.14 아래 그림과 같이, 일차함수 $y = \frac{3}{2}x + 4$위를 움직이는 점 A와 x축을 움직이는 점 B에 대하여, 이 두 점을 꼭짓점으로 하는 정사각형 ABCD를 생각한다. 다음 물음에 답하여라.

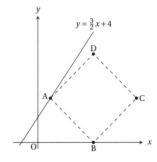

(1) 점 C가 x축 위의 점이고, 정사각형 ABCD의 넓이가 49일 때, 점 A의 좌표를 구하여라.

(2) 점 D가 일차함수 $y = \frac{3}{2}x + 4$ 위에 있고, 점 A의 x좌표가 $-\frac{4}{3}$일 때, 정사각형 ABCD의 넓이를 구하여라.

풀이

(1) 두 점 B, C가 x축 위의 점이므로 아래 그림에서, 정사각형의 한 변의 길이는 7이다. $y = 7$일 때 $y = \frac{3}{2}x + 4$에서 $x = 2$이다. 따라서 A(2, 7)이다.

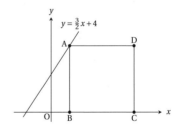

(2) 두 점 A, D가 일차함수 $y = \frac{3}{2}x + 4$ 위에 있으므로, 아래 그림에서 빗금친 삼각형과 색칠한 삼각형은 닮음이다. 그림과 같이 길이를 p, q, r로 나타낸다.

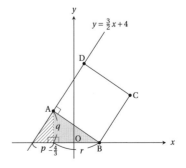

일차함수의 기울기가 $\frac{3}{2}$이므로 $p : q = q : r = 2 : 3$이다. $x = -\frac{4}{3}$일 때, $y = 2$이므로 $q = 2$이다. 또한, $r = 3$이다. 따라서 정사각형 ABCD의 넓이는 $\overline{AB}^2 = q^2 + r^2 = 13$이다.

문제 15.15 아래 그림은, 한 모서리의 길이가 1인 정팔면체의 투영도이다.

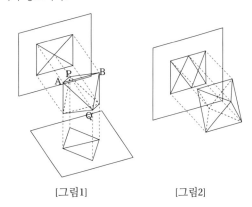

[그림1]   [그림2]

다음 물음에 답하여라.

(1) [그림1]과 같이, 정면에서 보면 정사각형이고, 바로 위에서 보면 마름모일 때, 이 마름모의 넓이를 구하여라.

(2) [그림1]에서 사면체 PQAB의 부피를 구하여라.

(3) [그림2]와 같이, 정면에서 보면 가로의 길이가 1인 직사각형일 때, 이 직사각형의 넓이를 구하여라.

(풀이)

(1) [그림1]에서 아래 그림과 같이, 두 점 C, D와, A′, B′, C′, D′를 잡고, 두 평면을 X, Y라 한다

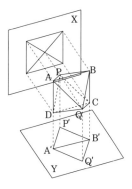

$\overline{PQ} \perp X$, $\overline{AB}(\overline{BC}) \perp Y$이고, 사각형 PDQB는 정사각형이므로, $\overline{PQ} = \sqrt{2}\overline{PD} = \sqrt{2} = \overline{P'Q'}$이다. 또, $\overline{A'B'} = \overline{AB} = 1$이므로 마름모 P′A′Q′B′의 넓이는

$$\frac{1}{2} \times \overline{P'Q'} \times \overline{A'B'} = \frac{\sqrt{2}}{2}$$

이다.

(2) 문제의 정팔면체를 (1)의 그림의 평면 PDQB, PAQC로 절단하면, 4개의 사면체로 분할되고, 그 중 1개가 사면체 PQAB이다. 따라서 사면체 PQAB의 부피는 정팔면체의 부피의 $\frac{1}{4}$이다. 정팔면체의 부피는

$$\frac{1}{3} \times \square ADCB \times PQ = \frac{1}{3} \times 1^2 \times \sqrt{2} = \frac{\sqrt{2}}{3}$$

이므로 사면체 PQAB의 부피는 $\frac{\sqrt{2}}{12}$이다.

(3) [그림2]에서 아래 그림과 같이, 두 점 C, D와 A″, B″, C′, D′, P″, Q″를 잡고, 평면을 X라 한다.

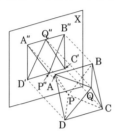

면 QAB와 면 PCD는 평행하고, X와 각각 수직이며, AB // DC // X이다.

그러므로 직사각형 A″B″C′D′의 세로의 길이는 두 평면 QAB와 PCD 사이의 거리와 같다.

아래 그림으로부터 두 평면 QAB와 PCD 사이의 거리는 한 모서리의 길이가 1인 정사면체의 높이와 같다. 즉, $\frac{\sqrt{6}}{3} \times 1 = \frac{\sqrt{6}}{3}$이다.

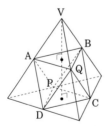

따라서 구하는 직사각형의 넓이는 $1 \times \frac{\sqrt{6}}{3} = \frac{\sqrt{6}}{3}$이다.

문제 15.16 다음 물음에 답하여라.

(1) $x^2 y - 1 - x^2 + y$를 인수분해하여라

(2) x가 3의 배수가 아닐 때, x^2을 3으로 나눈 나머지가 1임을 보여라.

(3) $2x^2 y - x^2 + 2y = 946$을 만족하는 0이상의 정수 x, y의 쌍 (x, y)를 모두 구하여라.

[풀이]

(1) $x^2 y - 1 - x^2 + y = x^2(y-1) + (y-1) = (x^2+1)(y-1)$ 이다.

(2) x가 3의 배수가 아니므로 $x = 3k \pm 1$ (k는 정수)라고 하면, $x^2 = 9k^2 \pm 6k + 1 = 3(3k^2 \pm 2k) + 1$이므로 x^2을 3으로 나눈 나머지는 1이다

(3) $2x^2 y - x^2 + 2y = 946$에서 양변에 -1를 더한 후, 좌변을 인수분해하고, 우변은 소인수분해하면

$$(x^2+1)(2y-1) = 3^3 \times 5 \times 7$$

이다. (2)에 의해 $x^2 + 1$은 3의 배수가 아니다.

그러므로 $x^2 + 1$은 1, 5, 7, 35가 가능하다. 이 중에서 정수 x는 0과 2만 가능하다.

따라서 구하는 $(x, y) = (0, 473), (2, 95)$이다.

문제 15.17 직육면체 ABCD-EFGH에서 AB = AD = 2, AE = 3이다. 점 P, Q는 각각 모서리 AE, CG위의 점으로, AP = 1, CQ = 2이다. 네 점 P, F, Q, D가 같은 평면 위에 있다. 면 PFQD, 면 PEHD, 면 QGHD, 면 EFGH의 모든 면에 접하는 구 S가 있다. 직선 DP와 직선 HE의 교점을 P′라 할 때, 다음 물음에 답하여라.

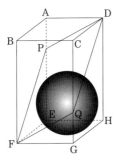

(1) HP′의 길이를 구하여라.

(2) DP′의 길이를 구하여라.

(3) 입체 QFG-DP′H의 부피를 구하여라.

(4) 구 S의 반지름을 구하여라.

(풀이)

(1) EP′ = x라 하자. △DP′H와 △PP′E가 닮음이므로, DH : PE = P′H : P′E이다. 즉, $3 : 2 = (x+2) : x$이다. 이를 정리하면 $x = 4$이다. 따라서 HP′ = 6이다.

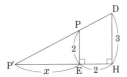

(2) DP′ = $\sqrt{3^2 + 6^2} = 3\sqrt{5}$이다

(3) DQ, HG의 연장선의 교점을 Q′라 하면, Q′는 직선 P′F 위에 있다.

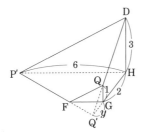

GQ′ = y라고 하자. △DHQ′와 △QGQ′가 닮음이므로,

$$DH : QG = HQ′ : GQ′, \quad 3 : 1 = (y+2) : y$$

이다. 이를 정리하면 $y = 1$이다.

입체 Q′-QFG와 입체 Q′-DP′H이 닮음이고, 닮음비는 1 : 3이므로 구하는 부피는

$$\begin{aligned}
&Q′\text{-}DP′H \times \left\{ 1 - \left(\frac{1}{3}\right)^3 \right\} \\
&= \left(\frac{1}{2} \times DH \times P′H \right) \times HQ′ \times \frac{1}{3} \times \frac{26}{3^3} \\
&= \left(\frac{1}{2} \times 3 \times 6 \right) \times 3 \times \frac{1}{3} \times \frac{26}{6^3} \\
&= \frac{26}{3}
\end{aligned}$$

이다.

(4) 구 S는 입체 Q′-DPH′의 각 면에 접한다. 구 S의 반지름을 r이라 하자. 입체 Q′-DP′H의 부피를 두 가지로 구하여 비교하면,

$$\begin{aligned}
(&\triangle DHP′ + \triangle DHQ′ + \triangle HP′Q′ \\
&+ \triangle DP′Q′) \times 4 \times \frac{1}{3} \\
&= \left(\frac{1}{2} \times DH \times P′H \right) \times HQ′ \times \frac{1}{3}
\end{aligned}$$

이다.

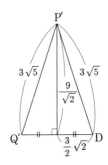

$$\triangle DHP′ = \triangle HP′Q′ = \frac{1}{2} \times 3 \times 6$$
$$\triangle DHQ′ = \frac{1}{2} \times 3^2$$

이고, 위 그림에서,

$$\triangle DP′Q′ = \frac{1}{2} \times 3\sqrt{2} \times \frac{9}{\sqrt{2}} = \frac{1}{2} \times 3 \times 9$$

이므로,

$$\frac{1}{2} \times (3 \times 6 \times 2 + 3^2 + 3 \times 9) \times r \times \frac{1}{3} = 3^2$$

이다. 이를 풀면 $r = \frac{3}{4}$이다.

문제 15.18 그림과 같이, 좌표평면 위에 일차함수 l과 4개의 정사각형이 있다. 일차함수 l은 $y = x + 1$이고, 네 점 A, B, C, D이 일차함수 l위에 있다.

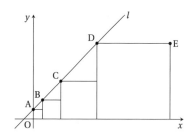

(1) 4개의 정사각형의 한 변의 길이를 작은 수부터 나열하여라.

(2) 4개의 정사각형을 합쳐서 하나의 계단형태의 도형을 생각한다. 점 E를 지나고, 이 도형의 넓이를 이등분하는 일차함수를 구하여라.

[풀이]

(1) 그림과 같이, A′, B′, C′, F, G, H를 잡고, 점 B, C, D의 x좌표를 b, c, d라 한다.

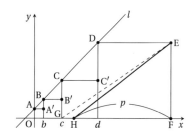

OA = 1 = AA′이므로, $b = 1$이다. 즉, B(1, 2)이다.
BB′ = 2이므로, $c = b + 2 = 3$이다. 즉, C(3, 4)이다.
CC′ = 4이므로, $d = c + 4 = 7$이다. 즉, D(7, 8)이다.
DE = 8이므로, E(7 + 8, 8) = E(15, 8)이다.
그러므로 4개의 정사각형의 한 변의 길이는 1, 2, 4, 8이다.

(2) 계단형태의 도형의 넓이는 $1^2 + 2^2 + 4^2 + 8^2 = 85$이다. 그림에서

$$\triangle \mathrm{EGF} = \frac{1}{2} \times (15 - 3) \times 8 = 48 > \frac{85}{2}$$

이므로, 문제에서 요구하는 일차함수의 x절편은 G의 x좌표보다 크므로, 명확하게 이 일차함수는 점 A′, B′, C′의 아래쪽을 지난다.

이 일차함수의 x절편을 H라 하고, FH = p라 하면, $\triangle \mathrm{EFH} = \frac{85}{2}$이다. 그러므로

$$\frac{1}{2} \times p \times 8 = \frac{85}{2}$$

이다. 이를 풀면 $p = \frac{85}{8}$이다.
따라서 구하는 일차함수인 직선 EH의 방정식은 $y = \frac{8}{p}(x - 15) + 8$이다. 즉, $y = \frac{64}{85}x - \frac{56}{17}$이다.

문제 15.19 [그림1]은 정육각기둥 ABCDEF-GHIJKL로, AB = 6, AG = a이다. 모서리 IJ위에 점 M, 모서리 EK위에 점 N을 잡고, 점 A와 점 D, 점 A와 점 M, 점 A와 점 N, 점 D와 점 M, 점 D와 점 N, 점 M과 점 N을 각각 연결한다. 다음 물음에 답하여라.

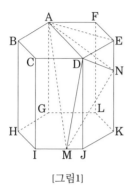

[그림1]

(1) 정육각기둥 ABCDEF-GHIJKL의 겉넓이를 a를 사용하여 나타내어라.

(2) $a = 9$, IM = 4, EN = x $\left(0 < x < \dfrac{9}{2}\right)$이다. ∠ANM = 90° 일 때, x의 값을 구하여라.

(3) [그림2]는 [그림1]에서 점 M이 모서리 IJ의 중점이고, 점 N이 점 K의 위치에 있는 경우이다. $a = 10$일 때, 사면체 A-DMN이 부피를 구하여라.

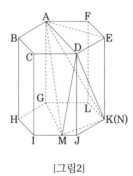

[그림2]

(1) 정육각기둥 ABCDEF-GHIJKL의 겉넓이는 $\dfrac{\sqrt{3}}{4} \times 6^2 \times 6 \times 2 + 6 \times a \times 6 = 108\sqrt{3} + 36a$이다.

(2) 아래 그림에서 △NAM은 직각삼각형이므로, AN² + NM² = AM²이고, 각 변은 색칠한 삼각형의 빗변이다.

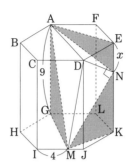

△FAE는 꼭지각이 120°인 이등변삼각형이므로, AE = $\sqrt{3}$AF = $6\sqrt{3}$ = GI이다. 아래 그림에서 △KJP 는 한 내각이 30°인 직각삼각형이다.

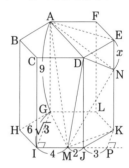

그러므로 JP = $\dfrac{1}{2}$KJ = 3, KP = $3\sqrt{3}$이다.

$$AN^2 = EN^2 + AE^2$$
$$= x^2 + (6\sqrt{3})^2$$
$$= x^2 + 108$$
$$NM^2 = NK^2 + MK^2$$
$$= NK^2 + KP^2 + MP^2$$
$$= (9-x)^2 + (3\sqrt{3})^2 + 5^2$$
$$= x^2 - 18x + 133$$
$$AM^2 = AG^2 + GM^2$$
$$= AG^2 + GI^2 + IM^2$$
$$= 9^2 + (6\sqrt{3})^2 + 4^2 = 205$$

위 식을 AN² + NM² = AM²에 대입하면,

$$(x^2 + 108) + (x^2 - 18x + 133) = 205$$

이다. 이를 정리하고 인수분해하면,

$$(x - 3)(x - 6) = 0$$

이다. $0 < x < \dfrac{9}{2}$이므로 $x = 3$이다.

(3) 면 AGJD로 입체 A-DMN를 절단하면, △AQD가 밑면
이 두 개의 삼각뿔로 나눠진다.

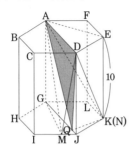

각각의 삼각뿔의 높이를, 육각기둥을 위에서 보고 구
한다. (아래 그림 참고)

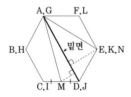

K에서 밑면에 내린 수선의 길이가 $3\sqrt{3}$이고, M에서
밑면에 내린 수선의 길이가 $\frac{3\sqrt{3}}{2}$이다.
그러므로 입체 A-DMN의 부피는

$$12 \times 10 \times \frac{1}{2} \times \left(3\sqrt{3} + \frac{3\sqrt{3}}{2}\right) \times \frac{1}{3} = 90\sqrt{3}$$

이다.

문제 15.20 승우는 KMO 바이블 책을 보다가 다음의 사실
을 발견하였다.

"자연수 N에 대하여, $N = p^a \times q^b \times \cdots \times r^c$ $(p, q, \cdots, r$은 $p <$
$q < \cdots < r$을 만족하는 소수, $a, b, \cdots, c$는 자연수)로 소인수
분해되고, N의 양의 약수의 개수는 $(a+1) \times (b+1) \times \cdots \times (c+1)$
개 $\cdots$ ① 이다."

승우는 ①의 사실을 이용하여, 다음과 같은 과정을 통하여
N = 1 ~ 200에 대하여, 양의 약수의 개수의 최댓값을 구하
려고 한다. 다음 물음에 답하여라. 단, 소인수가 k종류라는
것은 서로 다른 k개의 소수를 약수로 갖는 것을 말한다.

(1) N의 소인수 1종류이고, 양의 약수의 개수는 최대일
때, N과 그 양의 약수의 개수를 구하여라.

(2) N의 소인수가 2종류이고, 양의 약수의 개수는 최대일
때, N과 그 양의 약수의 개수를 구하여라.

(3) N의 소인수가 3종류이고, 양의 약수의 개수는 최대일
때, N과 그 양의 약수의 개수를 구하여라.

(4) N의 소인수가 4종류일 수 없음을 보이고, N = 1 ~ 200
에 대하여 양의 약수의 개수의 최댓값과 그 양의 약수
의 개수를 구하여라.

풀이

(1) $N = 2^7 = 128$이고, 양의 약수의 개수는 8개다.

(2) $N = 2^4 \times 3^2 = 144$이고, 양의 약수의 개수는 15개다.

(3) $N = 2^2 \times 3^2 \times 5 = 180$이고, 양의 약수의 개수는 18개다.

(4) $2 \times 3 \times 5 \times 7 = 210 > 200$이므로 N은 소인수가 4종류일
수 없다. 따라서 N = 1 ~ 200에 대하여 양의 약수의 개
수의 최댓값은 180이고, 양의 약수의 개수는 18개다.